H. Mann

Die moderne Parfümerie

Verlag
der
Wissenschaften

H. Mann

Die moderne Parfümerie

ISBN/EAN: 9783957003430

Auflage: 1

Erscheinungsjahr: 2015

Erscheinungsort: Norderstedt, Deutschland

Hergestellt in Europa, USA, Kanada, Australien, Japan
Verlag der Wissenschaften in Hansebooks GmbH, Norderstedt

Cover: Foto ©Joujou / pixelio.de

DIE
MODERNE PARFÜMERIE.

EINE ANWEISUNG UND SAMMLUNG

VON VORSCHRIFTEN ZUR HERSTELLUNG SÄMTLICHER
PARFÜMERIEN UND KOSMETIKA

**UNTER BESONDERER BERÜCKSICHTIGUNG DER
KÜNSTLICHEN RIECHSTOFFE,**

NEBST EINEM ANHANG

ÜBER DIE PARFÜMIERUNG DER TOILETTESEIFEN.

UNTER MITWIRKUNG VON FACHKOLLEGEN

HERAUSGEGEBEN VON

H. MANN.

Vorwort.

In der heutigen Parfümerie kann man zwei Richtungen
unterscheiden, die ältere, die sich hartnäckig den Vorteilen verschliesst, welche die ausgedehnte Anwendung der künstlichen
Riechstoffe mit sich bringt — nicht nur in pekuniärer Beziehung,
sondern auch in Bezug auf Vereinfachung der Fabrikation,
Gleichmässigkeit und Qualität der Fabrikate — und die modernere,
welche diese Vorteile anerkennt und sich zu eigen macht, ohne
in das andere Extrem zu verfallen, nämlich die Naturgerüche
für vollständig ersetzbar durch die künstlichen und somit für
überflüssig zu erklären. Der Herausgeber gehört der letzteren
Richtung an. Er hat seit Jahren sich mit der praktischen Verwendung der künstlichen Riechstoffe beschäftigt und daraus die
Überzeugung gewonnen, daß sie durchaus am Platze und geeignet ist, zur Hebung der Parfümerie- und kosmetischen Branche
beizutragen. Diese Überzeugung hat ihn veranlasst, seine Erfahrungen in vorliegendem Buche niederzulegen und allen denjenigen
zugänglich zu machen, die gewillt sind, ihm auf seinen Pfaden
zu folgen. Angesichts der verschiedenartigen Ansprüche des
Publikums ist es selbstverständlich nicht möglich gewesen, bei
den Parfümerie-Vorschriften sämtliche Preislagen und Qualitäten
zu berücksichtigen, jedoch liegt gerade bei der Verwendung
der künstlichen Riechstoffe hier das Verfahren der Qualitäts-
Verbesserung bezw. Verbilligung so einfach, daß ein tüchtiger
Parfümeur sich leicht zu helfen wissen wird.

Das vorliegende Buch ist für den praktischen Gebrauch
bestimmt; der Herausgeber hat daher geglaubt, von einer Bearbeitung aller derjenigen Kapitel absehen zu dürfen, welche fast
ausnahmslos bei den vorhandenen Büchern über Parfümerie-
Fabrikation einen breiten Raum einnehmen, ohne einen unmittel-
baren praktischen Nutzen zu bieten. Wer sich hierüber, z. B.
über die Gewinnungsweise, Zusammensetzung und Prüfung der
einzelnen ätherischen Öle, der in der Parfümerie verwendeten
Chemikalien, die Gewinnung der natürlichen, pflanzlichen und
tierischen Riechstoffe etc. etc. informieren will, möge in der am
Schluß des Buches angegebenen Literatur nachschlagen.

IV.

Trotz der nicht wenig zahlreichen Werke, welche über die Darstellung der Parfümerien und Kosmetika handeln, glaubt der Verfasser mit dem vorliegenden Buche eine fühlbare Lücke auszufüllen, weil erstere — wenigstens die in deutscher Sprache erschienenen — die eingangs erwähnte ältere Richtung vertreten, oder bloß einige wenige, längst eingeführte künstliche Riechstoffe berücksichtigen, mithin nicht geeignet sind, dem vorwärtsstrebenden Parfümeur etwas Neues zu bieten, was auch insofern natürlich erscheint, als die Verwendung vieler künstlicher Riechstoffe erst aus den allerletzten Jahren datiert.

Zum Schluss hat der Verfasser noch die angenehme Pflicht zu erfüllen, denjenigen Herren Kollegen, die sich an der Fertigstellung des Buches beteiligten — speziell Herrn *Maximilian Grünwald* in Budapest — und den Fabriken künstlicher Riechstoffe, die ihm Prüfungsmaterial, sowie sonstige Auskünfte zur Verfügung stellten, für ihre Mühewaltung und das bewiesene Entgegenkommen zu danken. Ferner sei auch des Herrn Patentanwaltes *F. A. Hoppen* in Berlin gedacht, der in dankenswerter Weise dem Herausgeber die im Anhang enthaltene Zusammenstellung der Wortzeichen etc. lieferte. Anerkennung gebührt auch den Herren *E. Marx* und *M. Steffan* von der Seifensieder-Zeitung in Augsburg, welche den Herausgeber in liebenswürdigster Weise bei der Sichtung und Ordnung des Materials sowie Bearbeitung bestimmter Kapitel unterstützten, und endlich dem Verlage, von dem die erste Anregung zu dem Werke ausgegangen ist und der durch kräftige selbstlose Förderung der guten Sache und durch zweckentsprechende Ausstattung des Buches wesentlich zum Gelingen des Werkes beitrug. Möge es in den Fachkreisen eine freundliche Aufnahme finden und zur Hebung unserer Branche ein Scherflein beitragen.

Anfang September 1903.

H. Mann.

Inhalts-Uebersicht.

Allgemeiner Teil.

Zusammensetzung, Darstellung und Eigenschaften der künstlichen Riechstoffe

                                                 Seite

Einleitung 3
Abscheidungsprodukte aus ätherischen Oelen 4
Synthetische und künstliche Riechstoffe 14

Allgemeines über die Anwendung der künstlichen Riechstoffe

Welche Vorteile bieten sich dem Parfümeur bei Anwendung
    der künstlichen Riechstoffe? 53
Alphabetisches Verzeichnis der künstlichen Riechstoffe mit
    Angabe des Geruchsprinzips und Preises 57
Alphabetisches Verzeichnis der verschiedenen Blumen- etc.
    Gerüche mit Angabe der zur Herstellung derselben heran-
    zuziehenden künstlichen Riechstoffe 64
Tabelle über die Löslichkeit der künstlichen Riechstoffe in
    Alkohol, Wasser, Glycerin, Olivenöl, Mineralöl und Vaseline 66

Spezieller Teil.

Parfümerie.

Vorarbeiten zur Herstellung von Extraits d'odeurs (Infusionen,
    Solutionen, Tinkturen)

Einheitliche Benennungsweise 73
Infusionen aus Blumenpomaden 73
Infusionen und Solutionen aus Parfums naturels 74
Tinkturen aus Blütenölen 76
Moschus-Tinktur und Infusion 77
Zibeth-Tinktur und Infusion 78
Ambra-Infusion 78
Ambrettol-Tinktur 79
Harz- und Balsam-Infusionen 79
Perubalsam-, Storax- und Tolubalsamöl 79
Agfa-Fixateur 79
Diverse Infusionen, Solutionen und Tinkturen 80
Rosen- und Orangenblütenwasser 82

Extraits d'odeurs (Taschentuchparfüms)

Allgemeines 83
Veilchen-Odeurs 83
Extraits d'odeurs quadruples und triples 91
Extraits doubles 129
Extraits simples sowie Extraits de senteur 134
Export-Extraits 141

Alkoholschwache und alkoholfreie Parfümerien

         Seite

Allgemeines 145
Herstellungsweise 147
Diverse Vorschriften für Odeurs und Toilettewässer 150

Eau de Cologne

Allgemeines 154
Vorschriften 156
Alkoholschwaches Eau de Cologne 164

Toilettewässer

Diverse Vorschriften 165
Export-Toilettewässer 167
Riechkissen-Pulver (Sachet-Pulver) 174
Parfümierung von Leder 178

Duftträger (Riechtabletten)

Allgemeines 181
Grundmasse 182
Parfüms 183
Riechsteine 185
Porzellan-Duftträger 185
Riechsalze und Migränestifte 186
Zimmerparfüms 188
Räuchermittel 189

Kosmetik.

Allgemeines 192

Mittel zur Reinigung und Pflege der Zähne und der Mundhöhle

Zahn- und Mundwässer 198
Mundpillen (Cachoux) 208
Mundwasser-Tabletten 208
Mundwasser in Pulverform 210
Zahnseifen 210
Zahnpasten 214
Zahncremes 217
Zahnpulver 218

Mittel zur Reinigung, Pflege und Färbung der Haare

Allgemeines 222
Haar- und Kopfwässer 223
Kopfwaschpasta 234
Shampooing Water und Shampooing Powder 234
Haaröle 236
Pomaden 244
Haarcremes 258
Brillantinen 259
Bartbefestigungsmittel 261
Haarkräusel- und Lockenwasser 264
Haarpuder 265
Haarfärbemittel 266
Enthaarungsmittel 275

Mittel zur Reinigung, Pflege und Färbung der Haut

	Seite
Allgemeines	279
Flüssige Glycerinseifen	281
Antiseptisches Waschwasser	282
Mittel zur Entfernung von Tätowierungen	282
Toilettenessig	282
Hautcremes	285
Puder	296
Mandelmehl und Mandelpasta	301
Sommersprossenmittel	302
Schönheitswässer	303
Schminke	305
Mittel zur Nagel-Pflege	313
Frostmittel und Mittel gegen rissige Haut	317
Schweissmittel	320
Schutz der Hände gegen Einwirkung ätzender Antiseptika und Beseitigung unangenehmer Gerüche von den Händen	321
Rasiersteine	322

Verschiedenes.

Das Parfümieren von Drucksachen und Verpackungen	324
Das Färben der Parfümerien und kosmetischen Präparate und die Farbstoffe	326
Ueber Aufmachungen von Toiletteseifen und Parfümerien	328

Anhang.

Die Parfümierung der Toiletteseifen

Allgemeines	335
Die Anfertigung der Grundseifen zu pilierten Seifen	336
Das Pilieren der Toiletteseifen	339
Parfümieren und Färben pilierter Seifen	342
Ober die Anwendung der künstlichen Riechstoffe in der Toiletteseifenfabrikation:	
Feine Toiletteseifen	344
Mittelfeine Seifen	353
Einfache pilierte Seifen	359
Kaltgerührte Toiletteseifen	362
Toiletteseifen auf halbwarmem Wege	365
Englische Veilchenseife	366
Transparente Glycerinseifen	366
Rasiercreme	369
Rasierseife	370

Geheimmittel und Spezialitäten

Mittel zur Pflege etc. des Haares	371
Mittel zur Pflege etc. der Mundhöhle und der Zähne	384
Mittel zur Pflege etc. der Haut	389
Seifen, Salbengrundlagen und Desinfektionsmittel	394

VIII

Gesetze und Verordnungen

Gesetz betr. die Verwendung gesundheitsschädlicher Farben vom 5. Juli 1887 405
Verordnung betr. den Verkehr mit Arzneimitteln vom 22. Oktober 1901 408
Süssstoffgesetz vom 7. Juli 1902 424
Gesetz zum Schutze des Genfer Neutralitätszeichens vom 22. März 1902 431
Die öffentliche Ankündigung von kosmetischen Mitteln . . 432
Die Branntweinsteuer-Befreiungsordnung 435
Reine Wortzeichen und in Bildzeichen enthaltene Wortzeichen der Klasse 34 . . . .
Verzeichnis der vom 1. Oktober 1894 bis 1. September 1903 vom Kaiserlichen Patentamt in Berlin veröffentlichten reinen Wortzeichen der Klasse 34, und zwar für Seifen, Putz- und Poliermittel, Rostschutzmittel, Waschmittel, Parfümerien und Toilettemittel 464
Liste der vom 1. Oktober 1894 bis 1. September 1903 vom Kaiserlichen Patentamt in Berlin veröffentlichten, in eingetragenen Bildzeichen enthaltenen Wortzeichen der Klasse 34 für Seifen-, Putz- und Poliermittel, Rostschutzmittel, Waschmittel, Parfümerien und Toilettemittel 495
Fachliteratur 508
Ergänzungen 512
Berichtigungen 514
Alphabetisches Sachregister 515

Allgemeiner Teil.

Zusammensetzung, Darstellung und Eigenschaften der künstlichen Riechstoffe.

Da im vorliegenden Buche die künstlichen Riechstoffe eine besondere Berücksichtigung finden sollen, ist es von grösstem Interesse, deren Zusammensetzung, Herstellung etc., soweit sie bekannt und nicht Fabrikationsgeheimnis sind, kennen zu lernen.

Zu diesem Zwecke führen wir hier nun zunächst diesen Teil vor, in welchem alles für den Parfümeur Wissenwerte enthalten ist.

Die chemischen Produkte, die in der Parfümerie mehr oder weniger als Riechstoffe (Parfümerie-Grundstoffe) verwendet werden können, zerfallen in drei Gruppen:

a) Chemische Produkte, die erhalten werden, indem man den einen oder anderen riechenden Bestandteil, zumeist das riechende Prinzip eines natürlichen Riechstoffes, durch chemische, zuweilen rein mechanische Prozesse aus dem betreffenden Riechstoffe abscheidet und für sich allein, rein in den Handel bringt, wie dieselben nachfolgend unter dem Titel »Abscheidungsprodukte aus ätherischen Oelen« beschrieben sind. (Anethol, Citronellol, Eugenol, Menthol, Safrol etc.)

b) Chemische Produkte, die erhalten werden, indem man natürliche Riechstoffe in ihrer ganzen Zusammensetzung (Jasminöl, Neroliöl etc.) oder nur irgend einen riechenden Bestandteil, ebenfalls zumeist das riechende Prinzip eines natürlichen Riechstoffes (Cumarin, Heliotropin, Vanillin, Zimmtaldehyd etc.) auf Grundlage ihrer Synthese durch chemische Prozesse künstlich nachbildet — Synthetische Riechstoffe — und

c) Chemische Produkte, die zwar ebenfalls durch chemische Prozesse künstlich dargestellt werden, aber ganz neue Riechstoffe bilden, die bisher weder für sich allein als Riechstoff in der Natur aufgefunden, noch als riechende Bestandteile in natürlichen Riechstoffen ermittelt worden sind und somit derzeit noch im strengsten Sinne des Wortes als eigentliche künstliche Riechstoffe betrachtet werden können. (Mirbanöl, Nerolin etc.)

Aus Zweckmässigkeitsgründen verzichten wir bei der nachfolgenden Zusammenstellung auf eine Scheidung der hier unter b) und c) aufgeführten Gruppen, die wir in ein Kapitel »synthetische und künstliche Riechstoffe« zusammenfassen, während die künstlichen Riechstoffe im weiteren Sinne, d. h. die Abscheidungsprodukte aus ätherischen Oelen im folgenden für sich besprochen werden sollen.

I. Abscheidungsprodukte aus ätherischen Oelen.

Anethol (Iso-Estragol).

Bildet den Hauptbestandteil und das riechende Prinzip des Anis-, Sternanis- und Fenchelöles. Zur Darstellung des Anethols bedient man sich vorzugsweise des Fenchel- und Anisöles, aus denen es sich auf ähnliche Weise gewinnen lässt, wie Menthol aus dem Pfefferminzöle. (Durch Abkühlung und Trennung des festen Körpers vom Flüssigen. Siehe bei Menthol).

Anethol bildet bei gewöhnlicher Temperatur eine farblose, wasserhelle, stark lichtbrechende Flüssigkeit von intensivem Anisgeruche und sehr süssem Geschmack; unter 21^0 C. erstarrt es zu weissen Krystallen. Sp. $233—234^0$; Spez. Gew. $0.984—0.986$ bei 25^0 C.

Es findet in der Parfümerie wie Anisöl Verwendung, bei feineren Präparaten ist es demselben aber entschieden vorzuziehen.

Campher.

Zum Unterschiede von Borneo- oder Baroscampher (Borneol) wird er auch oft Japan- oder Laurineencampher genannt. Er ist das Stearopten des Campheröles von Laurus camphora, aus dessen Holze er durch Destillation mit Wasserdampf gewonnen wird.

Der aus Japan und China zu uns gelangende Campher enthält viel Verunreinigungen, weshalb er hier in Europa einer Rektifikation durch Sublimation unterworfen wird.

Raffinierter Laurineencampher bildet eine dichte, zähe, schwer zerbrechliche, durchsichtige oder durchscheinende, körnigkrystallinische Masse, die sich auch schon bei gewöhnlicher Temperatur verflüchtigt, bei 175^0 schmilzt, bei 204^0 siedet und unverändert sublimiert. Er hat den eigenartigen, bekannten Camphergeruch und einen brennend bitteren, hinterher kühlenden Geschmack. Mit Alkohol angefeuchtet, verliert er seine Zähigkeit und lässt sich dann leicht pulvern; die Schnittfläche mit einem Messer ist glänzend. In Wasser ist er wenig löslich, doch erteilt er diesem seinen Geruch und Geschmack, hingegen ist er in Alkohol, Aether etc. leicht löslich. (Siehe auch bei Borneol).

Seine Verwendung in der Parfümerie ist beschränkt.

Carvacrol.

Bildet den Hauptbestandteil des spanischen Hopfenöles, dem es entzogen werden kann. Auch künstlich lässt es sich darstellen aus Carvon durch Behandeln mit Kali, Schwefel- oder Phosphorsäure, oder aus Campher durch Erhitzen mit Jod. Es ist farblos, dickflüssig, später bräunlich werdend und von thymianähnlichem Geruch. Sp. 237°. In der Kälte erstarrt es.

In der Parfümerie selten verwendet.

Carvol (Carvon).

Hauptbestandteil — bis zu 50% — und Träger des Geruches des Kümmelöles, aus dem es auch abgeschieden rein in den Handel kommt.

Es ist eine farblose, mit der Zeit nachdunkelnde stark nach Kümmel riechende Flüssigkeit, deren Geruch aber feiner ist als der des Kümmelöles. In der Kälte erstarrt es; in 20 Teilen 50%igem oder in 2 Teilen 70%igem Alkohol ist es klar löslich und mit 90%igem Alkohol in jedem Verhältnis mischbar. Spez. Gew. 0.963—0.966; Sp. 224°.

Es wird in der Liqueurfabrikation verwendet.

Das unter dem Namen »Carven« (identisch mit dem rechts drehenden Limonen) oder »leichtes Kümmelöl« im Handel vorkommende Produkt ist der andere Bestandteil des Kümmelöles (ebenfalls bis zu ca. 50%), von weit weniger feinem Geruche als das Kümmelöl selbst, und wird als Seifenparfüm verwendet.

Cineol.

(Eucalyptol. — Cajeputol).

Hauptbestandteil und das riechende Prinzip des Eucalyptusöles von Eucalyptus Globulus und des Cajeputöles. Es wird aus cineolreichen Oelen gewonnen; Sp. 177°. In der Kälte erstarrt es. Reines Cineol ist eine im flüssigen Zustande farblose Flüssigkeit von campherähnlichem Geruche. Spez. Gew. 0.930 bei 15° C.; in der Parfümerie selten verwendet.

Citral.

(Geranial. — Geraniumaldehyd).

Kommt in sehr vielen ätherischen Oelen vor, ganz besonders aber im Lemongrasöle, in welchem es bis zu 80 %

enthalten ist und aus welchem es auch zumeist gewonnen wird. Die einfachste Art der Abscheidung des Citrals aus diesem Oele ist die fraktionierte Destillation im Vacuum. Die unter 20 mm Druck bei 115—120° übergehende Fraktion besteht hauptsächlich aus Citral, das durch weitere Destillation bei 117—118° rein erhalten wird.

Ein chemisch reines, von den letzten übelriechenden Nebenprodukten des Lemongrasöles befreites Citral kann dagegen nur durch chemische Reinigungsmethoden gewonnen werden. Zu diesem Zwecke wird die Verbindung, welche Citral mit Natriumbisulfit bildet, im reinen Zustande abgeschieden und alsdann wieder in Natriumsulfit und reines Citral gespalten.

Dies so gereinigte Citral hat einen sehr viel feineren Geruch als das Lemongrasöl und ist diesem für Zwecke der feineren Parfümerie weit überlegen.

Künstlich lässt sich Citral durch Oxydation des Geraniols mit Chromsäuregemisch darstellen, doch ist die Ausbeute gering (30—40%); nach *Semmler* verfährt man in folgender Weise: 15 Teile Geraniol werden mit einer Lösung von 10 Teilen Kaliumbichromat in $12^1/_2$ Teilen konzentrierter Schwefelsäure und 100 Teilen Wasser oxydiert. Man destilliert im Dampfstrome ab, schüttelt das Destillat mit Natriumbisulfit und zerlegt die Krystalle mit Sodalösung.

Citral ist dünnflüssig, schwachgelblich, von durchdringendem Citronengeruch und siedet unter normalem Druck bei 224—228°.

In der Parfümerie wird es weniger benützt; es wird zumeist durch das Lemongrasöl ersetzt. Mehr Verwendung findet es in der Liqueurfabrikation.

Citronellal.

(Citronellon. — Citronellaldehyd).

Träger des Geruches der Citronellöle, kommt auch noch in anderen ätherischen Oelen vor. Seine Darstellung erfolgt durch Abscheidung aus den an Citronellal reichhaltigsten Oelen. Die betreffenden Oele werden mit saurem schwefligsaurem Natrium behandelt, mit welchem das Citronellal eine krystallinische Doppelverbindung gibt, aus welcher es dann durch Zerlegung mit Alkalicarbonat erhalten wird.

Citronellal ist eine farblose Flüssigkeit von eigentümlichem, intensivem, von manchen als melissenartig bezeichnetem Geruch. Spez. Gew. 0.8538; Sp. unter Atmosphärendruck 205—208°, unter 15 mm Druck bei 103—105°.

Das Citronellal dient in ziemlichem Umfange zur Parfümierung billiger Seifen; es ist in denselben gut haltbar und von grosser Ausgiebigkeit. 100 Kilo Seife erfordern höchstens 300—400 g Citronellal, während für denselben Effekt die 3—10fache Menge Citronellöl erforderlich ist, je nach der ganz ausserordentlichen Schwankungen unterliegenden Qualität des letzteren.

Citronellol.

(Rhodinol. — Reuniol. — Roseol).

Ein im Geranium- und Rosenöle, sowohl frei wie auch als Ester vorkommender Alkohol.

Man bezeichnet Citronellol auch mit den anderen oben in Klammer angegebenen Namen, obwohl sich herausstellte, dass die unter diesen Namen bekannten Produkte kein reines Citronellol, sondern stets nur ein Gemisch von Geraniol und Citronellol waren und sind. Reines Citronellol wird eben aus Rhodinol, Reuniol oder Roseol erst abgeschieden, welche letzteren drei aus den Geraniumölen dargestellt werden, indem man die alkoholischen Bestandteile derselben (also das Gemisch Geraniol-Citronellol) durch Behandlung mit Säureanhydriden in Ester überführt, welche dann durch fraktionierte Destillation mit Wasserdampf von dem nicht veresterten Teil des Oeles getrennt und durch Kochen mit alkoholischem Kali zerlegt werden.

Um Citronellol aus diesem so erhaltenen Alkoholgemische abzuscheiden, gibt es verschiedene Verfahren, von denen wir nur jenes von *Naschold* anführen.

Man erhitzt Reuniol, welches ca. $^2/_3$ Citronellol enthält und von der Firma *Heine & Co.* durch Behandlung des Reunionöles mit Camphersäureanhydrid dargestellt wird, oder die anderen Gemische von Geraniol-Citronellol mit Wasser im Autoklaven auf 250°, wobei sich Geraniol völlig zersetzt, Citronellol aber unverändert bleibt. Durch fraktionierte Destillation im Vacuum wird dann reines Citronellol erhalten, welches unter 7 mm Druck bei 105° oder unter 12—13 mm Druck bei 117—118° übergeht. Unter normalem Druck siedet es bei 225—226°.

Reines Citronellol ist eine farblose, angenehm rosenähnlich, jedoch feiner als Geraniol riechende Flüssigkeit und wird in der Parfümerie als Rosenölersatz verwendet, doch steht sein hoher Preis, der nicht im Verhältnisse mit dem Wert des Oeles ist, hindernd im Wege. Spez. Gew. bei 15° C. 0.862.

Auch Rhodinol, Reuniol und Roseol riechen selbstverständlich rosenartig.

Citronellol ist bedeutend beständiger als Geraniol, da es sogar beim Erwärmen mit Alkali von demselben nicht angegriffen wird. (Vergl. auch Geraniol und künstl. Rosenöl).

Cuminol (Cuminaldehyd).

Bestandteil mehrerer ätherischer Oele, ganz besonders aber des Römischkümmelöles, aus dem es auch abgeschieden wird.

Es hat für die Parfümerie nur geringe Bedeutung, da es keinen besonders angenehmen, ja von vielen sogar als wanzenartig bezeichneten Geruch besitzt.

Cymol (Cymen).

Kommt im Römischkümmelöl und mehreren anderen ätherischen Oelen vor. Es ist eine farblose Flüssigkeit, riecht angenehm, siedet bei 175⁰, löst sich nicht im Wasser und besitzt die Eigenschaft, sich bei längerem Aufbewahren unter Wasserabspaltung zu trüben. Kann erhalten werden durch Destillation von Campher und Phosphorsäureanhydrid, durch Erhitzen von Cuminalkohol mit Zinkstaub oder von Para-Bromtoluol mit normalem Propylbromid und Natrium. In der Parfümerie hie und da verwendet.

Eugenol.

Hauptbestandteil und das riechende Prinzip der Nelkenöle; ausserdem kommt es noch im Zimmtblätteröl und auch noch in anderen ätherischen Oelen vor. Zur Gewinnung bedient man sich der Nelkenöle. 3 Tle. Nelkenöl werden mit verdünnter Natronlauge, bestehend aus 1 Tl. Aetznatron und 10 Tln. Wasser, geschüttelt, worin sich häufig das Ganze klar löst; bleiben Oeltropfen ungelöst, so werden dieselben mittelst Scheidetrichters entfernt; die wässerige Lösung wird dann durch wiederholtes Ausschütteln mit Aether vom Terpen befreit, dann mit verdünnter Schwefelsäure angesäuert, wodurch sich das Eugenol an der Oberfläche ausscheidet, welches man zur Entfernung der Schwefelsäure mit Sodalösung auswäscht und schliesslich zur völligen Reinigung im Vacuum oder mit Wasserdämpfen destilliert.

Eugenol ist eine farblose, bald aber bräunlich werdende Flüssigkeit von intensivem Gewürznelkengeruch und brennendem Geschmack. Es ist in Alkohol leicht löslich. Spez. Gew. bei 15⁰ C. 1.0715—1.0725; Sp. 247.5⁰ C.

In der Parfümerie wird es wie Nelkenöl, besonders bei Zahnpasten verwendet.

Fenchon.

Eine dem Campher ähnliche, aber flüssige Verbindung. Kommt besonders im Fenchelöle vor. Es ist farblos, etwas dickflüssig, von intensivem, campherartigem Geruch und bitterem Geschmack. Für die Parfümerie ist es von geringer Bedeutung.

Furfurol.

Wurde als Bestandteil von ätherischen Oelen z. B. im Nelkenöle aufgefunden. Frisch bildet es eine klare, farblose Flüssigkeit von aromatischem, zugleich an Zimmt und Bittermandelöl erinnerndem Geruch; an der Luft und im Licht wird es bald gelb bis braun. In Alkohol ist es leicht, in Wasser (12 Teile) schwerer löslich. Künstlich wird es aus der Weizenkleie dargestellt.

Für die Parfümerie ist es bisher ohne Bedeutung.

Geraniol.

(Lemonol. — Licarhodol).

Kommt in vielen ätherischen Oelen frei und als Ester vor. Es bildet den Hauptbestandteil des Palmarosaöles und ist in grossen Mengen noch im Citronell-, Rosen- und Geraniumöle enthalten.

Im Grossbetriebe bedient man sich zur Gewinnung des Geraniols entweder des Palmarosa- oder des Citronellöles.

Darstellung aus Palmarosaöl. Erfolgt am zweckmässigsten durch fraktionierte Destillation des vorher mit alkoholischer Kalilauge verseiften Oeles. Man erhitzt das Oel mit der erforderlichen Menge alkoholischer Kalilauge auf dem Wasserbade, giesst, nach Zugabe von Wasser, das sich abscheidende Oel ab und destilliert es im Dampfstrome. Das derart verseifte Oel wird dann entweder unter normalem Druck oder im Vacuum der fraktionierten Destillation unterworfen. Die unter normalem Druck bei 230°, oder unter 17 mm Druck bei 120.5°—122.5°, oder unter 10 mm Druck bei 110—111° übergehenden Destillate werden gesondert aufgefangen. Dieselben sind reines Geraniol. Im Rückstande bleibt ein dunkelbraunes Oel. Es lässt sich aber aus dem Palmarosaöle auch auf dieselbe Art Geraniol gewinnen wie aus dem Citronellöle.

Darstellung aus Citronellöl. (Nach *Gildemeister*). Gleiche Teile Oel und staubfein gepulvertes Chlorcalcium werden sorgfältig miteinander verrieben; das Gemisch, welches sich infolge der eintretenden Reaktion auf 30—40° erwärmt, wird in einem Exsiccator einige Stunden lang an einen kühlen Ort gestellt. Die entstandene feste Masse wird alsdann zerkleinert, mit wasserfreiem Aether, Benzol oder niedrigsiedendem Petroläther zerrieben, auf ein Filter gebracht und mit Hilfe einer Wasserstrahlpumpe durch mehrmaliges Waschen mit Aether usw. von den nicht an Chlorcalcium gebundenen Anteilen befreit. Das so erhaltene Gemenge von Geraniolchlorcalcium und überschüssigem Chlorcalcium wird durch Wasser zerlegt, das abgeschiedene Oel mehrmals mit warmem Wasser gewaschen und schliesslich mit Wasserdampf destilliert. — Die Abscheidung des Geraniols aus Gemischen nach diesem Verfahren erfolgt nicht quantitativ, ausserdem muss das zu verarbeitende Oel mindestens zu einem Viertel aus Geraniol bestehen.

Geraniol ist eine farblose, stark lichtbrechende Flüssigkeit von sehr angenehmem, rosenähnlichem Geruch. Es ist mit Alkohol und Aether in jedem Verhältnis mischbar, dagegen unlöslich in Wasser, aber noch mit 12 Teilen 50%igem Alkohol ist es bei Zimmertemperatur klar löslich. Spez. Gew. bei 15° C. 0.880—0.883.

Geraniol wird durch kaltes Alkali nicht, durch warmes jedoch bei 150° teilweise angegriffen und kann in der Parfümerie wie Palmarosa-, Geranium- oder Rosenöl verwendet werden. Es kommt nicht nur chemisch rein in den Handel, sondern es wird auch, über Rosen-, Hyacinthen- und Resedablüten destilliert, als Rosen-, Reseda- und Hyacinthen-Geraniol an den Markt gebracht.

Neuerdings haben *Heine & Co.* (Französisches Patent Nr. 326658) aus dem Petitgrainöl einen dem Geraniol isomeren Terpenalkohol isoliert, den sie »Nerol« nennen. Das Nerol siedet unter 760 mm Druck bei 225—226°, unter 25 mm Druck bei 125° und hat bei 15° das spezifische Gewicht 0.880—0.885. Es soll einen wesentlich frischeren Rosengeruch zeigen als das Geraniol, namentlich in geeigneter Verdünnung.

Iron und Iso-Iron.

Das riechende Prinzip des Irisöles. Es ist flüssig, siedet unter 16 mm Druck bei 144° und ist in Alkohol in jedem Verhältnisse löslich.

Die Reindarstellung des Irons ist der Firma *Haarmann & Reimer* durch das D. R.-P. 72840 geschützt. Das Iron, dessen Geruch von dem des Jonons wesentlich verschieden ist, findet zur Herstellung von Spezialitäten in feinen Iris-Produkten Verwendung, dagegen ist es in der Fabrikation von Veilchen-Parfümerien durch das wesentlich billigere Jonon verdrängt worden. (Siehe bei Jonon).

Interessant ist, dass auch der Veilchengeruch des Costuswurzelöles durch ein dem Iron isomeres, aber nahe verwandtes Keton hervorgerufen wird. Die Rein-Darstellung dieses »Iso-Iron« genannten Ketons ist der Firma *Haarmann & Reimer* durch das D. R. P. 120559 geschützt. Das Iso-Iron siedet unter 20 mm Druck zwischen 140 und 150⁰ und hat ein spez. Gew. von 0.93 bei 20⁰.

Neuerdings spielt das im Handel erhältliche flüssige konzentrierte Irisöl, welches in der Hauptsache aus Iron besteht, in der Parfümerie eine wichtige Rolle, weil es eine grosse Haltbarkeit in Seifen besitzt.

Jasmon.

Ist ein ganz in neuester Zeit entdeckter Körper, der im Jasminöle aufgefunden worden ist. Es ist ein hellgelbes, beim Aufbewahren sich dunkler färbendes Oel mit äusserst anhaftendem, intensivem Jasmingeruch. Sp. 257—258⁰.

Jasmon bildet einen wesentlichen Bestandteil des künstlichen Jasminöles, ist aber in reinem Zustande noch nicht im Handel.

Linalool.

(Licareol. — Coriandrol. — Lavendol.)

Ist Hauptbestandteil des Linaloëöles, welches auch Licariöl genannt wird, weshalb auch das Linalool als Licareol bezeichnet wird; auch hat es den Namen Coriandrol und Lavendol, weil es auch im Coriander- und Lavendelöle enthalten ist.

Am zweckmässigsten wird Linalool aus dem Linaloë- und Corianderöle durch fraktionierte Destillation abgeschieden. Man fängt die unter normalem Druck bei 190—205⁰ übergehenden Destillate gesondert auf, aus welchen bei nochmaliger Rektifikation die Fraktion von 190—195⁰, bezw. von 197—198⁰ aus fast reinem Linalool besteht. Je nach dem Ausgangsmaterial und der Art der Darstellung werden Präparate erhalten, die in ihren Eigenschaften geringe Unterschiede aufweisen. Durchschnittlich haben sie folgende physikalische Constanten:

Siedepunkt bei 760 mm 197—199⁰.
» » 10 mm 85—87⁰.
Spez. Gew. bei 15⁰ C. 0.870—0.875.

Das aus Linaloëöl und Licariöl gewonnene Linalool dreht die Ebene des polarisierten Lichtes nach links, das aus Corianderöl dargestellte nach rechts.

Linalool ist eine farblose Flüssigkeit von angenehmem, an Linaloëöl, entfernt auch an Rosen erinnerndem Geruche, jedoch ist dieser voller und feiner als der des Linaloëöles, weshalb es auch bei feineren Präparaten, besonders Maiglöckchen-Extraits-Kompositionen mit Vorliebe statt des Linaloëöles verwendet wird.

Linalool kommt nicht nur im Linaloë- Coriander- und Lavendelöle, sondern auch noch in anderen ätherischen Oelen sowohl frei wie auch als Ester (Linalylacetat) vor.

In den Handel wird es ziemlich rein gebracht.

Menthol.

Hauptbestandteil der Pfefferminzöle, in denen es sowohl frei, wie auch als Ester vorkommt, und aus welchen es auch durch Abscheidung gewonnen wird. Zu diesem Zwecke eignet sich am besten das japanische Pfefferminzöl, das an Menthol am reichhaltigsten ist. Das Verfahren ist sehr einfach. Das vorher mit alkoholischer Kalilauge verseifte Oel wird stark abgekühlt, wobei sich das Menthol in Krystallen abscheidet, die vom flüssigen Teil dann, zumeist durch Centrifugieren, getrennt werden. Der flüssige Teil enthält noch Menthon, das durch Reduktion mit Natrium in alkoholischer Lösung ebenfalls in Menthol übergeführt werden kann.

Menthol bildet farblose nadelförmige Krystalle von starkem Pfefferminzgeruch und kühlendem Geschmack, schmilzt bei 42° und siedet bei 211.5° C. In Alkohol ist es löslich.

In der Parfümerie wird es wie Pfefferminzöl verwendet.

Pulegon.

Ist im Poleyöle bis zu 80 % enthalten, aus dem es durch fraktionierte Destillation ziemlich rein gewonnen werden kann. Es ist eine farblose, mit der Zeit gelblich werdende Flüssigkeit von pfefferminzähnlichem, süsslichem Geruch. Sp. 222 bis 223°. In der Parfümerie hie und da verwendet.

Safrol.

Spielt speziell in der Seifenfabrikation eine grosse Rolle. Bildet den Hauptbestandteil und das riechende Prinzip des Sassafrasöles, im Grossbetriebe wird es jedoch aus dem Campheröle dargestellt, in welchem es ebenfalls in grossen Mengen enthalten ist. Das vom Campher befreite Campheröl wird der fraktionierten Destillation unterworfen, die Fraktion von 228 bis 235° gesondert aufgefangen, stark abgekühlt und das hiebei erstarrende Safrol abgeschieden.

Safrol ist eine farblose oder schwach gelbliche Flüssigkeit von sassafrasähnlichem Geruch, die bei 233° C. siedet und unterhalb + 11° C. erstarrt.

In der Parfümerie dient es hauptsächlich als Seifenparfüm, da es sich sehr gut eignet, um bei billigeren Haushaltseifen den Talggeruch zu verdecken. 250—1000 g Safrol genügen auf 100 Kilo Fett. Auch ein Gemisch von 2 T. Citronellöl und 1 T. Safrol ist zweckentsprechend.

Santalol.

Der Träger des Geruches des ostindischen Sandelholzöles, aus dem es abgeschieden rein in den Handel gebracht wird. Santalol, das eigentlich kein einheitlicher Körper, sondern ein Gemisch zweier Sesquiterpenalkohole ist, ist eine farblose Flüssigkeit von dem Geruche des Sandelholzöles, der aber viel feiner ist als der des Oeles; es kann in der Parfümerie überall dort verwendet werden, wo es auf feinere Parfümierung ankommt als mit Sandelholzöl. In Alkohol ist es löslich.

Ein nach besondern, der Firma *Heine & Co.* gehörigen Patenten hergestelltes Santalol riecht kaum mehr sandelholzartig und findet unter dem Namen »Gonorol« medizinische Anwendung.

Styrol.

(Styrolen. — Cinnamol).

Ein Bestandteil des Storaxöles, bezw. des flüssigen Storax, aus dem es auch gewonnen werden kann. Es ist eine farblose, stark lichtbrechende Flüssigkeit von angenehm aromatischem Geruch, löst sich sehr wenig im Wasser, mischt sich mit Alkohol und Aether. Sp. 145°. Verwandelt sich beim längeren Aufbewahren, schneller durch Erhitzen (200°) in das geruchlose, glasartige, durchsichtige Metastyrol. (Künstl. Darstellung des Styrols siehe unter Zimmtsäure). Dürfte in der Parfümerie verwendet werden.

Thymol.

Bildet den Hauptbestandteil des Ajowan- und Thymianöles. Es wird aus beiden, aber hauptsächlich aus dem Ajowanöle abgeschieden und rein in den Handel gebracht.

Thymol bildet farblose, durchsichtige Krystalle von Thymiangeruch, die bei 50° schmelzen, bei 232° destillieren und in Alkohol löslich sind. Es besitzt eine antiseptische Wirkung.

In der Parfümerie wird es zuweilen bei Zahnwässern und Zahnpasten verwendet.

Der zurückbleibende farblose, flüssige Teil des Ajowanöles kommt unter dem Namen Thymen in den Handel, riecht ebenfalls, jedoch bei weitem nicht so fein wie Thymianöl, und kann bei billigeren, minder feinen Präparaten statt dieses verwendet werden.

Thujon (Tanaceton).

Kommt besonders im Rainfarnöle vor. Aus diesem, wie auch aus anderen thujonreichen ätherischen Ölen wird es abgeschieden und kommt rein in den Handel.

Es ist eine farblose, angenehm riechende, etwas ölige Flüssigkeit, die indessen bisher in der Parfümerie wohl selten verwendet worden ist.

II. Synthetische und künstliche Riechstoffe.

Anisaldehyd (Aubépine).

Kann entweder durch Oxydation des Anethols oder durch Methylierung des Paraoxybenzaldehyds gewonnen werden. Erstere Art ist die üblichere und zwar nach dem Verfahren von *Staedeler*.

Man löst 3000 g Kaliumbichromat in 15 l Wasser auf und giesst langsam und unter beständigem Umrühren 4500 g konzentrierte Schwefelsäure hinzu. Dieses Chromsäuregemisch lässt man sukzessiv und langsam in 1000 g Anethol zufliessen. Sobald die Temperatur zu steigen beginnt, rührt man fleissig um. Die Reaktion ist recht lebhaft. Man lässt erkalten, giesst die an der Oberfläche schwimmende wässerige Flüssigkeit ab und wäscht das so erhaltene Produkt mit kaltem Wasser so lange, bis die Waschwässer nicht mehr grün gefärbt erscheinen. Schliesslich rektifiziert man mit Wasserdampf und reinigt den rohen Aldehyd mittelst Natriumbisulfitlösung.

Reiner Anisaldehyd ist eine farblose, stark lichtbrechende ölige Flüssigkeit, welche bei —4 ^{0} krystallinisch erstarrt; Spez. Gew. 1.126 bei 15^0 C., Sp. 248^0. Mit Natriumbisulfit gibt Anisaldehyd eine krystallinische Verbindung, die, mit Zusatz von Soda, im Handel unter dem Namen »Aubépine, krystallisiert« oder »Aubépine en poudre« bekannt ist.

An der Luft oxydiert sich Anisaldehyd leicht zu Anissäure, weshalb er in vollgefüllten, gut verschlossenen Gefässen aufzubewahren ist.

Anisaldehyd hat den starken, angenehmen Geruch des blühenden Weissdorns; er findet in der Parfümerie vielfache Verwendung, ganz besonders zur Erzeugung von Weissdorn-(Crataegus-) Parfüm.

Anthranilsäure-Methylester
siehe weiter hinten unter »Neroliöl, künstlich«.

Benzoësäure.

(Acidum benzoicum. — Flores Benzoës. — Acide benzoique. — Benzoic acid).

Benzoësäure ist hauptsächlich im Benzoëharze enthalten, aus welchem sie auf nassem Wege oder aber durch Sublimation erhalten werden kann. Ausser diesen zwei Methoden, Benzoësäure direkt aus dem Harze darzustellen, kann man sie auch auf mancherlei Art, durch chemische Prozesse, künstlich darstellen. [Aus Toluol, aus dem Urin der Pflanzenfresser, ganz besonders dem Pferdeharne etc.] Für die Parfümerie als Riechstoff ist aber nur jene durch Sublimation aus dem Harze dargestellte Benzoësäure verwendbar, denn die nach anderen Verfahren dargestellten Produkte besitzen entweder nur einen schwachen oder zumeist gar keinen Geruch und können diese geruchlosen Produkte in der Parfümerie nur als Konservierungsmittel verwendet werden. (Siehe weiter unten.)

Darstellung durch Sublimation. (Nach *Hager*). Um kleinere Mengen Benzoësäure durch Sublimation darzustellen, bringt man in einen 4—5 cm hohen und etwa 20 cm weiten Tiegel aus Gusseisen oder Schwarzblech, getrocknetes, grobgepulvertes Benzoëharz in etwa 2—3 cm hoher Schicht, bedeckt den Tiegel mit einer Scheibe lockeren Fliltrierpapieres, welche mit vielen Nadelstichen durchbohrt ist. Über die Papierscheibe setzt man einen aus starkem Papier geklebten Hut in Dütenform, welcher durch Bindfaden an dem Tiegel befestigt wird. Diese Vorrichtung setzt man auf ein geheiztes Sandbad. Um den Tiegel herum schichet man den Sand etwas in die Höhe, auch kann man zweckmässig in die Sandschichte einen Thermometer einsetzen. Man leitet die Erwärmung der Sandschichte so, dass ihre Temperatur zwischen 160—180° bleibt. Steigt die Temperatur erheblich über 180° hinaus, so fällt die Benzoësäure sehr stark gefärbt und brenzlich aus. Nach 5 bis 6 Stunden ist die Sublimation beendigt; man nimmt alsdann den Apparat auseinander und sammelt die in dem Papierhute befindlichen Benzoësäure-Krystalle. Die über dem Tiegel angebrachte Scheibe von durchlöchertem Filtrierpapier hat den Zweck, das Zurückfallen von Benzoësäure-Krystallen in den Tiegel zu verhindern. Ausbeute 15—25%.

Zur Sublimation eignet sich nur zimmtsäurefreie (Siam-, Palembang-) Benzoë!

Die sublimierte Benzoësäure, auch Benzoëblumen (Flores Benzoës) genannt, ist reine Benzoësäure, welche mit riechenden Stoffen beladen ist. Von diesen sind nachgewiesen: Benzoësäure-Methylester, Benzoësäure-Benzylester, Vanillin, Guajacol und noch andere Riechstoffe. Die Benzoësäure bildet seidenglänzende Nadeln oder Blätter, ist farblos bis gelblich oder bräunlichgelb, von angenehmem, nicht brandigem, an Vanillin erinnerndem Geruch und aromatischem, stark kratzendem Geschmack. Wegen des Gehaltes an ätherischem Oel schmilzt das Präparat schon in siedendem Wasser. Sublimierte Benzoësäure ist, vor Licht und Luft geschützt, in gut verschlossenen Gefässen aufzubewahren.

Sublimierte Benzoësäure kann in der Parfümerie sowohl als Riechstoff wie auch wegen ihrer gährungs- und fäulniswidrigen Wirkung zur Verhinderung des Ranzigwerdens von Fetten verwendet werden, zu welch' letzterem Zwecke übrigens die billigere nicht sublimierte, schwach riechende Benzoësäure sich ebenfalls .eignet. — Diese schwach riechende Benzoësäure wird im Grossbetriebe zumeist künstlich aus Toluol dargestellt. Bildet farblose, glänzende Nadeln oder Blätter, in reinem Zustande wenig riechend, die aus Pferdeharn dargestellte manchmal von schwach urinähnlichem Geruch. Der Schmelzpunkt liegt bei 120—121°, der Siedepunkt bei 249 bis 250°; sie sublimiert bei 150°, mit Wasserdämpfen ist sie flüchtig. Die Dämpfe der Benzoësäure reizen heftig die Schleimhäute. Sie ist löslich in 15 Teilen siedendem oder 380 Teilen kaltem Wasser, ferner in 2 Teilen Alkohol oder 3 Teilen Aether; leicht löslich in fetten und ätherischen Oelen.

Benzoësäure-Methylester.

Dieser künstliche Riechstoff kommt unter dem Namen „Niobeöl" in den Handel.

1. Darstellung. 1 Teil Holzgeist (Methylalkohol) wird mit 3 Teilen Schwefelsäure gemischt und mit 4 Teilen Benzoësäure einige Stunden gelinde erwärmt (ca. 100°). Auf Zusatz von Wasser scheidet sich der entstandene Ester als Oelschicht ab, die von der wässerigen Flüssigkeit getrennt und im Wasserdampfstrome rektifiziert wird.

2. Darstellung nach *Erdmann:* Eine Mischung von 200 g durch Schmelzen in einer bedeckten Porzellankelle entwässerter Benzoësäure mit Methylalkohol wird mit Salzsäuregas gesättigt und dabei in dem Masse, als die Säure in Lösung geht, allmählich noch 300 g geschmolzene Benzoësäure zugegeben. Es bilden sich zwei Schichten; man giesst das Reaktionsprodukt nach einiger Zeit auf Eis, wäscht das abgeschiedene Oel mit Sodalösung, trocknet mit Chlorcalcium und destilliert. Ausbeute 400 g innerhalb 10 Graden übergehender Ester.

3. Ansätze nach *Charabot* bei Verfahren No. 1.

1 Teil Holzgeist (Methylalkohol),
2 Teile Schwefelsäure oder Salzsäure,
2 Teile Benzoësäure.

Niobeöl ist eine farblose, stark lichtbrechende Flüssigkeit von angenehmem, aromatischem Geruch. Spez. Gew. 1.088; Sp. 199⁰ C.

In der Parfümerie häufig verwendet.

Benzoësäure-Aethylester.

. Eine dem Niobeöle sehr ähnliche Flüssigkeit, auch Benzoëäther genannt.

Darstellung nach *Erdmann*. In einem Dreiliterkolben, welcher mit Steigrohr versehen ist, werden zu 1 Liter 96⁰/₀igem Alkohol rasch 400 g gewöhnliche 95⁰/₀ige Schwefelsäure zugegeben. Das Gemisch erwärmt sich. Ohne Rücksicht hierauf wird sodann 1 kg geschmolzene, grob gepulverte Benzoësäure eingetragen und 10—12 Stunden auf dem Wasserbade oder Gasofen erwärmt. Nach 1—1¹/₂ Stunden ist die Benzoësäure gelöst und es haben sich zwei Schichten gebildet, welche wiederholt kräftig durcheinander zu schütteln sind. Nach beendeter Reaktion trennt man die beiden Schichten. Die untere, aus Schwefelsäure und wenig Ester bestehende Flüssigkeit wird mit 1 l Wasser verdünnt und nach dem Absitzen der aufschwimmende Ester zu der Hauptmenge des Esters, welcher die obere Schichte ausmacht, hinzugegeben. Die ganze Menge des Esters wird nun zur Entfernung des Alkohols und etwaiger Schwefelsäure mit Wasser, dann mit 2 Liter 2⁰/₀iger Sodalösung und schliesslich noch zweimal mit Wasser ausgewaschen. (Das sodahaltige Waschwasser ist zu untersuchen, ob mit Salzsäure ein Niederschlag von Benzoësäure entsteht, die sich der Aethylierung entzogen hat, was teils an nicht genügendem Umschütteln, teils an zu geringer Reaktionsdauer liegen kann). Der ausgewaschene Ester wird mit Chlorcalcium getrocknet und fraktioniert. Es geht fast alles zwischen 210—215⁰ über. Ausbeute ca. 950 g.

Der Ester ist eine farblose Flüssigkeit von aromatischem Geruch. Spez. Gew. 1.0502; Sp. 212⁰ C.

Findet in der Parfümerie Verwendung.

Benzaldehyd (Künstliches Bittermandelöl).

Benzaldehyd ist im Amygdalin der bitteren Mandeln enthalten, aus dem er abgeschieden als echtes Bittermandelöl in den Handel kommt.

Künstlich wird er durch Oxydation von Benzylchlorid mit Blei- oder Kupfernitrat, oder durch Erhitzen von Benzylidenchlorid mit Wasser auf 150—160⁰ C. dargestellt.

Benzaldehyd ist eine farblose, stark lichtbrechende, bei 179⁰ C. siedende, nach gekauten Mandeln riechende Flüssigkeit, die mit dem Mirbanöl (Nitrobenzol) nicht zu verwechseln ist. Benzaldehyd ist im Gegensatz zu dem blausäurehaltigen echten Bittermandelöle nicht giftig. Benzaldehyd des Handels enthält in der Regel chlorhaltige Körper, doch wird in neuerer Zeit auch ein garantiert absolut chlorfreies künstliches Bittermandelöl (zuerst von *Heine & Co.* dargestellt) in den Handel gebracht, welches das echte Oel in jeder Beziehung ersetzen kann. Spez. Gew. 1.053 bei 15 ° C.; Sp. 180° C.

Benzaldehyd wird ebenso wie echtes Bittermandelöl häufig verfälscht, hauptsächlich mit Alkohol, Mirbanöl, billigeren ätherischen Oelen (Cedernholzöl) etc. Auf Alkohol prüft man, indem man einige Tropfen des Oeles in Wasser fallen lässt; die sofort untersinkenden Tropfen sind bei Gegenwart von Alkohol weiss, trübe, undurchsichtig, bei reinem Oel hingegen klar. Eine Verfälschung durch Mirbanöl erkennt man, indem man 17 cm^3 Alkohol von 90°/o mit 17 cm^3 destilliertem Wasser versetzt (also 34 cm^3 Alkohol von 45°/o) und dieses Gemisch mit 2 cm^3 des zu untersuchenden Oeles in einem Reagensglase durcheinander schüttelt; reiner Benzaldehyd löst sich sofort klar auf; ist Mirbanöl vorhanden, so setzt sich dieses in schweren Tropfen am Boden des Glaszylinders ab. Reiner Benzaldehyd (2 Tropfen) muss sich auch in Wasser (100 bis 120 Tropfen) klar lösen, anderenfalls ist das Oel verdächtig. Ob Benzaldehyd chlorhaltig ist oder nicht, prüft man wie folgt: Man bringt ein Stück fidibusartig zusammengefaltetes, mit einigen Tropfen des zu untersuchenden Benzaldehydes getränktes Filtrierpapier in einen kleinen Porzellantiegel, der in einer grösseren (ca. 20 cm Durchmesser) Porzellanschale steht, und zündet das Papier an. Dann wird ein bereit gehaltenes, etwa 2 Liter fassendes, innen mit destilliertem Wasser benetztes Becherglas schnell darübergestülpt. Die Verbrennungsgase (Salzsäure), die vom brennenden Papier aufsteigen, schlagen sich an den Wänden des Becherglases nieder und werden mit wenig destilliertem Wasser auf ein kleines Filter gespült. Das Filtrat darf nach Zusatz von Silbernitratlösung keine Trübung, noch viel weniger aber einen Niederschlag von Chlorsilber geben. Absolut chlorfreier Benzaldehyd gibt niemals diese Chlorreaktion.

Benzaldehyd geht noch leichter als das blausäurehaltige echte Bittermandelöl durch den Luftsauerstoff in Benzoësäure über. Ein Zusatz von 10°/o Alkohol wirkt konservierend. (Nicht mehr davon!)

Benzaldehyd, ganz besonders der chlorfreie Benzaldehyd kann in der Parfümerie statt des echten Bittermandelöles verwendet werden.

Benzylacetat.

Ist ein wesentlicher Bestandteil sowohl des echten wie auch des künstlichen Jasminöles.

Wird durch Acetylierung des Benzalalkohols erhalten.

Bildet eine farblose Flüssigkeit von angenehmem, fruchtätherähnlichem Geruche. Spez. Gew, 1.057; Sp. 206° C.

Es kann in der Parfümerie benützt werden. (Siehe auch bei künstl. Jasminöl.)

Benzylalkohol.

Ebenfalls ein wichtiger Bestandteil des Jasminöles.

Darstellung. 100 g Benzaldehyd werden in einer Stöpselflasche mit einer kalten Lösung von 90 g festem Aetzkali in 60 g Wasser bis zur bleibenden Emulsion geschüttelt und die Mischung 15—20 Stunden stehen gelassen. (Gefäss hiebei mit Korkstöpsel schliessen.) Dabei erstarrt dieselbe durch Ausscheidung von Kaliumbenzoat. Man fügt zu dem abgeschiedenen Krystallbrei Wasser bis zur Lösung der Krystalle zu, wobei auch der Benzylalkohol in klare Lösung geht. Die Flüssigkeit wird deshalb direkt mit Aether mehrmals ausgeschüttelt (ev. auch mit Natriumbisulfit), der Aether abdestilliert und das Oel ohne weitere Behandlung fraktioniert. Sp. 206°. Ausbeute ca. 90% der Theorie.

Benzylalkohol ist eine farblose, schwach aromatische Flüssigkeit, leicht löslich in Alkohol.

Kann in der Parfümerie verwendet werden. (Siehe auch bei künstl. Jasminöl.)

Borneol und Isoborneol.

Das echte Borneol (Rechts-Borneol, Borneo-Campher, Baros-Campher, Sumatra-Champher, malayischer Campher) ist sowohl in freiem Zustande, wie auch als Ester (der Essig-, Valerian- u. a. Säuren) in vielen anderen ätherischen Oelen aufgefunden worden. Hauptsächlich kommt es frei in den Rissen und Höhlungen und auch unter der Rinde von Dryobalanops aromatica, eines auf Borneo und Sumatra einheimischen Baumes, vor, aus dem es auch gewonnen wird. Da aber dieses echte Borneol fast nie nach Europa gelangt, weil es an Ort und Stelle von den Eingeborenen verbraucht wird, ist man bei uns auf eine künstliche Darstellung angewiesen, zu welchem Zwecke sich am vorzüglichsten der ihm verwandte Laurineencampher eignet. Es gibt verschiedene Methoden, von denen die nachfolgende die bequemste sein dürfte.

50 g Campher werden in einem geräumigen Kolben in 500 cm³ Alkohol von 96⁰/₀ gelöst und der Kolben an einem Rückflusskühler mit weitem Kühlrohr befestigt, durch welches man nach und nach 60 g kleingeschnittenes metallisches Natrium in den Alkohol einträgt. Die Operation soll etwa eine Stunde in Anspruch nehmen und soll die eintretende freiwillige Erwärmung der Flüssigkeit nicht durch Abkühlung herabgedrückt werden; vielmehr ist es bei schliesslicher Verlangsamung der Reaktion zweckmässig, durch Hinzufügung von 50 cm³ Wasser, wobei der Kolbeninhalt stark umgeschüttelt werden muss, die Auflösung der letzten Quantitäten Natrium zu beschleunigen. Wenn alles Natrium verbraucht ist, giesst man das Produkt in 3—4 l kaltes Wasser, sammelt nach dem Absetzen das ausgeschiedene Borneol auf einem Koliertuch und befreit es durch Waschen mit Wasser möglichst vom anhaftenden Alkali. Die auf ungebrannten Tellern getrocknete Masse wird schliesslich aus leichtsiedendem Petroläther umkrystallisiert. Das erhaltene Endprodukt besteht aus 80⁰/₀ Borneol und 20⁰/₀ Isoborneol; denn, nach welchem Verfahren immer man arbeitet, reines Borneol erhält man nie; die Produkte sind immer nur Gemenge von Borneol und Isoborneol.

Künstliches Borneol bildet grosse, wasserhelle Krystalle in Tafeln oder Blättern, die bei 206—208⁰ schmelzen und einen angenehmeren Geruch besitzen als gewöhnlicher Campher. In Alkohol ist es löslich.

Isoborneol ist dem Borneol sehr ähnlich. Wird durch Erwärmen von Campher mit Eisessig und Schwefelsäure und Verseifung des entstandenen Isobornylacetats dargestellt. Auch sein Geruch ähnelt dem Borneol.

Sowohl Borneol wie Isoborneol können in der Parfümerie vorteilhaft verwendet werden.

Bornylacetat (Essigsäure-Bornylester).

Ist der Träger des Geruches der Fichtennadelöle. Im Grossbetriebe wird es nur künstlich, zumeist aus Borneol dargestellt, indem dasselbe in Lösung mit wasserfreier Essigsäure bei Gegenwart geringer Mengen Schwefelsäure erhitzt wird. Der entstandene Ester wird unter vermindertem Druck destilliert. Sp. 106—107⁰ C. bei 15 mm Druck.

Bornylacetat bildet farblose Krystalle, die schon bei 29⁰ C. schmelzen. Spez. Gew. 0.991 bei 15⁰ C. Leicht löslich in Alkohol und Aether. Der Geruch ist angenehm balsamisch.

Bornylacetat wird in der Parfümerie als »künstliches Fichtennadelöl« manchmal statt der echten Fichtennadelöle verwendet; es ist ungefähr zwanzigmal so stark als letztere.

Cassieblütenöl, künstlich.

Die Darstellung eines künstlichen Cassieblütenöles (Akazien-blütenöles) ist der Firma *Schimmel & Co.* in Miltitz durch D. R. P. 139 635 vom 17. Juli 1902 geschützt worden.

In dem ätherischen Oele der Akazienblüte waren bisher Salicylsäuremethylester und Benzylalkohol nachgewiesen worden. Es gelingt jedoch nicht mit diesen Stoffen allein durch Ver-mischung ein Produkt zu erhalten, welches dem natürlichen Cassieblütenöl gleichwertig ist. Untersuchungen haben viel-mehr ergeben, dass für das Zustandekommen des Cassieblüten-aromas noch weitere Körper von Wichtigkeit sind, nämlich Linalool, Geraniol, Terpineol, Jonon, Iron, Cuminaldehyd und Decylaldehyd. Von besonderem Einflusse ist der Cuminaldehyd.

Die Patentansprüche schützen: 1. Verfahren zur Dar-stellung von künstlichem Cassieblütenöl (Akazienblütenöl), da-durch gekennzeichnet, dass man einem Gemisch von Salicyl-säuremethylester und Benzylalkohol die folgenden Stoffe: Linalool, Geraniol, Terpineol, Jonon, Iron und Cuminaldehyd hinzufügt. 2. Eine Ausführungsform des unter 1. geschützten Verfahrens, dadurch gekennzeichnet, dass man den im ersten Anspruch angeführten Stoffen Decylaldehyd oder Octylaldehyd oder No-nylaldehyd hinzusetzt.

Für die Zusammensetzung eines solchen künstlichen Cassie-blütenöles nach Anspruch 1 (also ohne Verwendung von Decyl-aldehyd) gibt die Patentinhaberin folgende Vorschrift:

Salicylsäuremethylester	550	Gew.-T.
Benzylalkohol	200	»
Linalool	·80	»
Geraniol	12	»
Terpineol	28	»
Jonon	20	»
Iron	60	»
Cuminaldehyd	30	»

Diesen Mengen kann man nach Anspruch 2 noch

Decylaldehyd	20	Gew.-T.

zusetzen.

Nach den Mitteilungen der Firma *Haarmann & Reimer* in Holzminden, welche sich ebenfalls mit einer eingehenden Unter-suchung des natürlichen Cassieblütenöles beschäftigt hat, enthält letzteres noch eine ganze Reihe in dem D. R. P. 139635 nicht genannter Bestandteile. Dieselben sind für die Erzeugung des Cassieblüten-Geruches ebenfalls von wesentlicher Bedeutung. Unter diesen Stoffen ist z. B. ein von der Firma *Haarmann & Reimer* neu aufgefundener und »Farnesol« genannter Sesquiterpenalkohol zu erwähnen, für dessen Darstellung und Verwendung Patentschutz nachgesucht ist.

Die Firma *Haarmann & Reimer* bringt bereits seit längerer Zeit ein auf Grund ihrer Untersuchungen hergestelltes »Cassieblütenöl, künstlich« in den Handel, das auf die mehrfache Stärke der natürlichen Produkte eingestellt ist.

Ceylonzimmtöl, künstlich

siehe unter »Zimmtöl, künstlich«.

Citronenöl, künstlich.

Zur Herstellung desselben setzt man nach einem der Firma *Heine & Co.* in Leipzig durch D. R. P. 134788 vom 12. Juli 1901 geschützten Verfahren einem Gemische der bereits im natürlichen Citronenöle nachgewiesenen chemischen Verbindungen (Limonen, Phellandren, Citral, Citronellal, Geraniol, Geranylacetat, Linalool, Linalylacetat) oder einem Gemische dieser Verbindungen mit Ausschluss der beiden erstgenannten Terpene (Limonen und Phellandren) normalen Octylaldehyd oder normalen Nonylaldehyd oder ein Gemisch beider zu. Beispielsweise mischt man 92 Teile Limonen und Phellandren mit 7 Teilen einer Mischung von Citral, Citronellal, Geraniol, Geranylacetat, Linalool und Linalylacetat und fügt hinzu 1 Teil einer Mischung von Nonyl- und Octylaldehyd. Die Menge der letztgenannten Fettaldehyde richtet sich nach Art und Stärke des gewünschten Citronengeruches.

Cumarin.

Das riechende Prinzip der Tonkabohne und des Waldmeisters, kommt aber auch noch in anderen Pflanzen vor.

Cumarin wird entweder aus den Tonkabohnen, oder aber auf künstlichem Wege gewonnen. Im Grossbetriebe bedient man sich vorzugsweise der letzteren Art. Um Cumarin künstlich darzustellen, gibt es verschiedene Methoden, von denen jene von *Perkin-Tiemann-Herzfeld* wohl die bekannteste sein dürfte. Diese ist folgende:

3 Teile Salicylaldehyd, 5 Teile Essigsäureanhydrid und 4 Teile wasserfreies essigsaures Natrium werden im Oelbade einige Stunden bis zum schwachen Sieden am Rückflusskühler gelinde erhitzt. Beim Erkalten erstarrt das Ganze zu einer krystallinischen Masse, aus welcher durch Wasser eine ölige Flüssigkeit, rohes Cumarin, ausgeschieden wird. [Nach dem Original-Verfahren von *Perkin* wurde bei diesem Stadium des

Vorganges die ölige Flüssigkeit, rohes Cumarin, von der wässerigen Flüssigkeit abgeschieden und einfach der Destillation unterworfen. Zuerst geht etwas Essigsäureanhydrid, dann Salicylaldehyd über, schliesslich gegen 290° eine in der Vorlage krystallinisch erstarrende Masse, reines Cumarin, welches dann aus siedendem Wasser oder Alkohol, bei nachheriger Abkühlung, umkrystallisiert oder im Wasserdampfstrome rektifiziert wird]. Das rohe Cumarin wird in Aether gelöst und mit einer schwachen Lösung von kohlensaurem Natrium gewaschen, wodurch vorhandene Acetylcumarsäure aufgenommen wird. Aus der wässerigen Lösung wird die Acetylcumarsäure durch eine andere Säure abgeschieden und dann mit Aether ausgeschüttelt. Aus der ätherischen Lösung krystallisiert beim Verdunsten die Acetylcumarsäure und diese gibt bei gelindem Erhitzen über ihren Schmelzpunkt (146°) Essigsäure ab, während ein Oel zurückbleibt. Dies wird nach dem Erkalten in Aether gelöst, mit verdünnter Sodalösung geschüttelt, um Reste von unveränderter Säure zu entfernen. Die ätherischen Lösungen hinterlassen nach dem Verdunsten krystallisiertes Cumarin. (Da Salicylaldehyd direkt aus Phenol dargestellt werden kann, so kann man bei der Darstellung des Cumarins vom Phenol ausgehen.)

Cumarin bildet farblose, glänzende Blättchen oder rhombische Säulen von angenehmem, Heu ähnlichem Geruche und bitterem, gewürzhaft brennendem Geschmack; schwer löslich in kaltem (1 : 400), leichter in siedendem Wasser (1 : 50), sehr leicht löslich in Alkohol, Aether, ätherischen und fetten Oelen, Vaseline etc. Schmelzpunkt 67°, sublimiert leicht, schon in der Wärme des Wasserbades und siedet unzersezt bei 291° C.

Cumarin wird zuweilen mit Antifebrin verfälscht. Um hierauf zu prüfen, kocht man 0.1 g mit 1 cm³ Salzsäure eine Minute lang und fügt zur klaren Lösung 2 cm³ Carbolsäurelösung (1 : 20), sowie etwas filtrierte Chlorkalklösung. Es soll keine rote Färbung auftreten; eine solche würde durch Antifebrin verursacht werden und alsdann durch Uebersättigung mit Ammoniak in Indigoblau übergehen.

Cumarin findet in der Parfümerie vielfache Verwendung. Der Cumaringehalt von 250 g Tonkabohnen ist gleich 4 g Cumarin.

Geranylacetat.

Wird aus Geraniol auf ähnliche Weise gewonnen wie Linalylacetat aus Linalool (siehe dieses).

Geranylacetat bildet eine farblose Flüssigkeit von sehr angenehmem, an Bergamott, Lavendel und Rosen erinnerndem Geruch. Sp. 128° bei 16 mm Druck.

In der Parfümerie gut verwendbar.

Geranylmethyläther.

Ist ein farbloses Oel von angenehmem, bergamottartigem Geruch, das für die Parfümerie nützlich werden kann.

Heliotropin (Piperonal).

Das riechende Prinzip der Sonnenwende.

Das Heliotropin (Piperonal) wurde früher durch die Oxydation von Piperinsäure, einem Spaltungsprodukt des im Pfeffer enthaltenen Piperins, dargestellt.

Wird künstlich durch Oxydation von Safrol bezw. Isosafrol mit Chromsäuregemisch gewonnen. Der Ansatz ist nach *Ciamician* und *Silber* folgender:

Kaliumbichromat	2500,
Wasser	8000,
Konz. Schwefelsäure	3800,
Isosafrol	500.

Der Vorgang, wobei die Temperatur bis ca. 60° C. steigt, ist genau so wie beim Anisaldehyd. Das durch Wasserdampfdestillation erhaltene Produkt wird dann durch Aether ausgezogen und mit Natriumbisulfit gereinigt, indem das nach dem Abdestillieren des Aethers zurückbleibende Roh-Piperonal abermals in Aether gelöst und die Lösung mit konz. Natriumbisulfitlösung geschüttelt wird; man kühlt sofort ab und presst nach einigen Stunden die Krystalle ab, zerlegt sie durch Zugeben von verdünnter Natronlauge in geringem Ueberschusse und reinigt nochmals durch Destillation mittels Wasserdampf.

Heliotropin bildet farblose, kleine primatische Krystalle von äusserst angenehmem, feinem Geruch und pfefferminzähnlichem Geschmack. In kaltem Wasser ist es fast unlöslich, in warmem Wasser schmilzt es zu einer öligen Flüssigkeit, die auf dem Wasser schwimmt; in Alkohol, Aether und in ätherischen Oelen ist es leicht löslich. Schmelzpunkt 37°; Sp. 263". Unter Einfluss von Licht und Wärme zersetzt sich Heliotropin vollständig, nimmt dann einen unangenehmen Geruch an und wird unbrauchbar, deshalb muss man es im Kühlen und Dunkeln aufbewahren! In den heissen Sommermonaten ist es ratsam, das Heliotropin in spirituöser Lösung vorrätig zu halten. Auch diese alkoholische Lösung ist an einem dunkeln Orte aufzubewahren.

Heliotropin ist für die gesamte Parfümerie von grösster Wichtigkeit.

Aus diesem Grunde und wegen der Empfindlichkeit dieses Stoffes gegen äussere Einflüsse (Luft, Licht), welche naturgemäss bei nicht ganz reiner Ware am grössten ist, muss der Parfümeur ganz besonders darauf achten, dass er nur eine tadellose Qualität verarbeitet. Tatsächlich befinden sich vielfach minderwertige Produkte am Markte. Ja, es kommen sogar häufig Verfälschungen vor.

Hierzu dient, seitdem der Preis durch die Konkurrenz so heruntergedrückt ist, dass er dem Fabrikanten kaum mehr einen Nutzen lässt, ebenso wie beim Cumarin, besonders das Acetanilid (Antifebrin). Bei billigen Offerten, welche nicht von erstklassigen Häusern stammen, ist daher Vorsicht am Platze. Ein Heliotropin, das nicht beim Erwärmen auf 37° C. sofort zu einer klaren, fast farblosen Flüssigkeit zusammenschmilzt, ist ohne weiteres verdächtig. Um die Art und die Menge der Verfälschung festzustellen, erwärmt man 10 g Heliotropin mit 50 g Natriumbisulfitlösung 10 Minuten unter Umschütteln auf dem Wasserbade. Nach dem Erkalten der Mischung schüttelt man dieselbe 2—3mal mit Aether aus, trennt den Aether von der Flüssigkeit im Scheidetrichter und gibt denselben durch ein trocknes Filter. Der beim Abdunsten des Aethers bleibende Rückstand gibt sofort die Menge des in 10 g Heliotropin vorhandenen Verfälschungsmittels. Bildet dasselbe eine weissliche Krystallmasse, welche aus heissem Wasser umkrystallisiert weisse Blättchen vom Schmelzpunkt 112° liefert, so war Acetanilid zur Verfälschung verwendet.

Das Heliotropin ist auch der Hauptbestandteil des »Heliotrop amorph«, das den Geruch der Heliotropblüte noch besser wiedergibt, als das reine Heliotropin.

Hyazinth (Jacinthe).

Es kommen mehrere Produkte als künstliches Hyazinthöl in den Handel, die alle ziemlich gut diesen lieblichen Geruch wiedergeben, doch ist über deren genaue Zusammensetzung bisher noch nichts veröffentlicht worden, so dass die eigentliche Komposition dieser Oele noch als ein Geheimnis der betreffenden Fabrikanten betrachtet werden kann.

Indessen sind bereits einige chemische Produkte bekannt, die mehr oder weniger hyazinthartigen Geruch besitzen und diese dürften wohl, vielleicht in Verbindung mit noch einigen anderen aromatischen Estern, die Hauptbestandteile der künstlichen Hyazinthöle bilden. Diese Produkte sind: Styrol (Styrolen), α-Chlor- und α-Bromstyrolen, Zimmtalkohol (Styrylalkohol), Benzylalkohol und vor allem Phenylacetaldehyd, der aller Wahrscheinlichkeit nach das riechende Prinzip der Hyacinthblüte und auch der Hauptbestandteil der künstlichen Hyacinthöle sein dürfte.

Diese Körper dürften in Gemisch mit Terpineol einen hyazinthähnlichen Geruch hervorbringen.

Isoeugenol (künstl. Oeillet).

Der Hauptbestandteil der im Handel unter der Bezeichnung »Oeillet« oder »Gartennelkenblütenöl« vorkommenden Produkte dürfte wohl das Isoeugenol sein, das schon für sich allein einen angenehmen, Gartennelken (Oeillet) ähnlichen Geruch besitzt.

Isoeugenol kommt in der Natur nicht vor, sondern wird nur künstlich aus Eugenol dargestellt. Es gibt hiefür verschiedene Methoden, von denen wir jene von *Tiemann* anführen.

Man erhitzt 12 Teile Aetzkali mit 18 Teilen Amylalkohol und entfernt durch Filtrieren das Kaliumcarbonat, welches unlöslich ist. Nun setzt man 5 Teile Eugenol hinzu und erhitzt im Paraffinbade während 16—18 Stunden bis 140° und treibt dann den Amylalkohol im Wasserdampfstrome ab. Auf Zusatz von sehr verdünnter Schwefelsäure und unter steter Abkühlung durch Eis (welch' letzteres unerlässlich ist, um kein verharztes Produkt zu erhalten) wird das Isoeugenol in Freiheit gesetzt, durch Wasserdampf abdestilliert, im Vacuum rektifiziert und durch Abkühlung krystallisiert.

Isoeugenol ist ein lichtgelbes, dickflüssiges Oel vom Sp. 258—262°; durch Abkühlung geht es in nadelförmige Krystalle über, die bei 34° schmelzen. Es ist wenig in Wasser, leicht in Alkohol und Aether löslich. Spez. Gew. 1.08 bei 16° C.

Isoeugenol wird in der Parfümerie als Oeillet verwendet.

Isosafrol.

Wird vielfach zur Parfümierung billiger Seifen verwendet, da es einen anisähnlichen Geruch besitzt. Ausserdem dient es zur Gewinnung des Heliotropins. (Siehe dieses.)

Isosafrol kommt in der Natur ebenfalls nicht vor, sondern wird künstlich aus Safrol dargestellt.

Darstellung nach *Ciamician* und *Silber.* Man erhitzt auf dem Wasserbade 24 Stunden lang 100 g Safrol mit einer Lösung von 250 g durch Alkohol gereinigten Kalihydrats in 1 l 94%igem Alkohol; hernach setzt man Wasser hinzu, verdampft den Alkohol, schüttelt mit Aether aus, destilliert den Aether ab und trocknet das erhaltene Isosafrol über Chlorcalcium.

Isosafrol ist eine bei 246—251° siedende, farblose Flüssigkeit, löslich in Alkohol und Aether.

Jasmin, künstlich.

Erst in neuester Zeit ist die vollständige Zusammensetzung des Jasminöles von der Firma *Heine & Co.* ermittelt worden. Nach *Hesse* besteht Jasminöl aus:

Benzylacetat	65%
Benzylalkohol	6%
Linalool	15.5%
Linalylacetat	7.5%
Jasmon	3%
Indol	2.5%
Anthranilsäuremethylester	0.5%.

Die genannten Körper geben in Verbindung miteinander den Jasmingeruch nahezu vollkommen wieder.*)

Das Oel ist bräunlichrot infolge seines Gehaltes an Indol, das durch Einwirkung von Licht nachdunkelt.

Ca. 5 g Oel entsprechen der Wirkung von 1 kg Jasminpomade.

Verley hat sich ein Verfahren patentieren lassen, dessen Endprodukt er »Jasmal«**) nannte; dasselbe soll ebenfalls stark nach Jasmin riechen:

50 Teile Phenylglykol, 100 Teile Formaldehyd, 125 Teile Schwefelsäure und 300 Teile Wasser werden auf dem Wasserbade erhitzt. Nach kurzer Zeit scheidet sich ein leichtes Oel ab, das an der Oberfläche der Flüssigkeit schwimmt. Man hebt es ab und destilliert es im Vacuum. Es geht unter 12 mm Druck bei 101° oder unter gewöhnlichem Druck bei 218° über. Wird statt Formaldehyd Acetaldehyd verwendet, so siedet es unter 12 mm Druck bei 103° oder unter gewöhnlichem Druck bei 222° C.

Das nach D. R. P. No. 132425 von *Heine & Co.* dargestellte künstl. Jasminöl besteht aus:

Benzylalkohol	200	T.
Benzylacetat	550	»
Linalylacetat	150	»
Linalool	100	».

---

*) Die Verwendung des Anthranilsäuremethylesters zur Herstellung von Riechstoffen ist patentiert. Siehe näheres unter Neroliöl, künstlich.

**) Nach neueren Untersuchungen ist dieser Stoff indessen entgegen den Angaben *Verley's* im natürlichen Jasminöl nicht enthalten.

Neuerdings verwenden *Heine & Co.* u. a. auch für ihr künstliches Jasminblütenöl einen Zusatz von Indol und Indolderivaten, deren Anwendung zur Herstellung synthetischer Blumengerüche ihnen durch die D. R. P. 139822 und 139869 geschützt wurde. Nach einem in der Patentschrift 139822 angegebenen Beispiel wird ein künstliches Jasminblütenöl von derselben Zusammensetzung und demselben Geruch, wie man es bei der Enfleurage von frischen Jasminblüten gewinnt, erhalten aus:

Benzylacetat	27.5 T.
Jasmon (vgl. D. R. P. 119 890)	1.5 »
Linalylacetat	11.0 »
Linalool	2.5 »
Anthranilsäuremethylester	0.1 »
Benzylalkohol	11.65 »
Indol	1.25 »

Jonon.

Dieser für die Parfümerie äusserst wichtige künstliche Riechstoff, welcher mit dem Iron, dem riechenden Prinzip des Irisöles, isomer ist, wurde von *Tiemann* und *Krüger* im Jahre 1893 entdeckt.

Jonon wird aus Citral dargestellt, indem dieses mit Aceton und Alkalien zu Pseudo-Jonon kondensiert und dieses durch verdünnte Säuren in Jonon übergeführt wird. Wendet man statt verdünnter Säure konzentrierte Schwefelsäure an, so erhält man ebenfalls Jonon (β·Jonon), das aber nicht so fein riecht wie das mit verdünnter Säure erhaltene Jonon (α-Jonon). Uebrigens enthält das Jonon des Handels stets beide Modifikationen, von denen aber das α-Jonon bei weitem überwiegt.

Darstellung des Pseudo-Jonons. (Nach *Tiemann*). In eine Stöpselflasche von 1.5 l Inhalt bringt man 65 cm³ Aceton und 50 cm³ Citral (Geranial) mit 1 l kalt gesättigter Barythydratlösung und lässt unter fleissigem Umschütteln mehrere Tage stehen. Die Reaktionsprodukte nimmt man mit Aether auf und unterwirft nach Abdampfen des Aethers den Rückstand unter vermindertem Druck der fraktionierten Destillation. Die unter 12 mm Druck bei 138—155" übergehende Fraktion fängt man gesondert auf. Hieraus vertreibt man durch einen mässigen Dampfstrom unangegriffenes Citral, unverändert gebliebenes Aceton und flüchtige Kondensationsprodukte und fraktioniert das zurückbleibende Oel nochmals im Vacuum. Die unter 12 mm Druck bei 143—150" siedende Fraktion besteht aus Pseudo-Jonon.

Ein anderes Verfahren ist folgendes: Eine Mischung von

50 Teilen Citral,
30 » Aceton,
50 » konz. Essigsäure (Eisessig),
100 » Essigsäureanhydrid und
150 » Natriumacetat

wird mehrere Stunden zum Sieden erhitzt (oder in einem Autoklaven bis höchstens 110°), das Reaktionsprodukt in Wasser gegossen und die saure Flüssigkeit neutralisiert. Das so erhaltenene rohe Produkt, (Pseudo-Jonon) wird dann auf ähnliche Weise gereinigt wie beim früheren Verfahren, nämlich mit Aether aufgenommen, der Aether verdampft etc.

Pseudo-Jonon ist ein wasserhelles Oel von nicht sehr ausgesprochenem Geruch, verbindet sich nicht mehr mit Natriumbisulfit und hat ein spez. Gew. 0.9054. Es wird durch verdünnte Säuren in Jonon (α-Jonon) übergeführt.

Darstellung des Jonons aus Pseudo-Jonon. Das durch verdünnte Säure aus Pseudo-Jonon dargestellte Jonon enthält grösstenteils α-Jonon neben geringeren Mengen β-Jonon.

Im Oelbade werden 22 cm³ Pseudo-Jonon, 100 cm³ Wasser, 1.5 cm³ konzentrierte Schwefelsäure und 79 cm³ Glycerin (nach einem anderen Ansatz: 20 Teile Pseudo-Jonon, 100 Teile Wasser, 2.5 Teile konzentrierte Schwefelsäure und 100 Teile Glycerin) etwa 100 Stunden bis zum Sieden erhitzt und nach dem Erkalten mit Aether ausgezogen. Das nach Verdampfen des Aethers zurückbleibende Oel wird der fraktionierten Destillation unterworfen und die unter 12 mm Druck bei 125—135° übergehenden Teile gesondert aufgefangen. Das so erhaltene rohe Jonon wird durch fortgesetztes Fraktionieren im Vacuum weiter gereinigt. Reines Jonon siedet unter 12 mm Druck bei 126—132° C.

Diese Darstellungsweise des Jonons wurde der Firma *Haarmann & Reimer* in Holzminden durch D. R. P. No. 73 089 geschützt.

Die genannte Firma hat sich inzwischen durch eine ganze Reihe von Zusatzpatenten zum D. R. P. 73 089 sowie durch Hauptpatente Modifikationen dieses Verfahrens der Jonon-Gewinnung, sowie die Herstellung von geeigneten Ausgangs- und Nebenprodukten schützen lassen. Es würde dem Zweck dieser orientierenden Uebersicht über die künstlichen Riechstoffe zuwiderlaufen, auf die Details dieser Verfahren einzugehen, weshalb ein Hinweis auf die Patentnummern (D. R. P. 75 062, 75 120, 106 512, 108 335, 116 637, 122 466, 123 747, 124 227, 124 228, 126 959, 126 960, 127 424, 127 661, 127 831, 129 027, 130 457, 132 222, 133 145, 133 563, 133 758, 134 672,

138 100, 138 141, 138 939,*) 139 957, 139 958, 139 959) genügen wird.

Das Jonon besteht, wie erwähnt, aus einer Mischung zweier isomerer Ketone. Durch die in den obengenannten Patenten beschriebenen Verfahren ist es nun möglich, nicht nur ein Jonon mit jedem beliebigen Mischungsverhältnis der beiden Komponenten zu erzeugen, sondern auch diese Mischungen in ihre beiden reinen Bestandteile α-Jonon (Jonon A) und β-Jonon (Jonon B) zu zerlegen.

Jonon bildet eine farblose Flüssigkeit. Spez. Gew. 0.9351. Es löst sich leicht in Alkohol und Aether, besitzt einen ungemein intensiven, sehr angenehmen Geruch, welcher an den Duft der Veilchen und zugleich etwas an den der Weinblüte erinnert. In starker Verdünnung tritt der Geruch am deutlichsten hervor. In den Handel kommt es zumeist in 10%iger alkoholischer Lösung.

Das α-Jonon bildet ein farbloses Oel, welches unter 12 mm Druck bei 124—126° siedet und bei 18° ein spez. Gewicht von 0.932 besitzt. Das β-Jonon siedet dagegen unter 12 mm Druck bei 131—133° und hat bei 18° ein spez. Gewicht von 0.945. Beide unterscheiden sich durch die Nüance des Veilchengeruches; das α-Jonon riecht süsser und milder, das β-Jonon dagegen etwas herber. In der Regel wird der Parfümeur das gewöhnliche Jonon verwenden, welches beide Bestandteile in dem vorteilhaftesten, durch Jahre lange Praxis bewährten Verhältnis gemischt enthält; doch hat er es jederzeit in der Hand, durch Benutzung der Einzelbestandteile α-Jonon oder β-Jonon seinen Produkten eine besondere Nüance zu erteilen.

Diesem Zwecke der Nüancierung des Veilchengeruches dienen auch die neueren Veilchenriechstoffe Iraldéine, Neu-Veilchen und Jonarol, welche dem Jonon chemisch nahe verwandt sind und deren Darstellung und Vertrieb ebenfalls durch die obengenannten Patente gesetzlich geschützt ist. Das Iraldéine erinnert im Geruch mehr an das Iron, während Jonarol und Neu-Veilchen durch einen etwas krautartigen Nebengeruch gleichzeitig auch den Geruch des Veilchenkrautes wiedergeben. Man benutzt diese Produkte in Verbindung mit Jonon, indem man in den üblichen Vorschriften einen Teil des Jonons durch eines dieser Präparate ersetzt. Man rechnet für die Herstellung von Veilchenextraits 8—10 g Jonon (einschliesslich Jonarol und Neu-Veilchen) auf 1 Liter Sprit.

---

*) Dies Patent enthält die wesentlichen Bestandteile der seiner Zeit von der Firma *Franz Fritzsche & Co.*, Hamburg, eingereichten Patentanmeldung auf die Darstellung von Veilchenöl. Das Produkt besteht ebenfalls zum grössten Teile aus Jonon, enthält aber etwas mehr β-Jonon als das nach dem Hauptpatent dargestellte. Das Patent ist in Folge eines Uebereinkommens auf die Firma *Haarmann & Reimer* übertragen.

Zuweilen kommt es vor, dass der Geruch des Jonons, besonders an feuchten Tagen, ganz verschwindet, um dann plötzlich wieder vorzudringen, was auch bei den natürlichen Veilchen oft der Fall ist. Diese Erscheinung ist indessen nur eine subjektive. Sie wird durch die zeitweilige Abstumpfung der Nasennerven gegen den Veilchengeruch beim längeren Arbeiten mit Jonon hervorgerufen. Geht der Betreffende in solchem Falle eine kurze Zeit durch die frische Luft und probiert dann im Freien dasselbe Präparat, welches ihm zuvor geruchlos erschien, so wird er sofort wieder den ursprünglichen feinen Veilchengeruch wahrnehmen.

Die unter den verschiedensten Phantasienamen im Handel vorkommenden Veilchenpräparate sind oft nichts anderes als Gemische von Jonon mit anderen, teilweise auch geruchlosen Körpern. So besteht z. B.:

Krystall-Jonon

aus Jonon, in welchem Krystalle von künstlichem Moschus enthalten sind.

Violette concrète,

ein künstlich grün gefärbtes Produkt, aus Amerika stammend, ist ein Gemenge von konkretem Irisöl, künstlichem Moschus und Fettsäuren.

Violetton »B«

entspricht dem β-Jonon.

Violetton »A«

ist ein farbloses, reines α-Jonon.

Für letztere beiden Stoffe hat die Firma *Chuit, Naef & Cie.* in Genf Patente angemeldet und sind ihr solche erteilt wie folgt:

Französisches Patent No. 312790 vom 17. Juli 1901
(Verfahren zur Darstellung von A-Jonon);
Amerikanisches Patent No. 702126 vom 25. September 1901
(Verfahren zur Darstellung von A-Jonon);
Englisches Patent No. 18333 vom 13. September 1901
(ebenfalls für die Darstellung von A-Jonon);
ferner noch:
Französisches Patent No. 326982 (vom 3. Dezember 1902) und
Englisches provisorisches Patent No. 705 vom 10. Januar 1903.

Für Deutschland kollidieren die erwähnten Veilchenriechstoffe mit den Patenten, die der Firma *Haarmann & Reimer,* Holzminden erteilt sind; aus diesem Grunde ist weder Einfuhr, noch auch Verwendung dieser Artikel in Deutschland gestattet. Ein Gleiches gilt vom

Florentinol

der Firma *Chuit, Naef & Cie.*, einem Produkt, welches die aromatischen Bestandteile des konkreten Irisöles enthält.

Andere derartige Produkte werden unter den Bezeichnungen: Jodor, Iralia, Iridine, Iridone, Iridol, Irisone, Irisonone, Irisolette, Viola, Violette, Violol, Violettol, Violettal, Violettan, Violettine, Veilchenöl, Alpenveilchen u. s. w. abzusetzen versucht. Trotz der Mannigfaltigkeit der Namen bestehen doch diese Produkte zum grössten Teil aus Jonon oder den durch obengenannte Patente geschützten, dem Jonon analogen Stoffen. Die gewerbliche Verwendung derselben ist daher in Deutschland gesetzlich verboten.

Linalylacetat.

Der Hauptbestandteil des Bergamott- und Lavendelöles; kommt ausserdem noch in sehr vielen ätherischen Oelen vor. Im Grossbetriebe wird es nur künstlich aus Linalool dargestellt und auch unter dem Namen »Bergamiol« oder »künstliches Bergamottöl« in den Handel gebracht.

Zur Darstellung eignet sich am besten folgendes Verfahren:

Der Ansatz, Linalool 110 Teile, konz. Essigsäure 250 Teile und konz. Schwefelsäure 8 Teile, wird gut durchgerührt und dann bei gewöhnlicher Temperatur (17—25°) einige Stunden der Ruhe überlassen. Hernach setzt man Wasser hinzu; der sich bildende ölige Niederschlag wird von der wässerigen Flüssigkeit getrennt, mit Wasser gewaschen und schliesslich mit Wasserdampf oder im Vacuum destilliert. Sp. unter 11 mm Druck bei 105—106°.

Das erhaltene Produkt ist kein reines Linalylacetat, sondern es enthält auch kleine Mengen Geranylacetat und Terpinhydrat.

Reines Linalylacetat kann man erhalten, wenn man Linalool mit der erforderlichen Quantität Essigsäureanhydrid einige Stunden bis 100° erhitzt, mit Wasserdampf destilliert, mit Soda wäscht und das resultierende Produkt im Vacuum rektifiziert; doch ist die Ausbeute nicht befriedigend.

Linalylacetat ist eine farblose Flüssigkeit von sehr angenehmem Geruch, welche mit Geranylacetat sehr gut den Lavendelgeruch wiedergibt. In der Parfümerie oft verwendet.

Mandarinenöl, künstlich.

Die Anwendung des Methylanthranilsäuremethylesters zur Herstellung synthetischer Blumengerüche ist der Firma *Schimmel & Co.* in Miltitz bei Leipzig durch D. R. P.

125308 vom 20. Juli 1900 ab geschützt worden. Methylanthranilsäuremethylester, der nach dem in der Patentschrift 122568 beschriebenen Verfahren hergestellt wird, ist ein unter 12 mm Druck bei 130⁰ C. siedendes Oel, das in der Kälte erstarrt und bei 25⁰ C. schmilzt; das spezifische Gewicht beträgt 1.168 bei 15⁰ C. Dieser Körper bildet den Geruchsträger des natürlichen Mandarinenöles und kann nach einem in der Patentschrift 125 308 angegebenen Beispiel auch zur Herstellung von künstlichem Mandarinenöl dienen, indem man

d-Limonen	800 g
Dipenten	250 »
Decylaldehyd	1 »
Nonylaldehyd	2 »
Linalool	4 »
Terpineol	3 »
Methylanthranilsäuremethylester	40 »

mit einander vermischt.

Moschus, künstlich.

(Musc, Tonquinol, Musc Baur).

Der künstliche Moschus ist ein rein chemisches Produkt, welches mit dem riechenden Prinzip des echten, tierischen Moschus in chemischer Beziehung nicht nur nicht identisch, sondern nicht einmal verwandt ist. Es gibt zahlreiche Methoden, um künstlichen Moschus darzustellen, von denen die bekannteste jene von *Baur* ist, welche im wesentlichen darin besteht, dass Toluol oder Xylol in Butyltoluol oder Butylxylol und dieses durch Nitrieren in Trinitrobutyltoluol bezw. Trinitrobutylxylol übergeführt wird.

1. Trinitrobutyltoluol.

5 Teile Toluol werden mit 1 Teil Butylbromid (oder Butylchlorid, Butyljodid, Isobutylbromid oder Isobutylchlorid) am Rückflusskühler unter allmählicher Zugabe von ¹/₅ Teil Aluminiumbromid oder Aluminiumchlorid bis ca. 150—160⁰ C. im Oelbade erhitzt. Die Reaktion ist beendet, wenn Brombezw. Chlor- oder Jodwasserstoffsäure aufhört sich zu entwickeln. Nun wird durch Zusatz von Wasser abgekühlt und mit Wasserdampf destilliert. Das Reaktionsprodukt, nebst etwas unverändertem Toluol, schwimmt in der Vorlage als eine farblose, ölartige Flüssigkeit auf dem Wasser, die von demselben getrennt, über Chlorcalcium getrocknet und hernach der fraktionierten Destillation unterworfen wird. Die unter gewöhnlichem Druck bei 170—200⁰ C. übergehenden

Destillate — der Hauptmenge nach aus tertiärem Butyltoluol bestehend — werden gesondert aufgefangen. Dieses Destillat, Butyltoluol, lässt man unter guter Abkühlung in die 9fache Menge eines Gemisches von 1 Teil rauchender Salpetersäure (Dichte 1.52) und 2 Teilen rauchender Schwefelsäure (mit $15^0/_0$ Anhydridgehalt) sorgfältig eintröpfeln, hernach wird das Ganze am Rückflusskühler auf dem Wasserbade 8 bis 9 Stunden auf 100^0 C. erhitzt, das Reaktionsprodukt abgekühlt, in die 6fache Menge kalten Wassers gegossen, wobei es als ein rötlichgelber Kuchen ausfällt, welcher dann mehreremal, bis zur neutralen Reaktion, mit kaltem Wasser gewaschen und hernach in siedendem Wasser geschmolzen, bezw. gelöst wird. Nun lässt man ca. $^1/_4$ Stunde absetzen, giesst das über dem geschmolzenen, abgesetzten Kuchen stehende säurehaltige, warme Wasser ab, wäscht abermals mit kaltem Wasser und krystallisiert schliesslich aus $90^0/_0$igem Alkohol um.

2. Trinitrobutylxylol.

Wendet man statt Toluol das Xylol an, so erhält man als Endprodukt das ebenfalls moschusähnlich riechende Trinitrobutylxylol. Der Vorgang ist mit geringen Abweichungen analog dem vorigen.

Xylol, Isobutylchlorid und Aluminiumchlorid werden ebenfalls im Oelbade bis ca. $150—160^0$ C. erhitzt. Die Reaktion ist beendet, wenn Chlorwasserstoffsäure aufhört sich zu entwickeln. Die Reaktionsprodukte werden in Wasser abgekühlt, mit Wasserdampf destilliert, das abdestillierte Oel fraktioniert destilliert und die unter gewöhnlichem Drucke übergehenden Destillate gesondert aufgefangen, in die 12fache Menge des früher beschriebenen Säuregemisches gebracht — ebenfalls unter steter Abkühlung und tropfenweise — hernach das Ganze am Rückflusskühler auf dem Wasserbade bis ca. $70—75^0$ C. zwei Stunden erhitzt, abgekühlt, in viel Wasser gegossen, mehreremal, bis zur neutralen Reaktion, mit kaltem Wasser gewaschen und — nach analogem Verfahren der Darstellung des Trinitrobutyltoluols — schliesslich aus Alkohol umkrystallisiert.

Wendet man statt Xylol vorteilhafter Meta-Xylol an, so erfolgt die Nitrierung mit dem bekannten Säuregemisch durch 6—9stündiges Kochen.

3. Keton-Moschus.

Die Dinitro-Derivate des Methyl-, Butyryl- oder Valeryl-Ketons von Butyltoluol oder Butylxylol kommen unter dem Namen »Keton-Moschus« in den Handel.

a) Methylketon des Butyltoluols.

Wird erhalten, indem man 1 Teil Butyltoluol in 10 Teilen Schwefelkohlenstoff unter Zugabe von 6 Teilen Aluminiumchlorid auflöst und mit 6 Teilen Acetylchlorid behandelt. Das Reaktionsprodukt, ein angenehm aromatisch riechendes Oel vom Sp. 255—258° liefert durch Nitrierung mit der 10-fachen Menge konz. Salpetersäure bei 0° ein Dinitroderivat von kräftigem Moschusgeruch.

b) Methylketon des Butylxylols.

Wendet man statt Butyltoluol Butylxylol an, so erhält man das Methylketon des Butylxylols, das bei 265° siedet, krystallisiert bei 48° schmilzt und ebenfalls durch Nitrierung mit der 10fachen Menge Salpetersäure (Dichte 1.525) bei niedriger Temperatur ein stark nach Moschus riechendes Dinitro-Derivat liefert.

c) Butyryl- bezw. Valerylketon des Butyltoluols oder Butylxylols

werden erhalten, wenn man bei obigen Vorgängen statt Acetylchlorid, Butyryl- bezw. Valerylchlorid anwendet. Die durch Nitrierung erhaltenen Dinitro-Derivate dieser Ketone besitzen gleichfalls starken Moschusgeruch.

4. Dinitrobutylxylolbromid.

Man lässt tropfenweise und unter mässiger Abkühlung 1 kg Brom in 1 kg Butylxylol, in welch' letzterem auch etwas Jod aufgelöst ist, zufliessen. Nach einiger Zeit bildet das Gemisch eine rötliche Masse, die man mit Wasser versetzt, mit verdünnter Schwefelsäure, hernach mit reinem Wasser wäscht und aus Alkohol umkrystallisiert. Das so erhaltene Butylxylolbromid, welches nadelförmige glänzende Krystalle bildet, bringt man in die 10-fache Menge des früher erwähnten Salpeter- und Schwefelsäure-Gemisches (oder nur Salpetersäure von 98%) und überlässt es der Ruhe. Nach einigen Stunden giesst man das Produkt in Wasser, wäscht es und krystallisiert es mehreremal aus Alkohol um.

Alle diese Sorten bilden weisse, gelblichweisse oder gelbliche, nadelförmige Krystalle, die einen starken Moschusgeruch besitzen. Dieselben sind in Wasser wie in kaltem Alkohol und auch in ätherischen Oelen unlöslich; in warmem Alkohol lösen sie sich zwar auf, krystallisieren nach dem Erkalten aber wieder aus.

Eine 1%ige Lösung in warmem Alkohol zeigt nur einen äusserst schwachen Geruch, der aber bei Verdünnung mit

Wasser alsbald sehr stark hervortritt und bis zu einer Verdünnung von 1 : 3000 an Intensität zuzunehmen scheint. Der Geruch dieser Lösung 1 : 3000 kann durch Kochen mit Aetznatronlösung noch bedeutend verstärkt werden und dies Verhalten ist für die Verwendung der Substanz zum Parfümieren von Seifen äusserst wertvoll. Auch durch Zusatz von ca. 10 Tropfen Ammoniak auf 1 kg einer 1 %igen Moschuslösung tritt der Moschusgeruch kräftiger hervor.

Der künstliche Moschus des Handels wird häufig (bis zu 90 %) mit Acetanilid (Antifebrin) verfälscht. Solche Verfälschung lässt sich wie folgt leicht nachweisen: Da Trinitrobutyltoluol etc. sehr leicht, Acetanilid aber sehr schwer in Petroläther löslich ist, wird der zu untersuchende verdächtige künstliche Moschus etwa zwanzigmal mit kochendem Petroläther ausgezogen. Man erhält dabei eine Lösung der Hauptmenge nach aus Petroläther und wenig künstl. Moschus bestehend, während der ungelöste Rückstand hauptsächlich Acetanilid enthält. Dieser Rückstand wird getrocknet, 7—8 mal aus warmem Wasser umkrystallisiert und durch eine der zahlreichen Reaktionen (mit Chloroform, Salzsäure, Karbolsäure etc.) das Acetanilid darin nachgewiesen.

Will man den effektiven Gehalt eines Produktes an reinem künstl. Moschus bestimmen, so verfährt man wie folgt: 5 g des zu untersuchenden Produktes werden in 10—15 cm^3 konzentrierter Salzsäure am Rückflusskühler erhitzt. Das Reaktionsprodukt wird mehreremal mit Aether ausgezogen, die ätherische Lösung getrocknet und hernach der Aether in einem tarierten Gefässe verdunstet; das Gewicht des Rückstandes ergibt den Gehalt an Moschus in 5 g des untersuchten Produktes.

Die bisher beschriebenen Verfahren liefern alle die unter dem Namen »Musc Baur« bekannten künstl. Moschusprodukte, welche die nunmehr für Deutschland erloschenen Patente ihres Erfinders, des Dr. *Baur* bilden. Nachfolgend führen wir noch zwei andere Patente vor, die ebenfalls die Darstellung von künstl. Moschus zum Gegenstande haben.

Tonquinol. (Patentschrift von Dr. *Fr. Valentiner*). Es werden äquivalente Mengen von Terpentinöl und Isobutylalkohol gemischt und unter Abkühlung in die fünf- bis sechsfache Menge konzentrierter Schwefelsäure eingetragen; nach Verlauf von 1—2 Stunden wird das ganze Gemisch — unter Beobachtung der nötigen Vorsicht — in die fünf- bis zehnfache Menge konz. rauchender Salpetersäure und darauf in viel Wasser gegossen; der gebildete Nitrokörper fällt in hellgelben Flocken aus, wird auf dem Filter gesammelt und bis zur neutralen Reaktion ausgewaschen. Nach dem Trocknen stellt der Körper ein hellgelbes, stark nach Moschus riechendes Pulver dar, welches, bei 70⁰ schmelzend, nach dem Erkalten eine spröde, zerreibliche Masse bildet.

Englisches Patent No. 24568. Terpentinöl, Terpinol, Terpineol, Eucalyptusöl, Bernsteinöl oder eine andere Substanz, welche Terpincharakter besitzt, wird mit Alkohol gemischt und unter Kühlung und stetem Umrühren in Schwefelsäure von 66⁰ Bé. gegossen. Nach weiterem sechstündigen Umschütteln wird das Gemisch in konzentrierte Salpetersäure, welche auf 80° C. gehalten wird, eingetragen. Die ganze Mischung wird dann etwa 4 Stunden lang auf ca. 70⁰ C. erhitzt und nach dem Abkühlen in eine grosse Menge kalten Wassers gegossen. Der gebildete amorphe braune Niederschlag wird abgepresst und getrocknet. Er kann gereinigt werden mit heissem Wasser unter Zermahlen in Pulver und dann durch wiederholte Behandlung mit Petroläther oder einem anderen Lösungsmittel, bis eine hellgelbe, krystallinische Substanz erhalten wird.

Nerol
siehe unter »Geraniol« auf Seite 10.

Nerolin (Yara-Yara, Bromelia).

Unter diesem Namen kommen Produkte in den Handel, die alle entweder der Methyläther oder der Aethyläther des β-Naphtols sind. In der Nomenklatur herrscht eine ziemliche Verwirrung, indessen glauben wir annehmen zu können, dass Nerolin und Yara-Yara als Synonyme für β-Napthol-Methyläther gelten, während Bromelia als Handelsname von β-Naphtol-Aethyläther betrachtet werden kann. Als »Fragarol«, (ein Produkt von Erdbeerengeruch) bezeichnet ein Fabrikant seinen Artikel, der aber ebenfalls nichts anderes als einer der obengenannten Körper sein dürfte.

1. β-Naphtol-Methyläther (Nerolin oder Yara-Yara).

a) Man erhitzt 5 Teile β-Naphtol,

      5 » Methylalkohol,

      2 » konz. Schwefelsäure

einige Stunden (4—8) am Wasserbade unter geringem Drucke bis 125⁰. Nach Abdestillierung des Alkohols wäscht man das Produkt mit Wasser und destilliert das erhaltene Produkt im Dampfstrome; schliesslich wird es aus Aether umkrystallisiert.

b) Nach einem anderen Verfahren wird β-Naphtol-Methyläther auch dann erhalten, wenn β-Naphtol mit Methylalkohol und Jodmethyl ebenfalls einige Stunden am Wasserbade erhitzt, der Alkohol und das Jodmethyl abdestilliert und im übrigen ebenso verfahren wird, wie oben beschrieben.

β-Naphtol-Methyläther krystallisiert in blätterigen, bei 70⁰ schmelzenden, farblosen Krystallen, die einen äusserst starken, beinahe penetranten Geruch besitzen, jedoch in starker Verdünnung angenehm wirken und dann einen entfernt an Neroliöl erinnernden Geruch verbreiten. Sp. 274⁰ unter gewöhnlichem Druck. Schwerlöslich in Alkohol, leicht in Aether.

Kann in der Parfümerie verwendet werden.

2. β-Naphtol-Aethyläther (Bromelia).

a) Wird analog dem β-Naphtol-Methyläther dargestellt. Der Ansatz ist

> 1 Teil β-Naphtol,
> 3 » Aethylalkohol,
> 1 » Salzsäure, chem. rein.

Nach siebenstündigem Erhitzen in geschlossenem Gefäss bis 150⁰ erreicht die Ausbeute 60⁰/o.

b) Das andere Verfahren ist ebenfalls analog dem korrespondierenden bei β-Naphtol-Methyläther, nur nimmt man Bromäthyl statt Jodmethyl und Aethylalkohol statt Methylalkohol.

Der β-Naphtol-Aethyläther krystallisiert aus Alkohol. Schmilzt bei 37⁰; Sp. 274—275⁰. Besitzt ebenfalls einen kräftigen Geruch, der in starker Verdünnung an Akazie erinnert. (Aber nicht an Ananas, wie der Name »Bromelia« es andeutet).

Kann in der Parfümerie ebenfalls verwendet werden.

Neroliöl, künstlich.

Erst in neuester Zeit ist einer der wichtigsten Riechstoffe des Neroliöles entdeckt und derselbe in Verbindung mit anderen Bestandteilen des Oeles als »künstliches Neroliöl« in den Handel gebracht worden.

Dieser neue Riechstoff ist der Anthranilsäuremethylester, welcher bei 24⁰ schmelzende Krystalle bildet, in reinem, konzentriertem Zustande sogar unangenehm riecht und erst in sehr grosser Verdünnung an den lieblichen Orangenblütenduft erinnert.

Anthranilsäure (Orthoamidobenzoësäure) wurde früher aus Indigo durch Erhitzen mit Kalihydrat und Braunstein erhalten; jetzt wird sie durch Reduktion aus Ortho-Nitrobenzoësäure mit Zinn und Salzsäure oder durch Oxydation von Acet-Ortho-Toluidin mit Kaliumpermanganat und durch Erhitzen des resultierenden Produktes mit Salzsäure dargestellt. Anthranilsäure wird dann durch Kondensation mit reinem Methylalkohol in Anwesenheit von Säuren in ihren Methylester übergeführt.

Das hier beschriebene sowie andere Darstellungsverfahren des Anthranilsäuremethylesters, ebenso die Anwendung dieses

Esters zur Herstellung von künstlichen Riechstoffen sind durch die D. R.-P. Nr. 110386, 113942, 120120, 122290 und entsprechende Auslandspatente geschützt, welche von deren Inhabern *(E.* und *H. Erdmann)* auf die *Actien-Gesellschaft für Anilin-Fabrikation* in Berlin·übertragen wurden. Die Verwendung des Anthranilsäuremethylesters in der Parfümerie ist daher nur mit der Licenz obiger Firma bezw. durch Bezug des von ihr fabrizierten Esters gestattet. In den von der *Actien-Gesellschaft für Anilin-Fabrikation* in den Handel gebrachten künstlichen Riechstoffen Irolène, Narcéol und Amanthol spielt ebenfalls der Anthranilsäuremethylester eine Rolle.

Die genaue Zusammensetzung des künstl. Neroliöles ist derzeit noch ein Geheimnis der Fabrikanten, doch dürfte man durch eine passende Mischung von Geraniol, Geranylacetat, Linalool, Linalylacetat, Anthranilsäuremethylester und etwas Limonen (oder Citronenöl) und β-Naphtolmethylaether der Zusammensetzung nahe kommen.

In der bereits beim künstlichen Jasminöl erwähnten Patentschrift 139822 gibt die Firma *Heine & Co.,* Leipzig als 2. Beispiel folgendes an:

Herstellung künstlichen Orangenblütenöles.

Ein auf Grund bekannter, analytischer Untersuchungen des Neroliöles [*Tiemann* und *Semmler,* Ber. d. D. chem. Ges. XXVI (1893), 2711; *Walbaum,* Journ. f. prakt. Chemie, Bd. LIX (1899), 350; *E.* und *H. Erdmann,* Ber. d. D. chem. Ges. XXXII (1899), 1213] und unserer eigenen Untersuchungen zusammengesetztes Gemisch von Limonen, Linalool, Linalylacetat, Geraniol, Anthranilsäuremethylester, Phenyläthylalkohol wird mit 0.30% Indol versetzt.

Das künstliche Neroliöl soll sowohl in wissenschaftlicher wie auch in praktischer Beziehung mit dem echten Neroliöle identisch sein.

Nitrobenzol (Mirbanöl).

Wird manchmal fälschlich als »künstliches Bittermandelöl« bezeichnet.

Darstellung. Sorgfältig rektifiziertes, reines Benzol (Sp. 80 bis 81°) wird in einem mit Rührapparat versehenen eisernen Kessel in der Weise nitriert, dass man auf 80 Teile Benzol ein Gemisch von 105 Teilen Salpetersäure (spez. Gew. 1.4) und 160 Teilen konz. Schwefelsäure so einfliessen lässt, dass der Einlauf 12 Stunden dauert und etwas Benzol in Ueberschuss bleibt. Während dieser Zeit und noch 12 Stunden nachher muss das Rührwerk fortwährend laufen. Das bei nachfolgendem Stehen sich von der Säure scheidende rohe Nibrobenzol wird wiederholt mit Wasser in einem Apparat destilliert, bei welchem das mit dem Nitrobenzol übergegangene Wasser fortwährend in die Blase zurückfliesst. (Für sich allein destilliert würde das Nitrobenzol explodieren). Reines Nitrobenzol geht bei 210—211⁰ über.

Nitrobenzol bildet ein farbloses, gewöhnlich jedoch ein gelbliches Oel vom spez. Gew. 1.208, riecht äusserst stark, stechend scharf nach Bittermandelöl, schmeckt brennend, ist giftig, entzündet sich und explodiert sehr leicht (Vorsicht), erstarrt bei + 3⁰; Sp. 210—211⁰. Ist leicht löslich in Alkohol, Aether, fetten und ätherischen Oelen, kaum in Wasser, und dient in der Parfümerie ausschliesslich zur Parfümierung von ganz billigen, ordinären Mandelseifen.

Rosenöl, künstlich.

Die als künstliches Rosenöl bezeichneten Handelsprodukte dürften nichts anderes als Gemische von Citronellol, Geraniol, Linalool, Citral und Phenyläthylalkohol sein. Ihre vollkommene Zusammensetzung ist derzeit noch ein Geheimnis der Fabrikanten.

Nach dem D. R. P. 126736 von *Schimmel & Co.* in Leipzig wird ein künstl. Rosenöl wie folgt dargestellt: Einer Mischung von Geraniol, Citronellol, Phenyläthylalkohol und Citral werden Aldehyde der Methanreihe mit 7—10 Kohlenstoffatomen und Linalool zugesetzt. Beispielsweise hat sich folgende Mischung bewährt:

80 T. Geraniol,
10 » Citronellol,
2 » Linalool,
1 » Phenyläthylalkohol,
0.5 » Oktylaldehyd,
0.25 » Citral.

Salicylaldehyd (Salicylige Säure).

Ist in dem aus den Blüten und dem Kraute von Spiraea ulmaria gewonnenen Oele enthalten, aus dem er abgeschieden werden kann, doch wird er im Grossbetriebe zumeist durch Oxydation aus Salicin (oder Saligenin) mit Chromsäuregemisch, oder aus Phenol durch Einwirkung von Chloroform und Alkali nach der *Tiemann-Reimer'*schen Reaktion synthetisch dargestellt.

1. Darstellung aus Salicin.

Ein Gemisch von 3 Teilen Salicin und 3 Teilen Kaliumbichromat übergiesst man in einer Retorte mit 24 Teilen Wasser, fügt 4.5 Teile konz. Schwefelsäure, welche mit 12 Teilen Wasser verdünnt wurde, hinzu, wobei sich die Temperatur plötzlich auf 60—70⁰ erhöht; man beendigt die Operation, indem man gelinde erhitzt und schliesslich destilliert. Der Salicylaldehyd befindet sich am Boden des Destillats, aus dem er mit Aether ausgezogen wird.

2. Darstellung aus Phenol.

Sie ist die üblichere.

10 Teile Phenol werden mit einer Lösung von 20 Teilen Natronhydrat (Aetznatron) in 35 Teilen Wasser gemischt, die Lösung in einem Kolben, der mit Rückflusskühler verbunden ist, auf 50—60⁰ auf dem Wasserbade erwärmt, und bei dieser Temperatur dann allmählich durch das Kühlrohr 15 Teile Chloroform in kleinen Portionen eingetragen. Unter lebhafter Reaktion färbt sich die anfangs schwachgelbe Flüssigkeit violett und zuletzt tiefrot. Nachdem alles Chloroform eingetragen, wobei sich die Flüssigkeit anfangs freiwillig bedeutend erhitzt, erwärmt man $^1/_2$ Stunde am Rückflusskühler und destilliert dann das unzersetzt gebliebene überschüssige Chloroform ab. Die wässerige Lösung wird jetzt mit verdünnter Schwefelsäure angesäuert und mit Wasserdampf solange destilliert, als noch eine erhebliche Menge von Oeltropfen übergeht. Das Gesamtdestillat, welches Phenol und Salicylaldehyd enthält, wird mit Aether extrahiert und die etwas eingedampfte ätherische Lösung mit einer konz. Lösung von Natriumbisulfit längere Zeit kräftig durchgeschüttelt. Hiebei scheidet sich die Verbindung von Salicylaldehyd und Bisulfit in feinen glänzenden Krystallblättern ab, welche häufig die ganze Flüssigkeit breiartig erfüllen. Das Phenol bleibt in dem Aether gelöst. Wenn eine Probe der ätherischen Flüssigkeit, mit wenig Natriumbisulfit geschüttelt, keine Krystalle mehr abscheidet, wird die ganze Masse filtriert, abgepresst und zur vollständigen Entfernung der phenolhaltigen Aetherlösung mit Alkohol gewaschen. Die reinen Krystalle werden dann mit verdünnter Schwefelsäure in der Wärme zersetzt, der Salicylaldehyd mit Aether aufgenommen, nach Verdampfen des letzteren mit Chlorcalcium getrocknet und destilliert. Sp. 196⁰. Ausbeute ca. 17—25⁰/₀ von dem angewandten Phenol.

Salicylaldehyd ist eine farblose, stark lichtbrechende, ölige Flüssigkeit von einem Geruche, der an den des Bittermandelöles erinnert. Er erstarrt bei —20⁰, siedet bei 196⁰, ist in Wasser schwer-, in Alkohol und Aether leichtlöslich und hat ein spezifisches Gewicht von 1.173.

Als Riechstoff dürfte er in der Parfümerie wohl selten verwendet werden, dient aber vorzugsweise zur Darstellung des Cumarins.

Salicylsäure-Methylester (Künstliches Wintergrünöl).

Ist der Hauptbestandteil und Träger des Geruches des echten Wintergrünöles, wie auch des Birkenrindenöles von Betula lenta.

Künstlich wird er dargestellt, indem man ein Gemisch von 2 Teilen Salicylsäure, 2 Teilen absolutem Methylalkohol und 1 Teil Schwefelsäure von 66° Bé. 24 Stunden lang am Rückflusskühler erhitzt und hernach der Destillation mit Wasserdampf unterwirft. Die sich abscheidende Oelschicht wird sehr sorgfältig mit Wasser gewaschen, hierauf trocknet man sie durch Schütteln mit entwässertem Natriumsulfat und filtriert. Sp. 224°. Er ist eine farblose Flüssigkeit von angenehmem Wintergrüngeruche. Spez. Gew. bei 15° C. 1.1818. Ersetzt in der Parfümerie in jeder Beziehung das echte Wintergrünöl.

Mit dem Salicylsäure-Methylester ist nahe verwandt der

Salicylsäure-Aethylester.

Er wird gewonnen, indem man ein Gemisch von 2 Teilen absolutem Alkohol, 1.5 Teilen Salicylsäure und 1 Teil Schwefelsäure von 66° Bé. der Destillation unterwirft. Erst geht ein Teil des Alkohols, dann ein Gemisch von Alkohol und Salicylsäure über, schliesslich die letzten Destillate, die grösstenteils aus Salicylsäure-Aethylester bestehen. Man unterbricht die Destillation, wenn man bemerkt, dass bereits die Schwefelsäure übergeht. Man wäscht das Produkt mit schwach ammoniakhaltigem Wasser, trocknet über Chlorcalcium und rektifiziert.

Dieser Ester ist ebenfalls eine farblose Flüssigkeit, schwerer als Wasser, von einem angenehmen, ebenfalls dem Wintergrünöl sehr ähnlichen Geruch. Sp. 230°.

Dürfte in der Parfümerie verwendet werden.

Salicylsäure-Amylester.

Der Salicylsäure-Amylester wird seit einiger Zeit vielfach zur Herstellung des Klee-Parfüms benutzt und bildet daher den Hauptbestandteil der unter der Bezeichnung Orchidée, Orchidol oder Tréfol, Tréfoline, Tréfolia im Handel erhältlichen Präparate.

Die Darstellung erfolgt auf eine ähnliche Weise, wie dies bei dem Salicylsäure-Methylester beschrieben ist; doch muss auf die Reinigung des Produktes eine ganz besondere Sorgfalt verwendet werden, da unreine Produkte einen unangenehmen brenzlichen Nebengeruch besitzen, welcher die damit hergestellten Parfüms unverkäuflich macht.

Terpineol.

Im Handel unterscheidet man das feste und das flüssige Terpineol. Während das feste Terpineol ein einheitliches chemisches Individuum ist, besteht das flüssige Produkt aus einer Mischung zweier isomerer Substanzen, nämlich dem genannten festen Terpineol, das bei 35° schmilzt, und einem zweiten Terpineol, dessen Schmelzpunkt im reinen Zustande bei 32° liegt. Obwohl diese beiden Bestandteile des Terpineols jeder für sich fest sind, bildet doch ihre Mischung ein flüssig-bleibendes, wenn auch dickliches Oel.

Das bei 35° schmelzende Terpineol ist bisher allein in natürlichen ätherischen Oelen nachgewiesen; es ist jedoch nicht ausgeschlossen, dass auch der zweite Bestandteil des flüssigen Terpineols in der Natur vorkommt.

Das sogenannte feste Terpineol wird aus dem Cajeputöl durch fraktionierte Destillation und Ausfrieren gewonnen. Der Geruch des festen Terpineols ist dem des flüssigen Produktes keineswegs überlegen, woraus hervorgeht, dass der bei 32° schmelzende Bestandteil des flüssigen Terpineols den gleichen Wert als Riechstoff besitzt wie jenes.

Die Darstellung des flüssigen Terpineols, das in grossen Mengen in der Parfümerie verwendet wird, erfolgt aus dem Terpentinöl und zwar entweder auf dem Umwege über das Terpinhydrat oder direkt nach dem *Bertram*'schen Verfahren.

Die Verfahren zur Darstellung aus dem Terpinhydrat sind Modifikationen der von *Wallach* beschriebenen Methode und beruhen auf der Einwirkung der verdünnten Säuren. Bei-spielsweise werden 100 g Terpinhydrat in einem mit abstei-gendem Kühlrohr verbundenen Kolben mit 200 cm³ 20%iger Phosphorsäure (spez. Gew. 1.12) auf freiem Feuer zum Sieden erhitzt und in die siedende Flüssigkeit Wasserdampf geleitet. Es beginnt bald ein wasserhelles Oel überzugehen; man destil-liert solange, als sich noch Oeltropfen zeigen. Dann trennt man das übergegangene Oel im Scheidetrichter vom Wasser, trocknet mit Chlorcalcium und rektifiziert durch Destillation (ev. unter vermindertem Druck). Der Vorlauf (Terpinen Sp. 179—182° und Terpinolen Sp. 185—190°) wird gesondert aufgefangen, bis sich das Thermometer auf konstante Temperatur einstellt. Terpineol geht dann von 210—218° über und wird bei noch-maliger Rektifikation bei 215—218° rein erhalten. Statt mit Phosphorsäure kann die Spaltung des Terpinhydrates auch mit verdünnter Schwefelsäure (1:1000) ausgeführt werden.

Das Ausgangsmaterial selbst, das Terpinhydrat, wird haupt-sächlich aus Terpentinöl gewonnen, indem man 4 l Terpentinöl, 3 l Alkohol (80") und 1 l Salpetersäure (1.25) in flachen, offenen Gefässen an einem kühlen Orte der Ruhe überlässt. Nach Verlauf von 4—6 Wochen haben sich ca. 250 g farblose Krystalle, Terpinhydrat, abgesetzt; nach noch längerer Zeit kann man sogar eine Ausbeute von 1 kg. erreichen.

Darstellung von Terpineol nach *Bertram* und *Walbaum* (D. R. P. 67 255). In ein Gemisch von 2 kg Eisessig, 50 g Schwefelsäure und 50 g Wasser trägt man bei Zimmertemperatur 1 kg rektifiziertes Terpentinöl successive in Portionen von je 200 g ein. Das Oel löst sich mit der Selbsterwärmung der Flüssigkeit allmählich auf. Man kühlt, damit die Temperatur nicht über 45—50⁰ C. steige. Wenn alles eingetragen, lässt man noch einige Zeit bei 30—40⁰ stehen, verdünnt mit Wasser und schüttelt mit Sodalösung. Das so erhaltene, aus Terpenen und Terpenylestern bestehende Produkt wird durch Destillieren mit Wasserdampf oder im Vacuum gereinigt und dann mit alkoholischer Kalilauge erwärmt, wobei sich Terpineol bildet.

Gutes Terpineol muss vollständig wasserfrei sein und darf keine unter 216⁰ siedenden Anteile enthalten, folglich muss es auch ganz terpinolenfrei sein. Eine etwaige Unlöslichkeit in Petroläther deutet auf Anwesenheit von Wasser, das sogar in kleinster Menge eine milchige Trübung im Petroläther verursacht.

Die im Handel unter dem Namen Lilas, Lilacin, Muguet, Syringa, Gardenia vorkommenden Produkte sind nichts anderes als grösstenteils Terpineol in Verbindung mit noch anderen natürlichen und künstlichen Riechstoffen; so besteht z. B. das als »Terpineol-Muguet« oder nur als »Muguet« bezeichnete Produkt aus Terpineol mit Zusatz von ca. 1⁰/₀ Ylang-Ylangöl oder 10⁰/₀ Geraniol. (Nach einem Bericht von *Schimmel & Co.*).

Beide Terpineole, ganz besonders aber das flüssige, finden in der gesamten Parfümerie eine ausgedehnte Verwendung. Da Terpineol weder von kalten noch von warmen Alkalien angegriffen wird, so eignet es sich vorzüglich zum Parfümieren nicht nur von pilierten, sondern auch kaltgerührten Seifen. Terpineol bildet die Basis von Parfümkompositionen für Flieder, Maiglöckchen und Gardeniaduft. Aeusserst angenehm sind die Kompositionen des Terpineols mit Heliotropin, (zu 10—20⁰/₀), Linalool, Cananga-, Geranium-, Ylang-Ylang- und Sandelholzöl.

Vanillin.

Das riechende Prinzip der Vanilleschoten. Ursprünglich wurde es künstlich von *Tiemann* (1876) aus dem Coniferin dargestellt, doch seitdem sind bedeutend vorteilhaftere Verfahren erfunden worden, so dass heute eine ziemlich grosse

Anzahl Patente angemeldet ist, um Vanillin künstlich darzustellen. Sie sämtlich aufzuzählen würde zu weit führen, deshalb erwähnen wir nur die bekanntesten und wahrscheinlich im Grossbetriebe auch am häufigsten angewendeten Methoden, nämlich die Darstellung des Vanillins aus Eugenol bezw. aus Isoeugenol.

1. Darstellung aus Eugenol. Eugenol wird vorerst durch 3—4-stündiges Erhitzen am Rückflusskühler mit der erforderlichen Menge Essigsäureanhydrid in Aceteugenol übergeführt. Man lässt das Produkt erkalten und verdünnt es mit dem mehrfachen seines Gewichtes an Wasser. Nun erhitzt man gelinde und setzt portionsweise eine stark verdünnte Kaliumpermanganatlösung (enthaltend 1500 g Kaliumpermanganat auf je 1000 g Aceteugenol) hinzu. Das Manganoxyd wird durch Filtrieren entfernt, die Flüssigkeit mit Soda gesättigt und konzentriert. Nun lässt man erkalten, säuert mit Schwefelsäure an und entzieht das in der Flüssigkeit enthaltene Acetvanillin durch Ausschütteln mit Aether.

[Nach einer anderen Reihenfolge des Vorganges wird die Lösung, nachdem durch Filtrieren das Manganoxyd entfernt worden ist, mit Aether ausgeschüttelt, wobei vorzugsweise das Acetvanillin aufgenommen worden ist. Dieses wird der ätherischen Lösung durch saures schwefligsaures Natrium entzogen; aus der Lösung scheidet sich die ölförmige Verbindung von saurem schwefligsauren Natrium mit Acetvanillin ab, woraus letzteres durch Zusatz von Schwefelsäure frei gemacht wird].

Wird das erhaltene Acetvanillin mit verdünnter Alkalilösung (Natron- oder Kalilauge) gekocht, so wird es zersetzt und Vanillin gebildet. Letzteres wird in Aether aufgenommen und krystallisiert.

[Auch kann man die Flüssigkeit, nachdem durch Filtrieren das Manganoxyd entfernt worden ist, erst mit Kalilauge alkalisch machen und auf ein kleines Volumen eindampfen, — wobei durch die Einwirkung des Alkalis das Acetvanillin zu Vanillin verseift wird — und die Lösung erst dann mit Schwefelsäure ansäuern und mit Aether ausschütteln; nach dem Verdunsten des letzteren hinterbleibt das Vanillin].

2. Darstellung aus Isoeugenol. Isoeugenol wird ebenfalls vorerst in Acetisoeugenol übergeführt u. z. entweder a) auf warmem, oder b) auf kaltem Wege.

a) Ein Gemisch von Isoeugenol wird mit seinem Aequivalent von Essigsäureanhydrid am Rückflusskühler 4—5 Stunden auf ca. 135° erhitzt. Das Reaktionsprodukt lässt man erkalten und wäscht es mit einer verdünnten Natriumcarbonatlösung. Das erhaltene Acetisoeugenol bildet nadelförmige Krystalle, die bei 79—80° schmelzen und bei 282—283° sieden.

b) Verfahren der *Compagnie Parisienne des Couleurs d'Aniline.* Folgender Ansatz:

Isoeugenol	5.0 T.
Essigsäureanhydrid	3.1 »
Konz. Essigsäure (Eisessig)	10.0 »
Pyridin	2.0 »

wird 24 Stunden der Ruhe überlassen; hierauf setzt man das Reaktionsprodukt ins Eisgemisch. Man erhält 2.4 Teile Acetisoeugenol.

Das Acetisoeugenol wird zur ferneren Darstellung von Vanillin wie Aceteugenol behandelt. (Siehe oben).

Da Vanillin nicht nur aus Aceteugenol und Acetisoeugenol, sondern auch aus Benzoylisoeugenol gewonnen werden kann, so führen wir auch die Darstellung dieses Produktes an.

Benzoylisoeugenol. Zu einer verdünnten Aetznatronlösung setzt man 10 Teile Isoeugenol und lässt zu diesem Gemisch langsam nud sukzessive und unter beständigem Umrühren 15 Teile Benzoylchlorid zufliessen, wobei man darauf achtet, dass die Flüssigkeit alkalisch bleibt und die Temperatur sich nicht empfindlich erhöht. Das sich abscheidende Benzoylisoeugenol, weisse prismatische Krystalle, wird dann dekantiert; zur weiteren Darstellung von Vanillin ebenfalls wie Acetisoeugenol zu behandeln. Die Oxydation des Acetisoeugenols oder Benzoylisoeugenols erfolgt durch Einwirkung von Chromsäure und Ozon.

Die Ausbeute soll aus Isoeugenol die befriedigendste sein.

Andere Darstellungsmethoden benutzen den Protocatechualdehyd und das Guajacol als Ausgangsmaterialien. In allen Fällen ist auf die Reinigung des Produktes die grösste Sorgfalt zu verwenden, da jeder geringste Nebengeruch für die Verwendung des Vanillins äusserst nachteilig ist.

Vanillin bildet farblose Krystalle, riecht stark nach Vanille, schmeckt erwärmend, im konzentrierten Zustande etwas pfeffrig, ist leicht löslich in Alkohol, Aether, fetten und ätherischen Oelen, auch in warmem Wasser, schmilzt bei 80—83° und sublimiert bei noch höherer Temperatur ohne einen Rückstand zu hinterlassen. Da beste Bourbonvanille 1 $^3/_4$—2 $^3/_4$ % Vanillin enthält, so ersetzen ca. 20 g Vanillin 1 kg Vanilleschoten. Indessen ist das Aroma der echten Vanille feiner und anhaftender.

Vanillin wird häufig mit Antifebrin (Acetanilid) verfälscht, ein Zusatz, der sich durch den niedrigeren Schmelzpunkt verrät. Der Nachweis der Verfälschung kann in derselben Weise geschehen, wie dies beim Heliotropin beschrieben ist.

In der Parfümerie findet Vanillin weitestgehende Verwendung. Die alkoholische Lösung des Vanillins ist vor Licht geschützt aufzubewahren.

Eine neue Art des Vanillins ist das von *Haarmann & Reimer* in den Handel gebrachte Bourbonal, welches den grossen Vorzug hat, nicht so sehr dem Einflusse des Lichtes und des Alkalis unterworfen zu sein.

Ylang-Ylangöl, künstlich.

Ein synthetisches Ylang-Ylangöl, welches in Geruchswirkung und Feinheit des Geruches dem teuren echten Ylang-Ylangöl völlig gleichkommt, wird unter Anlehnung an die im echten Oele enthaltenen Bestandteile nach einem der Firma *Schimmel & Co.* geschützten Verfahren (D. R. P. 142859 vom 24. Sept. 1901 ab) folgendermassen hergestellt.

Man versetzt ein Gemisch der im natürlichen Ylang-Ylangöl nachgewiesenen Bestandteile, d. s. Cadinen, Geraniol, Linalool, p-Kresolmethyläther, Eugenol und Benzoësäuremethylester mit Benzylacetat.

Zur Verfeinerung dieses Gemisches werden Salicylsäuremethylester, Isoeugenol, Isoeugenolmethyläther und Eugenolmethyläther, Kresol, Benzylalkohol und Benzylbenzoat zugesetzt. Auch kann ein Zusatz von Anthranilsäuremethylester gemacht werden.

Als Beispiel für die zu wählenden Gewichtsverhältnisse gibt die Patentschrift folgendes an: Zu einem Gemisch bestehend aus

Linalool	250	Gew.-T.
Geraniol	130	» »
Cadinen	50	» »
Eugenol	2	» »
p-Kresolmethyläther	10	» »
Benzoësäuremethylester	60	» »

werden hinzugefügt:

Benzylalkohol	150	» »
Benzylacetat	100	» »
Benzoësäurebenzylester	67	» »
Isoeugenol	20	» »
Kresol	1	» »
Isoeugenolmethyläther	40	» »
Eugenolmethyläther	100	» »
Salicylsäuremethylester	20	» »
Anthranilsäuremethylester	0.5	» »

Durch Abänderung der vorstehend angegebenen Gewichtsverhältnisse und Fortlassung des einen oder anderen zur Geruchsverfeinerung dienenden Stoffes können Variationen im Geruch des Produktes erzielt werden.

Die Patentansprüche schützen:

1. Verfahren zur Darstellung von künstlichem (synthetischem) Ylang-Ylangöl, dadurch gekennzeichnet, dass man einem Gemisch, bestehend aus Geraniol, Linalool und Essigsäureestern dieser Alkohole, p-Kresolmethyläther, Cadinen, Eugenol und Benzoësäuremethylester, Benzylacetat hinzusetzt.

2. Ausführungsform des unter 1 geschützten Verfahrens, dadurch gekennzeichnet, dass man den im ersten Anspruch aufgeführten Stoffen Benzylalkohol, Benzoësäurebenzylester, Salicylsäuremethylester, Isoeugenolmethyläther, Eugenolmethyläther, Kresol und Isoeugenol hinzufügt.

Zimmtaldehyd.

Der Hauptbestandteil und das riechende Prinzip des (chinesischen) Cassiaöles, aus dem er auch gewonnen werden kann, doch wird er im Grossbetriebe zumeist synthetisch, wie folgt, dargestellt.

Ein Gemisch von

    10 Teilen Benzaldehyd,
    15   »   Acetaldehyd,
    900   »   Wasser und
    10   »   10%iger kohlensäurefreier Natronlauge,

lässt man in grossen, geschlossenen Gefässen bei einer Temperatur von ca. 30⁰ unter öfterem Umschütteln 8—10 Tage stehen. Hierauf schüttelt man mit Aether aus, destilliert den Aether ab und fraktioniert den Rückstand im Vacuum. Bei ca. 128—130⁰ unter 20 mm Druck geht nahezu reiner Zimmtaldehyd über.

Zimmtaldehyd bildet eine hellgelbe Flüssigkeit, welche sich beim Destillieren an der Luft zersetzt, bei 20 mm Druck aber unzersetzt zwischen 128—130⁰ siedet. Spez. Gew. 1.0497.

Zimmtaldehyd besitzt sämtliche Eigenschaften des echten Cassiaöles und ist demselben sowohl wegen der Farbe als auch wegen seines Zimmtaldehydgehaltes (der Zimmtaldehyd des Handels enthält 98—99% Zimmtaldehyd) entschieden vorzuziehen, insofern er auch absolut chlorfrei ist. War nämlich der angewandte Benzaldehyd ebenfalls nicht chlorfrei, so ist auch der daraus gewonnene Zimmtaldehyd nicht chlorfrei, was sowohl auf das Aroma, wie auch in sonstiger Beziehung schädlich wirkt.

Zimmtalkohol.

(Styrylalkohol, Cinnamylalkohol, Phenylallylalkohol, Styron).

Wird aus dem flüssigen Storax, bezw. aus dem Styracin gewonnen.

a) **Styracin** (Zimmtsäure-Zimmtäther oder Zimmtsäure-Styryläther) aus **Styrax liquidus**.

Wird der, bei der Styrol- und Zimmtsäure-Darstellung, nach dem Destillieren des Storax mit Sodalösung zurückbleibende harzige Rückstand mit Wasser ausgewaschen und mit Alkohol bei gewöhnlicher Temperatur einige Zeit stehen gelassen, so wird ein Teil des Harzes aufgelöst; es bleibt unreines Styracin ungelöst, das sich nach dem Abgiessen durch Umkrystallisieren aus siedendem Alkohol, Aether oder Benzol reinigen lässt.

Oder man digeriert flüssigen Storax mehreremal mit 5—6 Teilen schwacher Natronlauge (bis höchstens 30-grädig), filtriert jedesmal, wäscht den Rückstand mit warmem Wasser und krystallisiert aus siedendem Alkohol. (Oder man mischt den Rückstand mit Wasser und kocht ihn nach dem Trocknen mit ätherhaltigem Alkohol; die nötigenfalls durch Kochen mit Tierkohle zu entfärbende Lösung scheidet allmählich Krystallbüschel von Styracin ab).

Styracin bildet geruch- und farblose Nadeln, die bei 44^0 schmelzen, sich nicht in Wasser, schwer in kaltem, leicht in siedendem Alkohol und Aether lösen.

b) **Zimmtalkohol aus Styracin.** Wird Styracin mit konzentrierter Kali- oder Natronlauge gekocht, so destilliert mit den Wasserdämpfen der Zimmtalkohol zum grössten Teile als ein auf dem Destillatwasser schwimmendes farbloses Oel über und erstarrt nach kurzer Zeit (ev. auf Zusatz von Kochsalz) zu langen, nadelförmigen Krystallen. Der Rest wird durch Ausschütteln mit Aether und Verdunsten des Lösungsmittels gewonnen.

Zimmtalkohol bildet dünne, farblose Krystalle, die bei 33^0 schmelzen, bei 253—255^0 sieden, schwer in Wasser, leicht in Alkohol und Aether löslich sind und einen angenehmen hyacinth- und rosenartigen Geruch besitzen.

Zimmtöl, künstlich.

Ein Verfahren zur Herstellung von Ceylon-Zimmtöl, welches der Firma *Schimmel & Co.* in Miltitz durch das D. R. P. No. 134 789 geschützt ist, besteht darin, dass man einem Gemisch der schon bekannten Bestandteile des Ceylon-Zimmtöles (nämlich Zimmtaldehyd, Phellandren und Eugenol) ein Gemenge von normalem Amylmethylketon, Nonylaldehyd, Cuminaldehyd, Caryophyllen, Linalool und Isobutylester des Linalools hinzusetzt. Zur Verfeinerung des Geruches dieser Mischung kann man noch ein Gemisch von Cymol, Benzaldehyd, Phenylpropylaldehyd, Furfurol, Pinen und Eugenolmethyläther zufügen.

Zimmtsäure.

Kommt besonders im Peru-, Storax- und Tolubalsam vor und dient in der Parfümerie weniger als Riechstoff, da sie nur einen schwachen Geruch besitzt, vielmehr zur Gewinnung von Zimmtsäure-Methylester und Zimmtsäure-Aethylester, die in der Parfümerie verwendet werden können.

Zimmtsäure wird entweder aus genannten Balsamen oder auf synthetischem Wege dargestellt.

a) **Darstellung aus Styrax liquidus.** Man destilliert 20 Teile flüssigen Storax mit 15 Teilen krystallisierter Soda, aufgelöst in 200 Teilen Wasser, wobei das ätherische Oel des Storax (Styrol etc.) übergeht, während zimmtsaures Natron, unreines Styracin und Harzstoffe im Destillationsrückstande verbleiben; man verdünnt diesen mit Wasser, wobei zimmtsaures Natron in Lösung geht; filtriert die Lösung und scheidet aus ihr die Zimmtsäure durch Zusatz von Salzsäure ab. Die Krystalle werden mit Wasser gewaschen, in Ammoniak gelöst, die Lösung nochmals durch Salzsäure zersetzt und die Krystalle aus heissem Wasser, event. unter Zusatz von Tierkohle, umkrystallisiert. Der Rückstand der Filtration ist unreines Styracin, das gereinigt werden kann. (Siehe unter »Zimmtalkohol«).

b) **Synthetische Darstellung nach** *Perkin*. 20 Teile Benzaldehyd, 30 Teile Essigsäureanhydrid, beide frisch destilliert, und 10 Teile pulverisiertes wasserfreies Natriumacetat werden in einem Kolben, welcher mit einem weiten, ca. 60 cm langen Steigrohr verbunden ist, 8 Stunden in einem Oelbade auf 180° erhitzt. Sollte der Versuch nicht an einem Tage zu Ende geführt werden können, so setze man über Nacht auf das obere Ende des Steigrohres ein Chlorcalciumrohr. Nach beendigter Reaktion giesst man das heisse Reaktionsgemisch in einem geräumigen Kolben, spült mit Wasser nach und leitet so lange Wasserdampf hindurch, bis kein Benzaldehyd mehr übergeht. Man verwende hiebei so viel Wasser, dass die Zimmtsäure bis auf einen kleinen Rest einer öligen Verunreinigung sich in Lösung befindet. Man kocht dann die Lösung noch kurze Zeit mit etwas Tierkohle und filtriert ab, worauf die Zimmtsäure sich beim Abkühlen in glänzenden Blättern abscheidet; ev. krystallisiert man sie nochmals aus heissem Wasser um. Ausbeute ca. 15 Teile.

Zimmtsäure bildet farblose, fast geruch- und geschmacklose Prismen, die bei 133.4° schmelzen, bei 300° sieden und unzersetzt sublimieren. Zimmtsäure ist in kaltem Wasser schwer, in siedendem Wasser wie auch in Alkohol und Aether leicht löslich.

Zimmtsäure dient auch zur Darstellung von Styrol (Styrolen, Cinnamol):

Uebergiesst man feingepulverte Zimmtsäure mit rauchender, bei 0° gesättigter Bromwasserstoffsäure und lässt 2—3 Tage stehen, so scheidet sich Bromhydrozimmtsäure in Krystallen aus. Diese werden von der Flüssigkeit getrennt, mit kaltem Wasser übergossen und mit kohlensaurem Natrium bis zur alkalischen Reaktion versetzt. Es tritt sofort eine milchige Trübung ein und nach kurzer Zeit sammelt sich das reine Styrol als Oelschicht auf der Flüssigkeit. (Siehe auch bei Styrol auf S. 13).

Zimmtsäure-Methylester.

Wurde bisher nur in einem einzigen ätherischen Oele aufgefunden, und zwar in demjenigen von der Alpinia malaccensis.

Künstlich wird er aus der Zimmtsäure dargestellt.

In einem mit Rückflusskühler versehenen Ballon erhitzt man im Wasserbade 1 Teil Zimmtsäure und 2 Teile reinen Methylalkohol und lässt gleichzeitig durch das Kühlrohr trockene Salzsäure bis zur Sättigung zufliessen, das heisst so lange, bis sich die Salzsäure durch die obere Oeffnung des Kühlrohres zu verflüchtigen beginnt. Man lässt erkalten, giesst den Balloninhalt in 20 Teile kaltes Wasser und zieht mit Aether den Zimmtsäure-Methylester aus. Die ätherische Lösung wird über Chlorcalcium getrocknet, nachher destilliert. Die Fraktion von 250—265° wird gesondert aufgefangen und durch Abkühlung krystallisiert. Der so erhaltene Ester wird durch wiederholtes Fraktionieren rektifiziert.

Reiner Zimmtsäure-Methylester bildet farblose Krystalle, die bei 35—36° schmelzen, bei 263° sieden und einen sehr starken, angenehmen Geruch besitzen.

Kann in der Parfümerie verwendet werden; eignet sich recht gut zum Aromatisieren von Zahn- und Mundwässern, Zahnpasten etc.

Zimmtsäure-Aethylester.

Wurde bisher in ätherischen Oelen noch nicht aufgefunden. Synthetisch wird er wie folgt dargestellt:

(Nach *Erdmann*). In einem Literkolben werden 500 g reiner, trockener Essigäther mit 23 g sehr fein zerschnittenem Natrium versetzt. Zu dieser Mischung lässt man unter äusserer Kühlung aus einem Tropftrichter 106 g Benzaldehyd zulaufen. Es findet schwache Reaktion statt. Wenn aller Benzaldehyd zugetropft ist, schwimmt nur noch sehr wenig Natrium auf dem Gemisch. Wenn das Natrium fast völlig verschwunden ist, werden 60 g

Eisessig langsam zugefügt und hierauf 0.5 l Wasser. Alsdann wird das Ganze in einen Scheidetrichter gegeben, die sich unten absetzende Lösung von Natriumacetat entfernt und das überstehende Gemisch von Essigäther und Zimmtäther noch zweimal mit je 0.5 l Wasser gewaschen. Nachdem noch mit Chlorcalcium getrocknet ist, wird rektifiziert. Bis 110⁰ gehen etwa 300 g Essigäther über, dann folgt wenig Benzaldehyd und schliesslich bei 260—275⁰ 112 g fast reiner Zimmtäther.

Er ist eine farblose, stark lichtbrechende Flüssigkeit von angenehmem Geruche, erstarrt in der Kälte, schmilzt dann bei 12⁰; Sp. 271⁰. Spez. Gew. 1.0498 bei 20⁰ C. In der Parfümerie verwendbar.

Allgemeines über die Anwendung der künstlichen Riechstoffe.

Welche Vorteile bieten sich dem Parfümeur bei Anwendung der künstlichen Riechstoffe?

Die grossen Erfindungen und Entdeckungen auf dem Gebiete der Chemie der ätherischen Oele haben dem Parfümeur eine ganze Reihe von Stoffen gebracht, die ihn in den Stand setzen zum Teil schneller zu arbeiten, zum Teil stärkere Produkte zu erzielen. Aeltere Herren, die sich absolut nicht zu dem Fortschritt bekennen wollten, die in den künstlichen Riechstoffen nur stets auf's neue Aergernis erregende Faktoren erblickten, mussten doch zuletzt die Waffen strecken vor der unbestreitbaren Güte und Verwendbarkeit der von den deutschen und ausländischen Firmen in den Handel gebrachten Produkte, die alle das Ergebnis immensen Fleisses, Wissens und Könnens darstellen.

Es wäre vollständig verfehlt, wollte man die künstlichen Riechstoffe als vollen Ersatz für die natürlichen erklären. Sie sollen vorerst nur zu deren Verstärkung im weitestgehenden Sinne beitragen. Dabei muss man jedoch auch offen bekennen, dass es bereits gelungen ist, einige der künstlichen Riechstoffe in einer solchen Beschaffenheit herzustellen, dass sie das Naturprodukt fast völlig zu ersetzen imstande sind; so z. B. das Heiko-Rose, künstliches Rosenöl der Firma *Heine & Co.*, und deren »Deutscher Jasmin« zur Herstellung des Lindenblütenparfüms, das Bourbonal, verbessertes Vanillin der Firma *Haarmann & Reimer*, sowie das künstliche Ylang-Ylangöl der Firma *Schimmel & Co.*, wie auch ebenfalls deren künstliches Neroliöl, das jedoch fast noch übertroffen wird durch das Neroliöl, welches eine junge Firma *Delvendahl & Küntzel* an den Markt gebracht hat. Und weiter und weiter, mit unermüdlichem Fleisse, arbeiten die Chemiker an der Vervollkommnung der künstlichen Riechstoffe, so dass wir hoffen können, in absehbarer Zeit Produkte zu erhalten, welche die Naturstoffe voll und ganz ersetzen.

Die uns bis jetzt gebotenen künstlichen Riechstoffe sind so reichhaltig und so vorzüglich, dass es in der Tat wunder nehmen muss, wenn sich Parfümeure der alten Schule ihrer Verwendung enthalten, ja geradezu abfällig darüber urteilen; einzig Heliotropin, Vanillin und Cumarin erfreuen sich der Gunst einiger älterer Parfümeure, während dieselben von künstlichem Moschus, Jonon etc. so gut wie nichts wissen wollen.

Wie schon eingangs bemerkt, ermöglichen die künstlichen Riechstoffe dem Parfümeur ein bedeutend schnelleres und sichereres Arbeiten; auch hat er nicht mehr so angestrengt in dem Masse nötig, die ganze Skala der Geruchsprinzipien der einzelnen ätherischen Oele und Riechstoffe bei der Zusammensetzung von Odeurs oder Parfüms im allgemeinen Revue passieren zu lassen. Sie bieten somit schon von dieser Seite betrachtet einen grossen Fortschritt, einen ausserordentlichen Vorteil.

Des weiteren versetzen sie den Parfümeur auch in die Lage, stärkere und naturgetreuere Parfüms herzustellen, da bei ihrer Zusammensetzung ganz genau nach den einzelnen Geruchsprinzipien der Pflanzen oder der Gerüche, welche sie vertreten sollen, gearbeitet wird. Also auch nach dieser Seite bieten sie nur die denkbar grössten Vorteile.

Die Preise sind zwar in vielen Fällen hohe, bedingt durch Patente und deren Verwertung, doch sind die künstlichen Riechstoffe auch meistens so ungemein ausgiebig, dass sie das Mehr im Preise durch ein Weniger in der Quantität ausgleichen.

Besonders in die Augen springend ist zuerst bei Verwendung künstlicher Riechstoffe die grosse Zeitersparnis, sei es, dass man die Riechstoffe direkt oder als sogenannte Tinkturen verwendet. Ein jeder Parfümeur kennt die mühsamen Methoden des Auswaschens der französischen Blumenpomaden mit Sprit zur Herstellung der Duftauszüge (Infusionen), die alsdann als Grundlage für die feinen Taschentuchparfüms verwendet werden. Bei diesem Verfahren sind nicht nur grosse Verluste von Alkohol an der Tagesordnung — bedingt zum Teil durch das Zurückbleiben im Fett wie auch durch Verdunstung — sondern es kann auch der Blütenduft niemals gänzlich aus dem Fett gezogen werden, so dass gerade für den ersten und besten Auszug noch ein uneinbringliches Manko an Duft zu verzeichnen bleibt. Dieses Manko zu bestimmen, ist nie möglich. Die ersten Auszüge aus Blütenfetten können daher manchmal sehr variieren in Bezug auf ihre Geruchsstärke. Dieser Missstand fällt als erster bei Verwendung der künstlichen Riechstoffe weg, vorausgesetzt, dass man bei den Erzeugnissen erster Firmen bleibt, die schon mit ihrem Namen für die Güte ihrer Produkte Gewähr leisten.

Auch haftet den Tinkturen, die aus den künstlichen Blütenölen hergestellt sind, nicht der aufdringliche Fettgeruch an, den man des öfteren an den Pomadenauswaschungen zu bemängeln gezwungen ist. Will man jedoch ganz aufrichtig sein, so muss man eingestehen, dass die künstlichen Riechstoffe in ihren Lösungen wundervolle Effekte ergeben, jedoch ihnen ein

Etwas fehlt, das den Auszügen aus französischen Pomaden eigen ist. Ihr Duft ist nicht so voll oder — wie der Fachausdruck lautet — so »abgerundet«. Zu ganz feinen Odeurs kann man sie sehr gut mitverwenden, jedoch zur Basis derselben kann man sie vorläufig nicht immer machen. Am meisten macht sich dies bei der Herstellung feiner Veilchen-Odeurs fühlbar. Findet als Basis hierzu ein Auszug aus Blumenpomade Verwendung, dann erzielen wir bei Zuhilfenahme von Jonon, Veilchenblütenöl oder Neu-Veilchen ein herrliches Produkt, während bei Anwendung der künstlichen Riechstoffe allein der Erfolg lange nicht in dem Masse eintritt. Die Odeurs werden immerhin sehr fein und ausgiebig, aber doch fehlt ihnen das ganz besondere Aroma, welches sich durch den Pomaden-Auszug ergibt; hier ist es eben Kunst, dort Natur. Besonders das Neu-Veilchen bringt auch den Geruch des Veilchenkrautes mit zum Ausdruck und hat dadurch einen ungeheuren Fortschritt zu bedeuten, allein es bietet immer noch nicht den vollen und ganzen Ersatz des Naturproduktes. Dazu ist durch die häufige und zu reichliche Anwendung besonders von Jonon der Geschmack des Publikums völlig verdorben worden — eigentlich sollte man sagen, der Geruchssinn oder das Geruchsempfinden. Denn gar Manche erklären reine Veilchen-Odeurs, die ohne Jonon hergestellt sind, für alles Andere, nur nicht für Veilchen, dieses herrlichste aller Odeurs.

Alsdann fällt, wie bereits oben kurz bemerkt wurde, die bedeutende Zeitersparnis in's Gewicht. Während man früher zur Herstellung erster Auszüge doch mindestens eine volle Woche benötigte, kann man heute einen solchen Auszug mit Hilfe der künstlichen Riechstoffe in 10 Minuten herstellen, und »Zeit ist Geld«! Ferner ist es nicht nötig die Auszüge, welche mit künstlichen Riechstoffen gearbeitet sind, einer niedrigeren Temperatur auszusetzen. Dies war bei den Auszügen aus Blütenpomaden nötig, um die gelösten Fettsäuren und Fettteile entfernen zu können, die abgesehen von Flecken, die sie auf dem Taschentuch hinterlassen, den Artikel in der Winterszeit unverkäuflich gemacht haben würden. Des weiteren vertragen geringere Odeurs, mit künstlichen Riechstoffen hergestellt, grössere Quantitäten Wasser als die Auszüge aus Blumenpomaden, ein Moment, das für billige Exportware auch ins Gewicht fällt und für diese die Verwendung der neuen Stoffe zulässt. Dies sind alles so wichtige Punkte, dass sie der intelligente Parfümeur nicht übersehen darf.

Für eine Anzahl Präparate kommt der Preis der künstlichen Riechstoffe weniger in Betracht, d. h. solange sie in Duftstärke den älteren Artikeln völlig entsprechen. Der Parfümeur rechnet sich den Einstandswert der Pomaden-Auszüge aus und ersetzt das Plus über dem Alkoholpreis durch den Einstand der Riechstoffe. Erhält er dann einen gleich starken Auszug bezw. Lösung, dann ist er in den meisten Fällen schon zufrieden. Ist der Geruch der neuen Lösung zu gleichem Preise stärker, dann kann er dies so belassen oder aber er kann zu einem billigeren Produkte kommen und somit Ersparnisse machen. Für feine Waren hegt man diese letztere Absicht aber gar nicht oder doch selten, da man bestrebt ist, nur Bestes an den Markt zu bringen. Ist die neue Lösung zu gleichem Preise jedoch geruchsärmer, dann stellt sich der Verwendung des neuen Riechstoffes bereits das kaufmännische Moment hindernd in den Weg. Ein weiterer Behinderungsgrund in der Verwendung ist der, dass sich die künstlichen Riechstoffe bisweilen nicht unempfindlich gegen die Einwirkung des Lichtes zeigen, wie wir dies bei einem künstlichen Jasminöl zu beobachten Gelegenheit hatten.

Wenn nun hier den künstlichen Riechstoffen das Wort geredet wird, so soll das nun nicht etwa heissen, dass der Parfümeur sein Heil einzig und allein bei denselben fände. Das ist, wie schon eingangs bemerkt, absolut nicht der Fall. Die Naturprodukte können wir nur in wenig Fällen gänzlich entbehren, doch bieten uns eben die künstlichen Riechstoffe so grosse Vorteile, dass wir heute ihre Anwendung und Mitverwendung unbedingt in Betracht zu ziehen gezwungen sind.

Wo wir zu einer Pomaden-Extraktion Tage gebrauchen, stellen wir eine Lösung der künstlichen Riechstoffe in Minuten her; wo wir grösstenteils nur auf das Ausland angewiesen waren, stehen wir heute an der Spitze mit unseren deutschen Erzeugnissen zur Herstellung von Wohlgerüchen. Das sind so grosse Fortschritte, dass wir nur wünschen können, die Vervollkommnung dieser Präparate möge eine so grosse werden, dass die Natur mit ihren herrlichen Gaben nur noch dazu da sei, um das Auge der hastenden, nimmerruhenden Menschenkinder zu erfreuen, ihre Wunder ihnen darzubieten, solange wie möglich, ohne durch den Raub ihres schönsten Schmuckes, ihrer Blumen und Blüten vorzeitig daran gehindert zu werden.

In der Herstellung künstlicher Riechstoffe haben besonders die Firmen *Haarmann & Reimer* in Holzminden, *Heine & Co.* in Leipzig, sowie *Schimmel & Co.* in Miltitz bei Leipzig ganz hervorragendes geleistet und ihnen haben sich andere Fabriken wie die *Actien-Gesellschaft für Anilin-Fabrikation*, Berlin, *Franz Fritzsche & Co.*, Hamburg, *E. Sachsse & Co.*, Leipzig, *Dr. Mehrländer & Bergmann*, Hamburg, *Delvendahl & Küntzel*, Werder a. H. und *F. Bitt & Co.* in Doberan würdig angereiht.

Wir dürfen hiebei jedoch auch das Ausland nicht vergessen, welches vertreten ist durch Firmen wie *Chuit, Naef & Cie.* in Genf, *De Laire & Cie.,* Paris, *Société Anglo-Française* in Courbévoie bei Paris, *Antoine Chiris,* Grasse, *Th. Mühlethaler* in Nyon u. a. m.

Wenn auch einzelne von den Erzeugnissen dieser ausländischen Firmen durch die Patente deutscher Fabriken von den deutschen Märkten vorerst noch ausgeschlossen sind — z. B. die Veilchenprodukte — so sind doch wieder andere Fabrikate von solcher Güte, dass man unbedingt darauf aufmerksam machen muss.

In den einzelnen Vorschriften sind hinter die verwendeten künstlichen Riechstoffe deren Provenienzen durch die Anfangsbuchstaben der jeweiligen Firmennamen angedeutet. Es sind hierbei eben diejenigen Erzeugnisse genommen, von denen dem Verfasser Proben zur Hand waren; dies schliesst natürlich nicht aus, dass auch die Erzeugnisse anderer als der angedeuteten Firmen beste Verwendung finden können. Allerdings muss dabei darauf aufmerksam gemacht werden, dass die künstlichen Riechstoffe in den verschiedenen Fabriken vielfach nach verschiedenen Verfahren dargestellt werden und demgemäss unter sich auch wieder verschieden sind in Stärke und Aroma.

Die bereits längst bekannten künstlichen Riechstoffe einer anderen Klasse, die Fruchtäther, sind in der Parfümerie wenig oder gar nicht zu verwenden, in Folge des unangenehmen und scharfen Reizes, den sie auf unsere Atmungsorgane ausüben; wir haben sie daher im vorhergehenden Abschnitt unberücksichtigt gelassen.

Von künstlichen Riechstoffen sind unter den verschiedensten Namen viele gleichartige Produkte im Handel, so dass es schwer wird, sich schnell und sachgemäss hindurch zu finden. Es ist daher hier zunächst der Versuch gemacht die Namen der verschiedenen künstlichen Riechstoffe alphabetisch zusammen zu stellen mit Angabe der von den einzelnen vertretenen Geruchsprinzipien.

Namen	Geruchsprinzip	Darstellende Firma	Preis per kg Mk. | Pf.
Acacia, synth.	Akazie	T. M.	140 —
Ajonc	Ginster	L. & C.	165 —
Akazienblütenöl	Akazie	H. & C.	500 —
Amandol	Bittermandelöl	S. C. U. R.	3 —
Amanthol	„ „	A. G. F. A.	3 —

Namen	Geruchsprinzip	Darstellende Firma	Preis per kg Mk.	Pf.
Ambrettol	Ambra	T. M.	—	—
Amylacetat	Phantasiegeruch	H. & R.	—	—
Anethol	Anis	—	17	—
Anisaldehyd	Weissdorn	H. & C.	29	—
Anthranilsäure-Methyl-ester	Orangenblüte	A. G. F. A.	150	—
Aubépine	Weissdorn	M. & B.	38	—
Aurantiol	Orangenblüte	F. F. & C.	50	—
Benzaldehyd	Bittermandelöl	H. & R.	3	40
Benzoësäure-Methylester	Phantasiegeruch	„	6	50
Benzoësäure-Aethylester	„ „	„	10	—
Benzoësäure-Benzylester	Perubalsam	A. G. F. A.	25	—
Benzylacetat	Jasmin	S. & C.	58	—
Benzylalkohol	„	H. & R.	40	—
	Akazie		500	—
	Cassie		500	—
	Gardenia		500	—
	Gartennelke		50	—
	Goldlack		500	—
	Heliotrop		180	—
	Hyacinthe		150	—
Blütenöle	Jasmin	H. & C.	500	—
	Maiglöckchen		200	—
	Orange		500	—
	Rose		500	—
	Reseda		600	—
	Syringa		100	—
	Tuberose.		500	—
	Veilchen		900	—
Blütenöle, Haliflor-	In allen bekannten Gerüchen.	B. & C.	—	—
	Cassie		250	—
	Jasmin		225	—
	Hyacinthe		100	—
	Jonquille		225	—
Blütensantalole	Orange	H. & C.	225	—
	Reseda		350	—
	Rose		300	—
	Tuberose		225	—
	Veilchen		450	—
Bergamil	Bergamott	F. F. & C.	140	—

Namen	Geruchsprinzip	Darstellende Firma	Preis per kg Mk.	Pf.
Bergamiol	Bergamott	Sch. & C.	50	—
Borneol	Hopfenöl	Sch. & C.	42	—
Bornylacetat	Tannenduft	„	90	—
Bornylformiat	„ „ |seltener im	„	120	—
Bornylvalerianat	„ „ | Gebrauch	„	100	—
Bourbonal	Vanille	H. & R.	120	—
Bouvardia	Phantasiegeruch	L. & C.	125	—
Bromelia	Orangenblüten	„	30	—
Carvacrol	Majoran	S. & C.	40	—
Carven	Kümmel	„	2	50
Carvol	„	„	15	50
Carvon	„	F. F. & C.	15	50
Caryophilline	Levkoje	L. & C.	50	—
Cassiaöl, chlorfrei	Zimmtcassie	Sch. & C.	12	50
Cassieblütenöl	Akazie	H. & R.	580	—
Cheiranthia	Levkoje	C. N. & C.	40	—
Cinnameïn	Perubalsam	Sch. & C.	42	—
Cinnamol	Phantasiegeruch	L. & C.	8	50
Citral	Citrone	S. & C.	44	—
Citronellal (Citronellon)	Citronelle	Sch. & C.	40	—
Citronellol	Rose	H. & R.	240	—
Citronenöl, künstl.	Citrone	H. & C.	—	—
Clématite	Waldrebe	L. & C.	100	—
Clymène	Pensée	„	33	—
Cratégine	Phantasiegeruch (Feld-blumen)	„ | N	66	—
		„ | O	95	—
Cuir de Russie	Juchten	L. & C.	37	50
Cumarin	Heu	H. & R.	30	—
Dianthin	Nelke	C. N. & C.	440	—
Eglantine	Heckenrose	L. & C.	108	—
Epine blanche	Wilder Birnbaum	„	33	—
Essence de Styrax	Storax	„ | N	29	—
			25	—
Eucalyptol (Cineol)	Eucalyptus	H. & R.	6	50
Eugenol	Nelke	Sch. & C.	—	—
Fenouil, amer	Fenchel	L. & C.	2	50
Florentinol	Iris	C. N. & C.	—	—
Floreol	Phantasiegeruch, Fixiermittel	D. & K.	150	—
Flouvane	Phantasiegeruch (Waldkräuter)	S. C. U. R.	—	—

Namen	Geruchsprinzip	Darstellende Firma	Preis per kg Mk.	Pf.
Fragarol	Feldblumen	M. & B.	30	—
Gartennelkenöl	Gartennelke	S. & C.	50	—
Geraniol	Rose, Geranium	D. & K.	40	—
Geranylacetat	Heckenrose	"	80	—
Geranylformiat	Lindenblüte	H. & C.	—	—
Geranylmethyläther	Bergamott	Sch. & C.	80	—
Gingerine	Geranium	S. & C.	20	—
Glycina	Glycine	S. C. U. R.	—	—
Grisambren	Ambra	C. N. & C.	880	—
Héliotrope, concret	Heliotrop	T. M.	100	—
Heliotropin	"	H. & R.	17	50
Heliotropol	"	C. N. & C.	140	—
Hemérocalle	Stechapfel	L. & C.	125	—
Honig-Aroma	Honig	S. & C.	40	—
Hosaldéïne	Maréchal Niel-Rose	L. & C.	250	—
Hyacinthin	Hyacinthe	H. & R.	300	—
Illicin	Phantasiegeruch	S. C. U. R.	—	—
Indol	Phantasiegeruch	C. N. & C.	—	—
Iraldéïne	Veilchen	H. & R.	2000	—
Iralia	Iris	C. N. & C.	200	—
Irisöl, konkret	"	H. & R.	420	—
Irisöl, flüssig, 100%	"	"	3200	—
Irisolette, 100%	Veilchen	T. M.	200	—
Irisone, 100%	"	L. G.	300	—
Iris-Santalol	Iris	H. & C.	115	—
Irolène	Orangenblüte	A. G. F. A.	120	—
Iron	Iris, Veilchen	H. & R.	1000	—
Iso-Borneol	Hopfen	Sch. & C.	80	—
Iso-Eugenol	Nelke	H. & R.	16	—
Iso-Iron	Iris, Custoswurzel	"	—	—
Iso-Safrol	Anis	"	6	—
Jacinthea	Hyacinthe	L. G. { E	240	—
		{ S	100	—
Jasmindol, E	Jasmin	H. & C.	400	—
" " S	"	"	250	—
Jasmin, deutscher	Lindenblüte	"	650	—
Jasminöl	Jasmin	Sch. & C.	350	—
Jonarol	Veilchen	H. & R.	800	—
Jonon A. 10%	"	"	800	—
" B. 100%	"	"	2000	—
Keton	Moschus	T. M.	320	—

Namen	Geruchsprinzip	Darstellende Firma	Preis per kg Mk.	Pf.
Lavandol	Lavendel	S. C. U. R.	—	—
Lemanol	Jasmin	T. M.	600	—
Lilacin	Flieder	S. & C.	38	—
Lilas	„	T. M.	20	—
Limonen	Pomeranze	Sch. & C.	5	—
Linalool	Maiglöckchen	H. & C.	30	—
Linalylacetat	Bergamott	H. & R.	80	—
Mandarinenöl, künstl.	Mandarine	Sch. & C.	24	—
Mandelöl, bitter	Bittere Mandel	M. & B.	3	20
Menthol	Pfefferminz	H. & C.	55	—
Menthon	„	Sch. & C.	80	—
Mimosa	Mimose	C. N. & C.	400	—
Mirbanöl	Bittere Mandel	M. & B.	—	85
Moschinol	Moschus	T. M.	96	—
Moschus, künstl., *Baur*	„	A. Ch.	125	—
Muguet	Maiglöckchen	L. & C.	28	—
Muskinol 100%	Moschus	L. G.	300	—
Myrtol	Myrthe	S. & C.	42	—
Narcéol	Jasmin	A. G. F. A.	375	—
Narcissenöl	Narcisse	C. N. & C.	640	—
Nerolin	Orangenblüte	H. & R.	28	—
Neroliöl	„ „	H. & C.	150	—
Neu-Veilchen	Veilchen	H. & R.	800	—
Niobeöl	Phantasiegeruch	M. & B.	6	50
Nitrobenzol	Bittere Mandel (Mirban)	„	—	85
Oeillet	Gartennelke	H. &. R.	15	—
Orangenblütenöl, siehe auch Neroliöl	Orangenblüte	D. & K.	150	—
Orchidée	Kleeblüte	C. N. & C.	4	25
Orgéol	Rose	H. & R.	80	—
Pensée, (Viola Tricolor)	Stiefmütterchen	C. N. & C.	100	—
Perolin	Fixateur	D. & K.	20	—
Phenyläthylalkohol	Rose	H. & R.	800	—
Philadelphus	Pfeifenstrauch	D. & K.	120	—
Quarantaine	Levkoje	L &C., C. N. &C.	33	—
Reseda-Geraniol	Reseda	Sch. & C.	1000	—
Reuniol	Geranium	H. & C.	170	—
Rhodinol	Rose	L. G. I.	100	—
		II.	130	—
Rosaldéïne	„	L. & C.	300	—
Rosenöl, künstl.	„	H. & C.	325	—

Namen	Geruchsprinzip	Darstellende Firma	Preis per kg Mk. Pf.
Roséol	Rose	S. C. U. R.	— —
Rosinol	„	T. M.	88 —
Safrol	Sassafras	M. & B.	3 —
Salicylsäure-Aethylester	Phantasiegeruch	H. & R.	7 50
Salicylsäure-Amylester	Kleeduft	Diverse Firmen	{ 36 — { 24 —
Salicylsäure-Methylester	Wintergrün	„ „	3 70
Santalol	Sandelholz	S. & C.	50 —
Sassafrasöl, künstlich	Anis, Sassafras	„	2 90
Seringat	Wilder Jasmin	C. N. & C.	120 —
Syringa	Flieder	L. & C.	125 —
Syringol	„	S. C. U. R.	5 50
Terpineol	„	B. & C.	5 50
Terpinol	„	— —	3 —
Terpinolen	„	C. N. & C.	3 —
Thymen	Thymian	M. & B.	3 —
Thymol	„	Sch. & C.	13 50
Tonquinol	Moschus	Diverse Firmen	— —
Tréfol	Kleeduft	L. G.	30 —
Tréfolia	„	T. M.	32 —
Trifoline	„	C. N. & C.	280 —
Tubérone	Hyacinthe	L. & C.	42 —
Turanol	Phantasiegeruch (Feldblumen)	T. M.	— —
Vanillin	Vanille	H. & R.	40 —
Vanillone	Benzoë	L. & C.	— —
Violette liquide	Veilchen	T. M.	240 —
Violettol	„	C. N. & C.	— —
Violetton	„	„	— —
Wachsaroma	Bienenwachs	H. & R.	40 —
Weinblüte	Weinblüte	L. & C.	165 —
Wintergrünöl, künstl.	Wintergrün	M. & B.	3 70
Yara-Yara	Phantasiegeruch (Orchideenblüt.)	T. M.	36 —
Ylang-Ylang, künstl.	Ylang-Ylang	H. & C.	200 —
Zibeth, künstl.	Zibeth	T. M.	— —
Zibethin 100 %	„	C. N. & C.; H. & C.	900 —
Zimmtaldehyd	Zimmt	Sch. & C.	13 —
Zimmtalkohol	Rose	H. & R.	75 —
Zimmtöl, künstl.	Zimmt	Sch. & C.	45 —
Zimmtsäure	„	C. N. & C.	28 —
Zimmtsäureäthylester	„ Für Zahnwässer	H. & C.	20 —
Zimmtsäuremethylester.	„	„	20 —

Bei der vorstehenden Aufstellung sind u. a. auch Preise für die einzelnen Riechstoffe fixiert. Dieselben sind die z. Zt. etwa effektiven, doch variieren sie so ungemein, dass diese Angabe nicht den Anspruch auf unbedingte Genauigkeit macht. Die Preise sind nur deshalb angeführt, um ungefähr einen Vergleich anstellen zu können zwischen künstlichem und natürlichem Riechstoff, wobei selbstverständlich der Grad der Ausgiebigkeit auch noch besonders berücksichtigt werden muss.

Die einzelnen Zeichen bedeuten die nachstehend angegebenen Firmen; es soll jedoch damit nicht gesagt sein, dass die jeweilig genannte Firma gerade die beste für den betreffenden Riechstoff ist; vielmehr stellen viele Firmen in gleicher Güte den gleichen Riechstoff her und es bleibt natürlich dem Fabrikanten überlassen, den Riechstoff zu beziehen, wo es ihm am besten dünkt. Es sollen obige Angaben nur ein Fingerzeig sein, wo der betreffende Riechstoff zu haben ist.

A. Ch.	=	*Antoine Chiris,* Grasse.
A. G. F. A.	=	*Actien-Gesellschaft für Anilin-Fabrikation,* Berlin.
B. & C.	=	*Bitt & Co.,* Doberan i. M.
C. N. & C.	=	*Chuit, Naef & Cie.,* Genf.
D. & K.	=	*Delvendahl & Küntzel,* Werder a. H.
F. F. & C.	=	*Franz Fritzsche & Co.,* Hamburg.
H. & C.	=	*Heine & Co.,* Leipzig.
H. & R.	=	*Haarmann & Reimer,* Holzminden.
L. & C.	=	*De Laire & Cie.,* Paris.
L. G.	=	*L. Givaudan,* Genf (Vernier b. Genf).
M. & B.	=	*Dr. Mehrländer & Bergmann,* Hamburg.
S. & C.	=	*E. Sachsse & Co.,* Leipzig.
Sch. & C.	=	*Schimmel & Co.,* Miltitz b. Leipzig.
S. C. U. R.	=:	*Société chimique des usines du Rhone,* St. Fons, (Frankreich.)
T. M.	==	*Th. Mühlethaler,* Nyon (Schweiz).

Diese Zeichen gelten auch für die später aufgeführten Vorschriften, wo sie wieder hinter den einzelnen künstlichen Riechstoffen erscheinen werden; wie bereits ausdrücklich betont wurde, bleibt es jedem Parfümeur überlassen, sich der Erzeugnisse irgend einer anderen Firma zu bedienen, denn bei den Vorschriften wurde nur das Produkt derjenigen Firma angegeben, welches bei den Versuchen zur Hand war.

Wir lassen nun noch eine Uebersicht folgen über die künstlichen Riechstoffe, welche man jeweils zu der Herstellung eines ausgesprochenen Blumen- etc. Geruches heranziehen kann.

Geruch	Dazu in Frage kommende künstliche Riechstoffe.
Akazie	Akazienblütenöl; Acacia; Cassieblütenöl.
Ambra	Ambrettol; Grisambren.
Anis	Anethol.
Benzoë	Vanillone.
Bergamott	Bergamil; Geranylmethyläther; Linalylacetat.
Citrone	Citral; Citronenöl, künstl.;
Citronelle	Citronellal; Citronellon.
Eucalyptus	Eucalyptol.
Fenchel	Fenouil, amer.
Flieder	Lilacin; Lilas; Syringa; Syringol; Terpineol; Terpinolen.
Gardenia	Gardeniablütenöl.
Gartennelke	Gartennelkenöl; Gartennelkenblütenöl; Oeillet.
Geranium ⎫	Geraniol; Reuniol.
Gingergras ⎭	Gingerine.
Ginster	Ajonc.
Glycine	Glycina.
Goldlack	Goldlackblütenöl.
Heckenrose	Eglantine; Geranylacetat.
Heliotrop	Heliotrop amorph; Heliotropin; Heliotropol; Héliotrope concret; Heliotropblütenöl.
Heu	Cumarin.
Honig	Honig-Aroma.
Hyacinth	Hyacinthin; Hyacinthenblütenöl; Hyacinthensantalol; Jacinthea; Tubérone.
Iris	Florentinol; Iralia; Iraldéïne; Irisöl, flüss. und concret; Irissantalol; Iron.
Jasmin	Benzylacetat; Benzylalkohol; Deutscher Jasmin; Jasminöl; Jasminblütenöl; Jasminsantalol; Jasmindol; Lemanol; Narcéol.
Juchten	Cuir de Russie.
Kleeblüte	Orchidée; Salicylsäure-Amylester; Tréfol; Trifoline; Trifolia.
Kümmel	Carven; Carvol.
Lavendel	Lavandol.
Levkoje	Caryophilline; Cheirantia; Quarantaine.
Lindenblüte	Deutscher Jasmin (H. & C.); Geranylformiat.
Maiglöckchen	Linalool; Muguet; Maiglöckchenblütenöl.

Geruch	Dazu in Frage kommende künstliche Riechstoffe
Majoran	Carvacrol.
Mandarine	Mandarinenöl, künstl.;
Mandelöl, Bitter-	Amanthol; Amandol; Benzaldehyd; Bitter- mandelöl, künstliches; Mirbanöl (Nitro- benzol).
Maréchal Niel-Rose	Hosaldéïne.
Mimosa	Mimosaöl.
Moschus	Keton; Moschinol; Musc Baur; Muskinol; Tonquinol.
Myrthe	Myrtol.
Narzisse	Narzissenöl.
Nelke	Dianthin; Eugenol; Isoeugenol.
Orangenblüte	Anthranilsäuremethylester; Aurantiol; Bromelia; Irolène; Neroliöl; Nerolin; Orangenblütenöl; Orangenblütensan- talol.
Pensée, Stiefmütterchen	Clymène; Penséeöl.
Peru-Balsam	Benzylbenzoat; Cinnameïn.
Pfefferminz	Menthol.
Pfeifenstrauch	Philadelphus.
Pomeranze	Limonen.
Reseda	Resedablütenöl; Resedageraniol; Rese- dasantalol.
Rose	Citronellol; Orgéol; Phenylaethylalkohol; Rosenöl, künstl.; Rosaldéïne; Rhodinol; Rosinol; Rosengeraniol; Rosensantalol; Rosenblütenöl; Roséol; Zimmtalkohol.
Sandelholz	Santalol.
Sassafras	Isosafrol; Sassafrasöl, künstl.; Safrol.
Styrax	Essence de Styrax.
Syringa	Syringablütenöl.
Tannenduft	Bornylacetat.
Thymian	Thymol; Thymen.
Tuberose	Tuberoseblütenöl; Tuberosesantalol.
Vanille	Bourbonal; Vanillin.
Veilchen	Jonarol; Jonon; Irisolette; Irisone; Iso- Iron; Neu-Veilchen; Veilchenblütenöl; Veilchensantalol; Violettol; Violetton; Violette liquide.
Wachs	Wachsaroma.
Waldrebe	Clématite.
Weinblüte	Weinblütenöl (Fleurs de Vigne).

Geruch	Dazu in Frage kommende künstliche Riechstoffe
Weissdorn	Aubépine, flüssig und amorph.
Wintergrün	Salicylsäure-Aethylester; Salicylsäure-Methylester; Wintergrünöl, künstlich.
Ylang-Ylang	Ylang-Ylangöl, künstl.; Niobeöl; Benzoësäure-Aethylester; Benzoësäure-Methylester.
Zibeth	Zibeth, künstl.; Zibethin; Zibethöl.
Zimmt	Zimmtaldehyd; Zimmtöl; Zimmtsäure; Zimmtsäure-Aethylester; Zimmtsäure-Methylester.

Löslichkeits-Tabelle.

In je 1 kg Lösungsmittel lösen sich bei gewöhnlicher Temperatur	Alkohol 96%ig g	Wasser g	Glycerin g	Olivenöl g	Mineralöl g	Vaseline (b. 30°C.) g
Amanthol	1000	—	—	1000	30	50
Ambrettol	15	—	2	2	1	1
Anethol	1000	—	—	1000	1000	500
Aubépine	1000	1	5	1000	10	30
Aurantiol	300	—	—	200	—	30
Benzoësäure-Aethylester	1000	—	—	200	200	100
„ „ -Methylester	1000	—	—	200	200	100
Benzylacetat	1000	—	—	1000	100	50
Benzylalkohol	1000	10	10	500	5	5
Bergamil	500	—	10	500	120	500
Blütenöle	1000	—	—	1000	1000	500
Blütensantalole	1000	—	—	1000	500	500
Bornylacetat	1000	—	—	300	5	300
Bromelia	40	—	5	20	10	120
Bourbonal	200	8	8	15	1	10
Bouvardia 100%	500	—	—	500	—	50
Caryophilline	500	—	2	500	2	35
Cassiaöl (Zimmtaldehyd)	1000	—	—	100	10	10
Cheiranthia	500	—	—	500	5	40
Cinnamol	250	—	—	20	—	—
Citral	1000	—	2	1000	200	200
Citronellal	1000	—	2	1000	200	200
Citronellol	1000	—	—	1000	1000	1000
Citronenöl, künstl.	500	—	8	500	140	500

In je 1 kg Lösungsmittel lösen sich bei gewöhnlicher Temperatur	Alkohol 96%ig g	Wasser g	Glycerin g	Olivenöl g	Mineralöl g	Vaseline (b. 30°C.) g
Clématite	500	—	2	4	—	8
Clymène	500	—	—	25	—	—
Cratégine	30	—	—	15	—	—
Cuir de Russie	100	—	10	20	1	10
Cumarin	100	2	12	20	2	15
Dianthin	1000	—	5	1000	10	40
Eglantine	1000	—	—	1000	1000	1000
Epine blanche	500	—	—	500	10	50
Essence de Styrax	1000	—	—	—	—	—
Eucalyptol	1000	—	—	1000	1000	500
Eugenol	1000	—	5	1000	10	40
Fenouil amer	1000	—	1	1000	500	20
Florentinol	1000	—	—	1000	1000	500
Gartennelkenöl	500	—	2	300	—	—
Geraniol	1000	—	—	1000	1000	1000
Geranylacetat	1000	—	—	1000	1000	500
Geranylformiat	1000	—	—	1000	1000	500
Grisambren	1000	—	—	70	10	50
Heliotrop amorph	50	1	16	20	—	—
Héliotrope concret	500	—	5	180	—	—
Heliotropin	200	1	10	10	10	20
Heliotropol	500	—	—	300	300	500
Hemérocalle	200	—	20	100	7	35
Honig-Aroma (flüssig)	1000	—	—	—	—	10
Hosaldéïne	500	—	—	500	100	50
Hyacinthin	500	1.5	10	150	5	20
Iraldéïne	1000	—	—	—	—	50
Iralia	1000	—	—	—	—	50
Irisöl flüssig	1000	—	—	1000	1000	500
„ konkret	300	—	—	300	300	1000
Irisolette 100%	400	—	2	400	—	—
Irisone	500	1	2	400	—	—
Irolène	300	—	—	200	—	30
Iron 100%	1000	—	—	1000	1000	500
Iso-Eugenol	1000	—	—	1000	10	10
Iso-Iron	1000	—	—	—	—	50
Iso-Safrol	500	—	—	1000	1000	1000
Jacinthea E.	1000	1.5	10	1000	1000	30
„ S.	70	0.3	6	1000	1000	1000
Jasmin	1000	1	8	1000	40	50
Jonarol	1000	—	—	—	—	50

In je 1 kg Lösungsmittel lösen sich bei gewöhnlicher Temperatur	Alkohol 96%ig g	Wasser g	Glycerin g	Olivenöl g	Mineralöl g	Vaseline (b. 30°C.) g
Jonon	1000	5	10	—	—	50
„ 100%	1000	—	—	1000	1000	500
Keton	6	—	0.2	0.7	—	—
Lilas	500	1	6	10	3	10
Linalool	1000	—	1	500	500	1000
Linalylacetat	500	—	—	500	100	500
Menthol	500	—	—	200	200	200
Moschinol 100%	5	—	0.2	0.7	—	—
Muguet	1000	—	—	1000	1000	1000
Narcéol	1000	—	10	1000	40	40
Neroliöl, künstl.	500	—	40	350	—	—
Neu-Veilchen	1000	—	—	—	—	50
Oeillet	1000	—	—	1000	1000	1000
Orchidée	1000	—	—	1000	100	200
Orgéol	1000	—	—	1000	1000	1000
Phenylaethylalkohol	1000	20	10	500	5	5
Quarantaine	500	—	2.6	500	—	25
Reseda-Geraniol	1000	—	—	1000	1000	1000
Rhodinol	600	—	4.3	500	—	—
Rosaldéïne	500	—	—	500	100	50
Rosenöl, künstl.	1000	2	2	1000	1000	500
Rosinol	500	—	—	500	—	5
Safrol	1000	—	—	1000	1000	1000
Salicylsäure-Aethylester	1000	—	—	1000	1000	500
„ „ -Methylester	1000	—	—	1000	1000	1000
Santalol	1000	—	—	1000	500	500
Sassafrasöl, künstl.	1000	—	—	1000	1000	1000
Seringat	300	—	10	150	10	20
Syringa	500	—	10	180	10	25
Syringol	500	—	—	300	10	50
Terpineol	1000	—	10	1000	1000	1000
Terpinolen, Terpinol	1000	—	10	1000	1000	1000
Thymen	1000	—	—	500	500	500
Tonquinol	6	—	0.2	0.5	—	—
Tréfol	90	0.2	15	1000	1000	1000
Tréfolia	75	—	20	1000	1000	1000
Trifoline	100	—	20	1000	1000	1000
Tubérone	1000	—	—	1000	20	50
Vanillin	200	8	8	15	1	10
Vanillone	600	2	10	50	4	20
Violette liquide	500	1	7	7	—	—

In je 1 kg Lösungsmittel lösen sich bei gewöhnlicher Temperatur	Alkohol 96%ig g	Wasser g	Glycerin g	Olivenöl g	Mineralöl g	Vaseline (b. 30°C.) g
Violettöl	1000	5	10	3	—	50
Violetton	1000	—	12	—	—	50
Wachs-Aroma, fest	—	—	—	100	100	—
„ „ flüssig	1000	—	—	—	—	10
Weinblüte	1000	—	—	—	—	—
Wintergrünöl, künstl.	1000	—	—	1000	1000	1000
Yara-Yara	20	—	5	20	10	150
Ylang-Ylang	500	0.5	5	100	20	—
Zibeth, künstl.	200	3	5	1000	600	700
Zimmtaldehyd	1000	—	—	100	10	10
Zimmtalkohol	1000	—	4	20	—	10
Zimmtsäure-Aethylester	1000	—	—	1000	1000	500
„ „ -Methylester	500	—	—	500	500	500

Es ist immer ratsam, bei Lösungen etwas unter den hier angegebenen Grenzen zu bleiben.

Spezieller Teil.

Notiz.

Es sei hier nochmals ausdrücklich darauf hingewiesen, dass die in den Vorschriften:

Seite 89, 90, 97, 103, 106, 108, 130, 226, 240, 247 und 250

verwendeten künstlichen Riechstoffe, als Iralia, Violetton, Violettöl der Firma *Chuit, Naef & Co.*, Genf, sowie Irisolette der Firma *Th. Mühlethaler*, Nyon — allem Anscheine nach auch Ylang-Ylang, Jasminöl und Nerollöl, künstl. der gleichen Firmen — unter die nachstehend angegebenen Patente fallen und daher in Deutschland nicht verwendet werden dürfen.

Die z. Zt. bestehenden Patente sind folgende:

Amyrol — der Firma *Heine & Co.* D. R.-P. No. 122007
Cassieblütenöl — » *Haarmann & Reimer* D. P.-A. H 29381
» — » *Schimmel & Co.* D. R.-P. No. 139635 und Zus.-P. Anm. No. 21273
Citronenöl, künstl. — » *Heine & Co.* D. R.-P. No. 134788
Indol (künstl. Blumengerüche) der Firma *Heine & Co.* D. R.-P. No. 139622 und 139869
Iron — der Firma *Haarmann & Reimer* D. R.-P. No. 72840
Iso-Iron — » » » D. R.-P. No. 120560
Jasminöl, künstl. — der Firma *Heine & Co.* D. R.-P. No. 133425
Jasmon (künstl. Blumengerüche) der Firma *Heine & Co.* D. R.-P. No. 119890
Jonon — der Firma *Haarmann & Reimer* D. R.-P. No. 73089 und eine Reihe von Zusatzpatenten
Mandarinenöl, künstl. der Firma *Schimmel & Co.* D. R.-P. No. 125308
Neral (künstl. Rosenöl) » *Heine & Co.* D. P.-A. No. 29207
Nerollöl, künstl. *Akt-Ges. für Anilinfabrikation* D. R.-P. No. 122290
Rosenöl, künstl. der Firma *Schimmel & Co.* D. R.-P. No. 136736
Santalol der Firma *Heine & Co.* D. R.-P. No. 110485 und 116815
Ylang-Ylangöl, künstl. der Firma *Schimmel & Co.* D. R.-P. No. 142589
Zimmtöl, künstl. » » » » » 134789.

Die oben genannten künstlichen Riechstoffe sind mithin durch die entsprechenden Erzeugnisse der Patentinhaber zu ersetzen, und zwar: Iralia, Irisolette, Violettöl und Violetton durch Jonon oder Neu-Veilchen; Ylang-Ylang durch Erzeugnisse der Firma *Schimmel & Co.*, Nerollöl durch Erzeugnisse der Actien-Gesellschaft für Anilin-Fabrikation, bezw. durch Produkte anderer Fabriken, die nicht gegen die Patente der vorgenannten Firmen verstossen.

Parfümerie.

Vorarbeiten zur Herstellung von Extraits d'odeurs (Infusionen — Solutionen — Tinkturen).

Bevor wir zur eigentlichen Herstellung von Extraits d'odeurs schreiten können, müssen eine Reihe von Vorarbeiten Erledigung finden. Hiezu gehören die Auszüge und Lösungen von festen Riechstoffen, die später zu viel Zeit in Anspruch nehmen würden und auch an Ausgiebigkeit vermindert wären, weil zur richtigen Extraktion bezw. Auflösung eben eine längere Einwirkung des Lösungsmittels erforderlich ist.

Einige kleine Bemerkungen seien hier über eine einheitliche Benennungsweise dieser Lösungen etc. gemacht, unter welcher dieselben später stets aufgeführt werden sollen. Von jeher heissen in der Praxis die Auszüge aus den Blumenpomaden, echtem Moschus, wohlriechenden Harzen und dergl: Infusionen; die Lösungen ätherischer Oele und anderer natürlicher Riechstoffe: Solutionen. Diese Benennungen sollen hier beibehalten werden und, um Verwechslungen zu vermeiden, sollen die Lösungen künstlicher Blumen-etc.-Riechstoffe: Tinkturen genannt werden. Eine Moschus-Infusion wäre demzufolge ein Auszug aus echtem Moschus, während eine Moschus-Tinktur eine Lösung von künstlichem Moschus bedeuten würde. Als zu verwendender Sprit ist stets solcher in reinster Ware von 95—96 % gedacht.

Infusionen, Solutionen und Tinkturen.

Es gibt wohl wenige Professionen, in denen mit gleicher Zähigkeit am Althergebrachten fest gehalten wird, wie in der Herstellung der natürlichen Blumenwohlgerüche. Sie hat innerhalb der letzten Jahrzehnte, die doch an keiner Industrie spurlos vorübergegangen sind, kaum den kleinsten Fortschritt zu verzeichnen, und ist erst durch die neuesten Errungenschaften der Chemie aus ihrer Lethargie etwas aufgerüttelt worden.

In der Tat muss bei näherer Betrachtung das alte System, die Blumengerüche durch grosse Mengen Fett zu binden und sie dem Parfümeur in Form der sogenannten Pomaden anzubieten, zur schärfsten Kritik herausfordern. Denn das mit den Blumen macerierte Fett nimmt, wie jeder Fabrikant weiss, die

Blumengerüche nur unvollkommen auf und liefert bei der Auswaschung mit Alkohol Infusionen, die im Geruch die Frische der Blumen, welche sie wiedergeben sollen, oft vollständig vermissen lassen. Die Pomaden-Auswaschungen leiden ohne Ausnahme an einem faden Geruch, der durch darin enthaltene Fettteile bedingt wird. Die Annahme, dass man imstande sei, die Waschungen durch Ausfrierenlassen von den Fettteilen gänzlich zu befreien, ist eine durchaus irrige, denn es bleiben trotz Anwendung grösster Kälte Teile des Fettes (Fettsäuren) in dem Sprit gelöst, die dem Geruch schaden und die Haltbarkeit der Extraits beeinträchtigen. Aber auch in Bezug auf die Originalität sind die Pomaden nicht normal und können z. B. kein absolut zuverlässiges Material für wissenschaftliche Untersuchung abgeben. Ganz abgesehen von Veilchen- und Resedapomaden, die meist ziemlich komplizierte Gemische darstellen, sind auch andere einfache Gerüche meist Pomadengemische, abgesehen von der Präparation des Fettes mittelst Rosenwasser, Benzoëharz etc. und anderen Auffrischungen durch ätherische Oele, Zibeth etc.

Die Herstellung der Pomaden-Infusionen d. h. der Auswaschungen der Blumenpomaden zur Erlangung der darin enthaltenen Blumendüfte, darf als bekannt angesehen werden und wir verweisen in dieser Beziehung auf die bestehende Literatur.

Die Ansätze für Pomaden-Auswaschungen sind folgende:

1.000 kg Blumenpomade,
1.250 „ feinster Weinsprit.

Es werden hiernach stets 3 Infusionen hergestellt, wovon die erste naturgemäss die stärkste ist, während die beiden folgenden bedeutend dagegen abfallen. Die dritte Infusion benutzt man am besten wieder zum Ansatz der ersten, kann sie aber auch vorteilhaft zu Extraits etc. verwenden. Die auf diese Weise hergestellten Infusionen sind folgende: Rose, Veilchen, Jasmin, Jonquille, Tuberose, Orange, Cassie, Reseda; doch wird von der Extrahierung der letztgenannten Pomade meist Abstand genommen, da man sich das Reseda-Extrait schöner durch Zusammensetzungen verschiedener Infusionen etc. herstellt. Eine Neuheit in Blumenpomaden ist »Pommade Capucines«, den Geruch der Kapuziner-Blumen darstellend. Die damit hergestellte Infusion verwendet man vorteilhaft da, wo recht frische, duftige Gerüche gewünscht werden, z. B. in Maiglöckchen- und Flieder-Parfüms.

Ferner stellt man sehr gute Blumen-Infusionen her, wenn man die »Parfums naturels« dazu verwendet. Diese sind wesentlich teurer wie die Blumenpomaden, doch fallen bei ihrer Verwendung und Verarbeitung viele Unanehmlichkeiten weg. Man stellt aus ihnen auch 3 Infusionen her, wie bei den Pomaden. Die Parfums naturels sind ausschliesslich aus Blüten dargestellt, und zwar nach einem Verfahren, welches der *Société Anonyme des Parfums Naturels de Cannes* patentiert wurde. Von diesen »Parfums naturels« gibt es zwei Arten, die festen und die flüssigen Parfüms. Zu Infusionen nimmt man die ersteren und verfährt auf folgende Weise:

1 kg Parfum naturel,
70 ,, feinster Weinsprit.

Dieses bildet den Ansatz. Man verreibt das Kilo »Parfum naturel« in einer Reibschale tüchtig unter Zufügen von 3 kg Weinsprit, bis das Ganze eine gleichförmige Masse bildet, dann gibt man die restierenden 67 kg Weinsprit in den Extraktions-apparat und fügt die Mischung des Parfum naturel mit den 3 kg Sprit bei. Man lässt die Maschine mindestens 3 Tage arbeiten und verfährt dann wie bei den Blumenpomaden, indem man die Mischung filtriert, das Filtrat ausfrieren und wieder das Filter passieren lässt. Diese Infusionen haben einen prachtvollen Blumengeruch und es haftet ihnen der bei Infu-sionen aus Pomaden auftretende Fettgeruch nicht an. Der Rückstand wird ein zweites Mal in gleicher Weise bearbeitet, eventl. ein drittes Mal.

Aus den flüssigen Parfums naturels stellt man Solutionen her, indem man zu denselben feinsten Weinsprit zufügt, je nach dem Preise, der erzielt werden soll.

Die Erzeugung der künstlichen Riechstoffe, die in den letzten Jahren bedeutende Fortschritte gemacht hat, ist für die Parfümerie von grossem Nutzen gewesen und zwar in mehr-facher Weise. Während man früher die Extraits aus den teuren französischen Pomaden ausziehen musste und viele Gerüche kunstvoll aus Mischungen solcher Essenzen und ätherischen Oelen hergestellt wurden, ist man jetzt soweit gekommen, den betreffenden Blumengeruch gleich fix und fertig zu erhalten, nur dass man noch einige Zusätze machen muss, die zur Fest-haltung, d. h. längerem Anhaften des Geruches dienen.

Bei der Verwendung der künstlichen Riechstoffe fällt das oftmalige Filtrieren, das Ausfrierenlassen und auch jede maschinelle Arbeit weg, wodurch die Tinkturen sich billiger stellen und Verluste so gut wie ausgeschlossen sind. Es soll jedoch Abstand davon genommen werden, durch die künstlichen Riechstoffe geradezu nur billigere Ware allein herzustellen; man soll auf einfachere Weise gleich gute und gleichwertige (gleich teure) Produkte fabrizieren.

Man könnte die künstlichen Riechstoffe sofort bei der

Zusammensetzung der Extraits in ihrem derzeitigen Zustande verwenden, indem man sie einfach in dem zu verwendenden Quantum Alkohol löst. Es ist jedoch besser sich Tinkturen herzustellen, wie Infusionen bei den Blumenpomaden; denn die vollständige Lösung der Riechstoffe ist eine unbedingtere, wenn die Tinktur 2—3 Tage sich selbst überlassen bleiben kann, womöglich in einem gut temperierten Raume. Zu diesen Tinkturen eignen sich am besten die sog. »Blütenöle« und zwar:

Akazie, Cassie, Gardenia, Gartennelke, Goldlack, Heliotrop, Hyacinthe, Jasmin, Deutscher Jasmin, Maiglöckchen, Orange, Reseda, Rose, Syringa, Tuberose, Veilchen.

Ganz besonders seien hier nochmals das künstliche »Deutsche Jasminöl« und »Cassieblütenöl« erwähnt. Das künstliche Jasminöl und das Cassieöl bewähren sich in vorzüglicher Weise und zeigen sich brauchbar zu allen Zwecken, wo ein höchst konzentrierter Jasmin- oder Cassiegeruch nötig ist. Sie sind für den Parfümeur willkommene Ergänzungs- und Verstärkungsmittel der natürlichen Parfüms. Der Absatz dieser Oele hat bereits bedeutende Dimensionen angenommen und der Preis ist derartig, dass gewiss von allen Parfümeuren die Frage der Verwendung dieser Produkte bereits als zu deren Gunsten entschieden zu betrachten ist. Schon im Verhältnis von 10 g auf 1 kg Weinsprit angewendet liefern das Jasminöl und das Cassieöl eine ganz vorzügliche und kräftige Tinktur, welche den Vergleich mit der besten aus Pomade bereiteten Infusion aushalten kann. Mag der konservative Parfümeur der fortschrittlichen Bewegung auf diesem Gebiete noch so skeptisch gegenüberstehen, bei diesen Produkten ist es nicht angebracht, und er wird wohl daran tun, die Umarbeitung seiner Rezepte auf der Basis dieser künstlichen Riechstoffe vorzunehmen.

Man stellt von den Blütenölen gewöhnlich nur eine Tinktur her und zwar eine solche, die einer ersten Pomaden-Infusion an Wert und Stärke gleich ist, und verdünnt diese Tinktur zur Herstellung einer zweiten Stärke einfach mit Sprit. Da nun die Preise der einzelnen Gerüche sehr verschieden sind, stellt man diese

Tinkturen

wie folgt zusammen:

Akazie, Cassie, Gardenia, Goldlack, Jasmin,
Orange, Tuberose, Rose.
1000 g Weinsprit,
10 ,, Blütenöl.

Veilchen.
1000 g Weinsprit,
  12 ,, Blütenöl.

Gartennelke.
1000 g Weinsprit,
 115 ,, Blütenöl.

Heliotrop.
1000 g Weinsprit,
  32 ,, Blütenöl.

Hyacinthe.
1000 g Weinsprit,
  40 ,, Blütenöl.

Maiglöckchen.
1000 g Weinsprit,
  30 ,, Blütenöl.

Reseda.
1000 g Weinsprit,
  10 ,, Blütenöl.

Syringa.
1000 g Weinsprit,
  60 ,, Blütenöl.

Hiernach erhält man lauter gleichpreisige, gleichwertige Tinkturen im Verhältnis zu den ersten Auszügen aus Blumenpomaden, doch sind dieselben in vielen Fällen stärker im Geruche, was nur ein Vorteil ist.

(Es sei hier noch bemerkt, dass bei den in diesem Buche gebrachten Vorschriften dem Parfümeur die Wahl gelassen wird, ob er Infusionen aus Pomaden oder Tinkturen aus den Blütenölen anwenden will.)

Diese Tinkturen sollen in der Hauptsache zu feineren Taschentuchparfüms Verwendung finden.

Es folgen nun die weiteren Tinkturen:

Moschus-Tinktur.

1000 g Weinsprit,
  15 ,, künstlicher Moschus.

Bei dem künstlichen Moschus kann man nicht von dem Standpunkte der Gleichwertigkeit der Tinktur im Einstandspreis gegen die Infusion ausgehen, da die verschiedenen Sorten verschiedene Löslichkeitsverhältnisse aufweisen. So lösen sich von Musc *Baur* 15 g pro 1 kg Sprit ganz gut, doch sind auch Keton-Moschus und andere Präparate im Handel, von denen nur 6 g in 1 kg Sprit löslich sind. Man muss daher den künstlichen Moschus auf seine Löslichkeit und Geruchsstärke prüfen und sich erstere beim Einkaufen angeben resp. garantieren lassen.

Moschus-Infusion.

1000 g Weinsprit,
  35 ,, Moschus, echt.

Der ausgebeutelte Moschus wird fein zerrieben mit etwas

gestossenem Zucker oder feinem Bimsteinpulver und dem Sprit zugefügt. Man lässt die Infusion mindestens 4 Wochen stehen, bevor man sie filtriert. Um den Moschus auch gänzlich zu extrahieren, gibt man das Gemenge von Sprit und Moschus in einen Metallständer mit doppeltem Boden, wovon der erste Boden siebartig durchlöchert und mit einer feinen Gaze überzogen ist. Im zweiten, äusseren Boden befindet sich ein Ablasshahn, durch welchen man die Infusion langsam abfliessen lässt; die erhaltene Infusion gibt man mehrmals wieder auf den in dem Ständer befindlichen Moschus, so dass sie denselben drei- bis viermal passieren muss. Eine so hergestellte Infusion ist von vorzüglicher Beschaffenheit und Stärke.

Moschus-Infusion II.

Rückstand von 100 g einmal infusiertem Moschus,
3000 „ Weinsprit.

Zibeth-Infusion.

1000 g Weinsprit,
35 „ Zibeth, echt.

Da sich Zibeth in kaltem Zustande schwer und langsam löst, gibt man den Zibeth und Sprit in eine Blechkanne mit ummanteltem Hals. Diesen Mantel füllt man mit Glycerin, schliesst die Kanne und stellt dann dieselbe in's Wasserbad. Durch Erwärmung löst sich der Zibeth sehr schnell und die aufsteigenden Spiritusdämpfe werden an dem Halsmantel wieder kondensiert, so dass ein Verlust fast ausgeschlossen ist.

Alle diese Mühen sind bei Verwendung der künstlichen Stoffe in weit geringerem Masse nötig.

Zibeth-Tinktur.

1000 g Weinsprit,
50 „ Zibeth, künstlich;

entspricht einer Zibeth-Infusion wie vorher angegeben, ohne jedoch einen Rückstand aufzuweisen. Die rote Farbe der Tinktur aus künstlichem Zibeth stört bei der Verarbeitung absolut nicht.

Der künstliche Zibeth ist sowohl in festem wie in flüssigem Zustande im Handel. Bei Verwendung des letzteren hat man ihn nur einfach der herzustellenden Parfüm-Mischung beizugeben.

Ambra-Infusion.

1000 g Weinsprit,
15 „ Ambra;

man verfährt wie bei Zibeth.

Ersatz hiefür ist:

Ambrettol-Tinktur.

1000 g Weinsprit,
15 „ Ambrettol.

Diese Tinktur stellt eine gesättigte Lösung des Ambrettols in Sprit dar.

Benzoë-Infusion.	Tolu-Infusion.
1000 g Weinsprit,	1000 g Weinsprit,
400 „ Benzoë.	400 „ Tolu-Balsam.

Storax-Infusion.	Peru-Infusion.
1000 g Weinsprit,	1000 g Weinsprit,
350 „ Storax.	200 „ Peru-Balsam.

Diese Harzlösungen sind sehr einfach herzustellen; man gibt die Harze zu dem Sprit und lässt die Infusion 4 Wochen in einem warmen Raume stehen, während man sie täglich gut durchschüttelt.

Von den Harzinfusionen ist keine vollständig zu ersetzen; sie dienen bei der Herstellung der Taschentuchparfüms zugleich als Fixiermittel. Als Ersatz für Perubalsam kann man das Perubalsamöl (Cinnameïn) vorteilhaft anwenden bei Pomaden; speziell die bekannte Schwefelpomade (Schuppenpomade) hat einen Zusatz von Perubalsam, der sich durch das Cinnameïn ersetzen lässt; durch dieses wird eine viel leichtere Herstellung der Pomade ermöglicht, ohne ihre Wirkung besonders zu beeinträchtigen. Man schreibt zwar dem Perubalsam eine besondere Kraft zu in Bezug auf die Förderung des Haarwuchses, doch wird eine derartige Wirkung desselben von vielen Seiten bestritten. Der Gehalt an diesem Stoffe in der Pomade ist auch so gering, dass man ihn ruhig weglassen kann. Neben dem Perubalsamöl sind auch Storaxöl und Tolubalsamöl im Handel, doch können deren Lösungen nicht als Ersatz für die Harzinfusionen verwendet werden, da ihnen das fixierende Moment fehlt. Wohl versucht man dies damit zu erreichen, dass man diese Oele mit dem Agfa-Fixateur*) vermischt und so zur Anwendung bringt. Der Agfa-Fixateur, der wie Ambra und Moschus verwendet werden soll zur Fixierung anderer Gerüche, hat selbst einen so wenig aufdringlichen Geruch, dass derselbe durch andere

---

*) Der Agfa-Fixateur dürfte identisch sein mit dem Salicylsäurebenzylester, dessen »Verwendung als Fixateur des Geruches bei der Zusammenstellung von Parfüms und bei der Herstellung parfümierter Waren« der *Actien-Gesellschaft für Anilin-Fabrikation* in Berlin durch das D. R.-P. 144 002 geschützt ist.

Gerüche sofort gedeckt ist. Dabei wird durch diesen Agfa-Fixateur das Aroma der Mischung im allgemeinen bedeutend gehoben. Immerhin gibt man den Harzinfusionen doch den Vorzug, besonders bei feinen Waren. Man muss nur beim Kaufe der wohlriechenden Harze sehr vorsichtig sein, damit man schöne, reine Ware erhält.

<table>
<tr><td>

Vanillin-Tinktur.
1000 g Sprit,
  20 „ Vanillin.

</td><td>

Cumarin-Tinktur.
1000 g Sprit,
  15 „ Cumarin.

</td></tr>
<tr><td>

Bourbonal-Tinktur.
1000 g Sprit,
  15 „ Bourbonal.

</td><td>

Heliotropin-Tinktur.
1000 g Sprit,
  20 „ Heliotropin.

</td></tr>
</table>

Turanol-Tinktur.
1000 g Sprit,
  30 „ Turanol.

Infusionen von Vanille und Tonkabohnen werden in der Praxis so gut wie gar nicht mehr hergestellt.

Moos-Infusion.

1000 g Weinsprit,
 150 „ pulverisiertes Eichenmoos;

findet zu Extraits viel Verwendung. Man lässt diese Infusion am besten einige Tage im Extraktionsapparat tüchtig durcharbeiten.

Ebenso:

<table>
<tr><td>

Chinarinden-Infusion.
1000 g Weinsprit,
 130 „ Chinarinde, pulv.

</td><td>

Moschuskörner-Infusion
(Infusion Ambrette).

</td></tr>
<tr><td>

Arnika-Infusion.
1000 g Weinsprit,
 150 „ Arnikablüten.

</td><td>

1000 g Weinsprit,
 280 „ Abelmosch-Samen,
       zerquetschte.

</td></tr>
</table>

Labdanum-Infusion.

1000 g Weinsprit,
 200 „ Labdanum.

Alle die vorstehenden Infusionen werden nach Zugabe der jeweiligen Ingredienzien zu dem Sprit durch vierwöchentliches Stehenlassen unter häufigem Schütteln gewonnen, oder man lässt sie, wie angegeben, im Extraktionsapparat bearbeiten.

Iris-Infusion.

8000 g Sprit,
2000 „ Iriswurzel, in granis oder pulverisiert.

Die Iris-Wurzel mit ihrem Aroma bildet einen wichtigen Faktor in der Parfümerie; alles an ihr bis zu dem kleinsten Stäubchen ist in der Parfümerie verwendbar. Das in ihr enthaltene Oel wird auf verschiedene Arten gewonnen, der Duft auf verschiedene Arten extrahiert. Die Rückstände werden pulverisiert und geben eine vorzügliche Grundlage für Sachet-Pulver. Bei vorstehender Infusion wird die ganz klein geraspelte oder gepulverte Iriswurzel zu dem Sprit gegeben und einige Wochen stehen gelassen. Das dann erhältliche Filtrat hat einen starken, lieblichen Duft.

Das Irisöl wird als konkretes Oel und als dickflüssiges Oel in den Handel gebracht. Da es oftmals geboten erscheint, das Oel nicht direkt zu verarbeiten, stellt man von beiden Arten Solutionen her.

Solution Iris konkret.	Solution Iris liquid.
1000 g Weinsprit,	1000 g Weinsprit,
30 „ Irisöl, konkret.	80 „ Irisöl, liquid.

Es ist ferner ein Irisprodukt im Handel, das den Namen Iris résinoïde oder auch Iris pâte führt und aus den Rückständen der Irisdestillation besteht, jedoch nur lösliche Bestandteile enthält. Auch dies ist gut zu verwenden.

Solution Iris résinoïde.
1000 g Weinsprit,
100 „ Iris résinoïde.

Der besseren Lösung halber stellt man von den dickflüssigen ätherischen Oelen oder von solchen, die in unserem Klima bereits bei gewöhnlicher Temperatur erstarren, ebenfalls Solutionen her. Auch tut man dies bei sehr teuren Oelen, von denen man oft nur kleine Quantitäten zu den einzelnen Vorschriften gebraucht, um so die Abwägung dieses kleinen Quantums genau in der Praxis ausführen zu können. So kann man z. B. 0.5 g Rosenöl nicht so leicht ohne jeden Verlust abwiegen; eine Solution, welche die 0.5 g gelöst in sich schliesst, lässt sich bedeutend leichter verarbeiten.

Solution Rosenöl, echt.	Solution Vetiveröl.
1000 g Weinsprit,	1000 g Weinsprit,
20 „ Rosenöl.	60 „ Vetiveröl.

Solution Bittermandelöl, echt.
1000 g Weinsprit,
40 „ Bittermandelöl, echt.

Auch diese Solution ist in der Praxis sehr nötig, da die vorgeschriebenen Quantitäten dieses Oeles oft so kleine sind, dass man sie kaum, oder doch nur sehr schwer und ungenau abwiegen kann.

Es wurden vorher die Tinkturen aufgeführt, die, als Ersatz für Pomaden-Infusionen geltend, aus den »Blütenölen« dargestellt werden. Es soll nun nicht gesagt sein, dass es unbedingt notwendig sei, diese Tinkturen nur aus den Blütenölen darzustellen. Auch aus den bezüglichen künstlichen Oelen, z. B. Jasminöl, Jonon etc. etc. kann man sie vorteilhaft herstellen, doch haftet den Blütenölen ein blumiger Duft an. Die folgenden Tinkturen, dargestellt aus künstlichen Riechstoffen, sind gleichwertig (gleichpreisig) den ersten Infusionen aus Blumenpomaden:

Jasmin-Tinktur.
1000 g Weinsprit,
20 „ Jasminöl, künstl.

Rosen-Tinktur.
1000 g Weinsprit,
18 „ Rosenöl, künstl.

Cassie-Tinktur.
1000 g Weinsprit,
15 „ Cassieöl, künstl.

Orangen-(Neroli)-Tinktur.
1000 g Weinsprit,
40 „ Neroliöl, künstlich.

Veilchen-Tinktur.
1000 g Weinsprit,
10 „ Jonon.

Ein ganz herrliches Produkt ist auch das Irisolette, doch ist dessen Verwendung in Deutschland verboten. Eine Tinktur damit liesse sich wie folgt herstellen:

Irisolette-(Veilchen)-Tinktur.
1000 g Weinsprit,
40 „ Irisolette (100°/o),

wodurch allerdings eine bedeutend stärkere, aber im Preise gleiche Tinktur hergestellt werden könnte.

Rosenwasser.
1000 g destilliertes Wasser, 30° C. warm,
4 Tropfen Rosenöl,
oder
1000 g destilliertes Wasser, 30° C. warm,
2 „ Rosenöl, künstlich.

Orangenblütenwasser.
1000 g Wasser,
1 „ Irolène.

Das 1 g »Irolène extra« wird mit 5—10 g Magnesia carbonica und 5 g Alkohol verrieben, allmählich 500 g leicht angewärmtes destilliertes Wasser dazugerührt und filtriert. Das Filter wird mit weiterem destillierten Wasser nachgewaschen, bis 1 kg Filtrat erhalten ist.

Extraits d'odeurs.

Nach diesen Vorarbeiten können wir zur Herstellung der Taschentuchparfüms — Extraits d'odeurs — schreiten und beginnen mit den am stärksten begehrten, den Veilchenodeurs, wofür hier zahlreiche Kompositionen folgen werden. Es werden in allen Odeurs zuerst die Qualitäten »quadruple« und »triple« (4 fach und 3 fach) gegeben, und später folgen die einfacheren Qualitäten »double«, »simple« und »Extraits de senteur«, denen dann die »Export-Extraits« sich anreihen werden.

Um ein schönes tadelloses Odeur herzustellen, ist es vor allen Dingen notwendig, die Ansätze nicht zu klein zu machen, ebenso muss die Herstellung so frühzeitig geschehen, dass, ehe das Parfüm zum Abfüllen kommt, dasselbe mindestens ein Lager von 5—6 Wochen hat, da bekanntlich bei längerem Lager sich die Blume voller und feiner entwickelt, und nicht gleich beim Anriechen Spritgeruch dominiert. Auch ist es von grosser Wichtigkeit, dass die Extrait-Kompositionen nicht sofort nach der Mischung filtriert werden, sondern nach 8—10 Tagen, da in dieser Zeit etwaige Trübungen sich selber klären und der Schleim zu Boden geht und fester wird, also leichter auf dem Filter liegen bleibt. Von sofortigem Filtrieren ist auch noch aus folgendem Grunde abzusehen: Zu vielen Extraits werden teuere und äusserst flüchtige ätherische Oele zugesetzt, welche sonst beim sofortigen Filtrieren im Filter bleiben oder sich stark verflüchtigen würden, bei längerem Lagern der Extraits vor der Filtration sich aber mit der Extraitmasse inniger verbinden, so dass ihr Geruch erhalten bleibt.

Ebenso ist noch zu bemerken, dass alle zur Extraitfabrikation zu verwendenden Infusionen, Solutionen und Tinkturen ein gutes Alter haben müssen, weil dann die Gerüche feiner und abgerundeter werden.

Veilchen-Odeurs.

In der gesamten Parfümerie findet sich kein Odeur wieder, das sich so sehr der Gunst des Publikums erfreut, wie das

Veilchen-Odeur. So lange nur Parfümerien auf den Markt kommen, bestand eine grosse Vorliebe für diesen Geruch, der infolge seiner Zartheit und Feinheit, wie durch seine Lieblichkeit und Unaufdringlichkeit stets gerne Verwendung fand. Bereits im alten Florenz wurden Veilchen-Odeurs im Grossen hergestellt und fanden schon Iris-Extrakte Verwendung.

Kein Wunder, dass die rastlos fortschreitende Chemie unseres Jahrhunderts es darauf abgesehen hatte, die Geruchsprinzipien des Veilchen-Odeurs, resp. des Veilchens, künstlich herzustellen, und wir verdanken es deutschen Gelehrten, dass wir heute im Besitze eines vorzüglichen Produktes sind, des Jonons, welches den Parfümeur befähigt, stärkere Odeurs in Veilchen-Duft herzustellen als dies früher der Fall war, ganz abgesehen davon, dass die Herstellung auch ungemein vereinfacht ist. Ist der Preis des Jonons auch heute noch ein reichlich hoher, so können wir doch ziemlich gleichwertige Tinkturen herstellen, die unseren früheren Infusionen aus Veilchen-Pomaden an Geruch gleich stehen, doch haben die Jonon-Tinkturen nicht den »abgerundeten« Geruch, wie die Infusionen aus Pomade, sondern sie erscheinen etwas schärfer, spröder.

Das jetzt im Handel erschienene Neu-Veilchen der Firma *Haarmann & Reimer* darf nach jeder Seite hin als vollendet angesehen werden, denn die damit hergestellten Tinkturen zeigen den soeben gerügten Mangel nicht und geben auch den Geruch des Veilchenkrautes wieder.

Die ganz feinen Veilchen-Odeurs werden jedoch immer noch aus Pomaden-Infusionen hergestellt und finden nur durch Jonon Verstärkung.

Ein Uebelstand hat sich durch die reichliche Verwendung von Jonon herausgebildet. Dem grossen Publikum ist der wirkliche Veilchengeruch verloren gegangen und gar viele halten heute ein wirklich feines Veilchen-Odeur für minderwertig, weil es nicht so sehr und plötzlich auf die Geruchsnerven fällt wie die Jonon-Präparate.

Es wird wohl schon einem jeden Parfümeur aufgefallen sein, dass frisch gepflückte, aufgeblühte Blumen, welche prachtvoll dufteten, mitunter geruchlos scheinen, während nach kurzen Pausen dieselben Blumen wieder ihren prachtvollen Duft ausströmen; ganz dasselbe findet sonderbarer Weise beim Jonon statt; es scheint einem manchmal bei den feinen damit hergestellten Veilchen-Odeuren, als wenn sie vollständig geruchlos seien, während sie nach kurzer Zeit wieder herrlich duften, besonders in der Verdünnung. *)

Gerade über Veilchen-Odeurs, die mit Jonon und Neu-

---

*) Ueber die Ursache dieser Erscheinung vgl. S. 31 oben.

Veilchen hergestellt sind, hört man des öfteren die widersprechendsten Urteile. Es kommt eben hauptsächlich darauf an, dass der volle Veilchenduft erst in der richtigen Verdünnung hervortritt. Leicht ist es auf keinen Fall, ein schönes Veilchenparfüm herzustellen; es ist vollständig ausgeschlossen, nur durch Verdünnung des 10-prozentigen Jonons ein feines Extrait zu bereiten, da dasselbe nicht den charakteristischen köstlichen Duft zeigt, wie ein korrekt fabriziertes Veilchen-Odeur; es bedarf zu dessen voller Entfaltung verständnisinniger Kompositionen, durch welche man aber dann auch ein Fabrikat erzielen kann, welches allen Ansprüchen genügt.

Schreiten wir nun zur Herstellung von Veilchen-Odeurs in ganz verschiedenen Arten.

Betreffs der Extraitfabrikation möchte ich noch — wie schon bemerkt — empfehlen, die Ansätze nicht zu klein zu machen — etwa 15 bis 20 kg auf einmal — damit die fertigen Extraitkompositionen längeres Lager haben können, wodurch ihr Wert bedeutend steigt. Nach Zusammensetzung der Kompositionen lasse man das fertige Extrait unter öfterem Schütteln 10—14 Tage stehen, ehe man filtriert. Nach dem Filtrieren bewahre man die Flaschen in gut gefülltem und verkorktem Zustande in kühlen, leicht zu verdunkelnden Räumen auf, am besten in einem schönen luftigen, trockenen Keller. Hat das Odeur nun längere Zeit, etwa 5 – 6 Wochen, gelagert, so ist es zum Abfüllen fertig. Ebenso ist es sehr gut, wenn die angewandten Infusionen und Solutionen frühzeitig und in reichlichen Mengen angesetzt worden sind; denn je älter z. B. Iris-, Moschus-, Benzoë-, Tolu-, Storax- etc. Infusionen sind, desto feiner werden sie im Geruch und desto wertvoller im Preise; dies gilt ganz besonders von der Moschus-Infusion, welche bei zunehmendem Alter einen immer mächtigeren Duft entfaltet.

Bei dieser Gelegenheit seien auch noch einige wenige Worte über die als bekannt vorausgesetzte Auswaschung der französischen Pomaden gesagt, während im übrigen auf die einschlägige Literatur verwiesen sei.

Extraktion oder Infusion aus französischer Veilchen-
Pomade.

Die verschiedenen französischen Fabriken in Nizza und Grasse bringen diese Pomade in verschiedenen Stärken an den Markt, deren Grade sie durch Zahlen bezeichnen, wie No. 6, 12, 24, 36, 72, doch richtet es sich nach den Gepflogenheiten der einzelnen Fabriken, welche No. die stärkste ist. No. 72 des einen Hauses ist noch lange nicht 3-mal so stark wie No. 24 eines anderen. Die No. 36 und 72 haben sich überhaupt erst in den letzten Jahrzehnten herausgebildet, gerade wie in der Parfümerie die Bezeichnungen »quadruple« (4-fach) und sogar Odeurs, 6-fach stark. Früher hatten wir in der Parfümerie nur Odeurs einfach- (simple), zweifach- (double) und dreifach- (triple) stark und erst später entstanden die genannten Bezeichnungen, die nicht gerade immer einer wirklichen Verstärkung entsprechen.

Die Pomaden werden in der Regel dreimal ausgewaschen und ergeben dann Infusion I, II und III.

Infusion Veilchen I.

20 kg Pomade No. 24, 36 oder 72 (stärkste),
25 » Weinsprit, reinster.

Die Pomade wird im Wasserbade dickflüssig gemacht, indem man die Entwicklung aller überflüssigen Wärme tunlichst vermeidet, oder vermittelst einer kleinen Maschine durch eine durchlochte Eisenplatte getrieben. Der Extrakteur wird wenn möglich etwas angewärmt und nimmt dann zunächst die 25 kg Sprit auf, wonach man ihn langsam in Bewegung setzt und die geschmolzene oder zerdrückte Pomade zugibt. Dann verschliesst man den Apparat luftdicht und lässt ihn mit der Mischung 24 bis 36 Stunden laufen. Die Flügel der Maschine bringen Spiritus und Pomade in innigste Vermischung und der Geruch der Blumenpomade teilt sich dem Sprit mit. Nach dieser Zeit zieht man den Sprit von der Pomade ab und wäscht dieselbe noch zweimal mit dem gleichen Quantum neuen Sprits aus. Diese beiden Waschungen ergeben dann Infusion II und III. Auf ganz genau dieselbe Art werden auch die übrigen Blumenpomaden extrahiert, welche wir zu unseren Odeurs gebrauchen.

Rechnen wir nun alle die verschiedenen Infusionen, Tinkturen etc., die wir zur Herstellung eines schönen Odeurs benötigen, dann werden die Vorarbeiten immerhin eine Zeitdauer von ca. 4 bis 6 Wochen erfordern und da könnte man nur erste Abzüge verwenden, denn bis die zweiten und dritten Abzüge gebrauchsfähig sind, vergeht fast ein Vierteljahr.

Welch' ungeheure Zeitersparnis bieten uns nun die künstlichen Produkte, denn unsere Vorarbeiten lassen sich heute alle mit künstlichen Erzeugnissen in kürzester Zeit von 2 bis 3 Stunden erledigen, wenn dies notwendig erscheint.

Anstatt Veilchen-Pomade nehmen wir Jonon oder Neu-Veilchen, auch Veilchenblütenöl, und eine I. Infusion (= Tinktur) ist das Werk einer halben Stunde. Iriswurzel gepulvert oder in granis wird uns ersetzt durch das konkrete Irisöl. Nach Erwärmung desselben und Vermischung mit Weinsprit ist auch diese Infusion (= Tinktur) gebrauchsfertig. Ebenso Moschus, der durch den künstlichen Moschus guten, wenn auch nicht vollen

Ersatz gefunden hat und dessen Krystalle nur in Sprit gelöst zu werden brauchen, um für den Gebrauch fertig zu sein. Allerdings reicht das Aroma einer Infusion (= Tinktur) aus künstlichem Moschus nicht an das einer solchen aus echtem Moschus und daher wird zu feinsten Odeurs fast nur echter Moschus verwendet.

In einigen Veilchen-Odeurs-Vorschriften kommen auch andere künstliche Veilchenriechstoffe zur Verwendung, als die der Firma *Haarmann & Reimer*. Diese Veilchenriechstoffe sind bekannter Massen in Deutschland verboten und auch ev. einfach durch Jonon und Neu-Veilchen zu ersetzen, doch glauben wir, dieselben nicht unerwähnt lassen zu dürfen, da einzelne davon ganz vorzügliche Produkte sind. Ausserdem lagen bereits vor Vollendung des Manuskriptes zahlreiche Bestellungen auf unser Buch seitens ausländischer (schweizerischer etc.) Interessenten vor, so dass wir es mit Rücksicht hierauf geradezu für geboten erachteten, auch solche Vorschriften zu bringen, welche die Verwendungsweise der von schweizerischen und anderen ausländischen Riechstofffabriken hergestellten Produkte zeigen.

Violette de Parme.

5000 g Infusion Veilchen I,
1000 „   „   Rose II,
1500 „   „   Jasmin III,
1000 „   „   Orange II,
2000 „   „   Iris I,
  20 „   „   Moschus I,
  12 „ Ylang-Ylangöl, *Sartorius*,
  40 „ Neu-Veilchen, *H. & R.*

Russisches Veilchen.

5000 g Infusion Veilchen I,
2000 „   „   Veilchen III,
1000 „   „   Rose II,
1500 „   „   Orange III,
2000 „   „   Jasmin II,
  10 „ Ylang-Ylangöl, *Sartorius*,
   5 „ Irisöl, konkret,
  35 „ Jonon, *H. & R.*

Gebirgs-Veilchen.

5000 g Infusion Veilchen I,
2000 „   „   Veilchen II,
 500 „   „   Cassie II,

```
1000 g Infusion Jasmin II,
  50 „      „      Moschus I,
  20 „ Ylang-Ylangöl,
  30 „ Jonarol, H. & R.
```

März - Veilchen.

```
5000 g Infusion Veilchen I,
3000 „      „      Veilchen III,
1000 „      „      Jasmin I,
1000 „      „      Rose I,
 100 „ Tinktur Cumarin,
 100 „ Infusion Benzoë, Siam,
 100 „      „      Iris I,
  20 „ Neu-Veilchen, H. & R.
  10 „ Ylang-Ylangöl, Sartorius,
 0.5 „ Bittermandelöl.
```

Da alle Veilchen-Odeurs als grünlich in der Farbe bekannt sind, kann man eventuell noch etwas mit Grün nachhelfen, jedoch nur ganz wenig und nur da, wo unbedingt nötig.

Veilchen San Remo.

```
1000 g Infusion Jasmin I,
1000 „      „      Rose I,
2000 „      „      Cassie I,
2500 „      „      Veilchen I,
  20 „ Iralia, C. N. & C.,
 100 „ Tinktur Vanillin, H. & R.,
1000 „ Iris-Tinktur,
 200 „ Violetton, C. N. & C.,
 100 „ Infusion Moschus,
2600 „      „      Iris (aus grob gekörnter Iriswurzel),
  20 „ Ylang-Ylangöl, künstl., C. N. & C.
```

Violette du Tsar.

```
2000 g Infusion Cassie I,
3000 „      „      Violette I,
1500 „      „      Jasmin I,
1000 „      „      Rose I,
 150 „ Jonarol, H. & R.,
  50 „ Vanillin-Tinktur, 10-proz., H. &. R.,
  30 „ Irisöl, konkret,
 100 „ Infusion Moschus.
```

Nizza-Veilchen.

3000 g Infusion Jasmin I,
1500 „ „ Cassie I,
1500 „ „ Rose I,
4000 „ „ Violette I,
  30 „ Geraniumöl,
  30 „ Irisöl,
 500 „ Moschus-Infusion,
  10 „ Vanillin, kryst., *H. & C.*
 250 „ Jonon, *H. & R.*,
20000 „ Weinsprit.

Frühlings-Veichen.

6000 g Infusion Violette I,
2000 „ „ Rose I,
 750 „ „ Jasmin I,
 250 „ „ Cassie I,
  50 „ Tinktur Cumarin, *Sch. & C.*,
  50 „ Infusion Benzoë,
  50 „ „ Moschus,
 100 „ Solution Rosenöl,
 100 „ Tinktur Vanillin, *H. & R.*,
  40 „ „ Violetton, *C. N. & C.*

Vera Violetta.

4500 g Infusion Violette I,
1000 „ Tinktur Rose I, *) *S. & C.*,
1000 „ „ Cassie I,
1000 „ „ Jasmin I,
 500 „ „ Orange I,
2000 „ Solution Iris,
  15 „ Infusion Moschus,
   5 „ Rosenholzöl,
  50 „ Violettol, *C. N. & C.*

Weisses Veilchen.

5000 g Tinktur Irisolette I,
2500 „ „ „ II,
1000 „ „ Rose I,

---

500 g Tinktur Orange I,
1000 „   „   Jasmin I,
15 „ Ylang-Ylangöl, künstlich, *H. & C.*,
10 „ Irisöl, konkret,
50 „ Jonon, *H. & R.*,
200 „ Infusion Benzoë.

Wald-Veilchen.

2500 g Infusion Violette I,
200 „   „   Jasmin II,
200 „   „   Rose II,
200 „   „   Cassie II,
10 „   „   Moschus,
50 „   „   Benzoë,
3 „ Rosenöl, künstlich, *H. & C.*,
3 „ Ylang-Ylangöl, künstlich, *Sch. & C.*,
20 „ Irisolette, *T. M.*

Wald-Veilchen.

(Ohne wirklichen Veilchen-Auszug hergestellt und doch nach Veilchen lieblich duftend).

5000 g Infusion Cassie I,
2500 „   „   Iris I,
2000 „   „   Rose I,
2500 „   „   Tuberose I,
0.5 „ Bittermandelöl.

Grünlich färben!

Es folgen nun Veilchen-Odeurs, die nur mit künstlichen Produkten hergestellt sind und zur Unterscheidung mit No. bezeichnet sind, da sich jeder Parfümeur Phantasienamen leicht bilden kann.

Veilchen-Odeur No. I.

5000 g Tinktur Jonon,
1000 „   „   Rosenöl, *H. & C.*,
1000 „   „   Jasmin, *Sch. & C.*,
300 „   „   Orange, *H. & C.*,
3000 „   „   Irisöl, konkret (1 : 100),
50 „   „   Moschus,
10 „ Ylang-Ylangöl, künstl., *Sch. & C.*,
200 „ Infusion Benzoë.

Veilchen-Odeur No. II.

6000 g Tinktur Neu-Veilchen (1 : 100),
3000 „   „   Irisöl (1 : 50),

1000 g Tinktur Cassie, *H. & C.*,
 500 „   „   Vanillin, *Sch. & C.*,
 100 „ Infusion Benzoë,
  50 „ Tinktur Moschus, *Baur.*

Veilchen-Odeur No. III.

   1 kg Veilchenwurzel-Infusion,
  50 g Tinktur Jasmin, *Sch. & C.*,
  50 „   „   Reseda, *H. & C.*,
 100 „   „   Cassie, *H. & C.*,
 100 „ Rosenwasser,
 150 „ Weinsprit,
  10 „ Jonon,
   5 „ Linalool, *H. & R.*,
   1 „ Jonarol, *H. & R.*,
   5 „ Moschus-Tinktur,
   1 „ Zibeth-Tinktur, *T. M.*

Um billigere Qualitäten herzustellen, verschneidet man die aus vorstehenden Vorschriften erhaltenen Produkte mit Sprit und Wasser, doch wolle man es nicht unterlassen, alsdann einige Lösungen von Harzen beizufügen, z. B. Benzoë, Tolu, Storax oder Perubalsam, sowie Ambra und Zibeth, da hierdurch die Produkte haltbarer gemacht werden.

Extraits d'odeurs quadruples und triples.

Akazie.

5000 g Tinktur Akazienblütenöl,
1000 „   „   Vanillin,
  25 „ Rosenöl, echt,
 250 „ Moschus-Infusion II,
 250 „ Zibeth-Tinktur,
  14 „ Bourbonal, *H. & R.*,
2500 „ Jasmin-Tinktur.

Ambre royal.

1000 g Infusion Ambra,
 500 „   „   Moschus,
 500 „ Tinktur Rose,
 500 „   „ · Jasmin,
  10 „ künstlicher Moschus, *T. M.*,
 500 „ Tinktur Vanillin,
 300 „ Infusion Benzoë.

Chêne royal (Königs-Eiche).

5000 g Infusion Eichenmoos,
1000 „ „ Orange I,
3000 „ „ Jasmin I,
20 „ Cumarin, *H. & R.*,
200 „ Infusion Storax,
15 „ Orgéol, *H. & R.*,
5 „ Petitgrainöl,
20 „ Linaloëöl.

Azalea.

1000 g Infusion Rose I,
1000 „ „ Violette I,
1000 „ „ Tuberose I,
500 „ „ Benzoë,
40 „ Vanillin, *H. & R.*,
5 „ Heliotropin, *Sch. & C.*,
5 „ Neroliöl, künstlich, *D. & K.*,
50 „ Infusion Moschus.

Cassie.

2000 g Tinktur Cassieblütenöl, *H. & R.*
400 „ · „ Vanillin,
100 „ „ Moschus,
100 „ „ Zibeth,
2000 „ „ Jasmin,
3 „ Nerolin, *C. N. & C.*

Clematis.

2000 g Sprit,
30 „ Bergamottöl,
10 „ Tinktur Zibeth,
30 „ „ Moschus,
20 „ Jasminöl, *H. & C.*,
5 „ Aubépine, liq., *C. N. & C.*,
10 „ Rosenöl, künstl., *H. & C.*,
80 „ Clématite, *L. & C.*,
40 „ Infusion Benzoë.

Camelia.

1500 g Infusion Jasmin,
500 „ „ Orange,
100 „ Tinktur Iris,
20 „ „ Zibeth,

5 g Ylang-Ylangöl,
5 „ Linalool, *H. & R.*,
5 „ Bromelia, *L. & C.*,
2 „ Dianthin, *C. N. & C.*

Chrysanthemum.

2000 g Extrait Flieder, triple,
4000 „   „   Moschus, triple,
1000 „   „   Heliotrop, triple,
1000 „   „   Ylang-Ylang, triple,
  10 „ Cheiranthia, *C. N. & C.*

Wir haben hier einen aus verschiedenen fertigen Extraits zusammengesetzten Blumengeruch, dessen Duft der einzigen riechenden Chrysanthemumart sehr nahe kommt. Die riechenden Exemplare der Blume sind sehr selten, sodass man sie schwierig erhalten kann; sie strömen einen äusserst lieblichen, süssen Duft aus.

Crab-Apple.

5000 g Infusion Jasmin I,
 250 „ Apfeläther,
  40 „ Ylang-Ylangöl,
1000 „ Infusion Rose I,
1500 „   „   Cassie I,
  15 „ Rosenholzöl,
  50 „ Sandelholzöl, ostindisches,
  10 „ Amylacetat.

Cyclamen.

3600 g Tinktur Orangenblütenöl,
1800 „   „   Jasmin,
1800 „ Infusion Veilchen,
1000 „   „   Tuberose,
 120 „ Tinktur Cumarin,
 360 „ Solution Rosenöl,
  50 „ Infusion Moschus,
  60 „   „   Benzoë,
  10 „ Ylang-Ylangöl, künstlich, *H. & C.*,
   3 „ Essigäther.

New mown Hay, quadruple.

15 g Anisaldehyd,
20 „ Geraniumöl, spanisch,
 5 „ Rosenöl, stearoptenfrei,

100 g Cumarin,
  4 „ Vanillin,
1100 „ Infusion Orange I,
2100 „   „   Rose I,
1200 „   „   Jasmin I,
100 „   „   Moschus.

New mown Hay, triple.

18 g Geraniumöl, spanisch,
  2 „ Rosenöl, stearoptenfrei,
80 „ Cumarin,   } *H. & R.,*
  3 „ Bourbonal, }
  5 „ Anisaldehyd,
900 „ Infusion Orange I,
1500 „   „   Rose I,
900 „   „   Jasmin I,
200 „   „   Cassie I,
150 „   „   Moschus,
1300 „ Sprit.

Bois de Cèdre (Libanon-Ceder).

1500 g Sprit,
  90 „ Cedernholzöl,
    5 „ Wintergrünöl,
  30 „ Tinktur Moschus,
250 „   „   Rose,
250 „   „   Orange,
250 „   „   Cassie.

Cattleya, triple (Orchideen).

1000 g Weinsprit,
    5 „ Ylang-Ylangöl (Manila),
    1 „ Hyacinth, *Sch. & C.,*
  0.5 „ Vanillin,   } *H. & R.,*
  0.25 „ Cumarin, }
  0.5 „ Rosenöl,
    1 „ Neroliöl, künstlich, *D. & K.,*
  0.5 „ Jonon,
    1 „ Bittermandelöl,
  0.5 „ Jasminöl, künstl., *Sch. & C.,*
    5 „ Zibeth-Tinktur, *T. M.,*
    5 „ Moschus-Infusion,
    5 „ Ambra-Infusion.

Weisser Flieder.

10000 g Infusion Jasmin I,
 3000 „   „   Tuberose I,
  500 „   „   Cassie I,
  350 „ Terpineol,
  200 „ Muguet, *L.* & *C.*,
   30 „ Ylang-Ylangöl,
  150 „ Moschus-Infusion,
  300 „ Siam-Benzoë-Infusion.

Türkischer Flieder.

15000 g Weinsprit,
  200 „ Jasminöl, *H.* & *C.*,
   30 „ Cassieblütenöl,
  300 „ Terpineol,
  200 „ Syringa, *F. F.* & *C.*,
   20 „ Narcéol, *A. G. F. A.*,
  250 „ Moschus-Tinktur,
  300 „ Benzoë-Infusion.

(Das türkische Flieder-Odeur wird oft etwas lila gefärbt mit in Sprit löslicher Fliederfarbe).

Flieder-Odeur.

Wir lassen dasselbe ungefärbt, da viel über leichtes Abfärben des lila getönten Flieder-Extraits geklagt worden ist.

I.

10000 g Infusion Jasmin I,
  200 „ Terpineol,
  500 „ Tinktur Vanillin,
  150 „ Muguet, *L.* & *C.*,
  200 „ Infusion Moschus,
  200 „   „   Benzoë I.

II.

10000 g Infusion Rose II,
  100 „ Muguet, *L.* & *C.*,
    5 „ Heliotropin,
   30 „ Ylang-Ylangöl,
  200 „ Infusion Moschus,
  200 „   „   Benzoë.

Flieder, triple.

  200 g Terpineol, *H.* & *R.*,
   10 „ Heliotropin, *H.* & *R.*,

25 g Ylang-Ylangöl,
2000 „ Infusion Jasmin l,
1500 „   „   Rose l,
  20 „   „   Zibeth,
1400 „ Sprit.

Flieder, quadruple.
250 g Terpineol, *H. & R.*,
 25 „ Heliotropin, *H. & R.*,
 40 „ Ylang-Ylangöl, *Sartorius,*
1200 „ Infusion Jasmin l,
700 „   „   Rose l,
 40 „   „   Zibeth,
2900 „ Sprit.

Lilas blanc, triple (weisser Flieder).
  5 g Terpineol,
550 „ Weinsprit,
0.2 „ Ylang-Ylangöl,
  1 „ Neroliöl, künstlich, *D. & K.*,
  2 „ Jasminöl,   „   *H. & C.*,
  1 „ Rosenöl,
250 „ Infusion Tuberose l,
200 „   „   Jonquille l,
0.5 „ Jonon,
0.2 „ Bittermandelöl,
0.2 „ Nelkenöl,
2.5 ., Moschus-Infusion.

Flieder.
10000 g Tinktur Jasmin l,
  100 „ Muguet, *C. N. & C.*,
  100 „ Infusion Moschus.

Lilas de Perse.
7000 g Tinktur Jasmin l (15:1000), *C. N. & C.*,
5000 „   „   Tuberose l,
5000 „   „   Rose l,
 200 „ Terpineol, *H. & C.*,
  30 „ Canangaöl,
 150 „ Infusion Moschus,
  30 „ Linalool, *Sch. & C.*,
  20 „ Vanillin, *H. & R.*,
  50 „ Muguet, *C. N. & C.*,
 150 „ Infusion Benzoë.

Fougère (Farrenkraut).

1500 g Infusion Eichenmoos,
1500 „ Tinktur Rose I,
 500 „   „   Orange II,
 500 „   „   Jasmin I,
1000 „ Infusion Capucines II.,
3000 „ Tinktur Cumarin,
  30 „ Geraniol, *Sch. & C.*,
  10 „ Neroliöl, künstlich, *D. & K.*,
  20 „ Patchouliöl,
 400 „ Tinktur Zibeth,
 400 „   „   Moschus,
  50 „ Cumarin, *H. & R.*

Gardenia.

1500 g Infusion Rose I,
 500 „   „   Violette I,
 500 „   „   Tuberose I,
 250 „ Tinktur Vanillin,
  20 „ Eglantine, *L. & C.*,
   5 „ Aubépine, *C. N. & C.*,
  30 „ Terpineol, *F. F. & C.*,
   5 „ Neroli, künstl., *T. M.*,
  30 „ Infusion Moschus.

Geisblatt (Chévre-feuille).

1000 g Infusion Rose I,
1000 „   „   Violette I,
1000 „   „   Jonquille I,
1000 „   „   Capucines I,
   5 „ Vanillin, *H. & R.*,
  10 „ Neroliöl, künstlich, *D. & K.*,
   5 „ Iron, *H. & R.*,
   2 „ Bittermandelöl,
  60 „ Infusion Tolu,
  50 „   „   Moschus.

Geranium quadruple.

 150 g Geraniumöl, spanisch,
2000 „ Infusion Rose I,
  60 „ Bergamottöl,
   6 „ Ylang-Ylangöl, Manila,
 100 „ Infusion Moschus I,
2400 „   „   Iris,

1000 g Sprit,
 200 „ Rosenwasser.
  20 „ Geraniol,
   5 „ Orgéol, *H. & R.*

Geranium, triple.
8000 g Tinktur Rose,
 280 „ Geraniumöl,
  30 „ Nelkenöl,
  50 „ Infusion Moschus,
  15 „ Bergamottöl,
  20 „ Geraniol, *Sch. & C.*

Ginster.
2200 g Infusion Jasmin I,
 600 „   „   Orange I,
   5 „ Irisöl, liq.,
  25 „ Ajonc, *L. & C.*,
   3 „ Cumarin, *H. & R.*,
   5 „ Vanillin, *H. & C.*,
   3 „ Aubépine, *T. M.*,
  20 „ Tinktur Zibeth,
 100 „ Infusion Benzoë.

Goldlack.
5000 g Tinktur Orange I,
2500 „   „   Vanillin,
5000 „ Solution Rosenöl,
2500 „   „   Irisöl,
2500 „ Tinktur Cassieblütenöl, *H. & R.*,
 0.8 „ Bittermandelöl echt.,
 140 „ Quarantaine, *L. & C.*, oder
  80 „ Goldlackblütenöl, *H. & C.*,
     (an Stelle von Quarantaine).

Goldlilie.
1500 g Infusion Tuberose I,
 750 „ Tinktur Cassie,
 750 „ Infusion Rose I,
 400 „   „   Orange I,
 200 „   „   Jasmin I,
   5 „ Vanillin, *H. & R.*,
  50 „ Tinktur Zibeth,
   5 „ Linalool, *H. & R.*,
   3 „ Nerolin, *T. M.*

Grasnelke.

2250 g Tinktur Rose I,
1120 „ Infusion Orange I,
1120 „   „   Cassie II,
 800 „ Tinktur Vanillin,
  10 „ Nelkenöl,
  10 „ Goldnelkenöl.

Gartennelke.

 500 g Tinktur Vanillin,
 500 „ Infusion Benzoë,
 100 „ Dianthin, *C. N. & C.*,
1000 „ Tinktur Cassie,
   5 „ Rosenöl, echt,
1000 „ Tinktur Jasmin.

Oeillet, triple (Gartennelke).

  80 g Oeillet, *C. N. & C.*,
   5 „ Dianthin, *C. N. & C.*,
   1 „ Rosenöl,
   1 „ Neroliöl,
   2 „ Ylang-Ylangöl, künstl., *Sch. & C.*,
   5 „ Heliotropol, *C. N. & C.*,
  50 „ Infusion Moschus,
  50 „   „   Benzoë,
3000 „ Tinktur Jasmin I.

Gefüllte Nelke.

5000 g Weinsprit,
  20 „ Vanillin, *H. & R.*,
 100 „ Eugenol, *H. & R.*,
  10 „ Rosenöl, künstl., *H. & C.*,
  10 „ Irisöl, liq., *Sch. & C.*,
  50 „ Tinktur Moschus,
  10 „ Vanillone, *L. & C.*

Heckenrose.

4000 g Infusion Rose I,
4000 „   „   Jasmin I,
 500 „ Solution Rosenöl,
  20 „ Tinktur Moschus,
  40 „   „   Zibeth,
  30 „ Infusion Tolu,
  10 „ Aubépine liq., *C. N. & C.*

Heliotrop, weiss.

1800 g Tinktur Tuberose I,
1800 „ „ Rose I,
3000 „ „ Moschus I,
180 „ Heliotropol, *C. N. & C.*,
50 „ Vanillin, *C. N. & C.*,
10 „ Rosenöl, echt,
10 „ Ylang-Ylangöl,
300 „ Infusion Benzoë.

Heliotrop, blau.

2800 g Tinktur Rose I,
100 „ Heliotropin, *H. & R.*,
40 „ Bourbonal, *H. & R.*,
3000 „ Tinktur Moschus,
25 „ Rose synth., *H. & C.*,
20 „ Ylang-Ylangöl.

Héliotrope de France.

3600 g Tinktur Heliotropin,
2400 „ „ Vanillin,
2500 „ Extrait Reseda I,
100 „ „ Ylang-Ylang I,
1500 „ „ Moschus I,
1000 „ Tinktur Jasmin.

Heliotrop, triple.

2 g Heliotropol, *C. N. & C.*,
2 „ Vanillin, *H. & R.*,
1.5 „ Rosenöl,
0.25 „ Cumarin, *H. & R.*,
0.5 „ Neroliöl,
10 Tropfen Ylang-Ylangöl,
5 „ Bittermandelöl,
10 „ Jonon,
2 g Ambra-Infusion,
2.5 „ Zibeth,
0.5 „ künstl. Jasminöl.
1 kg Weinsprit.

Heliotrop, triple.

90 g Heliotropin,
12 „ Cumarin,   *H. & R.*,
0.5 „ Vanillin,

```
1000 g Infusion Jasmin I,
1000  „     „     Rose I,
 400  „     „     Tuberose I,
 400  „     „     Orange I,
 150  „     „     Zibeth,
2000  „  Sprit,
  50  „  Infusion Benzoë.
```

Heliotrop, quadruple.

```
 100 g Heliotropin extra, H. & R.,
  15  „  Cumarin,
   1  „  Vanillin,
1200  „  Infusion Jasmin I,
1200  „     „     Rose I,
 600  „     „     Tuberose I,
 600  „     „     Orange I,
 200  „     „     Zibeth,
 100  „     „     Ambrette,
1000  „  Sprit,
  50  „  Infusion Benzoë.
```

Frisches Heu.

```
3000 g Weinsprit,
 100  „  Cumarin, H. & R.,
 500  „  Infusion Tuberose I,
 500  „     „     Jasmin I,
 500  „     „     Cassie I,
  40  „  Tinktur Moschus,
  50  „     „     Zibeth,
  50  „  Infusion Storax.
```

Ein weiterer Erfolg auf dem Gebiete der künstlichen Riechstoffe ist die Erfindung des Hyacinthins, des künstlichen
Hyacinthen-Oeles. Es verkörpert den Hyacinthengeruch in denkbar höchster Konzentration und besitzt dabei den Duft der
frischen Blumen in vollendetster Weise. Jeder Unbefangene
wird zugeben müssen, dass mit diesem Produkt die Natur
erreicht ist. Löst man einige Tropfen des Hyacinthenöles in
Sprit auf und tropft diese Lösung auf Papier und vergleicht
mit einer frisch aufgeblühten Hyacinthe, so wird der Effekt
überraschend sein. Infolge der reinen, unverdünnten Beschaffenheit ist die Ausgiebigkeit eine ungewöhnlich grosse, da vier
bis höchstens fünf Gramm in 1 Liter Weinsprit gelöst eine
vorzügliche, kräftige I. Tinktur ergeben. Das Hyacinthin ist in
allen für den Parfümeur in Betracht kommenden Flüssigkeiten

löslich, namentlich auch in fettem Oel. Sein Charakter ist der eines reinen ätherischen Oeles; es ist von hellgelber Farbe. Bei der Anwendung ist hauptsächlich darauf zu achten, dass die Dosis des Zusatzes nicht zu stark bemessen wird, da das Parfüm sonst, gleich demjenigen der frischen Hyacinthenblüte, die Geruchsnerven etwas einnimmt. Je verdünnter, desto feiner, lieblicher und naturgetreuer ist die Wirkung des Parfüms.

Hyacinthe.

2000 g Infusion Tuberose I,
2000 „ „ Orange I,
50 „ Hyacinthin, *C. N. & C.*,
40 „ Agfa-Fixateur,
20 „ Infusion Moschus,
30 „ „ Benzoë,
100 „ Tinktur Vanillin,
2 „ Rosenöl, künstl., *H. & C.*

Hyacinthe blanc, triple.

2 g Hyacinthin, *Sch. & C.*,
2 „ Ylang-Ylangöl,
0.5 „ Rosengeraniumöl,
0.5 „ Neroliöl, künstlich,
50 „ Jasmin-Extrait, triple,
10 „ Vanille-Tinktur,
10 „ Cumarin-Tinktur,
0.5 „ Heliotropin,
10 „ Tropfen Bittermandelöl,
20 „ Zibeth-Tinktur,
10 „ extrastarke Moschus-Infusion,
1 kg Weinsprit.

Hyacinthe rouge, triple

3 g Hyacinthin, *Sch. & C.*,
0.5 „ Rosenöl,
0.1 „ Vanillin,
0.5 „ Citronenöl,
0.25 „ Nelkenöl,
1 „ Ylang-Ylangöl,
0.5 „ Neroliöl, künstliches,
5 Tropfen Ceylon-Zimmtöl,
5 „ Bittermandelöl,
10 „ Jonon,
10 „ extrastarke Moschus-Infusion,
20 „ „ Ambra-Infusion,
1 kg Weinsprit.

Jasmin.

I.

```
8000 g Tinktur Jasmin I, C. N. & C.,
   1 „ Neroliöl, künstlich, H. & R.,
  80 „ Infusion Storax,
  20 „     „      Moschus,
 0.5 „ Indol, H. & C.*)
```

II.

```
5000 g Infusion Jasmin I,
 500 „     „      Orange II,
1000 „     „      Tuberose II,
 200 „     „      Benzoë, Siam,
  50 „     „      Moschus.
```

Jonquille.

```
2000 g Infusion Jonquille I,
 500 „     „      Jasmin I,
 500 „     „      Tuberose I,
  20 „     „      Moschus,
   5 „ Neroliöl, künstlich, D. & K.,
   5 „ Bourbonal, H. & R.
```

Ixora.

```
1000 g Tinktur Cassie I,
1000 „     „      Reseda I,
 800 „ Infusion Tuberose I,
 800 „     „      Violette II,
 150 „     „      Benzoë,
 100 „     „      Moschus,
  20 „     „      Zibeth,
  20 „ Indol, H. & C.,
  30 „ Bergamottöl,
   5 „ Aubépine, H. & R.
```

Kirschblüte.

```
5000 g Infusion Rose III,
5000 „     „      Iris,
  50 „ Neroliöl, künstlich, D. & K.,
  20 „ Vanillin,  |
   3 „ Cumarin   |  S. & C.,
```

*) Die Verwendung des Indols zur Darstellung von Blumengerüchen ist der Firma *Heine & Co.* in Leipzig durch D. R.-P. 139822 (siehe Seite 28) geschützt.

ca. 10 g Bittermandelöl,
0.5 „ Anethol,
ca. 30 „ Essigäther,
100 „ Bergamottöl,
250 „ Siam-Benzoë-Infusion,
100 „ Moschus-Infusion,
10 „ Fenchelöl,
2—5 „ Aubépine, *H. & R.*

Die Zufügung von Fenchelöl und Aubépine ist Geschmacksache und man muss damit sehr vorsichtig beim Zusatz sein. Meist genügt das Odeur bereits ohne diese beiden Produkte.

Klee-Duft (Trèfle).

Der Klee (Trifolium *L.*, franz. Trèfle) ist eine auch in Deutschland reichlich bekannte Futterpflanze, deren Blüten einen angenehmen, honigartigen Duft ausströmen. Man kennt bei uns allgemein 4 Sorten Klee; den Rotklee (Trifolium pratense *L.*), den Stein- oder Weissklee (Trifolium repens *L.*) den Goldklee (Trifolium agrarium *L.*) und den türkischen oder spanischen Klee, auch Esparsette genannt (Hedysarum onobrychis *L.*). Eine fünfte Kleeart wird bei uns in Deutschland wenig oder gar nicht angebaut und diese ist es gerade, deren Blüten am herrlichsten und stärksten duften. Es ist dies der Blut- oder Incarnat-Klee (Trifolium incarnatum *L.*), der hauptsächlich in Frankreich und Nordspanien gebaut wird. Die Blüten sind wohl 3—4 mal so gross wie bei den uns bekannten einheimischen Kleearten und ährenförmig angeordnet, dazu von tiefem Rot und strömen einen herrlichen Duft aus, der viel mit dem des Ylang-Ylang gemein hat. Ein Gang durch solche Kleefelder in der Abenddämmerung ist ein Hochgenuss und erquickt die Nerven ungemein. Die Pariser Parfümeriefabrik *L. T. Piver* brachte ein Produkt in den Handel, das diesen Kleeduft in prachtvoller Art darstellt, und die Nachfrage nach diesem neuen Parfüm ist immer grösser geworden, denn dies »Trèfle incarnat«, wie es im Handel heisst, reiht sich würdig den ersten Erzeugnissen der Parfümerie an. Es werden daher hier eine ganze Reihe Vorschriften von diesem Parfüm gegeben, damit man unter den verschiedenen Produkten ev. auswählen kann.

Trèfle incarnat.

5000 g Infusion Tuberose I,
5000 „ „ Jasmin I,
2000 „ „ Orange I,
100 „ Ylang-Ylangöl,

10 g Cumarin,
10 „ Vanillin,
150 „ Moschus-Infusion,
250 „ Siam-Benzoë-Infusion,
30 „ Nelkenöl,
20 „ Mitcham-Lavendelöl,
100 „ Tréfol.

Trèfle blanc.

10000 g Infusion Jasmin I,
2000 „ „ Cassie I,
80 „ Ylang-Ylangöl,
50 „ Canangaöl,
20 „ Heliotropol, *C. N. & C.*,
10 „ Cumarin,
100 „ Moschus-Infusion,
300 „ Benzoë-Infusion,
50 „ Rosenholzöl,
20 „ Sandelholzöl,
100 „ Orchidée, *C. N. & C.*

Trèfle incarnat.

10000 g Weinsprit,
200 „ Jasmin, künstlich,
30 „ Orangenblütenöl, künstl., *H. & C.*,
10 „ Neroli, künstlich, *H. & C.*,
200 „ Moschus-Tinktur,
300 „ Siam-Benzoë-Infusion,
15 „ Cumarin,
100 „ Tréfolia, *T. M.*,
10 „ Vanillin,
15 „ Nelkenöl,
150 „ Ylang-Ylangöl, künstl., *Sch. & C.*

Trèfle blanc.

15000 g Weinsprit,
20 „ Blütenöl, Cassie,
20 „ „ Tuberose,   *H. & C.*,
50 „ Jasmin, künstlich,
250 „ Moschus-Tinktur,
150 „ Canangaöl,
100 „ Bergamottöl,
30 „ Citronenöl,
15 „ Nelkenöl,

10 g Cumarin,
10 „ Heliotropin,
300 „ Benzoë-Infusion,
150 „ Orchidée.

Trèfle incarnat.

2000 g Infusion Rose I,
3000 „ „ Jasmin I,
1000 „ „ Jonquille I,
1000 „ „ Tuberose I,
100 „ Ambra-Infusion,
100 „ Moschus-Tinktur,
10 „ Neroli, *H. & C.*,
5 „ Orgéol, *H. & R.*,
50 „ Bergamottöl,
10 „ Ylang-Ylangöl, künstlich,
10 „ Nelkenöl,
5 „ Jonon,
200 „ Salicylsäure-Amylester, *S. & C.*,
300 „ Benzoë-Infusion.

Kleeblüte (Trèfle), weiss.

10000 g Weinsprit,
230 „ Bergamottöl,
150 „ Salicylsäure-Amylester, *H. & R.*,
150 „ Tinktur Moschus,
100 „ „ Zibeth,
5 „ Ylang-Ylangöl,
30 „ Vanillin,
25 „ Rosenöl, künstlich, *H. & C.*,
5 „ Hyacinthin, *Sch. & C.*,

Roter Klee (Trèfle incarnat).

2000 g Tinktur Rose I,
2500 „ „ Jasmin I,
900 „ „ Tuberose I,
2000 „ Infusion Eichenmoos,
1000 „ „ Ambra,
250 „ „ Moschus,
10 „ Dianthin, *C. N. & C.*,
10 „ Neroliöl,
30 „ Portugalöl,
100 „ Bergamottöl,
80 „ Ylang-Ylangöl, synth., *C. N. & C.*,

10 g Rosenöl, *Sch. & C.,*
30 „ Nelkenöl,
30 „ Irisolette, *T. M.,*
100 „ Orchidée extra, *C. N. & C.*

Es sei hier nochmals bemerkt, dass Tréfol, Orchidée, Trèfle-Essence etc. alles das gleiche ist, und zwar Salicylsäure-Amylester. Zuweilen besteht eine geringe Differenz darin, dass dem Salicylsäure-Amylester etwas künstliche Moschus-Tinktur beigemengt ist.

Lilie, weisse.

2200 g Infusion Cassie I,
500 „ „ Rose II,
1100 „ Extrait Geranium, triple,
500 „ „ Portugal, triple,
150 „ Infusion Tuberose I,
1600 „ Extrait Moschus, triple,
4360 „ Infusion Orange II.

Lindenblüte.

5000 g Tinktur Deutscher Jasmin, *H. & C.,*
50 „ Infusion Moschus,
100 „ „ Benzoë,
10 „ Bourbonal, *H. & R.,*
25 „ Bergamottöl.

Das »Deutsche Jasminöl« von *Heine & Co.,* ist für Lindenblütenpräparate vorzüglich zu verwenden infolge seines lieblichen Duftes, der wirklich von vollendeter Schönheit ist. Auch stellt man Lindenblüten-Parfüm sehr schön wie folgt her:

Lindenblüte.

1000 g Tinktur Cassie, *H. & R.,*
500 „ „ Jasmin, *Sch. & C.,*
500 „ Infusion Jonquille II,
50 „ Tinktur Zibeth,
50 „ „ Ambrettol, *T. M.,*
80 „ Lindenblütenöl,
30 „ Geranylformiat, *H. & R.,*
10 „ Citronenöl,
40 „ Jacinthea, *C. N. & C.,*
5 „ Kamillenöl.

Levkoje.

1000 g Infusion Orange I,
 400 „ Tinktur Cassieblütenöl,
1000 „   „   Jasmin,
  40 „ Cheiranthia, *C. N. & C.*,
  10 „ Rosenöl, künstlich, *H. & C.*,
  10 „ Vanillin,
  10 „ Jonarol, *H. & R.*,
1000 „ Sprit,
 100 „ Infusion Benzoë,
  20 „ Iralia, *C. N. & C.*

Magnolia.

4000 g Tinktur Tuberose,
 500 „ Infusion Jonquille I,
 500 „   „   Orange II,
1000 „ Extrait Geranium, triple,
 300 „   „   Bois de Cèdre, triple,
 240 „   „   Verveine, triple.

Maiblume.

1500 g Tinktur Jasmin,
 500 „   „   Tuberose,
2500 „   „   Heliotropin,
   5 „ Vanillin,
   2 „ Cumarin,
  30 „ Linaloëöl,
  10 „ Terpineol,
  50 „ Infusion Moschus,
  20 „ Muguet, *C. N. & C.*,

Maiglöckchen.

9000 g Weinsprit,
 100 „ Infusion Moschus,
  20 „ Jasminöl, *H. & C.*,
 200 „ Infusion Benzoë,
  10 „ Vanillin,
  10 „ Ylang-Ylangöl,
  50 „ Muguet, *L. & C.*,
 100 „ Maiglöckchenöl, *H. & C.*

Maiglöckchen, quadruple.

1800 g Infusion Jasmin I,
1400 „   „   Rose I,

300 g Infusion Cassie I,
300 „   „   Violette I,
800 „ Tinktur Iris,
150 „   „   Vanillin,
 20 „ Infusion Zibeth,
140 „ Linalool,
 40 „ Ylang-Ylangöl, Ia.,
  5 „ Jasminöl, *H. & C.*,
 45 „ Terpineol,
100 „ Tinktur Chlorophyll, (1:20).

Mimosa.

2000 g Infusion Rose I,
1000 „   „   Cassie II,
   5 „ Vanillin,
  80 „ Mimosaöl, *C. N. & C.*,
  25 „ Bergamottöl,
   3 „ Patchouliöl,
   5 „ Geraniumöl,
  25 „ Infusion Moschus,
 100 „   „   Benzoë.

Malmaison.

2000 g Infusion Rose I,
1000 „   „   Orange I,
1000 „   „   Cassie II,
 100 „ Gartennelkenöl,
3000 „ Infusion Jasmin III,
  15 „ Bourbonal,
  10 „ Isoeugenol,
 100 „ Infusion Moschus,
 200 „   „   Benzoë.

Ixora de Perse.

8000 g Sprit,
 100 „ Turanol, *T. M.*,
 200 „ Bergamottöl,
 100 „ Terpineol,
  50 „ Geraniumöl,
  20 „ Irisöl,
 300 „ Tolu-Infusion,
 100 „ Agfa-Fixateur,
  10 „ Irolène.

Pensée. (Viola tricolor).

2000 g Infusion Tuberose III,
2000 „ „ Rose I,
  70 „ Penséeöl, *C. N. & C.,*
    5 „ Grisambren, *C. N. & C.,*
    3 „ Ylang-Ylangöl, *Sartorius,*
    8 „ Citronenöl,
    3 „ Zibethin, *C. N. & C.,*
    4 „ Neroliöl, echt,
  50 „ Infusion Moschus,
  60 „ „ Benzoë,
    2 „ Vanillin.

Narzisse.

1500 g Infusion Tuberose I,
1500 „ „ Jonquille I,
1500 „ Tinktur Jasmin I,
 120 „ Infusion Storax,
  40 „ „ Moschus,
  65 „ Narzissenöl, *C. N. & C.,*
 150 „ Tinktur Vanillin,
   5 „ Heliotropol, *C. N. & C.,*
   3 „ Orgéol, *H. & R.*

Orangenblüte.

8000 g Infusion Orange I,
  30 „ „ Moschus,
 300 „ Tinktur Rose,
  50 „ Infusion Tolu,
  80 „ Neroliöl, künstlich, *D. & K.*

Oleander.

4000 g Infusion Tuberose I,
2000 „ „ Jonquille I,
2000 „ „ Orange I,
 200 „ feinstes Geraniumöl,
  30 „ Cedernholzöl,
  10 „ Verbenaöl, ff.,
 200 „ Siam-Benzoë-Infusion,
 100 „ Moschus-Tinktur,
2000 „ Iris-Infusion,
  10 „ Ylang-Ylangöl,
  10 „ Gardenia-Blütenöl.

Patchouli.

8000 g Weinsprit,
 600 „ Extrait Bergamotte,
 250 „ Patchouliöl,
 150 „ Tinktur Moschus,
 150 „ Infusion Storax.

Patchouli rosée, triple.

1000 g Weinsprit,
   5 „ Patchouliöl,
 1.5 „ Rosenöl,
 0.1 „ Rosengeraniumöl,
 0.2 „ Neroliöl,
 0.5 „ Vanillin,
 0.1 „ Cumarin,
 1.5 „ Bergamottöl,
 0.5 „ Jononlösung,
  10 Tropfen Bittermandelöl.
   5 g Ambra-Infusion.

Pivoine (Pfingstrose).

I.

1500 g Tinktur Rose,
 500 „   „   Jasmin,
 500 „ Infusion Violette I,
 500 „   „   Orange I,
 100 „   „   Moschus,
  60 „ Tinktur Ambrettol,
  40 „ span. Geraniumöl,
  10 „ Orgéol.

II.

2000 g Infusion Tuberose I,
1500 „   „   Rose I,
1500 „ Tinktur Jasmin I, *H. & C.*,
 120 „ Infusion Storax,
  50 „   „   Moschus,
 200 „ Tinktur Vanillin,
   6 „ Orgéol,
  15 „ Heliotropol, *C. N. & C.*,
   3 „ Ylang-Ylangöl, echt,
  40 „ Narzissenöl, *C. N. & C.*,
  30 „ Terpineol, *Sch. & C.*

Portugal.

6500 g Weinsprit,
2000 „ Tinktur Jasmin,
2000 „ Solution Iris,
 900 „ Pomeranzenöl, süss,
  40 „ Tinktur Moschus.

Rose.

6000 g Infusion Rose I,
 400 „ Solution Rosenöl,
  30 „ Rosenöl, künstlich, *H. & C.*,
  20 „ Rosenholzöl,
  10 „ Infusion Moschus,
  50 „   „   Tolu.

Rose, weisse.

6000 g Tinktur Rose,
   3 „ Patchouliöl,
  10 „ Geraniumöl,
  15 „ Rosenöl, künstlich, *Sch. & C.*,
   5 „ Linalool rosé, *L. & C.*,
  10 „ Bergamottöl,
 100 „ Infusion Benzoë.

Moos-Rose.

6000 g Tinktur Rose,
   5 „ Neroliöl,
1000 „ Infusion Eichenmoos,
  30 „ Rosenöl, künstlich, *Sch. & C.*,
 100 „ Infusion Benzoë,
 150 „ Moschus-Tinktur.

Thee-Rose.

3500 g Tinktur Rose I,
3500 „   „   Tuberose II,
1800 „ Extrait Vanille I,
1800 „   „   Geranium I,
 150 „ Tinktur Cumarin.

Rose Maréchal Niel.

Aus der Pflanzengattung der Rosen tritt neben der Centifolie besonders die Maréchal Niel-Rose (Rosa Noisetteana *Red.*), auch »Noisetterose« und oft fälschlich »Theerose« genannt, hervor. Ihr feiner, pikanter Duft erfreut alle Freunde edler Wohlgerüche.

<pre>
10000 g Tinktur Rose I,
   10 „ Rosenöl, echt,
  150 „ Infusion Tolu,
   40 „   „   Moschus,
   30 „ Neroliöl, künstlich, *D. & K.,*
    2 „ Nelkenöl,
 1000 „ Tinktur Tuberose I,
    1 „ Vanillin,
  0.5 „ Cumarin.
</pre>

Reseda.

Dieses so ungemein liebliche Odeur wurde in früheren Zeiten mehr gewürdigt wie heute. Wir begegnen den Vorschriften dazu schon in den ersten Büchern und Handschriften bekannter Parfümeure. Man kann gerade an der Vorschrift zu diesem Extrait so recht die Veränderung sehen, die ein Rezept im Laufe der Jahrzehnte durchmacht.

Es folgt hier eine Vorschrift in der Art wie sie Parfümeure früher anlegten.

Extrait Reseda.

<pre>
Lib. 4.— Infusion II de Jasmin,
  „ 8.—   „   „ „ Violette,
  „ 3.—   „   „ „ Rose,
  „ 4.—   „   „ „ Tubereuse,
  „ 2.—   „   „ „ d'Iris,
  „ 3.— Extrait de Geranium Triple,
g XX Essence de Girofle,
  „ XXIV   „   „ Santal citrin,
  „ XXXVIII Infusion de baume de Pérou,
Lib. 1.3 Eau dist.
</pre>

In späteren Jahren begegnen wir der gleichen Vorschrift, doch sieht sie da schon etwas anders aus:

Extrait Reseda triple.

<pre>
1800 g Infusion Jasmin I,
1800 „   „   Tubereuse I,
1500 „   „   Violette I,
1500 „   „   „   II,
1500 „   „   Rose I,
1500 „ Extrait Geranium triple,
 800 „ Infusion rad. ireos Flor. I,
</pre>

50 g Infusion Musc. I,
100 „   „   do. II,
18 „ Ol. caryophyll.,
3 „ „ santal. citrin.,
250 „ „ Sol. bals. Peruv.,
5 „ „ Aether aceticus.

Unter Verwendung der künstlichen Riechstoffe würde diese Vorschrift lauten:

10500 g feinster Weinsprit,
5 „ konkretes Irisöl, *H. & R.,*
50 „ Moschus-Infusion,
1 „ Moschus, *Baur,*
2 „ Nelkenöl,
3 „ Sandelholzöl,
250 „ Perubalsam-Infusion,
140 „ Reseda-Blütenöl, *H. & C.,*
40 „ Jasminöl, *Sch. & C.,*
5 „ Orgéol, *H. & R.*

Reseda.

9000 g Weinsprit.
20 „ Geraniumöl,
40 „ Bergamottöl,
500 „ Solution Iris,
100 „ Infusion Moschus,
100 „ „ Peru,
80 „ Resedablütenöl, *H. & C.,*
10 „ Jasminöl *H. & C.*

Sandelholz (Sandelwood)

2500 g Weinsprit,
30 „ Geraniumöl,
80 „ Sandelholzöl,
5 „ Patchouliöl,
500 „ Infusion Violette II,
300 „ Extrait Bergamotte, triple,
100 „ Tinktur Cumarin,
50 „ „ Moschus,
250 „ „ Orange II.

Stephanotis.

1000 g Infusion Tuberose I,
2000 „ „ Rose I,

2000 g Infusion Jasmin I,
1000 „   „   Abelmoschus,
4500 „   „   Iriswurzel,
 500 „ Tinktur Moschus,
  10 „ Ylang-Ylangöl, künstlich, *Sch. & C.,*
  25 „ Rosenöl,
  30 „ Bergamottöl,
  20 „ Rosenholzöl.

Syringa.

1500 g Tinktur Orange I,
 500 „   „   Cassie I,
 500 „ Extrait Reseda, triple,
 500 „ Tinktur Jasmin I,
  30 „ Moschus-Infusion,
   5 „ Neroliöl, künstl., *D. & K.,*
  40 „ Syringaöl, *F. F. & C.*

Tuberose.

3500 g Infusion Tuberose I,
  10 „ Tuberoseblütenöl,
  10 „ Vanillin,
  50 „ Tinktur Moschus,
  50 „ Infusion Benzoë,
   2 „ Ylang-Ylangöl, künstl., *H. & C.*

Vanille.

8000 g Tinktur Vanillin,
1500 „ Extrait Moschus, triple,
   5 „ Ylang-Ylangöl, künstlich.

Waldmeister.

3000 g Infusion Jasmin I,
1000 „   „   Orange I,
  20 „ Orgéol, *H. & R.,*
 140 „ Cumarin, *H. & C.,*
 100 „ Heliotropin, *Sch. & C.,*
  20 „ Vanillin, *Sch. & C.,*
 100 „ Infusion Moschus,
  15 „ Mimosa, *C. N. & C.,*
 100 „ Infusion Perubalsam,
2000 „   „   Rose III,
   5 „ Aubépine,
  40 „ Agfa-Fixateur.

Verveine.

6500 g Sprit,
100 „ Verbenaöl,
300 „ Portugalöl,
30 „ Citral, *H. & R.*,
2000 „ Tinktur Jasmin I,
2000 „ Infusion Iris I,
50 „ Solution Sandelholzöl (1:10),
40 „ Moschus-Tinktur,
30 „ Zibeth-Tinktur.

Vetiver.

3000 g Sprit,
65 „ Vetiveröl,
5 „ Jasminöl, *H. & C.*,
10 „ Vanillin,
10 „ Rosenöl, künstl., *Sch. & C.*,
40 „ Tinktur Zibeth,
50 „ Infusion Tolu.

Weinblüte.

4500 g Weinsprit,
150 „ Weinblütenöl, künstl.,
8 „ Vanillin,
20 „ Tinktur Zibeth,
100 „ Infusion Benzoë,
5 „ Amarylline,
3 „ Orgéol,
10 „ Vanillone.

Weissdorn.

1000 g Infusion Tuberose I,
1000 „ „ Jasmin I,
500 „ „ Orange II,
250 „ Tinktur Cassie I,
100 „ „ Zibeth,
40 „ Infusion Benzoë,
30 „ Aubépine, *C. N. & C.*,
3 „ Neroliöl,
5 „ Heliotropin,
50 „ Agfa-Fixateur.

Ylang-Ylang, quadruple.

1500 g Infusion Jasmin I,
1500 „ „ Tuberose I,
500 „ „ Violette I,
1500 „ Solution Iris (1:1000),
5 „ Vanillin,
30 „ Infusion Moschus,
200 „ „ Ambra,
60 „ „ Zibeth,
300 „ Solution Rosenöl,
45 „ Ylang-Ylangöl, *Sartorius*,
3 „ Rosenöl, stearoptenfrei.

Ylang-Ylang.

4000 g Infusion Jasmin I,
2000 „ „ Jasmin II,
150 „ „ Benzoë,
30 „ „ Moschus,
3 „ Bittermandelöl, echt,
120 „ Ylang-Ylangöl, echt,
3000 „ Tinktur Rose II.

Automobile.

6 g Rosenöl, echt,
3 „ Geraniumöl,
5 „ Sandelholzöl, ostind.,
30 „ Vanille-Infusion,
5 „ Neroliöl, künstlich,
250 „ Infusion Jasmin,
600 „ Spiritus,
5 Tropfen Salmiakgeist, 0.910,
3 g Geranylformiat, *H. & R.*,
3 „ Heliotropin,
4 „ Terpineol.

Brisas de las Pampas.

1000 g Tinktur Rose I,
2000 „ „ Jasmin I,
3000 „ „ Orange I,
1000 „ Infusion Iris,
200 „ Tinktur Vanillin,
50 „ „ Cumarin,
3 „ Rosenöl, künstlich, *S. & C.*,
300 „ Tinktur Moschus,

15 g Bergamottöl,
10 „ Citral, *T. M.*,
2 „ Eugenol, *H. & R.*,
10 „ Geraniol,
10 „ Patchouliöl,
20 „ Palmarosaöl,
20 „ Turanol, *T. M.*,
150 „ Infusion Tolu,
50 „ Tinktur Zibeth.

Cashemir-Bouquet.

1000 g Infusion Veilchen I,
1500 „ „ Rose I,
500 „ „ Benzoë,
250 „ Tinktur Zibeth,
250 „ „ Cumarin,
20 „ Patchouliöl,
20 „ Sandelholzöl,
5 „ Iron,
30 „ Linalool.

Azurea.

10000 g Weinsprit,
400 „ Jasmin, *H. & C.*,
50 „ Cassieblütenöl, *H. & R.*,
10 „ Aubépine, *C. N. & C.*,
30 „ Rosenöl, künstlich, *Sch. & C.*,
15 „ Vanillin,
300 „ Siam-Benzoë-Infusion,
200 „ Moschus-Infusion,
50 „ Zibeth-Tinktur,
5 „ Vetiveröl.

Vorteilhaft, jedoch natürlich teurer, ist auch die Verwendung von II. Pomaden-Infusionen Rose und Cassie, zu je gleichen Teilen, aus französischen Blumenpomaden, an Stelle der 10000 g Weinsprit, sowie ein Zusatz von ca. 2000 g Irisauszug (Iris-Infusion).

Chypre.

3750 g Tinktur Cassie I,
3750 „ Extrait Moschus, triple,
2500 „ „ Verveine, triple,
40 „ Safrol,
40 „ Sandelholzöl,
20 „ Moschus-Tinktur.

Corylopsis du Japon.

      55 g Jasminöl, künstlich, *H. & C.*,
      40 „ Rosenöl,   „ | *Sch. & C.*,
       5 „ Moschus,   „ |
      40 „ Canangaöl,
      30 „ Ylang-Ylangöl, *Sartorius*,
       2 „ Vanillin,
     100 „ Benzoë-Infusion,
      10 „ Muguet,
      10 „ Patchouliöl,
     180 „ Erdbeeräther,
     0.5 „ Vetiveröl,
      10 „ Réuniol, *Sch. & C.*,
    7000 „ Weinsprit.

Pois de Senteur.

    1000 g Tinktur Orange I,
     200 „   „   Tuberose I,
     200 „   „   Rose I,
       5 „ Vanillin,
     500 „ Rosenwasser,
     500 „ Orangenblütenwasser.

Extrait de la Cour Russe.

    4000 g Tinktur Rose I,
    4000 „   „   Orange I,
    2000 „   „   Iris I,
      30 „ Rosenöl, künstlich,
      15 „ Isoeugenol,
     100 „ Bergamottöl,
      10 „ Neroliöl, künstlich,
     100 „ Tinktur Moschus,
      20 „   „   Zibeth,
      30 „ Ajonc,
     100 „ Infusion Storax,
       2 „ Yara-Yara,
    1000 „ Rosenwasser.

Peau d'Espagne.

      50 g Cassieblütenöl, *H. & R.*,
     100 „ Sandelholzöl,
      60 „ Niobeöl,
     200 „ Bergamottöl,
    1000 „ Moschus-Tinktur,
    1500 „ Zibeth-Tinktur, *T. M.*,

```
1000 g Tolu-Infusion,
  40 „ Vetiveröl,
  10 „ Turanol, *T. M.*,
10000 „ Sprit.
```

Vice-Königin (Vice-Reine).

```
1000 g Infusion Rose I,
1000 „      „     Cassie I,
1000 „      „     Tuberose I,
 150 „      „     Moschus,
  40 „      „     Ambra,
  40 „ Zibeth-Tinktur,
  20 „ Neu-Veilchen,   ⎫ H. & R.,
  20 „ Irisöl, konkret, ⎭
  10 „ Rosenöl, echt,
  50 „ Bergamottöl, echt,
  15 „ Neroliöl, künstlich, *D. & K.*,
  20 „ Santalol.
```

Es soll dies die Nachbildung eines Odeurs ergeben, welches ein indischer Radjah der Vicekönigin von Indien, Lady *Curzon* schenkte mit der Bitte, dies Parfüm, auf dessen Erzeugung er sehr stolz sei, fortan »Vice-Königin« nennen zu dürfen.

Cuir de Russie.

```
1500 g Tinktur Cassie I,
1500 „ Extrait Geranium, triple,
1500 „ Tinktur Rose I,
3500 „      „     Vanillin,
1000 „ Solution Iris,
 150 „ Cuir de Russie, *L. & C.*,
1500 „ Tinktur Jasmin,
  10 „ Grisambren, *C. N. & C.*,
```

Essbouquet.

```
2000 g Tinktur Rose I,
1000 „      „     Cassie I,
1000 „      „     Tuberose I,
2500 „ Extrait Reseda, triple,
2000 „      „     Bergamotte, triple,
  10 „ Rosenholzöl,
  50 „ Bergamottöl,
 100 „ Infusion Moschus I,
  50 „ Zibeth-Tinktur I,
 100 „ Infusion Tolu,
   3 „ Turanol.
```

Jokey-Club, triple.

500 g Infusion Tuberose I,
500 „ „ Orange I,
500 „ „ Cassie I,
15 „ Orgéol,
1000 „ Extrait Miel d'Angleterre, triple,
20 „ Bouvardia, }
10 „ Hemérocalle } *L. & C.,*
1000 „ Infusion Jasmin I,
250 „ „ Storax,
15 „ Irisöl, liqu.,
2000 „ Sprit.

Jokey-Club, quadruple.

1000 g Infusion Cassie I,
500 „ „ Orange I,
200 „ „ Tuberose I,
1000 „ „ Rose I,
2 „ Irisöl,
15 „ Rosenöl, stearoptenfrei,
40 „ Bergamottöl,
200 „ Infusion Ambra I,
1000 „ „ Iris,
200 „ „ Storax liqu.,
800 „ Sprit,
20 „ Bouvardia.

Frangipani.

1000 g Tinktur Heliotropin,
100 „ „ Moschus,
10 „ Rosenöl, künstlich, *H. & C.,*
180 „ Tinktur Cumarin,
1000 „ „ Cassie,
10 „ Cedernholzöl,
2 „ Sandelholzöl.

Geisha-Bouquet.

2600 g Tinktur Moschus,
5000 „ „ Zibeth,
400 „ „ Vanillin,
200 „ „ Cumarin,
400 „ „ Heliotropin,
3000 „ „ Jasmin I,
25 „ Geraniumöl,

10 g Aubépine, *H. & R.*,
10 „ Turanol, *T. M.*,
20 „ Portugalöl,
50 „ Bergamottöl.

Ideal-Parfüm.

4500 g Tinktur Rose I,
1000 „   „   Jasmin I,
1000 „   „   Orange I,
2000 „   „   Cassie I,
2000 „   „   Vanillin,
100 „   „   Zibeth,
80 „ Bergamottöl,
20 „ Mandarinenöl,
10 „ Neroliöl, künstlich, *D. & K.*,
100 „ Rosenöl, *H. & C.*,
25 „ Lavendelöl,
5 „ Verbenaöl,
3 „ Isoeugenol, *H. & R.*,
20 „ Ylang-Ylangöl, künstlich, ⎫
5 „ Iraldéïne,   ⎬ *H. & R.*,
25 „ Cumarin,   ⎭
30 „ Moschus, künstlich, krystallisiert.

Kadsura.

1000 g Tinktur Tuberose I,
2000 „   „   Rose I,
2000 „   „   Jasmin I,
1000 „ Moschuskörner-Infusion,
4500 „ Iriswurzel-Infusion,
500 „ Tinktur Moschus,
5 „ Irolène, *A. G. F. A.*,
150 „ Infusion Labdanum,
25 „ Rosenöl, echt,
5 „ Citral,
20 „ Rosenholzöl,
40 „ Heliotropin.

Kiss me quick.

2000 g Tinktur Rose I,
2000 „   „   Jasmin I,
2000 „ Infusion Violette II,
2000 „   „   „   III,
200 „   „   Tolu,

200 g Infusion Benzoë,
250 „ Tinktur Moschus,
100 „   „   Zibeth,
200 „ Bergamottöl,
 10 „ Citral,
 80 „ Linaloëöl,
  5 „ Eugenol,
 40 „ Irisöl, liqu.
 40 „ Santalol.

Bouquet Maréchal.

2000 g Infusion Jasmin III,
1000 „ Extrait Violette, triple,
1000 „   „   Gartennelke, triple,
 250 „ Tinktur Orange I,
 250 „   „   Jasmin I,
 250 „   „   Rose I,
  60 „   „   Moschus,
   5 „ Sandelholzöl,
  60 „ Infusion Benzoë,
  60 „   „   Tolu,
  10 „ Bouvardia, *L. & C.*,

Miel d'Angleterre, quadruple.

3200 g Infusion Rose III,
1200 „   „   Cassie II,
1200 „   „   Rose II,
1200 „   „   Jasmin II,
 100 „ Solution Iris,
 300 „ Infusion Iris,
  60 „   „   Tolu,
 110 „   „   Peru,
 225 „   „   Storax,
 150 „   „   Moschus,
 100 „ Bergamottöl,
  80 „ Citronenöl,
  15 „ Nelkenöl,
  15 „ Safrol,
  25 „ Geraniumöl.

Miel d'Angleterre, triple.

2000 g Infusion Jasmin I,
·2000 „   „   Tuberose I,
   5 „ Vanillin,

20 g Irisöl, liqu.,
200 „ Infusion Benzoë, Siam,
20 „ „ Moschus I,
20 „ „ Zibeth,
10 „ Rosenöl, türkisch,
10 „ Nelkenöl,
20 „ Linalylacetat, *C. N. & C.,*
1000 „ Sprit.

Fleurs rustiques.

3000 g Tinktur Jasmin I,
1000 „ „ Tuberose I,
1000 „ „ Iris,
300 „ Infusion Tolu,
5 „ Moschus-Tinktur,
20 „ Cumarin,
15 „ Heliotropin,
10 „ Petitgrainöl,
80 „ Bergamottöl,
20 „ Tréfolia, *T. M.,*
5 „ Verbenaöl.

Mikado-Bouquet.

5000 g Tinktur Jasmin I,
2000 „ „ Rose I,
12 „ Vetiveröl,
16 „ Patchouliöl,
16 „ Geraniumöl,
26 „ Rosenöl, künstlich, *H. & C.,*
10 „ Nelkenöl,
10 „ Bittermandelöl, künstlich,
60 „ Bergamottöl,
250 „ Tinktur Moschus,
100 „ Agfa-Fixateur,
250 „ Tinktur Zibeth,
1500 „ „ Cumarin,
1500 „ „ Vanillin,
10 „ „ Wachsaroma.

Millefleurs.

7300 g Extrait Miel d'Angleterre, triple,
1600 „ „ Geranium, triple,
1600 „ „ Bergamotte, triple,
10 „ Orgéol.

Vorstehende Zusammensetzung ergibt das schönste Mille-
fleurs-Extrait, das seit vielen Jahren an den Markt gebracht
wurde.

Moschus.

3200 g Tinktur Jasmin I,
 500 „ Infusion Moschus I,
 400 „   „   „   II,
1100 „   „   Rose I,
 400 „   „   Tuberose I,
 400 „   „   Cassie II,
1200 „   „   Iris,
  50 „ Solution Iris,
 100 „   „   Rosenöl,
 180 „ Infusion Benzoë,
 110 „   „   Tolu.

Musc, triple.

1000 g Infusion Rose I,
 800 „   „   Tuberose I,
1600 „   „   Orange I,
 800 „   „   Cassie I,
   4 „ Vanillin,
 450 „ Infusion Moschus I,
 300 „   „   Ambrette,
  20 „ Orgéol extra, *H. & R.,*
  10 „ Moschus, künstlich.

Opoponax.

2500 g Infusion Rose I,
2500 „   „   Jasmin I,
2500 „   „   Tuberose I,
 110 „ Opoponaxöl,
  30 „ Lavendelöl,
 400 „ Infusion Benzoë,
 400 „ Tinktur Citral,
 400 „ Solution Iris,
  10 „ Patchouliöl,
 120 „ Citronenöl,
  30 „ Geraniol,
 125 „ Infusion Moschus I,
  25 „ Tinktur Zibeth.

Opoponax, quadruple.

1500 g Infusion Rose I,
1000 „   „   Orange I,

1000 g Infusion Violette I,
   5 „ Irisöl,
   3 „ Moschus-Infusion,
   5 „ Vanillin,
  10 „ Citral,
 100 „ Bergamottöl,
  30 „ Opoponaxöl,
  20 „ Orgéol extra,
  10 „ Geraniumöl, afrikanisches,
 300 „ Infusion Ambrette,
  25 „ Geranylacetat,
1000 „ Sprit.

Opoponax, triple.

1000 g Infusion Rose I,
 500 „   „   Orange I,
 500 „   „   Violette I,
   2 „ Irisöl,
 225 „ Moschus-Infusion,
   4 „ Vanillin,
   8 „ Cumarin,
  60 „ Citronenöl,
  60 „ Bergamottöl,
  25 „ Opoponaxöl,
  10 „ Orgéol extra,
  10 „ Geraniumöl, afrikanisches,
 150 „ Infusion Benzoë, Siam,
  20 „ Geranylacetat, *H. & R.*,
2000 „ Sprit.

Orchideen-Duft.

1000 g Infusion Violette I,
3000 „   „   Jasmin I,
   3 „ Vanillin, *H. & R.*,
 300 „ Infusion Ambrette,
  20 „   „   Moschus I,
  50 „   „   Zibeth,
1000 „ Solution Iris (1:1000),
  25 „ Ylang-Ylangöl, Manila,
  20 „ Cheirantia, *C. N. & C.*,
  30 „ Quarantaine, *L. & C.*,
  10 „ Aubépine,
  10 „ Tréfol.

Peau d' Espagne.

3000 g Tinktur Jasmin I,
1000 „   „   Orange II,
  20 „ Neroliöl, künstlich, *Sch. & C.,*
  15 „ Rosenöl,   „   , *H. & C.,*
  15 „ Sandelholzöl,
  10 „ Lavendelöl,
  25 „ Bergamottöl,
  10 „ Verbenaöl,
 100 „ Infusion Storax,
  50 „ Zibeth-Tinktur.

Bouquet de France.

5000 g Tinktur Jasmin I,
 100 „   „   Zibeth,
  30 „   „   Benzoë,
  10 „ Vanillin,
  10 „ Heliotropin, *H. & R.,*
  15 „ Vetiveröl,
  65 „ Geraniumöl,
  10 „ Rosenöl, künstlich, *H. & C.,*
   5 „ Neroliöl,
1000 „ Tinktur Moschus,
 400 „ Infusion Storax.

Pois de Senteur.

1000 g Infusion Tuberose I,
1000 „   „   Orange I,
  10 „ Rosenöl, künstlich, *Sch. & C.,*
  15 „ Vanillin,
   5 „ Heliotropin, .
  10 „ Santalol,
   3 „ Isoeugenol.

Rondeletia.

2000 g Tinktur Jasmin I,
2000 „   „   Rose I,
  50 „ Lavendelöl,
  20 „ Eugenol,
   5 „ Orgéol,
  35 „ Bergamottöl,
  20 „ Linalol rosé, *L. & C.,*
  10 „ Storaxöl, künstliches,
  50 „ Moschus-Tinktur,
  30 „ Agfa-Fixateur.

Spring Flowers.

1500 g Infusion Cassie I,
1000 „ „ Orange I,
1000 „ „ Violette I,
1000 „ „ Violette II,
1600 „ Extrait Bergamotte, triple,
1600 „ „ Portugal, triple,
  10 „ Sandelholzöl,
   5 „ Turanol, *T. M.*,
  60 „ Geraniumöl,
 100 „ Tinktur Moschus,
  10 „ „ Zibeth,
  10 „ Syringaöl, *C. N. & C.,*
 300 „ Tinktur Vanillin,
  40 „ Tropfen Essigäther.

Stephanotis.

1000 g Infusion Tuberose I,
1000 „ „ Violette I,
1000 „ „ Jonquille I,
1000 „ „ Jasmin I,
 800 „ Tinktur Rose I,
1000 „ „ Iris,
  20 „ Geranylacetat,
  15 „ Heliotropin,
   5 „ Cumarin,   *H. & R.,*
   5 „ Orgéol,
  10 „ Oeillet,
 100 „ Infusion Peru,
  50 „ „ Moschus.

Volkameria.

5000 g Weinsprit,
  10 „ Neu-Veilchen, *H. & R.,*
  10 „ Tuberoseblütenöl, *H. & C.,*
  10 „ Jasminöl,
   5 „ Orgéol, *H. & R.,*
   5 „ Aubépine, liqu., *C. N. & C.,*
  20 „ Jacinthea,
 150 „ Infusion Benzoë,
  40 „ „ Zibeth.

Waldduft.

3000 g Tinktur Jasmin I,
1000 „ „ Cassie I,

```
2000 g Tinktur Rose I,
  80 ,, Cumarin,
  25 ,, Heliotropin,  } H. & R.,
  10 ,, Bourbonal,
  40 ,, Wachholderbeeröl,
  30 ,, Bornylacetat, Sch. & C.,
 150 ,, Tinktur Moschus,
  40 ,, Cheiranthia, C. N. & C.,
  20 ,, Turanol, T. M.,
  50 ,, Bergamottöl,
 150 ,, Infusion Tolu.
```

Extraits doubles.

Die bis hierher aufgeführten Vorschriften stellen nur Quadruples- und Triples-Extraits d. h. stärkste Qualitäten dar. Da nun in der Praxis auch billigere Sorten gewünscht werden, die naturgemäss nicht so stark sein können, lassen wir hierfür bestimmte Vorschriften folgen.

Zunächst kann man sich damit helfen, dass man unter Zusatz von Weinsprit und Wasser billigere Sorten herstellt, die zwar entsprechend weniger stark, jedoch ebenso fein im Geruch sind, wie die Triples-Extraits. Die Verhältniszahlen sind die folgenden:

Extrait double.

```
6000 g Extrait triple,
3500 ,, Weinsprit,
 500 ,, Wasser.
```

Extrait simple.

```
4000 g Extrait triple,
4000 ,, Weinsprit,
2000 ,, Wasser.
```

Hiernach erhält man feine, aber schwächere Odeurs, im Dufte der vorhergegebenen Extraits triples. Hiermit ist aber nicht allen Parfümeuren gedient, denn das grosse Publikum, welches billig kaufen will, wünscht trotzdem starke Wohlgerüche, wenn sie auch nicht so fein sind. Es folgt daher eine Reihe von Vorschriften für einfachere Odeurs. Zu diesen könnten als Grundlage die II. Infusionen von Blumenpomaden genommen werden, allein gerade bei diesen einfacheren Odeurs bieten die künstlichen Riechstoffe aufs neue grosse Vorteile. Es ist nicht nötig mit Infusionen zu arbeiten; man setzt die

Riechstoffe direkt dem Sprit zu. Die folgenden Vorschriften bewegen sich in allen Preislagen und bieten wohl so ziemlich alles in der Praxis Vorkommende.

Veilchen, double.

```
6000 g Sprit,
   8 „ Jonon,
 250 „ Tinktur Jasmin,
 250 „ Infusion Benzoë,
  10 „ Ylang-Ylangöl, künstlich,
 100 „ Tinktur Moschus,
3600 „ Wasser.
```

Waldveilchen, double.

```
1000 g Tinktur Cassie II,
1500 „    „     Neuveilchen II,
1000 „    „     Jasmin II,
1000 „ Infusion Rose II,
  20 „ Geraniumöl Réunion,
 100 „ Jonon,
 100 „ Tinktur Vanillin, 10-prozentig,
 200 „    „     Ambrettol,
3000 „    „     Iris,
2100 „ Sprit ff.
```

Héliotrope blanc, double.

```
6000 g Sprit,
 120 „ Heliotropol, C. N. & C.,
  30 „ Vanillin,
 200 „ Tinktur Jasmin,
 280 „ Infusion Benzoë,
 120 „ Tinktur Moschus,
3500 „ Wasser.
```

Héliotrope, double.

```
  60 g Heliotropin, |
  10 „ Cumarin,     |  H. & R.,
   5 „ Vanillin,    |
1000 „ Infusion Jasmin II,
1000 „    „     Rose II,
 400 „    „     Tuberose II,
 400 „    „     Orange II,
 150 „ Tinktur Zibeth,
2000 „ Sprit.
```

Weisser Flieder, double.

6000 g Sprit,
  40 „ Muguet,
 200 „ Terpineol,
 100 „ Tinktur Moschus,
 350 „   „   Jasmin,
 400 „ Infusion Benzoë,
3500 „ Wasser.

Flieder, double.

 150 g Terpineol, *H. & R.*,
   7 „ Heliotropin,
  16 „ Ylang-Ylangöl, künstl., *D. & K.*,
 750 „ Tinktur Jasmin II,
 750 „ Extrait Rose, double,
  10 „ Infusion Zibeth,
3400 „ Sprit.

Mit Lila-Tinktur färbt man fliederblau.

Maiglöckchen, double.

6000 g Sprit,
  10 „ Ylang-Ylang, künstlich,
   3 „ Neroliöl, künstlich,
  50 „ Muguet,
  50 „ Linaloëöl,
 240 „ Tinktur Heliotropin,
 300 „   „   Jasmin,
 100 „   „   Moschus,
 300 „ Infusion Benzoë,
3500 „ Wasser.

Miel d'Angleterre, double.

1000 g Infusion Jasmin II,
1000 „   „   Tuberose II,
   3 „ Vanillin,
 700 „ Infusion Iris,
 125 „   „   Benzoë, Siam,
  20 „   „   Moschus I,
  20 „   „   Labdanum,
  20 „   „   Zibeth,
  10 „ Orgéol extra,
  10 „ Eugenol,
  20 „ Mandarinenöl,
2500 „ Sprit.

Rose, double.

6000 g Sprit,
  25 „ Rosenöl, künstlich, *H. & C.*,
    3 „ Patchouliöl,
  10 „ Bergamottöl,
    5 „ Linaloëöl,
 100 „ Infusion Benzoë,
1500 „ Wasser.

Opoponax, double.

6000 g Sprit.
  50 „ Irisöl liqu.,
  25 „ Bergamottöl,
    5 „ Rosenöl, künstlich, *S. & C.*,
  50 „ Tinktur Zibeth,
  50 „ Jacinthea,
  30 „ Infusion Benzoë,
    5 „ Geraniol,
  10 „ Isoeugenol,
  40 „ Vanillin,
  20 „ Portugalöl,
1500 „ Wasser.

Opoponax, double.

1000 g Infusion Rose II,
1000 „   „   Orange II,
1000 „   „   Violette II,
 500 „   „   Iris,
  50 „ Moschus-Tinktur,
    2 „ Vanillin,   } *H. & R.,*
    3 „ Cumarin,   }
  25 „ Citronenöl,
  40 „ Bergamottöl,
  10 „ Opoponaxöl,
  15 „ Geraniumöl, afrik.,
  50 „ Infusion Storax,
 400 „   „   Benzoë, Siam,
1000 „ Sprit.

Essbouquet, double.

6000 g Sprit,
  40 „ Irisöl, künstlich,
  50 „ Bergamottöl,
  50 „ Tinktur Zibeth,

5 g Rosenöl, künstlich,
3 „ Ambrettol, *T. M.,*
10 „ Jasminöl, *H. & C.,*
10 „ Cumarin,
2 „ Aubépine liqu., *H. & R.,*
5 „ Geraniol, *H. & C.,*
1500 „ Wasser.

Patchouli, double.

6000 g Sprit,
30 „ Patchouliöl,
5 „ Vetiveröl,
15 „ Geraniumöl,
100 „ Infusion Storax,
100 „ Tinktur Zibeth,
1500 „ Wasser.

Moschus, double.

I.

6000 g Tinktur Moschus,
500 „   „   Zibeth,
5 „ Linalool,
5 „ Patchouliöl,
3 „ Geraniol,
100 „ Infusion Tolu,
1500 „ Wasser,
1500 „ Sprit.

II.

1500 g Infusion Orange II,
1750 „   „   Rose II,
1500 „   „   Ambrette,
350 „ Moschus-Tinktur,
150 „ Zibeth-Tinktur,
10 „ Geraniumöl, französisches,
300 „ Sprit.

Hyacinthe, double.

6000 g Sprit,
40 „ Terpineol,
5 „ Benzylacetat,
30 „ Hyacinthin, *Sch. & C.,*
20 „ Agfa-Fixateur,
30 „ Heliotropin,
1500 „ Wasser.

New mown Hay, double.

    12 g Geraniumöl, spanisch,
     3 „ Rosenöl, künstlich,
    60 „ Cumarin,
     2 „ Vanillin,
  1200 „ Tinktur Orange II,
  2000 „   „   Rose II,
  1200 „   „   Jasmin II,
    50 „ Infusion Moschus,
     4 „ Anisaldehyd,
   600 „ Sprit.

Ylang-Ylang, double.

    40 g Ylang-Ylangöl, künstlich, *Sch. & C.*,
    30 „ Canangaöl (Java),
     2 „ Vanillin,
    10 „ Neroli, *H. & C.*,
   500 „ Infusion Rose II,
   500 „   „   Jasmin II,
   150 „   „   Zibeth,
    15 „ Orgéol,
  4000 „ Sprit.

Extraits III oder simples, sowie Extraits de senteur.

Auch für diese Extraits ist es von sehr grossem Vorteil, wenn sie längere Zeit lagern können, was hier nochmals bemerkt sei.

Flieder.

     1 g Orangenblütenöl, künstlich,
     1 „ Rosenöl, künstlich,
     1 „ Bergamottöl,
     4 „ Jasmin, künstlich,
    25 „ Terpineol,
    10 „ Tolubalsam-Infusion,
     5 „ Zibeth-Tinktur,
     5 „ Bittermandelspiritus (1:100),
   $^3/_4$ „ Vanillin,
  1000 „ Spiritus (80%).

Heliotrop.

     5 g Heliotropin,
   0.5 „ Vanillin,
     1 „ Cumarin,
   0.5 „ Geraniumöl,

```
    1 g  Ylang-Ylangöl, künstlich,
    3 „  Jasmin, künstlich,
   25 „  Bittermandelspiritus, (1:100),
    3 „  Zibeth-Tinktur,
    3 „  Moschus-Tinktur,
    1 „  Neroliöl, künstlich,
 1000 „  Spiritus (80%).
```

Hyazinthe.

```
    3 g  Hyazinthin,
    2 „  Jasmin, künstlich,
  0.5 „  Ylang-Ylangöl, künstlich,
  0.5 „  Neroliöl, künstlich,
    1 „  Geraniumöl,
    2 „  Orangenöl, süss,
    5 „  Patchouli-Extrait, triple,
 1000 „  Spiritus (80%).
```

Jasmin.

```
    8 g  Jasmin, künstlich,
    1 „  Neroliöl, künstlich,
   10 „  Citronenölspiritus (1:200),
 1000 „  Spiritus (80%).
```

Maiblume.

```
    6 g  Linalool,
  0.5 „  Neroliöl, künstlich,
    4 „  Tolubalsam-Infusion,
    2 „  Jasmin, künstlich,
    3 „  Moschus-Tinktur,
 1000 „  Spiritus (80%),
 5 Tropfen „  Salmiakgeist 0.960.
```

Reseda.

```
    2 g  Geraniumöl,
    2 „  Neroliöl, künstlich,
    2 „  Jasmin, künstlich,
   20 „  Tolubalsam-Infusion,
    1 „  Pomeranzenöl, süss,
 1000 „  Spiritus (80%).
```

Veilchen.

```
 4000 g  Tinktur Neu-Veilchen II,
 3000 „  Infusion Violette III,
```

2000 g Infusion Rose II,
100 ,, Tinktur Cumarin,
100 ,, Solution Irisöl liqu.,
5 ,, Jonon,
50 ,, Infusion Benzoë,
50 ,, ,, Moschus I,
2 ,, Orgéol,
1000 ,, Wasser;
grünlich färben.

Ess-Bouquet.

5000 g Sprit, 90%/. ig,
35 ,, Bergamottöl,
4 ,, Lavendelöl,
4 ,, Nelkenöl,
10 ,, Citral,
4 ,, Neroliöl, künstlich,
4 ,, Rosmarinöl,
4 ,, Zimmtöl,
4 ,, Cedernholzöl,
2 ,, Rosenöl, künstlich,
1 ,, Cardamomöl,
10 ,, Moschus-Tinktur.

Court-Bouquet.

3000 g Sprit, 90%/₀ ig,
250 ,, destilliertes Wasser,
100 ,, Bergamottöl,
15 ,, Neroliöl,
10 ,, Irisöl liqu.,
10 ,, Moschus-Tinktur,
15 ,, Bouvardia.

Millefleurs.

5000 g Sprit, 90%/₀ ig,
8 ,, Bergamottöl,
12 ,, Lavendelöl,
12 ,, Nelkenöl,
12 ,, Neroliöl, künstlich,
20 ,, Cinnaméin,
20 ,, Moschus-Tinktur,
5 ,, Agfa-Fixateur.

Opoponax.

5000 g Sprit, 90%ig,
  90 „ Lemongrasöl,
  24 „ Geraniol,
  12 „ Nelkenöl,
   2 „ Neroliöl, künstlich,
1500 „ Rosenwasser.

Ylang-Ylang.

3000 g Sprit, 90%ig,
  50 „ Bergamottöl,
  30 „ Ylang-Ylangöl, künstlich,
 500 „ Iris-Tinktur,
  10 „ Moschus-Tinktur,
  15 „ Linaloëöl,
   3 „ Hyacinthin.

Rose.

4000 g Sprit, 90%ig,
2000 „ destilliertes Wasser,
   7 „ Bergamottöl,
  50 „ Geraniumöl,
  50 „ Rosenöl, künstlich,
   2 „ Sandelholzöl,
   5 „ Orgéol.

Violette San Remo, simple.

 500 g Tinktur Cassie,
1000 „   „   Veilchen,
 500 „   „   Jasmin,
 500 „   „   Rose,
  50 „ Geraniumöl, Réunion,
  50 „ Bergamottöl,
  50 „ Jonon,
  50 „ Tinktur Vanillin, 10-prozentig,
 500 „   „   Ambrettol,
4000 „   „   Iris,
2800 „ Sprit ff.,
Mit Chlorophyll-Tinktur färben.

New mown Hay, senteur.

  20 g Cumarin,
  10 „ Geraniumöl, span.,
 200 „ Tinktur Orange I,

300 g Tinktur Rose I,
100 „   „   Jasmin I,
10 „   „   Moschus,
5 „ Anisaldehyd,
4000 „ Sprit,
500 „ Rosenwasser.

New mown Hay, simple.

40 g Cumarin,
20 „ Geraniumöl, span.,
1 „ Vanillin,
400 „ Tinktur Orange II,
600 „   „   Rose II,
200 „   „   Jasmin II,
20 „   „   Moschus,
5 „ Anisaldehyd,
2500 „ Sprit,
500 „ Orangenblütenwasser.

Ylang-Ylang, senteur.

12 g Canangaöl, Java,
3 „ Ylang-Ylangöl, künstlich,
5 „ Neroliöl, künstlich,
1000 „ Tinktur Jasmin III,
200 „   „   Ambrettol,
10 „   „   Moschus,
4000 „ Sprit.

Ylang-Ylang, simple.

40 g Canangaöl, Java,
20 „ Ylang-Ylangöl, künstlich,
15 „ Linalool,
5 „ Neroliöl, künstlich,
15 „ Geraniumöl, spanisch,
1500 „ Tinktur Jasmin III,
200 „   „   Zibeth,
4000 „ Sprit,
500 „ destilliertes Wasser.

Moschus, senteur.

1500 g Tinktur Ambrettol,
400 „   „   Moschus,
500 „ Infusion Tolu,
10 „ Geraniumöl, afrikanisches,

30 g Bergamottöl,
10 „ Rosenöl, künstlich,
4000 „ Sprit,
500 „ Rosenwasser.

Moschus, simple.

1000 g Tinktur Ambrettol,
200 „ „ Moschus,
500 „ Infusion Tolu,
15 „ Geraniumöl, afrikanisches,
20 „ Orgéol,
40 „ Bergamottöl,
5000 „ Sprit.

Opoponax, senteur.

1000 g Tinktur Jasmin III,
10 „ Opoponaxöl,
5 „ Benzoësäure-Methylester,
150 „ Infusion Storax,
150 „ „ Tolu,
400 „ „ Iris,
3500 „ Sprit.

Patchouli, senteur.

25 g Patchouliöl,
20 „ Geraniumöl, afrikanisches,
4000 „ Sprit,
500 „ Tinktur Moschinol,
500 „ destilliertes Wasser.

Patchouli, simple.

20 g Patchouliöl,
35 „ Geraniumöl, afrikanisches,
30 „ Sandelholzöl, ostindisches,
200 „ Infusion Storax,
250 „ Tinktur Moschinol,
150 „ Zibeth,
3000 „ Sprit,
500 „ destilliertes Wasser.

Flieder, senteur.

50 g Terpineol,
2 „ Heliotropin,
8 „ Canangaöl, Java,

    1 g Cumarin,
  250 „ Tinktur Rose III,
  500 „   „   Jasmin III,
    5 „ Citronenöl,
    5 „ Bergamottöl,
  250 „ Tinktur Ambrettol,
  200 „ Infusion Storax,
 3250 „ Sprit,
  500 „ destilliertes Wasser.

Flieder, simple.

  100 g Terpineol,
    5 „ Heliotropin,
   20 „ Canangaöl, Java,
  750 „ Tinktur Jasmin III,
  500 „   „   Rose III,
  200 „   „   Ambrettol,
 3500 „ Sprit.

Heliotrop, senteur.

   15 g Heliotropin,
    3 „ Cumarin,
    1 „ Vanillin,
   30 „ Peru-Balsam,
  250 „ Tinktur Rose I,
  250 „   „   Jasmin I,
  100 „   „   Tuberose I,
    2 „ Portugalöl,
   50 „ Zibeth-Tinktur,
 4350 „ Sprit.

Heliotrop, simple.

   25 g Heliotropin,
    5 „ Cumarin,
  0.5 „ Vanillin,
  400 „ Tinktur Jasmin I,
  400 „   „   Rose I,
  160 „   „   Tuberose I,
  160 „   „   Orange I,
   60 „ Zibeth-Tinktur,
 3800 „ Sprit.

Maiglöckchen, senteur.

  100 g Linaloëöl,
  500 „ Tinktur Cassie III,

500 g Tinktur Orange III,
500 „   „   Jasmin III,
100 „   „   Vanillin (2%ig),
 50 „   „   Chlorophyll (1:20),
500 „ destilliertes Wasser,
1000 „ Sprit.

Export-Extraits.

Zur Herstellung der billigen Odeurs für den Export bedient man sich in der Regel einer Grundkomposition von ätherischen Oelen und Harzlösungen, die dann mit Sprit und Wasser verschnitten wird. Man erreicht hiermit eine starke Mischung von kräftigem Geruch und grosser Haftbarkeit, zudem ist auch die Arbeit viel einfacher, da eventuell verschiedene Stärken angefertigt werden können.

Grundlagen für Export-Extraits.

Rose.

10000 „ Sprit,
   30 „ Eugenol,
  350 „ Geraniumöl,
   50 „ Bergamottöl,
  100 „ Tinktur Moschus,
  100 „   „   Zibeth,
  350 „ Infusion Storax,
  300 „   „   Tolu,
  600 „   „   Iris.

Bergamotte.

10000 g Sprit,
  600 „ Infusion Benzoë,
  100 „   „   Storax,
  100 „ Tinktur Zibeth,
  500 „ Infusion Iris,
  400 „ Bergamiol,
  100 „ Moschus-Tinktur,

Flieder.

10000 g Sprit,
  500 „ Infusion Iris,
  300 „   „   Storax,
  200 „   „   Benzoë,
  150 „ Tinktur Moschus,

50 g Tinktur Zibeth,
40 „ Cumarin,
250 „ Terpineol,
30 „ Muguet.

Colonial-Bouquet.

10000 g Sprit,
300 „ Infusion Tolu,
250 „ „ Benzoë,
250 „ „ Storax,
40 „ Cumarin,
100 „ Tinktur Zibeth,
100 „ „ Moschus,
20 „ Sandelholzöl,
30 „ Linalool,
150 „ Bergamottöl,
7 „ Citral,
15 „ Irisöl liqu.,
5 „ Eugenol,
50 „ Citronenöl.

Chypre.

10000 g Sprit,
300 „ Infusion Tolubalsam,
300 „ „ Perubalsam,
300 „ „ Storax,
100 „ Tinktur Moschus,
10 „ Turanol,
150 „ Solution Irisöl,
100 „ „ Vetiveröl,
5 „ Wintergrünöl,
20 „ Aubépine,
100 „ Bergamottöl,
5 „ Citral,
100 „ Citronenöl,
5 „ Benzylacetat,
50 „ Geraniumöl,
20 „ Lavendelöl,
5 „ Eugenol,
30 „ Cedernholzöl.

Heliotrop.

10000 g Sprit,
400 „ Infusion Benzoë,
100 „ Tinktur Moschus,

180 g Bergamottöl,
 30 „ Terpineol,
 80 „ Heliotropin,
 30 „ Vanillin,
 20 „ Cumarin,
 50 „ Agfa-Fixateur.

Mousseline.

10000 g Sprit,
  180 „ Verbenaöl,
   60 „ Wintergrünöl, künstlich,
   60 „ Cassiaöl,
   15 „ Eugenol,
   30 „ Linalylacetat,
  100 „ Bergamottöl,
  100 „ Tinktur Moschus,
  100 „   „   Zibeth,
  250 „ Infusion Tolu,
  300 „   „   Benzoë,
   15 „ Nerolin.

Gardenia.

10000 g Sprit,
  300 „ Infusion Tolu,
  250 „   „   Benzoë,
  200 „   „   Peru,
  100 „ Tinktur Moschus,
  100 „   „   Zibeth,
  150 „ Bergamottöl,
   50 „ Citronenöl,
    5 „ Citral,
   50 „ Bromelia,
   25 „ Sandelholzöl,
   10 „ Heliotropin.

Patchouli.

10000 g Sprit,
  400 „ Infusion Iris,
  300 „   „   Storax,
  350 „   „   Benzoë,
  200 „ Tinktur Moschus,
  200 „   „   Zibeth,
   30 „ Cumarin,
  300 „ Patchouliöl.

Sehr starke Extraits speziell für den Export erhält man auch nach den folgenden Vorschriften:

Bouquet de Java.

22000 g Sprit,
   80 „ Geraniumöl,
  200 „ Verbenaöl,
  130 „ Bergamottöl,
   10 „ Citral,
  100 „ Portugalöl,
   50 „ Eugenol,
   50 „ Perubalsam,
  100 „ Infusion Labdanum,
  150 „ Tinktur Moschinol,
 2000 „ Infusion Jasmin II,
11000 „ Wasser.

Westend-Bouquet.

22000 g Sprit,
  200 „ Geraniol,
   60 „ Bergamottöl,
  250 „ Tinktur Zibeth,
  100 „   „   Moschus,
   20 „ Cumarin,
  200 „ Infusion Benzoë,
11000 „ Wasser.

Fleurs des Indes.

22000 g Sprit,
   50 „ Geraniumöl, afrikanisches,
   40 „ Eugenol,
  150 „ Bergamottöl,
  100 „ Linalool,
   12 „ Cumarin,
   10 „ Heliotropin,
  100 „ Syringaöl,
  350 „ Tinktur Ambrettol,
11000 „ Wasser.

Fleurs d' Afrique.

22000 g Sprit,
  375 „ Lavendelöl,
   90 „ Eugenol,
  100 „ Bergamottöl,

10 g Turanol,
40 „ Linalylacetat,
75 „ Geraniol,
400 „ Infusion Benzoe,
400 „ Tinktur Ambrettol,
11000 „ Wasser.

Jeddo - Bouquet.

22000 g Sprit,
200 „ Geraniumöl,
50 „ Bergamottöl,
10 „ Sandelholzöl,
50 „ Linaloëöl,
40 „ Isosafrol,
60 „ Tinktur Ambrettol
100 „   „   Vanillin,
100 „   „   Cumarin,
11000 „ Wasser.

Alkoholschwache und alkoholfreie Parfümerien.

Immer häufiger werden die Anfragen an unsere Exportfirmen betreffend alkoholschwache, resp. alkoholfreie Parfüme.
Es wird dies meistenteils bedingt durch die enormen Zollerhöhungen auf alkoholhaltige Fabrikate in den überseeischen Absatzgebieten, wie auch durch die so ungemein niedrigen Limite auf
einfache Odeurs, die eine Verwendung von Alkohol in der bisher
bekannten Menge nicht mehr zulassen. Wo nur der Zoll in
Frage kommt, wären alkoholfreie Parfüme allerdings am Platze;
handelt es sich jedoch nur um den Preis, dann bedarf auch die
Grösse der Flaschen einer besonderen Berücksichtigung. Die
Differenz zwischen alkoholhaltigen und alkoholfreien Extraits
auf kleine und kleinste Gläschen, wie solche heute vielfach im
Exporthandel Verwendung finden, ist fast verschwindend und
nur eine ganz grosse Quantität würde zu einem Resultate von
Belang führen.

Vom Standpunkte des seriösen Parfümeriefabrikanten betrachtet, sind alkoholfreie Parfüme eigentlich überhaupt keine Parfümerien mehr. Allein wie oft wird gerade in schweren Geschäftszeiten der Fabrikant zur Herstellung von Waren gezwungen,
die ihm eigentlich nicht passen, die er jedoch mitmachen muss,
will er sich nicht die Kundschaft seiner überseeischen Freunde,
die ihm auch bessere Waren abkaufen, verscherzen. Am greifbarsten haben wir das an den Toilette-Wässern für den Export

empfinden müssen, so z. B. an dem bekannten Florida- und Cananga-Water. Was sind das heute noch zumeist für Qualitäten, die nach Zentral-Amerika gehandelt werden! Sie vertragen schon nicht einmal mehr die Fracht vom Inland nach dem Hafen und werden daher zumeist an den Hafenplätzen selbst hergestellt, und dazu noch in den Freihafengebieten. Nur so ist es noch möglich, die limitierten Preise einzuhalten. Dass sich dadurch Florida-Wasser deutscher Provenienz draussen im allgemeinen keines sonderlich guten Rufes erfreut, darf danach nicht wundernehmen, es ist aber als solches glücklicher Weise in den seltensten Fällen zu erkennen. Zumeist segelt es unter amerikanischer Flagge; es sieht wenigstens so aus. Die für diesen Artikel in Frage kommenden amerikanischen Firmen verstehen sich nicht zu geringeren Waren und halten auch auf Preise, die dann eben nur von dem besseren Publikum bezahlt werden können; da nun der Eingeborene niedrigerer Klasse auch sein Toilette-Wasser haben will zu billigem Preise, seinen Verhältnissen angemessen, so muss hier durch billigste Imitationen Rat geschaffen werden. Auf diesem Wege kommen wir dann allmählich herunter bis zu den alkoholfreien Produkten. Nun soll man nur nicht denken, dass diese Waren etwa viel weniger gefragt werden, weil sie uns minderwertiger erscheinen. Im Gegenteil; man kann getrost behaupten, dass die alkoholschwachen Toilette-Wässer ganz bedeutend mehr verkauft werden, als die besseren Sorten, was sich daraus zum Teil erklären lässt, dass es schliesslich doch mehr arme, als reiche Leute sowohl diesseits, wie jenseits des grossen Wassers gibt.

Alkoholfreie wie alkoholschwache Odeurs sind ja schon lange im Handel, allein die Nachfrage danach war früher niemals so gross. Holland importierte schon vor 15 Jahren grosse Quantitäten davon, die besonders für Jahrmärkte und Messen bestimmt waren und sich auch in ganz bestimmtem Genre hielten. Heute wird sehr viel im Lande selbst fabriziert, wodurch die durchschnittlichen Qualitäten doch etwas besser geworden sind, da die Zölle in Wegfall kommen.

Nach England, Frankreich etc. lassen sich nur noch bekannte Spezialitäten einführen; für geringe Ware mit Alkoholgehalt sperrt der hohe Zoll die Grenze.

Sehr viel alkoholfreie und alkoholschwache Odeurs werden in der Türkei und Aegypten verkauft, besonders solche mit Patchouli parfümierte ganz geringe Sorten, die jedoch voll und ganz ihren Zweck erfüllen, indem der Patchouli-Geruch den des lästigen Schweisses völlig unterdrückt, was hier in der Hauptsache den Grund der Anwendung von Odeurs bei den geringen Volksklassen bildet.

Wie stellt man nun am besten und billigsten alkoholschwache und alkoholfreie Odeurs her, ohne dass der Verlust an Essenzen beim Filtrieren den Abgang des Alkohols ausgleicht? Die Herstellung ist nicht so einfach, wie es wohl auf den ersten Blick erscheinen mag. Von den ätherischen Oelen lösen sich bekanntlich sehr wenige oder gar keine direkt in Wasser oder sie scheiden sich beim Filtrieren wieder aus. Man verwendet am vorteilhaftesten zu diesen alkoholschwachen und -freien Odeurs die terpenfreien Essenzen. Diese haben den Vorteil weniger zu trüben und sich leichter filtrieren zu lassen.

Am schnellsten kommt man vorwärts, wenn man das zu parfümierende Wasser in kochendem Zustande verarbeitet. Die zuzusetzenden ätherischen Oele löst man in etwas Sprit, erhitzt das zu parfümierende Wasser bis zum Siedepunkt und gibt dann die gelösten Riechsubstanzen zu. Nach noch einmaligem Durchstossen deckt man gut zu und lässt die Flüssigkeit abkühlen. Beim Erhitzen erweitern sich die einzelnen Molekeln des Wassers und ziehen sich beim Erkalten wieder zusammen, bei welcher Gelegenheit sie kleine Teile der Riechkörper in sich einschliessen und so dem Wasser die Gerüche der beigemengten Oele so weit als möglich mitteilen. Alkoholfreie Odeurs lässt man nach dem Erkalten etwa 3 Wochen stehen und filtriert dann, während man alkoholschwache Odeurs nach der Vermischung mit den Riechstoffen und dem Erkalten mit dem gewünschten Quantum Sprit vermengt und erst dann filtriert; denn ungelöste Oelteilchen werden sich immer vorfinden, die sich jedoch bei Zugabe des Alkohols lösen und den Odeurs ihren Geruch auch noch mitteilen. Diese alkoholschwachen Odeurs kann man aber auch auf sog. kaltem Wege herstellen, wenn man nur genügend Zeit hat, sie lagern zu lassen. Man löst dann einfach die ätherischen Oele in dem festgesetzten Quantum Alkohol, gibt das Wasser kalt zu und überlässt die Mischung sich selbst. Gut tut man dann allerdings, wenn man gleich nach dem ersten Durchschütteln ein kleines Quantum kohlensaure Magnesia beifügt und das Ganze dann noch 2—3mal gut durchschüttelt. Dann muss man die Mischung sich wenigstens 3 Wochen selbst überlassen. Alsdann wird über Magnesia oder Asbestwatte filtriert. Den alkoholfreien Odeurs fügt man als Konservierungsmittel etwas Borsäure zu und zwar gibt man diese am besten dem Wasser zu, während man es kocht.

Die einfachsten alkoholfreien Odeurs sind die durch Destillation über Blütenblätter gewonnenen Wässer, wie wir sie aus Südfrankreich beziehen können — Rosen- und Orangenblüten-Wasser. Diese kann man für unsere Zwecke noch verschnei-

10*

den oder auch als Basis verwenden. Immerhin würden sie im allgemeinen zu teuer sein für die gedachten Exportwaren. Auch stellen wir uns z. B. den Rosengeruch für diesen Zweck viel einfacher und billiger durch Geraniumöl her. Von den synthetischen Riechstoffen lässt sich das Jasminöl sehr nett verwenden, auch Vanillin löst sich verhältnismässig leicht im Wasser, während Versuche mit Heliotropin negative Resultate ergeben haben, d. h. es löst sich nur 1 g in 1000 g Wasser und das sehr unvollständig. Ferner gibt Terpineol und Canangaöl ein ganz hübsches Fliederodeur auch in alkoholschwachem Zustande. Das schwierigste ist nur ein schnelles Blankfiltrieren, bei welchem nicht viele oder möglichst gar keine Geruchsprinzipien verloren gehen. Kohlensaure Magnesia und Kaolinerde sind beide gut verwendbar, alsdann Asbestwatte und als letztes Albumin; dies verwende man nur, wenn gar nichts anderes mehr hilft.

Griddle und Richtmann machten sich besonders dadurch verdient, dass sie die Löslichkeit der üblichen Klärmittel in Wasser bestimmten. Dies geschah, indem je 1 Liter Wasser von gewöhnlicher Temperatur durch die üblichen Klärmittel filtriert und dann zur Trockne eingedampft wurde. Man fand so, dass sich in Wasser lösen: Kieselgur zu 13%, Magnesiumcarbonat etwa 3%, Calciumphosphat etwa 6% und Talkum zu etwa 1.6% im Durchschnitt. Die gefundenen Zahlen sind je nach der Handelsware einigen Schwankungen unterworfen. Während jedoch die mit Calciumphosphat und Magnesiumcarbonat behandelten Wässer mit Silbernitrat, Ferrosulfat und Kupfersulfat Trübungen bezw. Niederschläge gaben, blieben die durch Talkum und Kieselgur geklärten Wasser blank. Ebenso verhielten sich die durch Baumwolle geklärten und die durch Dampfdestillation (aus ätherischem Oel) dargestellten aromatischen Wässer. Darnach wäre u. a. auf Grund dieser Versuche auch zu empfehlen, bei Herstellung alkoholfreier Parfümerien das zu verwendende ätherische Oel auf Watte zu träufeln, die Watte dann mit Wasser zu schütteln und schliesslich durch Watte zu filtrieren, was jedoch in der Praxis wenig vorkommen dürfte.

Man färbt dann die fertigen Odeurs mit Krokus, Smaragdgrün, Rubinrot und auch div. Anilinfarben, die man vorher entweder in Sprit oder Wasser löst. Man kann jedoch die Farbstoffe vorteilhafter Weise auch gleich nach dem Parfümieren der Flüssigkeit zugeben, damit sie sich während der Ruhezeit inniger mit derselben verbinden.

Viel Unterschied bildet das Wasser selbst in seiner verschiedenartigen Zusammensetzung in den jeweiligen Gegenden. Stark eisenhaltiges Wasser ist gar nicht zu verwenden; mit

stark kalkhaltigem Wasser hat man beim Filtrieren viel Mühe.
Am besten verwendet man sogen. weiches Wasser oder man
destilliert das Wasser erst und kocht das Destillat dann von
neuem auf. Es ist daher nötig, das zu verwendende Wasser
erst eingehend auf seinen Gehalt an Eisen, Kalk etc. zu untersuchen. Stehen Destillierapparate nicht zur Verfügung, dann
muss man sich durch ein- oder mehrfaches Abkochen zu helfen
suchen.

Eine weitere Art, alkoholschwache bezw. alkoholfreie
Odeurs herzustellen, ist die der Abkochung von riechenden
Blättern oder Wurzeln und Verwendung der daraus erzielten
parfümierten Wässer in ihrer Vermischung. Man kocht z. B.
Patchouli-Blätter, Sandelholz, Vetiver-Wurzeln, Abelmoschus-
samen (zerkleinerten), Lavendel-Blüten, auch Pomeranzen-Schalen,
Moschusreste und dergl. mehr in gut geschlossenen Gefässen
tüchtig ab. Man erhält dadurch ziemlich kräftig riechende
Wässer, die auch verhältnismässig leicht zu filtrieren sind und
ausserdem auch nicht so lange zu stehen brauchen. Diese
verschiedenen Gerüche kann man nun mit einander vermischen
und durch Zusätze von gelösten ätherischen Oelen und künstlichen Riechstoffen zu allerhand ganz netten Odeurs verstärken.

Die letzgenannte Art der Herstellung alkoholfreier und
-schwacher Odeurs ist die jetzt häufigere; sie ist wohl etwas
umständlicher, aber doch in gewissem Sinne sicherer und auch
noch billiger, als die vorher aufgeführten Arten. Auch lassen
sich hierbei noch mehr Variationen in den Gerüchen erzielen.

Aus alledem sieht man, dass die Herstellung alkoholfreier und alkoholschwacher Odeurs im allgemeinen wie besonderen eines viel komplizierteren Apparates bedarf, als die
der alkoholstarken Odeurs. Ihre Einrichtung lohnt sich auch
nur da, wo in dieser Ware tatsächlich grosse Quantitäten
immerfort gebraucht werden und der jeweilige Parfümeur in
dem Artikel routiniert ist. Andernfalls sind die Vorteile zu
gering, um die Kosten der Einrichtung in kurzer Zeit zu amortisieren.

Odeurs und Toilette-Wässer bis zu einem Alkoholgehalt
von 8 Prozent zählen noch zu den alkoholfreien Parfümerien und
der darin enthaltene Alkohol wurde nur dazu benützt, die verwendeten ätherischen Oele einigermassen aufzulösen und zu
verdünnen, sodass sie dem Wasser leichter zugänglich gemacht
waren.

Gerade wie bei den guten Odeurs muss man auch bei
den alkoholfreien Parfümerien Fixiermittel anwenden, d. h.
Ingredienzien, die das Anhaften des Geruches an den damit
befeuchteten Gegenständen vermehren, den Geruch an diesen

Gegenstand fixieren. Bei den alkoholstarken Odeurs verwendet man hierzu in der Hauptsache die wohlriechenden Harze, Moschus etc. in ihren Lösungen (Infusionen) in Alkohol. Die Verwendung von Harzen ist jedoch bei alkoholfreien Odeurs ausgeschlossen; die Harze selbst lösen sich in Wasser nicht und ihre Lösungen in Alkohol geben in Verbindung mit Wasser eine milchige Emulsion, die sich nicht wieder klären lässt. Moschus zu verwenden verbietet der zu erzielende Preis. Als Fixierungsmittel nimmt man daher ein dem Pflanzenreich entstammendes, an den Moschus erinnerndes Produkt, den Abelmoschus-Samen. Man zerstösst die Körner im Porzellanmörser und gibt sie in ein bedecktes Gefäss mit kochendem Wasser; hierin digeriert man sie ca. 1 Stunde. Auf 1 kg Körner nimmt man ca. 10 kg Wasser und erhält hieraus eine ganz kräftig riechende Lösung, bezw. Abkochung. Diese lässt man dann einige Tage stehen, wonach sie klar filtriert wird. Auf dieselbe Art muss man sich dann weitere Abkochungen darstellen, die als Grundlagen zu verwenden sind und die man alle in dem gleichen Verhältnis 1 : 10 oder auch 1 : 20 herstellen kann. Es sind dies die folgenden: Patchoulikraut, Vetiverwurzel, Sandelholz, Cedernholz, Lavendelblüten, Coriandersamen, frische Rosenblätter. Diese Abkochungen riechen fast alle sehr kräftig und sind bei der Herstellung der alkoholfreien Odeurs gut zu verwenden. Des weiteren gebrauchen wir — wie bereits eingangs bemerkt — die bei der Fabrikation der Blumenpomaden in Frankreich und Deutschland nebenher gewonnenen destillierten Blütenwässer, als da sind: Orangen-, Tuberosen-, Cassie- und Rosen-Wasser, denn diese bilden eine gute Basis für Produkte, wo der Preis ein nicht gar zu niedriger ist.

Ausgesprochene Gerüche lassen sich in ganz geringer Ware wenige herstellen, wenigstens nicht gerade die bekannten Gerüche wie Veilchen und Maiglöckchen, dagegen sehr nette Kompositionen, die alle möglichen Namen führen können. Ausgesprochene Gerüche ergeben sich für: Patchouli, Flieder, Hyacinthe, Orange, Tuberose, Rose, Heliotrop und Vanille. Hierbei stehen uns die künstlichen Riechstoffe hilfreich zur Seite und ermöglichen uns gar vieles, was ohne ihre Existenz einfach unmöglich wäre.

Beginnen wir nun mit der Herstellung einiger alkoholfreier Odeurs. Zuerst das in alkoholfreier und alkoholschwacher Ware bekannteste:

Patchouli.

1 kg Patchoulikraut, Penang,
10—15 „ Wasser

werden 1 Stunde im bedeckten Gefässe gekocht, dann absetzen

gelassen und durch ein Tuch filtriert, sodass das ausgekochte
Kraut und etwaiger Schmutz zurückbleiben. Dieser Mischung
setzt man dann noch ¹/₂ kg Abelmoschussamen-Abkochung zu
und 5—10 g Patchouliöl, gelöst in 200 g Sprit, ferner 100 g
Salicylsäure oder deren Lösung in Wasser. Hierauf lässt man
das Ganze wenn möglich nochmals aufkochen und gibt das
Gemenge in ein gut verzinntes Gefäss. In demselben fügt man
noch ca. 300—500 g Kaolinerde oder 100 g kohlensaure Magnesia zu, rührt das Ganze tüchtig durch, deckt den Behälter
gut zu und überlässt die Mischung sich selbst für die Dauer
von ca. 4 Wochen. Alsdann filtriert man über kohlensaure
Magnesia und färbt mit Smaragdgrün.

Flieder.

3000 g Abelmoschus-Wasser,
10000 „ Lavendelblüten-Wasser,
50—80 „ Terpineol in
300 „ Sprit gelöst.
Mit Fliederfarbe bläulich gefärbt;
50 g Salicylsäure.

Hyacinthe.

3000 g Abelmoschus-Wasser,
10000 „ Lavendelblüten-Wasser,
20—30 „ Hyacinthin in
200 „ Sprit gelöst.
Mit Krokus gelblich gefärbt.
50 g Salicylsäure.

Heliotrop.

Während Flieder und Hyacinthe gerade wie Patchouli
hergestellt werden, muss man bei Heliotrop etwas vorsichtiger
zu Werke gehen und hierbei einen Verlust von Heliotropin
gleich in Rechnung stellen, der jedoch dadurch vermindert
werden kann, dass man das herumschwimmende Heliotropin
abfängt, sofort in Sprit wirft und alsdann zu alkoholstarken
Odeurs billigerer Sorte weiterverwendet.

Man gibt 20 g Heliotropin in 500 g Wasser unter Beifügung von 100 g Sprit. Dies Gemenge füllt man am besten
in eine Kochflasche und erhitzt es auf einem Gasbrenner zum
Kochen. Das Heliotropin löst sich nur ganz verschwindend
wenig, gibt jedoch an das Wasser während des Kochens viel
von seinem Geruch ab. Nach gutem Durchkochen lässt man
das Gemisch einige Minuten ruhig stehen, in welcher Zeit sich

das nicht gelöste Heliotropin zu Boden schlägt. Man giesst dann die Mischung vorsichtig ab und gibt in die Flasche 100 bis 200 g guten Sprit, worin das restierende Heliotropin gelöst wird, welche Lösung dann zu anderen Waren Verwendung findet. Der erhaltenen Mischung fügt man bei:

3000 g Abelmoschus-Wasser,
10000 „ Lavendelblüten-Wasser,
2000 „ Jasmin-Wasser.

Das Jasmin-Wasser stellt man her, indem man 10 g Jasmin, künstliches, in 100 g Sprit löst und diese Lösung zu 10000 g kochendem Wasser, in welchem 10 g Salicylsäure gelöst wurden, zufügt.

Bei den erhaltenen Heliotrop- und Vanille-Odeurs stellt sich allmählich eine Färbung ein, welche bis in's Rötliche oder Braune geht, besonders wenn die Ware dem Licht ausgesetzt ist, ein Umstand, der auch bei alkoholstarken Odeurs vorkommt. Man färbe das Heliotrop-Odeur nur mit etwas Krokus leicht in's Gelbliche. Vanille-Odeur stellt man auf ganz gleiche Weise her unter Verwendung von Vanillin. Dieses löst sich leichter im Wasser (8 : 1000) und wird in diesem Verhältnis angesetzt.

Sonst weiter verlangte Gerüche kann man mit Hülfe der einzelnen Abkochungen zusammenstellen, besonders wenn es sich um Kompositions-Odeurs handelt, wie Jockey-Club, Reseda, Millefleurs, Frühlingsdüfte etc.

Je nach den für die fertige Ware gezahlten Preisen kann man seine Odeurs stärker oder schwächer machen; ersteres durch Verwendung der guten Orangen- und Rosen-Wässer, letzteres durch Hinzufügen von gewöhnlichem Wasser. Eine genaue Berechnung des Kostenpunktes tut daher vor allen Dingen gleich zu Anfang sehr not; denn gar oft könnte sich das Resultat zeigen, dass man trotz Anwendung von billigen alkoholfreien Odeurs doch nicht an den limitierten Preis herankommt. Eine Herstellung der alkoholfreien Waren rentiert sich, wie bereits bemerkt, auch nur dann, wenn man fortwährend und reichlich darin Verwendung hat.

Am rentabelsten gestaltet sich deren Verwendung bei den Toilette-Wässern, als da sind: Florida-Wasser, Cananga-Wasser, Divina-Wasser. Diese sind alle in Gläsern von grösserem Inhalt am Markte und daher ist die Preisdifferenz hierin sehr bedeutend. Allerdings spielt hierbei auch die Fracht wieder eine grosse, ja fast die grösste Rolle, so dass man diese Ware nur an den Hafenplätzen herstellen kann oder allenfalls noch an Plätzen des Inlandes, denen eine gute Wasserstrasse zur Verfügung steht.

Da wir nun gerade bei den alkoholschwachen und alkoholfreien Parfüms sind, wollen wir deren wichtigste Sorten, die

Toilette-Wässer gleich mit anführen, während die übrigen Toilette-Wässer erst später vorgeführt werden.

Die alkoholfreien Toilette-Wässer stellt man wie folgt her:

Florida-Wasser.

```
 3000 g Abelmoschus-Wasser,
20000 „ Sandelholz-Wasser,
   10 „ Bergamottöl*) in
  200 „ Sprit gelöst,
 5000 „ Pfefferminzkraut-Wasser,
  100 „ Salicylsäure.
```

Cananga-Wasser.

```
 3000 g Abelmoschus-Wasser,
20000 „ Orangen-Wasser, verschnittenes,
   25 „ Canangaöl in
  200 „ Sprit gelöst,
10000 „ leichtes Rosenwasser,
  100 „ Salicylsäure.
```

Divina-Wasser.

```
 3000 g Abelmoschus-Wasser,
20000 „ Rosen-Wasser, verschnittenes,
10000 „ Vetiver-Wasser,
 1000 „ Patchouli-Wasser,
 1000 „ Jasmin-Wasser,
  100 „ Salicylsäure.
```

Diese Toilette-Wässer bilden einen grossen Export-Artikel nach allen tropischen Ländern und müssen in ihrer Ausstattung den gangbaren Sorten angepasst werden.

Zur Herstellung all' der vorgenannten Waren gehört aber immerhin eine gewisse Routine und allgemeine Erfahrung, doch darf man sich durch anfängliche Misserfolge nicht gleich abschrekken lassen. Diese sind des öfteren auch, wie wir bereits eingangs näher ausführten, in der Zusammensetzung des jeweils verwendeten Wassers zu suchen, weshalb es sehr empfehlenswert ist, da, wo angängig, zu den Präparaten destilliertes Wasser zu verwenden.

Eau de Cologne.

(Ueber die Herstellung von alkoholschwachem Eau de Cologne sind Angaben im nächstfolgenden Abschnitt enthalten.)

Durch die terpenfreien ätherischen Oele ist für die Her-

---

*) Oder 5 g Bergamottöl, terpenfrei.

stellung alkoholschwacher Parfümerien eine grosse Erleichterung geschaffen. Diese Oele sind zwar hoch im Preise, doch bedarf man auch nur sehr wenig davon, um bereits ein schön parfümiertes Produkt zu erzielen. Der Verwendung der terpenfreien Oele muss von seiten der Parfümeure mehr Aufmerksamkeit gewidmet werden, als dies bis jetzt geschehen ist.

Eau de Cologne.

»Kölnisches Wasser« oder Eau de Cologne ist eines der ältesten und bekanntesten Parfüms, auf dessen Erfindung verschiedene Ansprüche geltend gemacht worden sind und noch heute gemacht werden. Nach Einigen soll der Italiener *Johann Maria Farina*, geb. 1685 zu Santa Maria-Maggiore, der Erfinder sein. Dieser kam dann nach Köln, um Handel mit Parfümerien zu treiben, deren Herstellung schon damals in Italien in hoher Blüte stand, und erfand daselbst um 1709 die Bereitung des Kölnischen Wassers. Das Geheimnis derselben vererbte sich auf seine Nachkommen, die den Namen »Johann Maria Farina, gegenüber dem Jülichsplatz« führten und noch heute führen.

Andere wieder behaupten, dass das Eau de Cologne überhaupt nicht in Köln erfunden sei, sondern von *Paul de Feminis* von Mailand um 1690 nach Köln gebracht und dort verkauft wurde. *Feminis* hinterliess sein Geheimnis seinem Neffen *Farina*, Johann Anton, der dann seiner Firma den Zusatz »zur Stadt Mailand« gab.

Eau de Cologne war bereits in der Mitte des 18. Jahrhunderts ein sehr beliebter und begehrter Artikel, sodass sich auch andere unternehmende Leute dessen Herstellung zuwandten. Da jedoch schon damals sehr viel auf den Namen »Farina« gesehen wurde, zog man Leute mit diesem Namen, deren es in Italien eine ganze Menge gibt, nach Köln und nahm diese für kurze Zeit in die Firma auf, um den Namen »Farina« führen zu dürfen.

Die Berechtigung zur Führung dieser weltbekannt gewordenen Firma ist von den einzelnen Familien unter sich, wie auch gegen andere in zahlreichen und sehr kostspieligen Prozessen bestritten worden, doch konnte nur wenigen die effektive Berechtigung abgesprochen werden; unter diesen Firmen befanden sich einige mit der Zeit sehr gross gewordene Häuser, die tatsächlich eine ganz vorzügliche Ware auf den Markt brachten.

Welche Farina-Firma nun heute das wirklich echte Kölnische Wasser herstellt, ist immer noch eine offene Frage, doch streiten sich hauptsächlich 3 Firmen darum: Johann Maria Farina, gegenüber dem Jülichsplatz, Johann Maria Farina,

Jülichsplatz 4 und Farina »zur Stadt Mailand«, doch haben alle drei eine ganz gleichwertig vorzügliche Ware. Den Fabrikaten der ersteren Firma wird allerdings von vielen Käufern der Vorzug gegeben und sie dürfte auch zur Zeit die bedeutendste sein.

Das Geheimnis der Zusammensetzung des Eau de Cologne ist jedoch mit der Zeit auch bekannt geworden und, wenn auch kleine Abweichungen in den einzelnen Rezepten sein werden, so ist doch im grossen und ganzen die Herstellung bekannt. Der grösste Vorzug für die Qualität liegt darin, dass nur allerfeinster Weinsprit Verwendung findet und dass das fertig zusammengesetzte Produkt ein langes Lager haben kann — wenn möglich einige Jahre — und hierbei eine fachmännische Behandlung findet, gerade wie edle Weine.

Dies kann nun allerdings nicht ein jeder Fabrikant und besonders für kleine Fabrikanten ist es fast eine Unmöglichkeit, sodass ihr Produkt schon mit dem Erscheinen wieder eingeht, da es den Vergleich mit der alten Ware in den seltensten Fällen aushalten kann.

Wer sich einmal an eine Sorte Eau de Cologne gewöhnt hat, nimmt so leicht keine andere; am schwersten wird ein Wechsel hierin dann empfunden, wenn man z. B. bei Krankheitsfällen zur Erfrischung des Kranken, zur Reinigung der Zimmerluft die gewohnte Sorte Eau de Cologne nicht zur Hand hat und eine andere zu nehmen gezwungen ist.

Der liebliche, unaufdringliche Duft des Eau de Cologne erfreut sich einer fast immer noch steigenden Beliebtheit und an einigen kleinern Höfen sind Odeurs verpönt, Eaux de Cologne jedoch »hoffähig«.

In den letzten 10 Jahren hat man eine Neuerung auf dem Gebiete der Eau de Cologne-Fabrikation gebracht, indem man Blumen-Eaux de Cologne herstellte. Diese lassen durch den einfachen Duft des Eau de Cologne noch den ausgesprochenen Duft einer Blume dringen, kommen jedoch nicht entfernt so sehr in Aufnahme, wie die alte, bewährte Ware, auch befassen sich, soweit es bekannt, die oben genannten Firmen nicht damit. Diese stellen nach wie vor nur eine einzige Sorte Eau de Cologne her und, da sie keinen Strich breit von den alten, überlieferten Vorschriften abgehen, dürften sie sich auch wohl wenig oder gar nicht der neuen Errungenschaft auf dem Gebiete der Chemie, der künstlichen Riechstoffe bedienen.

Diese sind auch hier von ganz vorzüglicher Verwendbarkeit und es kommt dabei besonders das künstliche Neroliöl in Frage. Das Neroliöl d. i. künstliches Orangenblütenöl, kommt seit dem Jahre 1895 in den Handel und hat sich als vollständiger Ersatz des echten Neroliöles erwiesen. Dass es einem so gefährlichen Rivalen des französischen Produktes nicht an Anfeindungen fehlt, ist leicht begreiflich, allein die Tatsache, dass das künstliche Neroliöl ein dem natürlichen ebenbürtiges Produkt ist, lässt sich nicht wegleugnen. Ein Beweis für seine Güte und Gediegenheit ist der deutlich merkbare Einfluss, den es auf die Preise des natürlichen Neroliöles ausübt. Bei der Verwendung des künstlichen Neroliöles ist zu berücksichtigen, dass es um etwa 10% ausgiebiger ist als das französische Naturprodukt. Wichtig ist auch, dass der Parfümeur durch das synthetische Produkt aller Preis- und Qualitätsschwankungen überhoben ist.

Alsdann lassen sich Zimmtsäure-Methylester, Bromelia, Citral, Irolène u. a. m. sehr schön bei der Herstellung von Eaux de Cologne verwenden.

In der Herstellungsweise des Eau de Cologne hat sich nichts geändert, nur die Ingredienzien sind teilweise andere geworden, bedingt durch die Herstellung der künstlichen Riechstoffe. Für Sprit ist stets feinster Weinsprit, 95%ig, zu verwenden. Das Wasser fügt man bei den einzelnen Vorschriften erst nach 3—4 Tagen zu.

Schreiten wir nun zur Herstellung von Eau de Cologne in verschiedenen Qualitäten nach verschiedenen Vorschriften, die sich aber natürlich immer wieder ähneln.

Eau de Cologne supérieure.

30000 g Weinsprit,
  100 „ Neroliöl bigarade,
    50 „ Rosmarinöl,
  150 „ Citronenöl,
    50 „ Bergamottöl,
  150 „ Pomeranzenschalenöl.

Eau de Cologne des Princes.

30000 g Weinsprit,
    30 „ Rosmarinöl,
  100 „ Mitcham-Lavendelöl,
  300 „ Bergamottöl | terpenfrei, *C. N. & C.,*
  300 „ Citronenöl |
  100 „ Neroliöl, *Sch. & C.,*
    50 „ Petitgrainöl.

Eau de Cologne, fein.

30000 g Sprit,
    30 „ Rosmarinöl, fein,
  130 „ Lavendelöl, fein,

50 g Rosengeraniumöl,
570 „ Bergamottöl,
100 „ Citronenöl,
30 „ Citral,
130 „ Neroliöl, künstlich, *D. & K.,*
225 „ Petitgrainöl,
2 „ Isoeugenol, *H. & R.,*
2 „ Zimmtöl ff.,
3000 „ destilliertes Wasser.

Eau de Cologne royale.

23000 g Sprit,
350 „ Citronenöl,
300 „ Bergamottöl,
20 „ Lavendelöl ff.,
12 „ Pfefferminzöl,
12 „ Essigäther,
5 „ Neroliöl, künstlich,
5 „ Thymianöl, weiss,
5 „ Rosmarinöl,
3 „ Rosenöl, künstlich,
200 „ Rosenwasser,
2000 „ Orangenblütenwasser.

Eau de Cologne I.

30000 g Weinsprit,
60 „ Petitgrainöl,
25 „ Neroliöl, künstlich,
20 „ Lavendelöl,
50 „ Rosmarinöl,
120 „ Bergamottöl,
120 „ Citronenöl,
20 „ Geraniumöl,
10 „ Bromelia, *L. & C.*

Eau de Cologne II.

30000 g Weinsprit,
300 „ Bergamottöl,
300 „ Citronenöl,
20 „ Lavendelöl,
100 „ Petitgrainöl,
50 „ Thymianöl, weiss,
25 „ Neroliöl, künstlich,
15 „ Zimmtsäure-Aethylester.

Eau de Cologne III.

30000 g Weinsprit,
  150 „ Mitcham-Lavendelöl,
  120 „ Neroli, *Sch. & C.*,
   20 „ Orangenblütenöl,
   50 „ Geraniumöl,
   30 „ Citral,
  150 „ Bergamottöl,
   50 „ Citronenöl.

Eau de Cologne double.

5000 g Weinsprit,
  40 „ Petitgrainöl,
  35 „ Neroliöl, künstlich,
  30 „ Bergamottöl,
  30 „ Portugalöl,
  30 „ Rosmarinöl,
  30 „ Lavendelöl,
  60 „ Rosenwasser,
 160 „ Orangenblütenwasser,
  10 „ Citral.

Eau de Cologne.

I.

5000 g Sprit,
 220 „ Bergamottöl,
  75 „ Citronenöl,
  20 „ Neroliöl, künstlich,
   5 „ Rosmarinöl,
   5 „ Lavendelöl, französisch.

Die Oele werden in Sprit gut gelöst, einige Tage unter öfterem Durchschütteln stehen gelassen, sodann noch zirka 10 g Essigsäure hinzugesetzt und nach einiger Zeit filtriert.

II.

5000 g Sprit,
  35 „ Lavendelöl, französisch,
  30 „ Citronenöl,
  30 „ Portugalöl,
  15 „ Neroliöl, künstlich,
  15 „ Bergamottöl,
   4 „ Petitgrainöl,
   4 „ Rosmarinöl,
 700 „ Orangenblütenwasser,
  10 „ Bromelia.

III.

5000 g Sprit,
  70 „ Neroliöl, künstlich,
  35 „ Rosmarinöl,
  35 „ Bergamottöl,
  20 „ Orangenöl,
   4 „ Citral.

IV.

5000 g Sprit,
 125 „ Bergamottöl,
  30 „ Portugalöl,
  30 „ Citronenöl,
   5 „ Zimmtsäure-Aethylester,
   3 „ Citral,
  15 „ Lavendelöl ff.,
  25 „ Neroliöl, künstlich,
  20 „ Rosmarinöl,
   1 „ Thymianöl,
 250 „ Orangenblütenwasser.

V.

5000 g Sprit,
  40 „ Citronenöl,
  40 „ Pomeranzenöl,
  10 „ Geraniol,
  15 „ Bergamottöl,
   7 „ Petitgrainöl,
   7 „ Rosmarinöl.

VI.

5000 g Sprit,
 100 „ Bergamottöl,
  15 „ Melissenöl,
  15 „ Citronenöl,
   8 „ Mandarinenöl,
   8 „ Lavendelöl.

VII.

15000 „ Sprit,
  10 „ deutsches Melissenöl,
  10 „ Rosmarinöl, ff. franz.,
  15 „ Lavendelöl, ff. franz.,
  20 „ Petitgrainöl, ff. bigarade,

```
  20 g Portugalöl,
  50 „ Citronenöl,
  80 „ Bergamottöl,
  10 „ Bromelia,
  50 „ Irolène extra,
1300 „ destilliertes Wasser.
```

Blumen-Eau de Cologne.

Hierzu setzt man sich gewöhnlich ein leichtes Eau de
Cologne zusammen, etwa wie folgt:

```
30000 g Weinsprit,
  400 „ Bergamottöl,
  200 „ Citronenöl,
  100 „ Neroli, künstlich, *Sch. & C.*,
   50 „ Lavendelöl,
   20 „ Petitgrainöl,
   50 „ Thymianöl, weiss,
   20 „ Citral,
   20 „ Bromelia, *C. N. & C.*,
 3000 „ Orangenblüten-Wasser.
```

Indem man vorstehende Komposition zur Grundlage nimmt,
stellt man die verschiedenen Gerüche wie folgt her:

Rosen-Eau de Cologne.

```
10000 g Eau de Cologne,
  100 „ Rosenholzöl,
  100 „ Rosengeraniol,
   20 „ Rosenöl, künstlich, *H. & C.*
```

Flieder-Eau de Cologne.

```
10000 g Eau de Cologne,
  250 „ Terpineol,
   80 „ Jasmin, künstlich, *Sch. & C.*
```

Maiglöckchen-Eau de Cologne.

```
10000 g Eau de Cologne,
  200 „ Linalool,
   80 „ Jasmin, künstlich, *C. N. & C.*,
 5—10 „ Maiglöckchenblütenöl.
```

Reseda-Eau de Cologne.

```
10000 g Eau de Cologne,
  100 „ Resedageraniol, *Sch. & C.*,
   20 „ Resedaöl, künstlich, *H. & C.*
```

Hyacinthen-Eau de Cologne.

10000 g Eau de Cologne,
  80 „ Jacinthea, *C. N. & C.*,
  10 „ Linalol rosé, *L. & C.*,
  10 „ Geraniumöl.

Eau de Cologne au Vinaigre.

(Besonders für südliche Klimate und zum Export bestimmt.)

10000 g Eau de Cologne,
  300 „ Essigsäure, 30%ig,
  200 „ Essigäther,
1000 „ Wasser.

Eis-Eau de Cologne (Kopfschmerz-Eau de Cologne).

Für Kompressen etc.

10000 g Eau de Cologne.
ca. 200 „ Menthol.

Die Zugabe von Menthol richtet sich nach der gewünschten Stärke.

Campher-Eau de Cologne.

10000 g Eau de Cologne III,
  240 „ Campher.

Eau de Cologne simple.

(Ca. 50% stark.)

10000 g Sprit, 90%ig,
  60 „ Bergamottöl,
  100 „ Citronenöl,
  20 „ Citral,
  10 „ Rosmarinöl,
  25 „ Lavendelöl,
10000 „ Wasser.

Muss einige Zeit sich selbst überlassen und dann über Kaolinerde, event. unter Zusatz von Eiweiss, filtriert werden.

Es sei nochmals bemerkt, dass alle die vorstehenden Eaux de Cologne aus reinem Weinsprit hergestellt und dann einer Ruhe von mindestens 4 Wochen überlassen werden müssen.

Selbstverständlicher Weise kann man sich zur Herstellung von Blumen-Eaux de Cologne auch einer andern Grundlage bedienen oder sich eine Vorschrift speziell für die einzelnen Gerüche ausarbeiten, z. B. wie folgt:

Flieder-Eau de Cologne.

```
5000 g Weinsprit,
  50 „ Bergamottöl,
  10 „ Citronenöl,
 100 „ Terpineol, F. F. & C.,
   5 „ Mandarinenöl,
   4 „ Rosmarinöl,
  50 „ Infusion Benzoë,
1000 „ Orangenblütenwasser.
```

Doch ist das erstgenannte Verfahren einfacher und bequemer.

Bade-Eau de Cologne.

(Mit Salzzusatz).

```
   10000 g Sprit,
       5 „ Irolène,
      60 „ Bergamottöl,
      20 „ Citral,
      80 „ Citronenöl,
      10 „ Rosmarinöl,
      10 „ Lavendelöl,
    5000 „ Wasser, darin gelöst
800—1000 „ Kochsalz.
```

Dieses Eau de Cologne wird zur Kräftigung der Nerven bei Bädern verwendet.

Eau de Cologne ist ein grosser Artikel für den Export. Leider sind die hierzu verlangten Qualitäten oft sehr geringe, und es steht ganz besonders unter dem Zeichen der geringen Ware, die allerdings für die jeweiligen Gegenden völlig genügen soll. Dazu kommt wieder der hohe Eingangszoll auf alkoholhaltige Produkte in den meisten überseeischen Ländern. Dass man dabei auf die bekannte Streitfrage des echten Kölnischen Wassers nicht einzugehen braucht, versteht sich wohl von selbst, denn dieses ist vom Guten das Beste, während es sich hier vor allen Dingen um »dünnere« Erzeugnisse zu handeln hat.

Man muss sich daher den Namen »Kölnisches Wasser« im vollsten Sinne der naturgetreuen Auslegung zu nutze machen und mit dem »Wasser« beginnen, denn dieses ist ja wohl im flachen Lande überall so ziemlich das Billigste.

Eau de Cologne, leichte Ware.

```
50000 g Wasser,
30000 „ Sprit,
```

80 g Bergamottöl, }
100 „ Citronenöl, } terpenfrei,
20 „ Thymianöl, weiss,
20 „ Rosmarinöl,
10 „ Lavendelöl,
20 „ Zimmtsäure-Aethylester.

Man wiegt zuerst den Sprit ab und löst in diesem die Riechstoffe; dann setzt man allmählich das Wasser zu, wobei man am besten destilliertes Wasser nimmt. Die Mischung wird nach und nach — je mehr Wasser hinzukommt — opal und schliesslich ganz milchig. Man setzt dann ca. 500 g kohlensaure Magnesia zu und lässt das ganze Gemenge, nachdem es ordentlich durchgeschüttelt und der Verschluss — um den gebildeten Gasen ein Entweichen zu gestatten — kurze Zeit geöffnet war, wenigstens 4 Wochen stehen. Dann wird es filtriert, wobei man in die Filter etwas Magnesia oder auch Talkum hineingibt; es muss 2—3 mal filtriert werden, bis die Ware blank wird und verkaufsfähig ist.

Etwas besser kann man die Qualität noch machen, indem man noch 20 kg Sprit und 10 g Citral zusetzt.

Eine weit bessere Ware erhält man nach folgender Vorschrift.

Eau de Cologne II.

23000 g Sprit,
50 „ Bergamottöl, }
50 „ Citronenöl, } terpenfrei,
10 „ Citral,
15 „ Thymianöl, rot.
25 „ Rosmarinöl ff.,
50 „ Lavendelöl ff.,
25 „ Zimmtsäure-Aethylester,
27000 „ destilliertes Wasser.

Immerhin ist dies noch eine billige Ware, die sich für den Export gut eignet. Ebenso kann man die bekannten kleinen 10- und 20-Pfennig-Gläschen vorteilhaft damit füllen, wie auch die langen grünen Flaschen, sog. Rosolen.

Um diesem Eau de Cologne einen ausgesprochenen Blumengeruch zu geben, lasse man Thymian-, Lavendel- und Rosmarinöl weg und verwende an deren Stelle Terpineol für Flieder, Hyacinthin für Hyacinthen-Eau de Cologne etc. Auch lässt sich hieraus durch Mitverwendung von Fichtennadelöl ein sehr gutes Zimmerparfüm (Ozon-Zimmerparfüm) herstellen, welches im Zimmer versprengt oder auf den Ofen zum Verdunsten geschüttet wird und dann die Zimmerluft ausgezeichnet reinigt und erfrischend auf die Nerven wirkt.

Wie gesagt ist es sehr vorteilhaft, wenn man diese geringen Sorten Eau de Cologne längere Zeit lagern lassen kann; auch ist es gut sie in grösseren Quantitäten anzusetzen, etwa ein Fass von 500 kg, und dieses, wenn es angeht, mindestens 5—8 Wochen im Keller liegen zu lassen.

Werden nun noch geringere Sorten verlangt, so muss man zu den ganz alkoholschwachen Artikeln greifen; oft jedoch rentiert sich deren Herstellung kaum, und man soll besonders erst einmal eine genaueste Kalkulation machen und dabei namentlich die Fracht — falls solche in Frage kommt — nicht vergessen.

Möglichst alkoholschwaches Eau de Cologne herzustellen ist auch nicht so einfach. Die ätherischen Oele bilden bei ihrem Zusammentreten mit grossen Quantitäten Wasser milchige Emulsionen und scheiden sich aus. Die Verwendung der terpenfreien Oele ist daher sehr zu empfehlen. Man löst sie erst in hochgrädigem Sprit und gibt sie dem Wasser zu, oder man verreibt sie tüchtig mit kohlensaurer Magnesia und gibt sie dann zu dem Wasser. Nun muss dies Gemisch wenigstens 4 Wochen sich selbst überlassen werden. Auch das Filtrieren ist sehr langwierig, und es verflüchtigt sich hierbei immer ein gewisser Prozentsatz der Riechstoffe. Das Filtrieren geschieht zweckmässig über Magnesia oder Kaolinerde. Wird das Gemisch nicht klar, dann setzt man etwas Albumin zu; eventuell kann man auch die Filzfilter in Anwendung bringen mit Einlagen von Asbestwatte.

Sehr praktisch ist es das Wasser zu kochen, die gelösten Riechstoffe hineinzugiessen und den Kochapparat fest zu verschliessen. Es hat dann ein nochmaliges Aufkochen zu erfolgen und dann lässt man das Produkt erkalten. Das durch die Hitze ausgedehnte Wasser zieht sich hierbei auf sein natürliches Volumen zusammen und schliesst dabei die Riechstoffe zum Teil in sich ein. Auch diese Ware lässt man dann einige Zeit lagern, bevor man filtriert. Man muss beachten, dass man nicht zu viel Riechstoffe verwendet, da 10 Liter Sprit von $92^0/_0$ und 30 Liter Wasser nur ein Quantum von ca. 8—9 cm^3 Riechstoffen aufnehmen, den überschüssigen Mehrgehalt jedoch ausscheiden. Die Herstellung auf heissem Wege zeigt jedoch in den meisten Fällen, dass ein grösseres Quantum, bis zu 12 cm^3, aufgenommen wird.

Vor einigen Jahren hat die englische Firma *Stephan Smith & Co.*, einen Preis für die beste Vorschrift zu Kölnischem Wasser ausgesetzt und auf diesem Wege eine wirklich vorzügliche Vorschrift erlangt, die sie veröffentlichte. Dieselbe lautet wie folgt:

       800 g Bergamottöl,
       400 „ Citronenöl,
        80 „ Neroliöl,
        20 „ Origanumöl,
      3000 „ Orangenblütenwasser,
     30200 „ Weinsprit

und ergibt eine vorzügliche Ware, die auch hohen Ansprüchen genügt.

Toilette-Wässer.

Für diesen Artikel ist jetzt eine grössere Nachfrage als dies in früheren Jahren der Fall war. Oftmals lässt man sich genügen, das Wasch- oder Badewasser zu parfümieren, indem man ein Toilette-Wasser gebraucht, und entbehrt dann gerne der Odeurs. Ein Toilette-Wasser soll daher gerade so gut einen ausgesprochenen Geruchs-Charakter besitzen wie die Odeurs. Dies zu erreichen bietet wenig Schwierigkeit, besonders wenn wir uns auch dazu der künstlichen Riechstoffe bedienen.

Auch bei den Toilette-Wässern steht Veilchen-Toilette-Wasser oben an.

Veilchen-Toilette-Wasser.

       400 g Solution Iris,
       125 „ Tinktur Vanillin,
        50 „ Jonon,
        50 „ Infusion Moschus,
      2350 „   „   Iris,
     14000 „ Sprit ff.,
      4000 „ Orangenblütenwasser,
      4000 „ destilliertes Wasser.

Eau de Toilette-Violette San Remo.

      6000 g Weinsprit,
       500 „ Tinktur Veilchen I,
       150 „   „   Vanillin,
        10 „ Geraniumöl,
        85 „ Irisöl, liquid,
         5 „ Ylang-Ylangöl, künstlich,
       100 „ Tinktur Moschus,
      2000 „ Wasser;

etwas grün färben.

Heliotrop-Toilette-Wasser.

5000 g Tinktur Heliotropin,
  10 „ künstliches Jasminöl, *S. & C.*,
  20 „ Vanillone,
2000 „ Wasser.

Rosen-Toilette-Wasser.

5000 g Tinktur Rose II,
  15 „ Phenylaethylalkohol, *H. & R.*,
2000 „ Wasser.

Jasmin-Toilette-Wasser.

1500 g Tinktur Jasmin I,
1000 „   „   Heliotropin,
 800 „   „   Moschus,
  10 „ Aubépine,
  20 „ Terpineol,
  10 „ Linalylacetat, *C. N. & C.*,
4000 „ Sprit,
2500 „ Wasser.

Ixora-Toilette-Wasser.

5000 g Tinktur Cassie III,
2000 „ Sprit,
  10 „ Vanillone,
  15 „ Geranylacetat,
   3 „ Eugenol,
   5 „ Turanol,
3000 „ Wasser.

Flieder-Toilette-Wasser.

5000 g Sprit,
  25 „ Heliotropol, *C. N. & C.*,
  30 „ Terpineol,
  20 „ Geranylformiat, *H. & R.*,
   5 „ Isoeugenol, *H. & R.*,
  10 „ Bergamottöl,
2000 „ Wasser.

Eau de Toilette Lilas de France.

5000 g Infusion Jasmin III,
5000 „   „   Rose III,
 100 „ Syringa, *F. F. & C.*,

5 g Vanillin,
20 ,, Canangaöl,
50 ,, Infusion Moschus,
3000 ,, Wasser.

Maiglöckchen - Toilette - Wasser.

5000 g Sprit,
1000 ,, Tinktur Jasmin,
30 ,, Muguet,
5 ,, Vanillone,
10 ,, Linalool,
5 ,, Geraniol,
2000 ,, Wasser.

Es empfiehlt sich, bei den vorstehenden Vorschriften ein kleines Quantum Borax — etwa 50 g — in dem zu verwendenden Wasser zu lösen, da Borax bekanntlich eine gute Wirkung auf die Haut ausübt.

Da Toilette-Wässer in den heissen Klimaten ganz besonders viel angewendet werden, ist auch ihr Export dahin ein sehr bedeutender.

Zu den Toilettewässern, welche in grösserem Massstabe exportiert werden, gehören vor allem Florida-Wasser, Cananga-Wasser und Divina-Wasser, Vinaigre oder Toiletten-Essig, Eau de Cologne oder Kölnisches Wasser, Lavender Water, Eau de Portugal und ein speziell italienisches Produkt, Aqua di Felsina.

Die meisten der Export-Toilettewässer sind englischen und amerikanischen Ursprungs, was jedoch keineswegs hindert, dass sie auch in Deutschland hergestellt werden, und das in grossem Massstabe.

Florida Wasser bildet einen grossen Ausfuhrartikel Deutschlands besonders nach süd- und zentralamerikanischen Ländern, sowie nach China und Japan. Letzteres stellt den Artikel jetzt meistens selbst her, wo es sich nicht gerade um Markenware handelt, von welchen sich die amerikanischen Marken am besten gehalten haben, da der amerikanische Fabrikant nur eine Qualität, eine vorzügliche Ware, herstellt. Und bei diesem Punkte kommen wir zu einem grossen Fehler unserer deutschen Fabriken und auch der deutschen Exporthäuser. Infolge der fortwährenden Preisdrückereien, des Hinaussendens von Ware, deren Etiketten nicht die volle Firma des Fabrikanten tragen, ist der Artikel Florida-Wasser heute so herunter gebracht, dass er fast ausschliesslich nur noch an den Hafenplätzen hergestellt werden kann, da er die Fracht aus dem Binnenland nur in den seltensten Fällen noch verträgt. Die $^1/_1$, $^1/_2$, $^1/_4$ und $^1/_8$ Flaschen sind alle von der gleichen Façon und daher weltbekannt, und ebenso war es ihr guter Inhalt. Bei der immer schlechter werdenden Qualität hat sich der Konsum jedoch auch ganz bedeutend verringert, denn wenn dem Eingeborenen früher $^1/_4$ Flasche genügte, sein Bad erfrischend zu parfümieren, musste er bald zu dem gleichen Zwecke $^1/_2$ Flasche, später gar $^1/_1$ Flasche verwenden. Damit verlor er das Vertrauen zu dem Artikel. Es sprechen hierbei auch allerdings die veränderten Zollverhältnisse der einzelnen überseeischen Länder mit, wo die Leute gewöhnlich trotz höheren Eingangszolles keine höheren Preise zahlen wollen und der Exporteur resp. der Fabrikant den Zoll aufbringen soll. Ueberhaupt stehen wir uns bei diesen »ausgefuchsten« Artikeln heute sehr schlecht, da die Rohmaterialien und Arbeitslöhne bei uns so sehr in die Höhe getrieben sind.

Da nun schon seit geraumer Zeit Extraits ohne Spritgehalt hergestellt werden, will man, resp. hat man auch Toilette-Wässer ohne Sprit hergestellt, doch sind die mit deren Verkauf gemachten Erfahrungen nicht gerade die besten.

Und so wie es mit Florida-Wasser gegangen ist, so geht es mit allen Export-Toilettewässern. Um die Preise halten zu können, zum Teil auch um der eigenen Fabrikation jener überseeischen Länder noch immer Konkurrenz bieten zu können, ist man zu der Herstellung geringerer Qualitäten geschritten.

Es folgen nun einige Vorschriften der oben angeführten Export-Toilettewässer in verschiedenen Qualitäten:

Florida-Wasser.

28000	g	Sprit,
600	„	Lavendelöl,
80	„	Bergamottöl,
80	„	Citronenöl,
50	„	Nelkenöl,
20	„	süsses Pomeranzenöl,
5000	„	destilliertes Wasser.

Florida-Wasser ohne Sprit.

30000	g	destilliertes Wasser,
300	„	Lavendelöl,
30	„	Bergamottöl,
30	„	Citronenöl,
30	„	Cassiaöl.

Die ätherischen Oele werden in ca. 1 kg Sprit gelöst und dann zu dem Wasser hinzugegeben; dem Gemisch werden dann ca. 100 g Borsäure zugesetzt, und man tut am besten, das

Ganze in einem geschlossenen Kessel bis zum Sieden zu erhitzen. Oder man gibt in das mit der Borsäure gekochte und noch kochende Wasser die gelösten Riechstoffe hinein. Beim Filtrieren muss grösste Vorsicht walten und dasselbe findet über kohlensaurer Magnesia statt. (Vgl. hierzu auch das Kapitel: »Alkoholschwache und alkoholfreie Parfümerien« auf Seite 148).

Florida-Wasser.

3500 g Sprit,
1000 „ Rosenwasser,
  40 „ Linalool,
  50 „ Lavendelöl,
  20 „ Eugenol,
  14 „ Lemongrasöl.

Florida-Wasser.

2000 g Sprit,
  16 „ Bergamottöl,
  10 „ Citronenöl,
   5 „ Pomeranzenschalenöl,
  12 „ Lavendelöl,
   1 „ Nelkenöl,
   1 „ Cassiaöl,
   1 „ Neroliöl, künstlich.

Dann setzt man 500 g Rosenwasser zu und schüttelt tüchtig durcheinander. Sollte sich die Mischung trüben, so setzt man derselben 25 g gebrannte Magnesia zu, lässt unter mehrmaligem Umschütteln 24 Stunden stehen und filtriert dann durch ein Papierfilter.

Florida Water.

(Für Japan).

3000 g Sprit,
  40 „ Lavendelöl,
  20 „ Rosmarinöl,
   5 „ Citral,
   5 „ Isoeugenol,
   5 „ Cassiaöl,
  15 „ Poleyoel,
 150 „ Infusion Iris,
  20 „ Infusion Storax,
   5 „ Vanillone,
1500 „ Wasser.

Cananga - Wasser.

30000 g Sprit,
  100 ,, Canangaöl,
2000 ,, Infusion Iris,
5—10 ,, Bittermandelöl, künstlich,
  200 ,, Bergamottöl,
5000 ,, destilliertes Wasser.

Cananga - Wasser ohne Sprit.

30000 g destilliertes Wasser,
50—100 ,, Canangaöl,
    5 ,, Bittermandelöl,
  100 ,, Bergamottöl,
  30 ,, Citronenöl.

Verfahren der Herstellung wie bei Florida Water (S. 168) beschrieben.

Superior Cananga Water.

30000 g Sprit,
 1500 ,, Infusion Iris I,
 150 ,, Solution Bittermandelöl, künstlich,
 400 ,, Tinktur Moschus,
 200 ,, Bergamottöl,
  10 ,, Citral,
 100 ,, Citronenöl,
1000 ,, Canangaöl,
  20 ,, Ylang-Ylangöl, künstlich,
15000 ,, Wasser.

Divina - Wasser.

30000 g Sprit,
1000 ,, Infusion Iris,
 200 ,, Geraniumöl,
 100 ,, Bergamottöl,
 100 ,, Citronenöl,
  10 ,, Neroliöl, künstlich,
  50 ,, Geraniol.
15000 ,, destilliertes Wasser,

Aqua di Felsina.

10000 g Sprit,
 150 ,, Bergamottöl,
 100 ,, Geraniumöl,

5 g Orgéol,
250 „ Infusion Benzoë I,
2000 „ „ Jasmin,
1000 „ „ Tuberose I,
10 „ Vanillin,
100 „ Infusion Moschus,
10 „ Rosenöl, künstlich, *S. & C.*

Eau de Portugal I.

30000 g Sprit,
1000 „ süsses Pomeranzenöl,
200 „ bitteres Pomeranzenöl,
100 „ Citronenöl,
100 „ Bergamottöl,
200 „ Benzoë-Tinktur,
9000 „ destilliertes Wasser.

Eau de Portugal II.

5000 g Sprit,
400 „ Portugalöl,
100 „ Citronenöl,
60 „ Bergamottöl,
20 „ Geraniumöl, afrikanisch,
10 „ Citral,
1000 „ Wasser.

Eau de Rondelitia.

3500 g Sprit,
60 „ Lavendelöl,
36 „ Bergamottöl,
30 „ Nelkenöl,
10 „ Rosenöl, künstlich,
120 „ Vanillin-Tinktur,
120 „ Tinktur Ambrettol, *T. M.*,
120 „ Moschus-Infusion,
10 „ Santalol,
2 „ Aubépine,
800 „ Wasser.

Eau de Millefleurs.

3000 g Sprit,
60 „ Perubalsamöl (Cinnameïn),
120 „ Bergamottöl,
40 „ Isoeugenol,

15 g Neroliöl, künstlich,
15 „ Thymianöl,
2000 „ Orangenblütenwasser,
60 „ Moschus-Tinktur,
60 „ Zibeth-Tinktur.

Eau d'Espagne.

5000 g Sprit,
80 „ Bergamottöl,
25 „ Neroliöl, künstlich,
30 „ Citronenöl,
6 „ Rosmarinöl,
150 „ Orangenblütenwasser,
10 „ Benzylalkohol,
5 „ Citronellal,
900 „ Wasser.

Eau de Verveine.

5000 g Sprit,
200 „ Verbenaöl,
80 „ Bergamottöl,
10 „ Citral, *C. N. & C.,*
25 „ Geraniol, *S. & C.,*
100 „ Infusion Moschus,
100 „ „ Tolu,
20 „ Dianthin, *C. N. & C.*
50 „ Tinktur Zibeth,
1000 „ Rosenwasser.

Eau des Bajadères.

3000 g Sprit,
100 „ Tinktur Moschus,
3 „ Thymianöl,
1000 „ Tinktur Cassie,
4 „ Rosmarinöl,
3 „ Isoeugenol, *H. & R.,*
10 „ Bouvardia, *L. & C.,*
3 „ Citral, *T. M.,*
10 „ Lavendelöl,
50 „ Bergamottöl,
20 „ Geraniol, *Sch. & C.,*
1800 „ Orangenblütenwasser.

Ein sehr verbreitetes und stark exportiertes Toilette-Wasser ist das Lavendel-Wasser (Lavender Water). In mannigfachen Qualitäten wird es fortwährend verlangt, und wir geben deshalb eine Reihe von verschiedenen Vorschriften.

Lavendel-Wasser.

3000 g Sprit,
 130 „ Lavendelöl, Mitcham,
 200 „ Rosenwasser.

Eau de Lavande double ambrée.

5000 g Sprit,
  85 „ Lavendelöl,
  10 „ Citronenöl,
   5 „ Geraniumöl, afrikanisches,
  32 „ Perubalsamöl,
  50 „ Moschus-Tinktur,
  25 „ Zibeth-Tinktur,
 150 „ Storax-Tinktur,
  10 „ Vanillone.

Eau de Lavande royale.

7000 g Sprit,
 600 „ Infusion Iris,
 150 „ Tinktur Moschus,
 200 „ Infusion Tolu,
 200 „   „   Storax,
 200 „   „   Benzoë,
  30 „ Perubalsamöl,
 100 „ Infusion Ambrette,
  15 „ Isoeugenol,
   5 „ Cassiaöl,
  60 „ Bergamottöl,
  65 „ Citronenöl,
 100 „ Lavendelöl, fein,
   4 „ Kümmelöl,
   3 „ Anethol,
   5 „ Neroliöl, künstlich,
   5 „ Geranylacetat,
1500 „ Wasser.

Lavender Water.

30000 g Sprit,
 1000 „ Lavendelöl ff.,

100 g Thymianöl,
100 „ Moschus-Tinktur,
5 „ Turanol,
5000 „ destilliertes Wasser.

Agua de la Hermosura.

(Für Zentral- und Süd-Amerika).

7500 g Wasser,
100 „ Bergamottöl,
20 „ Rosenöl, künstlich, *H. & C.*,
5 „ Citral,
40 „ Citronenöl,
30 „ Geraniol,
5 „ Neroliöl, künstlich, *D. & K.*,
10 „ Vanillin,
100 „ Infusion Benzoë,
2000 „ Rosenwasser.

Eau de Mimosa.

4000 g Infusion Rose III,
2000 „ „ Cassie III,
80 „ Mimosa, *C. N. & C*,
3 „ Vanillin,
10 „ Bergamottöl,
2 „ Geraniumöl,
1 „ Patchouliöl,
10 „ Infusion Moschus,
100 „ „ Benzoë,
1000 „ Rosenwasser,
35 „ Borax.

Zu den Toilette-Wässern im weiteren Sinne kann man auch den Toiletten-Essig rechnen, allein er wird unter die Kosmetika gerade so oft gezählt und mit dem gleichen Rechte. Er ist also im vorliegenden Buche unter dieser letzteren Abteilung zu finden.

Riechkissen-Pulver.

(Sachet-Pulver.)

Zur Herstellung der Riechkissen- oder Sachet-Pulver kann man fast alle festen und aromatischen Substanzen verwenden. Man wähle jedoch in der Hauptsache nur solche aus, deren Geruch sich beim Lagern nicht sehr verändert, damit später

nicht der muffige, unangenehme Geruch entsteht, unter welchem
auch die beigemengten Parfüms sehr leiden. Rosenblätter,
Rosenholz, Lavendelblüten, Sandel- und Cedernholz, Iriswurzel,
Vetiverwurzel, Tonkabohnen etc., alles auf das feinste gepulvert,
finden beste Verwendung; alsdann auch die aromatischen Harze
als Benzoë, Tolu und Storax, ebenso Nelken, Zimmt und andere
Gewürze mehr. Zur weiteren Verstärkung der einzelnen Gerüche
der Sachet-Pulver dient uns eine Reihe künstlicher Riechstoffe
in Krystall- oder Pulverform, deren Beigabe eine sehr einfache
ist. Heliotropin, Vanillin, Cumarin, Aubépine amorphe, Vanillone und wie sie alle heissen, lassen sich sehr gut verwenden,
wie auch die ätherischen Oele, mit denen man den Duft des
Pulvers verstärkt, doch darf man nicht zuviel davon zugeben,
da sonst leicht ölige Flecken an den Verpackungen erscheinen.

Heliotrop.

1000 g	Tonkabohnenpulver,
300 „	Benzoë, pulv.,
1000 „	Irispulver,
1000 „	Rosenblätter, pulv.,
30 „	Vanillin,
10 „	Geraniumöl,
80—100 „	Heliotropin,
50 „	Moschusreste.

Rose.

1000 g	Irispulver,
1000 „	Rosenblätter, pulv.,
1000 „	Rosenholz, pulv.,
300 „	Benzoë, pulv.,
50 „	Geraniumöl,
30 „	Rosenöl, künstlich.

Veilchen.

2500 g	Irispulver,
500 „	Sandelholz, pulv.,
10 „	Ylang-Ylangöl, künstlich,
150 „	Benzoë, pulv.,
50 „	Moschusreste,
20—30 „	Jonon,
10 „	Irisöl, konkret.

Maiglöckchen.

3000 g	Irispulver,
500 „	Sandelholz, pulv.,

300 g Benzoë, pulv.,
 80 „ Moschusreste,
100 „ Muguet,
  5 „ Ylang-Ylangöl, künstlich,
 20 „ Linaloëöl.

Chypre.

1000 g Sandelholz, pulv.,
1000 „ Rosenblätter, pulv.,
1000 „ Cedernholz, pulv.,
 300 „ Lavendelblüten, pulv.,
   3 „ künstlicher Moschus,
  30 „ Rosenholzöl,
   5 „ Neroliöl, künstlich,
   3 „ Turanol.

Flieder.

3000 g Irispulver,
 200 „ Benzoë, pulv.,
  80 „ Terpineol,
 100 „ Moschusreste,
   5 „ Jasminöl, künstlich.

Peau d'Espagne.

2000 g Irispulver,
1000 „ Sandelholz, pulv.,
1000 „ Cedernholz, pulv.,
 300 „ Benzoë, pulv.,
  30 „ Neroliöl, künstlich,
1000 „ Lavendelblüten, pulv.,
 100 „ Moschusreste,
  50 „ Zibethreste,
  80 „ Bergamottöl,
  10 „ Verbenaöl,
  20 „ Jasminöl, künstlich.

Mimosa.

1000 g Rosenblätter, pulv.,
1000 „ Cassieblüten, pulv.,
  20 „ Mimosaöl, *C. N. & C.*,
   5 „ Bergamottöl,
 0.5 „ Patchouliöl,
   1 „ Rosenöl, künstlich, *H. & C.*,
   2 „ Cheiranthia, *C. N. & C.*,
  50 „ Infusion Benzoë.

Trèfle.

3000 g Sandelholz, pulv.,
1000 „ Lavendelblüten, pulv.,
1000 „ Rosenblätter, pulv.,
  20 „ Jasminöl, *H. & C.*,
   1 „ künstlicher Moschus,
 100 „ Benzoë-Tinktur,
   5 „ Ylang-Ylangöl, künstlich, *Sch. & C.*,
  80 „ Orchidée, *C. N. & C.*

Will man nun ganz billige Sachets herstellen und benötigt dazu ein Pulver, welches ebenfalls sehr billig einsteht, dann vermischt man obige Grundkompositionen mit Kartoffelmehl. Auch kann man statt der Wurzelpulver einfach feinstes Sägemehl einer beliebigen Holzart nehmen, doch muss man darauf achten, dass von Tannenholzsägemehl nicht zu harzreiches verwendet wird, da der scharfe Geruch des Tannenharzes sehr leicht das Parfüm übertönt, wenn auch nicht sofort, so doch sehr bald.

Poudre Sachet aux Violettes des Bois.

350 g pulv. Rosenblätter,
100 „   „   Benzoë, Sumatra,
550 „   „   Iriswurzel,
 30 „ Infusion Moschus,
  2 „ Irisöl,
  3 „ Jonon,
  5 „ Bergamottöl.

Poudre Sachet à la Rose Maréchal Niel.

1000 g pulv. Rosenblätter,
3000 „ Irispulver,
  10 „ künstliches Rosenöl,
  50 „ Moschusreste,
   1 „ künstlicher Moschus,
   5 „ Vanillin,
   1 „ Cumarin,
 100 „ Infusion Tolubalsam,
   5 „ Neroliöl,
  20 „ Geraniumöl.

Persischer Flieder.

2000 g Iris-Pulver,
1000 „ Sandelholz-Pulver,

300 g Terpineol,
100 „ Infusion Moschus,
 50 „   „   Benzoë,
  3 „ Isoeugenol,
 10 „ Hyacinthin.

Turah - Riechpulver.

2000 g Irispulver,
1000 „ Rosenblätter, pulv.,
1000 „ Lavendelblüten, pulv.,
 200 „ Sandelholzpulver,
 100 „ Turanol,
   5 „ künstlicher Moschus,
  30 „ Heliotropin,
  10 „ Vetiveröl,
 100 „ Benzoë-Infusion,
   5 „ Yara-Yara.

Die häufiger den Parfüm-Kartons für den Export als Reklame beiliegenden Sachets füllt man mit einem Pulver, welches etwa nach folgender Vorschrift hergestellt ist:

Sachet - Pulver (für Export).

1000 g Irispulver,
2000 „ Kartoffelmehl,
1000 „ Sägemehl,
 400 „ Sandelholz, pulv.,
 100 „ Vetiverwurzel, pulv.,
 100 „ Lavendelblüten, pulv.,
 100 „ Tinktur Moschus,
  15 „ Heliotropin,
  10 „ Bergamottöl,
  10 „ Kuromojiöl,
 100 „ Infusion Peru,
  50 „ Tinktur Zibeth,
   5 „ Turanol.

Parfümierung von Leder.

Hier müssen auch verschiedene kleine Geheimnisse offenbart werden, betreffs der Parfümierung der Kleider sowie auch dezenter Kleidungsstücke der vornehmen Damenwelt.

Man näht kleine, stark parfümierte Lederstückchen in die Kleider und Unterkleider ein. Diese parfümierten Leder stellt man wie folgt her:

Peau d' Espagne.

Rechteckig geschnittenes, sämisch gegerbtes oder sogenanntes Waschleder (Ziegen- oder Schafleder) wird 3—4 Tage in folgende Mischung gelegt: 40 g künstliches Rosenöl, 40 g künstliches Neroliöl, 40 g Sandelholzöl, 2 g Cumarin, 5 g Zimmtöl, 250 g starke Benzoë-Infusion, 20 g Bergamiol, 20 g Citronenöl, 20 g Lavendelöl, 10 g künstlicher Moschus. Darnach nimmt man es heraus, lässt abtropfen, trocknet langsam auf einer Glasplatte an der Luft und bestreicht darnach die rauhe Seite des Leders mit einem Pinsel mit folgender Mischung: 10 g Benzoë, sublimiert, 1 g künstlicher Moschus, 1 g Zibeth, 30 g Gummi arabicum, 20 g Glycerin und 50 g Wasser. Darauf wird das Leder in der Mitte zusammengeleimt und getrocknet in die Kleider eingenäht.

Parfümierung von Handschuhen.

Ebenso werden die Handschuhe, falls dies nicht schon vor dem Einkaufe der Fall war, nochmals mit Parfüm versehen; denn schon seit Jahren ist es Mode geworden, die Lederhandschuhe zu parfümieren. Den Anfang damit hat der Lohgeruch gemacht, namentlich für das sogenannte Chair-Leder. Später trat der Juchtengeruch dazu, ebenso der Weichselholzgeruch und verschiedene andere, alles Erfindungen, denen man ursprünglich keine grosse Bedeutung beilegte, weil man sie als vorübergehende Modesache betrachtete. Darin hat man sich aber mehr oder weniger geirrt; die Hauptursache des Fortbestehens dieser Mode ist wohl darin zu suchen, den oft unangenehmen Geruch des Handschuhleders, der diesem durch die Fabrikation anhaftet, möglichst zu unterdrücken. Viele von den Wohlgerüchen haben allerdings nur ein kurzes Dasein geführt, weil sie zu kostspielig wurden und auch die Dauerhaftigkeit eine verhältnismässig kurze war. Dagegen erfreut sich der Juchtengeruch nach wie vor ausserordentlich grosser Beliebtheit sowohl bei Herren, wie auch bei Damen, und voraussichtlich wird derselbe auch nicht so bald wieder verschwinden. Der Juchtengeruch ist bekanntlich eine russische Erfindung, die auf allerhand Lederartikel schon lange Zeit Anwendung gefunden hat. Nur dem Lederhandschuh blieb diese bis in die letzten Jahre vorbehalten. Der Juchtengeruch entstammt dem rohen Birkenteeröl. Da dasselbe ein Destillationsprodukt des Birkenteers darstellt, sind die im Handel vorkommenden Birkenteeröl hinsichtlich der Brauchbarkeit und Reinheit sehr verschieden. Oft sind sie auch mit gewöhnlichem Holzteer vermischt und verbreiten einen unangenehmen, geradezu penetranten Geruch, der nichts mit dem charakteristischen Geruch gemein hat, wie ihn der Birkencampher abgibt.

Das Juchtenöl wird verdünnt den Fellen bei dem Färbeprozess beigegeben. Auch ein Juchtenodeur ist hergestellt worden, frei von allen färbenden und öligen Substanzen — ebenso ein damit präpariertes Talkum — und auf diese Weise dem Fabrikanten ein Mittel an die Hand gegeben, um längst gefärbten Ledern und Handschuhen nachträglich ohne Mühe und Nachteil den angenehmen Juchtengeruch zu verleihen. Die letztgenannte Manipulation verspricht allerdings nur eine kürzere Dauer der Haltbarkeit des Geruches. Ueberhaupt kommt bei dem ganzen Verfahren auf die Art und Weise der Anwendung des Juchtenöles sehr viel an. Tatsächlich ist es bis jetzt nur wenigen Firmen ausserhalb Russlands gelungen, die Spezialität der Juchten-Handschuhe tadellos herzustellen; Russland bewahrt gerade deshalb über die Anwendungsmethode tiefes Schweigen. Es steht diese bereits mit dem Gerbereiprozesse im Zusammenhange.

Zur genügenden Parfümierung ist es am besten, wenn man aus Irispulver, Magnesia und Talkum eine Mischung herstellt und kräftig parfümiert. Dieses Pulver wird dann in dünnes Seidenpapier gepackt und in den zu parfümierenden Handschuh hineingeschoben, wohin es auch nach jedesmaligem Gebrauche der Handschuhe wieder gelegt wird.

Handschuh-Parfümierungs-Pulver.

1000 g Irispulver,
1000 „ Magnesia,
500 „ Talkum.

Parfüm:

Cuir de Russie.

300 g Juchtenöl, *L. & C.*,
50 „ Infusion Benzoë.

Heliotrop.

180 g Heliotropin,
100 „ Vanillin,
50 „ Infusion Zibeth,
50 „ „ Benzoë.

New mown Hay.

> 200 g Cumarin,
> 10 „ Turanol,
> 10 „ Cratégine,
> 20 „ Vanillin,
> 15 „ Bergamottöl,
> 50 „ Infusion Benzoë,
> 50 „ Tinktur Zibeth.

Duftträger (Riechtabletten).

Eine alte Idee in neuer Form! Die neue Form ist jedoch eine sehr glückliche, und die Fabrikanten, die zuerst den Artikel herausbrachten, werden unstreitig ihre Rechnung dabei gefunden haben. Duft-Tabletten von Biskuit-Porzellan brachten die französischen Parfümeure, allein bedeutend teurer. »Duft-Steine« brachte in den 90er Jahren eine deutsche Firma. Material und Aufmachung war allerdings völlig anders; nicht so gefällig und nicht so praktisch.

Um die Duftträger recht schön und auch zugleich rationell herzustellen, bedarf es einer maschinellen Anlage, und zwar je nach der Ausdehnung des Unternehmens einer grossen Komprimiermaschine oder einer einfachen Komprimiermaschine mit Revolverzylinder, zu denen sich für diesen Fall höchst vorteilhaft eine Knet- und Mischmaschine gesellt.

Die Substanzen, aus welchen man die Tabletten herstellen kann, sind sehr mannigfache, nämlich kohlensaure Magnesia, kohlensaurer Kalk, Talkum, Florentiner Veilchenwurzel-Pulver etc. Als Bindemittel nehme man Gummi arabicum, Dextrin, sogen. Havanna-Honig, Capillair-Sirup, oder Traganth, je nach den Grundsubstanzen. Es soll jedoch hier gleich bemerkt sein, dass man ohne maschinelle Einrichtung absolut nichts erreichen kann. Sehr teuer sind die vorgenannten Maschinen allerdings nicht, und da das Interesse an dem Artikel doch ein allgemeines sein wird, werden hier auch die Preise dieser Maschinen und eine Bezugsquelle angegeben.

Bei *August Zemsch* in Wiesbaden kostet eine grosse Komprimiermaschine für Dampfbetrieb Mk. 850.—, für Handbetrieb Mk. 750.—, eine Komprimiermaschine mit Revolverzylinder kostet:

> mit 10 Stempeln für 15 mm grosse Tabletten Mk. 110.—
> „ 24 „ „ 15 „ „ „ „ 200.—
> ausserdem der zugehörige Pressschlitten „ 15.—

Eine Knet- und Mischmaschine kostet:

für weichere Massen, 3—5 kg Inhalt	Mk.	75.—
„ zähere „ 2—6 „ „	„	85.—
3—8 „ „	„	135.—
7—17 „ „	„	200.—

Diese Maschinen sind, wie gesagt, fast unumgänglich nötig, wenn man ein schönes, verkäufliches und im Einstand billiges, konkurrenzfähiges Produkt haben will. Eine Mischmaschine wird wohl in den meisten grösseren Betrieben vorhanden sein, schon von der Herstellung der Zahnpasten. Hat man jedoch für grössere maschinelle Anlagen nicht genügend Raum, oder ist der Umsatz in dem Artikel zu klein, um erstere zu amortisieren, dann genügen eventuell auch gravierte Pastillenstecher zum Ausstechen der Tabletten.

Die Herstellung solcher Fabrikate, wie die Duftträger es sind, bedarf aber stets einer ziemlichen Summe von Erfahrung, und auch hier müssen erst schwierige und langdauernde Versuche gemacht werden, bevor man die fertige Ware hinausgeben kann. Das richtige Verhältnis vom Parfüm zur Grundmasse zu finden, ist eine Hauptsache. Dies hängt natürlich in jeder Beziehung von den verwendeten Grundstoffen ab. Der Duftträger soll einerseits stark und angenehm duften, andererseits auch den Duft nicht zu schnell verlieren; dann auch wieder soll er den Duft leicht von sich geben. Es ist daher von grossem Vorteil, wenn der Duftträger aus einer Masse besteht, die sich etwas porös erweist, was man durch Verwendung von kohlensaurer Magnesia erzielen kann. Gute Vorschriften für eine Grundmasse sind folgende:

I.

2000 g Reismehl,
2000 „ kohlensaure Magnesia,
500 „ Irispulver.

II.

2000 g kohlensaurer Kalk,
2000 „ kohlensaure Magnesia,
500 „ Irispulver.

III.

5000 g kohlensaure Magnesia,
10000 „ Kartoffelmehl,
1000 „ Irispulver,
10000 „ Zuckerlösung (1 : 1),
900 „ Dextrin,
10000 „ Wasser,
30 „ Salicylsäure.

Salicylsäure oder Borsäure muss man bei stärkemehlhaltigen Grundmassen zusetzen, da sonst der Teig in wenigen Tagen sauer riecht und das Parfüm völlig verloren geht. Bei der Verarbeitung möge man die Komprimiermaschine so einstellen, dass sie nicht mit vollem Drucke auf die Tablette arbeitet, wodurch auch noch eine gewisse Porosität ermöglicht wird.

Es folgen nun einige Vorschriften zur Parfümierung der Duftträger; es ist hierbei eine

Grundmasse von 4500 g

vorgesehen. Natürlich bleibt es jedem Parfümeur unbenommen, das Quantum der ätherischen Oele zu vermehren oder zu vermindern.

Veilchen.

10 g Jonon,
  5 „ Veilchenblütenöl, *H. & C.*,
150 „ Bergamottöl,
 40 „ Ylang-Ylangöl,
150 „ Benzoë-Infusion,
0.5 „ künstlicher Moschus,
  5 „ Agfa-Fixateur.

Heliotrop.

80 g Heliotropin,
30 „ Vanillin,
150 „ Benzoë-Infusion.

Flieder.

150 g Terpineol,
 10 „ Ylang-Ylangöl, künstlich,
150 „ Benzoë-Infusion.

Kleeduft.

 50 g Ylang-Ylangöl, künstlich, *H. & C.*,
100 „ Terpineol,
 10 „ Jasminöl, künstlich, *Sch. & C.*,
150 „ Benzoë-Infusion.
 40 „ Orchidée.

Reseda.

30 g Resedaöl, *H. & C.*,
100 „ Bergamottöl,
150 „ Benzoë-Infusion,
 20 „ Geraniol, *H. & R.*

Andere Vorschriften sind die folgenden:

Rose.

10 kg Grundmasse,
30 g künstliches Rosenöl,
200 „ feines Geraniumöl,
50 „ Rosenholzöl,
100 „ Moschus-Tinktur,
200 „ Benzoë-Infusion.

Reseda.

10 kg Grundmasse,
30 g Resedablütenöl,
30 „ Jasminöl, künstlich,
50 „ Geraniumöl,
100 „ Moschus-Tinktur,
200 „ Benzoë-Infusion,
10 „ Isoeugenol.

Lilie.

10 kg Grundmasse,
100 g feines Geraniumöl,
30 „ Heliotropin,
10 „ Vanillin,
100 „ Moschus-Tinktur,
100 „ Perubalsam-Infusion,
10 „ Neroliöl, künstlich.

Maiglöckchen.

10 kg Grundmasse,
100 g Linalool,
10 „ Geranylformiat,
30 „ Bergamottöl,
50 „ Muguet,
10 „ Vanillin,
100 „ Infusion Benzoë,
100 „ Tinktur Moschus.

Veilchen.

10 kg Grundmasse,
3 „ Irispulver,
50 g Jonon,
50 „ Ylang-Ylangöl, künstlich,
200 „ stärkste Moschus-Infusion,
200 „ Benzoë-Infusion.

Für Veilchen ist es sehr zu empfehlen, der Grundmasse noch Irispulver zuzusetzen, da dies den Veilchengeruch besser hervortreten lässt.

Heliotrop.

5 kg Grundmasse,
200 g Heliotropin,
50 „ Vanillin,
100 „ Moschus-Tinktur,
200 „ Benzoë-Infusion.

Flieder.

10 kg Grundmasse,
200 g Terpineol,
200 „ Muguet, *F. F. & C.*,
200 „ Moschus-Tinktur,
200 „ Benzoë-Infusion.

Eine in Amerika bekannte Sorte Duftträger, welche schon von der Ausstellung in Buffalo herrührt, führt ungefähr folgendes Odeur:

30 g Patchouliöl,
10 „ Basilicumöl,
100 „ Verbenaöl,
50 „ Bergamottöl,
10 „ Nelkenöl.

Die sog. »Riechsteine« werden auf andere Weise hergestellt. Man mischt Florentiner Iriswurzel-Pulver und etwas Sandelholzpulver mit ein wenig Talkum, setzt dieser Mischung konzentrierte Dextrinlösung oder gelöstes Gummi arabicum zu und knetet in der Knetmaschine einen glatten, gleichmässigen Teig, dem man vorher noch das Parfüm zugegeben hat. Dieser Teig wird dann zwischen eisernen Leisten auf polierter und leicht geölter Gussplatte mit einer starken Stahlwalze gleichmässig ausgerollt. Hierauf sticht man die »Steine« mit Formen aus und trocknet sie etwas ab. Um eventuelle Schimmelbildungen zu verhüten, setzt man den Gummi- oder Dextrinlösungen etwas Borsäure zu.

Die Porzellanplatten sind eigens für den Parfümierungsprozess hergerichtet; während ihre Vorderseite glaçiert ist und die eingebrannte Inschrift trägt, ist die Rückseite porös. Man legt diese Platten 3—6 Monate in eine Komposition ätherischer Oele oder in Irispulver, welches im höchsten Masse mit den riechenden Ingredienzien durchtränkt ist. Nach dem Herausnehmen werden die Platten mit Talkum abgerieben.

Die Nachfrage nach Duftträgern ist eine sehr grosse, man könnte aber nicht behaupten, dass der Artikel den Markt in unserer Branche günstig beeinflusst habe. Gerade das Gegenteil lässt sich viel leichter feststellen, denn durch die Duftträger sind bei ihrem Erscheinen die Odeurs in Flaschen sehr in den Hintergrund gedrängt worden, sowohl die billigeren wie auch die besseren Sorten, und soviel Duftträger hat der einzelne Detaillist nicht verkauft, dass sie das Manko am Verdienste wieder eingebracht hätten. Ein Enthusiast dagegen will in den Duftträgern sogar ein volkserzieherisches Prinzip sehen, indem dieselben das Bedürfnis nach Wohlgerüchen bis in die niedrigsten Volksklassen tragen.

Riechsalze und Migränestifte.

Das Riechsalz ist ein schon seit vielen Jahrzehnten gebrauchter Artikel, den man in der Hauptsache gegen Kopfschmerzen anwendet, wie auch bei Ohnmachtsanfällen. Einer der Hauptbestandteile ist der Salmiakgeist, der bekanntlich sehr flüchtig ist und auf die Geruchsnerven kräftig einwirkt. Seit der Erfindung des Migränestiftes ist jedoch die Anwendung der Riechsalze sehr zurückgegangen.

Das »Salz« selbst ist schwefelsaures Kali, auch carbaminsaures Amoniak- oder Prestonsalz, welches zerkleinert und in Fläschchen gefüllt wird, worin man es dann mit den gewünschten Flüssigkeiten übergiesst, die alle Salmiakgeist enthalten und ausserdem noch in beliebiger Weise parfümiert sind.

Des weiteren verwendet man auch an Stelle des schwefelsauren Kali kleine Schwammstückchen; in England und den Kolonien ist ein sog. »Smelling Salt« im Gebrauch, bei welchem die Gläser kleine poröse Tonkugeln enthalten, die mit der Riechessenz getränkt und übergossen sind.

Gute Vorschriften für die Riechessenz sind die folgenden:

<pre>
 150 g Campher,
 150 ,, Infusion Moschus,
  20 ,, Citronenöl,
  40 ,, Lavendelöl,
  50 ,, Bergamottöl,
  10 ,, Isoeugenol,
1500 ,, Salmiakgeist,
1500 ,, Sprit.
</pre>

II.

900 g Salmiakgeist,
100 ,, Mitcham-Lavendelöl,
  2 ,, Citral.

Lavendel-Riechsalz.

150 g Mitcham-Lavendelöl,
 50 ,, Infusion Moschus,
 30 ,, Isoeugenol,
 80 ,, Bergamottöl,
  2 ,, Rosenöl, künstlich,
5000 ,, Salmiakgeist,
2500 ,, Sprit.

Fichtennadel-Riechsalz.

 20 g Chloroform,
100 ,, Latschenkiefernöl,
100 ,, Fichtennadelöl,
  5 ,, Bornylacetat,
 15 ,, Bergamottöl,
5000 ,, Salmiakgeist,
2500 ,, Sprit.

Je nach Wunsch kann man natürlich mehr oder weniger Verdünnungsmittel zu den ätherischen Oelen nehmen.

Sel de Vinaigre.

Auch hierzu werden die Gläser mit schwefelsaurem Kali gefüllt und mit folgender Essenz übergossen:

750 g Eisessig,
 35 ,, Bergamottöl,
 25 ,, Citronenöl.

Es sei hieran schliessend auch gleich die Herstellung der Migränestifte aufgeführt.

Migränestifte.

100 g Menthol,
 10 ,, Benzoësäure,
  3 ,, Eucalyptol

werden zusammengeschmolzen und in kleine Formen gegossen; nach dem Erkalten nimmt man sie heraus und leimt sie in die zugehörigen Holz- oder Metallhülsen. Um billigere Sorten herzustellen, schmilzt man Paraffin und Campher zusammen und setzt diesen dann soviel Menthol zu, als der Preis vertragen kann. Eine andere Art Migränestifte ergibt die folgende Vorschrift:

> 400 g Walrat,
> 240 „ Cacaobutter,
> 160 „ Menthol,
> 100 „ Chloralhydrat.

Porodor.

„Porodor" nennt *Dr. Laquer* einen von ihm an Stelle des Migränestiftes verwendeten Schwamm, der mit 3 prozentiger spirituöser Menthollösung getränkt ist und, in Metallkästchen verschlossen, unter obigem Namen in den Handel kommt. Auch bei Neuralgien und bei Ischias soll diese Form zweckmässiger sein, da nur leichtes Betupfen und kein starkes Andrücken, wie bei den Stiften, erforderlich ist.

Zimmerparfüms.

Grosse Verwendung finden jetzt die Zimmerparfüms. Durch ihre Verteilung in den Zimmern wird die Luft daselbst nicht nur parfümiert, sondern auch gereinigt, verbessert; dies geschieht ganz besonders durch die ozonreichen Tannenduft-Zimmerparfüms. Zu ihrer Verteilung in der Zimmerluft bedient man sich am besten eines Zerstäubers, da hierbei die Parfüms wirklich zerstäubt werden und sich so der Luft schneller und vollkommener mitteilen. Als Zimmerparfüm ist jedes gute Eau de Cologne zu verwenden, und häufig bilden diese auch die Grundlage der Zimmerparfüms.

Für Krankenzimmer ist ein zum Teil auch desinfizierendes Zimmerparfüm unerlässlich; hierbei leistet Eucalyptusöl sehr gute Dienste in Verbindung mit Formalin oder Chinosol.

Coniferen-Geist.

> 10000 g Sprit,
> 400 „ Edeltannenöl,
> 50 „ Bornylacetat, *Sch. & C.,*
> 100 „ Wachholderbeeröl,
> 2000 „ Wasser.

Veilchen.

> 10000 g Eau de Cologne, simple,
> 1000 „ Infusion Iris,
> 10 „ Jonon,
> 3 „ Ylang-Ylangöl, künstlich.

Flieder.

10000 g Eau de Cologne, simple,
  300 „ Terpineol,
   20 „ Muguet,
   15 „ Vanillone.

Maiglöckchen.

10000 g Eau de Cologne, simple,
   50 „ Muguet,
   20 „ Linalylacetat, *C. N. & C.*

Auf diese Art kann man sich alle gewünschten Gerüche für Zimmerparfüms herstellen. Für Krankenzimmer nehme man:

Eucalyptus-Zimmerparfüm.

250 g Solution Eucalyptusöl (1 : 10),
250 „ Formaldehyd, 40 %ig,
1500 „ Weinsprit.

Eucalyptus-Chinosol-Zimmerparfüm.

250 g Solution Eucalyptusöl (1 : 10),
150 „ Chinosol,
1000 „ Weinsprit,
200 „ Wasser.

Chinosol-Zimmerparfüm.

10000 g Weinsprit,
   50 „ Chinosol,
   40 „ Bergamottöl,
  150 „ Edeltannenöl,
   10 „ Linalool,
  200 „ Benzoë-Infusion,
 3000 „ destilliertes Wasser.

Räuchermittel.

Die effektiven Räuchermittel, wie sie in früheren Jahren gang und gäbe waren, werden jetzt wenig mehr gebraucht. Es gilt das besonders von den sog. Räucherkerzen und Räucherpulvern. Der Rückgang im Verbrauch von festen Räuchermitteln mag zum Teil auch daher kommen, dass die offenen Feuer und Kamine durch die geschlossenen Oefen ersetzt sind, und somit das Aufstreuen der Räuchermittel auf die glühenden

Kohlen aufgehört hat. Auch die Ventilation unserer modernen Wohnräume ist eine bedeutend bessere geworden, wie das früher der Fall war. Es hat sich denn auch in der Herstellung genannter Präparate garnichts geändert, so dass wir glauben, auf die bereits bestehende Literatur hinweisen zu können, falls sich der geehrte Leser besonders für diese Artikel interessieren sollte.

Räuchermittel in flüssigem Zustande werden immer noch gerne gekauft in Gestalt von Räucherbalsam, Räuchertinktur oder -Essenz.

Räucher-Wasser.

(Eau fumante.)

4000 g Sprit,
1600 „ Infusion Moschus II,
 800 „   „   Tolu,
 800 „   „   Perubalsam,
 800 „   „   Benzoë,
1000 „   „   Storax,
 200 „ Lavendelöl,
 250 „ Thymianöl, rot,
 200 „ Nelkenöl,
 100 „ Citronenöl,
  20 „ Citral,
  50 „ Cassiaöl,
  80 „ Geraniol.

Räucher-Tinktur.

100 g Isoeugenol,
100 „ Citronenöl,
150 „ Bergamottöl,
 30 „ Lavendelöl,
 40 „ Ambrettol,
 20 „ Turanol,
  5 „ Neroliöl, künstlich,
180 „ Perubalsam,
500 „ Infusion Storax,
7000 „ Sprit.

Ziemlich oft verlangt wird noch das Räucherpapier. Es ist in zierlichen kleinen Büchelchen aufgemacht, deren Seiten perforiert sind, sodass man mit leichter Mühe das jeweils gewünschte Blättchen herausnehmen kann. Den Umschlag des Büchelchens zieren hübsche Chromos mit entsprechendem Text. Es gibt 2 Sorten von Räucherpapieren, solche, welche verbrannt werden sollen, und solche, die nur verglimmen und je nach Belieben wieder verlöscht werden können. Erstere werden vor der Präparation mit Riechstoffen in Salpeterlösung getränkt, letztere, um sie unverbrennlich zu machen, in heisse Alaunlösung getaucht und getrocknet. Beide Lösungen stellt man im Verhältnis von 1 : 4 her.

Räucher-Papier.

1000 g Sandarak, gepulvert,
3000 „ Sprit.

Hiermit bestreicht man nach dem Eintauchen in Salpeter- oder Alaunlösung das Papier und bestreut es dann mit einem Pulver von folgender Zusammensetzung:

1000 g Cascarillapulver,
500 „ Gummi Olibanum, pulv.,
500 „ Mastix, pulv.

Ist dies alles ordentlich getrocknet, dann bestreicht man das Papier auf beiden Seiten mit folgender Lösung:

750 g Infusion Sandarak,
750 „ „ Storax,
250 „ „ Benzoë,
125 „ „ Peru,
250 „ „ Tolu,
 50 „ Bergamottöl,
 15 „ Lavendelöl,
 15 „ Eugenol,
 45 „ Tinktur Moschus,
 45 „ „ Zibeth,
 10 „ Cassiaöl,
 15 „ Geraniol,
  5 „ Petitgrainöl.

Kosmetik.

Allgemeines.

Eng mit der Parfümerie-Fabrikation verbunden ist die Kosmetik. Sie verschmilzt an manchen Punkten so innig mit der Parfümerie, dass man im ersten Augenblicke nicht genau sagen kann, auf welches Gebiet im eigensten Sinne das jeweilige Erzeugnis gehört, (z. B. Toiletten-Essig). Auf diese Weise bildet die Kosmetik den grösseren Teil der Parfümeriefabrikation.

Früher verstand man unter Kosmetik eigentlich nur die Pflege der direkt sichtbaren Schönheit, und zwar in Sonderheit des Gesichts und im Verfolg dann auch der Haut. Die Mittel zur Pflege der Haare und des Mundes wurden seinerzeit nicht bestimmt dazugerechnet.

Die als »Schönheitsmittel« gebrauchten Kosmetika sind ihrer so viele, dass man sie nicht vollständig hier aufführen kann, doch sind wir bemüht, die bewährtesten alle vorzuführen. Schliesslich ist auch allbekannt, dass der Begriff »Schönheit« kein feststehender ist. Die »Drogistische Rundschau«, Zürich, brachte seiner Zeit eine interessante Abhandlung über Schönheitsmittel und Kosmetika, aus der hier einige Abschnitte folgen. Es heisst dort u. a.:

Die Schönheit ist kein feststehender Begriff wie die Wahrheit, ein einziges unteilbares Ganzes; sie ist nicht nur der Auffassung von Zeiten und Ländern, sondern noch viel mehr dem individuellen Geschmack unterworfen.

Wir unterscheiden zunächst zwei Schönheiten: die natürliche und die erworbene. Erstere ist ein Geschenk der Natur, jene unendlich glückliche Vereinigung aller Züge und Linien zum herrlichsten Ebenmaas. *Goethe* spricht die Allgewalt der Schönheit in den Worten aus: »Glücklich, wem doch Mutter Natur die rechte Gestalt gab!« Die erworbene Schönheit ist ein Triumph des menschlichen Geistes über die spröde Natur, die den Körper nur spärlich mit Vorzügen bedacht hat; sie ist das von Erfolg gekrönte Streben nach höchster Formvollendung und Natürlichkeit, die es versteht, die Mängel des Aussehens zu verbergen, um die Vorzüge desselben, verschönt durch den angeborenen Liebreiz ihres Wesens, in höchstem Lichte erstrahlen zu lassen.

Die alten Aegypter und nach ihnen die alten Griechen, die mit besonderer Vorliebe dem Kultus des Schönen zugetan waren, erreichten durch das Studium der Kosmetik und Schönheitspflege schon beachtenswerte Erfolge. Mit dem üppigen Leben und dem Verfall der Sitten, welchen das römische Kaiserreich zeitigte, war auch ein gewaltiger Aufschwung der Kosmetik verbunden; jedoch artete das Streben nach Vermehrung und Verbesserung körperlicher Vorzüge bald derartig aus, dass Schriftsteller jener Zeit, wie *Ovid, Martial, Plinius* u. a. energisch dagegen auftraten und teils mit dem Lächeln der Satire, teils in gerechter Entrüstung, diesem Uebel Schranken anzulegen versuchten, wenn auch, um es gleich vorweg zu nehmen, mit meist zweifelhaftem Erfolge.

In neuerer Zeit hat die Kosmetik und Schönheitspflege, die sich bis dahin vielfach in den Händen Unberufener befand und eine ergiebige Domäne von Schwindlern und Glücksrittern bildete, erfolgreiche Versuche gemacht, sich dieser Fesseln zu entledigen.

Die vielen veralteten Mittel, welche oft die gefährlichsten metallischen Gifte, wie Quecksilber und Blei enthielten, sind fast ganz beseitigt und durch harmlosere vegetabilische Stoffe ersetzt worden.

Im Anschluss an die neuesten Errungenschaften der Hygiene räumt die Schönheitspflege immer mehr mit den alten Ueberlieferungen auf, um auf Basis einer geordneten naturgemässen Lebensweise die Grundlage für eine Wissenschaft zu bilden, die dereinst dazu berufen sein soll, die Freude am Leben und dem irdischen Dasein zu heben und zu kräftigen.

Schönheitsmittel im eigentlichen Sinne, d. h. Mittel, die Schönheit erzeugen können, existieren selbstverständlich nicht. Der Sprachgebrauch versteht unter diesem Namen Mittel, welche die körperliche Schönheit erhalten und heben oder Mängel derselben beseitigen und verdecken. Erstere sind wesentlich konservierende und hygienische Mittel. Zu ihnen gehört auch das einzige rationelle Kosmetikum, das Bad, als passendste Pflege des menschlichen Körpers; desselben bediente sich auch die »ars ornatrix« der alten Römer. Zu der anderen Gruppe gehören die zerstörenden und andere zahlreiche Mittel, welche eine Täuschung des Beobachters bezwecken; sie bilden das Rüstzeug der auch jetzt noch blühenden »ars fucatrix«.

Im weitesten Sinne gehören zu den kosmetischen Mitteln oder wenigsten zur Kosmetik eine Anzahl chirurgischer Eingriffe, wie die Entfernung von Warzen, plastische Operationen, das Tätowieren von Hornhautflecken u. dgl. mehr.

Die Schönheitsmittel finden ihre Anwendung an der äusseren

Haut, an den Haaren, Nägeln, im Munde, an den Zähnen.
Man kann also Haar-, Haut- und Mund-Kosmetika unterscheiden. Bei den genannten Organen handelt es sich bei
Anwendung der Kosmetika um Erzielung der Reinlichkeit, Glätte,
Geschmeidigkeit, um Erhaltung oder Ersatz der natürlichen oder
jugendlichen Farbe, schliesslich um das Hervorbringen eines
angenehmen oder Vernichten eines unangenehmen Geruches.

Man unterscheidet ferner erweichende Mittel, welche
Haut, Haare, Nägel teils durch chemische Wirkung, teils auf
mechanischem Wege erweichen, aufquellen lassen und dadurch
den Zusammenhang der Gewebe lockern. Hierhin gehören
das Wasser, besonders das warme Wasser; ferner schleimige
Mittel, in Wasser suspendiert oder gelöst, wie Kleie, Mandelkleie, Malz als Waschmittel für die Haut oder als Klebe- und
Glättungsmittel, ferner Klettenwurzel, Eiweiss als Waschmittel
für die Haare. Sehr wichtige kosmetische Mittel sind die Fette
und Oele zur Glättung und zum Schutze der Haut vor atmosphärischen Einflüssen und zur Erzielung des Glanzes der Haare.
Es werden sowohl die Oele des Pflanzenreiches und tierische
Fette, als auch Mineralöle und statt der erstgenannten auch
ölreiche Samen, entweder gepulvert oder in Form der Emulsion,
verwendet. Das Glycerin, das gewöhnlich den Fetten angereiht wird, gehört nur bedingt in diese Gruppe; es macht die
Haut allerdings für den Augenblick geschmeidig, wirkt aber auf
die Dauer durch seine wasserentziehende Eigenschaft (Hygrosco-
picität) eher reizend. Man muss aus diesem Grunde auch Leuten,
welche im Winter recht dickes Glycerin verlangen, klar machen,
dass sie dieses unverdünnte Glycerin auf die feuchten Hände
bringen sollen, oder besser, dass Glycerin immer erst nach
etwas Wasserzusatz zu gebrauchen ist.

Während diese genannten Mittel — Wasser, Oele, Fette,
Glycerin — vorzugsweise auf mechanischem Wege erweichend
wirken, erweichen die Alkalien das Gewebe der Haut selbst;
sie sind imstande, die Epidermis der Haut zu lösen. Sie lösen
durch Verseifung das fette Hautsekret und vernichten insbesondere pflanzliche Parasiten der Haut. Wegen der durch sie
bewirkten Lockerung des Gewebes und Abstossung der obersten Schichten machen sie die Haut zur Aufnahme eines andern
Kosmetikums geeignet und dienen deshalb häufig zu vorberei-
tenden Prozeduren.

Die Verbindungen der Alkalien mit den fetten Säuren,
nämlich die Seifen, schliessen sich in ihrer Wirkung und auch
in ihrer Anwendung den Alkalien selbst an. Sie dienen zur
Reinigung der Haut, der Haare und Zähne, zur Entfernung der
Epidermisschuppen und werden häufig vor dem Gebrauch anderer

Kosmetika angewendet. Harte Seifen — Natronseifen — wirken milder, weiche — Kaliseifen — kräftiger, ätzender. Die überfetteten Seifen dürften sich zu kosmetischen Zwecken am besten eignen.

Adstringierende Mittel sind solche, welche auf chemischem oder mechanischem Wege das Hautgewebe straffer machen, austrocknen, den Schweiss beseitigen und die Haut erblassen machen. So dienen z. B. Schwefel-, Salpeter- und Chromsäure in konzentriertem Zustande zur Beseitigung von Warzen und Schwielen, ebenso wie konzentrierte Essigsäure, ferner Citronen- und Milchsäure. Auch Salicylsäure und Phenol (Karbolsäure) zerstören derartige Wucherungen des Horngewebes. Alle genannten Säuren finden in entsprechender Verdünnung — mit Ausnahme der Chrom- und Salpetersäure — zum Erblassenmachen roter, gelblicher und brauner Flecken der Haut Anwendung. Endlich werden sie auch zur Beseitigung von lokalen Schweissen der Achselhöhlen und Füsse verwandt.

Zu den Adstringentien gehören ferner noch die Präparate und Verbindungen des Bleis, des Zinks, Wismuts, Quecksilbers und der Tonerde (Alaun).

Eine Sonderstellung nimmt der Alkohol ein, der konzentriert als Reizmittel, verdünnt als eigentliches Adstringens, besonders als schweissverminderndes Mittel wirkt. In ersterer Form — konzentriert — findet er besonders in Verbindung und als Lösungsmittel von Riechstoffen, als Haarwuchsmittel, ferner als austrocknendes und fettlösendes Mittel, verdünnt zu Waschwässern ausgedehnte Verwendung.

Während wir bisher die Art und Weise kennen gelernt haben, wie die Schönheit auf natürlichem Wege, d. h. durch Beförderung der Hauttätigkeit zu pflegen und zu verbessern sei, kommen wir jetzt zu den Präparaten, die dazu berufen sind, die natürliche Schönheit noch künstlich zu erhöhen und Mängel oder Uebergriffe der Natur zu verdecken oder auszugleichen. Das verbreitetste aller derartigen Fabrikate ist der Puder. Der Puder ist nicht immer ein blosses Mittel zur Verschönerung; er dient auch in hohem Masse hygienischen Zwecken und verdiente als solcher folgerichtig einen Platz unter den hygienischen Hausmitteln. Vom Puder sind zwei Arten zu unterscheiden, die, sowohl was ihre Zusammensetzung als ihre Wirkung betrifft, vollständig von einander verschieden sind. Es sind dies der hygienische oder Reispuder und der eigentliche Verschönerungspuder, auch Fett- oder Veloutinepuder genannt. Sofern diese Klasse von Pudern gefärbt ist, finden sie eine ausserordentliche Verwendung in der Kosmetik. Sie dienen dazu, der Haut des Gesichtes, der Hände, des Nackens eine schöne jugendliche Farbe zu verleihen oder um hässlich oder auffallend (rot) tingierte oder ergraute Haut zu färben. Bei der Kosmetik der Haut kommen Mittel zur Verwendung, welche, mehr oder weniger dick aufgetragen, die Farbe und das Aussehen der unterliegenden Haut nicht erkennen lassen, also als Deckmittel dienen; hierher gehören Stärkemehl, Kreide, Magnesia, Talk, Zinkoxyd. Von Farben, welche auf die Haut aufgetragen werden, gehören hierher: Baryumsulfat, Bleicarbonat Zinnober, Karmin, Krapprot, Indigo, Berlinerblau, Ocker, Kienruss u. a.

Zur Färbung der Haare kommen nur wenige eigentliche Farben zur Verwendung, wie die chinesische Tusche und der orangerote Farbstoff der Henna, der, mit Indigo kombiniert, Farben von Gelb bis Dunkelviolett liefert. Bekanntlich wird dieser Farbstoff von den Orientalinnen in grossem Masstabe angewandt, so hauptsächlich zum Färben der Fingernägel. Auch der in den grünen Walnussschalen enthaltene braune Farbstoff ist hierher zu rechnen.

Alle anderen Färbemittel wirken auf chemischem Wege; und zwar sind es meistens dunkelgefärbte Niederschläge, die auf dem Haare erzeugt werden. Salpetersaures Silber, Wismut- und Bleiverbindungen, auch Eisen, werden mit Schwefel oder dessen Verbindungen, als Schwefelkalium, Schwefelnatrium und Calciumsulfhydrat zusammengebracht und in die betreffenden Verbindungen übergeführt. Es ist bekannt, dass diese metallischen Verbindungen, besonders diejenigen des Bleis, schädigend auf den menschlichen Organismus einwirken und dass deren Verwendung behördlicherseits ein Veto entgegengesetzt ist.

Im Gegensatz zu den soeben angeführten Mitteln stehen die entfärbenden. Hierzu rechneten wir schon oben einzelne mineralische Säuren, Quecksilberpräparate — Sublimat — und weissen Präcipitat, Chlor und seine Verbindungen, namentlich Chlorkalk und Wasserstoffsuperoxyd, das nur zur Entfärbung der Haare dient, die nach seiner Anwendung eine gelbblonde Färbung annehmen.

Eine andere Art, die geruchzerstörenden Mittel, findet nur selten an der Haut, gewöhnlich bei der Mund- und Zahnpflege, Verwendung. Wir nennen als die hauptsächlichsten Vertreter dieser Gruppe: Borsäure, Chlorkalk, essigsaure Tonerde, übermangansaures Kali, Karbolsäure. Die Zahn- und Mundpflege lassen eine besondere Scheidung nicht zu, da sie enge miteinander verbunden sind und in Wechselwirkung zu einander stehen.

Für Zahnreinigungsmittel dient als Grundlage wohl fast immer die Kreide in präcipitiertem Zustande mit Zusatz von antiseptischen oder adstringierenden Mitteln, als: Seife, Borax, Ratanha, Campher, China u. dergl., meistens durch Zusatz eines ätherischen Oeles (Pfefferminze) wohlriechend gemacht. Die Zahnpulver wirken kräftiger als einfache Mundwässer, da durch die mechanische Reibwirkung der Kreide die Zähne eher gereinigt werden, als durch blosses Behandeln mit Flüssigkeiten. Beiläufig sei bemerkt, dass die Wirkung überhaupt aller Mundwässer nur eine problematische sein soll — Untersuchungen in Prag*) sollen dies Ergebnis gezeitigt haben; es wird sich hierdurch jedoch niemand abhalten lassen, in seinem Geschäft verlangtes Mundwasser dem kaufenden Publikum vorzuenthalten.

Eine andere zur Mundpflege verwendete Form sind die Zahnseifen oder Zahnpasten, mehr oder weniger zähe Teige, die aus pulverigen Bestandteilen unter Glycerin-, Sirup- oder Seifenzusatz hergestellt werden.

Ueber Mundwässer und Zahntinkturen braucht kein Wort weiter verloren zu werden.

In Bezug auf Hygiene können die meisten vegetabilischen oder animalischen Stoffe als gesundheitsunschädlich betrachtet werden. Starkreizende Stoffe, wie z. B. Kanthariden, scheiden natürlich aus. Von der Schädlichkeit und dem Verbot der metallischen Präparate ist oben schon gesprochen worden. Der Schaden, den diese Mittel bei ihrer Anwendung zufügen, ist entweder lokaler Art, die Haut wird gereizt, entzündet; oder sie wird starr, lederartig, brüchig und glanzlos. Manchmal werden die Ausgänge der Hautdrüsen verstopft und diese entzündet (Akne), oder es entstehen andere entzündliche Hauterkrankungen. Der Schaden kann aber auch ein allgemeiner sein; und die Mittel sind um so schädlicher, je mehr sie von der unverletzten Haut resorbiert werden.

Zahlreiche Metallvergiftungen sind infolge Anwendung metallischer Schminken und Haarfärbemittel beobachtet worden. Das gefährlichste Metall ist Blei in seiner Anwendung als Schminke oder Haarfärbemittel. Ihm folgt Quecksilber, als Sublimat zu Schönheitswässern etc. verwendet; es kann Lokal- und Allgemeinerkrankungen hervorrufen; weniger schädlich ist schon das weisse Quecksilberpräcipitat, das als Mittel gegen Sommersprossen in Verbindung mit Wismut bei stärkerer Verreibung leichte Rötung der Haut im Anfange seiner Anwendung hervorruft. Kupfer- und Silbersalze haben nur lokale Erscheinungen im Gefolge, solche allerdings zuweilen von bedeutendem Umfange.

*) Bakteriologische Versuche über die Wirkung unserer Mundwässer. Von Dr. *Josef Pelná*. (Seifensieder-Ztg. Augsburg XXIX [1902], S. 370).

Mittel zur Reinigung und Pflege der Zähne und der Mundhöhle.

Zahn- und Mundwässer.

Durch Anwendung der Zahn- und Mundwässer wollen wir vor allen Dingen den in unserer Mundhöhle sich ansetzenden Bakterien entgegen arbeiten, sie womöglich völlig vernichten und so zur Erhaltung unserer Zähne unser möglichstes beitragen.

In der Münchner Gesellschaft für Morphologie und Physiologie hielt Dr. *Carl Röse* einen Vortrag über »die pflanzlichen Parasiten der Mundhöhle und ihre Bekämpfung«, in dem er die Kenntnisse dieses sehr wichtigen, bisher von den Fachhygienikern vernachlässigten und gänzlich den Zahnärzten überlassenen Gebietes durch bemerkenswerte Mitteilungen bedeutend erweiterte. Einem Berichte des »Zentralblattes für Bakteriologie« zufolge ist *Röse* durch Ausarbeitung einer sinnreichen Methode dazu gelangt, die Fähigkeit der Mundwässer, Bakterien zu töten, genau zu kontrollieren und in deutlichen Zahlen darzustellen. Zur Prüfung der bakterientötenden Wirkung der Mundwässer wurde folgende Versuchsanordnung getroffen: Nachdem die Versuchsperson frühmorgens Kaffee und Gebäck zu sich genommen hatte, erfolgte die erste, eine Minute andauernde Spülung mit einem Schlucke einer keimfreien, blutwarmen Kochsalzpeptonlösung. Die Spülflüssigkeit wurde in sterilen Gläsern aufgefangen und $^1/_{10}$ cm^3 von ihr dazu benützt, auf den Gehalt an Bakterien geprüft zu werden. Auf Grund genauer Zählungen ergab sich, dass die Menge der züchtbaren Spaltpilze in einer einzigen Spülflüssigkeit zwischen 10 und 800 Millionen schwankt. Nach dieser ersten Spülung folgte eine zweite mit dem zu untersuchenden Mundwasser; nach Ablauf von $^1/_4$, $^1/_2$, $2^1/_2$ und 4 Stunden wurden dann weitere Spülungen mit Kochsalzpeptonlösungen vorgenommen, um die Dauerwirkung des Antiseptikums zu prüfen. Die Zahl der Spaltpilze in der Mundhöhle ist nach *Röse's* Beobachtungen nicht zu jeder Zeit gleich, denn durch jede Mahlzeit wird die Menge der Bakterien stark herabgesetzt, indem gelegentlich der Nahrungsaufnahme Mengen von Parasiten in den Magen herabgespült werden. Je gesünder die Zähne und je kräftiger die Kaumuskeln sind, umsomehr Bakterien werden hinabbefördert. Um die zurückgebliebenen Pilze zum Absterben zu bringen, bedarf es eines energischen Antiseptikums, das aber andererseits weder die Zähne, wie es alle Säuren tun, noch die Mundschleimhaut, wie es die Alkalien tun, angreift. Von den vielen Mundwässern hat *Röse* die gebräuchlichsten untersucht und ist dabei zu praktisch wichtigen Ergebnissen gekommen. So erkannte er, dass auch eine blutwarme Kochsalzlösung wohl imstande ist, eine grosse Zahl von Bakterien zu töten. Kochsalzpeptonlösung dagegen verhält sich auch in warmem Zustande völlig indifferent, erkaltet, befördert sie sogar das Wachstum. Die weitaus stärkste Gesamtwirkung besitzt das von *Miller* angegebene, aus einem Gemisch von Sublimat und Benzoësäure bestehende Spülwasser. Allein wegen seiner grossen Giftigkeit, seiner entkalkenden Wirkung und seines unangenehmen Geschmackes ist es für den täglichen Gebrauch nicht verwendbar. Fast unwirksam ist das sonst so beliebte Desinfiziens, der Formaldehyd. Einmal ist die Wirkung nicht von Dauer, ausserdem wird die Mundschleimhaut angeätzt, und zuletzt ist es wegen der leichten Zersetzbarkeit des Stoffes schwer, Dauerpräparate herzustellen.

Bei unserm Kampfe gegen diese Bakterien ist dem Alkohol in den Zahn- und Mundwässern eine hervorragende Arbeit zugeteilt. Ueber die bakterientötende Wirkung des Alkohols und des Glycerins entnehmen wir einer grösseren Arbeit von *Barsikow* (Pharm. Ztg., Berlin 1901, 49) folgendes: Die bakterientötende Wirkung des Alkohols ist seiner Stärke nicht proportional. Durch eine grosse Reihe von Versuchen hat es sich herausgestellt, dass der absolute Alkohol völlig unwirksam ist, dass aber seine Desinfektionskraft bei fallender Konzentration zunimmt, bei 55% ihren Höhepunkt erreicht und bei weitergehender Verdünnung wieder sinkt.

Durch diese Beobachtungen lassen sich viele frühere Widersprüche erklären. Die Angaben *Koch's*, dass der Alkohol die baktericide Wirkung gewisser Desinfizientien aufheben sollte, sind nach *Epstein* nur dadurch erklärlich, dass auch dabei die Konzentration des Alkohols eine bedeutende Rolle spielt. Eine Reihe von ihm angestellter Versuche mit verschiedenen Desinfektionsmitteln, wie Sublimat, Karbol, Lysol und Thymol in wässeriger Lösung, sowie in verschiedenprozentiger alkoholischer Lösung zeigte die fast absolute Unwirksamkeit der mit Alkohol absolutus hergestellten Lösungen. Dagegen ergab die Lösung der betreffenden Stoffe in 50-prozentigem Alkohol bessere Resultate, als die Lösungen in Wasser oder in stärker oder schwächer alkoholischen Flüssigkeiten.

Ganz analoge Verhältnisse hat Dr. *O. v. Wunschleim* (Südd. Apoth.-Ztg. 1901, 56) für das Glycerin gefunden.

Er konstatierte durch eine grosse Versuchsreihe, dass Schwefelsäure, Oxalsäure, Aetzkali, Karbolsäure, die drei isomeren Kresole, Kresolin, Saprol, Lysol, Thymol, Formol, Tannin, in Glycerin gelöst, verglichen mit den gleichen Konzentrationen in wässeriger Lösung, an Desinfektionskraft verlieren. Essigsäure wirkt in Glycerin gelöst nicht schlechter, Salzsäure und

Aceton sogar besser als in wässeriger Lösung. Die Desinfektionskraft der in Glycerinwassermischungen zu 2.5 % gelösten Karbolsäure wächst mit dem steigenden Wassergehalt des Glycerins und ist bei einem Wassergehalt von etwa 50 % gleich dem der reinwässerigen gleichprozentigen Karbolsäurelösung. Für die Praxis möchte Verfasser empfehlen, bei Anwendung von Karbolglycerin Lösungen von mindestens 10 % Karbolsäure in reinem Glycerin, geringere Karbolsäuremengen aber nicht in solchem, sondern nur in Mischungen von Glycerin und Wasser, zu gleichen Teilen gelöst, zu verwenden. Werden Karbolsäure, Orthokresol, Lysol und Kreolin in Glycerinseifenlösungen gelöst, so desinfizieren sie schwächer, als dies bei gleichen Konzentrationen in Seifenwasser der Fall sein würde.

Neben dem Alkohol sollen zugleich auch die angewendeten ätherischen Oele desinfizierend wirken. Ueber diesen Gegenstand berichtet in einer längeren Abhandlung die »Pharm. Centralhalle«. Das Ergebnis, durch eingehende Versuche gewonnen, ist äusserst interessant und ebenso wertvoll für die Praxis, bezw. für den Praktiker, da es lehrt, in welchem prozentualen Zusatz bestimmte ätherische Oele verwendet werden müssen, wenn sie nicht nur als Geruchskorrigens, sondern als Konservierungsmittel dienen sollen.

Es verhindert:	Schimmelbildung bei %	Fäulnis bei %
Eugenol (Nelkenöl)	0.01	—
Zimmtaldehyd (zu 80 % im Zimmtöl)	0.01	0.01
Vanillin	0.01	0.1
Salicylaldehyd	0.1	0.1
Heliotropin	0.1	0.1
Cumarin	0.1	0.1
Thymol	0.1	0.1
Thymianöl	1 : 1500	—
Carvol (Kümmelöl)	0.05	0.05
Carvacrol	—	0.1
Lavendelöl	sehr wirksam	
Pfefferminzöl	1 : 33000	—
Menthol	0.02	—
Terpentinöl	1 : 50000	—
Eucalyptusöl	sehr antiseptisch.	

Fast gänzlich wertlos für Desinfektionszwecke erwiesen sich: Lorbeeröl, Citronenöl, Rosmarinöl, Wachholderbeerenöl,

Salbeiöl, Wintergrünöl und Bittermandelöl; fast ebenso wertlos waren Citronenöl, Bergamottöl und die übrigen bekannten ätherischen Oele. Und doch wird Wintergrünöl besonders in England viel zur Zahn- und Mundpflege in Verbindung mit Mundwasser und Zahnpulver verwendet.

Bei den uns so häufig vorgelegten fremden Proben von Mund- und Zahnwässern ist es interessant und für die Herstellung gleichwertiger Produkte notwendig, dass wir den Gehalt an unverändertem Alkohol in ihnen zu bestimmen imstande sind.

Hierzu gibt der Beamte an der k. k. landwirtschaftlich-chemischen Versuchsstation in Wien, Dr. *Franz Freyer*, folgende Anleitung:

Man verdampft 50 cm^3 der zu prüfenden Flüssigkeit in einer Platin- oder Glasschale auf dem Wasserbade:

1. Es verbleibt ein merklicher fester oder flüssiger Rückstand:

Man versetzt 100 cm^3 (bei 15^0 C. gemessen) mit ca. 100 cm^3 Wasser und destilliert drei Viertel davon ab. Das Destillat wird in einem 200 cm^3-Kölbchen aufgefangen und nach 3 weiter behandelt.

2. Es bleibt kein Rückstand. Man misst 100 cm^3 in ein 200 cm^3-Kölbchen, füllt bis nahe zur Marke Wasser hinzu, mischt durch Umschwenken und verfährt nach 3.

3. Das bis nahe zur Marke gefüllte 200 cm^3-Kölbchen wird auf 15^0 C. abgekühlt, genau bis zur Marke aufgefüllt und nochmals gut gemischt, wobei keine wesentliche Volumenveränderung oder Erwärmung mehr eintreten darf; dann werden 50 cm^3 der Flüssigkeit in einer geteilten Glasröhre mit ca. 10 cm^3 Petroläther versetzt, der Stand der alkoholischen Flüssigkeit genau (bei 15^0 C.) abgelesen, die Röhre verschlossen und durch wiederholtes Umdrehen gut gemischt. Starkes Schütteln ist zu vermeiden, da sich der Petroläther leicht emulgiert und dann eine Trennung der beiden Flüssigkeitsschichten sehr schwer zu erreichen ist. Nach vollständigem Absetzen liest man (bei 15^0 C.) die Volumverminderung ab, welche mit 4 multipliziert die Volumverminderung »a« für die 200 cm^3 gibt. Man hat also 100 cm^3 der ursprünglichen Probe nicht auf 200, sondern auf (200—a) cm^3 verdünnt, den Rest der 200 cm^3 bringt man in einen Scheidetrichter und schüttelt hier ebenfalls mit ca. 50 cm^3 Petroläther aus. Die in der geteilten Röhre befindlichen 50 cm^3 können nach erfolgter Ablesung wieder zu der Hauptmenge im Scheidetrichter gefügt werden.

4. Die ausgeschüttelte Flüssigkeit prüft man auf das

Vorhandensein von Estern (Fruchtäthern), indem man 25 cm³ derselben unter Zusatz von Phenolphtaleïn genau neutralisiert, 25 cm³ einhalbnormale alkoholische Kalilauge zufügt und ca. 12 Stunden verschlossen stehen lässt. Dann wird mit einhalbnormaler Säure zurücktitriert und aus der Differenz der verbrauchten Säure gegen den in gleicher Weise festgestellten Titer der alkoholischen Kalilauge der Estergehalt unter Berücksichtigung der Verdünnung berechnet und als Aethylacetat ausgedrückt. Beträgt derselbe mehr als 1 Prozent, so ist das Ausschütteln noch 3—4 mal mit neuen Mengen Petroläther zu wiederholen. Bei Kölnerwasser etc. kann die Prüfung auf Ester unterbleiben und gleich weiter nach 5 vorgegangen werden, während bei Rumessenzen von vornherein dreimal ausgeschüttelt wird, worauf man die Esterbestimmung vornimmt und dann eventuell weiter ausschüttelt, bis der Estergehalt unter 1 Prozent gesunken ist.

5. Von der in 3 oder 4 erhaltenen, vollständig geklärten alkoholischen Flüssigkeit bestimmt man mittels des Pyknometers das spezifische Gewicht und den demselben entsprechenden Alkoholgehalt in Volumprozenten. Derselbe gibt mit $\dfrac{200 - a}{100}$ multipliziert den Alkoholgehalt der ursprünglichen Probe.

Schreiten wir nun zur Anfertigung der verschiedensten Zahn- und Mundwässer.

Zunächst wollen wir da ein Antiseptikum beachten, dessen Kenntnis noch eine ziemlich kurze, dessen Wirkung aber anerkanntermassen eine ganz vorzügliche ist. Es ist das Chinosol.

Das Chinosol (D. R.-P. No. 88520) ist ein chemisches Produkt, bestehend aus oxychinolinsulfosaurem Kalium, dessen Darstellung durch Patente geschützt ist. Es ist ein krystallinisches Pulver von feuriggelber Farbe, in Wasser vollkommen löslich und von nur schwachem, safranartigem Geruch. Es ist ein starkes Antiseptikum und hat sich als solches einen ganz bedeutenden Ruf erworben.

Dass die Kosmetik nicht achtlos an einem solchen Mittel vorübergeht, ist zum mindesten begreiflich, und selten hat man ein Antiseptikum von so vielseitiger Wirkung angetroffen und aufgenommen.

In erster Linie hat man das Chinosol verwendet zur Pflege der Mund- und Rachenhöhle, sowie des Zahnfleisches und der Zähne selbst, indem man damit ein Mundwasser herstellte, das allen modernen Anforderungen an ein solches Präparat entspricht.

Chinosol-Mundwasser.

6000 g Sprit,
   4 „ Chinosol,
   5 „ Ceylonzimmtöl,
  60 „ deutsches Pfefferminzöl,
 200 „ Siambenzoë-Infusion,
2000 „ destilliertes Wasser,
 100 „ Cochenille-Tinktur.

Mundwässer in jeder Form und Art sind heute ein sehr begehrter Artikel und gehören auch immer zu den Produkten, an denen für Fabrikant und Händler noch etwas zu verdienen ist. Die Herstellung ist nicht mit sonderlichen Schwierigkeiten verknüpft, doch muss bei der Zusammensetzung die peinlichste Genauigkeit und Reinlichkeit befolgt werden. Es existieren im Handel jetzt eine ganze Anzahl von Mundwässern und es wird in der jeweiligen Reklame stets das eine für besser und unübertrefflicher als das andere erklärt. Betrachtet man jedoch die einzelnen Vorschriften, so wird man ziemlich übereinstimmende Ingredienzien finden. In neuerer Zeit werden jedoch auch mehr tatsächliche Antiseptika dem Mundwasser zugefügt, was wohl mit auf das Bestehen des Gesetzes gegen den unlauteren Wettbewerb zurückzuführen ist.

Wie manche solcher Remedien von zweifelhaftem Werte sind seitdem von der Bildfläche verschwunden! Verschiedene Mundwässer der früheren Zeit zählten sogar zu den Geheimmitteln und fanden grossen Absatz unter allerhand grosssprecherischen Anpreisungen. Hierher gehören: Anatherin-Mundwasser von *Popp*, *Hartung's* Zahn- und Mundwasser, Indischer Zahnextrakt etc. etc.

Sehr bekannte und beliebte Mundwässer sind u. a. »Mundwasser der Benediktinermönche«, Eau de Botot, Eau de Viau, Odol, Kosmin, Eau de Pierre und Stomatol.*)

Das Parfümieren oder sagen wir hier besser »Schmackhaftmachen« der Mundwässer geschieht durch Lösungen ätherischer Oele, unter denen das Pfefferminzöl die Hauptrolle spielt, daneben Zimmtöl, Fenchelöl, Anisöl, Nelkenöl etc. Die Farbe der Mundwässer ist meistens rot oder rosa und dann auch weiss. Letzteres ist unbedingt vorzuziehen, denn der Farbstoff hat absolut keinen Zweck in der Mischung. Allein hier kämpft man gegen ein Vorurteil, wie denn auch häufig ein Mundwasser als schlecht verschrieen wird, wenn es im Wasser keine Trübung oder milchige Emulsion hervorbringt. Ein wenig Myrrhen-Infusion (1:50) hilft auch über diesen Berg.

*) Angaben über die Zusammensetzung dieser Mundwässer finden sich im Kapitel »Geheimmittel und Spezialitäten« im Anhang dieses Buches.

Eau de Botot.

1000 g Sprit,
  20 „ Anethol,
  10 „ Nelkenöl,
  10 „ Zimmtöl,
   3 „ Pfefferminzöl,
gefärbt mit Cochenilletinktur.

Eau de Viau.

1000 g Sprit,
   8 „ Salicylsäure,
  80 „ Chloroform,
  80 „ Benzoë-Infusion,
  10 „ Zimmtöl,
 800 „ Wasser.

Thymol-Mundwasser (antiseptisches).

1000 g Sprit,
  10 „ Thymol,
  10 „ Pfefferminzöl,
  50 „ Myrrhen-Tinktur.

Myrrhen-Tinktur.

5000 g Myrrhen-Infusion 1 : 50,
1250 „ Sprit,
  15 „ Eucalyptusöl.

Salicyl-Mundwasser.

1000 g Sprit,
  15 „ Menthol,
   3 „ Salicylsäure,
 500 „ Wasser.

Antiseptisches Mundwasser.

I.

 300 g Salol,
15000 „ Sprit,
  50 „ Sternanisöl,
  50 „ Geraniumöl,
   1 „ Pfefferminzöl.

II.

40 g Borsäure, krystallisiert,
10 „ Eucalyptol,
3 „ Menthol,
1 „ Thymol,
1000 „ Sprit,
300 „ Wasser,
3 „ Wintergrünöl.

Mundwasser, billig.

1000 g Sprit,
500 „ Wasser,
10 „ Anethol,
5 „ Zimmtöl,
3 „ Isoeugenol.

Saccharinmundwasser.

Saccharin findet wegen seiner antiseptischen Eigenschaften vielfach Verwendung als Zusatz zu Zahnwässern.

2 g Saccharin,
200 „ Sprit,
10 Tropfen Pfefferminzöl,
6 g Salicylsäure.

Salol-Mundwasser.

10 g Salol,
0.75 „ Saccharin,
0.6 „ doppelkohlensaures Natrium,
15 „ destilliertes Wasser,
0.3 „ Anethol,
0.3 „ Fenchelöl,
3.5 „ Pfefferminzöl,
3 Tropfen Gewürznelkenöl,
3 „ Zimmtöl,
Sprit soviel, dass die ganze Flüssigkeit 200 g beträgt.

Man löst das Saccharin und doppelkohlensaure Natrium in dem Wasser und setzt die übrigen Bestandteile zu.

Betreffs der Verwendung von Salol und Saccharin siehe Näheres unter »Gesetze und Verordnungen« im Anhang dieses Buches.

Lysol-Mundwasser.

1000 g Sprit,
20 „ Lysol,

200 g Myrrhen-Infusion (1 : 50),
 30 „ Pfefferminzöl,
  3 „ Isoeugenol.

Der Geschmack des Lysols ist nicht jedermanns Sache.

Amerikanisches Mundwasser.

1000 g Sprit,
   5 „ Thymol,
 300 „ Glycerin,
   2 „ Karbolsäure,
   2 „ Safrol,
   4 „ Geraniol,
   6 „ Eucalyptusöl,
   5 „ Carvacrol,
 250 „ Wasser.

Karbol-Mundwasser.

  50 g krystallisierte Karbolsäure,
   2 „ Thymol,
   5 „ Menthol,
  20 „ Salol,
  15 „ Eucalyptol,
1500 „ Sprit,
  15 „ Lavendelöl,
 300 „ Wasser,
10—20 „ Cochenille-Tinktur.

Eau dentifrice Vuillet.

3000 g Sprit,
  60 „ Salol,
  10 „ Anethol,
  10 „ Geraniol,
  25 „ Pfefferminzöl.

Taylor's schäumendes Zahnwasser.

 500 g Quillajarinde, pulv.,
 500 „ Glycerin,
  75 „ Natriumsalicylat,
 300 „ Sprit,
 100 „ destilliertes Wasser

werden tüchtig mehrere Tage durchgearbeitet und dann stehen
gelassen. Nach einiger Zeit wird filtriert und zugesetzt:

4000 g Sprit,
  10 ,, Bergamottöl,
   3 ,, Nelkenöl,
   5 ,, Wintergrünöl,
     Karminlösung nach Bedarf.

Eau de Pierre.

2000 g Sprit,
 150 ,, Sternanis;

hiervon macht man eine Infusion.

Es kommen alsdann auf

2000 g Infusion Anis
   3 ,, Anethol,
   3 ,, Pfefferminzöl,
 0.5 ,, Eucalyptusöl.

Eucalyptus-Mundwasser.

2000 g Sprit,
   3 ,, Thymol,
  80 ,, Benzoësäure,
  35 ,, Eucalyptusöl,
  40 ,, Cochenillelösung.

Ferner verwendet man auch das Wasserstoffsuperoxyd zur Herstellung von Mundwässern; eine solche Vorschrift lautet:

Mundwasser mit Wasserstoffsuperoxyd.

 750 g Sprit,
  10 ,, Menthol,
  10 ,, Thymol,
1800 ,, Wasserstoffsuperoxyd,
  50 ,, Ratanha-Tinktur.

Es genügen hiervon wenige Tropfen auf ein Glas Wasser.

Es finden sich auch Konsumenten, die ein Mundwasser wünschen mit Blumen-Geruch, z. B. Veilchen, Rose etc. Der Verbrauch dieser Mundwässer ist gering, da ihr Geschmack den meisten Leuten widerlich erscheint.

Wir geben hier die Vorschrift für ein

Veilchen-Mundwasser.

500 g Sprit,
300 ,, Solution Rosenöl,

300 g Infusion Iris,
10 „ Glycerin,
0.5 „ Bittermandelöl.

Mundpillen (Cachoux).

Diese werden hauptsächlich angewendet, um schlechten Geruch aus Mund- und Rachenhöhle zu verdecken.

1000 g Gummi arabicum, pulv.,
4000 „ Zucker,
10 „ Weinsäure,
1 „ Moschus,
10 „ Salicylsäure

werden tüchtig gemischt, und der Mischung so viel Wasser zugesetzt, dass es einen steifen Teig gibt. Dann löst man

5 g Rosenöl,
1 „ Vetiveröl,
1 „ Zibeth in
50 „ Sprit

und fügt diese Lösung dem Teig durch Kneten bei. Aus der Masse werden dann ganz kleine Pillen geformt, die man in den Mund nimmt und zerkaut, wobei sich deren Aroma der Mundhöhle und dem Atem mitteilt.

Mundwasser-Tabletten.

Das allgemeine Bestreben, einen neuen Artikel leicht verkäuflich und dem Publikum zugänglich zu machen, hat seinen Hauptpunkt wohl da, wo es sich um die Bequemlichkeit der Käufer dreht. Je praktischer und bequemer sich ein neuer Artikel zeigt, je einfacher und müheloser seine Verwendung ist, um so schneller führt er sich beim Publikum ein.

Aus dieser Grundbedingung heraus sind auch die Mundwasser-Tabletten entstanden. Sie sollen das lästige Mitschleppen zerbrechlicher Umhüllungen des für den Kulturmenschen so unentbehrlichen Artikels »Mundwasser« ersetzen helfen, indem sie als feste Substanzen sich einfacher transportieren lassen. So hat man denn versucht, die Hauptbestandteile des Mundwassers in trockenem Zustande den Konsumenten zu übermitteln. Hierzu hat man die Tablettenform gewählt, eine sehr einfache und zugleich sehr saubere Art, die Mittel zur Reinhaltung der Zähne und der Mundhöhle mit sich zu führen. Verpackt in kleinen Holz- oder Pappdosen, sind diese Tabletten gerade für eine Ausspülung in Grösse ausreichend, und da sie auch in verschiedenem Geschmacke geliefert werden, kann der Käufer sich ganz nach Belieben und Gewohnheit bedienen.

Die Herstellung der Tabletten ist eine sehr einfache. Als Grundstoff kann man verschiedene Körper nehmen, wie sie dem Fabrikanten zusagen, nur müssen sie eben im Wasser sofort löslich sein. Ein sehr einfacher und billiger Grundstoff ist das doppelkohlensaure Natron (Natrium bicarbonicum).

3000 g doppelkohlensaures Natron vermischt man durch Verreiben oder auch in der Mischmaschine mit einem entsprechenden Quantum Mundwasser-Essenz, welch' letztere in reinem Alkohol gelöst ist. Vorschriften zu diesen Mundwasser-Essenzen folgen später. Dieses Gemisch lässt man etwas abtrocknen und gibt es dann in die Tabletten-Maschine. Als solche verwendet man bei kleineren Quantitäten eine Komprimier-Maschine mit Revolverzylinder. Es ist dies eine Art Spindelpresse mit Press-Schlitten und darüber montiertem Revolverzylinder mit 10—30 Stempeln, die alle zugleich arbeiten und selbsttätig die fertigen Tabletten aus dem Revolverzylinder ausstossen. Für grosse Betriebe und wo Dampf- oder sonstige Kraftmaschinen vorhanden, verwendet man die Excelsior-Komprimiermaschine, auf welcher das Pulver in Matrizen, in denen zwei Stempel gegeneinander arbeiten, gepresst wird. Bei dieser wird das fertige Pulver einfach in den Füllapparat der Maschine geschüttet und dieselbe darauf in Bewegung gesetzt. Das Pulver gleitet dann über die Matrize, diese füllend; der obere Stempel presst das Pulver zusammen, während der untere alsdann die fertigen Tabletten ausstösst. Der Füllapparat führt dann die Tabletten nach der Auslaufrinne, zu gleicher Zeit die Matrize wieder füllend.

Verstellt man den Unterstempel, wie dies beim Pressen von Seifenstücken gemacht wird, so kann man Tabletten von jedem Gewicht herstellen. Die mittlere Umdrehungszahl dieser Maschine ist 35 und sie liefert auch soviele Tabletten in der Minute.

Auf die einzelnen Stempel lässt man Gravuren anbringen und so erhält die fertige Tablette ein hübsches, sauberes Aussehen.

Die verschiedenen Essenzen für Mundwasser-Tabletten setzt man wie folgt zusammen:

1. Für aromatische Mundwasser-Tabletten.

500 g Sprit,
40 „ Anethol,
60 „ Pfefferminzöl,
30 „ Kalmusöl,
10 „ Thymol.

2. Für Pfefferminz-Mundwasser-Tabletten.

500 g Sprit,
40 „ Menthol,
30 „ Pfefferminzöl,
20 „ Borsäure.

3. Für Botot-Mundwasser-Tabletten.

500 g Sprit,
40 „ Anethol,
5 „ Zimmtöl,
5 „ Nelkenöl,
40 „ Infusion Vanille,
40 „ Myrrhen-Infusion.

Auch der Milchzucker findet bei Herstellung von Mundwasser-Tabletten eine Verwendung. Eine hierauf bezügliche Vorschrift lautet:

500 g Milchzucker,
1 „ Saccharin,
2 „ Heliotropin,
10 „ Salicylsäure,
10 „ Glycerin,
100 „ Menthol,
50 „ Sprit,
2 „ Rosenöl, künstlich,
3 „ gelöstes Eosin.

Mundwasser in Pulverform.

Die Herstellung dieses Artikels ist eine höchst einfache:

1000 g Milchzucker,
20 „ doppelkohlensaures Natron,
50 „ Karmin nacarat,
50 „ Pfefferminzöl.

Dieses Pulver wird dann in kleine Dosen gefüllt und ihm ein Löffelchen oder dergleichen beigegeben, dessen Vertiefung gerade so gross ist, dass sie die jeweils einmalige Portion Pulver fasst, die zu einer Ausspülung des Mundes nötig erachtet wird. Das im Handel vorkommende »Carminol« (siehe Kapitel »Geheimmittel und Spezialitäten«) ist von ähnlicher Zusammensetzung.

Zahnseifen.

Die Zahnseifen, resp. -Pasten sollen als Grundlage den sogenannten Sapo medicatus (medizinische Seife) haben; dieser wird mit Glycerin und der nötigen Pulvermischung unter Zusatz antiseptischer Mittel, sowie von Parfüm- und Farbstoffen zu einer knetbaren Masse verarbeitet, die entweder gleich in Blech- oder Glasdosen eingedrückt, oder, wenn die Zahnseife nur in einfacher Packung, z. B. in Stanniol, in den Verkehr kommen soll, in Tafeln geformt wird, die man dann in die gewünschte Grösse schneidet.

Die medizinische Seife wird nach dem »Deutschen Arzneibuch« wie folgt hergestellt:

60 Teile Aetznatronlauge (36° Bé.), werden erwärmt und unter beständigem Umrühren 100 Teile Provenceröl zugesetzt, bis sich eine harte Seife gebildet hat, welcher man, nachdem sie in 300 Teilen destillierten Wassers gelöst ist, eine Auflösung von 25 Teilen Chlornatrium in 75 Teilen destillierten Wassers zusetzt; man kocht nun unter Umrühren, bis sich die Seife völlig abgeschieden hat. Nach dem Erkalten wird sie mit destilliertem Wasser abgewaschen, auf's neue in 60 Teilen oder einer solchen Menge destillierten Wassers gelöst, dass eine gleichmässige Masse entsteht, die noch warm in einen mit feuchter Leinwand ausgelegten Kasten ausgegossen und nach dem Erkalten in Stücke geschnitten wird, die man an einem mässig warmen Ort gut austrocknen lässt.

Etwas abweichend von dieser Vorschrift, die einer älteren Pharmakopoe entstammt, ist die Vorschrift, welche die letzte Ausgabe (IV) des »Deutschen Arzneibuches« bringt:

»120 Teile Natronlauge spez. Gew. 1.172 (15% NaOH) werden im Wasserbade erhitzt, dann nach und nach mit einem geschmolzenen Gemenge von 50 Teilen Schweineschmalz und 50 Teilen Olivenöl versetzt und unter Umrühren eine halbe Stunde lang erhitzt. Darauf fügt man der Mischung 12 Teile Weingeist (90 Vol. %) und, sobald die Masse gleichförmig geworden ist, nach und nach 200 Teile Wasser hinzu und erhitzt nötigenfalls unter Zusatz kleiner Mengen Natronlauge weiter, bis ein durchsichtiger, in heissem Wasser ohne Abscheidung von Fett löslicher Seifenleim gebildet ist. Alsdann wird eine filtrierte Lösung von 25 Teilen Kochsalz und 3 Teilen Soda in 80 Teilen Wasser zugefügt und die ganze Masse unter Umrühren weiter erhitzt, bis sich die Seife vollständig abgeschieden hat. Die erkaltete, von der Salzlauge getrennte Seife wird mehrmals mit geringen Mengen Wasser ausgewaschen, dann vorsichtig aber stark ausgepresst, in Stücke zerschnitten und an einem warmen Orte getrocknet und zu jedesmaligem Gebrauche fein gepulvert. Eine durch gelindes Erwärmen hergestellte Lösung von 1 g Seife und 5 cm³ Alkohol (90%) soll auf Zusatz von 1 Tropfen Phenolphtaleïnlösung nicht gerötet und durch Schwefelwasserstoffwasser nicht verändert werden«.

Das zuzusetzende Pulver ist präzipitierter kohlensaurer Kalk, eventuell präparierte Austernschalen, neuerdings auch feinste, weisse, gebrannte Kieselgur; andere Zusätze, wie pulverisierter Bimsstein, Milchzucker, gebrannte Magnesia finden auch noch Anwendung.

Die geeignetste Farbe für die Zahnseife ist die rote und besteht aus Karmin oder Alkannin; jedoch kann man auch die Farbe durch feinst pulverisiertes Sandelholz geben. Für grüne Zahnseife nimmt man Chlorophyll, für braune Katechutinktur, jedoch kann man auch die jetzt gebräuchlichen Seifenfarben dazu nehmen.

Die Bereitung geschieht nun wie folgt: 1 kg gepulverte medizinische Seife wird mit 250 g Glycerin und 500 g 90-prozentigem Spiritus innig verrieben, dann 500 g feinst pulverisierte Veilchenwurzel und 250 g pulverisierter Bimsstein zugesetzt. Nun folgt das Parfüm, dann wird so viel Calciumkarbonat oder Kreide daruntergewirkt, dass eine plastische Masse entsteht. Das Parfüm und die Farbe setzt man am besten dem Spiritus zu. Das beliebteste Parfüm ist Pfefferminzöl, da dasselbe einen erfrischenden Geschmack im Munde hervorbringt. Man nimmt zur sogenannten roten Zahnpasta als Parfüm auf obiges Quantum:

> 20 g Pfefferminzöl, Mitcham,
> 5 „ Nelkenöl,
> 5 „ Citronenöl,
> 10 „ Infusion Benzoë

> oder:

> 20 g Pfefferminzöl, Mitcham,
> 10 „ Nelkenöl,
> 3 „ Salbeiöl,
> 2 „ Pimentöl.

Nach der vorstehend angegebenen Methode erhält man allerdings eine sehr schöne Zahnseife, doch dürfte man damit im Grossbetrieb nicht sehr weit kommen, da die Herstellungskosten zu hohe sind.

Die Zahnpasten als solche können in 2 Kategorien eingeteilt werden, in Zahnseifen und eigentliche Zahnpasten. Zu ersteren zählen besonders die Sorten, welche einen grossen Gehalt an Seife haben und wo der Seifengeschmack auch durchdringt, während zu der zweiten Kategorie diejenigen Zahnpasten zählen, zu deren Herstellung Seife nur in ganz geringer Menge oder auch gar nicht verwendet wurde.

Zahn-Seife.

      20000 g Cochincocosöl,
      10000 „ Natronlauge, 37⁰ Bé.,
      10000 „ kohlensaurer Kalk,
        660 „ Lapis haematitis, (Blutstein),
        140 „ Pfefferminzöl,
         65 „ Anethol,
         30 „ Nelkenöl,
         20 „ Cassiaöl,
         20 „ Bergamottöl,
         60 „ Myrrhentinktur.

Eucalyptus-Zahnseife,

die auch ziemlich eingeführt ist, wird nach folgender Vorschrift
hergestellt:
      1000 g feinst geschlemmte, gebrannte Kieselgur von
             schneeweisser Farbe,
       250 „ pulverisierte Veilchenwurzel,
        50 „ Florentiner Lack,
       300 „ medizinische Seife
werden mit gleichen Teilen 96-prozentigem Spiritus und Glycerin
zur Pasta gemacht, die mit Karmin rot gefärbt und mit 10 g
englischem Pfefferminzöl, 15 g Eucalyptusöl, 5 g Nelkenöl und
1 g Rosenöl parfümiert wird.

China-Zahnseife

erhält statt Veilchenwurzel (siehe vorher)
       250 g feinst pulverisierte Chinarinde und
       100 „ feinst pulverisiertes Sandelholz
und wird parfümiert mit 5 g englischem Pfefferminzöl, 5 g
Krauseminzöl, 5 g Nelkenöl und 5 g Bitterpomeranzenöl.   Hier
empfiehlt sich ein Zusatz von 100 g Zuckerpulver.

Andere Zahnseifen lassen sich noch herstellen mit Myrrhen,
Salicylsäure, Benzoë, Chinin, Ratanhawurzel, Tannin u. s. w.
Der Myrrhen-Zahnseife setzt man als Geschmackskorrigens
Salz zu und parfümiert nur mit Rosenöl. Eine englische Zahnseife enthält Campher. Derselbe wird vorher in Aether gelöst
und mit dem pulverisierten Bimsstein gut verrieben, ehe er
der ganzen Masse zugesetzt wird.

Mund-Seife.

       500 g Marseiller Seife,
       500 „ kohlensaurer Kalk,
       500 „ Iriswurzelpulver,

240 g Zucker,
250 „ Rosenwasser,
10 „ Nelkenöl,
10 „ Pfefferminzöl,
5 „ Anethol.

Die zerschnittene Seife wird in Wasser gelöst, das Rosenwasser zugesetzt, die Oele mit dem Zucker, der Veilchenwurzel und dem kohlensauren Kalk verrieben und sodann mit den übrigen Bestandteilen gut verarbeitet.

Zahnpasten.

Zahnpasta.

500 g Havanna-Honig,
500 „ Seifenpulver,
280 „ Magnesia,
1 „ Karmin,
2 „ Salmiakgeist,
15 „ Wasser,
10 „ Pfefferminzöl.

Honig, Seifenpulver und Magnesia werden zu einer plastischen Pasta geknetet, nachdem man den Karmin mit dem Salmiakgeist und Wasser fein verrieben und zugesetzt hat. Zuletzt folgt das Pfefferminzöl. Man nehme jedoch nur so viel Salmiakgeist, als zur Lösung des Karmins unbedingt notwendig ist, da derselbe sonst bläulich wird.

Kräuter-Zahnpasta.

Obiger Ansatz und

5 g Pfefferminzöl,
5 „ Krauseminzöl,
3 „ Salbeiöl,
2 „ Kalmusöl,
1 „ Thymianöl,
1 „ Wachholderbeeröl,
1 „ Ysopöl,
1 „ Arnikaöl.

Diese Pasta kann eventuell etwas grünlich gefärbt werden, doch ist auch hier rot vorzuziehen, wie bei allen Zahnpasten, sofern man sie nicht weiss lassen will.

Thymol-Zahnpasta.

Obiger Ansatz und

    30 g Thymol,
    0.1 „ Cumarin,
    10 „ Pfefferminzöl, Mitcham,
    5 „ Rosenholzöl.

Salol-Zahnpasta.

Obiger Ansatz und

    80 g Salol,
    15 „ deutsches Pfefferminzöl,
    5 „ Nelkenöl,
    1 „ Rosenöl, künstlich,
    2 „ Anethol,
    1 „ Neroliöl, künstlich.

Die beliebte Cherry Tooth Paste wird wie folgt hergestellt:

Cherry Tooth Paste.

Obiger Ansatz und

    4 g Zimmtöl,
    8 „ Anethol,
    4 „ Nelkenöl,
    4 „ Bergamottöl.

Kirschen-Zahn-Pasta.

    500 g Honig,
    500 „ kohlensaurer Kalk, praezip.,
    500 „ Iriswurzel, pulv.,
    60 „ Rosenblätter, pulv.,
    1 „ Karmin,
    2 „ Salmiakgeist,
    15 „ Wasser,
    4 „ Nelkenöl,
    4 „ Muskatnussöl,
    4 „ Geraniumöl,
    2 „ Zimmtöl.

Chinesische Zahnpasta.

    1000 g Bimsstein, ff. pulv.,
    250 „ Weizenmehl,
    650 „ Sirup,
    15 „ Pfefferminzöl,

          5 g Campher,
         10 „ Sprit

mit Karmin gefärbt.

Odontine.

       1200 g Austernschalen, pulv.,
         10 „ Bimsstein,
         50 „ Seifenpulver,
        400 „ Reisstärke, pulv.,
         40 „ Irispulver,
          1 „ Karmin,
          2 „ Salmiakgeist,
         15 „ Wasser,
         20 „ Glycerin,
        100 „ Sirup,
         25 „ Pfefferminzöl,
          5 „ Eugenol,
          5 „ Eucalyptusöl

mit Rosenwasser zu einem gleichmässigen Teig verarbeitet.

Muss man Zahnpasta billig und in grossem Masse herstellen, dann ist folgende Vorschrift zu empfehlen:

Pfefferminz-Zahnpasta.

       6500 g kohlensaurer Kalk, präzip.,
      15000 „ Schlemmkreide,
       5000 „ Grundseife,
        600 „ Sirup,
        750 „ Wasser,
       1000 „ Glycerin,
         10 „ Karmin,
         40 „ Rhodamin, in Wasser gelöst,
         80 „ Eugenol,
        400 „ Pfefferminzöl.

Vor Zugabe der ätherischen Oele lässt man das Ganze einmal über die Piliermaschine (Mühle) laufen und gibt es dann in die Misch- und Knetmaschine, wo man auch die Oele zusetzt.

Zahnpasta de Vilbiss.

       1000 g Magnesia, pulv.,
        750 „ Borax, pulv.,
        375 „ Seife, pulv.,
        500 „ Kreide, präzip.,
       1500 „ Honig,
         10 „ Nelkenöl,
         15 „ Geraniumöl,
          3 „ Rosenöl

gefärbt mit Karmin.

Zahncremes.

Die Zahncremes sind weiter nichts als Zahnpasten in Cremeform, wozu diese Pasten durch reichlichere Zugaben von Glycerin sowie Wasser gebracht werden. Die Verwendung der Zahncremes ist in beständiger Zunahme begriffen, ihre Herstellung daher sehr zu empfehlen.

Zahncreme.

      20 g Bimsstein, ff. gemahlen,
    100 „ Seifenpulver,
    200 „ Seifencreme,
    400 „ Glycerin,
  1000 „ kohlensaurer Kalk,
    125 „ Rosenrot-Lösung,
        8 „ Krokus-Tinktur,
      30 „ Pfefferminzöl.

Seifencreme.

    8.0 kg Schweineschmalz,
    1.5 „ Cochincocosöl,
    7.3 „ Kalilauge von 36 Bé.

Dentalin.

  1500 g Glycerin,
    700 „ Seifenpulver,
  1000 „ Schlemmkreide,
      15 „ Thymol,
      15 „ Myrtol,
      50 „ Pfefferminzöl,
      10 „ Lavendelöl.

Wintergrün-Zahncreme.

    600 g Seifenpulver,
    600 „ Glycerin,
  4000 „ Weinsprit,
  2200 „ Wasser,
      10 „ Pfefferminzöl,
      10 „ Zimmtöl,
      10 „ Anisöl,
      15 „ Nelkenöl,
        8 „ Wintergrünöl.

Zahncreme mit chlorsaurem Kali.

Diese Zahncreme wird oft von Zahnärzten speziell verordnet. Man muss dies Präparat weiss lassen, da sich das chlorsaure Kali mit dem Rot nicht verträgt.

                500 g chlorsaures Kali, ff. pulv.,
                940 „ Glycerin,
                120 „ Seifenpulver,
                250 „ Seifencreme,
                 30 „ Bimsstein, pulv.,
               1000 „ kohlensaurer Kalk,
                 30 „ Pfefferminzöl,
                  3 „ Anethol,
                  5 „ Zimmtöl,
                  2 „ Lavendelöl.

Da chlorsaures Kali beim Zusammenreiben mit organischen Stoffen heftige Explosionen gibt, muss die Mischung desselben mit den anderen Bestandteilen, abgesehen vom Bimsstein und kohlensauren Kalk, sehr vorsichtig und ohne Anwendung von Druck geschehen.

Chinosol-Zahncreme.

               1000 g kohlensaurer Kalk,
               1000 „ Magnesia,
                200 „ Seifenpulver,
                600 „ Glycerin, chemisch rein,
                100 „ Cochenille-Tinktur,
                  5 „ Chinosol,
                 25 „ Pfefferminzöl.

Diese Zahncremes werden in Zinntuben verfüllt.

Zahnpulver.

Der Satz, dass auf die Herstellung aller Mittel, die zur Pflege der Zähne dienen sollen, die grösste Sorgfalt zu verwenden ist, gilt in ganz besonderem Masse von den Zahnpulvern. Diese dürfen sich nur aus Bestandteilen zusammensetzen, die ganz unbedingt unschädlich sind für den Schmelz der Zähne; sie dürfen somit keine harten oder scharfkantigen Quarzteilchen führen, müssen, kurz gesagt, so fein gepulvert sein, wie dies nur eben möglich ist. Auch dürfen sie keine Säuren enthalten oder bilden. Die Zahnpulver dienen sowohl zum Reinigen der Zähne, als auch zugleich zur Desinfektion, aus welchem Grunde denselben desinfizierende Mittel zugefügt werden; diese dürfen jedoch nur in einem solchen Verhältnis angewendet werden, dass sie den Zähnen wie der Mundhöhle keinen Schaden zufügen können.

Da das grosse Publikum eine geregelte Zahnpflege leider immer noch für überflüssig hält, so muss demselben die Einführung in eine solche möglichst leicht und angenehm gemacht werden. Dies erreicht man am leichtesten dadurch, dass man die zu verwendenden Mittel mit einem angenehmen Aroma versieht, wie dies durch Pfefferminzöl, Zimmtöl und Anethol möglich ist.

Zahnpulver-Masse.

1500 g Iriswurzelpulver,
3000 „ kohlensaure Magnesia,
7500 „ kohlensaurer Kalk,
 750 „ Cremor tartari,
1500 „ Zucker,
 750 „ Alaun.

Alles ist feinst gepulvert und wird 2—3 mal zusammen gesiebt. Aus dieser Masse stellt man nun in einfacher Weise durch Zufügung verschiedener Aromata und Desinfektionsmittel die diversen Sorten Zahnpulver her. Andere Mischungen folgen nach.

Zahnpulver, weiss.

5000 g Masse,
   4 „ Zimmtöl,
  10 „ Bergamottöl,
   5 „ Pfefferminzöl,
   5 „ Anethol.

Sehr praktisch ist es auch, sich zunächst ein Zahnpulver-Parfüm herzustellen, da alsdann von mehreren Aromaten kleine Quantitäten in Gemisch dem Zahnpulver zugesetzt werden können, was sonst ohne Ungenauigkeiten schwer möglich ist.

Parfüm für Zahnpulver.

250 g Pfefferminzöl,
120 „ Anethol,
 50 „ Isoeugenol,
 40 „ Cassiaöl,
 40 „ Bergamottöl,
150 „ Myrrhen-Tinktur.

Zahnpulver, rosa

5000 g Masse,
 350 „ Krapprosa,
  15 „ Zahnpulverparfüm.

Will man Zahnpulver mit Karmin nacarat färben, dann muss dieser in einer Reibschale fein zerteilt werden unter Beifügung von Wasser und ein wenig Salmiakgeist.

Zahnpulver, schwarz.

2500 g Lindenkohlenpulver,
1250 „ Masse,
20 „ Zahnpulverparfüm.

Chinarinden-Zahnpulver.

3000 g Masse,
2000 „ Chinarinde, pulv.,
2 „ Rosenöl, künstlich, *Sch. & C.,*
2 „ Isoeugenol,
2 „ Anethol,
2 „ Zimmtöl,
10 „ Myrrhen-Tinktur,
1 „ Eucalyptusöl.

Besonders auf englischen Märkten viel gekauft werden folgende Zahnpulver:

Apodontosis.

3000 g Masse,
1 „ Rosenöl,
5 „ Bergamottöl,
1 „ Nelkenöl,
2 „ Portugalöl,
1 „ Neroliöl, künstlich,
0.2 „ Ylang-Ylangöl.

Campher-Zahnpulver. (Camphorated Chalk.)

3000 g Masse,
25 „ Campher, in Sprit gelöst,
2 „ Eucalyptol.

Karbol-Zahnpulver.

3000 g Kreide, präzip,
2000 „ Milchzucker,
1300 „ Cremor tartari,
2 „ Rosenöl, künstlich,
15 „ Geraniumöl,
80 „ Karbolsäure.

Kreosot-Zahnpulver.

3000 g Masse,
  60 „ Kreosot,
    5 „ Eucalyptol,
    5 „ Geraniumöl.

Weitere sehr gute Vorschriften für Zahnpulver sind folgende:

Rosen-Zahnpulver.

1100 g Kreide, präzip.,
 150 „ Irispulver,
  30 „ doppelkohlensaures Natron,
   5 „ Chininsulfat,
 0.5 „ Rosenöl.

Salol-Zahnpulver.

500 g kohlensaurer Kalk,
500 „ kohlensaure Magnesia,
 50 „ doppelkohlensaures Natron,
500 „ phosphorsaurer Kalk,
 10 „ Salol,
 14 „ Pfefferminzöl,
  3 „ Anethol.

Wintergrün-Zahnpulver.

3000 g kohlensaurer Kalk, präzip.,
 400 „ kohlensaure Magnesia,
  80 „ Bimsstein, pulv.,
  50 „ Mastixpulver,
  10 „ Pfefferminzöl,
   3 „ Wintergrünöl,
   1 „ Nelkenöl.

Sepia-Zahnpulver.

500 g kohlensaurer Kalk, präzip.,
300 „ Sepia, pulv., (Tintenfischknochen),
300 „ Irispulver,
 75 „ Krapprosa,
 30 „ Citronenöl.

Chinosol-Zahnpulver.

4000 g feinst geschlemmte 'Kreide,
2000 „ Irispulver,

20 g Karmin nacarat,
10 „ Chinosol,
30 „ Geraniumöl,
 2 „ Nelkenöl,
 5 „ Sandelholzöl,
 1 „ Zimmtöl.

Ideal-Zahnpulver.

 250 g Mastix, pulv.,
 100 „ Salicylsäure,
2500 „ Sepia, pulv.,
 500 „ doppelkohlensaures Natron,
3800 „ Kreide, präzip.,
  50 „ Pfefferminzöl,
  10 „ Anethol.

Sämtliche Pulver müssen auf das feinste gemahlen sein; man lässt das Produkt weiss.

Mittel zur Reinigung, Pflege und Färbung der Haare.

Allgemeines.

Die Mittel zur Reinigung und Pflege der Haare nehmen in der Kosmetik fast den breitesten Rahmen ein.

Diese Präparate besitzen ungefähr die in nachstehendem angegebene Reihenfolge: Die Mittel zur Reinigung und Waschung des Kopfhaares und des Kopfes, zur Entfernung des Staubes aus den Haaren, sowie der Schinnen und Schuppen der Kopfhaut, welche bekanntlich das gedeihliche Wachstum der Haare hindern, bilden als Kopfwaschwässer die erste Etappe. Dann folgen Mittel, resp. Präparate, welche nach den Waschungen angewandt werden, damit sie dem trockenen Haar sowie dem Haarboden wieder das nötige Fett zuführen, um das Haar glänzend und weich zu machen. Daran reihen sich die Präparate, welche dem Haar Festigkeit verleihen und die Frisuren haltbar machen. Diese Kosmetika würden also sein: Kopfwaschwässer, Oele und Pomaden, Brillantinen und Lustralinen, sodann feste, harte Pomaden wie z. B. Wachspomaden, Harzwachspomaden, französische Blumen-Cosmétiques (Corps dur), Bandolinen, Scheitelcremes und Bartwichsen. Bandolinen sind meistens Auflösungen von Gummi Traganth oder ausgezogene Pflanzenschleime, welche auch Klebestoff enthalten. Da jedoch speziell

Pomaden und Haaröle eine so grosse Bedeutung wie früher nicht mehr haben, auch neues über deren Herstellungsweise nicht bekannt geworden ist, glauben wir von einem tieferen Eingehen auf diese Materie absehen zu können und auch hierin auf die bereits bestehende Literatur verweisen zu dürfen. Geradezu die Mode hat es mit sich gebracht, dass in Pomaden und Haarölen eine so kleine Nachfrage herrscht, wenigstens soweit es den inländischen Markt betrifft. Die kurzgeschnittene Haartracht der Männer und die gewellten Frisuren der Damenwelt haben den Haarwässern eine grössere Bedeutung zukommen lassen, und es erscheint daher angezeigt, diese Präparate eingehender zu berücksichtigen.

Haar- und Kopfwässer.

Zu den Haarwässern gehören vor allen: Hair Tonic, Shampooing Bay Rum, Veilchen-, Rosen-Kopfwaschwasser, Birkenwasser, Shampoowasser, Eau de Portugal, Eau de Quinine, Lotion végétale de Seringat und Honigwasser, Eiskopfwasser, sowie andere mehr. Die Kopfwaschwässer dienen hauptsächlich zum Entfetten der Haare, zum Lösen der Schuppen und Schinnen, sowie zum Reinigen der Kopfhaut, ferner um den Haarwuchs zu fördern und in frischem Wachstum zu erhalten. Die Kopfwaschwässer kann man einteilen in schäumende und nicht schäumende, und muss bei deren Herstellung vor allen Dingen darauf Bedacht genommen werden, dass gleichzeitig mit der Entfettung doch auch dem Haare wieder Glanz und Weichheit zu Teil wird. Aus diesem Grunde ist es gut, stets ein bestimmtes Quantum chemisch reines Glycerin mit zuzusetzen, welches beides, Glanz und Weichheit, verleiht; denn es gibt viele Personen, welche absolut kein Fett, weder Oele noch Pomaden, auf dem Kopfe resp. in den Haaren dulden. Da muss denn also auch das Kopfwaschwasser zu gleicher Zeit die Oele oder Pomaden ersetzen. Bei den Kopfwaschwässern spielt die Farbe auch eine sehr grosse Rolle; so soll z. B. Shampooing Bay Rum eine blassgelbe, feurige Färbung haben, während andererseits der Bay Rum wieder bis rumbraun gefärbt erscheint; hierbei muss man sich in der Hauptsache nach den Wünschen seiner Kundschaft richten. Veilchen-Wasser wieder soll eine grünliche Farbe zeigen, Rosen-Kopfwasser schön goldgelb gefärbt sein. Eau de Quinine erfordert die grösste Vorsicht, nicht allein dass dasselbe feurig purpurrot sein soll, soll es jedoch fast keine Spur von Färbung auf den Handtüchern hinterlassen und so klar sein, dass bei längerem Lagern keine Spur von Bodensatz oder Flocken sich zeigt. Bei der Fabrikation des Eau de Quinine verfährt man folgendermassen: Zu dem im Ansatz befindlichen Sprit setze man zuerst die ätherischen Oele, dann die Moschus-Infusion, dann Chinin-Tinktur und das Glycerin zu. Dann nimmt man die Cochenille, reibt sie klein, bringt das im Ansatz befindliche Wasser in einen Duplikator oder Wasserbadkessel, erwärmt stark und fügt die Cochenille zu, wobei tüchtig gerührt wird; nach einiger Zeit setzt man dann den Alaun zu, und wenn dieser unter Rühren sich gelöst hat, — so nach ca. einer ½ Stunde — gibt man dann den Cremor tartari hinzu. Die Farbe wird nun tief dunkelrot erscheinen. Nun lässt man die Farbe abkühlen und gibt sie durch Gaze zu dem Spritansatz, rührt tüchtig durch, damit die Verbindung gut erfolgt, und überlässt einer 8- bis 10tägigen Ruhe, damit der Ansatz sich soviel wie möglich selbst klärt. Dann schreitet man zur Filtration über kohlensaure Magnesia. Nun bleibt dieses Eau de Quinine stehen bis zum Gebrauch, worauf man vor dem Abfüllen nochmals über Magnesia filtriert; alsdann wird das Eau de Quinine blank und klar sein, sowie prachtvolle Färbung zeigen. Färbung des Shampoo-Wassers ist hellgelb, Eau de Portugal goldgelb, Lotion Végétale de Seringat entweder weiss oder zart lila. Honig-Wasser soll honiggelb gefärbt sein.

Am besten eingeführt ist das Eau de Quinine, welchem jedoch in den letzten Jahren der Bay Rum an Grösse des Verbrauches sehr nahe gekommen sein dürfte. Man achte vor allen Dingen darauf, dass die Haarwässer nicht zu hoch im Sprit-Gehalt eingestellt werden. 65% und 50% ist die richtige Höhe, denn sonst trocknen sie das Haar zu sehr aus und lassen es grau und staubig erscheinen, indem sie es auch etwas entfärben. Die stark sprithaltigen Kopfwässer nehmen dem Haar jeden Glanz und erfordern eine weit öftere Behandlung des Haarbodens mit Oelen.

Chinarinden-Kopfwasser (Eau de Quinine).

        2000 g Glycerin, chem. rein,
        1500 „ Chinin-Tinktur,
         200 „ Geraniumöl, afrik.,
         150 „ Bergamottöl,
          50 „ Portugalöl,
         100 „ Infusion Moschus,
          40 „ Geraniol,
         150 „ Cochenille,
         100 „ Alaun,
         100 „ Cremor tartari,
       62000 „ Sprit,
       30000 „ destilliertes Wasser.

Chinin-Tinktur.

1200 g Chinarinde,
10000 „ Sprit,
1000 „ Rosenwasser.

Die Rinde ist gut zu zerkleinern und dann Sprit und Wasser zuzusetzen. Diese Tinktur muss mindestens 8 Tage warm dirigiert werden. Man verbinde die Halsöffnung der Flasche mit angefeuchteter Schweinsblase oder starkem Pergamentpapier und steche mit einer Stecknadel 3—4 Löcher hinein, dann setze man die Flasche in einen Wärme- oder Trockenschrank, wobei täglich einigemal gut durchgeschüttelt werden muss. Nach dem Erkalten wird abfiltriert, und die Tinktur ist fertig zum Gebrauch.

Ein Eau de Quinine, welches auch gleichzeitig ein wenig das Haar färbt, stellt man nach folgender Vorschrift her:

3000 g Sprit,
30 „ Bergamottöl,
10 „ Geraniol,
2 „ Isoeugenol,
1 „ Cinnamol,
200 „ Galläpfel-Tinktur,
50 „ Kanthariden-Tinktur,
10 „ Chininsulfat,
200 „ Glycerin,
1200 „ Rosenwasser.

Man färbt mit Cochenille.

Eau de Quinine.

34000 g Sprit,
4000 „ Infusion Tuberose III,
100 „ Linalool,
100 „ Geraniol,
15 „ Bergamottöl, terpenfrei,
5 „ Cheirantia, *C. N. & C.,*
1000 „ Chinin-Tinktur,
100 „ Tinktur Zibethin (1:100),
750 „ „ Rose, *H. & C.,*
35 „ Dianthin, *C. N. & C.,*
0.5 „ Vanillin, *H. & R.,*
300 „ Kanthariden-Tinktur,
18500 „ Rosenwasser.

Farbe: Cochenille.

Man kann jedoch zum Färben auch Orseille- und Kurkuma-Tinkturen verwenden, die zusammengegeben eine schöne Farbe erzeugen und nicht abfärben. Zu beachten ist beim Färben, dass die Flüssigkeit keinen bläulichen, sondern einen rotgelben Stich zeigt. Die im Handel vorkommenden billigen Sorten von Eau de Quinine sind meistens aus rotgefärbtem Eau de Cologne, dem oft jede Spur von Chinin fehlt, hergestellt.

Neben Chinin findet das Chinosol Verwendung bei Kopfwaschwässern zur Reinigung des Haarbodens und zur Stärkung der Haarwurzeln; ebenso dient es zur Verhütung der Schinnen- und Schuppenbildung, was man jedoch erst in allerletzter Zeit ausprobiert und bestätigt gefunden hat.

Chinosol-Kopfwasser.

30000 g Sprit.
  500 „ Glycerin, chemisch rein,
   40 „ Chinosol,
   30 „ Linalool,
  100 „ Geraniumöl,
   50 „ Bergamottöl, terpenfrei,
    1 „ Vanillin,
  100 „ Benzoë-Infusion,
15000 „ destilliertes Wasser.

Bay Rum.

Befindet sich auch in allen möglichen Qualitäten und Marken und wird per Liter bereits mit Mk. 0.85 in grösseren Umschliessungen verkauft. Er wird stark und schwach schäumend verlangt. Das starke Schäumen erreicht man am besten durch Zugabe von Glycerin, Seifenwurzelabkochungen, Seife oder dergl., sowie Pottasche in geringen Mengen.

Shampooing Bay Rum, hell.

48000 g Sprit,
  200 „ Bayöl, St. Thomas,
  180 „ Pimentöl,
   40 „ Portugalöl,
48000 „ destilliertes Wasser,
  100 „ gereinigte Pottasche,
  150 „ Kaliseife, rein,
2000 „ Glycerin, chemisch rein.

Dieses Kopfwaschwasser wird nicht extra gefärbt, sondern die Farbe kommt durch die Seife und Pottasche in Verbindung mit den Oelen. Die Herstellungsweise ist folgende: Nachdem die 48 kg Sprit in einen genügend grossen Blechzylinder gefüllt sind, werden die ätherischen Oele unter gutem Mischen zugesetzt. Nun löst man in einigen Kilogrammen des zum Ansatz gehörenden Wassers die Pottasche und die Kaliseife auf, gibt diese Lösung dann zum restierenden Wasser, mischt hierauf das Glycerin unter gutem Durchrühren dazu und diese Flüssigkeit sodann mit dem im Zylinder befindlichen parfümierten Sprit, unter nochmaligem guten Durchrühren. Diese Mischung wird hellgelblich trübe sein, man lasse sie ruhig 5 bis 6 Tage stehen, filtriere in die hierzu bestimmten Standflaschen und lasse diese bis zum Abfüllen stehen, wo nochmals filtriert wird. Sollte bei der ersten Filtration der Bay Rum nicht klar laufen, so gibt man etwas Magnesia mit Talkum gemischt in die Filter, worauf das Filtrat sicher schön klar werden wird.

Echter Bay Rum.

33 g echtes Bay-Oel (St. Thomas),
2.5 „ süsses Pomeranzenöl und
2 „ Pimentöl löst man in
2 kg Weinsprit und lässt 24 Stunden unter öfterem Umschütteln stehen. Darauf setzt man 1500 g destilliertes Wasser zu, sowie 25 g gebrannte Magnesia und schüttelt während eines Tages öfter tüchtig durch. Dann filtriert man.

Bay Rum (billige Ware).

9000 g Sprit,
50 „ Bayöl,
20 „ Cachaçaessenz,
4000 „ Seifenwurzel-Abkochung,
150 „ Pottasche,
200 „ Glycerin,
7500 „ Wasser.

Jamaika-Bay Rum.

2 kg Sprit,
2 „ Jamaika-Rum,
15 g Bayöl,
2 kg Wasser.

Hieran schliessen sich nun eine Reihe von Haarwässern, deren Hauptzweck die Reinigung des Haares ist.

Veilchen-Kopfwaschwasser, schäumend.
(Lotion végétale aux Violettes.)

500 g Solution Irisöl, 1-prozentig,
150 „ Tinktur Vanillin, 10-prozentig,

<pre>
  100 g Infusion Moschus,
   50 „ Jonon, *H. & R.,*
 1950 „ Infusion Iris, aus grob geraspelter Iriswurzel,
12000 „ Sprit ff.,
10000 „ destilliertes Wasser,
  175 „ chem. reines Glycerin,
   50 „   „   reine Pottasche.
</pre>

Mit Chlorophyll-Tinktur färben, jedoch eher etwas kräftiger und feuriger als zu matt.

Lotion végétale aux Violettes de Nice.

<pre>
20000 g Sprit,
 8000 „ Infusion Violette III,
 2000 „   „   „   II,
 2000 „   „   Orange II,
 2000 „   „   Jasmin II,
  100 „   „   Benzoë,
  300 „ Tinktur Moschus II,
   25 „ Violetton, 10%, *C. N. & C.,*
   15 „ Iralia, *C. N. & C.,*
  100 „ Bergamottöl,
 1000 „ Glycerin,
14500 „ Rosenwasser.
</pre>

Farbe: Grün.

Man verwendet zu dieser besseren Lotion sehr gerne II. und III. Pomaden-Auswaschungen, da in dem Sprit Spuren Fett gelöst sind, die dann dem Haar als Nährstoff zu gute kommen.

Veilchen-Kopfwaschwasser, billiges.

<pre>
10000 g Veilchen-Infusion III,
   50 „ Bergamottöl,
   10 „ Canangaöl,
    3 „ Jonon,
 5000 „ Wasser.
</pre>

Rosen-Kopfwasser.

<pre>
15000 g Infusion Rose III,
 5000 „   „   „   II,
  500 „ Tinktur Rose I,
   20 „ Rosenholzöl,
  370 „ Infusion Benzoë,
  500 „ Arnika-Tinktur,
   15 „ Tinktur Moschus,
 8000 „ Rosen-Wasser.
</pre>

Blüten-Haarwasser.

2000 g Infusion Cassie II,
2000 „ „ Jasmin II,
4000 „ „ Orange III,
1000 „ Tinktur Vanillin,
2000 „ Infusion Tuberose III,
  10 „ Orgéol, *H. & R.*,
  20 „ Zimmtsäure-Methylester, *Sch. & C.*,
4000 „ Orangenblüten-Wasser.

Honig-Wasser.

3000 g Sprit,
  50 „ Arnika-Tinktur,
  30 „ Bergamottöl,
  10 „ Citronenöl,
   2 „ Eugenol,
   4 „ Wachsaroma, flüssig, *H. & R.*,
1200 „ Orangenblütenwasser.

Honig-Wasser, echt.

 100 g ff. gereinigter Honig,
 500 „ Glycerin,
3000 „ Sprit,
  15 „ Bergamottöl, terpenfrei, *C. N. & C.*,
   2 „ Citronellöl, Java,
   3 „ Orgéol extra, *H. & R.*,
   2 „ Neroliöl, künstlich, *D. & K.*,
1000 „ Rosenwasser,
1000 „ destilliertes Wasser.

Man verreibe den Honig fein mit Glycerin; man nehme jedoch erst wenig Glycerin und fahre erst dann mit weiterer Zugabe fort, wenn der Honig gleichmässig verrieben ist, so dass die Auflösung vollständig wird. Die ätherischen Oele werden im Sprit gelöst, darauf das destillierte Wasser zugesetzt und nun gut durchgeschüttelt; sodann setzt man den im Glycerin aufgelösten Honig zu. Man färbt mit etwas Brillantorange-Tinktur nach und lässt einige Tage stehen, ehe filtriert wird.

Lotion végétale de Seringat.

  50 g Terpineol,
   5 „ Canangaöl, Java,
   1 „ Geraniumöl, afrik.,
5000 „ Sprit,

100 g Kanthariden-Tinktur,
5 ,, Heliotropin,
500 ,, Tinktur Vanillin,
2000 ,, Rosen-Wasser.

Sehr schön hat sich in den letzten Jahren auch das Birken-Wasser oder der Birken-Balsam als Haarwaschwasser einge-führt. Wie weit nun die Birke Stoffe enthält, die auf den Haar-wuchs besonders günstigen Einfluss haben, ist noch nicht einwandfrei festgestellt. Das Birkenwasser ist von sehr wohl-tuender Wirkung auf die Kopfhaut und durch einen Zusatz von Birkenknospenöl in erhöhtem Grade angenehm. Bei Verwen-dung des letzteren zeigen sich starke Trübungen und das Produkt muss gut filtriert werden. Gute Vorschriften sind folgende.

Birken-Balsam.

I.

30000 g Sprit,
3000 ,, Birkensaft,
1000 ,, Glycerin,
90 ,, Bergamottöl,
10 ,, Vanillin,
50 ,, Geraniumöl,
14000 ,, Wasser.

II.

40000 g Sprit,
150 ,, Birkenöl,
100 ,, Bergamottöl,
50 ,, Citronenöl,
100 ,, Palmarosaöl,
2000 ,, Glycerin,
150 ,, Borax,
20000 ,, Wasser.

Man kann diese Wässer gelb färben mit etwas Krokus-Tinktur oder grünlich mit Chlorophyll.

Birken-Wasser (nach *Haensel*).

I.

3500 g Spiritus, 96 %ig,
700 ,, Wasser,
200 ,, Kaliseife,
150 ,, Glycerin,

50 g Birkenknospenöl *(Haensel,* Pirna),
100 „ Essenz spring flowers (oder Extrait Millefleurs double)
Chlorophyll.

Man löst in 700 Spiritus und 700 Wasser die Kaliseife
einerseits, andererseits das Birkenöl und die Essenz in dem
Rest des Spiritus. In diesen giesst man in kleinen Portionen
die Seifenlösung unter fleissigem Umschütteln, sodann das
Glycerin und filtriert nach 8 Tagen. Mit Chlorophyll und
Spuren von Safran-Tinktur schwach gelblich-grün zu färben.

II.

2000 g Spiritus, 96 $^0/_0$ ig,
500 „ Wasser,
25 „ Kanthariden-Tinktur,
25 „ Salicylsäure,
100 „ Glycerin,
40 „ Birkenknospenöl *(Haensel,* Pirna),
30 „ Bergamottöl,
5 „ Geraniumöl.

Man löst die Oele in dem Spiritus, setzt Salicylsäure,
Kanthariden-Tinktur hinzu, sodann die Mischung von Wasser
und Glycerin. Färbung wie bei I.

Birken-Haarwaschwasser.

3000 g Birkensaft,
4000 „ Rosenwasser,
4000 „ Orangenblütenwasser,
40 „ Borax,
100 „ Kanthariden-Tinktur,
1000 „ Sprit.

Lotion Pétrole.

5000 g Sprit,
125 „ Petroläther,
1000 „ Seifenwurzel-Abkochung,
20 „ Linalool,
15 „ Lavendelöl,
10 „ Bergamottöl,
5 „ Isosafrol,
1500 „ Wasser.

Philodermine-Kopfwasser.

```
12000 g Sprit,
 1000 „ Glycerin, chem. rein,
  500 „ Kanthariden-Tinktur,
  100 „ Bergamottöl,
   10 „ Lavendelöl,
   50 „ Citronenöl,
   30 „ Neroliöl, künstlich,
   15 „ Pomeranzenöl, bitter,
   50 „ Canangaöl,
 3000 „ destilliertes Wasser.
```

Eis-Kopfwasser.

Dieses verbindet die Annehmlichkeit grosser Kühle-Erzeugung mit der völligen Reinigung der Kopfhaut von Schmutz und Schuppen, indem es zugleich auch die Haarwurzeln kräftigt. Nachstehend zwei Vorschriften für Eis-Kopfwasser.

I.

```
   15000 g Sprit,
     300 „ Bayöl,
200—300 „ Menthol, je nach Stärke,
    5000 „ Wasser.
```

II.

```
15000 g Sprit,
  100 „ Citronenöl,
  100 „ Bergamottöl,
   50 „ Petitgrainöl,
   50 „ Poleyöl,
  300 „ Menthol,
 5000 „ Wasser.
```

Hair Tonic für Export.

```
   85 g Neroli, künstlich, D. & K.,
   12 „ Ceylonzimmtöl,
    8 „ Jasminöl, H. & C.,
 1020 „ Infusion Benzoë, Sumatra,
  255 „      „      Moschus,
45400 „ Sprit,
 7220 „ destilliertes Wasser.
```

Ein äusserst erfrischendes und für die Hautpflege und als Kopfwaschwasser ausgezeichnetes Mittel. Speziell für tropische Länder.

Seifen-Haarwasser.

      5000 g Sprit,
       100 „ Seifenpulver,
      1000 „ Glycerin,
        30 „ Lavendelöl,
         2 „ Wintergrünöl,
         5 „ Menthol,
      2000 „ Wasser.

Eine schöne Zierde des menschlichen Körpers ist ein üppiger Haarwuchs. Viele Tausende von Menschen, besonders aber Männer, entbehren diese Zierde oder sind auf dem Wege, sie allmählich einzubüssen. Wenn wir uns die vielen Glatzen unserer Mitmenschen betrachten, müssen wir doch zum Resultat kommen, dass die in den Tageszeitungen angepriesenen Geheimmittel gegen die Kahlköpfigkeit, trotz der ihnen zur Seite stehenden ärztlichen Gutachten, so gut wie nichts nützen. Ein gutes Mittel gegen den Haarschwund ist folgendes Haarwasser.

Haarwasser gegen Haarschwund.

      2000 g Sprit,
       150 „ Infusion Benzoë,
       150 „ Ricinusöl,
        50 „ Chloralhydrat,
        50 „ Tannin, pulv.,
        25 „ Resorcin,
       100 „ Tinktur Vanillin.

Die Anwendung dieses Haarwassers setzt keine speziellen Ursachen für den Haarschwund voraus.

Wie auch der Bay Rum von Amerika zu uns gekommen ist, so bürgert sich auch in einzelnen Gegenden die sogen. trockene Kopfwäsche (dry shampoo) ein. Diese ist dadurch gekennzeichnet, dass man das fixe Alkali der Waschflüssigkeiten durch Salmiakgeist ersetzt. Bei diesem Verfahren braucht man hinterher weniger Wasser anzuwenden, da der im Haar zurückbleibende Rest von Salmiakgeist freiwillig verdunstet. Für diese Klasse von Präparaten ist folgendes Rezept typisch:

        2.5 g Salmiakgeist,
        2.5 „ Eau de Cologne,
      112.5 „ Sprit,
      112.5 „ Wasser.

Man reibt diese Mischung mit einem Schwamm oder Handtuch in das Haar ein und wäscht zwecks Erzielung einer vollständigen Reinigung mit etwas Wasser nach.

Kopfwaschpasta.

115 g weisse Marseiller Seife,
170 „ Wasser,
 60 „ Glycerin,
  5 Tropfen Lavendelöl,
 10   „   Bergamottöl.

Man schneidet die Seife in Späne, schmilzt sie auf dem Wasserbade in der angegebenen Menge Wasser und fügt dann — wenn es die Kundschaft der energischeren Wirkung wegen wünscht — 15 bis 25 g kalzinierte Pottasche hinzu. Man lässt nun nahezu erkalten und rührt dann das Glycerin und Parfüm ein, eventl. unter Zugabe von noch etwas Wasser.

Nach der eben beschriebenen Methode werden auch die Eier-Kopfwaschpasten hergestellt, welche in der Regel keine Spur Eigelb enthalten.

Shampooing Water und Shampooing Powder.

Während man den Kopf früher nur mit den Kopf- und Haarwässern behandelte — sei es zur Reinigung der Kopfhaut, sei es zur Stärkung des Haarwuchses — und für diesen Zweck besonders Eau de Quinine, Veilchenkopfwasser etc. benutzte, ist in dem letzten Jahrzehnt über Amerika und England zunächst der Bay-Rum als Kopfwaschmittel zu uns gekommen. Diesem folgte nun das sog. Shampoonieren des Kopfes und, da der Rum-Geruch des Bay Rums nicht jedermanns Sache ist, verfiel man auf die Herstellung anderer schäumender Kopfwässer. Es sei hier gleich gesagt, dass die Wirkung derselben auf den Haarwuchs nur in soweit in Betracht kommt, als sie eben die Kopfhaut reinigen und dadurch die Luft wieder zu dem Haarboden gelangen lassen. Ingredienzien, die den Haarwuchs befördern könnten, sind ihnen gewöhnlich nicht beigemischt, was auch schon durch den niedrigen Preis, der dafür bezahlt wird, ausgeschlossen ist. Mehr als Mk. 0.80 bis Mk. 1.— will man für 1 Liter Shampooing Water selten anlegen.

Die Hauptanforderung, die man an ein Shampooing-Water stellt, ist die, dass es gut und stark auf dem Haare schäumt, und dass dieser Schaum trotzdem wieder schnell zergeht, ohne natürlich einen Rückstand zu hinterlassen, der erst wieder der Auflösung mit Wasser bedürfte, wie dies bei Seifenschaum der Fall ist. Während eine Anzahl der am Markt befindlichen Bay-Rums grössere oder kleinere Beimischungen gelöster Seife in irgend welcher Art enthält, muss man das Schäumen des Shampooing-Waters auf andere Art hervorzubringen versuchen.

Am einfachsten geschieht dies durch die Vermischung von Salmiakgeist, doppelkohlensaurem Natron und Wasser, wie dies nachfolgende, gut bewährte Vorschriften angeben:

Shampooing Water.

  10000 g destilliertes Wasser,
   5000 „ Sprit,
    150 „ Salmiakgeist,
    600 „ doppelkohlensaures Natron,
     25 „ Bergamottöl, terpenfrei.

Shampooing Water.

  15000 g destilliertes Wasser,
   2000 „ Sprit,
    400 „ Glycerin,
    200 „ Salmiakgeist,
    700 „ doppelkohlensaures Natron,
    100 „ Borax,
     10 „ süsses Pommeranzenöl, ⎫
      2 „ Citronenöl,   ⎬ terpenfrei.
      5 „ Bergamottöl,   ⎭

Shampooing Water.

   500 g destilliertes Wasser,
   400 „ Sprit, 96 %-ig,
    15 „ Borax, pulv.,
     8 „ Pottasche,
     8 „ Salmiakgeist,
     2 „ Bergamottöl,
     1 „ Geraniumöl, afrikanisch.

Da nun gar viele Käufer alsbald so schlau wurden, dass sie sich sagten: »Das Wasser kannst du dir billiger selbst beschaffen«, entstand der Wunsch nach einem Shampooing Powder, welches kurz vor dem Gebrauche einfach mit Wasser vermischt wird und so zur Kopfwäsche geeignete Dienste leistet.
Dieses Pulver stellt man wie folgt her:

Shampooing Powder.

   500 g doppeltkohlensaures Natron,
    50 „ kohlensaures Ammoniak,
    50 „ Borax.

Dieses Shampooing-Pulver wird auch in verschiedenen Gerüchen verlangt, und ihre Zusammensetzung ist folgende:

Veilchen.

1000 g Pulver,
  20 „ Bergamottöl, terpenfrei,
  15 „ Canangaöl,
   3 „ Jonon, *H. & R.*

Rose.

1000 g Pulver,
  30 „ Geraniumöl,
   5 „ Rosenöl, künstlich, *H. & C.*,
   5 „ Sandelholzöl.

Flieder.

1000 g Pulver,
  50 „ Terpineol,
   3 „ Hyacinthin, *Sch. & C.*,
   5 „ Bergamottöl, terpenfrei.

Heliotrop.

1000 g Pulver,
  30 „ Heliotropin, *Sch. & Co.*,
   5 „ Bourbonal, *H. & R.*

Maiglöckchen.

1000 g Pulver,
  30 „ Linaloëöl,
  10 „ Muguet,
   3 „ Vanillin, *H. & R.*,
   3 „ Bergamottöl, terpenfrei.

Bei der Verwendung dieser Pulver sollte darauf aufmerksam gemacht werden, dass man das zur Kopfwäsche zu verwendende Wasser mit etwas Sprit versetzt. Die dem Pulver beizugebende Gebrauchsanweisung sollte etwa wie folgt lauten: »Um ein gutes Shampooing Water zu erhalten, gibt man von dem Pulver die jeweils nötige Menge zunächst in etwas Sprit und schüttelt die Gemische tüchtig durch; darnach fügt man nach Belieben Wasser zu«.

Haaröle.

Wie schon eingangs bemerkt wurde, wollen wir uns über die Herstellung der Haaröle nicht sonderlich verbreiten, da ihr Verbrauch wesentlich nachgelassen hat, wenn auch nicht in dem Masse wie der der Pomaden.

Die zweckdienliche Herstellung der Haaröle setzt grösste Fachkenntnis und Aufmerksamkeit voraus. Es stehen zwar heute dem Parfümeur die besten Rohprodukte zur Verfügung, jedoch ist es ebenfalls angezeigt, diese vorher zu präparieren, d. h. vor dem Ranzigwerden zu schützen. Die hauptsächlichsten Oele (nicht trocknende), welche in Betracht kommen, sind folgende: ff. Olivenöl, Arachisöl, süsses Mandelöl, (Pfirsichkernöl), Paraffinum liquidum, kalt gepresstes Rüböl, sowie für sogenannte »Huiles antiques« entscheintes Mineralöl (Vaselinöl). Je frischer man diese Oele einkauft und je kühler man sie im dunklen, jedoch luftigen Keller lagert, desto länger widerstehen sie der Ranzidität. Als eines der bestgeeigneten fetten Oele gilt das kalt gepresste Rüböl; es ist nur schwer zu haben, da Rüböle meist warm gepresst werden und dann bei der Raffinierung durch Säuren einen brenzlichen, sauren Geruch erhalten. In der Praxis hat sich laut Mitteilung von *Franz Naffin* bei Verwendung des früher viel gebrauchten Sesamöles herausgestellt, dass dieses eines der am leichtesten »harzenden« Oele ist, weshalb soviel wie möglich von dessen Verarbeitung abzusehen ist. Sehr gut für billige Oele ist eine Mischung von 1 Teil Olivenöl und 2 Teilen entscheinten Vaselinöles. Um nun die Oele zu präparieren, erwärmt man im Wasserbade 10 kg irgend eines der genannten Oele; sie dürfen jedoch hierbei nicht zu heiss werden. Nun zerkleinert man 400 g Sumatra-Benzoë und mischt die Benzoë mit 800 g Borsäure durcheinander, aber recht innig, da die Borsäure hauptsächlich dazu dient, dass das Benzoëharz nicht wieder zusammenschmelzen kann. Diese Mischung gibt man in ein Gazebeutelchen und hängt dasselbe in das warme Oel. Von dieser Benzoë geht etwas in Lösung über, verleiht dem Oele einen vanilleartigen Geruch und schützt es hauptsächlich vor dem leichten Ranzigwerden. Nachdem man das Oel unter öfterem Umrühren 4—5 Stunden hat digerieren lassen, entfernt man es aus dem Wasserbade, lässt abkühlen und hebt es zum Gebrauche auf. Von diesem präparierten Oele setzt man dann eine entsprechende Menge den Ansätzen zu.

Als Ideal eines Haaröles gilt das Behenöl (Oleum Nucum Moringae). Es ist dünnflüssig, geruch- und geschmacklos und widersteht ausserordentlich lange dem Ranzigwerden. Indessen ist dieses Oel viel zu teuer (das Kilogramm 60 Frcs.).

Ferner werden zur Zeit Versuche mit fettem Senföl der Firma *Gebrüder Born* in Erfurt gemacht, um die Brauchbarkeit dieses Oeles für Haaröle festzustellen. Das fette Senföl verharzt fast gar nicht und übertrifft an Fettgehalt das Olivenöl wesentlich (263:168).

Das bekannteste Haaröl ist das Klettenwurzelöl und zwar noch mit dem Zusatz „Dr. *Rhale*." Unter dieser Marke gibt es Haaröle von den besten bis hinab zu den minderwertigsten Sorten.

Klettenwurzelöl »nach Dr. *Rhale*.«

5000 g entscheintes Vaselinöl, dünnflüssig,
  60 „ Citronellöl, Java,
  40 „ Citronenöl.

Dieses Oel wird in die bekannten viereckigen Flaschen verfüllt, und ist oft so billig am Markt, dass fast kein Nutzen für den Fabrikanten bleibt.

Klettenwurzelöl I.

3500 g Olivenöl,
 500 „ Paraffinum liquidum,
1000 „ präpariertes Benzoëöl,
  10 „ Geraniumöl, afrik.,
  10 „ Bergamottöl,
  20 „ Portugalöl,
  25 „ Citronenöl,
  10 „ Eugenol,
  25 „ Citronellöl, Java.

Nach dem Ansetzen und Parfümieren lässt man einige Tage stehen und filtriert dann.

Klettenwurzelöl II.

2500 g Olivenöl,
2500 „ Vaselinöl, entscheint,
  60 „ Citronenöl,
  25 „ Bergamottöl,
  15 „ Eugenol.

Das allgemein bekannte Klettenwurzelöl hat mit der Klettenwurzel in den wenigsten Fällen etwas zu tun, denn wirkliches Klettenwurzelöl findet sich sehr selten im Handel. Um solches herzustellen, verfährt man wie folgt:

2000 g Olivenöl,
 200 „ geraspelte Klettenwurzel

werden einige Stunden zusammen auf etwa 50° erwärmt. Dies Gemisch lässt man dann 8 Tage stehen; darauf presst man Oel und Wurzeln durch ein Tuch fest aus und filtriert später.

Den verschiedenen Sappa-Arten wohnen in der Tat Stoffe inne, die dem Haarboden sehr förderlich sind, allein den meisten

Fabrikanten ist deren Extraktion zu umständlich und dann will das Publikum auch in den seltensten Fällen die nötigen Preise zahlen.

Ein ähnliches Haaröl wie das Klettenwurzelöl ist das Arnika-Haaröl, zu dessen Herstellung man das Arnika-Kraut mit Oel extrahiert. Es geschieht dies auch nur noch in den seltensten Fällen. Man stellt dies Oel heute wie folgt her:

Arnika-Haaröl.

1000 g Olivenöl,
  10 „ ätherisches Arnikaöl,
  10 „ Chorophyll-Lösung,
   3 „ Narzissenöl, *C. N. & C.*,
   5 „ Bergamottöl,
 0.5 „ Cumarin.

Balsamisches Kräuteröl.

2000 g Olivenöl,
3000 „ Vaselinöl, weiss,
   2 „ Chlorophyll,
   5 „ Thymianöl, weiss,
  15 „ Neroli, künstlich, *H. & C.*,
  35 „ Bergamottöl,
  35 „ Portugalöl,
   5 „ Majoranöl.

Das Chlorophyll löst man in etwas angewärmtem Vaselinöl vom Ansatz.

Parfüm für Haaröl.

2000 g Bergamottöl,
 500 „ Eugenol,
  50 „ Isosafrol,
1000 „ Cassiaöl,
1000 „ Palmarosaöl,
 500 „ Portugalöl,
1000 „ Terpineol.

Mit diesem Parfüm kann man die diversen Sorten einfacher Haaröle parfümieren, indem man von der Quantität zugibt oder abbricht, je nach dem Verkaufs-Preis.

Haaröl A.

 5000 g Olivenöl,
15000 „ Arachisöl,
  350 „ Parfüm.

Haaröl B.

40000 g Arachisöl,
10000 „ Vaselinöl, gelb,
  850 „ Parfüm.

Haaröl C.

10000 g Arachisöl,
40000 „ Vaselinöl, gelb,
  650 „ Parfüm.

Haaröl D.

5000 g Vaselinöl, gelb,
  30 „ Parfüm.

Für ganz billige Haaröle kann man auch folgendes Parfüm nehmen:

70 g Mirbanöl,
80 „ Safrol,
80 „ Nelkenöl,
70 „ Verbenaöl.

Von den besseren Haarölen werden noch am meisten gekauft die

Blumen-Haaröle.

Zu diesen verwendet man die französischen Blumenöle No. 6 oder man stellt sich die Ersatzöle für diese wie folgt her:

Blumenöl-Ersatz für:

Rose No. 6.

1000 g Olivenöl (mit Benzoë präpariert),
  14 „ Rosenöl, künstlich, *Sch. & C.*

Veilchen No. 6.

1000 g Olivenöl, präpariert,
  15 „ Jonon B 100%, *H. & R.*

Cassie No. 6.

1000 g Olivenöl, präpariert,
   3 „ Cassieblütenöl, *H. & R.*

Orange No. 6.

1000 g Olivenöl, präpariert,
  18 „ Neroli, künstlich, *C. N. & C.*
   3 „ Orgéol, *H. & R.*

Jasmin No. 6.

1000 g Olivenöl, präpariert,
7 „ Jasminöl, *H. & C.*

Um Ersatzöle für Blumenöle No. 24 oder 36 herzustellen, genügt in den meisten Fällen eine dem Preis entsprechende Vermehrung des zuzusetzenden Riechstoffes, sowie je 10 g Vanillone, was sich in dem Oele sehr gut macht.

Es bleibt also dem Parfümeur überlassen, in den folgenden Vorschriften französische Blumenöle oder die Ersatzöle zu verwenden.

Blumen-Haaröle.

Rose.

5000 g Rosenöl No. 6,
5000 „ Olivenöl,
40 „ Rosenholzöl.

Es ist ganz klar, dass man diese Oele mit noch weniger Zeitverlust (auch Zinsverlust) herstellen kann, wenn man einfach 10 kg Olivenöl nimmt und hineingibt $5 \times 14 =$

70 g Rosenöl, künstlich, *Sch. & C.*, und
40 „ Rosenholzöl.

Ebenso könnte man es jeweils bei den anderen Blumenölen machen, doch ist es immerhin ratsam, sich Standflaschen oder Kannen à 10 kg Blumenöl-Ersatz No. 6 vorrätig zu halten, denn bei längerem Stehen verteilen sich die Riechstoffe doch mehr in dem Oele und dies wird verhältnismässig ausgiebiger.

Veilchen.

2000 g Cassieöl No. 6,
2000 „ Jasminöl No. 6,
2000 „ Veilchenöl No. 24,
5000 „ Olivenöl.

Heliotrop.

2000 g Cassieöl No. 6,
2000 „ Orangenöl No. 6,
1000 „ Jasminöl No. 6,
1000 „ Cumarinöl,
4000 „ Olivenöl,
15 „ Heliotrop amorph, *C. N. & C.*,
0.5 „ Bittermandelöl.

Cumarinöl.

5000 g Olivenöl, präpariert,
  25 „ Cumarin, *H. & C.*

Reseda.

2000 g Cassieöl No. 6,
2000 „ Orangenöl No. 6,
2000 „ Jasminöl No. 6,
4000 „ Olivenöl,
  10 „ Quarantaine, *L. & C.*

Maiglöckchen.

2000 g Jasminöl No. 6,
2000 „ Rosenöl Nr. 6,
2000 „ Olivenöl,
  15 „ Muguet,
   5 „ Linalool, *H. & R.*,
  50 „ Cumarinöl,
   5 „ Orgéol, *H. & R.*

Flieder.

3000 g Jasminöl No. 6,
2000 „ Rosenöl No. 6,
3000 „ Olivenöl,
 100 „ Terpineol, *F. F. & C.*,
  10 „ Muguet, *H. & R.*,
   3 „ Hyacinthin, *Sch. & C.*

Orange.

5000 g Orangenöl No. 6,
1000 „ Rosenöl No. 6,
4000 „ Olivenöl.

Jasmin.

5000 g Jasminöl No. 6,
2500 „ Olivenöl,
  0.5 „ Wintergrünöl, künstlich,
  20 „ Bergamottöl,
   4 „ Noumeaöl (Essence bois de Nouméa).

Quinine-Oel.

3000 g Olivenöl,
2000 „ Chinarindenöl,

3000 g Cassieöl No. 6,
1000 „ Rosenöl No. 6,
 100 „ Bergamottöl,
  40 „ Portugalöl,
  20 „ Citronenöl,
  50 „ Rosenholzöl,
  10 „ Isoeugenol, *H. & R.*,
 100 „ Farböl, rot.

Chinarindenöl.

1000 g Olivenöl,
 800 „ geraspelte Chinarinde

werden im Wasserbade ca. 6—8 Stunden digeriert und dann ausgepresst.

Rotes Farböl.

1000 g Arachisöl,
 120 „ Alkannin.

Rotes Haaröl.

(Für den Export als »Queen's Oil« bekannt.)

10000 g Vaselinöl,
  500 „ Farböl, rot,
  200 „ Rosmarinöl,
  100 „ Nelkenöl.

Auch einige Haaröle sind am Markte, die zugleich etwas färben; dahin gehört das

Nuss-Haaröl.

1200 g grüne Walnussschalen,
 150 „ Alaun,
6000 „ Olivenöl.

Die Nussschalen und Alaun werden in einem Mörser zusammengestossen, darnach mit dem Oele solange erwärmt, bis alle Feuchtigkeit verschwunden ist.

Man parfümiert dann mit

10 g Rosenöl, künstlich, *H. & C.*,
20 „ Bergamottöl,
 2 „ Vanillone

und färbt mit Chlorophyll.

Macassaröl.

Zu dem echten *Rowland's* Macassaröl wird das schon erwähnte teure Behenöl verwendet. Eine andere Vorschrift ist folgende:

1000 g Olivenöl, präpariert,
  0.5 „ Neroliöl, künstlich, *D. & K.*,
  1 „ Rosenöl, künstlich, *H. & C.*,
  5 „ Rosmarinöl,
 10 „ Origanumöl,
  1 „ Eugenol, *H. & R.*,
100 „ Farböl, rot.

Macassaröl, rot, I.

2500 g Mandelöl, süss,
2500 „ Olivenöl,
  3 „ Alkannin,
 10 „ Canangaöl, Java,
 10 „ Pomeranzenöl, bitter,
 40 „ Geraniol, *Sch. & C.*,
 10 „ Bergamottöl.

Das Alkannin ist in etwas warmem süssen Mandelöl zu lösen.

Macassaröl, rot, II.

3500 g Paraffinum liquidum,
1500 „ Vaselinöl, entscheint,
  1.5 „ Alkannin,
 50 „ Bergamottöl,
 35 „ Citronenöl,
 15 „ Geraniol, *Sch. & C.*

Ausser diesen angeführten Haarölen ist noch eine ganze Menge unter den verschiedensten Namen im Handel; ihre Aufführung hat keinen besonderen Wert, da doch jeder Parfümeur die in seinem Rayon vorkommenden Oele resp. Neuheiten selbst herzustellen versucht. Betreffs der Oele sei noch bemerkt, dass sie tadellos klar sein müssen; es ist überhaupt gut, wenn nach der Parfümierung die Oele noch einige Zeit stehen können, damit sich etwa bildende Trübungen zu Boden schlagen und das Oel nochmals das Filter passieren kann.

Pomaden.

Wie bereits bemerkt, hat der Verbrauch in Pomaden im westlichen Europa ganz ungemein nachgelassen, ja er ist auf ein Minimum zusammengesunken. Es ist dies zum Teil der herrschenden Mode in den Haartrachten zuzuschreiben, zum Teil auch der Abneigung der jetzigen Generation gegen alles, was »geschmiert« wird. Die Fabrikation der Pomaden ist sehr

schwierig, wenn man schöne und haltbare Produkte erzeugen
will; ich verweise in dieser Beziehung ·auf die bestehende
Literatur, sowie auf eine sehr gute Arbeit in der Fachschrift
»Der Parfümeur«, Berlin, vom Jahre 1902 und bespreche hier
nur einige allgemeine Punkte.

Zur Pomadenfabrikation finden weiche und harte Fette,
sowie Oele Verwendung, und es richtet sich der Zusatz von harten
Fetten, bezw. Wachsarten, wie Talg, Wachs, Ceresin oder
Walrat, sowie auch von Lanolin nach den Temperatur-Verhältnissen
der Jahreszeit; so kann man im Winterhalbjahr weniger harte
Fette mit verarbeiten als im Sommerhalbjahr. Es muss der
betreffende Parfümeur selbst m besten herausfinden, ob seine
Pomade salbenartige haltbare Konsistenz hat, und hiernach
seine Ansätze regeln. Zur Bereitung der besseren Pomaden
stellt man sich nach *Naffin* folgendes Grundfett her. 50 kg
(beste Marke) Schmalz kocht man tüchtig mit 15 kg Wasser,
worin 2 kg Salz und 1 kg Alaun gelöst sind, zwei Stunden
durch, lässt hierauf absetzen, schöpft das reine Fett ab, entfernt
das Wasser, welches alle Fasern und Verunreinigungen des
Fettes enthält, und säubert den Kessel. Sodann bringt man
das Fett in den Kessel zurück und lässt es in der Hitze wieder
blank werden, was eintritt, sobald der letzte Tropfen Wasser,
welcher noch im Fett vorhanden war, verdampft ist. Nun
hängt man 2 kg pulv. Benzoë mit 1 kg Borsäure in einem
Gazebeutel in's heisse Fett und digeriert hiermit einen Tag lang,
entfernt den Benzoëbeutel und setzt auf die 50 kg Schmalz 1 kg
Ceresin, halbweiss, zu. Darauf füllt man dieses Fett in den
dazu bestimmten Ständer und gibt unter Rühren 20 kg weisse
Vaseline kalt zu, wodurch sich das Fett schon sehr abkühlt
und nach 1—2-stündigem fleissigen Rühren zur Erstarrung
kommt. Dieses Grundfett hebt man zum Gebrauch auf an
einem dunkeln, luftigen, kühlen Ort. Pomaden, mit diesem Fette
bereitet, halten sich tadellos. Talg zu Stangenpomaden (Cosmétiques fixateurs) wird auf eben die Weise wie Schmalz
präpariert. Bei der Fabrikation der Cosmétiques fixateurs braucht
man vorerwähnten Talg, feines Bienenwachs, hoch reines
Ceresin, sowie die hellsten Harze. Beim Bienenwachs muss
man darauf achten, dasselbe in reiner unverfälschter Qualität
zu erhalten; denn der honigartige, reine Wachsgeruch dient
auch mit als Parfümfixierungsmittel, und es ist jeder Pomade
sofort anzuriechen, ob Bienenwachs oder Ceresin verarbeitet
wurde. Da die Harz-Wachs-Pomaden hauptsächlich den Zweck
haben, hergestellte Frisuren haltbar zu machen und speziell
den Scheitel fest zu legen, so empfiehlt es sich, hierbei Sesamöl
mitzuverarbeiten, da es in Verbindung mit Harz und Wachs
vorzüglich klebt.

Es sei hier noch erwähnt, dass man von der Herstellung der Pomaden aus tierischem Fett immer mehr und mehr abkommt und sich der Vaseline zuwendet. Wenigstens werden die zu Pomade verarbeiteten Quantitäten von Vaseline immer grösser, was hauptsächlich seinen Grund darin hat, dass die mit Vaseline hergestellten Pomaden nicht dem Ranzigwerden ausgesetzt sind.

Zur Färbung der Pomadenkörper bedient man sich besonderer Farben resp. Farbenfette, indem man die Farben im Fett löst oder feinstens darin verarbeitet und dieses Farbenfett dann zum Färben der Pomaden verwendet. Man hat dann nicht nötig, die Pomade so sehr zu erwärmen, und es leidet dann auch das Parfüm nicht, wie auch der Fettkörper selbst. Das von der Natur gegebene Farbenfett ist das Palmöl, dann verwendet man Lederin, Orellana Brasil, Kurkuma etc. für gelb, Alkannin für rot und rosa.

Farbenfett.

3000 g Orellana Brasil,
6000 „ Wasser,
30000 „ Talg, Ia,
5000 „ Lagos-Palmöl,
2000 „ Kurkuma-Tinktur.

Dieses von *Franz Naffin* empfohlene Farbenfett, welches man bei Herstellung der Moëlle de Boeuf- (Rindermark-) Pomade sowie sonstiger gelb gefärbter Blumenpomaden verwendet, wird nach Angabe dieses Autors in folgender Weise hergestellt.

Orellana Brasil wird mit dem angewärmten Wasser im Duplikator zu einem gleichmässigen Brei angerührt, hierauf verstärkt man etwas den Dampf und bringt in diesen Brei die 30 kg Talg ein, die nun unter Rühren schmelzen, und erhält diese Mischung einen Tag über heiss; zum Schluss gibt man dann noch die 5 kg Palmöl zu; nach Schmelzung desselben zieht man das Wasser ab und bringt den jetzt gefärbten Talg durch Gaze in das hierzu bestimmte Standgefäss und gibt unter Rühren die Kurkuma-Tinktur zu. Der Sprit wird sich beim Rühren bald verflüchtigen, während der Farbstoff am Fett gebunden bleibt. Jetzt überlässt man das Farbenfett der Ruhe, damit sich das Wasser, welches noch im Fett enthalten sein könnte, absetzen kann, und hebt an einem kühlen, luftigen Standplatz zum Gebrauch auf. Die hierzu gebrauchte Kurkuma-Tinktur wird folgendermassen bereitet: 1250 g zerkleinerte bengalische Kurkumawurzel werden mit 10 kg warmem Sprit digeriert und nach dem Abkühlen filtriert.

Lederin und Alkannin kann man jedoch gerade so gut in Vaselin lösen, und diese Arbeit ist viel einfacher.

Zu den feinen Blumenpomaden finden die französischen Blumenpomaden No. 6 und No. 12 Verwendung, selten No. 24.

Blumenpomaden.

Veilchen.

```
500 g Pomade Violette No. 12,
150 „      „     Rose No. 12,
150 „      „     Jasmin No. 12,
100 „      „     Cassie No. 12,
300 „ Grundfett,
0.5 „ Jonon B 100%, H. & R.,
  3 „ Bergamottöl,
      Chlorophyll, in Oel gelöst
      oder mit Fett verrieben, nach Bedarf.
```

Reseda.

```
200 g Pomade Cassie No. 6,
250 „      „     Jasmin No. 6,
200 „      „     Orange No. 6,
200 „      „     Rose No. 6,
150 „ Grundfett,
0.5 „ Rosenöl, künstlich, H. & C.,
  2 „ Bergamottöl,
  1 „ Neroliöl, künstlich, C. N. & C.,
      Chlorophyll nach Bedarf.
```

Rose.

```
500 g Pomade Rose No. 12,
150 „ Grundfett,
  1 „ Rosenöl, künstlich, Sch. & C.,
  2 „ Orgéol, H. & R.
```

Flieder.

```
2000 g Grundfett,
1000 „ Pomade Jasmin No. 6,
  40 „ Terpineol, H. & C.,
   3 „ Vanillin, H. & R.,
   5 „ Muguet, L. & C.
```

Sehr bekannt sind dann die sogenannten

Rindermark-Pomaden.

Parfüm für Rindermark-Pomaden.

400 g Pomeranzenöl, süss,
300 „ Bergamottöl,
100 „ Petitgrainöl, Paraguay,
100 „ Geraniumöl, afrik.,
100 „ Eugenol.

Rindermark-Pomade.

5000 g ff. präparierter Talg,
1000 „ Ceresin, halbweiss,
2000 „ Paraffinum liquid.,
4000 „ Vaselinöl, gelb, entscheint,
4500 „ präpariertes Schmalz,
3500 „ Vaseline, gelb, parfümiert,
1200 „ Farbenfett,
 250 „ Parfüm von obigem Ansatz.

Eis-Pomade I.

4100 g ff. Olivenöl,
 900 „ Walrat,
  50 „ Bergamottöl,
  20 „ Petitgrainöl, Paraguay,
  15 „ Geraniumöl, afrikanisch,
  15 „ Citronenöl,
  20 „ Infusion Moschus.

Eis-Pomade II.

4100 g Sesamöl,
 900 „ Walrat,
  60 „ Bergamottöl,
  20 „ Petitgrainöl, Paraguay,
   5 „ Eugenol.

Bei Herstellung dieser Pomaden muss man sehr vorsichtig verfahren, damit die Krystallisation gut gelingt. Die Oele werden durch Gaze in den Pomadenschmelztiegel gebracht und solange erwärmt, bis der ebenfalls hinzugegebene Walrat geschmolzen ist. Sollte es nötig sein, so wird nochmals durch Gaze gegeben und abkühlen gelassen, bis einige feine Häutchen sich zeigen; nun parfümiert man und verfüllt in die vorher angewärmten Gläser, worin man die Pomade ruhig erstarren lässt. Man muss sich sehr vorsehen, dass die Gläser nicht erschüttert werden, indem dann die Krystallisation nicht so schön ausfällt. Um ein Ranzigwerden der Eispomade zu verhüten, nimmt man statt des Sesamöles feines Olivenöl, welches diesen Fehler weniger zeigt, sich sogar sehr schön im Geruch hält. Sesamöl neigt bekanntlich am meisten zur Ranzidität, und der Preisunterschied ist nicht so gross.

China-Pomade.

600 g Grundfett,
 40 „ Chinarindenextrakt,
 25 „ Perubalsam,
 25 „ Kanthariden-Tinktur,
 10 „ Bergamottöl,
  1 „ Vanillin.

Vaseline-Pomade, feinste.

1000 g Ceresin, halbweiss,
3000 „ Paraffinum liquid. l,
1000 „ Vaselinöl, gelb, entscheint,
  50 „ Bergamottöl,
  40 „ Citronenöl,
  20 „ Geraniumöl, afrikanisch,
   3 „ Citronellon, *H. & R.*

Flieder-Vaseline-Pomade.

3000 g Vaseline, weiss,
  50 „ Terpineol, *F. F. & C.*,
  10 „ Muguet, *C. N. & C.*,
   2 „ Vanillin,
  20 „ Infusion Benzoë.

Vaseline-Pomade, gewöhnliche.

10000 g Vaselinöl,
 2800 „ Ceresin, gelb,
  300 „ Palmöl,
  150 „ Parfüm.

Um Vaseline undurchsichtig und einer Fettpomade ähnlicher erscheinen zu lassen, versetzt man dieselbe mit Zinkweiss je nach dem gewünschten Aussehen.

Diese billigen Vaseline-Pomaden, die in der Hauptsache für den Export fabriziert werden, kann man sehr gut und vorteilhaft auch mit Mirbanöl, Wintergrünöl oder aber Cinnamol parfümieren; namentlich das letztere spricht sehr an.

Einer grossen Gunst im Publikum erfreuen sich zur Zeit die Schuppen-Pomaden. Es ist eine bekannte Tatsache, dass der präzipitierte Schwefel sehr vorteilhaft auf die Loslösung der Schuppen und des Schinns von der Kopfhaut wirkt; er bildet daher einen wichtigen Bestandteil der Schuppenpomaden.

Schuppen-Pomade.

I.

```
2000 g franz. Blumenpomade Reseda No. 12,
1000  „     „              „      Jasmin No. 6,
3000  „  Talg,
 500  „  Olivenöl,
 600  „  Ricinusöl,
 800  „  Arachisöl,
 700  „  Schwefelmilch,
1000  „  Schmalz,
 100  „  Perubalsam,
  30  „  Geraniol, H. & C.,
  15  „  Neroliöl, künstlich, C. N. & C.,
  50  „  Bergamottöl;
         Farbe: Chlorophyll.
```

II.

```
3000 g Vaseline, weiss,
 150  „  Schwefelblüte,
  10  „  Schwefelcadmium, hell,
 200  „  Infusion Perubalsam,
  10  „  Cinnameïn, Sch. & C.,
  50  „  Bergamottöl,
   1  „  Bittermandelöl,
   5  „  Wachsaroma, H. & R.
```

Eine ganz vorzügliche Pomade erhält man durch Verwendung des Lanolins zu der Pomademasse, die man dann mit Hilfe der ätherischen Oele etc. und unter Zugabe von Blumenpomade No. 6 zu den gewünschten Gerüchen verarbeitet.

Lanolin-Pomade.

```
2000 g Grundfett,
 300  „  Olivenöl,
1000  „  Lanolin.
```

Das Lanolin schützt die Pomade ungemein vor dem Ranzigwerden und ist der Kopfhaut wie den Haarwurzeln sehr dienlich.
Auch verwendet man Lanolin und Vaselin zu gleichen Teilen
zu Pomaden, die gerne gekauft werden. Ich lasse hier eine
Vorschrift folgen:

Vaselin-Lanolin-Pomade.

(Magnolia).

```
2000 g Vaseline, weiss,
2000 „ Lanolin,
1800 „ Blumenpomade Rose No. 6,
  10 „ Neroliöl, künstlich,
   2 „ Citronenöl,
 0.5 „ Bittermandelöl.
```

Man kann hierbei die verschiedensten Variationen hervorbringen durch Veränderung des Parfüms.

Es folgen hier noch einige Pomaden-Parfüms, zu denen
man die Pomadenamen nach Belieben wählen kann.

Pomaden-Parfüms.

Parfüm für Blumenpomade.

```
400 g Lavendelöl,
100 „ Cassiaöl,
200 „ Nelkenöl,
100 „ Gingergrasöl,
700 „ Bergamottöl,
 20 „ Neroliöl, künstlich.
```

Parfüm für Apfelpomade.

```
 15 g konzentrierter Butteräther,
 50 „ Amylacetat,
 50 „ Baldriansäure-Amyläther,
 50 „ Alkohol,
125 „ süsses Pomeranzenöl,
 25 „ Citronenöl,
 20 „ Petitgrainöl,
 10 „ Rosmarinöl,
  2 „ Palmarosaöl,
0.1 „ Vanillin.
```

Das Vanillin wird im Alkohol gelöst, dann die Oele und
zuletzt die Ester zugesetzt.

Parfüm für Rosenpomade.

10 g Rosenöl, künstlich, | *H. & R.,*
2 „ Neroliöl,   „ |
5 „ Bergamottöl,
100 „ Palmarosaöl.

Parfüm für Orangenblüten-Pomade.

10 g Neroliöl, künstlich, *D. & K.,*
1 „ Rosenöl,   „   , *Sch. & C.,*
1 „ Bergamottöl,
0.5 „ Ylang-Ylangöl, künstlich, *H. & C.,*
0.5 „ Bittermandelöl,
5 „ Lavendelöl.

Parfüm für Hauspomade.

35 g Bergamottöl,
30 „ süsses Pomeranzenöl,
15 „ Citronenöl,
5 „ Citronellal,
25 „ Palmarosaöl,
5 „ Cassiaöl,
7.5 „ Lavendelöl,
10 „ Perubalsam,
10 „ Alkohol.

Der Perubalsam wird mit dem Alkohol gut durchgeschüttelt und die übrigen Oele dann zugesetzt.

Parfüm für China-Pomade.

150 g Perubalsam mischt man mit
80 „ Alkohol, setzt zu
30 „ Eugenol,
20 „ Cassiaöl,
20 „ Pomeranzenöl, sowie zuletzt
150 „ Ricinusöl.

Parfüm für Kräuterpomade.

100 g Bergamottöl,
80 „ Citronenöl,
40 „ süsses Pomeranzenöl,
20 „ Petitgrainöl,
5 „ Majoranöl,
2 „ Krauseminzöl,
2 „ Kalmusöl,
10 „ Nelkenöl,
2 „ Poleyöl.

Einige billige Pomaden sind noch die folgenden:

Rosen-Pomade.

20 kg Vaselinöl, weiss,
 5 „ Ceresin, weiss,
15 g Alkannin,
50 „ Geraniol,
30 „ Palmarosaöl,
20 „ Citronenöl.

Kräuter-Pomade.

20 kg Vaselinöl, gelb,
 5 „ Ceresin, gelb,
20 g Chlorophyll,
50 „ Citronenöl,
20 „ Eugenol,
12 „ Geraniumöl, afrikanisch,
 4 „ Krauseminzöl.

Rindermark-Pomade.

20 kg Vaselinöl, gelb,
 3 „ Ceresin, gelb,
 2 „ Rindermark,
15 g Safransurrogat,
50 „ Citronenöl,
20 „ Bergamottöl,
 5 „ Eugenol,
10 „ Lavendelöl.

China-Pomade.

20 kg Vaselinöl, gelb,
 5 „ Ceresin, gelb,
12 g Brillantbraun,
50 „ Perubalsam,
 5 „ Citronenöl,
 5 „ Bergamottöl,
 5 „ Nelkenöl,
 5 „ Lavendelöl.

Da vorstehende Pomaden nur mit Vaselinöl und Ceresin hergestellt sind, ist ihre Haltbarkeit unbegrenzt.

Hier noch einige Bemerkungen über Pomaden, die nach heissen Klimaten versendet werden. Man sehe dabei unbedingt darauf, dass der Schmelzpunkt dieser Pomaden ein möglichst hoher ist und mindestens über 45° R. liegt. Alsdann achte man beim Einkauf von Ceresin und Vaselinöl auf den Schmelzpunkt des ersteren und das spezifische Gewicht des letzteren (0.885) und lasse sich hier durch billige Preise nicht bestechen, bevor man die Ware eingehend geprüft hat.

Stangen-Pomaden (Cosmétiques fixateurs).

Harz-Wachs-Pomade, weiss.

```
5000 g Talg, ff. präpariert,
2000 „ Ceresin, halbweiss,
 500 „ Bienenwachs,
1000 „ Harz, weiss (oder gebleicht),
3500 „ Paraff. liquid. II,
 100 „ Citronellöl, Java,
  50 „ Cassiaöl,
  50 „ Nelkenöl Ia,
  50 „ Bergamottöl.
```

Harz-Wachs-Pomade, blond.

```
5000 g Talg, ff. präpariert,
1500 „ Ceresin, gelb,
 500 „ Bienenwachs, gelb,
2000 „ Harz, hell,
3000 „ Vaselinöl, dickflüssig,
 500 „ Farbenfett, gelb,
 150 „ Citronellöl, Java,
  50 „ Cassiaöl,
  50 „ Bergamottöl,
  25 „ Eugenol.
```

Harz-Wachs-Pomade, braun.

Ansatz wie vorher.

```
350 g Mahagonibraun,
100 „ Brillantschwarz.
```

Kann auch mit Lederinfarbe braun gefärbt werden.

Harz-Wachs-Pomade, schwarz.

Ansatz wie vorher.

```
550 g Brillantschwarz oder
500 „ ff. Lampenruss.
```

Kann auch mit Lederinfarbe schwarz gefärbt werden.

Oliven-Harz-Pomade I.

(Fixateur résineux).

6000 g Bienenwachs, gelb,
9000 „ Harz, hell, französisch,
18000 „ Talg, ff. präpariert,
7000 „ Sesamöl,
500 „ Farbenfett, gelb,
250 „ Bergamottöl,
75 „ Cassiaöl,
200 „ Nelkenöl, Ia.

Dieser Ansatz ist vorzüglich für das lange, dicke, ovale Salonformat.

Oliven-Harz-Pomade II.

10000 g Talg ff.,
4500 „ Harz, hell,
4000 „ Sesamöl,
3000 „ Japanwachs,
50 „ Wachsaroma, *H. & R.*,
250 „ Eugenol,
200 „ Palmarosaöl,
30 „ Cassiaöl,
10 „ Benzoësäure-Methylester.

Als Farben verwendet man für blond: 25 g Cadmiumgelb;
braun: 500 „ Mahagonibraun,
40 „ Beinschwarz;
schwarz: 500 „ Beinschwarz.

Cosmétique I.

15000 g Talg,
1200 „ Japanwachs,
2100 „ Harz, hell,
300 „ Sesamöl,
30 „ Wachsaroma,
100 „ Eugenol,
100 „ Palmarosaöl,
30 „ Cassiaöl.

Farben wie bei Oliven-Harz-Pomade II.

Cosmétique II.

2.5 kg Talg,
2 „ Harz,
260 g Ricinusöl,

750 g Ceresin,
 30 „ Cassiaöl,
 30 „ Nelkenöl,
 18 „ Lavendelöl.

Cosmétique III.

2 kg Bienenwachs,
1¹/₂ „ Vaselinöl (gelbes),
 1 „ Harz,
 1 „ Talg,
 50 g Citronenöl,
 15 „ Cassiaöl,
 10 „ Bergamottöl.

Cosmétique IV.

2 kg Ceresin,
 2 „ Vaselinöl (gelbes),
1¹/₂ „ Talg,
1¹/₂ „ Harz,
 50 g Bergamottöl,
 20 „ Cassiaöl,
 20 „ Citronenöl.

Eine viel gefragte Sorte, die besonders in Schiebehülsen verpackt wird, ist die

Weisse Vanille-Cosmétique.

2250 g Ceresin, weiss,
2250 „ Paraffin,
2500 „ Wachs, weiss,
3000 „ Talg ff.,
 100 „ Cinnameïn,
 30 „ Isoeugenol,
 60 „ Geraniumöl,
 35 „ Vanillin,
 10 „ Heliotropin,
2500 „ Corps dur Jasmin,
1500 „   „   „ Rose.

Zu den feinen Blumen-Cosmétiques verwendet man die
französischen »Corps durs«. Diese können auch für sich allein
als Cosmétique verbraucht werden, indem man sie schmilzt und
in Formen giesst. Gewöhnlich werden sie jedoch mit zum
Parfümieren der anderen Fette genommen, da sie für sich allein
zu streng riechen. Für Blumen-Cosmétiques stellt man sich
eine Masse her, die dann durch Zugabe verschiedener Riechstoffe zu den einzelnen Gerüchen verarbeitet wird.

Masse für Blumen-Cosmétiques.

4000 g Corps dur Jasmin,
4000 „   „   „   Cassie,
4000 „   „   „   Orange,
6000 „ Talg, präpariert,
2000 „ Wachs, gelb,
2000 „ Mandelöl, süss,
  35 „ Wachsaroma, *H. & R.*

Blumen-Cosmétiques.

Veilchen.

2000 g Masse,
   5 „ Irisöl, liqu.,
  10 „ Bergamottöl,
  10 „ Infusion Benzoë,
 0.3 „ Jonon B., *H. & R.*

Rose.

2000 g Masse,
   5 „ Rosenholzöl,
   2 „ Rosenöl, künstlich, *H. & C.,*
   2 „ Geraniumöl,
  10 „ Infusion Tolu.

Heliotrop.

2000 g Masse,
  10 „ Heliotropin, *H. & R.,*
   2 „ Vanillin, *H. & R.,*
 0.3 „ Bittermandelöl,
  10 „ Infusion Benzoë.

Orange.

2000 g Masse,
   5 „ Neroliöl, künstlich,
   4 „ Rosenholzöl,
   2 „ Petitgrainöl,
  10 „ Infusion Tolu.

Flieder.

2000 g Masse,
  10 „ Terpineol, *F. F. & C.,*
   3 „ Vanillin,
   2 „ Muguet, *H. & R.,*
  10 „ Infusion Benzoë.

Cosmétique blanc aux Fleurs.

  600 g Japanwachs,
2100 „ Vaseline, weiss,
  300 „ Ceresin, weiss,
  850 „ Ricinusöl,
  600 „ Talg,
  540 „ Harz, hell,
   10 „ Bergamottöl,
   60 „ Palmarosaöl,
    5 „ Orgéol, *H. & R.*,
   10 „ Linalool. *H. & R.*

Haarcremes.

Zur Befestigung der Frisuren und der Scheitel werden verschiedene Cremes verwendet, die man nach folgenden Vorschriften herstellen kann:

Frisier- oder Scheitel-Creme.

Es werden 700 g venetianische Seife in
1500 „ destilliertem Wasser,
und 700 „ Gummi arabicum in
1500 „ destilliertem Wasser in der Wärme zur Lösung gebracht, beide Teile dann vereinigt und hinzugegeben: 500 g Japanwachs. Man lasse dieses in der heissen Seifen- und Gummilösung zergehen, wobei das Gefäss auf dem Wasserbade bleibt, hierauf gebe man

300 g chemisch reines Glycerin und
1500 „ Talg, ff. präpariert, sowie
   1 „ Salicylsäure zu.

Dieses Präparat wird gut salbenartig verrieben, wobei man zarte rosa Farbe gibt, und parfümiert mit

50 g Geraniumöl, französisch,
70 „ Portugalöl,
10 „ Nelkenöl.

Wird aufbewahrt in Steingutbüchsen.

Frisier-Creme.

500 g Gummi arabicum,
450 „ Seifencreme,*)
1700 „ Wasser
lässt man gut lösen und setzt dann zu
1500 g chemisch reines Glycerin,

*) Die Vorschrift für »Seifencreme« befindet sich auf Seite 217.

600 g Wachs, weiss,
 10 „ Geraniol,
 10 „ Neroliöl, künstlich,
 30 „ Bergamottöl,
 10 „ Orgéol, *H. & R.*,,
  5 „ Karmin-Tinktur,
 25 „ Krokus-Tinktur.

Unter der Bezeichnung »Crème cosmétique« geht dieselbe Mischung, wie die zuletzt beschriebene Frisiercreme.

Cydonia-Creme.

2000 g Talg,
2000 „ Ricinusöl,
1000 „ Lanolin,
2000 „ Vaseline, gelb,
 500 „ Wachs, gelb,
  80 „ Bergamottöl,
  20 „ Linalool,
  10 „ Geraniol.

Cydonia-Creme.

(Mit Harz).

4000 g Pomaden-Grundfett,
2000 „ Harz,
  30 „ Bergamottöl,
   5 „ Linalool,
   2 „ Orgéol, *H. & R.*

Brillantinen.

An die Pomaden reihen sich die Brillantinen und Lustralinen, welche als Schüttelbrillantine sowie als Brillantine liquide in den Handel kommen. Unter Schüttel-Brillantine versteht man Mischungen von gleichen Teilen Olivenöl mit Extrait triple oder double, je nach Preislage. Man füllt die Flacons zur Hälfte mit Olivenöl und setzt dann das Extrait zu, wobei die Brillantinen in allen Extraits-Blumengerüchen nach Wunsch hergestellt werden können. In den verwendeten Extraits dürfen keine Wasserzusätze enthalten sein, da sonst die Mischungen gleich trübe werden. Beim Gebrauch wird die Füllung kräftig durchgeschüttelt, welche nun als weissliche Emulsion erscheint, wobei sich das Extrait in Gestalt winziger Perlen in der Oelmasse verteilt befindet. Brillantinen liquid. oder Lustralinen sind Mischungen, entweder von Ricinusöl erster Pressung mit Extrait oder parfümiertem Sprit, jedoch ebenfalls ohne Wassergehalt, oder von hochgrädigem chemisch reinen Glycerin mit Extrait oder Sprit; in letzerem Falle braucht man nicht so ängstlich wasserhaltige Extraits zu meiden, da sich sowohl Sprit als auch Wasser mit Glycerin verbindet. Jedoch ist die erstere Mischung, also Ricinusöl mit Extrait, vorzuziehen.

Brillantine liquide (Lustraline).

Maiglöckchen.

1500 g Ricinusöl Ia,
1500 „ Sprit,
   5 „ Ylang-Ylangöl,
  20 „ Linalool,
  10 „ Terpineol,
  50 „ Infusion Benzoë.

Man färbt mit Chlorophylllösung.

Veilchen.

1500 g Ricinusöl Ia,
1500 „ Sprit,
  10 „ Solution Irisöl (1 : 6),
   2 „ Jonon,
   5 „ Bergamottöl,
   5 „ Infusion Moschus I.

Man färbt mit Chlorophylllösung.

Violette San Remo.

2000 g Ricinusöl Ia,
4800 „ Infusion Violette II,
 240 „   „   Jasmin II.

Rose.

1500 g Ricinusöl Ia,
1500 „ Sprit,
   3 „ Rosenöl, künstlich, *H. & C.*,
  12 „ Geraniumöl, afrikanisch,
  15 „ Petitgrainöl, Paraguay.

Man färbt mit Safran-Tinktur.

Selbstredend müssen auch diese Produkte, nachdem sie einige Tage gestanden haben, der grösseren Klarheit wegen, filtriert werden.

Feste Brillantine.

3000 g Ricinusöl,
800 „ Walrat

werden zusammen geschmolzen; dazu kommen

50 g Bergamottöl,
25 „ Palmarosaöl,
10 „ Geranylacetat.

Bandoline fixateur.

60 g Gummi Tragant,
600 „ Sprit,
1800 „ Rosenwasser,
10 „ Bergamiol.

Der Tragant wird mit dem Sprit benetzt, hierauf setzt man das Rosenwasser zu und lässt so lange stehen, bis sich der Tragant in eine schleimige Masse verwandelt hat. Nach einigen Tagen presst man die Masse durch ein Sieb und färbt, wenn rosa verlangt ist, mit Karmin, sonst bleibt die Bandoline weiss. Durch verschiedenartige Parfüme kann man alle Geruchs-Bandolinen herstellen. Da sich diese Präparate nicht lange halten, empfiehlt es sich, einen kleinen Zusatz von Benzoë-säure zu geben.

Bartbefestigungsmittel.

Schon seit vielen Jahren ist man bemüht, für harte und struppige Schnurrbärte Tinkturen zu verwenden, welche diese Barthaare weich und gefügig machen und ihnen auch Glanz und schönes Aussehen verleihen. In der Hauptsache wird dies durch Brillantine erreicht, die infolge ihres Oelgehaltes das Haar weich macht und in Verbindung mit ihrem Spritgehalt das Haar auch erglänzen lässt.

Nun soll dem Schnurrbart jedoch auch eine gute Form gegeben werden, und dies ist mit Brillantine allein nicht zu ermöglichen. Dafür erzeugte man die sog. »ungarische Bart-wichse«, deren Qualität jedoch im Laufe der Jahre eine solche geworden ist, dass ihre alkalischen Bestandteile — als Grund-stoff wird Kernseife benutzt — viele Bärte angreifen und die Haare röten.

Durch die »deutsche Barttracht«, wie eine nichts weniger als gerade schöne Art, den Schnurrbart zu tragen, in reichlich anmassender Weise genannt wird, sind Bartwässer und Bart-binden sehr in Mode gekommen, sodass es sich wohl lohnt, diese Artikel näher zu betrachten.

Bartwasser, Bartbefestiger, Bartformer und wie diese Präparate sonst noch heissen, haben den Zweck, den Haaren des Schnurrbarts die Form zu erhalten, in welcher sie von dem Besitzer gelegt, resp. gestellt sind. Die Bartbinde muss dabei natürlich mithelfen, denn sie soll die angefeuchteten Haare bis zu deren Trocknung in der gewünschten Lage halten. Da dies nicht immer leicht zu erreichen ist, wurden allerhand Bartwässer auf den Markt gebracht, bis auf einmal der Ruf erscholl: »Es ist erreicht!«

Da nun jedoch nicht für jeden Schnurrbart dieser Punkt des Erreichtseins eingetreten ist, und man sich immer noch nach der Beschaffenheit der einzelnen Bärte richten muss bei Verwendung von Bartformern, müssen auch solche von ganz verschiedener Zusammensetzung hergestellt, und es sollen hier deren verschiedene vorgeführt werden. Die Ansprüche, die an ein gutes Bartwasser gestellt werden, sind folgende: Es soll den Bart in einer bestimmten Form halten, ohne ihn jedoch zusammenzukleben, es soll die Farbe des Haares nicht verändern, es soll das Haar nicht angreifen, auch soll es nicht zu stark riechen.

Die ersten Bartformer bestanden aus parfümierten Lösungen von Kolophonium in Alkohol. Diese gaben dem Haar wohl eine bestimmte Lage, doch klebten sie und erzeugten einen unangenehmen Geschmack, sobald die Haare beim Essen oder Trinken in den Mund gerieten. Dann folgten die heute noch vielfach in Verwendung befindlichen oder vielmehr sogar wieder in Aufnahme gekommenen Bartbefestiger, die weiter nichts sind als Stückchen hart getrockneter Glycerinseife. Dieselben werden an ihrer Schnittfläche etwas mit Wasser befeuchtet und auf die Schnurrbarthaare gestrichen. Ihre Verwendung ist eben Geschmackssache.

Die meisten jetzt im Handel befindlichen Bartwässer setzen sich aus sehr einfachen und bekannten Klebstoffen zusammen, als da sind Eiweiss, Zucker, Gummi, Malzextrakt etc. Bei Verwendung von Eiweiss muss man vor allem beobachten, dass man nicht mehr ansetzt, als man zur Zeit zu verwenden gedenkt, da die gelösten Restbestände trotz Beigabe von Salicylsäure oder sonstigen Konservierungsmitteln sehr schnell verderben und dann unbrauchbar sind. Auch das Lösungsverhältnis ist genau festzustellen, da sich sonst beim Lagern der Ware allerlei Abscheidungen und Niederschläge ergeben. Es ist dies alles wohl mit ein Grund, weshalb man von der Verwendung von Eiweiss mehr abgekommen ist; es wird jedoch teils in frischem, teils in getrocknetem Zustande — natürlich gelöst — noch oft verwendet, namentlich da, wo eine grössere Klebkraft des

Produktes verlangt wird. Zur Deckung eines etwa vorhandenen
säuerlichen Geruches verwendet man vorteilhaft eine alkoholische
Lösung von künstlichem Rosenöl oder Rosenwasser, auch einen
kleinen Zusatz von Campher-Eau de Cologne. Weiter finden
Capillärsirup und Havannahonig viel Verwendung. Andere Bartformer stellt man wieder als eine Art Creme her und verwendet
dazu Tragant in wässeriger Auflösung, ebenfalls mit künstlichem
Rosenöl parfümiert.

Bartformer.

  300 g Albumin,
 8000 „ Wasser,
   50 „ Salicylsäure,
 1000 „ Havannahonig,
    5 „ künstliches Rosenöl, *H. & C.,*
in 100 „ Weinsprit gelöst.

Bartcreme.

  80 g Tragantgummi,
3000 „ Rosenwasser,
  5 „ Rosenrot-Tinktur,
 10 „ Salicylsäure.

Bartwasser.

I.

  100 g Albumin,
 2000 „ Capillärsirup,
10000 „ Rosenwasser,
  30 „ Salicylsäure.

II.

 40 g Dextrin,
880 „ Wasser,
200 „ Sprit,
0.5 „ Vanillin, *H. & R.,*
 3 „ Bergamottöl.

III.

 500 g Malzextrakt,
 900 „ Sprit,
8000 „ Rosenwasser,
  10 „ Salicylsäure.
 100 „ Campher-Eau de Cologne.

Bartwichse für Gläser oder Tuben.

300 g venetianische Seife, |
450 „ destilliertes Wasser, |
1100 „ Gummi arab., gelblich,|
1600 „ destilliertes Wasser, |
350 „ Bienenwachs, weiss,
350 „ Glycerin, chem. rein,
25 „ Citronenöl,
15 „ Portugalöl,
25 „ Bergamottöl.

Herstellung wie bei der Frisier-Creme. Beim Füllen in die Gläser erwärmt man soweit, dass man giessen kann. Bei Tubenfüllung wird die kalte Masse in die Tubenfüllmaschine getan und durch eine kleine Drehung an der Kurbel der Maschine in die auf die Oeffnung gestreifte Tube gedrückt. Sehr gut bewährt sich alsdann die Tubenschliessmaschine von *Louis Vetter* in Schmiegling bei Nürnberg.

Ungarische Bartwichse.

500 g Gummi arabicum, |
600 „ Wasser, |
1000 „ Grundseife, |
1250 „ Wasser, |
900 „ Japanwachs,
50 „ Terpentin, venetianischer,
50 „ Citronenöl,
40 „ Bergamottöl.

Haarkräusel- und Lockenwasser.

Der jeweiligen Mode unterworfen ist die Anwendung von Präparaten, die dem Haar ein gewisse Form verleihen, es kraus oder straff etc. machen, wozu die Kräuselwässer, Lockenwässer und dergl. genommen werden.

Haarkräuselwasser.

200 g Infusion Benzoë,
120 „ Sprit,
3 „ Orgéol, *H. & R.,*
5 „ venetianischer Terpentin.

Locken-Wasser.

Es muss betont werden, dass es unmöglich ist, ein an sich nicht krauses Haar ohne Brennen oder Wickeln lockig zu machen. Wohl aber kann man mit geeigneten Mitteln die künstlich erzeugten Locken dauerhaft machen, besonders gegen die Feuchtigkeit der Luft befestigen.

<pre>
800 g Wasser,
200 „ Sprit,
 40 „ Glycerin,
 20 „ Borax,
140 „ Infusion Benzoë,
 20 „ Terpineol,
  2 „ Vanillin.
</pre>

Haarpuder.

Da wir hier gerade bei der Haarpflege verweilen, sollen auch die Haarpuder gleich angeführt werden. Diese sind nicht zu verwechseln mit den Gesichtspudern (siehe diese), auch muss bei Verwendung derselben auf die Farbe der Haare Rücksicht genommen werden.

Haarpuder.

Blond:

<pre>
    2000 g Weizenmehl,
    1500 „ Irispulver.
     300 ., Magnesia,
ca. 400 „ Ocker, je nach der gewünschten
           Nuance.
</pre>

Schwarz:

<pre>
    2000 g Weizenmehl,
     300 „ Magnesia,
    1500 „ Irispulver,
     400 „ pulv. Lindenkohle,
ca. 200 ., Beinschwarz.
</pre>

Parfüm:

<pre>
20 g Bergamottöl,
 5 „ Irisöl, liqu.,
 3 „ Ylang-Ylangöl, künstlich, *Sch. & C.,*
 3 „ Jonon, *H. & R.,*
 2 „ Isoeugenol, *H. & R.*
</pre>

Die Anwendung dieser Puder muss eine sehr dezente sein; sie ist immerhin eine begrenzte.

Haarfärbemittel.

Es folgen nun die Präparate, welche zur Schönung des Haares dienen, d. h. zur Wiederherstellung seiner ursprünglichen Farbe auf künstlichem Wege, die Haarfärbemittel. Ihre Anzahl ist Legion, und alle werden sie als unschädlich angepriesen. Die natürliche Farbe des Haares hängt von seiner chemischen Zusammensetzung ab. So wurde an verschiedenen farbigen Haarsorten festgestellt, dass ein Gehalt des Haares von:

viel Eisen und wenig Schwefel = schwarz,
ca. gleiche Teile Eisen und gleiche Teile Schwefel = rot,
wenig Eisen und viel Schwefel = blond,
kein Eisen und kein Schwefel = weiss

ergibt. Man sollte nun annehmen, dass man durch innerliche Zuführung der geeigneten Stoffe auf die Farbe der Haare beliebig einwirken könne. Dem scheint jedoch nicht so zu sein, wenigstens ergaben bei Menschen gemachten Versuche negative Resultate, während man z. B. bei Vögeln bezüglich der Färbung der Federn zu besseren Erfolgen gelangte. Allerdings soll den Chinesen seit Jahrtausenden bereits das Geheimnis bekannt sein, wie man sein Haar bis in das hohe Alter in der natürlichen Farbe erhält, und es wird behauptet, dass sie eisenhaltige Flüssigkeiten zu sich nehmen, die nur diesem Zwecke dienen.

Wir, die wir nun in dieser Kunst noch nicht so weit fortgeschritten sind, suchen den gleichen Effekt von aussen her zu erreichen, zu welchem Zwecke wir die Haarfärbemittel mittelst Kamm, Bürste oder Schwamm auf das Haar bringen. Leider sind viele der im Handel vorkommenden Mittel schädlich, nicht nur dem Haare selbst, sondern direkt der Gesundheit des Menschen. Die biologische Gesellschaft von Paris beschäftigte sich in einer ihrer Sitzungen mit den Gefahren, welche der Gebrauch künstlicher Haarfärbemittel für die Gesundheit hat. Dr. *Laborde* brachte Beweise dafür bei, dass die regelmässige Anwendung solcher kosmetischer Mittel nicht nur örtliche Störungen, wie Hautreiz, Jucken, Ausschlag auf der Kopfhaut, im Gesicht und an den Händen, Anschwellen der Augenlider und Röten der Augen verursachen könnte, sondern dass tatsächlich die chemischen Bestandteile in den Organismus aufgenommen würden und eine wirkliche Vergiftung stattfände. Dr. *Laborde* erzählte den Fall einer Patientin, einer in den Fünfzigern stehenden Dame, die sich mehrere Monate lang über heftige Verdauungsstörungen beklagte. Dieselben stellten sich regelmässig zuerst alle drei Wochen, dann alle vierzehn Tage und zuletzt jede Woche ein, begleitet von Kopfschmerzen, Uebelsein und Erbrechen. Die Dame, die ausserdem an Gicht litt, konsultierte zwei Spezialisten für ihre Leiden, ohne jedoch nach deren

Verordnungen eine Erleichterung ihres quälenden Zustandes zu verspüren. Als sie zu Dr. *Laborde* kam, fiel diesem die Rabenschwärze ihres Haares auf, in der noch kein weisser Schimmer sich zeigte. Er stellte die heikle Frage und erfuhr die ganze Wahrheit, die ihn sofort über seinen »Fall« aufklärte. Alle acht bis vierzehn Tage hatte seine Patientin Einreibungen mit einem Mode-Haarfärbemittel auf der Kopfhaut mit Hilfe einer harten Bürste gemacht, wodurch die Substanz innerlich absorbiert worden war. Die Heilung erfolgte ohne weiteres, nachdem der Gebrauch des »Verjüngungsmittels« aufgegeben war. Durch Versuche an Tieren hatte Dr. *Laborde* alle seine Voraussetzungen bestätigt gefunden. Er hat Hunden eben dieses Färbemittel Paraphenylendiamin eingespritzt oder sie auch nur damit eingerieben, und bei allen beobachtete er dieselben Erscheinungen: Erbrechen, Zusammenziehen der Muskeln, häufig völliges Steifwerden. Bei einer sehr starken Dosis trat nach vierzehn Tagen bis drei Wochen der Tod ein, und die Sektion zeigte, dass Blut, Herz, Leber, Nieren, ja selbst die Muskeln schwarz gefärbt waren.

Die zur Zeit im Handel befindlichen Haarfarben lassen sich nach ihrer Zusammensetzung als Blei-, Wismut-, Silber-, Kupfer- und Eisenfarben unterscheiden. Ausserdem gibt es noch persische Haarfärbemittel, Nussextrakte, und in neuester Zeit· kommen noch Präparate in den Handel, welche aus Lösungen von organischen Präparaten (dem vorerwähnten Paraphenylendiamin u. s. w.) bestehen.

Da die bleihaltigen Mittel unbedingt schädlich und daher gesetzlich verboten sind, lassen wir sie ganz beiseite; so enthalten z. B. Eau d'Apollon, Eau de Fée, Hair-Juvenator, Hair-Restorer etc. etc. bis zu 10⁰/₀ Bleizucker, und man setzt sich durch Herstellung und Vertrieb solcher Präparate nur in direkten Konflikt mit Gesetz und Behörde.

Die Wismut-Präparate werden auch nur wenig mehr hergestellt, denn sie sind zu teuer, und der Erfolg ist nicht immer ein unbedingter, besonders, wenn es sich um Färbung des Barthaares handelt. Es ist ja eine bekannte Tatsache, dass sich die beiden Haarsorten — Kopf- und Barthaare — verschieden zu den Haarfärbemitteln verhalten, da die äussere Hornschicht des Barthaares immer stärker ist, wie die des · Kopfhaares.

Silber-Präparate.

Diese Präparate sind völlig unschädlich, und der Vertrieb derselben ist gesetzlich durchaus zulässig. Da die Farbe mehrere Wochen haftet und nach der unten gegebenen Vorschrift die Wirkung sofort eintritt, ist die Herstellung dieser

Präparate empfehlenswert. Allerdings haben alle Silberfarben den Nachteil, dass sie bei schief auffallendem Lichte den Haaren einen eigentümlichen Reflex erteilen. Durch Zusatz von etwas Kupfersulfat kann man diesen entfernen, doch stellt sich dieser Zusatz wieder in Konflikt mit dem Gesetz, weshalb wir nicht weiter darauf eingehen wollen. Die Silber - Haarfärbemittel bestehen in der Regel aus 2 Flüssigkeiten, die in 2 Fläschchen untergebracht sind. Ein sehr gutes Präparat ist das folgende:

Hair Dye.

I. Flüssigkeit.

1500 g Sprit,
  50 „ Pyrogallol,
4000 „ Wasser;

wird zu allen Nuancen benützt.

II. Flüssigkeit
(für braun).

150 g Silbernitrat,
3000 „ Rosenwasser,
 500 „ Salmiakgeist.

II. Flüssigkeit
(für schwarz).

250 g Silbernitrat,
2000 „ Rosenwasser,
 700 „ Salmiakgeist.

II. Flüssigkeit
(für blond).

 65 g Silbernitrat,
2800 „ Rosenwasser,
 200 „ Salmiakgeist.

Gebrauchsanweisung: Bevor man sich dieses Mittels bedient, muss man die Haare oder den Bart auswaschen und alle fremden Substanzen entfernen. Es genügt, die Haare mit Seife zu waschen.

Wenn die Haare rein und trocken sind, feuchtet man sie mit No. I mittelst einer kleinen Bürste an. Man muss Sorge tragen, dass die Haare in kleinen Abteilungen durchfeuchtet werden, und bis zur Wurzel.

Nach 5 bis 10 Minuten wendet man No. II an, nehme aber ein anderes reines Bürstchen, verfahre ebenso wie bei No. I, nur darf die Haut nicht berührt werden, da es dieselbe färbt. Ist das Haar gefärbt, so wasche man es nach einer Viertelstunde gut aus, durchfeuchte es mit etwas Brillantine und wiederhole diese Operation alle 2—3 Wochen.

Zu den Silberpräparaten gehört auch das

Melanogène.

Schwarz.
I. 10 g Pyrogallussäure,
250 ,, destilliertes Wasser,
250 ,, Weingeist.

II. 48 ,, Silbernitrat,
400 ,, destilliertes Wasser,
100 ,, Salmiakgeist, bezw. soviel, bis die Flüssigkeit klar wird.

Braun.
I. 32 g Silbernitrat,
450 ,, destilliertes Wasser,
50 ,, Salmiakgeist.

II. 250 ,, rektifizierter Holzessig,
250 ,, destilliertes Wasser,
7 ,, Pyrogallussäure.

Blond.
I. wie bei braun.
II. dreifach Schwefelkalium, gelöst in 250 g Wasser bis zur Sättigung und mit 250 g Wasser verdünnt.

Kupfer-Präparate.

Diese dürfen nur zur Färbung von Haaren verwendet werden, welche mit der Bezeichnung »tot« gegeben werden, d. h. für solche Haare, die abgeschnitten auch als »falsche« Haare bekannt sind, — also für Perücken, Zöpfe und dergl. Es lassen sich mit Kupferpräparaten sehr gute Erfolge erzielen, indem man Kupferlösung in Verbindung mit Silber verwendet, oder man bedient sich, wie bei den Silberpräparaten, eines aus 2 Flüssigkeiten bestehenden Produktes. Dies stellt man wie folgt her:

I. 10 g Pyrogallussäure,
50 ,, Kupferacetat,
1000 ,, destilliertes Wasser.

II. 50 ,, Kupfersulfat, $\Big\}$ in
120 ,, Salmiakgeist, $10^0/_0$ig $\Big\}$ dunkler
2200 ,, destilliertes Wasser $\Big|$ Flasche.

Die Verwendung ist die von den Silberpräparaten her bekannte.

Eisen-Präparate.

Werden noch sehr wenig angewendet. Ihre Herstellung wie Anwendung ist bequemer als die der Silberpräparate, da sie nur aus einer Flüssigkeit zu bestehen brauchen.

Eisen-Haarfärbemittel.

    500 g Weinsprit,
     10 „ Pyrogallol,
      5 „ essigsaure Eisenoxydlösung (Liquor ferri acetici),
     30 „ Glycerin.

Die Anwendung erfolgt in der Weise, dass man das Haar mit dieser Mischung gleichmässig durchfeuchtet. Das bekannteste dieser Mittel ist das Chromacoma, welches aus 2 Flüssigkeiten besteht: No. I ist Galläpfeltinktur, No. II ist eine mit etwas Silbernitrat versetzte Lösung von essigsaurem Eisen.

Die Haarfärbung mit vegetabilischen Mitteln.

Persische Haarfärbemittel.

In dem rühmlichst bekannten Werke von Dr. *Clasen* »Die Haut und das Haar« findet sich eine interessante Beschreibung der persischen Haarfärbung mit Henna und Reng, welcher die nachstehenden Mitteilungen entnommen sind:

Unter »Henna« versteht man die gepulverten Blätter des Cyperstrauches (Lawsonia), unter »Reng« die gepulverten Blätter der Indigopflanze (Indigofera). Henna färbt für sich allein das Haar fuchsrot, mit Reng vermischt dagegen nach Belieben blond bis schwarz. Dabei erhalten die Haare einen wunderschönen Glanz, und es soll durch Anwendung dieses Mittels auch das Ausfallen der Haare vermindert werden. Auch ist es absolut unschädlich und gewährt noch den Vorteil, dass es die Kopfhaut nicht färbt. Die Färbung ist echt, hält sich monatelang und erscheint durchaus natürlich. Wir hätten es demnach hier mit einem ausgezeichneten Präparate zu tun, wenn nicht die Anwendung desselben so überaus umständlich wäre. Zunächst ist es erforderlich, dass die Färbung in einem Raume vorgenommen wird, welcher eine Temperatur von mindestens 19° R. besitzt, da sich die Farbe bei niedrigerer Temperatur nicht entwickelt. Ferner muss viel angewärmtes Wasser (am besten eine Badewanne voll) zum Auswaschen der Haare zur Verfügung stehen. Man verwendet zu einer Färbung im Durchschnitt 100 g

der Mischung und hat besonders darauf zu achten, dass sich
beide Teile in völlig trockenem Zustande befinden. Die Mischung,
welche vor dem Gebrauche jedesmal frisch bereitet werden
muss, ist wie folgt zusammengesetzt:

Zum Hellbraunfärben: . . . . 80 g Reng,
40 „ Henna.
Zum Dunkelbraun- oder Schwarzfärben: . . 90 „ Reng,
30 „ Henna.

Die gemischten Pulver werden mit $^1/_2$ Liter Wasser, welches
man vorsichtig nach und nach zugibt, zu einem gleichmässigen
Brei verrührt, welcher dick auf den Kopf und die Haare
aufgetragen wird. Natürlich müssen letztere in der üblichen
Weise entfettet sein. Lange Haare werden am besten in Zöpfe
geflochten, und diese öfters durch die mit Brei gefüllte Hand
gezogen, indem man den Brei an allen Stellen gut zwischen
die Haare hineindrückt. Die so behandelten Zöpfe werden rings
um den Kopf gelegt und das ganze Haar noch einmal mit Brei
überdeckt, sodass kein einziges Haar aus der den Kopf wie
eine Pechkappe zudeckenden grünen Masse hervorragt. Nachdem diese Prozedur beendet ist, muss man bei Braunfärbung
2 Stunden, bei Schwarzfärbung 3—4 Stunden warten, ehe man
den Brei entfernen darf.

Nach Ablauf dieser Zeit wird die Masse mit viel Wasser
von Kopf und Haaren weggespült und das Haar anhaltend mit
einem weiten Kamm gekämmt, während literweise Wasser auf-
gegossen wird. Die Waschung dauert $^1/_2$ Stunde und ist beendet,
wenn das Wasser klar aus dem Haar abfliesst. Da man die
wirklich erzielte Farbe erst nach 6 Stunden beurteilen kann,
färbt man zweckmässig des Abends. Sollte etwa das Haar
nach dem Trocknen glanzlos erscheinen, so ist die Färbung
missglückt, und muss wiederholt werden. Wie aus diesen
Angaben ersichtlich ist, wird die Geduld hier auf eine harte
Probe gestellt, weshalb auch die Anwendung dieser Färbe-
methode sehr beschränkt ist.

Viel benutzt werden die folgenden Produkte:

Nuss-Extrakt.

Der Nuss-Extrakt ist ein beliebtes, unschädliches Haarfärbemittel, welches sich ohne grosse Mühe herstellen lässt. Zur
Zeit der Nussreife — es kommen hier nur die Walnüsse in
Betracht — kauft man die frischen, grünen Fruchtschalen, die
billig zu haben sind, zerstampft sie mit einer Keule und übergiesst sie dann mit weichem Wasser, dem man $1^0/_0$ Salz zusetzt,
also z. B. 1 kg Salz auf 100 l Wasser. Nach 3 Tagen schüttet

man alles in einen grossen Kessel, an welchem man eine Marke anbringt, wie weit die Flüssigkeit gegangen ist, (da man das verdampfende Wasser immer ersetzen muss) und erhitzt 4—6 Stunden lang bis fast zum Sieden. Dann lässt man erkalten und presst alsdann tüchtig aus, was man, wenn keine Presse vorhanden, mit einem festen Leintuch vornimmt; besser ist ein Sack von Leinwand ca. 1 Meter lang und $^1/_4$ Meter im Durchmesser, den man halbvoll macht, über einem Gefäss natürlich, dann zubindet, und nun mittelst zweier Knüppel zusammendreht, wozu zwei Arbeiter gehören. Es muss jedoch aufgepasst werden, dass nicht zu stark gepresst wird, damit der Sack nicht platzt. Die auf diese Weise gewonnene Flüssigkeit kommt wieder in den Kessel und wird nun auf den vierten Teil eingedampft. Um dies genau zu machen, wird die Flüssigkeit vorher gemessen; sind es z. B. 100 l, so gibt man erst 25 l Wasser in den Kessel und macht eine Marke, wieweit das Wasser gegangen ist. Dann giesst man das Wasser wieder heraus und lässt nun den Nusssaft bis zu dieser Marke eindampfen. Dem fertigen Nussextrakt setzt man dann 16$^0/_0$ Spiritus von 95$^0/_0$ zu und hebt ihn für späteren Gebrauch in gut verschlossenen Gefässen auf, oder macht ihn gleich fertig, zu welchem Zweck man beliebig parfümiert. Ein gutes Parfüm hierzu ist folgendes:

20 g Bergamottöl,
5 „ Perubalsam,
5 „ Orgéol, *H. & R.*,
5 „ Santalol, *Sch. & C.*

Es ist auch vorteilhaft, dem Nuss-Extrakt etwas chemisch reines Glycerin zuzusetzen, da hiermit das Haar etwas weich und zart gemacht wird. Immerhin muss jedoch beachtet werden, dass der Saft der frischen grünen Walnussschalen, auf das entfettete Haar gebracht, letzteres zunächst gelb, sodann schön und haltbar braun färbt. Da aber dieser Saft seine Färbekraft beim längeren Aufbewahren verliert, sind fast alle Präparate, welche unter dem Namen »Nuss-Extrakt« verkauft werden, zum Teil wirkungslos, oder sie enthalten neben dem Safte noch andere, oft metallische Beimischungen von schädlicher Wirkung, wie z. B. Kupferchlorid. Zur Haltbarmachung der Farben tut jedoch auch der unschädliche Alaun sehr gute Dienste. In diesem Falle verfährt man so, dass man

45 Teile grüne Walnussschalen,
3 „ Alaun und
12 „ destilliertes Wasser

48 Stunden maceriert und dann auspresst. Die so erhaltene Flüssigkeit wird dann noch mit

30 Teilen Spiritus, 96 %ig,

versetzt und je nach der gewünschten Nuance mehr oder weniger verdünnt.

Ein anderes »Nussöl«, welches nur diesen Namen führt, dagegen sich zum Färben gut eignet, stellt man wie folgt her:

4000 g Glycerin, chemisch rein,
1000 „ destilliertes Wasser,
200 „ Pyrogallol,
50 „ Silbernitrat.

Auch das wunderbare Tizianblond, durch das die schönen Venetianerinnen des XVI. Jahrhunderts sich auszeichneten, hat man versucht einzuführen.

Eine Zeit lang war es Mode, das Haar blond zu färben. Für diesen Zweck haben die Amerikaner ein Mittel komponiert, von dem sie viel Aufhebens machten. Es besteht aus Schwefelcadmium. In Deutschland kam meistens das sogenannte Goldfeenwasser (Wasserstoffsuperoxyd) in Anwendung. Diese Modetorheit ist jetzt so ziemlich überwunden, hauptsächlich wohl deshalb, weil die erzielte Farbe oft ein unangenehmes Strohgelb hatte und keineswegs dem natürlichen Blond gleichkam.

Dagegen beginnen jetzt Frauen im Orient sich die Haare blond zu färben, wozu auch wieder nur Wasserstoffsuperoxyd verwendet wird. Es ist amüsant, dabei den türkischen Kaufmann zu beobachten, wie er sofort Kapital daraus zu schlagen versteht, indem er das Mittel in diversen Qualitäten an den Markt stellt; diese unterscheiden sich jedoch nur durch mehr oder weniger Zusatz von Wasser.

Fast alle die Blond-Färbemittel wie Goldwasser, Feen-Goldwasser etc., bestehen nur aus Wasserstoffsuperoxyd und sind in hübsch aufgemachten Flaschen mit Gebrauchsanweisung zu haben. Man schütze das Präparat vor dem Tageslichte, da es sich sehr schnell zersetzt; auch tut man gut, den Stopfen der Flasche mit einem dünnen Drahte zu verbinden, da das Präparat stark treibt und oft die Verschlüsse aus den Flaschen stösst, besonders wenn es viel geschüttelt wird.

Gold-Wasser.

3000 g Wasserstoffsuperoxyd,
5 „ Schwefelsäure,
10 „ Salzsäure

mischt man, lässt die Mischung in dunkler, wohlverschlossener

Flasche abklären und zieht dann die klare Flüssigkeit vom Bodensatze ab in braune Glasflaschen.

Auf die Haarfärbemittel, deren wirksames Prinzip das Paraphenylendiamin bildet, soll hier nicht weiter eingegangen werden, da sie erwiesenermassen gesundheitsschädlich sind. Näheres über ihre Zusammensetzung ist im Anhang im Kapitel »Geheimmittel und Spezialitäten« unter »Aureol« etc. angegeben.

So gut nun Leute den Wunsch hegen, ihr Haar zu färben, gibt es andererseits auch solche, die es zu entfärben wünschen.

Um ein Haar völlig zu entfärben, namentlich das lebende, bedarf es einer längeren Anwendung der Mittel, da man nicht zu energisch vorgehen darf, wenn schon die verwendeten Stoffe völlig unschädlich sind. Das Haar wird zuerst mit einer erwärmten konzentrierten Lösung von übermangansaurem Kali befeuchtet, wobei es nichts schadet, wenn auch die Haut braun wird. Es ist nicht unbedingt nötig, dass die Lösung erst auf dem Haare eintrocknet, ehe man die zweite Flüssigkeit anwendet. Diese besteht aus einer Lösung von unterschwefligsaurem Natron in Wasser, der etwas Schwefelsäure zugesetzt ist. Hiermit wird das Haar stark angefeuchtet, die braune Färbung verschwindet sofort, und das helle Haar braucht nur mit etwas Wasser nachgespült werden. Diese Prozedur muss so lange täglich wiederholt werden, bis das Haar völlig weiss geworden ist.

Vereinzelt begegnet man auch Leuten, deren Haar grün gefärbt erscheint. Dass diese Färbung nicht beabsichtigt ist, — wenigstens bis heute noch nicht — lässt sich kaum bezweifeln, und sie beruht meist auf anderen Ursachen. Die bekannte Tatsache, dass Kupfer-Arbeiter infolge ihrer Beschäftigung grüne Haare bekommen, hat Professor *L. Lewin*, Berlin weiter verfolgt. Er unterscheidet zunächst zwei Fälle, erstens solche, wo sich bei Arbeitern, die stark transpirieren oder die das Haar mit freier Fettsäure enthaltenden Mitteln einfetten, der angelagerte Kupferstaub in grüne Verbindungen umwandelt. Diese haften jedoch nur äusserlich und sind abwaschbar, zum Unterschied von jenen Fällen, wo das Resultat einer langjährigen Kupfereinwirkung vorliegt. Solche wirklich grünen Haare konnte *Lewin* in 8 von 300 untersuchten Fällen konstatieren. Es ist dabei zu beachten, dass diese letztere Erscheinung bei manchen Individuen trotz langjähriger Beschäftigung mit dem Kupfer gar nicht, bei manchen aber erst einige Monate nach dem Aufhören dieser Beschäftigung eintritt. Es sind auch Fälle beobachtet worden, wo Tiere derartige, durch Kupfer bewirkte Grünfärbungen des Felles erfuhren. Der genannte Autor teilt weiter mit, dass in einem Falle diese Grünfärbung des Haares verschwand, nachdem der Betreffende mehrere Jahre nicht mehr mit Kupferarbeit zu tun hatte. Die Grünfärbung des Haares war in den von *Lewin* beobachteten Fällen ganz gleichmässig und schwankte von Hellgrün bis zum Dunkelgrün des Blattes.

Mittel zum Nachdunkeln roter und rötlicher Haare.

7 g Zuckerkalklösung,
30 „ Glycerin,
14 „ Extrait Veilchen I,
30 „ Alkohol

werden mit so viel Wasser aufgefüllt, dass 600 g Flüssigkeit erhalten werden. Das Haar wird mit derselben jeden Morgen angefeuchtet und nachher gut ausgebürstet.

Enthaarungsmittel.

Die Nachfrage nach Enthaarungsmitteln ist keine so rege, als dass man sich gar zu viel damit beschäftigen müsste. Zudem sind die vorhandenen und unschädlichen Mittel sehr beschränkt und ihre Anwendung auch nicht für jedermann die gleiche. Was dem einen hilft, schadet gar häufig dem andern, nützt ihm zum mindesten nichts. Am häufigsten ist es die Damenwelt, welche nach diesen Produkten greift, um vor allen Dingen Gesichtshaare zu entfernen. Und gerade deshalb muss bei Anwendung von Enthaarungsmitteln mit äusserster Vorsicht zu Werke gegangen werden, damit die Haut nicht dauernd leidet. Röte und Aufspringen der Haut lässt sich leicht durch Toilettecremes wieder beseitigen, häufig jedoch stellen sich Runzeln und Falten ein als Folge von unvorsichtig verwendeten Mitteln zur Entfernung der Haare. Ganz schmerzlos geht die Sache in den seltensten Fällen vorüber, aber wenn die Schönheit einer Frau gefährdet erscheint, erduldet sie zu deren Erhaltung auch gern einige Schmerzen.

Grosse Nachfrage nach Enthaarungsmitteln ist stets im Orient. Die Damen des Ostens, besonders die Haremsdamen, haben ja Zeit und Muse genug, um sich für ihren Herrn und Gebieter so schön wie nur möglich zu machen, und wo die Natur versagt, muss die Kunst helfen. Wie alle speziellen Schönheitsmittel, so werden auch die genannten Produkte dort viel begehrt, und ganz besonders Persien steht hier oben an. Französische Erzeugnisse erfreuen sich dort eines ganz besonderen Vorzuges und werden in grossen Quantitäten importiert.

Bei Anwendung von Enthaarungsmitteln handelt es sich vor allem darum, welcher Endzweck verfolgt wird, ob die Haare dauernd oder nur zeitweise entfernt werden sollen. Dann muss man beachten, von welcher Beschaffenheit die Haut an der vom Haar zu befreienden Stelle ist, und dergl. mehr.

18*

Seit vielen Jahrhunderten verwenden die Orientalen als Enthaarungsmittel in ihrem Rhusma das Schwefelcalcium (genauer Calciumsulfhydrat CaSH), welches die Eigenschaft hat, die Haare ziemlich schnell in eine gallertartige Masse zu verwandeln und dabei die Haut nur langsam anzugreifen. Nach einem Patent von Dr. *J. Perl* eignet sich besser das Strontiumsulfhydrat, das aber auch wenig haltbar ist. Gegen die Haut fast ganz wirkungslos und dabei verhältnismässig haltbar in freier Luft soll nach einem Patent*) von *G. Hüttemann* und *J. Zrzawy* in Brüx ein aus der Einwirkung von Schwefelwasserstoff auf Zuckerkalk erhaltenes Präparat sein. Man erhält nach ihrer Angabe ein brauchbares Produkt, wenn man z. B. den Kalk mit einer 5- bis 25-prozentigen Zuckerlösung ablöscht und alsdann das erhaltene feste Calciumsaccharat durch Auflockern und Durchleiten von Schwefelwasserstoff sich mit letzterem sättigen lässt. Diese so erhaltene Grundmasse wird zweckmässig unter Luft- und Lichtabschluss aufbewahrt. Zum Gebrauche kann die Masse mit einem Verdünnungsmittel, z. B. Talkum gemengt und auch parfümiert werden, derart, dass die Mischung etwa 4 bis 6% der Grundmasse enthält. Für den Gebrauch wird dieses Pulver mit Wasser zu einem Brei angerührt und auf die zu behandelnde Stelle aufgetragen. Nach ganz kurzer Zeit, z. B. 5 bis 10 Minuten, entfernt man die Masse durch sanftes Abstreichen oder Abwaschen von der Haut, wonach die Haare von letzterer beseitigt sind, ohne dass die Haut in irgend einer Weise verändert ist. Da das Mittel ungiftig ist, wirkt es selbst bei einer Hautwunde unschädlich, vielmehr hat es noch eine antiseptische Wirkung gleich derjenigen einer guten Kernseife.

Ein sehr wirksames, aber nicht ungefährliches Mittel stellt man wie folgt her:

> 100 g Aetzkalk,
> 50 „ Schwefelarsenik.

Dieses Mittel wird ebenfalls viel im Orient benutzt. Es muss bei dessen Verwendung sehr darauf gesehen werden, dass keine wunden Stellen der Haut vorhanden sind. Besser ist es, wenn man von der Verwendung arsenhaltiger Enthaarungsmittel gänzlich absieht; ihr Verkauf ist übrigens in Deutschland gesetzlich verboten.

Ein anderes, sehr viel angewendetes Produkt ist folgendes:

> 100 g Calciumsulfhydrat,
> 10 „ Borax,
> 300 „ Lanolin

werden zu einer Salbe verrieben und dann in kleine Glasdosen gegeben. Hiermit bestreicht man die zu enthaarende Stelle

*) D. R.-P. No 107242.

etwa messerrückendick und entfernt nach kurzer Zeit die Auflage wieder mit einem kleinen Hölzchen oder Falzbein; darauf
wäscht man die enthaarte Stelle mit einer Lösung von

> 100 g Rosenwasser,
> 20 „ Borax.

Es gibt sehr nette kleine Sortimentskästchen, in denen
eine Dose Creme und ein Flacon solchen Wassers, sowie ein
kleines Falzbein vereinigt sind, die guten Absatz finden.

Bei Anwendung vorstehenden Mittels werden die Haarwurzeln in keiner Weise angegriffen und die Haare wachsen
daher wieder nach. Die Auflage kann beliebig oft vorgenommen
werden, ohne der Haut zu schaden. Ein weiteres unschädliches
Mittel stellt man wie folgt her:

> 500 g Kollodium,
> 20 „ Jod-Tinktur,
> 40 „ Terpentinöl,
> 25 „ Ricinusöl,
> 300 „ Sprit,
> 5 „ Wachsaroma.

Drei bis vier Tage werden die betreffenden Stellen mit der
Flüssigkeit bestrichen, wonach das gebildete Häutchen beim
Abziehen alle Haare mit fortnimmt.

Eine etwas ungemütlichere Art der Haarentfernung wird
im Süden angewendet. Durch Auflegen von Läppchen, die dick
mit befeuchteter Kaliseife bestrichen sind, erweicht man die Haut
der zu enthaarenden Stelle und bestreicht diese dann mit einer
Lösung von Harz, worauf man abermals ein Läppchen darüber
legt. Dies klebt mit den Haaren und der Harzlösung fest zusammen und wird dann langsam abgezogen, wobei die Haare
mit der Wurzel aus der aufgeweichten Haut herausgezogen
werden. Es kann hierdurch leicht eine Wurzelentzündung entstehen, und man wäscht daher die Stelle sofort mit Franzbranntwein tüchtig ab, um noch zurückgebliebenes Harz zu
entfernen. Dann wird eine Mischung von Rosenwasser und
Borax, oder auch Mandelmilch, mit Borax gemischt, zum Nach-
waschen und Kühlen genommen.

Auch eine

Enthaarungs-Seife

wird für den Export nach dem Osten in letzter Zeit vielfach
verlangt. Dieselbe stellt man wie folgt her:

> 1000 g Kaliseife,
> 300 „ Calciumsulfhydrat.

Diese werden innig gemischt, und verarbeitet, bis alles
ein schöner gleichmässiger Teig ist. Dann füllt man sie in
kleine Porzellan-, Glas- oder Blechdosen, denen man eine
Gebrauchsanweisung mitgibt.

Enthaarungs-Pasta.

a) Weisses Stärkepulver   20,
   Wasser   120.

b) Schwefelnatrium, kryst. 34,
   Schwefelcalcium   30,
   Wasser   180.

c) Palmöl   36,
   Glycerin   21.

Man rührt die Stärke mit dem Wasser an und setzt die Mischung (a) einstweilen beiseite. In einem anderen Gefäss löst man das krystallisierte Schwefelnatrium und das Schwefelcalcium unter Umrühren in dem Wasser auf (b) und fügt das Glycerin hinzu. Das Palmöl wird in einem separaten Kessel geschmolzen.

Zur Mischung der einzelnen Bestandteile macht man die Lösung (b) kochend heiss, rührt die Stärkelösung (a) gut auf und verrührt sie dann portionenweis mit der Lösung (b). Man rührt so lange, bis sich ein dicker Kleister bildet. Sodann gibt man das geschmolzene Palmöl hinzu, mischt gut durch und fügt das unten angegebene Parfüm hinzu. Bevor die Masse sich abkühlt und erstarrt, giesst man sie in Porzellandosen oder in weithalsige Flaschen aus.

Gebrauchsanweisung. Man bestreiche das zu entfernende Haar mit der Seife, bis es seine krause Beschaffenheit und faserige Gestalt verliert und zu einer breiartigen Masse wird. Danach wasche man die betr. Stelle gut mit Wasser ab, und alles Haar wird entfernt sein. Sollte die Haut nach Anwendung der Seife schmerzen, so reibe man sie mit etwas Vaselin- oder Lanolincreme ein.

Parfum.

Auf 1000 g Pasta,
   15 „ Terpineol,
   10 „ Bergamottöl,
   5 „ Linalool.

Enthaarungspulver.

500 g Weizenmehl,
500 „ Zinkoxyd,
1000 „ Schwefelcalcium
werden zu einem sehr feinen Pulver zerrieben.

Vor dem Gebrauch verreibt man das Pulver mit Wasser zu einem dicken Brei und lässt diesen dann 10 Minuten einwirken.

Diese Enthaarungsmittel werden bisweilen auch noch parfümiert, was man mit Wachsaroma *(H. & R.)* sehr gut tun kann.

Auf die neuerdings angewandte Methode, Haare mittelst Elektrizität (Elektro-Depilator) zu entfernen, sei hier nur kurz hingewiesen.

Mittel zur Reinigung, Pflege und Färbung der Haut.

Allgemeines.

Ueber die Pflege der Haut haben schon Gelehrte, Mediziner und auch Naturheilkundige recht viele Abhandlungen geschrieben, welche meistens darauf hinauslaufen, dass die Ernährung geändert, Bäder oder Massage angewendet werden sollen. Diese Ansichten haben zweifellos viel für sich, aber der grösste Teil der Bevölkerung ist einesteils wegen seiner Berufstätigkeit, andererseits auch aus reiner Bequemlichkeit nicht in der Lage, eine korrekte Pflege der Körperteile gemäss den ärztlichen Anordnungen vorzunehmen; deshalb wird gern zu einfacheren Mitteln gegriffen, welche auch durch die vielen Anpreisungen in den Zeitungen zur Anwendung verlocken. Eine reine Haut wird man selten finden, dagegen kann man häufig schwarze Poren, Mitesser etc. beobachten, weshalb auch viele Menschen bestrebt sind, diesen Schönheitsfehlern durch teure Salben, Seifen und Cremes abzuhelfen.

Die menschliche Gesichtshaut ist recht verschieden beschaffen und muss individuell behandelt werden, sonst kann man auf einen Erfolg nicht rechnen. Ein Jeder kann bei einiger Aufmerksamkeit die Eigenschaften seiner Haut genügend kennen lernen und beurteilen, welche Mittel zu ihrer Behandlung am Platze sind. Bei spröder Haut eignet sich ausgezeichnet Vaselin, Glycerin, Lanolin etc., wogegen bei schwarzen Poren und Mitessern Waschungen mit Boraxwasser zu empfehlen sind. Die Nachfrage aber nach bequemen Mitteln ist recht bedeutend und wird deshalb immer eine Creme für die Haut am meisten vorgezogen.

Bei alledem darf aber unbedingt nicht vergessen werden, dass bei der ganzen Hautpflege die Reinigung der Haut obenan steht, und dass dies der Punkt ist, dem zunächst eine eingehende Beobachtung zu schenken ist. In der nachfolgenden

Abhandlung entnehmen wir mit besonderer Erlaubnis der Verlagsbuchhandlung dem lesenswerten Buche: »Die kosmetische und therapeutische Bedeutung der Seife« von Dr. *S. Jessner* einige Zeilen. Der Inhalt dieses 57 Seiten umfassenden Buches bietet auch den Seifenfabrikanten und Parfümeuren so viel Interessantes, dass wir seine Anschaffung bestens empfehlen können.

Herr Dr. *S. Jessner* sagt über die Seifen als Kosmetikum unter anderem:

»Die Seife ist das Reinigungsmittel $\varkappa\alpha\tau'$ $\dot{\epsilon}\xi o\chi\dot{\eta}\nu$, spielt als solches eine so grosse Rolle, dass sie die Ehre hat, als Gradmesser der Kultur angesehen zu werden. Soweit die letztere nach dem Grade äusserer Reinlichkeit beurteilt werden kann, geschieht das auch mit Recht. Die Seife beseitigt das mit dem Staub durchsetzte Hautfett, sie lockert und entfernt die oberflächlichen Hornzellenschichten samt dem ihnen anhaftenden Schmutz. Die mechanischen Manipulationen bei der Seifenapplikation unterstützen diese Wirkungen wesentlich. Es ist also in der Regel die Seife als Reinigungsmittel unentbehrlich.

Man würde aber sehr fehlgehen, wollte man annehmen, dass hier kein Individualisieren nötig ist. Im Gegenteil; eine genaue Beachtung des Einzelfalles ist für eine richtige, d. h. unschädliche Seifenanwendung notwendig, was auch diesen primitivsten Teil der Kosmetik zum Objekt ärztlicher Beachtung macht. Auch bei der Seifenapplikation gibt es sehr leicht ein Zuviel und Zuwenig, indem die Haut bald zu sehr, bald in ungenügendem Masse entfettet und ihrer Hornschicht beraubt wird. Die allgemeine Regel ergibt sich ja leicht von selbst: Je fettärmer, trockener die Haut, je dünner ihre Hornschicht d. h. je grösser ihre Zartheit, desto weniger Seife, eine desto mildere Seife ist ihr notwendig und zuträglich. Je grösser die Fettsekretion, je derber die Hornschicht, desto mehr bedarf die Haut der Seifenapplikation, desto differenter kann die Seife sein. Hier schadet das Zuwenig, dort das Zuviel. — Nun lehrt die alltägliche Beobachtung, dass die dunkelpigmentierte Haut brünetter Individua sehr fettreich und mit einer sehr dicken Hornschicht versehen ist, während blonde, zarte Personen eine dünne, trockene Hautdecke haben. Es ergibt sich daraus der Grundsatz, dass im allgemeinen die Seife bei brünetten, meist zu Seborrhoe, Akne etc. neigenden Personen in reichem Masse, bei blonden in geringem Masse anzuwenden ist. Ja, es gibt unter letzteren Häute, die, zumal in dem Gesicht, überhaupt keine Seife, auch nicht die mildeste vertragen; die Haut wird nach dem Seifen sofort trocken, spröde, rissig und, wenn man die Keratolyse weitertreibt, sogar ekzematös«.

Ferner lesen wir da in einem anderen Abschnitt:

»Als Reinigungsmittel zu lediglich kosmetischen Zwecken wird gewöhnlich eine gute, zentrifugierte, neutrale, möglichst überfettete Seife zu verwenden sein. Eventuell kann man durch Anwendung von heissem Wasser die Wirkung steigern. Nur bei derber, sehr fetter Haut wird man, meistens auch nur zeitweilig, eine alkalische Seife benutzen lassen, wobei man aber stets aufzupassen hat, damit nicht eine zu starke Austrocknung, eine zu starke Entblössung von Hornschicht statthat«.

Ebenso zählt Prof. Dr. *C. L. Schleich* in seinen Arbeiten über Haut-Pflege die Seife zu den wichtigsten Faktoren, deren Anwendung — individuell gehalten — stets der sog. Pflege voranzugehen hat. Betreffs Herstellung und Parfümierung der Toilette-Seifen verweisen wir auf den Anhang dieses Buches. Eingehend sich darüber zu verbreiten würde hier zu weit führen; nur einer Seifensorte sei hier Erwähnung getan, da sie sich zur Hautpflege, und zwar bei einer ganz besonders empfindlichen Haut, am besten eignet, der flüssigen Glycerin-Seife. Eine solche stellt man am einfachsten wie folgt her:

Flüssige Glycerinseifen.

I.

4.5 kg Cochincocosöl,
  9 „ Olivenöl,
  7 „ Kalilauge 40° Bé.*)
  3 „ Wasser,
2.5 „ Sprit,
 20 „ Glycerin, kalkfrei,
100 g Geraniumöl,
 50 „ Linalool,
 10 „ Lavendelöl,
 25 „ Terpineol.

II.

300 g Seifencreme,
390 „ Glycerin,
300 „ Sirup, weiss,
145 „ Sprit,
  5 „ Bergamottöl,
  2 „ Linalool,
  3 „ Irisöl, liqu.

*) Will man die Fette vollständig verseift haben, so wendet man statt obiger 7 kg Kalilauge 8.3 kg Kalilauge von 40° Bé. an.

Nachdem nun Wasser und Seife zu ihrem Recht gekommen sind, gehen wir in der Hautpflege weiter und stellen zunächst her ein

Antiseptisches Waschwasser.

In 1000 Teilen Wasser werden 8 Teile Borsäure gelöst und darin 4—5 Tage 160 Teile Leinsamen bei öfter wiederholtem Umschütteln maceriert. Man koliert durch Gaze, mischt zu der Flüssigkeit 128 Teile Glycerin, 192 Teile Alkohol (90%), 12 Teile Karbolsäure und 16 Teile Eau de Cologne und seiht nach 12-stündigem Stehen durch feines Leinen, wonach das Ganze, mit Wasser auf 1500 Teile Wasser ergänzt, in kleine Flaschen gefüllt wird.

Wie Mancher wäre auch froh, die in jugendlichem Uebermut und manchmal auch Unverstand in Arm, Hand oder Brust gemachten Tätowierungen wieder entfernen zu können. Hierfür entnehmen wir einer der matologischen Fachschrift folgende Vorschrift:

Mittel zur Entfernung von Tätowierungen.

(Nach *Ohmann-Dumesnil.*)

    5 Teile Papaïn,
    25   „   Wasser,
    75   „   Glycerin,
    1 Teil   verdünnte Salzsäure.

Das Papaïn wird im Mörser mit dem Gemisch von Wasser und Salzsäure verrieben, das Gemenge eine Stunde stehen gelassen, das Glycerin zugefügt, drei Stunden stehen gelassen und dann filtriert.

Toiletten-Essig.

Besonders in der heissen Jahreszeit, wie denn auch in den südlichen Klimaten, werden Toilettewässer zur Erfrischung des Körpers den Bade- und Waschwässern beigegeben. Es geschieht in bedeutend grösserem Massstabe, als gewöhnlich angenommen wird, und zwar ganz besonders in den tropischen Regionen. Toilettewässer sind daher u. a. von jeher ein sehr guter Exportartikel gewesen, und Firmen, die ihre Erzeugnisse auf diesem Gebiete im In- und Auslande einzuführen verstanden haben, werden darin stets gut mit Aufträgen versorgt sein. Viele dieser Toilettewässer sind in Qualität jedoch so gering gemacht worden, dass es sich eigentlich kaum noch lohnt, sie bei der Toilette zu verwenden, denn sie sind auch nichts viel anderes als das Wasser selbst.

Zu den Toilettewässern im allgemeinen zählt auch der

Toiletten-Essig, ein infolge seiner ganz besonders erfrischenden und wohltuenden Eigenschaften gerne gebrauchter Artikel. Der Toiletten-Essig ist auch in Qualität und Preis noch nicht so verdorben, wie beispielsweise die Florida-, Cananga- etc. -Wässer. Er wird in Europa recht viel verwendet, doch besonders Zentral-Amerika ist ein sehr guter Abnehmer für dies Produkt. In Deutschland nimmt die Verwendung auch immer zu und mit ihr die Nachfrage nach Toiletten-Essigen, die mehr den einzelnen individuellen Wünschen entsprechen, besonders was die Parfümierung betrifft. Wir finden daher am Markte: Vinaigre à la Rose, aux Violettes, au Peau d'Espagne u. dergl. mehr, und wollen deren Herstellung hier vorführen.

Vinaigre de Toilette (Toiletten-Essig).

```
10000 g Weinsprit,
 1000 „ Eisessig,
   15 „ Isoeugenol,
   50 „ Citronenöl,
  100 „ Bergamottöl,
   10 „ Neroliöl, künstlich, H. & R.,
 3000 ., Wasser,
  160 „ Essigäther.
```

Vinaigre à la Rose.

```
10000 g Weinsprit,
 1000 „ Eisessig,
   10 „ Rosenöl, künstlich, H. & C.,
   50 „ Geraniol,
   50 ., Palmarosaöl,
 3000 ., Wasser,
  160 „ Essigäther.
```

Vinaigre aux Violettes.

```
10000 g Weinsprit,
 1000 „ Eisessig,
 5—10 „ Jonon, H. & R.,
   10 „ Jasminöl, künstlich, H. & C.,
  100 „ Moschus-Tinktur,
  100 „ Benzoë-Infusion,
  100 „ Bergamottöl,
 3000 „ Wasser,
  160 ., Essigäther.
```

Durch Ab- oder Zugeben der einzelnen Ingredienzien lässt sich sowohl Geruch als auch Stärke des Produktes nach dem jeweils zu erzielenden Preise regulieren.

Gewöhnlich wird der Toiletten-Essig in viereckige, abgekantete Flaschen von 150 und 100 g Inhalt verpackt. Der flach geschnittene Kork wird mit Pergament verbunden und eine kleine Bleiplombe angelegt. Schöne schwarzweisse oder bunte Etiketten machen den Artikel bestens verkäuflich.

Vinaigre au Muguet.

10000 g Weinsprit,
1000 „ Eisessig,
100 „ Perubalsam,
100 „ Linalool,
50 „ Terpineol,
100 „ Bergamottöl,
80 „ Muguet, *C. N. & C.*,
10 „ Vanillin,
25 „ Linalylacetat, *H. & R.*,
3000 „ Wasser,
160 „ Essigäther.

Fichtennadel-Toiletten-Essig.

10000 g Weinsprit,
1000 „ Eisessig,
ca. 100 „ Bornylacetat, *Sch. & C.*,
30 „ Lavendelöl,
40 „ Bergamottöl,
3000 „ Wasser,
160 „ Essigäther.

Die Toiletten-Essige müssen unter öfterem Umschütteln vierzehn Tage lang stehen, ehe sie filtriert werden. Perubalsam muss im Alkohol gelöst werden, ehe dieser durch Wasser verdünnt wurde.

Gegen die Ausstattung der Flaschen mit Plomben hat die Firma *Bully* in Paris Einspruch erhoben und beansprucht dieses Recht allein für sich, gestützt auf eine Eintragung bei dem Patentamte.

Schönheitswasser für die Haut.

3000 g Rosenwasser,
270 g Borax.

Der Borax wird im Rosenwasser durch Schütteln gelöst und dann kommen 600 g Infusion Benzoë hinzu. Die Infusion wird gewonnen, indem man 1 kg Siam-Benzoë mit 3 kg Sprit maceriert. 14 Tage lang wird erstere Mischung täglich zweimal eine halbe Stunde lang tüchtig geschüttelt, dann einen Tag der Ruhe überlassen. Dieses Schönheitswasser, welches milchig erscheint, ist als Zusatz zum Waschwasser sehr empfehlenswert.

Hautcremes.

Die spezielle Hautpflege macht es sich zur Aufgabe, allen Schäden, welche dieser für unser Leben so ungemein wichtige Teil unseres äussern Körpers nehmen könnte oder bereits genommen hat, entweder vorzubeugen oder sie wieder zu beseitigen. Es geht aus der natürlichen Zusammensetzung unserer Haut hervor, dass sich zu diesem Zwecke die Verwendung von Fetten zunächst am geeignesten erweisen dürfte, und so geht denn auch die Hautpflege von dem Punkte aus, der Haut möglichst viele und reine Fettstoffe zuzuführen. Die durch Waschungen mit Seifen oder auf andere Art der Haut entzogenen Fette müssen wieder ersetzt werden, da diese zu ihrer Erhaltung beitragen und eine gesunde Haut für unser allgemeines Wohlbefinden unerlässlich ist, wie denn auch eine schön gepflegte Haut unserm Schönheitsgefühl schmeichelt.

Neben den tierischen Fetten ist auch das Wachs hervorragend geeignet diese Aufgabe zu lösen. So sagte Prof. Dr. *C. L. Schleich*, gelegentl. eines Vortrages:

»Unbedingt ist das Wachs auch der Träger der Geschmeidigkeit und ein Förderer der Haarbildung ersten Ranges. Als ich meine Wachspasta erfand, d. h. ein Verfahren, reines Bienenwachs mit Wasser zu mischen, angab, begann für mich eine neue Untersuchungsreihe über den direkten Einfluss des so wasserlöslichen Wachses auf die Hautpflege. Die Versuche, über zehn Jahre ausgedehnt, geben mir ein Recht, öffentlich auf die Wichtigkeit des Wachsgebrauches für die Pflege der Haut hinzuweisen.«

Für die Herstellung der Wachspaste gibt *Schleich* folgende Vorschrift: »1 kg gelben Bienenwachses wird auf dem Wasserbade in einem grossen Tiegel geschmolzen, dann unter langsamem Eintropfen 100 g Salmiakgeist zugesetzt unter Abheben vom Wasserbade resp. vom Feuer. Darauf setzt man so viel steriles Wasser unter stetem Umrühren zu, bis breiartige Erstarrung erfolgt; die Mischung muss leicht verrührbar bleiben. Dann wird auf dem Wasserbade so lange umgerührt, bis eine ganz homogene, hellgelbe oder weisse, wasserlösliche, nicht mehr körnige, flüssige Masse gebildet ist. Widerstrebt die homogene Emulsionierung der Wachssäuren, so muss man dieselbe durch neuen Zusatz von Salmiakgeist erzwingen«.

Auf diese Weise kommen wir nun zu den Hautcremes, die alle zur Erhaltung einer gesunden und schönen Haut dienen. Die störenden Veränderungen der Haut lassen sich in zwei Kategorien einteilen, in solche, die äusseren, und in solche, die inneren Einflüssen zuzuschreiben sind. Zur Beseitigung und Vorbeugung der ersten dienen die Cremes, zur Beseitigung der zweiten Medikamente, medizinische Seifen und Salben. Nur die ersteren sollen hier Berücksichtigung finden.

Die geeignetsten Stoffe zur Herstellung dieser Cremes sind die folgenden: Fettes Mandelöl, Olivenöl, Arachisöl, Talg, Lanolin, Kakaobutter, Vaseline, Wachs, Walrat, Glycerin u a. m. Auch fettes Senföl bewährt sich nach angestellten Versuchen sehr gut, da sich dessen Fettgehalt zu dem des Olivenöls wie 263:168 verhält. Etwas störend wirkt nur noch seine gelbe Farbe, welche die Herstellung weisser Cremes verhindert, doch dürfte gebleichte Ware wohl bald am Markte erscheinen.

Das einfachste Mittel zur Einreibung spröder oder gerissener Haut war und ist das Glycerin.

Toilette-Glycerin I.

1000 g Glycerin, chem. rein,
   3 „ Rosenöl, künstlich, *Sch. & C.*

Toilette-Glycerin II.

  50 g Borax,
1500 „ Rosenwasser,
3500 „ Glycerin, chem. rein.

Manuline Bors.

(Schwedisches Toilette-Glycerin.)

 150 g Borax,
1500 „ destilliertes Wasser,
1500 „ Glycerin, chem. rein,
1500 „ Sprit,
  50 „ Geraniumöl, afrik.,
   3 „ Rosenöl, künstlich, *H. & C.*

Nach einigen Tagen filtrieren.

Seit Jahren eingeführte Präparate zur Hautpflege sind die Glycerin-Gelees, welche vor dem Lanolin den Vorzug haben, dass sie sparsamer sind, dagegen den Nachteil, dass sie von der Haut nicht so schnell resorbiert werden. Man füllt diese Fabrikate entweder in Gläser oder in Tuben; jedenfalls ist der letzteren Verpackung insofern der Vorzug zu geben, als sie sich der bequemeren Handhabung wegen immer mehr und mehr einführt.

Glycerin-Gelee.

500 g Glycerin,
325 „ Seifencreme,
4000 „ Mandelöl,
30 „ Geraniumöl.

Seife und Glycerin werden tüchtig gemischt, und dann setzt man erst das Mandelöl langsam zu, dem man das Geraniumöl bereits zugefügt hat.

Java-Creme.

500 g Tragant, pulv.,
2000 „ Glycerin, chem. rein,
800 „ Sprit,
700 „ Rosen-Wasser,
10 „ Canangaöl,
30 „ Terpineol.

Glycerin-Honig-Gelee.

500 g Havannahonig,
800 „ Glycerin, chem. rein,
10 „ Salicylsäure,
ca. 50—60 „ Gelatine,
1000 „ Rosenwasser,
10 „ Bergamottöl,
10 „ Neroliöl, künstlich, *S. & C.*

Glycerin-Creme.

15 g Marseiller Seife,
75 „ Glycerin, chem. rein,
500 „ Mandelöl, süss,
30 „ Wachs, weiss,
3 „ Thymianöl, weiss,
3 „ Bergamottöl,
1 „ Eugenol, *H. & R.*

Die Herstellung geschieht, indem man die Marseiller-Seife im Glycerin löst, Mandelöl und Wachs zusammen schmilzt, beide Teile vermischt, gleichmässig verreibt und hierauf parfümiert.

Glycerin-Creme.

2 kg Mandelöl,
600 g Walrat,

150 g weisses Wachs,
350 „ Glycerin,
15 „ Bergamottöl.

Eine Toilette-Creme, bei der das Fett durch Glycerin
ersetzt ist, lässt sich auch in folgender Weise herstellen:

1.8 g Tragantgummi,
57 „ Wasser,
57 „ Glycerin.

Man bringt den Tragant in das Wasser und rührt von Zeit
zu Zeit um, bis ein gleichmässiger Schleim resultiert, alsdann
rührt man das Glycerin ein. Für vorliegenden Zweck darf man
nur ausgelesene Tragantstücke verwenden, welche frei von
Flecken und Beimengungen sind.

Das gallertartige Produkt kann man nötigenfalls mit einigen
Tropfen Rosenöl oder dergl. parfümieren und es gelb oder rot
färben.

Für eine sehr empfindliche Haut ist das Glycerin und selbst
damit hergestellte Cremes jedoch nicht zu empfehlen, und man
greift in diesem Falle besser zu den Hautcremes, die in verschiedener Zusammensetzung am Markte sind. Mit diesen wird
die Haut am besten vor dem Schlafengehen tüchtig eingerieben.
Für die Hände empfiehlt es sich, nach starker Einreibung mit
den Cremes ein dünnes leinenes Läppchen aufzulegen und dann
alte Handschuhe anzuziehen, an denen man die Finger abgeschnitten hat, um während der Nacht dennoch ein freies Aus-
dünsten der Hände zu ermöglichen.

Die bekanntesten Hautcremes sind die Cold Creams. Man
stellt ein solches Präparat wie folgt her:

Cold Cream.

500 g süsses Mandelöl,
60—80 „ Walrat, | je nachdem die Konsistenz
60—80 „ weisses Wachs | erwünscht ist.
500 „ Rosenwasser.

Man schmilzt die fetten Substanzen unter gelinder Erwärmung zusammen, erwärmt dann das Rosenwasser und gibt es
in dünnem Strahle unter fortwährendem Umrühren zu.

Wenn ein billiges Präparat gewünscht wird, so kann man
auch das Rosenwasser durch gewöhnliches Wasser mit etwas
Borax ersetzen, dem man einige Tropfen künstliches Rosenöl
hinzufügte. Ebenso lässt sich dadurch eine Verbilligung erzielen,
dass man das Mandelöl durch Arachisöl oder fettes Senföl ersetzt.

Cold Cream.

    30 g Wachs, weiss,
    50 „ Walrat,
    500 „ Mandelöl, süss,
    150 „ Rosenwasser,
     5 „ Ricinusöl,
     1 „ Rosenöl, türk.,
     1 „ Geraniumöl, afrik.,
     5 „ Bergamottöl.

Nachdem Wachs und Walrat bei nicht zu grosser Hitze geschmolzen sind, setzt man das süsse Mandelöl zu, wobei jedoch die Schale auf dem Dampfherd oder Wasserbad bleibt, oder das Mandelöl muss vorher angewärmt werden. Hierauf setzt man das Ricinusöl zu (nach dessen Zugabe erlangt das Präparat ein hübsches, glänzendes Ansehen) und lässt nun unter flottem Rühren das Rosenwasser in feinstem Strahl zulaufen; ist alles verrührt, so parfümiert man und gibt gleich in die Dosen. Durch eine Spur Färbung mit Methylviolett-Lösung erhält dieses Präparat blendende Weisse.

Chinosol-Cold Cream.

    200 g süsses Mandelöl,
     35 „ Walrat,
     35 „ Wachs, weiss,
     60 „ destilliertes Wasser,
      2 „ Chinosol,
      5 „ Bergamottöl,
      2 „ Irisöl.

Tropen-Cold Cream.

    300 g Wachs, weiss,
   1200 „ Paraffinöl,
    480 „ Rosenwasser,
     20 „ Borax,
      3 „ Geraniol,
      1 „ Santalol.

Das Wachs wird bei gelinder Hitze im Oel geschmolzen, in einem anderen Kessel wird der Borax in Wasser gelöst; beide Lösungen bringt man auf eine 60° C. nicht übersteigende Temperatur und giesst die wässerige Lösung in kontinuierlichem Strome ins Oel. Man rührt eine oder zwei Minuten durch, mischt die ätherischen Oele hinzu und giesst vor dem Abkühlen in bereit gehaltene Gefässe.

Campher-Cold Cream.

450 g Mandelöl, süss,
 60 „ Wachs, weiss,
 60 „ Walrat,
 60 „ Campher,
320 „ Rosenwasser,
 20 „ Borax, pulv.,
  5 „ Bergamottöl,
  1 „ Cinnamol.

Man schmilzt Wachs und Walrat, fügt das Mandelöl, in welchem vorher der Campher bei gelinder Wärme aufgelöst wurde, hinzu, ferner allmählich das Rosenwasser, worin man vorher den Borax auflöst. Es wird mit einem Holzspatel ununterbrochen gerührt, bis die Masse erkaltet ist.

Veilchen-Cold Cream.

500 g Olivenöl,
 40 „ weisses Wachs,
 40 „ Walrat,
500 „ destilliertes Wasser,
  5 „ Jonon, *H. & R.*

Rosen-Cold Cream.

2000 g süsses Mandelöl,
 400 „ Walrat,
 400 „ weisses Wachs,
1000 „ Rosenwasser,
   2 „ Rosenöl, künstlich, *H. & C.*,
 0.5 „ Orgéol, *H. & R.*

Mandel-Cold Cream.

500 g süsses Mandelöl,
 40 „ Wachs, weiss,
 40 „ Ceresin, weiss,
200 „ Rosenwasser,
 10 „ Bittermandelöl.

Menthol-Cold Cream.

500 g Mandelöl, süss,
 80 „ Walrat,
 60 „ Wachs, weiss,
500 „ destilliertes Wasser,
25—40 „ Menthol
jenach gewünschter Stärke.

Theater-Cold Cream.

(Besonders nach Benutzung von Theaterschminken zu verwenden).

100 g Paraffin, weiss,
450 „ Kakaobutter,
300 „ Mandelöl, süss,
30 „ Lanolin,
40 „ Wachs, weiss,
40 „ Walrat,
20 „ Borax, pulv.,
350 „ Rosenwasser,
5 „ Wachsaroma,
20 „ Terpineol.

Einige Zeit war

Gurken-Cold Cream

sehr beliebt. Man stellte dieses Präparat her, indem man das Rosenwasser in der Vorschrift für Rosen-Cold Cream auf S. 290 durch eine gleiche Gewichtsmenge Gurkensaft ersetzte, den man durch Auspressen der Frucht erhielt.

Wird ein Präparat von dünner Konsistenz gewünscht, so kann man Schmalz verwenden oder eine Mischung von Oel mit sehr wenig Wachs, und diese in der Weise parfümieren, dass man die Frucht eine Zeit lang in dem Fette digeriert und dann durch ein feines Sieb passiert. Solch' eine Mischung hält nur wenig Wasser zurück, und der Ueberschuss desselben lässt sich beseitigen, wenn man mit Rühren aufhört, sobald die Mischung erkaltet. Bei Gegenwart von Wachs muss jedoch die Mischung nochmals geschmolzen und kalt gerührt werden.

Die Operation muss bei möglichst gelinder Hitze ausgeführt und darauf gesehen werden, dass nur solche Fette bezw. Oele verwendet werden, die völlig frei von Ranzidität sind.

Lanolin-Cold Cream.

8000 g süsses Mandelöl,
2000 „ Lanolin,
1500 „ Walrat,
1200 „ Wachs, weiss,
90 „ Borax, in 5 ¹/₂ kg destilliertem
Wasser gelöst,
25 „ Geraniol, *H. & R.*

Lanolin oder auch Adeps Lanae werden zu Hautcremes in ausgedehntestem Massstabe verarbeitet. Sie werden nicht ranzig und nehmen einen sehr hohen Prozentsatz Wasser auf, sodass sie sich auch als Hautkühlungsmittel sehr gut eignen.

Lanolin-Creme I.

1000 g Lanolin,
1000 „ Mandelöl, süss,
1000 „ Rosenwasser,
 200 „ Wachs, weiss,
  30 „ Vanillin,
  20 „ Terpineol.

Dem gleichförmigen, leicht erwärmten Fettgemisch wird
das Wasser in gleicher Temperatur untergerührt, damit sich
das Wachs nicht körnig ausscheiden kann; dann kommt das
Parfüm hinzu. In Konsistenz und Aussehen gleicht diese Creme
der Marke »Pfeilring«. Das Wasser ist hier so innig aufgenommen, dass ein Rosten verzinkter Blechschachteln durch
dasselbe mit ziemlicher Sicherheit ausgeschlossen ist. Das
Bedecken der Creme mit Staniol verhindert den Luftzutritt und
erhält die ursprüngliche zarte Farbe.

Lanolin-Creme II.

500 g Lanolin,
400 „ Vaseline, gelb,
130 „ Walrat,
 20 „ Wachs, weiss,
600 „ Rosenwasser,
 10 „ Orgéol.

Speziell für das Gesicht stellt man eine Creme wie folgt
her:

Lanolin-Gesichtscreme.

    500 g Lanolin,
150—180 „ Rosenwasser,
      1 „ Rosenöl, künstlich, *H. & R.*

Dieses Gemenge wird unter geringer Temperaturerhöhung
tüchtig durcheinander gearbeitet und dann in kleine Glasdosen
gefüllt.

Adeps Lanae-Creme.

1000 g Adeps Lanae,
1200 „ Rosenwasser,
   5 „ Geraniumöl,
   1 „ Eugenol,
   5 „ Anisaldehyd,
   2 „ Bergamiol (Linalylacetat).

Cearin-Cold Cream.

Cearinum solidum (Cearin) ist eine von Dr. *Issleib* dargestellte Mischung von hochschmelzendem Ceresin mit gebleichtem Carnaubawachs. Letzteres enthält einen wesentlichen Bestandteil des Wollfettes (Carnaubasäure) und es dürfte hierauf die gute wasserbindende Kraft der Cearinsalben zurückzuführen sein. Mit Cearin lässt sich nach *Issleib**) ein Cold Cream, unter Wegfall des weissen Bienenwachses und Walrats, herstellen aus

> 200 g Cearinum solidum,
> 600 ,, fettem Mandelöl,
> 250 ,, destilliertem Wasser,
> 20 Tropfen Rosenöl.

Nachdem diese Bestandteile vereinigt sind, setzt man nochmals

> 100 g fettes Mandelöl

hinzu. Erst durch diesen nachträglichen Zusatz eines Teiles vom Mandelöl erhält der Cold Cream sein schönes Aussehen. Auch für Toilette-Cream gegen aufgesprungene Haut, Wundsein etc. lässt sich das Cearin**) vorteilhaft verwenden.

Weiter findet die Anwendung von Vaseline grosse Verbreitung.

Vaseline-Creme I.

> 500 g weisse Vaseline,
> 100 ,, weisses Wachs,
> 60 ,, Walrat,
> 150 ,, Boraxwasser (1 : 20),
> 10 ,, Bergamottöl,
> 1 ,, Irisöl.

Vaseline-Creme II.

> 500 g weisse Vaseline,
> 100 ,, Mandelöl, süss,
> 50 ,, Wachs, weiss,
> 50 ,, Rosenwasser,
> 2 ,, Canangaöl, Java,
> 2 ,, Linalool.

*) »Pharmaceutische Zeitung« Berlin 1903, S. 854 und 865. An anderer Stelle (»Parfümeur«, Berlin 1903, S. 141) empfiehlt *Issleib*, das Cearin in Gemeinschaft mit anderen ebenfalls nicht ranzig werdenden Körpern als Pomadengrundlage zu verwenden, indem man z. B. 10 Teile Cearin, 120 Teile raffiniertes Cocosöl (Palmin), 10–25 Teile (je nach Jahreszeit) Paraffinum liquidum 0.880 spez. Gew. zusammenschmilzt.

**) Es kommt in 1 kg schweren Tafeln in den Handel und ist von der Firma *J. D. Riedel* in Berlin zu beziehen.

Man schmelze das Wachs mit dem Mandelöl und rühre hierauf das auf etwa die gleiche Temperatur erwärmte Wasser unter; inzwischen hat man die Vaseline weich werden lassen und vereinigt nun beide Teile durch Rühren mittelst einer Keule. Wenn gut vereinigt, dann parfümieren.

Auch mit Ricinusöl hergestellte Cremes werden bisweilen verlangt. Ein solches Präparat stellt man wie folgt zusammen:

Ricinus-Creme.

2000 g Ricinusöl,
 320 ,, Walrat,
 600 ,, Mandelöl, süss,
  15 ,, Geraniumöl, afrik.,
   2 ,, Vanillin.

Während die vorstehenden Präparate in der Hauptsache zur Einreibung der Hände und Gesichtshaut dienen, werden für die Lippen, welche bekanntlich auch eine sehr empfindliche Haut bedeckt, wieder andere Cremes genommen. Diese müssen nebenbei auch noch die Eigenschaft besitzen, den Lippen ein wenig von dem frischen Naturrot zu verleihen.

Es folgen hier einige Vorschriften:

Lippen-Pomaden.

I.

1000 g Vaseline,
1000 ,, Paraffin,
   5 ,, Alkannin,
   5 ,, künstliches Rosenöl,
  10 ,, Rosenholzöl.

Man schmilzt Vaseline und Paraffin gut zusammen und färbt dann; das Alkannin verreibt man am besten in der Reibschale mit etwas von dem geschmolzenen Gemisch und gibt es diesem dann zu; darauf wird parfümiert und in kleine Döschen gegossen. Sollen Stangen geformt werden, dann gibt man vorteilhaft noch 200 g Wachs zu und giesst in kleine Formen.

II.

400 g Mandelöl, süss,
 90 ,, Walrat,
 90 ,, Wachs, weiss,
 90 ,, ff. präpar. Talg,
 50 ,, Adeps Lanae,
$^1/_2$—1 ,, Alkannin,
 10 .. Orgéol extra. *H. & R.*

III.

400 g ff. präpar. Schmalz,
400 „ „ „ Talg,
150 „ Japanwachs,
 50 „ Lanolin-Creme,
  1 „ Alkannin,
 40 „ Petitgrainöl, Florida,
  5 „ Neroliöl, künstlich, *D. & K.*

Die Lippen-Pomaden werden entweder in kleine Täfelchen oder in kleine Blechröhren gegossen und nach der richtigen Stück-Einteilung in Stanniol verpackt.

Menthol-Lippen-Pomade.

750 g Lanolin,
350 „ Paraffin,
350 „ Walrat,
 40 „ Menthol,
 10 „ Lavendelöl,
 15 „ Resorcin.

Walrat und Paraffin werden geschmolzen, dann setzt man das Lanolin unter Umrühren zu, fügt das Resorcin und Menthol hinzu und rührt, bis eine gleichmässige Masse entstanden ist.

Lippen-Salbe.

1000 g Kakaobutter,
 40 „ Walrat,
  3 „ Alkannin,
  1 „ Vanillin,
 10 „ Salicylsäure.

Die jetzt folgenden Cremes sind mehr sog. Toilette-Cremes, d. h. sie dienen nicht gerade zur Heilung von Hautschäden oder zu deren Vorbeugung, sondern mehr zur Verschönerung der Haut und des Teints.

Lilien-Creme.

500 g Lanolin,
500 „ Mandelöl, süss,
420 „ Rosenwasser,
420 „ Zinkoxyd,
  2 „ Jonon, *H. & R.,*
  5 „ Ylang-Ylangöl, *H. & C.,*
  1 „ Vanillin.

Opalin-Creme.

300 g Tragantschleim,
180 „ Glycerin, chemisch rein,
450 „ Rosenwasser,
50 ., Weinsprit,
10 „ Linalylacetat, *Sch. & C.*,
5 „ Muguet, *C. N. & C.*

Favorit-Creme

besteht aus den gleichen Ingredienzien, ist aber mit

5 g Orgéol, *H. & R.*,
5 „ Santalol,
10 „ Bergamottöl

zu parfümieren.

Massage-Creme.

Besonders in Amerika findet z. B. nach dem Rasieren auch eine kurze Massage des Gesichtes statt. Eine hierzu verwendbare Creme stellt man wie folgt her

500 g Lanolin,
500 „ Rosenwasser,
500 „ Schmalz,
200 „ Glycerin,
15 „ Cheiranthia, *C. N. & C.*,
5 „ Dianthin, *C. N. & C.*

Puder.

Weiter dienen zur Pflege der Haut, hauptsächlich zu ihrem Schutz gegen die Einwirkung der Sonnenstrahlen, die Haut- bezw. Gesichts-Puder. Zu ihrer Herstellung werden mehl- und pulverförmige Stoffe verwendet, durch deren Auflage auf die Haut eine kleine Schicht gebildet werden soll, welche die Lichtwirkung mildert. Mehr jedoch noch wird Puder zur Verschönerung der Haut angewendet, wenn schon die Verschönerung damit nur eine eingebildete ist und der Effekt ein ganz anderer wie erwünscht.

Die meisten Puder bestehen aus Reismehl, Weizenmehl, Kartoffelmehl, kohlensaurer Magnesia, Irispulver, Kreide, Talkum unter Beifügung anderer bleichender Mittel oder Pulver. Besonders in tropischen Gegenden, in denen der Puder auch zugleich zum Aufsaugen des Schweisses dient, werden ungeahnte Quantitäten von den feinsten bis zu den geringsten Sorten verkauft.

Es folgen nun eine ganze Reihe von Vorschriften, bei denen allen vorkommenden Preislagen Rechnung getragen ist.

Die besseren Sorten Puder stellt man her aus Reismehl
oder Weizenmehl in Vermischung mit Magnesia und Irispulver,
während man zu den billigen Sorten Talkum zusetzt, oder
auch solches den Hauptbestandteil bilden lässt.

Masse zu feinem Puder.

7500 g Reismehl,
3500 ,, Weizenmehl,
3500 ,, kohlensaure Magnesia,
1000 ,, Irispulver.

Dieser Masse werden dann beliebig die gewünschten
Parfüms zugesetzt. Ein Parfüm, das sich sehr gut zum Parfümieren irgendwelcher Pudersorten, bei denen ein besonderer
Blumengeruch nicht vorgeschrieben ist, verwenden lässt, ist
folgendes:

Puder-Parfüm.

100 g Bergamottöl,
10 ,, Linalylacetat, *H. & R.,*
10 ,, Rosenöl, *H. & C.,*
25 ,, Pommeranzenöl, süss,
15 ,, Santalol, *Sch. & C.,*
15 ,, Palmarosaöl,
50 ,, Geraniol, *C. N. & C.,*
20 ,, Isoeugenol, *H. & R.,*
100 ,, Infusion Moschus.

Etwas billiger und jedem Anspruche noch gerecht werdend
stellt sich folgende

Puder-Masse.

8000 g Reismehl,
8000 ,, Talkum, feinstes,
4000 ,, Weizenmehl,
4000 ,, Magnesia,
10000 ,, Kartoffelmehl.

Hierzu gibt man

150 g Puder-Parfüm

und erhält eine sehr schöne und verkäufliche Ware.

Die Gesichtspuder werden dann auch rosa, fleischfarbig,
gelblich verlangt. Man erzielt diese erstere Nuance durch
Zugabe von Krapprosa oder von Eosin, letztere durch Ocker
am besten, eventuell kann auch eine wasserlösliche Anilinfarbe
genommen werden.

Wir geben nun zunächst eine Reihe von Vorschriften für
Puder:

Poudre à la Rose Maréchal Niel.

5000 g Reismehl,
5000 „ Talkum 0000,
5000 „ kohlensaure Magnesia,
5000 „ Kartoffelmehl,
  10 „ künstliches Rosenöl, *Sch. & C.,*
  30 „ Geraniumöl,
   3 „ Neroliöl, *S. & C.,*
   1 „ Vanillin,
  50 „ Infusion Tolubalsam.

Flieder-Puder.

5000 g Reismehl,
3000 „ Weizenmehl,
3000 „ Kartoffelmehl,
  90 „ Terpineol, *F. F. & C.,*
  30 „ Ylang-Ylangöl, künstlich, *H. & C.,*
150 „ Infusion Moschus,
150 „   „   Benzoë.

Puder Mimosa.

7000 g Reismehl,
3500 „ Weizenmehl,
3500 „ Magnesia,
2000 „ Kreide, ff. pulv.,
1000 „ Irispulver,
  50 „ Mimosa-Oel, *C. N. & C.,*
  25 „ Tinktur Vanillin,
  10 „ Bergamottöl,
   1 „ Rosenöl, künstlich, ⎫ *H. & C.,*
   1 „ Neroliöl, künstlich, ⎭
  80 „ Infusion Benzoë,
  20 „   „   Moschus.

Poudre Malmaison.

17 kg Pudermasse wie vorstehend,
50 g Oeillet, *C. N. & C.,*
 5 „ Neroliöl, künstlich, *D. & K.,*
 5 „ Bourbonal, ⎫ *H. & R.,*
 5 „ Isougenol, ⎭
 5 „ Bergamottöl,
20 „ Tinktur Moschus,
50 „ Infusion Tolu.

Poudre à l'Ixora.

2000 g Reismehl,
2000 „ Weizenmehl,
1000 „ Talkum,
  20 „ Turanol, *T. M.*,
   5 „ Patchouliöl,
  15 „ Rosenöl, künstlich, *Sch. & C.*,
  10 „ Neroliöl, künstlich, *H. & C.*,
  30 „ Bergamottöl,
  20 „ Tinktur Moschus.

Bei der Verwendung des Terpineols in Pudern muss man etwas vorsichtig sein, da die damit parfümierten Puder nach einigem Lagern oft einen muffigen, stockigen Geruch annehmen.

Veilchen-Puder.

500 g ff. Reismehl,
700 „ ff. Pudertalkum,
500 „ kohlensaure Magnesia,
300 „ ff. Irispulver,
  5 „ Jonon, *H. & R.*,
 10 „ Irisöl,
  2 „ Ylang-Ylangöl, künstlich, *H. & C.*,
 40 „ Infusion Benzoë.

Nachdem die verschiedenen Pulver gut durcheinander gemischt sind, parfümiert man mit dem angegebenem Parfüm, was praktisch mittelst eines Zerstäubers geschieht, weil hierdurch das Parfüm gleichmässig verteilt wird.

Hierauf durch ein sehr feines Seidengazesieb treiben.

In England ist ein Oatmeal-Powder sehr in Aufnahme gekommen. Derselbe wird wie folgt hergellt:

5000 g Oatmeal (Hafermehl),
1000 „ Iriswurzelpulver,
  25 „ Bergamottöl,
  10 „ Citronenöl,
   5 „ Mandarinöl, künstlich, *Sch. & C.*

Poudre Veloutine.

1500 g Reispulver,
1500 „ Talkum ff.,
 700 „ Weizenmehl,
 700 „ Magnesia,
   5 „ Geraniol,

5 g Rosenholzöl,
1 „ Rosenöl, künstlich, *H. & C.,*
15 „ Bergamottöl,
10 „ Tinktur Moschus.

Maiglöckchen-Puder.

1000 g Weizenmehl,
 800 „ Magnesia,
 400 „ Zinkweiss,
   8 „ Muguet,
   3 „ Linalool,
  15 „ Infusion Benzoë,
   1 „ Vanillin.

Fett-Puder.

3000 g Talkum ff.,
 800 „ Reismehl,
 500 „ Zinkweiss,
  60 „ Puder-Parfüm.

Ein ganz billiger Puder ist folgender:

Puder Magnolia.

10000 g Kaolinerde,
 5000 „ Weizenmehl,
10000 „ Talkum,
   15 „ Bergamiol,
   10 „ Nelkenöl,
   15 „ Lavendelöl,
   15 „ Geraniol, *H. & C.,*
   15 „ Palmarosaöl,
   30 „ Tinktur Moschus,
   15 „ Mimosaöl, *C. N. & C.*

Chinosol-Puder.

1000 g Reismehl,
5000 „ Weizenmehl,
2000 „ Kartoffelmehl,
1000 „ Talkum 0000,
  15 „ Chinosol,
  10 „ Bergamottöl,
   2 „ Irisöl,
  50 „ Infusion Benzoë,
   5 „ Palmarosaöl.

Dieses Präparat erhält die Haut glatt und fein und verhindert das Reissen und Rotwerden derselben.

Mandelmehl und Mandelpasta.

Als weiteres Hilfsmittel zur Pflege der Haut stehen uns verschiedene Sorten Kleie zur Verfügung, von denen besonders die Mandelkleie sehr viel verwendet wird.

Mandelkleie.

Dieses beliebte Schönheitsmittel ist auf verschiedene Art herzustellen. Am billigsten stellt man es aus den sogenannten Mandelkuchen, d. i. der Rückstand bei der Mandelölfabrikation, her, welchen man mit Veilchenwurzelpulver und Reisstärke innig mischt und event. noch etwas parfümiert.

Feiner ist diejenige Mandelkleie natürlich, welche aus den Mandeln selbst hergestellt und wie folgt zubereitet wird.

Süsse Mandeln werden mit kochendem Wasser übergossen und stehen gelassen, bis sich die Schalen leicht abziehen lassen. Nachdem dies geschehen, werden sie mit kaltem Wasser gewaschen, auf einem mit weissem Papier belegten Brett in der Wärme getrocknet, dann zerstossen und durch ein Haarsieb geschlagen. Zu 1 kg dieses Mandelpulvers mischt man noch 250 g Veichenwurzelpulver, 750 g Reisstärkemehl und 100 g Borax, und parfümiert mit Rosenöl, welches man in etwas Alkohol löst und mit Reisstärkemehl verreibt, ehe man es dem Ganzen beimischt. Die sogen. Sandmandelkleie, die namentlich bei Hautunreinigkeiten als mechanisches Mittel angewandt wird, stellt man durch Mischen von gleichen Teilen obiger Mandelkleie mit feinem gewaschenen Flusssand her.

Mandelmehl.

450 g pulverisierte Mandeln,
70 „ pulverisierte Veilchenwurzel,
8 „ Citronenöl,
2 „ Bittermandelöl.

Mandelpasta.

Sie wird gleichfalls bei der Hautpflege angewandt. *Piesse* gibt in seiner »Chimie des Parfums« folgende Vorschrift:

750 g Mandeln (bittere, geschälte),
850 „ Rosenwasser,
450 „ Alkohol,
60 „ Bergamiol.

Die geriebenen Mandeln werden mit $^1/_2$ Liter Rosenwasser in ein Gefäss gebracht und einem sanften, gleichmässigen Feuer ausgesetzt, bis sie die körnige Beschaffenheit verlieren und breiähnlich werden. Während dieser Zeit muss andauernd gerührt werden, damit die Mandeln sich nicht auf dem Boden des Gefässes anlegen, wodurch die ganze Pasta einen brenzlichen Geruch bekommen würde.

Da ein grosser Teil des Mandelöles während dieses Verfahrens verdampft, muss man so viel als möglich die Dampfentwickelung verhindern.

Sind die Mandeln nahezu weich, so setzt man den Rest des Rosenwassers zu. Danach kommt die Pasta in einen Mörser und wird mit dem Pistill bearbeitet unter Hinzufügung des Alkohols und des Bergamiols. Ehe man in Dosen füllt, bringt man die Pasta durch ein mittelfeines Sieb, um ganz sicher zu sein, dass eine gleichmässige Masse erzielt wurde, da Mandeln sich schlecht im Mörser zerreiben lassen. (Bei Herstellung dieses Präparates ist Vorsicht geboten, der sich entwickelnden Blausäure-Dämpfe wegen.)

Sommersprossenmittel.

Sie gehören zu denjenigen kosmetischen Mitteln, die wohl sehr oft verlangt werden. Wenn auch zugegeben werden muss, dass die Sommersprossen nicht durch die Einwirkung der Sonne hervorgebracht werden, da sie ja auch an bedeckten Körperstellen in grosser Anzahl auftreten, ist es doch Tatsache, dass diese Teintfehler sich im Frühling und Sommer durch dunklere Färbung besonders unliebsam bemerkbar machen.

Grosse Versprechungen soll man seinen Kunden beim Verkauf dieser Artikel nicht machen, denn die Wirkung sämtlicher Mittel ist eine sehr beschränkte. Sie lassen sich in der Hauptsache in zwei Gruppen teilen; nämlich in solche, die durch Bleichen wirken, und solche, welche die Haut allmählich wegätzen. Bei der ersten Gruppe kommt als wirksamer Bestandteil besonders das Wasserstoffsuperoxyd in Frage, dessen bleichende Kraft bekannt ist. Eine Vorschrift lautet:

600 g Wasserstoffsuperoxyd,
820 „ Glycerin, chemisch rein,
400 „ Wasser,
1000 „ Weinsprit,
60 „ Salpetersäure, verdünnte,
10 „ Bergamottöl,

5 g Cinnamol, *H. & R.*,
10 „ Canangaöl,
5 „ Geraniol, *Sch. & C.*

Hiermit vereint wirken die bleichenden Hautsalben, aber alle arbeiten sehr, sehr langsam, sodass die Geduld auf eine schwere Probe gestellt wird.

Bleichende Hautsalbe.

450 g Lanolin,
150 „ Mandelöl, süss,
15 „ Borax,
225 „ Glycerin,
250 „ Wasserstoffsuperoxyd,
10 „ Salpetersäure, verdünnte,
20 „ Bergamottöl,
2 „ Vanillin.

Sommersprossen-Tinktur.

500 g Milchsäure,
500 „ Glycerin.

Man befeuchtet zweimal im Tage damit die Flecken, lässt eintrocknen und wäscht hierauf ab.

Von den ätzenden Mitteln werden sehr wenige gebraucht. Salicylsäure tut ganz gute Dienste, und es wird so ein Präparat aus Weinsprit und Salicylsäure, dem man etwas Parfüm zusetzt, hergestellt.

Schönheitswässer.

Da bei Anwendung der Sommersprossenmittel der Erfolg nicht nur sehr lange auf sich warten lässt, sondern auch noch ein sehr zweifelhafter ist, bedient man sich lieber kleiner äusserer Verdeckungsmittel, womit wir zu den Schminken kommen. Vor deren Anwendung wird jedoch zunächst noch ein Versuch mit den sog. Schönheitswässern gemacht, und wir wollen auch hiervon einige vorführen.

Zunächst das bekannte

Kummerfeld'sche Waschwasser.

75 g Schwefelmilch,
125 „ Glycerin,
50 „ Campherspiritus,

1 g Lavendelöl,
250 „ Rosenwasser,
1000 „ destilliertes Wasser.

Die Schwefelmilch wird mit dem Glycerin in einer Reibschale gut verrieben, dann setzt man den Campherspiritus und
das Lavendelöl zu und rührt zuletzt das Rosenwasser und
destillierte Wasser zu. Beim Einfüllen in die Flaschen muss
man die Flüssigkeit immer rühren, da sich der Schwefel schnell
zu Boden setzt und dann ungleich verteilt wird.

Lanolin-Milch.

500 g wasserfreies Lanolin
            schmilzt man, fügt
500 „ Glycerin sowie
750 „ Rosenwasser hinzu,

bringt in ein Weithalsgefäss und setzt unter fortwährendem
heftigen Schütteln zu:

250 g Benzoë-Infusion,
150 „ Gummischleim

und parfümiert mit

20 g Terpineol, *F. F. & C.*,
5 „ Hyacinthin, *C. N. & C.*,
10 „ Bergamottöl.

Feen-Liebling.

(Englisches Schönheitswasser.)

300 g Borax, pulv.,
1000 „ Glycerin,
3000 „ Rosenwasser,
50 „ Zucker,
50 „ Tinktur Ambrettol,
3 „ Rosenöl, künstlich, *H. & C.*,
5 „ Cumarin, *Sch. & C.*,
5 „ Neroliöl, künstlich, *D. & K.*,
1 „ Ylang-Ylangöl, künstlich, *Sch. & C.*,
Karminlösung für rosa Farbennuance.

Lilienmilch.

250 g Benzoë-Infusion,
2000 „ Rosenwasser,
220 „ Glycerin,
250 „ Boraxlösung, 2%ig.

Schminken.

Flüssige Schminken.

Es ist eine bekannte Tatsache, dass das Schminken, d. h.
das Ueberstreichen der Haut mit Stoffen in Pulverform oder
solchen, die derartige Stoffe auf der Haut zurücklassen, wennschon sie vorher flüssig waren, der Haut sehr schädlich ist,
indem die Poren durch den restierenden Trockenstoff gefüllt
und geschlossen werden und somit ihre Tätigkeit einstellen
müssen. Die Haut wird dadurch schlaff und bekommt ein
welkes Aussehen. Doch hier predigt man tauben Ohren, wenn
man die Damenwelt davon überzeugen will, dass sie die sonst
so sorgfältig gepflegte Haut ruiniert, indem sie zur Schminke
greift; allerdings geschieht dies erst in den meisten Fällen dann,
wenn eben an dieser Haut nichts oder doch wenig mehr zu
verderben ist. Immerhin gibt es jedoch auch sehr viele Damen,
welche bereits zu einer Zeit zur Schminke und zu sonstigen
Verschönerungsmitteln greifen, wo dies absolut nur in ihrer
Einbildung als bereits nötig erscheint. Des weiteren gibt es
auch Länder, wo das Schminken und Pudern eben Sitte ist
und eine ungeschminkte Frau nur zu den untersten und
ärmsten Volksklassen zählt, wie wir dies im Orient sehen.
Ueberhaupt konsumieren die südlichen Klimate fast ungeahnte
Quantitäten von Puder und in zweiter Linie von Schminken.
Und hierbei gibt man den flüssigen Schminken den Vorrang,
wenngleich auch sehr viele feste Schminken gebraucht werden.
Die flüssigen Schminken sind jedoch zumeist billiger wie die
festen, und dies ist für Viele ein wichtiges Moment, da die
Ausgaben für diesen Artikel eine nette Summe im Haushalte
der Südländerin ausmachen.

In erster Linie gehen die weissen flüssigen Schminken,
bedingt dadurch, dass der Teint der Südländerin meist an und
für sich ein dunklerer ist, als bei der Nordländerin. Diese
Schminken sind: Blanc d' Espagne, Blanc de Perle, Blanc de
Faid, alles weisse, flüssige Schminken, die aus ziemlich den
gleichen Bestandteilen zusammengesetzt sind.

Blanc d' Espagne.

2000 g Alabasterweiss,
  500 ,, Zinkoxyd,
4800 ,, Rosenwasser.

Blanc de Perle.

2000 g Talkum,
  500 ,, Wismutoxychlorid,
12000 ,, Rosenwasser.

Blanc de Faid.

2000 g Talkum,
800 „ Wismutsubnitrat,
12000 „ Rosenwasser.

Die Herstellungsart ist eine ziemlich einfache. Talkum und Wismutweiss werden innig vermengt und dann durch ein ganz feinmaschiges Sieb getrieben. Dann füllt man das Gemenge in eine weithalsige Flasche und gibt das Rosenwasser dazu; darauf wird tüchtig geschüttelt. Am besten ist es, wenn man die die Mischung enthaltende Flasche für ein paar Stunden in einen Schüttelapparat einspannen kann, so dass eine recht innige Vermischung von Pulver und Wasser erfolgt. Beim Abfüllen in kleine Flaschen muss das Gemenge ebenfalls stets tüchtig durchgeschüttelt werden, da sich bei längerem Stehen Wasser und Pulver wieder trennen. Auch sind diese Schminken vor dem Gebrauche stets kräftig zu schütteln.

Diese Schminken werden auch in rosa geliefert und man setzt für diesen Fall etwas Karminlösung zu.

Die flüssigen roten Schminken werden auf andere Art hergestellt und dienen sowohl zum Färben der Wangen, wie auch der Lippen. Es sind dies die bekannten Arten: Fleurs de Roses, Vinaigre rouge, Rouge d' Orient.

Hiezu verwendet man Karmin und Karthamin (den Farbstoff des Saflors), doch sind diese Farbstoffe heute zum Teil durch Rhodamin und Eosin ersetzt. Während letztere rein wasserlöslich sind, benötigt man zu vollständiger Lösung des Karmins etwas konzentriertes Aetzammoniak (Salmiakgeist), doch nehme man nur so viel, als eben unbedingt notwendig ist, um eine vollständige Lösung zu erzielen, da der Karmin sonst eine bläuliche Färbung annimmt.

Fleurs de Roses.

2000 g Rosenwasser,
500 „ Tinktur Rosenöl, künstlich (1 : 100),
30 „ Karmin,
20 „ Salmiakgeist.

Man gibt den Karmin in eine Reibschale und verreibt ihn gut mit Rosenwasser, dann setzt man den Salmiakgeist nach und nach zu, indem man stets tüchtig reibt, damit der Karmin feinstens zerteilt und gelöst wird. Die Lösung gibt man in eine Flasche und setzt den Rest Rosenwasser und Tinktur Rosenöl zu.

Vinaigre rouge.

20 g Karmin,
20 „ Salmiakgeist,
3000 „ destilliertes Wasser,
400 „ Toiletten-Essig.

Rouge d' Orient.

5 g Rhodamin,
10 „ Eosin,
2000 „ Rosenwasser,
400 „ Tinktur Rosenöl, künstlich (1 : 100),
50 „ Glycerin.

Rhodamin und Eosin werden am besten in einer Kochflasche in kochendem Wasser gelöst, dem man zunächst das
Glycerin zusetzt und nach gutem Schütteln die übrigen Ingredienzien.

Zu den flüssigen Schminken kann man auch einige
der bekannten Schönheits-Cremes rechnen. So z. B. die
Creme Iris, die auch unter der Bezeichnung »Blanc céleste«
im Auslande im Handel ist.

Blanc céleste.

1000 g Wismuthydroxyd,
40 „ Glycerin,
10 „ Irisöl,
30 „ Weinsprit.

Alsdann zählt man dazu ein Präparat, das in den letzten
Jahren in Deutschland unter dem Namen »Immacula Wangen-
röte« an den Markt gebracht wurde, früher als »Schnouda«
oder auch »Rose sympathique« bekannt war. Die färbende
Substanz desselben ist das Alloxan, ein weisses, aus Harnsäure
hergestelltes, krystallinisches Pulver. Man vermischt dasselbe
am besten mit Fett und stellt eine weisse Creme her. Diese
Creme wird leicht auf die Haut aufgetragen und durch die
Einwirkung der atmosphärischen Luft erzeugt das in der Creme
enthaltene Alloxan eine zarte Röte auf der Haut.

Rose sympathique.

1800 g süsses Mandelöl,
300 „ Walrat,
300 „ Wachs, weiss,
500 „ destilliertes Wasser,
50 „ Alloxan,

10 g Rosenöl, künstlich,
50 „ Bergamottöl,
20 „ Citronenöl.

Rose de Perse.

1000 g Schmalz,
1000 „ Vaselin, weiss,
  30 „ Alloxan,
  10 „ Irisöl.

Bei »Rose sympathique« schmilzt man zuerst Walrat und Wachs zusammen und gibt von diesem Gemisch etwas in eine erwärmte Reibschale, dann fügt man das Alloxan zu und verreibt es tüchtig mit den geschmolzenen Stoffen. Das Mandelöl hat man inzwischen auch erwärmt und gibt dann zu ihm die Mischung in der Reibschale und parfümiert; dann gibt man in dünnem Strahle unter fortwährendem Umrühren das destillierte Wasser zu. Es entsteht dann ein Gemenge von salbenartiger Konsistenz, welches man in kleine Porzellantöpfe füllt, die gut verklebt und entsprechend etikettiert werden. — Bei »Rose de Perse« verarbeitet man das Alloxan tüchtig in der Reibschale mit einem kleinen Teile des geschmolzenen Schmalzes und setzt dann alles Uebrige zu.

Für die aufgeführten Produkte sind allerwärts — besonders was flüssige Schminken anbelangt — die Schauspieler grosse Abnehmer, da ja das Schminken mit zu deren Beruf gehört; in den südlichen Klimaten sind es die Damen, welche, wie eingangs gesagt, grosse Summen jährlich dafür ausgeben, und auch China ist für Schminken ein grosses Absatzgebiet.

Trockene Schminken.

Es sei hier gleich erwähnt, dass die Schminkenfabrikation wohl die schwierigste der mit der Parfümeriefabrikation verschmolzenen Abteilungen ist. Praxis tut hier alles, Theorie so gut wie fast nichts; denn aus Büchern ist die Schminkenfabrikation allgemein bekannt, während sie in der Praxis nur von sehr wenigen Fabrikanten ausgeübt wird. Trotzdem mit Schminken noch ein schönes Stück Geld zu verdienen ist, legen die meisten Fabrikanten deren Anfertigung wieder beiseite und überlassen sie den Spezialgeschäften, weil Techniker aus der Praxis nicht zu haben sind und das Ausarbeiten verlässlicher Vorschriften jahrelange Mühe und auch grosse Verluste mit sich bringt. In Deutschland haben wir eigentlich nur 2—3 Spezial-Fabriken für den Artikel, wovon eine *(Leichner)* Weltruf geniesst.

Die trockenen Schminken bestehen in der Hauptsache aus

Talkum. Das Bindemittel bildet Tragantschleim und Oel, letzteres in sehr geringem Quantum. Als Farbstoff verwendet man entweder Cochenille oder Karmin, Rhodamin und Eosin

Rote Schminke.

5000 g Talkum, ff. (Marke »Edelweiss«).
100 „ Karmin,
500 „ Wasser,
20 „ Gummi Tragant,
50 „ Olivenöl,
250 „ Rosenwasser,
80 „ Sprit.

Man gibt das Talkum in ein feinstes Sieb und treibt es möglichst zweimal durch dasselbe, damit alle etwa vorhandenen groben Teilchen und Verunreinigungen entfernt werden. Dann kommt Talkum und gelöster Karmin in eine Schüssel. Der Karmin ist mit etwas Wasser und ganz wenig Salmiakgeist vorher in einer Reibschale feinstens verrieben und gelöst worden und es wurde ihm allmählich die Hälfte des Rosenwassers zugefügt, bis alle Karminteilchen bestens gelöst sind. Ist die Farbe fein genug, so kommt sie, wie erwähnt, in die erste Schale zum Talkum und man rührt beide Bestandteile gut durch, wobei man nach und nach den Rest des Rosenwassers hinzugibt, bis eine teigige Masse entstanden ist; hierauf kommt in diesen Teig der Tragantschleim. Dann arbeitet man wieder gut durch und gibt die 50 g Olivenöl hinzu, alsdann den Spiritus. Die ganze Masse wird nun nochmals gut durchgerührt, worauf die Schminke zum Verarbeiten fertiggestellt ist.

Vorteilhaft ist es, sofort nach dieser Arbeit einige Platten mit Schminke zu belegen und trocknen zu lassen; sollte nun die Schminke hernach auf der Platte nicht festsitzen wollen, so hat man noch ein wenig Tragantschleim zum ganzen Teige hinzu zu geben und noch etwas durchzurühren. Die Güte der Schminke ist durchaus nicht abhängig von der Menge der zugesetzten Farbe, diese kann vielmehr je nach dem gewünschten Farbenton der Schminke vergrössert oder verringert werden.

Eine besondere Aufmerksamkeit ist ferner dem Arbeitstisch zu widmen. Seine Platte muss möglichst genau wagrecht und glatt sein; auf ihr wird nun der Teig ausgebreitet und zwar ungefähr in der Stärke der gewünschten Schminkstücke. Alsdann drückt man mit einer kleinen Handform auf den Teig; die Handpresse, eine Art Pastillenstecher, braucht nur die Grösse eines runden Firmenstempels zu haben, der jedoch an seinem unteren Ende eine Vertiefung, in Form der Schminkestücke hat; damit nun die eingedrückten Stücke wieder leicht

herausgenommen werden können, ist in der Form eine Metall-
platte anzubringen, welche gleichzeitig die Inschrift tragen kann
und mit einer Spindel verbunden ist. Diese Platte muss nun
mit einem Drucke soweit aus der Form zu schieben sein, dass
man den Schminkekuchen mit der Hand leicht abnehmen kann.
Um ein Ankleben der Schminke an die Formwände zu vermeiden,
können diese mit ein wenig Glycerin oder Oel ausgestrichen
werden. Presst man nun mit der rechten Hand, so nimmt man
mit der linken die bereit liegenden Porzellanplatten und drückt
sie gegen die Unterseite der Schminkestücke, während man
dieselben mit dem Drücker herausbefördert.

Weisse Schminke.

4000 g Talkum,
1000 „ Zinkweiss,
  20 „ Gummi Tragant,
  50 „ Olivenöl,
 700 „ Rosenwasser.

Das Olivenöl kann auch durch weisses Vaselinöl ersetzt
werden.

Sollen Schminken im Grossen hergestellt werden, dann
nimmt man folgenden Ansatz:

Rote Schminke.

50000 g ff. Talkum,
 1500 „ Vaselinöl,
 1000 „ Glycerin,
  200 „ Rhodamin,
  600 „ Eosin,
 2000 „ Tragantlösung.

Man stellt die Tragantlösung in der Stärke 5:100 her
und löst alsdann in kochendem Zustande in ihr die Farben.
Man muss sich jedoch bei Zusammensetzung der Masse mit
dem Ab- und Zugeben von Wasser nach dem Feuchtigkeitsgehalt des Talkums richten; es lässt sich Bestimmtes da nicht
vorschreiben.

Weisse Schminke.

40000 g Talkum ff.,
10000 „ Zinkweiss,
 1500 „ Vaselinöl, weiss,
 1000 „ Glycerin,
  200 „ Dextrin,
 2000 „ Tragantlösung.

Zum Parfümieren der Schminken nimmt man Geranium- oder Palmarosa- ev. auch etwas Linaloëöl, etwa in folgendem Verhältnis:

10 g Geraniumöl,
20 „ Palmarosaöl,
10 „ Linaloëöl.

Die vorstehende Schminke soll keinen Teig ergeben, sondern ein Pulver, welches nachher komprimiert wird und infolge seiner Feuchtigkeit und des grossen Druckes eine feste kleine Tafel bildet.

Die Herstellung von Schminken im Grossbetriebe geschieht unter Anwendung von Maschinen, und man bedient sich dabei am besten der von *Dührings Patentmaschinen-Gesellschaft,* Berlin S. O., Oranienstr. 21 hergestellten Komprimier-Maschine „Ideal“.

Ferner sind sehr notwendig eine gute Trockenanlage, um das gefärbte Pulver schnell und richtig wieder zu trocknen, sowie eine Reib- und Mischmaschine mit Kugellauf zur Verreibung und Verteilung der Farbe unter die Pulvermasse, was mit der Hand nur sehr unvollkommen geschehen kann und auch zu viel Staub gibt, und Staub ist hier gleich bedeutend mit Verlust.

Auf die Stempel der Komprimier-Maschine lässt man die Firma gravieren, sodass diese mit auf dem Schminkeblättchen erscheint. Die aus der Maschine kommenden Blättchen werden dann auf Porzellanuntersätze aufgeleimt, was zweckmässig mit Gummi arabicum oder auch mit dünnem Leim geschehen kann, und nach dem Trocknen kommen sie in die Dosen, worin sie wieder mit Leim befestigt werden.

Der wichtigste Punkt ist bei der ganzen Schminkenfabrikation der richtige Feuchtigkeitsgehalt. Das zu verwendende Pulver muss den bestimmten Grad Feuchtigkeit haben, sonst ist alle Mühe umsonst. Hier spielen jedoch Temperatur und Lager eine grosse Rolle, sodass nur die Praxis und Uebung über dieses Moment hinaushelfen können. Eine zu feuchte Masse bleibt an den Stempeln hängen, zu trockene Masse bröckelt beim Aufleimen und Verarbeiten.

Diese Schminken werden in Dosen und auch »Pots« gesetzt, auch drückt man sie in kleine Näpfchen. Diese letztere Art wird jedoch jetzt wenig mehr gekauft. Dagegen ist

Schminke in Pulverform

immer noch ein guter Artikel, den man sehr einfach herstellt, indem man die nach den beiden zuletzt aufgeführten Vorschriften entstehenden Schminkepulver direkt, d. h. ohne sie zu komprimieren, in kleine Dosen füllt.

Fett-Schminke.

Diese Sorten Schminke werden meistens nur als Theaterschminken gebraucht und sind dazu in allen Nuancen herzustellen. Sie werden teils in Stangenform, teils in Porzellan-
büchsen an den Markt gebracht. Ihre Herstellung ist in der
Hauptsache den Spezial-Fabriken überlassen.

Als Farbstoffe in den Fettschminken verwendet man ff.
pulverisiertes Zinkweiss, Terra di Siena, Karmin, Rhodamin, Eosin,
Beinschwarz und fast die ganze Skala der ungiftigen Anilinfarben
zur Erzielung der verschiedenen Tönungen. Die Grundmasse
einer guten Fettschminke ist folgende:

> 200 g Vaselin,
> 200 „ Lanolin,
> 150 „ Ceresin,
> 300 „ Wachs, weiss,
> 600 „ Olivenöl.

Diese Grundmasse wird dann so stark, z. B. im Verhältnis
von 2 Teilen Farbmasse auf 1 Teil Grundmasse, mit Farbmasse
versetzt, dass jeder noch so leichte Strich sofort auf der Haut
Farbe gibt, damit nicht zu viel aufgetragen zu werden braucht.

Die Farbmasse zu den Fettschminken stellt man her, indem
man ff. Talkum mit den jeweils gewünschten Farben vermischt
bezw. tüchtig verarbeitet, doch dürfen natürlich nur solche Farbstoffe genommen werden, die auch in Fett löslich sind.

Die Stangenschminke wird, wie Cosmétique, in Blechformen
gegossen und erkalten gelassen, worauf man sie herausdrückt
und entsprechend verpackt.

Gerade so werden die Stifte für Augenbrauen hergestellt und in brauner und schwarzer Farbe geliefert, wie auch
die Stifte zum Nachzeichnen der Adern, die in blauer
Farbe zu verfertigen sind. Als Farbstoff nimmt man Indigo
oder Preussisch Blau. Man setzt jedoch der Fettmasse ein
wenig mehr Wachs oder Ceresin zu, damit die Stifte fester
werden, sich leicht spitz schneiden lassen und nicht so leicht
abbrechen.

Blatt-Schminke.

Diese kommt nur in roter Farbe an den Markt. Man
bestreicht eine Seite eines starken, möglichst mit Alaun präparierten Papiers mehrmals mit einer Lösung aus Karmin, Rhodamin
oder Eosin und lässt es ordentlich trocknen. Besonders im
ersteren Falle nimmt das trockene Papier eine bronzegrüne
Farbe an; sobald man dann mit einem leicht angefeuchteten

Läppchen über das Papier streicht, erhält man wieder einen roten Abzug, mit dem dann das Färben der Wangen und der Lippen vorgenommen wird. Das Schminke-Papier schneidet man in kleine handliche Blätter und stellt davon Büchelchen her, mit event. perforierten Seiten.

Schmink - Watte.

Diese wird in der Hauptsache nur noch am Theater verwendet. Feine weisse Watte wird in eine Lösung von Karthamin, Karmin, Rhodamin oder Eosin gelegt und dann an der Luft getrocknet. Die ganz trockene Watte wird in kleine viereckige Stückchen geschnitten und in Metallkästchen verpackt. Durch leichtes Anfeuchten der Watte und gelindes Reiben färbt man die Lippen rot.

Handschminke.

Sie dient besonders zur Erzielung einer weissen und recht geschmeidigen Haut an den Händen. Sie wird wie folgt hergestellt:

600 g Lanolin,
200 ,, Rosenwasser

werden tüchtig verrieben; ebenso

100 g Zinkoxyd,
50 ,, Wismutoxychlorid,
250 ,, Olivenöl.

Man vermischt beide Teile, wobei man noch 100 g Glycerin, chem. rein, zugibt und mit

10 g Geraniol und
3 ,, Bergamottöl

parfümiert.

Mittel zur Nagel-Pflege.

Eine aufmerksame Behandlung und Pflege der Fingernägel ist leider immer noch für Viele etwas, das in den Bereich des Unnötigen gehört. Es gibt eben gar viele Leute, die erst dann fühlen und begreifen, was der Fingernagel wert ist, wenn sie ihn verloren haben, oder die erst an die Pflege der Nägel denken, wenn dieselben verunstaltet sind und Hilfe zu spät kommt oder mit grosser Mühe verknüpft ist. Eine möglichst frühzeitige und sachgemässe Behandlung unserer Finger- und Fussnägel ist gerade so notwendig, wie die der Zähne oder sonstiger Teile des Körpers; denn Missstände an diesen kleinen Hornplatten können das Allgemeinbefinden des ganzen Menschen wesentlich beeinflussen.

Die dünne, durchscheinende Hornplatte, welche das letzte
Glied unserer Finger und Zehen auf der Rückfläche mehr als
zur Hälfte bedeckt, ist ebenso Erkrankungen ausgesetzt, wie
jeder andere Teil unseres Körpers; daher gilt es, dieser Mög-
lichkeit vorzubeugen. Vor allen Dingen ist die grösstmögliche
Reinlichkeit eine Hauptbedingung. Sie hilft das Wachstum der
Nägel, welches ja sehr langsam vor sich geht, befördern.
Viele Leute wissen auch nicht, dass sich in dem Zustande der
Nägel zeitweise auch der ganze Ernährungszustand unseres
Körpers spiegelt.

Die Nagelpflege in erweitertem Masse ist bei uns auch
schon seit Jahrhunderten eingeführt, doch haben sich Ver-
feinerungen derselben erst in den letzten Jahren Geltung verschaffen können. Besonders die Damenwelt legt jetzt mehr
Wert auf tadellose Nägel, wie dies früher auch sehr wünschenswert gewesen wäre. Die Völker des Oients sind uns in der
Nagelpflege weit voraus, wennschon dort in manchen Ländern
unter den Frauen geradezu ein Kultus mit ihren Händen und
Füssen getrieben wird, wobei Schönheit und Feinheit der
jeweiligen Nägel eine Hauptrolle spielen. Die langen Nägel
chinesischer Frauen, die mit Henna gefärbten Nägel der Orientalinnen — besonders der Perserinnen und Aegypterinnen —
sind nun gerade nicht nach unserem westlichen Geschmacke,
doch erfreut uns eine schöne Frauenhand mit rosigen Finger-
nägeln stets. Schöne, längliche Finger muss da nun allerdings
Mutter Natur mit auf den Weg gegeben haben. Und wenn
dann Hand und Nagel gut gepflegt werden, werden sie gesund
und schön bleiben. Alle die leidigen Unannehmlichkeiten, wie
Nied- oder Neidnägel, Einwachsen der Nägel in die sie um-
gebende Lederhaut, Nagelspalt und Nagelkrümmung, alles dies
lässt sich vermeiden, wenn man die Nägel einigermassen pflegt.

Wie schon erwähnt, ist Reinlichkeit die erste Bedingung,
die Grundlage. Mit Seife und einer weichen Bürste reinige
man in lauem Wasser täglich die Nägel, wenn nötig zwei- bis
dreimal. Eine empfindliche Haut der Hand reibe man mit
präpariertem Glycerin ein, dem Waschwasser füge man etwas
Borax zu. Hiernach reibe man die Finger bis an die Nägel
leicht mit einem Stück feinen Bimssteins, um etwaige Hornbil-
dungen zu verhüten, massiere dann die Finger-Runzeln und
reibe sie leicht mit Glycerin-Honig-Gelee (Kaloderma) ein. Hierauf
entferne man jegliche Unreinlichkeit unter und an dem Nagel, sowie
etwa vorgewachsene kleine Nagelhäutchen und treibe die Lederhaut an der Nagelwurzel zurück, sodass die kleine dünnere,
halbmondförmige weisse Stelle, das Möndchen, völlig frei liegt,
ohne dass sich jedoch die Haut über der Nagelwurzel unnötig
rötet. Dann behandelt man den Nagel zuerst mit

Nagelwasser.

Dieses stellt man her aus

    1000 g Rosenwasser,
  20—30 ,, Borax,
      70 ,, Glycerin;

oder:

    1000 g Rosenwasser,
    100 ,, Eau de Cologne,
     50 ,, Myrrhen-Infusion (1 : 50),
     50 ,, Weinsäure.

Hiernach behandelt man den Fingernagel mit einem

Nagelemail,

welches man wie folgt zusammenstellt:

I.

    1000 g geschlemmtes Zinnoxyd,
    100 ,, Iriswurzelpulver,
    300 ,, Talkum,
    100 ,, Reismehl,
   8—10 ,, Karmin oder 100 g Krapprosa;

parfümiert mit:

     3 g Rosenöl,
   15 ,, Rosenholzöl,
   20 ,, Geraniol.

II.

    400 g Wachs, weiss,
    400 ,, Walrat,
   5400 ,, Paraffin, weich,
    15 ,, Eosin,
    10 ,, Ylang-Ylangöl, künstlich,
    20 ,, Terpineol,
     2 ,, Aubépine.

Das Eosin wird in Sprit gelöst und dem geschmolzenen Wachs zugesetzt.

Oder man stellt ein Email her in Verbindung mit Seife:

    500 g Seifencreme,
    200 ,, Wasser,

ca. 500 g Zinnchloridlösung (1 : 10),
75 „ Zinnoxyd,
20 „ Karmin,
10 „ Terpineol,
20 „ Geraniol.

Mit diesem Nagelemail belegt man die Nägel und reibt sie dann kräftig mit einem kleinen, ledergepolsterten Polierbocke.

Hiernach erscheinen die Nägel rosig und in hohem Glanze. Diese Manipulationen sind natürlich täglich zu wiederholen.

Nagelpolierpulver.

I.

1000 g Zinnoxyd, geschlemmt,
400 „ Talkum ff.,
10 „ Karmin,
5 „ Rosenöl, künstlich, *Sch. & C.*,
3 „ Bergamottöl.

II.

500 g Zinnoxyd, weiss ff.,
1 „ Karmin,
5 „ Rosenöl, künstlich, *H. & C.*,
2 „ Narzissenöl, *C. N. & C.*

III.

500 g Schmirgel, ff. pulv.,
50 „ Krapprosa,
5 „ Dianthin, *C. N. & C.*,
5 „ Geraniumöl.

Zinnpasta.

500 g Zinnoxyd,
2 „ Tragant, pulv.,
5 „ Glycerin,
40 „ Karminlösung,
ca. 200 „ Rosenwasser,
3 „ Orgéol, *H. & R.*,
1 „ Jasminöl, *H. & C.*

Diese Zinnpasta füllt man in kleine Milchglasdosen und bringt sie so zum Verkauf.

Nagel-Firnis.

Nach der Behandlung der Fingernägel mit dem Polierpulver oder mit den Pasten kann man auch noch zum besonderen Glänzendmachen sich eines Firnisses bedienen, den man mit Hirschleder aufreibt oder auch mit dem Polierbock.

Diesen Firnis stellt man her aus

150 g Chloroform,
15 „ Paraffin

und parfümiert event. mit etwas Rosen- oder Geraniumöl.

Brüchig gewordene Nägel behandelt man zunächst durch Aufgiessen einer Alaunlösung (1 : 10) oder Baden der Nägel in dieser Lösung. Alsdann beginnt man mit der Nagelpflege.

Zum Schneiden der Nägel bediene man sich einer gebogenen Scheere oder der ganz vorzüglichen Nagel-Klipper »The Gem« von *H. C. Cook & Co.,* Ansonia, Conn. Amerika, welche einzig in ihrer Art sind.

Um unserer Damenwelt die Nagel-Pflege möglichst bequem zu machen, stellt man ein Sortiment zusammen, welches in einem schön und fein ausgestatteten Kasten alle die Bedürfnisse zur Nagelpflege birgt. Ein Flacon Nagelwasser, eine Dose Nagelemail, ein Polierbock, eine Nagelscheere, eine kleine Falcette zum Zurückschieben der Haut, sowie ein spitzes Hornstäbchen zum Entfernen von Unreinlichkeiten unter dem Nagel, endlich eine kleine Nagelfeile. Ein so zusammengestellter Nagelpflege-Karton wird stets gerne gekauft.

Frostmittel und Mittel gegen rissige Haut.

Zur Hautpflege gehören gewissermassen auch diejenigen Mittel, welche der Haut nach erlittenen Frostschäden ihre ursprüngliche gesunde Beschaffenheit zurückgeben sollen oder aber bereits angewendet werden, um dem Erfrieren derselben vorzubeugen.

Es gibt zwei Arten von Frostschäden, sog. Frostbeulen und offene Froststellen. Für beide Arten ist die Behandlung eine verschiedene, sind die Mittel andere. Zur Behandlung der ersteren zieht man die Säuren heran, als da sind: Salpeter-, Gerb-, Milch-, Schwefel-, Bor-, Salicyl-, Citronen-, Wein- und Essigsäure, weshalb auch die Toiletten-Essige zur Behandlung von Frostbeulen sehr geeignet sind und durch vermehrten Zusatz von Eisessig bezw. Essigsäure noch besonders dazu präpariert werden können. Auch die Cold Creams können gut zur Heilung verwendet werden, besonders, wenn man ihnen einen hohen Zusatz von Bor- oder Salicylsäure gibt.

Auch einige Metallsalze sind wegen ihrer zusammenziehenden Wirkung sehr vorteilhaft, so Alaun, Borax etc.

Haut-Wasch-Wässer, gegen Frostschäden zu verwenden, stellt man wie folgt her:

Frostbeulen-Wasser.

I.

200 g Rosenwasser,
10 „ Infusion Benzoë,
5 „ Alaun, pulv.,
5 „ Borax, pulv.

II.

500 g Toiletten-Essig,
30 „ Eisessig,
15 „ Alaun.

III.

500 g Wasser, ⎫ für sich gelöst,
60 „ Tannin, ⎭

6 „ Jod, ⎫ für sich gelöst,
100 „ Sprit, ⎭

dann zusammengeschüttet und

900 g Rosenwasser zugefügt.

Diese Flüssigkeit wird in Flaschen gefüllt, die mit folgender Gebrauchsanweisung versehen werden:

»Man giesse diese Flüssigkeit in eine Porzellanschale oder einen irdenen Topf, stelle ihn auf ein ganz gelindes Feuer, tauche, während die Flüssigkeit noch kalt ist, den leidenden Teil, z. B. die Hände, so .lange hinein, bis beim Bewegen der Flüssigkeit die zunehmende Wärme unerträglich wird. Alsdann nehme man das Gefäss vom Feuer und lasse die Hände, ohne sie abzutrocknen, über demselben trocken werden. Das Mittel ist täglich nur einmal anzuwenden. Eine und dieselbe Flüssigkeit kann immer wieder von neuem gebraucht werden. Eine vier- bis fünfmalige Anwendung genügt, um eine vollkommene Heilung zu erzielen.«

Wenn die Menge des Jods nicht überschritten wird, wovor man sich namentlich zu hüten hat, wenn man an den zu badenden Körperteilen offene Wunden hat, dann erscheint die Hautfarbe der gebadeten Teile unverändert.

Gegen offene Frostschäden wendet man Mittel in Salbenform an und benutzt zu deren Herstellung in der Hauptsache sehr vorteilhaft das Vaselin, da dieses vor allen Dingen nicht ranzig wird, während ranzige Fette auf offene Hautstellen sehr schädliche Wirkung ausüben.

Frost-Salbe.

100 g Vaselin,
 10 „ Zincum sozojodolicum;

auch kann man an Stelle von Vaselin das Lanolin nehmen unter einem geeigneten Zusatz von Wasser und Salicylsäure. Als Mittel gegen aufgesprungene Haut ist folgende Salbe zu empfehlen:

Haut-Salbe.

1500 g Seifencreme,
 400 „ Walrat,
 100 „ Olivenöl,
  60 „ Sprit,
 100 „ Campher,
1800 „ Wasser,
  20 „ Bergamottöl,
   5 „ Cinnamol.

Hand-Salbe.

(Gegen rissige Hände)

600 g Lanolin,
 15 „ Menthol,
 40 „ Olivenöl,
 20 „ Salol,
  3 „ Vanillin,
 10 „ Terpineol.

Kosmetische Gallerte für die Hände.

500 g Rosenwasser,
  5 „ Tragant,
 50 „ Glycerin,
 50 „ Sprit,
  2 „ Rosenöl, künstlich,
  2 „ Linalool,
  5 „ Bergamiol.

Unmittelbar nach dem Bade reibt man die Gallerte fest ein, bis die Haut trocken ist.

Um rissige Haut wieder in Ordnung zu bringen ist auch ein sehr gutes Mittel die

Hautglätte-Mandelmilch.

50 g von den Schalen befreite, süsse Mandeln werden zerstossen und dann in einer Reibschale mit einem Teil von 250 g Rosenwasser zu einem feinen Brei zerrieben, dem man dann das übrige Rosenwasser zusetzt und nun durch ein Leintuch giesst. Dann setzt man 5 g Borax, 10 g Benzoë-Infusion und 50 g chem. reines Glycerin zu und füllt in Flaschen.

Schweiss-Mittel.

Auch die Mittel gegen Gesichts-, Hand- und Fussschweiss gehören in das Gebiet der Kosmetik. Sie sind jedoch individuell zu gebrauchen, d. h. die Ursache des Schwitzens ist in jedem einzelnen Falle erst zu ergründen und dann zur Anwendung des Mittels zu schreiten. Die hier angegebenen Mittel sind völlig unschädlich und in den meisten Fällen von grösstem Nutzen.

Das beste Mittel gegen Schweiss ist Wasser in Gestalt von Bädern, denen dann jeweils Medikamente zugefügt werden. Reichliche Waschungen der schwitzenden Teile sind unbedingt von nöten.

Gegen Handschweiss.

I.

250 g Rosenwasser,
  25 „ Borax,
  20 „ Glycerin.

II.

300 g Glycerin,
100 „ Borsäure,
300 „ Borax,
300 „ Salicyläure,
600 „ Rosenwasser,
500 „ Sprit.

Mit diesen Mitteln werden die Hände täglich mehrmals eingerieben, nachdem sie vorher gut gereinigt und gebadet wurden.

Gegen Fussschweiss.

1000 g Rosenwasser,
  30 „ Borsäure.

Diese Mischung verwendet man zu Bädern, feuchtet auch mit ihr Abends die Sohle des Strumpfes ziemlich kräftig an und lässt während der Nacht trocknen. Bei entsprechender Reinlichkeit und täglichem Wechsel derartig durchtränkter Strümpfe bleibt der Erfolg nicht aus.

Gegen Gesichtsschweiss.

Hiergegen verwende man nach dem Waschen einen leichten Puder:

>   3500 g Pistazienmehl,
>   3500 ,, kohlensaure Magnesia,
>   5 ,, Rosenöl, künstlich,
>   2 ,, Bergamottöl,
>   2 ,, Lavendelöl.

Zu den Waschungen sind Boraxseifen zu empfehlen, und dem Waschwasser setzt man etwas Borax oder Borsäure zu. Ein Präparat hierfür wäre wie folgt herzustellen:

>   500 g Rosenwasser,
>   85 ,, Borax,
>   10 ,, Salicylsäure,
>   50 ,, Glycerin.

Fuss-Streu-Pulver.

>   500 g Talkum ff.,
>   500 ,, Stärkemehl,
>   50 ,, Salicylsäure,
>   40 ,, Tannin,
>   25 ,, Alaun.

Schutz der Hände gegen Einwirkung ätzender Antiseptika und Beseitigung unangenehmer Gerüche von den Händen.

Karbolsäure und Sublimat machen die Haut spröde und rissig, wenn sie öfter selbst mit verdünnten Lösungen derselben in Kontakt kommt. Waschen mit Wasser genügt nicht, um die Hände völlig zu reinigen. Nach Karbolwasser wäscht man sich am besten zunächst mit etwas Alkohol, nach Sublimat mit Kochsalzlösung; in beiden Fällen ist gründliches Einseifen hernach anzuraten. Während des Einseifens der Hände ist es zweckmässig, einen Kaffeelöffel voll Borax mit dem Seifenschaum zu verreiben. Nach dem Abtrocknen fettet man am besten mit etwas Lanolin ein.

Unangenehme Gerüche, wie von Jodoform, Kreosot, Guajacol, entfernt man am besten durch Waschen mit Leinsamenmehl oder auch Senfmehl mit Wasser. Der Jodoformgeruch insbesondere verschwindet sehr leicht, wenn man die Hände mit etwas Mutterkornpulver und Wasser einreibt. Auch Kaffeepulver, Terpentinöl, Teerwasser und ätherische Oele sind hierzu zu empfehlen. Nach dem Abtrocknen der Hände werden sie mit Talkum eingestäubt, das alle Stunden erneuert wird, um die so häufigen Ekzeme zu verhindern.

Rasiersteine.

Ein in den letzten Jahren sehr in Aufnahme gekommener Artikel ist der Rasierstein. Derselbe dient in den Rasierkabineten dazu, nach dem Rasieren die Poren der Haut zusammenzuziehen und so Erkältungen vorzubeugen, andererseits jedoch auch Ansteckungen durch Bartflechten und dergleichen mehr zu verhindern. Die Haut ist bekanntlich nach der Bearbeitung mit dem Rasiermesser für äussere Einflüsse sehr empfänglich, auch bereits während und nach dem Einseifen, weshalb in vielen Gegenden das Einseifen mit dem Rasierpinsel, soweit dieser nicht Eigentum des Kunden ist, behördlich verboten ist. Das Einseifen mit dem Pinsel halten wir unbedingt für eine Unsitte und in sanitärer Hinsicht für ebenso gefährlich wie oberflächlich, was das schnellere Eindringen der Seife in die Haut betrifft. Seither wurde nach dem Rasieren gewöhnlich mit stark verdünntem Eau de Cologne oder irgend einem Toilettewasser die rasierte Stelle eingespritzt. In vielen Fällen hat sich jedoch der Raseur darauf beschränkt, einfach Wasser in den Spritzapparat zu tun und diesem einige Tropfen von etwas Wohlriechendem zuzufügen, wodurch natürlich der Zweck der Einspritzung gänzlich illusorisch wird. Es ist daher sehr verdienstlich, dass eine Neuerung hier in Gestalt der Rasiersteine eingeführt wurde.

Der Rasierstein besteht in der Hauptsache aus Alaun, dessen zusammenziehende Wirkung bekannt ist, weshalb er auch auf die Poren sehr gut einwirkt. Man löst Alaun in der gleichen Gewichtsmenge· Wasser und dampft dieses alsdann wieder ab, setzt etwas Glycerin zu und ausserdem noch etwas Sublimat, um die Desinfektionskraft zu erhöhen. Es wird auch etwas Menthol hinzugefügt, welches in der Hauptsache dazu dient, eine angenehme Kühle hervorzurufen nach der leichten

Temperatursteigerung der Hautschichten durch das Rasieren. Das heisse Gemisch wird dann in beliebige viereckige oder ovale Blechformen gegossen und erstarrt zu einer festen krystallinischen Masse, welche man dann an den Seiten mit Wasser glatt schleift und am besten in Blechdosen verpackt an den Markt bringt. Mit diesen Steinen werden die rasierten Hautteile dann feucht abgerieben, wodurch einer Ansteckungsgefahr im weitesten Sinne vorgebeugt wird.

B. Rohde in Breslau hat sich folgendes Verfahren patentieren lassen:

Alaun wird in seinem Krystallwasser geschmolzen und mit Formalin, Borax, Glycerin und Zinkweiss verrührt. Beispielsweise wird Alaun-Pulver mit 5% Borax, 1% Glycerin, $^1/_2$% Zinkweiss und 1% Formalin im Wasserbade geschmolzen, verrührt und sodann in passende Formen gegossen. Die Masse ist ungiftig und wirkt durch den Alaun blutstillend. Das Formalin verleiht ihr desinfizierende Kraft, der Borax macht das Blut rasch gerinnen, das Glycerin glättet die Haut und das Zinkweiss beschleunigt die Heilung.

Alle diese Vorschriften ergeben jedoch einen trüben, d. h. nicht durchsichtigen Rasierstein. Will man einen krystallklaren Stein herstellen — wie z. B. auch der Hyalin-Block etc. ist — dann krystallisiert man Alaun in grossen Stücken und zerteilt ihn alsdann mit einem feinen Bandmesser. Danach werden die Stücke mit heissem Wasser poliert.

Dem Alaun kann man noch etwas Formalin oder irgend ein gewünschtes Desinfektionsmittel in gelöstem Zustande beimengen. Die so erhaltenen Blöckchen sind krystallklar und sehr gut zu verkaufen.

Allein seit kurzem sind die Rasiersteine schon in einigen Städten aus angeblich sanitären Gründen behördlich verboten, d. h. der Barbier darf nicht einen einzigen Stein für alle seine Kunden nehmen, sondern jeder einzelne Kunde soll sich seinen Stein halten. Eine Kontrolle für diese Vorschrift ist sehr schwer und es wird sich auch nicht jeder Kunde zu diesen Ausgaben verstehen, was den Konsum des Rasiersteines sehr beeinträchtigt hat.

Die Einrichtung zur Herstellung dieser Steine im Grossen ist eine verhältnismässig teure, auch bedarf es gut geschulter Leute. Kann man besonders über letztere nicht verfügen, dann überlasse man den Artikel den Spezialfabriken.

Verschiedenes.

Das Parfümieren von Drucksachen und Verpackungen.

Der Hauptzweck der Parfümierung ist der, dass die Drucksachen stark und nachhaltig parfümiert werden. Dazu gibt es verschiedene Arten der Parfümierung. Die einfachste Methode würde darin bestehen, dass man die zu parfümierenden Drucksachen in stark riechendes Sachetpulver hineinsteckt. Wenn hierdurch auch der Effekt starken Geruches erzielt wird, so hat man doch grösseren Verlust an Pulver, welches an den Drucksachen haften bleibt. Dann auch zeigen sich häufig kleine Flecken an den Drucksachen, die von dem dem Pulver beigegebenen ätherischen Oele herrühren.

Eine zweite Art der Parfümierung, die besonders in Frankreich für Karten und dergl. feste Drucksachen angewendet wird, ist das Eintauchen derselben in fertige stärkste Extraits d'Odeurs und das Belassen hierin über einige Tage. Dann werden die Karten herausgenommen, zwischen Filtrierpapier gelegt und alsdann stark gepresst, wodurch sie nicht nur trocknen, sondern auch gerade bleiben. Unter starkem Druck bleiben sie dann bis zu ihrer völligen Trocknung.

Zu dieser Manipulation kann man jedoch nicht jeden Karton verwenden und muss schon bei Auswahl desselben auf die Parfümierungsmethode, die man nachher anwenden will, Rücksicht nehmen. Ebenso darf die Karte nicht glaziert sein, da der Sprit die Glasur löst. Auch nimmt man hierzu am besten lithographierte Schriften, da bei Buchdruckkarten der Druck oft zum Teil verschwindet oder sich die Farbe verändert.

Für Taschenkalender, Preislisten und dergl. umfangreichere oder mehrseitige Drucksachen empfiehlt sich ein anderes Verfahren.

In einem dichten Schranke, den man noch im Innern mit Blech belegen lässt, damit die Luft wenig Zutritt hat, lässt man an den Seitenteilen sich je gegenüberliegende Leisten anbringen, auf welche man auf Rahmen gespannte Netze legt. Diese Netze bedeckt man mit Seidenpapier und verfährt wie folgt: Auf den Boden des Schrankes streut man stark riechendes und nachparfümiertes Pulver; dann belegt man ein Netz mit den zu parfümierenden Drucksachen und schiebt es auf den Leisten in den Schrank. Das nächste Netz erhält wieder Pulver, das folgende Drucksachen und so fort, bis der Schrank voll ist. Nach dichtem Verschliessen der Türen überlässt man die Anlage sich selbst.

Dies Verfahren hat auch noch den Vorteil, dass man alle möglichen riechenden Substanzen und Rückstände zur Parfümierung verwenden kann, z. B. die Filter der Odeurs und Infusionen, Rückstände von Moschus etc. Diese legt man einfach auf die Netze und sie teilen ihren Duft den Drucksachen mit.

Ein solches Parfümierungspulver stellt man sich wie folgt her:

5 kg Irispulver, fein gemahlen,
1 „ Moschusrückstände,
10 g Ylang-Ylangöl,
50 „ Bergamiol,
2 „ künstlicher Moschus,
5 „ Jonon,
100 „ Benzoë-Infusion.

Das Pulver kann man später immer noch zum Füllen billiger Riechkissen etc. gebrauchen.

Bei ganz feinen Drucksachen, die dazu in grösseren Quantitäten hergestellt werden, z. B. feinen Ankündigungen auf geschöpftem Büttenpapier, wäre es sehr ratsam das Parfüm bereits der Papiermasse beigeben zu lassen.

Zu den »Drucksachen« im weiteren Sinne gehören auch die Etiketten, Einwickel- und Reklame-Papiere der feineren Seifen, welche zu parfümieren man nicht unterlassen sollte. Die modernen Etiketten sind meist auf so dickes oder doch undurchlässiges Papier gedruckt, dass es sehr lange dauert, bis der Duft der Seife sich durchgearbeitet hat und zur vollen Geltung kommt. Diese Etiketten etc. parfümiert man in der gleichen Weise wie vorher angegeben oder man bestreicht sie auf den Rückseiten ganz leicht mit einem in das jeweils gewünschte Parfüm getauchten Läppchen. Diese Parfüms stellt man so her, dass man die für die Seife selbst gegebenen Parfüms nimmt, sie auf ihr 3- bis 4 faches Volumen mit Sprit verdünnt und dann noch ca. $^1/_4$ Benzoë- oder sonst einer passenden Harz-Infusion zusetzt; man kann auch von dem Riechstoffe, welcher dem betreffenden Parfüm den Charakter verleiht, etwas mehr zusetzen als sonst wohl in der Vorschrift angegeben.

Mit dem gleichen Parfüm werden alsdann auch die Kartons der Seifen parfümiert, indem man auf der Innenseite derselben

mit einem in das Parfüm getauchten Pinsel an den Bodenkanten
entlangfährt. Die zuerst entstehenden fettigen Streifen verlieren
sich bei richtiger Zusammensetzung des Parfüms bald wieder
und die Feuchtigkeit dringt gänzlich in den Karton ein. Bei
Kartons, welche mit feinen bunten Papieren ausgelegt sind,
muss man sehr vorsichtig sein, da diese Papiere oft sehr empfindlich sind und die geringste Berührung mit dem Parfüm
einen nicht mehr zu entfernenden Flecken gibt. Solche Kartons
parfümiert man, indem man das jeweilige Parfüm mit Irispulver
zusammenmischt und in kleine Säckchen von Seidenpapier
gibt, worauf man diese einige Tage in die zu parfümierenden
Kartons legt. Haben die Kartons eine Einrichtung, was bei
den modernen, feineren Verpackungen viel der Fall ist, dann
nimmt man diese Einrichtung heraus und bestreicht sie auf
der Rückseite mit dem jeweils gewünschten Parfüm.

Gerade in dem Punkte des Parfümierens von Drucksachen
und Emballagen soll der Fabrikant keine falsche Sparsamkeit
walten lassen, denn die erste Idee, welche der Käufer hat, ist
an der Ware zu riechen. Entströmt dann einem Karton Seife
oder Odeur ein starker, lieblicher Duft, dann nimmt dies den
Käufer sofort für den Artikel ein und erleichtert den Verkauf
ungemein. Es ist gut, selbst die Watte und andere Zutaten
zu parfümieren und bei billigen Export-Extraits, bei denen die
Gläser mit Glasstopfen versehen sind — aber auch bei anderen
Verschlüssen — die Bändchen und Schleifchen ein wenig zu
parfümieren, da dies der Einbildungskraft des Käufers sehr
nachhilft.

Das Färben der Parfümerien und kosmetischen Präparate und die Farbstoffe.

Wenn man in der Parfümerie bei irgend etwas am Herge-
brachten und Gewohnheitsmässigen hängt, so ist dies bei dem
Färben der verschiedenen Präparate der Fall; denn es wäre
absolut unmöglich, ein Produkt — besonders ein allgemein
bekanntes — in anderer Farbe nutzbringend zu verkaufen, als
in den bekannten, althergebrachten Farben. Ein gelbes oder
blaues Veilchenodeur, ein lilafarbiges Patchouliodeur, ein rotes
Rosenextrait wäre unverkäuflich. Dagegen muss Veilchenodeur
grün sein, Patchouli gelbgrün oder gelbbraun, Rose gelb, hellgelb bis weisslich. Ein gleiches ist es mit den Farben der
Pomaden, ein anderes wieder mit den Farben der Seifen.
Bleiben wir zunächst bei den

Farben der Extraits d'odeurs.

Die meisten feinen und feinsten Odeurs werden in der Naturfarbe gelassen, d. h. man bringt sie so in den Handel, wie sie sich aus der Zusammensetzung der verschiedenen Stoffe ergeben. Nur falls sie gar zu weiss und wasserhell sein sollten, färbt man ein wenig mit Krokus- oder Ratanha-Tinktur nach.

Die Veilchen-Odeurs jedoch werden mit Chlorophyll oder Smaragdgrün grünlich gefärbt, doch nur soviel, dass sie einen kräftigen, grünen Schimmer haben; für die feinen Patchouli-Extraits nimmt man zur Färbung eine Mischung von Krokustinktur und Smaragdgrün, bei der das gelb vorherrschend ist. Die blauen Flieder-Odeurs werden mit Lila-Tinktur etwas gefärbt.

Beim Färben der Extraits achte man sehr darauf, dass dies nicht in zu starkem Masse geschieht und das Extrait keine Flecken in den Taschentüchern hinterlässt.

Die geringen Sorten der Export-Extraits werden alle gefärbt und zwar den Farben der jeweiligen Triple-Extraits entsprechend. Ebenso ist es mit den Toilettewässern, welche ausgesprochene Blumengerüche führen. Andere, wie Toiletten-Essig, Bay Rum etc., sollen einen bräunlichen Ton haben, Hermosura, Florida einen hellgelben, Cananga-Wasser einen gelbbraunen. Eau de Quinine bekommt eine rote oder rotbraune Farbe durch Cochenille oder Orseille, während die meisten anderen Kopfwässer hellgelb oder hellbraun gehalten werden.

Als Farbstoff für die Extraits verwendet man am vorteilhaftesten für

rot: Burgunderrot, Orseille, Cochenille.
gelb: Krokus.
grün: Smaragdgrün.
lila: Lila-Tinktur (Spritlösliche Flieder-Anilinfarbe).
braun: Zuckercouleur.
       Ratanha-Tinktur.
       Rum-Braun.
blau: Indigotine (selten).

Zu Pomaden finden zum Teil die Erdfarben Verwendung wie Umbra, Erdbraun (rehbraun), auch Kakaomasse (angebrannte und darum minderwertige) für braun; Beinschwarz und Kienruss für schwarz; Chorophyll, fettlöslich, für grün; Cadmiumgelb, hellgelb und orange, sowie Lederin, gelb und orange, für hell- und dunkelgelb; Alkannin für rot; in andern Farben erscheinen Pomaden selten oder gar nicht am Markte.

Für alle die andern Präparate die zur Anwendung kommenden Farbstoffe hier nochmals zu nennen, kann unterbleiben, da dies bei den jeweiligen Vorschriften bereits geschehen ist.

Da nun die einzelnen Farbstoffe oft sehr stark färben, sodass es untunlich ist, den Farbstoff selbst in seiner ursprünglichen Beschaffenheit dem Präparate beizufügen, löst man denselben in Körpern auf, die den meisten Präparaten zugefügt werden können und es ermöglichen, den Farbstoff in denkbar kleinsten Quantitäten möglichst fein in der Masse des Produktes zu verteilen. Bei den Extraits geschieht dies durch Lösen des Farbstoffes in Sprit oder in Wasser. Von den angegebenen Farbstoffen lösen sich

in Sprit: Burgunderrot, Krokus, Lila, Ratanha, Rumbraun, Orseille.

in Wasser: Smaragdgrün, Zuckercouleur, Indigotine, Cochenille, letztere unter Zusatz von etwas Salmiakgeist;

in Fett: fast sämtliche Erdfarben*), sowie Lederine etc.

Ueber Aufmachungen von Toiletteseifen und Parfümerien.

Nehmen wir heute die am Markt befindlichen Toiletteseifen und Parfümerien in die Hand, so finden wir fast an allen eine reiche, geschmackvolle Ausstattung, ja bei manchen müssen wir uns unwillkürlich fragen: Was kostet hier mehr, die Seife resp. das Parfüm oder die Aufmachung? Und gar häufig fällt der Hauptfaktor der Aufmachung zu.

Toiletteseifen und Parfümerien sind eben Artikel, bei denen die Aufmachung, die Art der Darbietung an das kaufende Publikum, sehr viel, wenn nicht alles, ausmacht.

Eine Seife kann manchmal noch so minderwertig in der Grundsubstanz sein, wenn sie gut parfümiert und fein aufgemacht ist, dann wird sie doch gekauft, ein Umstand, den wir oft genug beobachten; ist jedoch eine wirklich gute Ware heute weniger in's Auge fallend ausgestattet oder nicht schön gehalten, dann zieht sie das kaufende Publikum nicht an und bleibt liegen.

Es muss daher auf Packung und Ausstattung unserer Waren viel Sorgfalt und Geschmack verwendet werden, und das Konto für Aufmachungen, Etiketten und diverse Kleinigkeiten zur Ausschmückung der Waren ist bei jedem Fabrikanten ein sehr grosses.

---

*) Von einem »Lösen« im strengen Sinne des Wortes kann natürlich bei den Erdfarben nicht gesprochen werden.

Am einfachsten haben es immer die Engländer gemacht. Man sah dort bei den Odeurs mehr auf die Qualität als auf das Aeussere. Schwarzweisse Buchdrucketiketten, etwas Leder über den Stopfen und eine bunte Schnur darum — fertig. Sehr praktisch und einfach, aber — heute sind die englischen Odeurs und Seifen aus der Mode gekommen, verdrängt durch die deutsche und französische Ware.

Auch auf dem Gebiete der Aufmachungen haben wir unsern Geschmack an dem unserer Nachbarn jenseits der Vogesen gebildet. Unsere Qualitäten in Toiletteseifen und Parfüms, unsere Aufmachungen und Etiketten können den Vergleich ruhig aushalten und wohlgemut in Wettbewerb treten, wie die Weltausstellung von 1900 gezeigt hat. Unsere Fabriken liefern vorzügliche Ware, unsere Kunstanstalten geschmackvolle, moderne Ausstattungen, sodass wir herrliche Produkte an den Markt zu bringen in der Lage sind.

Eine feine Seife findet heute im allgemeinen folgende Ausstattung: Das in moderner, oval oder kurz und dick gewölbter, handlicher Form sauber gepresste Stück Seife wird schön reinlich gekantet und in Seidenpapier gewickelt. Man verwendet ein aus Japan billig zu beziehendes, dünnes, weisses Seidenpapier, welches Marke und Firma des Fabrikanten weiss auf weiss trägt. Dann folgt der Seifen-Umschlag, geschmackvoll und modern gehalten, hierauf ein hübscher Karton, für 3 Stück berechnet. Diese Schachteln haben meistens ein niedriges Unterteil — sodass die Seifenstücke sogleich voll zur Geltung kommen — und ein entsprechend hohes Oberteil, aussen geziert mit einer rundherumlaufenden Guirlande von Blumen, angepasst den jeweils auf dem Deckelschild angegebenen Gerüchen.

Geprägte Etiketten in einfacher und feinster Ausführung sind sehr in Aufnahme gekommen. Feine Faltkartons werden auch oft gebracht.

Ein Gleiches wie von den Seifen gilt betreffs ihrer Ausstattung von den Odeurs. Runde, glatte Gläser mit Glas- oder Metallspritzstopfen finden stets gerne Abnehmer. Phantasie-Flacons werden nur zu den geringen Sorten verwendet. Während man früher auch bisweilen Relief- und Chromobilder anwenden konnte, ist dies heute ausgeschlossen, und es dominiert die Etikette, schon damit man die Firma des Fabrikanten sieht, der durch deren Angabe mit seinem Namen für die Güte des Produktes einsteht. Leder, Boudruche verbinden den Glasstöpsel, feines Seidenband, Florettseide, Seiden-, Gold- etc.-Quästchen zieren den Flaschenhals. Eine schöne Etikette zeigt den Inhalt und Geruch an. Vervollkommnet wird die Aufmachung durch hübsche Kartons à 1, 2 und 3 Flacons, teils einfach, teils hochfein mit Atlas etc. ausgestattet.

Besondere Sorgfalt wird auch noch den Aufmachungen von Zahnpasten und Pudern zugewendet, deren erstere in Milchglasdosen mit Metall- oder Glasdeckel sich vorzüglich präsentieren, während für Puder runde und viereckig abgerundete Pappdosen mit schönen Etiketten Verwendung finden, unter Einfügung einer Puderquaste. Mit einem gravierten Metallstempel (Messing), der in die Dose passt, stellt man auf der Zahnpastenmasse eine Verzierung her, was den Artikel ansprechender und verkäuflicher macht.

Grosse Flaschen für Haar- und Zahnwasser werden einfacher konfektioniert, schon deshalb, weil hier die Verpackung und Etikettierung beim täglichen Gebrauch sofort verlieren. Daher führen die hierzu verwendeten Flaschen meistens eingebrannte Etiketten und sind gewöhnlich von einem Reklamezettel begleitet, der die Vorzüge oder Anwendung des jeweiligen Artikels angibt.

Die Ansprüche an die Ausstattung von Toiletteseifen und Parfümerien sind heute so hohe, dass sie kaum höhere werden können. Wünschenswert wird es allerdings gar manchem Fabrikanten erscheinen, die Mode der einfachen und doch feinen, dezenten Etikettierung möge zurückkehren, denn kein Laie macht sich einen Begriff, welcher Apparat zu einer modernen Parfümeriefabrik heute unbedingt von nöten ist.

Bei dieser Gelegenheit sei auch mehrmals darauf hingewiesen, welchen bedeutenden Rahmen die französische Sprache in der deutschen Parfümerie-Fabrikation einnimmt. Wenige Berufszweige gibt es, in welchen fremde Sprachen so häufig zur Anwendung kommen, als in der Toiletteseifen- und Parfümerie-Fabrikation. Schon diese Bezeichnung enthält allein für sich 3 fremdsprachliche Wörter und alle die vielen Bezeichnungen, die sich im internen Verkehr ergeben, sind zum grössten Teil fremden Idiomen entlehnt. In Sonderheit ist es hier die französische Sprache, welche am meisten vertreten ist. Dies findet seine Erklärung, wenn wir auf die Anfänge der Parfümeriefabrikation in Deutschland zurückschauen. Italiener und Franzosen waren schon im Mittelalter am meisten vorgeschritten in der Herstellung von wohlriechenden Essenzen und Düften für den Toilettentisch der reichen Damen. Namen wie *Frangipani, Farina* sind jedem Fachmann geläufig, und ihre Träger als die Gründer der Parfümeriefabrikation bekannt.

Die Parfümerie kam in der Hauptsache aus Frankreich zu uns, und mit ihr auch die Bezeichnungen in französischer Sprache. Dass diese sich bis auf unsere Tage noch annähernd im gleichen Umfange erhalten haben, dürfte kaum zu widerlegen sein. Wenn auch zur Zeit der *Farina's* in dem deutschen Reich ein mächtiger Mischmasch deutscher und fremder Dialekte herrschte, so hat sich doch unsere Muttersprache mit der Unterstützung berühmter Forscher und Gelehrter aus diesem Chaos von Idiomen emporgerungen zu einer reinen, freien Sprache; jedoch finden sich immer wieder Gelegenheiten, wo man zu einer fremden Bezeichnung greifen muss — meist Latein — um sich im inneren Geschäftsverkehr genau verständlich zu machen; denn immer noch heissen die gleichen Waren in verschiedenen Gegenden verschieden, zum Teil unter dem Einfluss der Dialekte. Des weiteren haben wir in unserer Branche eine ganze Reihe Bezeichnungen, für die es deutsche Ersatzwörter gar nicht gibt, da deren Uebersetzung schwerfällig und plump ausfallen würde. Nehmen wir nur gleich die Grundbezeichnung heraus: »Parfümerie-Fabrikant«; »Wohlgeruchs-Erzeuger, -Darsteller, -Hersteller« dürfte kaum besser klingen, wenn es auch deutsch ist. Mit »Waschtisch-Seife« werden amtlich die Worte »Toilette-Seife« verdeutscht, im öffentlichen Leben will sich diese Bezeichnung jedoch nicht einbürgern.

Viele fremde Ausdrücke sind schon verschwunden und werden für das deutsche Geschäft immer mehr verschwinden, und hierüber dürfen wir als gute Patrioten uns aufrichtig freuen, denn deutsche Ware soll deutsch sein, besonders wo sie innerhalb der deutschen Grenzen in den Handel kommt.

Anders gestaltet sich die Sachlage, sobald es sich um das Exportgeschäft, um den Versand nach andersredenden Ländern handelt. Ist auch die deutsche Sprache im Ausland jetzt bedeutend mehr bekannt, als dies z. B. noch Mitte des vorigen Jahrhunderts der Fall war, so genügt dies doch immer noch lange nicht, dass wir es wagen könnten, alle unsere Erzeugnisse nur mit deutschen Bezeichnungen zu versehen. Unsere Lettern sind nicht so allgemein bekannt und unsere Uebersetzungen auf dem Gebiete der Parfümerie erst recht nicht. Was liegt da wohl näher als sich einer Sprache zu bedienen, die jeder Gebildete kennt, der französischen? Es wird uns gar oft von jenseits der Grenze der Vorwurf gemacht, dass wir durch Anwendung der französischen Sprache auf unseren Parfümerie-Etiketten den Eindruck erwecken wollten, als seien die Waren französischer Herkunft. Dem ist jedoch nicht so! Es gibt zwar schwarze Schafe in jeder Herde, doch heute bedarf die deutsche Parfümerie keines fremden Deckmantels mehr. Wir Deutschen haben es verstanden, Augen und Ohren aufzuhalten, keine Kosten zu scheuen, um zu lernen. Wir geben gerne zu, dass Frankreich uns auf dem Gebiete der Parfümerie die besten Lehrmeister gestellt hat, heute aber sind wir so weit, dass wir uns selbständig hochhalten können. Wir sind eine Konkurrenz geworden, mit der man rechnen muss. Dass im Ausland unsere Ware leider nicht immer unter der schwarz-weiss-roten Flagge segeln kann, ist nicht unsere Schuld. Wir müssen als Kaufleute den Verhältnissen Rechnung tragen, wie auch den Anforderungen, die an uns gestellt werden, soweit sich diese in reellen Grenzen halten. Eine Prinzipienreiterei ist hier absolut nicht angebracht. Die Liebe zum Vaterland, zur deutschen Muttersprache soll in jedem deutschen Herzen gepflegt und gehegt werden, doch sollen sich Theorie und Praxis vertragen lernen.

Im Export-Handel mit Parfümerien finden wir heute wohl kaum eine Kultursprache, die nicht auf Etiketten etc. zu finden wäre; malayische, birmanische, selbst türkische und chinesische Schriftzeichen weisen sie auf neben den hauptsächlichen Idiomen des Französischen und Englischen. Französische Inschriften auf Waren nach englischen Kolonien werden uns bisweilen zum Vorwurf gemacht. Das »Made in Germany« lässt doch hier jeden Zweifel über die Herkunft ersticken.

Und doch muss man es den deutschen Fabrikanten nahe legen, die Bezeichnungen ihrer Ware möglichst in deutscher Sprache zu wählen; denn dadurch wird die deutsche Sprache hinausgetragen in alle Lande; sie wird bekannt, sie wird unentbehrlich, und nicht lange wird es mehr dauern, so können wir uns der Verwendung fremdsprachlicher Bezeichnungen enthalten.

ANHANG.

Die Parfümierung der Toilette-Seifen.

Allgemeines.

Im folgenden soll die Parfümierung der Toilette-Seifen gezeigt werden, wobei auch die künstlichen Riechstoffe und die neuere Art der Parfümierung berücksichtigt werden sollen. Danach zerfällt dieser Teil in 3 Abteilungen:

    a) Parfümierung der pilierten Seifen,
    b) Parfümierung der kaltgerührten Seifen,
    c) Parfümierung der auf halbwarmem Wege hergestellten Seifen.

Bedingt durch die jetzige Lage des Toilette-Seifen-Marktes nimmt die erste Abteilung, die der pilierten Seifen, das grössere Interesse in Anspruch Es soll dieser Abschnitt nicht etwa die Herstellung der Toilette-Seifen im allgemeinen wie besonderen*) behandeln, -- dazu genügt hier der Raum nicht — sondern nur speziell deren Parfümierung. Eine Grundvorschrift für die einzelnen Sorten wird natürlich überall gegeben werden.

Bei dem allgemeinen Interesse, welches den pilierten Seifen entgegengebracht wird, wollen wir es nicht unterlassen, zunächst auf die Herstellung der Grundmasse, der Grundseife, kurz einzugehen und die Bearbeitung derselben zur fertigen Toilette-Seife mit aufzuführen. Es folgt dann eine Reihe von guten, ausprobierten Vorschriften zur Parfümierung dieser Toilette-Seifen, die sich in folgende Abschnitte teilen:

    a) Feine Toilette-Seifen,
    b) Mittelfeine Toilette-Seifen,
    c) Einfache Toilette-Seifen.

Betreffs der Parfümierung sei hier nochmals gesagt, dass sich die künstlichen Riechstoffe in der Toiletteseifen-Fabrikation in den meisten Fällen nur bei den pilierten Seifen in Anwendung bringen lassen, bei den anderen Seifensorten jedoch nur in bedingtem Umfang. Unter die Toiletteseifen rechnet man zumeist nur die kaltgerührten Cocosseifen, die pilierten, aus neutraler Grundseife hergestellten Fettseifen und schliesslich die Glycerinseifen. Auf warmem Wege hergestellte Toiletteseifen sind in guter und bester Qualität nur noch wenige oder gar keine im Handel, während geringe Ware immer noch auf diese Art hergestellt wird, schon deshalb, um die Abfälle möglichst nutzbringend zu verwerten. Zur Parfümierung dieser letzteren Sorten findet von den künstlichen Riechstoffen eigentlich nur das Mirbanöl Verwendung, dies aber auch in weitestgehender Weise, da es alle etwa vorhandenen unschönen Gerüche deckt. Ferner verwendet man hier Carven und Safrol, ohne dass solche durch die hohe Temperatur der Seife leiden.

Für ausgesprochene Mandelseifen auf halbwarmem Wege oder auch kaltgerührte Seifen findet sowohl Mirbanöl als auch künstliches Bittermandelöl seit vielen Jahren beste Verwendung, und echtes Bittermandelöl wird nur zur Parfümierung von Rasierseifencreme und feinsten pilierten Fettseifen noch verbraucht.

---

*) Wer sich darüber informieren will, sei ganz besonders auf das im August v. Jahres erschienene, höchst vollendete Werk von Dr. *Deite* (s. Kapitel »Fachliteratur«) hingewiesen, dessen Anschaffung unbedingt jedem Parfümeur und Toilette-Seifen-Sieder zu raten ist.

Auch bei der Parfümierung von kaltgerührten Cocosseifen kann man die synthetischen Riechstoffe nicht sehr viel anwenden, da die meisten derselben unter der Temperatur, welche die Selbsterhitzung dieser Seifen in der Form erzeugt, leiden, ja vielfach völlig verderben. Für diese Cocosseifen lässt sich jedoch neben Safrol und Carven auch künstliches Wintergrünöl vorteilhaft verarbeiten, dann aber ganz besonders Terpineol zur Herstellung von Fliederseifen.

Ein Gleiches gilt für die Glycerinseifen, in denen auch künstlicher Moschus zur Geltung kommt. Man versuche jedoch nicht etwa Veilchen-Glycerinseife mit Jonon parfümieren zu wollen; dies wäre vergebliche Mühe, da dieses schöne Produkt seinen Geruch völlig einbüsst, ganz abgesehen vom Kostenpunkt. Dieser spielt ja bei der Parfümierung einer Seife immerhin eine sehr grosse Rolle.

Am besten und umfangreichsten lassen sich die synthetischen Riechstoffe zur Parfümierung der pilierten Fettseifen verwerten. Fabriken, die mit den *Cressonières'schen* Apparaten arbeiten, müssen natürlich auch hierbei auf die Vorgänge bei dem Trocknen der Seifen achten, d. h. Seifen, die bereits vor dem Eintritt in den Apparat, also in heissem und flüssigem Zustande parfümiert werden sollen, sind anders zu behandeln als solche, die piliert und dann kalt parfümiert werden. Für diese letzteren lassen sich fast alle die bekannten künstlichen Riechstoffe verwenden, und es sind die respektiven Quanten eben nur nach dem zu erzielenden Preise für die fertige Ware zu richten.

Die Anfertigung der Grundseifen zu pilierten Seifen.

Wenn man die zu pilierten Seifen nötige Grundseife anfertigen will, dann muss man sich vor allen Dingen vergegenwärtigen, dass es sich um Herstellung einer Seife handelt, die folgenden Anforderungen entsprechen muss:

      a) Unbedingte Reinheit und Neutralität,
      b) Möglichst hell resp. weiss in der Farbe,
      c) Ohne Füllung,
      d) Geringster Wassergehalt.

Die Einrichtung zur Erzeugung einer solchen Ware braucht wenig verschieden zu sein von der allgemein üblichen, doch ist es gut, ja besser, wenn man Dampf zur Verfügung hat und eventuell im grossen Doppelkessel sieden, mithin mit direktem und indirektem Dampf arbeiten kann. Nehmen wir nun zu unseren Ausführungen an, dass mit einer älteren Anlage, mit direktem Dampf versehen, gearbeitet werden soll. Das Dampf- und Siederohr geht in den Kessel und bildet am Boden einen Kranz mit Löchern, die so angebracht sind, dass ein Teil des Dampfes nach oben vertikal ausströmen kann, während der andere Teil des Dampfes in Strahlen nach der Mitte zu aufsteigend, austritt, so dass sich diese Strahlen in der halben Tiefe des Siedekessels ungefähr im Zentrum treffen. Hierdurch wird ziemlich gleichmässig in der ganzen Masse Hitze erzeugt.

Ia. Grundseife.

Zu prima Grundseife gehören prima Rohmaterialien, vor allen Dingen muss der Talg von tadelloser Beschaffenheit sein. Alten, ranzigen Talg verwende man nicht, selbst wenn man ihn ausgewaschen hat, denn der daraus gesottenen Seife haftet doch immer noch ein »muffiger« Geruch an, der besonders dann zum Vorschein kommt, wenn die zu pilierende, getrocknete Seife später mit feinem Geraniumöl — z. B. zu Lilienmilchseifen — parfümiert wird. Auch gesäuerten Talg wolle man nur dann verwenden, wenn man nach mehrfachen Auswaschungen unbedingt sicher ist, dass keine Spur von Säure zurück geblieben ist; denn selbst wenn die Seife auch schön erscheint, so zeigt sich doch später am Lager bei den fertigen Toiletteseifen gar häufig der Uebelstand, dass die Parfüms verderben. Wir nehmen folgenden Ansatz:

$$1800 \text{ kg Talg} + 10^0/_0 =$$
$$180 \text{ „ Cocosöl,}$$
$$\overline{1980 \text{ kg}} + 3^1/_2{}^0/_0 =$$
$$70 \text{ „ Ricinusöl,}$$
$$\overline{2050 \text{ kg}} + 4^0/_0 \text{ kohlensaure Salze} =$$
$$40 \text{ „ Pottasche,}$$
$$40 \text{ „ kalzinierte Soda,}$$
$$\overline{2130 \text{ kg.}}$$

Die Grundseife soll auf drei Wassern gesotten werden, damit sie schön rein und klar ist. Von dem Cocosöl lassen wir etwa $^1/_4$ zurück, um damit einen etwa zu starken Stich am Ende unserer Arbeit ausstechen zu können.

Nachdem die Fette im Kessel geschmolzen sind, geben wir 1025 kg Natronlauge von 37° Bé. nach und nach hinzu, indem wir zugleich den Dampf einströmen lassen. Wir nehmen je 1 Topf Lauge und 1 Topf Wasser von ca. 50 Pfund. Man lässt dann recht gut aufsieden, jedoch nicht allzu stark, da sonst die Masse leicht überkocht, was bei Anwendung von Dampf allerdings leichter zu regulieren ist, als bei offenem Feuer. Es muss nun ganz besonders aufgepasst werden, dass sich die Seife tadellos verbindet. Eine vollständige Verseifung, ein inniger Verband ist die Hauptgrundlage der ganzen Seife, denn andernfalls wird die daraus erzeugte pilierte Seife sehr schnell ranzig und unverkäuflich. Ist guter Verband vorhanden und richtiger Stich da, so lässt man noch einmal aufsieden, deckt dann den Kessel gut zu mit Decken etc. und überlässt die Seife bis zum anderen Morgen der Ruhe.

Sehr vorteilhaft sind hier die Kessel, welche einen Mantel von Isoliermasse oder dergleichen haben, den man eventuell auch in einzelnen Teilen entfernen kann. Es gilt dies natürlich nur für die Teile desselben, die über der Erde frei stehen.

Am nächsten Morgen wird die Unterlauge herausgepumpt oder abgelassen, für welchen Zweck man die Kessel heute des öfteren entweder freistehend — bei direktem und indirektem Dampfe — oder mit Leitungsarm und Ablasshahn baut.

Nach Entfernung der Unterlauge, die man in ein Bassin befördert — nicht etwa wegfliessen lässt — gibt man wieder ca. 350 kg Wasser zu und entsprechend Lauge, so dass diese 9° Bé. wiegt.

$$300 \text{ kg Wasser,}$$
$$50 \text{ „ Lauge 37° Bé.,}$$
$$\overline{350 \text{ kg}} : 37 = \text{ca. } 9° \text{ Bé.}$$

Hierauf wird mit direktem Feuer oder mit indirektem Dampf klargesotten. Es muss dabei aufgepasst werden, dass die Seife nicht am Boden anbrennt, und es wird so lange gesotten, bis sie schön Rosen bricht und ohne Schaum im Kessel siedet.

Eine sehr einfache Art des Klarsiedens, die nur einiger Uebung und genauen Aufpassens bedarf, ist die, dass man den Kessel, sobald die Seife im Sieden ist, ganz zudeckt und nur für die Bewegung eines dünnen Stäbchens Raum offen lässt. Man kann ohne jede Anstrengung die Seife hoch im Kessel halten und spart an Zeit und Heizung mindestens $50^0/_0$.

Die klargesottene Seife wird dann wieder warm zugedeckt und über Nacht stehen gelassen. Am Morgen des dritten Tages entfernt man die

Unterlauge wieder und lässt den Kern mit ca. 100 kg Salzwasser von 50° Bé. tüchtig aufkochen. Man schleift dann den Kern mit Wasser, bis die Seife am Spatel die bekannten Wasserflecken zeigt. Dann bleibt die Seife sich einige Zeit selbst überlassen (4 bis 6 Stunden), um darauf in die Form gegeben zu werden.

Es ist nun jedem Sieder bekannt, dass er mit allerlei Zwischenfällen zu rechnen hat, die auf dem Papier nicht vorgesehen sind. Wir wollen einige solche hier vorführen. Zum Beispiel zerreisst während der ersten Operation die Seife bisweilen, dann dürfte es in den meisten Fällen gut sein, gleich recht heisses Wasser zuzugeben und starke Hitze einwirken zu lassen. Auch kann man die Seife gegen Ende der ersten Operation trennen. Manche halten dies sogar für unerlässlich; man nimmt hierzu halb Lauge und halb Salz oder auch nur Salz. Die Seife wird dabei zuerst weisslich und dünnflüssig, muss jedoch danach wieder körnig werden und die Lauge vom Spatel ablaufen.

Oft kommt es vor, dass die Seife, wenn sie fertig ist, doch zu starken Stich hat; für diesen Fall gibt man das zurückgehaltene Cocosöl zu, bis der Stich richtig, d. h. ganz gelinde ist. Und in dieser Weise gibt es immer noch einige Zufälle, die eben nur am Kessel zu konstatieren und zu korrigieren sind.

Nachdem die Seife in der Form erkaltet und fest geworden ist, wird sie in Riegel geschnitten und wandert dann in die Spanhobelmaschine, von wo aus sie in den Trockenraum zum Trocknen gebracht wird. In manchen Betrieben wird die Seife auch in dünne, lange Platten von ca. 1 cm Dicke geschnitten, und diese Platten werden im Trockenraum ausgelegt. Es muss alsdann gut aufgepasst, und die Seife im richtigen Moment aus dem Trockenraum entfernt werden, damit sie eben noch den geeigneten Grad von Feuchtigkeit hat, der zum Pilieren nötig ist.

Die Grundseifen zur Herstellung pilierter Seifen bilden heute einen sehr begehrten und zugleich sehr knappen Artikel, so dass es sich vielleicht für manche Seifenfabrik lohnen dürfte denselben herzustellen, selbst wenn sie sich seither damit noch nicht befasst hat. Allerdings will das Sieden einer solchen Seife gut verstanden sein, allein bei der allgemeinen Tüchtigkeit unserer heutigen Siedemeister dürften etwaige Schwierigkeiten durch doppelte Aufmerksamkeit leicht überwunden werden.

Bei dem augenblicklichen Mangel an feinen Rohprodukten und den enormen Preisen derselben, hat der Grundseifensieder allerdings seine liebe Not passende Fette zu beschaffen, oder auch unter den beschafften Fetten geeignetes auszuwählen. Doch man soll sich die Mühe nicht verdriessen lassen, denn Mk. 74.— bis 78.— pro °/₀ kg werden für frische Ware augenblicklich ganz gerne gezahlt.

Viele Fabrikanten, welche mit den *Cressonnières*'schen Maschinen arbeiten, verkauften seither an andere Fabriken getrocknete Späne; diese sind jedoch jetzt kaum zu haben, da alles für den eigenen Bedarf Verwendung finden muss. Da viele Toiletteseifen-Fabriken, welche ihre Grundseife nicht selbst sieden, sei es wegen Raummangels, sei es wegen nicht zu erhaltender Konzession, seither getrocknete Späne bezogen, hat ein ganzer Teil derselben die alten Trockenanlagen eingehen lassen und die Räume anderweitig verwendet. Einen grossen Vorteil würde daher der Seifenfabrikant haben, der die Grundseife, in Spänen oder dünnen Platten getrocknet, liefert.

Beim Sieden von Grundseifen für geringere Ware kann auch Palmkernöl Verwendung finden; für Veilchen-Seifen verwendet man gerne eine Grundseife mit reichlichem Palmölzusatz oder eine reine Palmölgrundseife.

Grundseifen zu füllen ist absolut nicht ratsam, denn die damit hergestellten Toiletteseifen schwitzen alle mehr oder weniger, wenn sie für längere Zeit auf Lager genommen werden müssen. Für solche billigen

Sorten, die schnell verkauft werden, wird zuweilen ein kleiner Zusatz von Harz bei der Grundseife verwendet, doch ist dies keineswegs zu empfehlen, indem die häufigen Unannehmlichkeiten und Reklamationen den kleinen Vorteil des öfteren völlig aufwiegen.

IIa. Grundseife.

Wenn man eine wirklich gute und unbedingt verwendbare IIa. Grundseife herzustellen beabsichtigt, dann muss man diese auf dieselbe Art sieden, wie man Ia. Grundseife anfertigt, d. h. auf 3 Wassern und auch sonst ganz die gleichen Punkte beobachten.

Auch die aus IIa. Grundseifen erzeugten pilierten Seifen sollen eine tadellose Ware ergeben, dürfen auf dem Lager nicht schwitzen und müssen sich völlig neutral beim Gebrauche zeigen. Je geruchloser sie sind, desto höher werden sie bewertet und ebenso, wenn sie recht schön weiss sind, was jedoch selten der Fall ist.

IIa. Grundseifen werden oft mit Ia. Ware zusammen verarbeitet und schon hieraus erhellt, dass sie ebenso gut durchgearbeitet sein müssen wie diese, denn sonst verderben sie im Verbande alles. An die IIa. Grundseifen stellt man gewöhnlich, was Farbe und Geruch anbetrifft, die gleichen hohen Anforderungen, wie man solche an Ia. Seifen zu stellen berechtigt und auch gezwungen ist. Die daraus hergestellten pilierten Seifen finden meistens eine andere, intensivere Parfümierung mit Kompositionsparfüms, denn die Parfümierungen mit den feinen zarten Blumengerüchen können nicht stattfinden. Ebenso fallen auch die Farben nicht immer gleichmässig aus.

Zu IIa. Grundseifen lassen sich geringere Fette verwenden, d. h. immerhin reine Fette in billigen Qualitäten. Dass auch diese vor dem Versieden geläutert werden, bedarf wohl kaum der Erwähnung, wenn man möglichst geruchfreie Seife erzeugen will. Talg und Cocosöl sind die Grundfaktoren. Man versiedet auch, je nach dem Zwecke, den man mit der fertigen Seife verfolgen will, Palmkernöl in geringen Mengen mit, und manche Sieder geben auch Harz hinzu, dies jedoch nur zu einer Grundseife, die zu einer dunkelbraunen Fettseife, sog. Windsor-Soap verwendet wird. Um die Ware glatter zu machen, versiedet man bis zu 3% Ricinusöl mit, was an der Qualität immer dankbar zu Tage tritt.

Gerade bei IIa. Grundseife findet der Sieder stets des Interessanten genug, denn fast jeder Sud nimmt einen anderen Verlauf, je nach den dazu verwendeten Fetten. Der Gang der 3 Operationen ist sonst derselbe wie bei Ia. Grundseife auf 3 Wassern.

Das Pilieren der Toiletteseifen.

Die pilierten, d. h. die gemahlenen Toiletteseifen sind jetzt ganz ungemein in Aufnahme gekommen und haben die früher so gangbaren Sorten, wie Glycerin-, Mandel- und Cocosseifen in den Hintergrund gedrängt. Es kommt dies vor allen Dingen daher, dass die gemahlenen, als Fettseifen bekannten Sorten von bedeutend besserer Qualität sind, als die vorgenannten Arten, schon in Anbetracht ihrer Bestandteile. Eine reine Grundseife bildet die Unterlage dieser Seifen und eine solche Ware ist verschiedenen Umständen lange nicht in dem Masse ausgesetzt, wie die auf kaltem Wege hergestellten Seifen, so z. B. dem Ranzig-werden, dem Eintrocknen, dem Ausschlagen, natürlich immer vorausgesetzt, dass nur beste Grundseife Verwendung findet.

Wir wollen nun die Grundseife zu unseren Piliermaschinen, d. h. zur Mühle bringen, nachdem sie in geeigneter Weise zu dieser Arbeit vorbereitet, d. h. getrocknet ist, mit anderen Worten, nach dem Verlassen der Trockenvorrichtung. Die getrockneten Späne oder Platten, je nachdem die Einrichtung zum Trocknen getroffen, werden in bestimmten Quantitäten abgewogen — jedenfalls nicht mehr, als der Trichter der jeweiligen Mühle bequem fassen kann (50 bis 80 Kilo) — und in diese hineingegeben; sodann zieht man das den Trichter von den Walzen trennende Schiebebrett heraus, nachdem man die Maschine hat anlaufen lassen. Die Seife kommt so auf die Walzen und wird von denselben durchgearbeitet, bis man die Messer an den Walzen festzieht und nach Einsetzen des Schiebers in den Trichter und Abschluss desselben gegen die Walzen, die Seife in den Trichter oder in einen untergestellten Kasten — je nach Anlage der Maschine — laufen lässt. Alsdann gibt man die bereit gehaltene Farbe in die Seifenspäne, die in Nudelform im Trichter sich befinden, und lässt wieder bis zur völligen Gleichmässigkeit und guter Farbenverteilung die Maschine weiter arbeiten. Ist dies geschehen, dann mischt man das Parfüm unter die gefärbte Seifenmasse und lässt die Seife, nachdem man sie mit dem Parfüm tüchtig durchgemischt hat, noch zweimal die Walzen passieren. Dies genügt vollständig, wenigstens in den meisten Fällen, und dann verflüchtigt sich auch das Parfüm nicht unnötiger Weise. Denn, wenn man das Parfüm bereits zu Anfang der Arbeit hinzufügt, dann verfliegt von dem Duft ein grosser Teil; die Seife erwärmt sich nämlich auch während des Pilierens und das Parfüm verdunstet unverwertet. Manche Parfümeure geben auch das Parfüm zusammen mit der Farbe hinzu, allein dies ist erstens unseres Erachtens zu früh, denn das Parfüm muss mit der Seife unnötig oft die Walzen passieren, und dann kann sich auch sehr leicht nach dem Färben, bezw. während desselben, ein Farb- oder anderer Fehler an der Ware herausstellen, der eine Wegnahme der Seife nötig macht, und wonach dann das Parfüm verloren ist. Zum Färben der pilierten Seifen finden jetzt grösstenteils aufgelöste Anilin-Farben Verwendung. Die Erdfarben geben meist zu stumpfe Töne und manche Sorten sind auch nicht immer rein.

Bei den gelösten Farben muss man vor allen Dingen darauf achten, dass dieselben tatsächlich vollständig gelöst sind, und sich nicht noch kleine Pünktchen in ungelöstem Zustande vorfinden. Zu diesem Behufe filtriert man die Farbe; denn die kleinen Pünktchen lösen sich in der Seife auf und bilden Sternchen und Flecken, die dann die Ware unansehnlich und unverkäuflich machen.

Des weiteren ist unbedingt darauf zu achten, dass die Grundseife nicht zu trocken und nicht zu feucht ist. Sollte jedoch der erstere Fehler mit unterlaufen sein, dann ist es unter allen Umständen unbedingt zu verwerfen, wenn einfach Wasser zu der Seife hinzugefügt wird, denn im späteren Verlaufe der Arbeit, sowie beim Lagern der Ware rächt sich dies bitter. Es entstehen gewöhnlich beim Pilieren noch Schuppen, manchmal sogar Blasen, und auf Lager bekommt die Seife Wasserflecke mit hellen Rändern und beschlägt leicht bei Witterungsumschlag. Man nehme daher lieber etwas ganz frische Grundseife hinzu, denn in dieser ist die Feuchtigkeit doch wenigstens gebunden. Zu feuchte Seife färbt sich nicht schön und tritt aus der Ballmaschine mit stumpfem Aussehen und ganz ohne jeden Glanz hervor.

Kann nun die Seife in bester Beschaffenheit in Bezug auf Farbe, Parfüm und Wassergehalt die Mühle verlassen, dann wirft man sie in den Unterstandskasten nochmals tüchtig durcheinander und bringt sie in die Ballmaschine (Peloteuse). An dieser hat man inzwischen das Austrittsrohr angewärmt, was bei den verschiedenen Systemen verschieden geschieht. Das Anwärmen mit Gas ist sehr angenehm und geht schnell vor sich. Eine andere Art der Vorwärmung ist die mit Dampf oder mit heissem Wasser; es muss nur gut aufgepasst werden, dann sind diese beiden Arten sehr empfehlenswert.

Die Seife kommt nun in den Trichter, der über der endlosen Schnecke der Maschine angebracht ist, wird von dieser gefasst und gegen ein in der Mitte vor dem abnehmbaren Kopfe angebrachtes, durchlöchertes Scheibenstück gedrückt, welches sie alsbald passiert, um allmählich gegen die am Ausgange des vorgewärmten Rohres oder Kopfes eingeschraubte Platte gepresst zu werden, welche nur in ihrem Mittelpunkte ein kleines Loch hat, durch welches die fest gegen die Platte von rückwärts gepresste Seife in Grösse und Form des kleinen Loches austritt. Auf diese Art lässt man die Seife eine kleine Weile austreten, bis sie hinter der Platte fest zusammengetrieben ist, stellt dann die Maschine still und nimmt die Platte heraus. Darauf setzt man ein sogenanntes Mundstück ein, welches aus einer Messingplatte besteht und die Form der herauszutreibenden Seifenstange hat. Diese Oeffnung ist konisch zugefeilt und wird mit der gefeilten Seite nach innen eingesetzt. Es richtet sich nun ganz danach, in was für eine Seifenform und Façon die hier zu erzeugende Seife gepresst werden soll, das heisst, ob die zum Verkauf fertigen Stücke vierkantig, oval, rund oder dergl. sein sollen. Danach sind die Mundstücke zu nehmen.

Die öfters am Ausgang der Ballmaschinen angebrachten Schneidetische haben sich nicht bewährt und sind unpraktisch. Man schneidet einfach mit dem Stahldraht ab.

Die Seife tritt nun als Stange aus der Maschine heraus. Zuerst sieht sie noch nicht vielversprechend aus, biegt sich seitwärts etc., doch muss man sie einfach in ihrem momentanen Zustande gewähren lassen und über die vorgelegten Rollen leiten. Diese Rollen stellt man vor dem Kopfe der Maschine direkt und in gleicher Höhe mit dem Austrittsloche auf, so dass die hervortretende Seifenstange sofort eine geeignete Unterlage hat, auf der sie sich nicht abscheuert, wozu man über den Rollen ein weisses Tuch ohne Ende anbringt, welches bei der Bewegung der Rollen durch die austretende Seife mit in Zirkulation gesetzt wird. Die Rollen verteilen sich gewöhnlich auf ein Gestell von 1—1$^1/_2$ Meter Länge, bei einer eigenen Länge von 10—15 cm. Die sich hierauf fortbewegende Seife wird von Minute zu Minute von besserem Aussehen, und während man dieselbe bis zum Ende des Rollengestelles gleiten lässt und erst nur die übertretenden Teile abschneidet und wieder in den Trichter wirft, wird man finden, dass die Stange allmählich fest und schön, ja hochglänzend wird. Dies hängt nun alles von der richtigen Behandlung und Beschaffenheit der Seife ab, sowie von der kunstgerechten Bedienung der Vorwärmeanlage am Kopf der Maschine.

Zeigt sich die Seife beim Austritt aus der Ballmaschine mehlig, bröcklig oder unzusammenhängend, bricht die Stange des öfteren ohne Grund ab, dann ist die Seife zu trocken. Zeigt die austretende Seifenstange Schuppen oder Runen, klebt sie und kann man kein glänzendes Aussehen erhalten, dann ist zu hohe Feuchtigkeit die Schuld an diesen Misständen. Andererseits zeigen sich oft eine Reihe von Blasen oder Erhöhungen am unteren Teile der Stange; dies rührt davon her, dass die Vorwärmeanlage zu grosse Hitze ausströmt und zu regulieren ist, ebenso ist bei Seife von sonst richtiger Beschaffenheit das Ausbleiben des hohen Glanzes auf zu wenig Wärmeerzeugung in den Vorwärmeanlagen zurückzuführen. Entspricht die Seife dann allen Anforderungen und zeigt sie hohen Glanz und schöne Festigkeit, dann werden die Stangen, sobald sie die Länge des Rollengestelles oder eine sonst beliebte Länge erreicht haben, mit dem Draht direkt vor dem Mundstücke abgeschnitten und harren dann ihrer weiteren Zerteilung.

In der Praxis stellen sich dann noch des ferneren eine ganze Reihe von Zufällen ein, die eben ausprobiert sein wollen und die man nicht weiter beschreiben kann. Manche sind ganz verwunderlicher Natur. Hier ein Beispiel: Die bekannte Frisch-Heu-Seife (New mown Hay), deren Parfüm sehr viel Cumarin enthält, muss mit einem viel höheren Grade von Feuchtigkeit in der Grundseife verarbeitet werden, da allem Anscheine nach das Cumarin einen grösseren Teil aufnimmt. Es ist dies ein Fall, der seiner genauen Erklärung noch immer bedarf.

Die auf dem beschriebenen Wege erhaltenen Seifen sind von herrlichem Aussehen und je nach der Grundseife auch von bester Qualität, und es ist daher nicht zu verwundern, dass sich diese Ware so schnell eingeführt hat, dass sie heute mehr als alle die anderen Sorten Toiletteseifen gekauft wird.

Parfümieren und Färben pilierter Seifen.

Durch die mannigfachen künstlichen Riechstoffe hat das Parfümieren der Seifen eine grosse Umwälzung erfahren. Bedeutend weniger Flüssigkeiten werden jetzt der Seifenmasse zugesetzt, als dies in früheren Jahren der Fall war, ein Moment, mit dem der Parfümeur stark rechnen muss, will er nicht gar zu trockene Seifen auf seiner Piliermaschine sehen. Wo man in früheren Jahren 500 g ätherische Oele per 100 kg Grundseife anzuwenden gezwungen war, tut es heute der fünfte, manchmal sogar zehnte Teil. Auf eine derartige Feuchtigkeitsverminderung muss man sehr achten. Sie ist sowohl dem Seifenkörper bedeutend dienlicher, als auch dem Konsumenten, denn nicht alle Bestandteile der ätherischen Oele sind der Haut zuträglich.

In fast gleichem Masse sind auch die Quantitäten der Farbstoffe verringert worden, indem es die neuen Errungenschaften der Chemie möglich gemacht haben, vom Farbstoff nur ein ganz geringes Quantum zufügen zu müssen. Die Anwendung von Erdfarben verschwindet bei der Färbung pilierter Seifen immer mehr, da hiermit meistens für den heutigen Geschmack in Frage kommende Nuancen schlecht oder gar nicht zu treffen sind. Gelb, rot und braun waren früher neben weiss und grün die beliebten Seifenfarben, und besonders ein Ziegelrot fand allgemeine Aufnahme; dies stellte man gewöhnlich mit Zinnober und Orange-Kadmium her. Alle diese Farben haben anderen Platz machen müssen, besonders den schönen, modernen Anilinfarben in ihren matten Tönen.

An einem Parfümeur wird es als Kunst hochgeschätzt, wenn er imstande ist, seinen pilierten Seifen Farben zu geben, die ansprechen und dem Auge wohlgefällig sind. Auch hierin hat sich eine moderne Richtung herausgebildet, welche die matten und doch frischen Farbentöne bevorzugt. Moderne Farben sind bei Seifen folgende: Hellbraun, gelbbraun, rosa, hell- und mattgrün, ganz helles Resedagrün, helllila (für Fliederseife), sowie ein bläuliches Rosa (für Heliotropseifen), hell- und mattgelb. Manche von diesen Farbtönen sind, allein gesehen, bisweilen nicht immer sehr ansprechend, geben jedoch im Sortiment eine wohltuende Abwechslung und Frische. Auch die Herstellungsart der pilierten Seifen und der dazu Verwendung findenden Apparate und Maschinen hat diese Aenderung in der Anwendung der Farbstoffe bedingt.

Zum Färben der im folgenden aufgeführten Toilette-Seifen bediene man sich im allgemeinen der nachgenannten Farbstoffe resp. Farben.

Für gelb und orange: Uranin, Anilingelb,
Chinolin, Wachsgelb,
Orange SW., Brillantorange,
Cadmiumgelb und -Orange.

Für rosa: Feinrosa No. 114, Zartrosa No. 153,
Ponceaurot und Rhodamin.

Für rot: Rot No. 225, Feinrot No. 156.
        Ponceau, Rhodamin,
        Zinnoberrot No. 4.
        Zinnober.

Für grün: Brillantgrün No. 125, Maigrün No. 133, Seifengrün.
Für lila: Eine Mischung von Ultramarin und Rhodamin,
Für braun: Umbraun. Havannabraun, Brillantbraun No. 170. Seifenbraun.

Die vorgenannten Farben sind aus den Fabriken von *Friedrich & Carl Hessel* in Nerchau bei Leipzig und von *G. Siegle & Co.* in Stuttgart zu beziehen, doch sind noch eine grosse Reihe anderer vorzüglicher Produkte am Markt, so die der Firma *Wilh. Brauns,* Quedlinburg, die auszuprobieren mir leider die Möglichkeit fehlte.

Ueber die Anwendung der künstlichen Riechstoffe in der Toiletteseifen-Fabrikation.

Es sei hiermit wiederholt darauf hingewiesen, dass man in der Toiletteseifen-Fabrikation zur Parfümierung der Seifen die künstlichen Riechstoffe nicht gerade so verwenden kann, wie die etwa entsprechenden natürlichen, oder wie die ätherischen Oele. Dies soll besonders gesagt sein für diejenigen Siedemeister, welche Seifen auf warmem, halbwarmem oder kaltem Wege herstellen und mit künstlichen Riechstoffen parfümieren wollen. Ausser dem Terpineol und künstlichem Bittermandelöl hat keiner der künstlichen Riechstoffe genügende Widerstandskraft gegen das Alkali. Auch die erhöhte Temperatur wirkt schädigend auf den Riechstoff.

Parfümiert man die oben genannten Seifen-Arten mit künstlichen Riechstoffen, dann verändern sich diese so vollständig unter der Einwirkung der Alkalien, dass von dem Geruche absolut nichts mehr, manchmal nur eine verschwindende Nuance übrig bleibt und die Ausgabe völlig umsonst ist, die man für die Parfümierung gemacht hat.

Wie gesagt, ist das Terpineol als Blumengeruch der einzige künstliche Riechstoff, der genügende Widerstandsfähigkeit gegen Alkali zeigt, und deshalb ist seine Verwendung zur Parfümierung von einfachen Toiletteseifen eine so ausgedehnte geworden. Bei der Billigkeit des Terpineols darf dies alsdann auch nicht wundernehmen, denn neben Citronellöl, Nelkenöl und Mirbanöl zählt es zu den besten verwendbaren Seifen-Parfümen.

Die künstlichen Riechstoffe dürfen in der Hauptsache nur zur Parfümierung pilierter Seifen herangezogen werden. Hierbei handelt es sich um völlig neutrale Seifen und die Verarbeitung bringt einen nicht in Frage kommenden Erwärmungsgrad hervor, der keinen Einfluss auf die künstlichen Riechstoffe hat. Es wird mit ihnen in der gleichen Weise verfahren wie mit den ätherischen Oelen oder natürlichen Riechstoffen, indem sie zur Parfümierung der Seifenmasse einfach mechanisch unter dieselbe gemengt werden. Die festen — krystallinischen — Riechstoffe löst man vorher in den in der Vorschrift vorkommenden ätherischen Oelen oder, wenn dies nicht angängig sein sollte, in etwas Alkohol, den man, um recht wenig davon zur Lösung zu benötigen, ein wenig anwärmt. Man erzielt hierdurch eine feinere Verteilung des Riechstoffes in der Seifenmasse, auch wäre es unvorteilhaft, die Krystalle im ganzen, d. h. ungelöst, dem Seifenkörper zuzusetzen, weil diese bei ihrer nachträglichen Auflösung bunte Flecken in der Seife erzeugen und die Ware unverkäuflich machen.

Ganz 'besonders ist immer wieder versucht worden, eine Cocos-Veilchenseife auf warmem oder kaltem Wege herzustellen unter Anwendung von Jonon oder anderen ähnlichen synthetischen Veilchenriechstoffen. Diese

Versuche schlagen völlig fehl, denn diese Veilchenriechstoffe widerstehen dem Alkali nicht. Man verwende Iris-Pulver und Peru-Balsam, auch Orangenschalen-Pulver und Bergamottöl etc. und man wird damit bessere Erfolge erzielen. Auch müssen alle diese Veilchenseifen braun gefärbt werden, schon um die dunkeln Flecken zu verdecken, die durch die Einwirkung des Alkalis auf das Veilchenwurzelpulver entstehen und die fertige Ware sonst unschön erscheinen lassen würden.

A. Feine Toilette-Seifen.

Heliotrop-Seife.

30 kg weisse Grundseife,
  1 g künstlicher Moschus, *T. M.*,
15 „ Vanillin,   } *H. & R.*,
50 „ Heliotropin, }
  2 „ Neroliöl, künstlich, *H. & C.*,
15 „ Irisöl, flüssiges,
  2 „ echtes Bittermandelöl,
300 „ Infusion Perubalsam.
Farbe: Heliotrop oder Crême.

Heu-Seife.

30 kg weisse Grundseife,
  2 g künstlicher Moschus,
80 „ Cumarin,
  1 „ Nerolin, *Sch. & C.*,
  2 „ Pfefferminzöl,
40 „ Bergamottöl,
100 „ Infusion Benzoë,
50 „   „   Styrax,
30 „ Lavendelöl.
Farbe: 2 „ lösliches Brillantbraun,
80 „ trockenes Seifengrün.

Hyacinthen-Seife.

30 kg weisse Grundseife,
25 g Hyacinthin, *S. & C.*,
  1 „ künstliches Wintergrünöl,
10 „ Reuniol, *H. & R.*,
25 „ Geraniumöl,
10 „ künstliches Ylang-Ylangöl, *Sch. & C.*,
  2 „ künstlicher Moschus,
  1 „ Bourbonal, *H. & R.*
Farbe: 8 „ lösliches Brillantrosa.

Savon à la Rose muscade.

50 kg Grundseife,
30 g Rosenöl, künstlich, *H. & C.*,
120 „ Rosenholzöl,
80 „ Bergamottöl,
100 „ Geraniumöl,
180 „ Palmarosaöl,
30 „ Moschus-Infusion,
250 „ Zibeth-Tinktur.
Farbe: 4 „ Rhodamin,
  1 „ Ponceau.

Gold-Reseda.

            50 kg weisse Grundseife,
            10 g Basilicumöl,
            20 „ Sandelholzöl,
           200 „ Bergamottöl,
           100 „ Neroliöl, künstlich, *D. & K.*,
             5 „ Bittermandelöl,
             2 „ künstlicher Moschus,
            20 „ Orgéol, *H. & R.*
    Farbe: 40 „ Seifengrün,
             4 „ Resedagrün.

Moschus-Seife.

            50 kg Grundseife,
           400 g Moschus-Infusion, hierin gelöst
            30 „ Zibeth, künstlich und
             3 „ Moschus, künstlich,
           100 „ Bergamottöl,
            40 „ Cassiaöl.
    Farbe: 15 „ Seifenbraun.

Sehr vorteilhaft verwendet man den künstlichen Zibeth (*T. M.*) da, wo seither nicht nur Zibeth, sondern auch viel Moschus genommen wurde; denn auch diesen hilft er bis zu einem gewissen Punkte ersetzen, und dies ganz besonders bei der Toiletteseifen-Parfümierung. So kann man z. B. zu Moschus-Seifen viel künstlichen Zibeth verwenden. Da direktes Zufügen von Sprit zur Seife keine günstige Wirkung ausübt, indem empfindliche Haut später beim Gebrauch der Seife möglicher Weise leidet, so setzt man den künstlichen Zibeth den pilierten Seifen auf andere Weise zu.

Eventuell kann man diese Seife auch so herstellen, dass man den künstlichen Moschus im Bergamottöl löst. den künstlichen Zibeth und 12 g echten Moschus zusammen mit 250—400 g Iriswurzel und gestossenem Zucker feinstens verreibt und dies alles dann der Seife zusetzt, wodurch einer Beimischung von Sprit vorgebeugt wird.

Flieder-Seife.

             50 kg weisse Grundseife,
            150 g Syringaöl, *F. F. & C.*,
            200 „ Muguet, *H. & R.*,
             10 „ Bourbonal, *H. & R.*,
             10 „ Ylang-Ylangöl, künstlich, *H. & C.*,
             10 „ Canangaöl,
              5 „ künstlicher Moschus,
             40 „ Bergamottöl.
    Farbe: 1.5 „ Rhodamin,
             10 „ Ultramarinblau.

Nizza-Veilchen-Seife.

            45 kg Grundseife,
             5 „ Palmölseife,
             2 „ Irispulver,
             5 g künstlicher Moschus,
           100 „ Bergamottöl,

```
          1(0) g  Infusion Benzoë,
           20  „  Jonon, H. & R.,
           15  „  Lavendelöl,
           50  „  Irisöl, liquid,
Farbe:    180  „  Umbra,
           20  „  Cadmium-Orange,
           10  „  Zinnober.
```

Lilienmilch-Seife.

```
    50 kg weisse Grundseife,
   170  g  Geraniol, C. N. & C.,
    15  „  Rosenöl, H. & C.,
   100  „  Bergamottöl,
    20  „  Isoeugenol, H. & R.,
    40  „  Petitgrainöl,
     5  „  Patchouliöl,
    30  „  Lavendelöl,
    40  „  Sandelholzöl,
     5  „  Bittermandelöl,
     3  „  künstlicher Moschus.
```

Maiglöckchen-Seife.

```
    50 kg weisse Grundseife,
   350  g  Linalool rosé, L. & C.,
    30  „  Ylang-Ylangöl, künstlich, Sch. & C.,
    30  „  Canangaöl,
    10  „  Rosenöl, künstlich, H. & C.,
    15  „  Geraniol, H. & R.,
    30  „  Iris résinoïde,
     5  „  Bourbonal, H. & R.,
     5  „  Zibeth, künstlich, T. M.,
    25  „  Sandelholzöl,
    10  „  Aubépine, C. N. & C.,
Farbe:   50  „  Maigrün.
```

Rosen-Seifen.

```
    50 kg weisse Grundseife,
    25  g  Rosenöl,
   100  „  Geraniol, H. & R.
    50  „  Palmarosaöl,
    60  „  Bergamottöl,
     5  „  künstlicher Moschus,
   100  „  Sandelholzöl,
    30  „  Orgéol, H. & R.,
    60  „  Eugenol, C. N. & C.
Farbe:    4  „  Rhodamin,
          1  „  Ponceaurot.
```

Opoponax-Seife.

```
    50 kg weisse Grundseife,
    50  g  Linalool rosé, L. & C.,
   100  „  Opoponaxöl,
    20  „  Aubépine, H. & C.,
    50  „  Isoeugenol,
```

```
 10  g  Vetiveröl,
 20  „  Wintergrünöl, künstlich,
  8  „  künstlicher Moschus,
150  „  Zibeth-Tinktur,
 50  „  Cedernholzöl,
Farbe:  10  „  Brillantbraun.
```

Savon de Thridace.

```
 50  kg  weisse Grundseife,
300  g  Bergamiol,
150  „  Petitgrainöl,
 15  „  Bittermandelöl,
 80  „  Isoeugenol,
150  „  Geraniumöl, Bourbon,
 40  „  Sandelholzöl,
  6  „  künstlicher Moschus,
 10  „  Anethol,
 50  „  Lavendelöl,
 20  „  Neroliöl, künstlich, A. G. F. A.,
Farbe:  50  „  Maigrün.
```

Indische Blumen-Seife.

```
 40  kg  weisse Grundseife,
 10  „  Palmölseife,
100  g  Patchouliöl,
 90  „  Geraniol,
250  „  Cedernholzöl,
  5  „  Vetiveröl,
120  „  Bergamottöl,
 35  „  Cassiaöl,
 25  „  Cinnameïn, Sch. & C.,
100  „  Benzoë-Infusion.
Farbe:  100  „  Seifengrün.
```

Essbouquet-Seife.

```
 50  kg  weisse Grundseife,
200  g  Bergamottöl,
 30  „  Bergamiol,
100  „  Lavendelöl,
 50  „  Geraniol, Sch. & C.,
 30  „  Eugenol, H. & R.,
  5  „  Vetiveröl,
  3  „  künstlicher Moschus, Sch. & C.,
 20  „  Anisaldehyd, |
 40  „  Linalool,      | H. & C.
Farbe:  80  „  Umbraun.
```

Deutscher Flieder.

```
 50  kg  Grundseife,
 50  g  Muguet, C. N. & C.,
400  „  Terpineol, M. & B.,
 15  „  Ylang-Ylangöl, künstlich, H. & C.,
 10  „  Zibethin, C. N. & C.,
```

```
       30 g Heliotropin, ⎫
       10 „ Vanillin,     ⎬ H. & R.,
      100 „ Bergamottöl,
       15 „ Jacinthe,
       15 „ Irisöl, liqu.,
       10 „ Bittermandelöl.
Farbe:  6 „ Rhodamin.
        6 „ Ultramarinblau.
```

Savon Trèfle incarnat.

```
       50 kg Grundseife,
      500 g Orchidée, C. N. & C.,
      100 „ Geraniol, Sch. & C.,
      100 „ Bergamottöl,
       40 „ Mimosa »S«, C. N. & C.,
       50 „ Cumarin,
       50 „ Eugenol, H. & R.,
       30 „ Neroliöl, künstlich, D. & K.,
       20 „ Zibethin, C. N. & C.
Farbe: 100 „ Feinrosa.
```

Savon Héliotrope de Nice.

```
       50 kg Grundseife,
      250 g Heliotropin, H. & R.,
       50 „ Neroliöl, künstlich, H. & C.,
       25 „ Jasminöl,
       25 „ Ylang-Ylangöl, Sch. & C.,
       20 „ Zibethin, C. N. & C.,
       80 „ Vanillin, H. & R.,
        5 „ Bittermandelöl,
      120 „ Bergamottöl,
      100 „ Infusion Tolu,
       15 „ Cumarin,
       10 „ Orgéol, L. & C.
Farbe: 100 „ Feinrosa,
        2 „ Rhodamin.
```

Feine Kugel-Seife.

```
        1 kg Mandelkleie,
      500 g Reisstärke,
      500 „ Veilchenwurzelpulver,
        1 kg pulverisierte Seife
```
werden mit Benzoë-Infusion zu einer Masse angemacht, aus welcher
man Kugeln formt, die man nach dem Trocknen mit Benzoëlack über-
zieht. Parfüm ist hier nicht nötig, jedoch kann man für feinste Qualität
etwas Rosen- und Neroliöl, sowie Ambra- und Moschus-Infusion zusetzen.
Diese Kugeln, in feine Kartons verpackt, sind ein oft verlangter Artikel,
da sie für zarte Haut unentbehrlich sind. Farbe: Rosa.

Patchouli-Seife.

```
       40 kg weisse Grundseife,
       10 „ Palmölseife,
      150 g Patchouliöl,
       60 „ Vetiveröl,
       10 „ künstlicher Zibeth, T. M.,
       50 „ Sandelholzöl.
Farbe:  80 „ Seifengrün.
```

Savon Millefleurs.

```
 50 kg weisse Grundseife,
100  g  Linalool rosé, L. & C.,
100  „  Bergamiol, H. & R.,
 40  „  Irisöl,
 60  „  Geraniol,
 20  „  Neroliöl, künstlich,   | Sch. & C.,
 40  „  Sandelholzöl,
 30  „  Wintergrünöl, künstlich,
 20  „  Citral,
 10  „  künstlicher Moschus,   | C. N. & C.,
  5  „  Cumarin,
 50  „  Zibeth-Tinktur.
Farbe:  5  „  Brillantbraun,
        2  „  Wachsgelb.
```

Ixora-Seife.

```
 50 kg weisse Grundseife,
100  g  Rosenholzöl,
 20  „  Orgéol, H. & R.,
  5  „  künstlicher Moschus,
 20  „  Sandelholzöl,
100  „  Bergamottöl,
  5  „  Vetiveröl,
 20  „  Iris résinoïde,
 20  „  Reuniol, S. & C.,
 40  „  Isoeugenol, H. & R.,
 60  „  Cinnameïn.
Farbe:  3  „  Rosa.
```

Savon aux Fleurs de Chine.

```
 50 kg weisse Grundseife,
 40  g  Vetiveröl,
 20  „  Cassiaöl,
 10  „  künstlicher Moschus,
 10  „  Aubépine, H. & C.,
  2  „  Yara-Yara, C. N. & C.,
  2  „  Nerolin, H. & R.,
 40  „  Petitgrainöl,
 20  „  Orgéol, H. & R.,
100  „  Bergamottöl,
 40  „  bitteres Pomeranzenöl.
Farbe: 20  „  Brillantbraun,
       10  „  Wachsgelb.
```

Gardenia-Seife.

```
 50 kg Grundseife,
100  g  Linalool, H. & R.,
 40  „  Orchidée, C. N. & C.,
 50  „  Hyacinthin, S. & C.,
 20  „  Ylang-Ylangöl,
 20  „  Heliotropin,
 15  „  Jonon,
 20  „  Cumarin,
```

        50 g Canangaöl,
       100 „ Moschus-Infusion,
       200 „ Storax-Infusion,
        10 „ Aubépine,
        20 „ Fragarol,
        30 „ Bourbonal.
Farbe: 20 „ Orange.

Mandelblüten-Seife.

        50 kg Grundseife,
       250 g Bittermandelöl, künstlich,
        30 „ Neroliöl, künstlich, *H. & C.*,
        50 „ Geraniumöl,
       125 „ Heliotropin,
        20 „ künstlicher Moschus, *C. N. & C.*,
        35 „ Bergamottöl.
Farbe: 30 „ Feinrosa.

Goldlack-Seife.

        50 kg Grundseife,
        10 g Bourbonal, } *H. & R.*,
        50 „ Linalool,   }
       100 „ Quarantaine, *L. & C.*,
       100 „ Bergamottöl,
        40 „ Irisöl, liquid,
        20 „ Neroliöl, künstlich, *D. & K.*,
        40 „ Sandelholzöl,
        10 „ Wintergrünöl,
        50 „ Cheiranthia, *C. N. & C.*,
        25 „ Citronenöl,
        10 „ künstlicher Moschus, *Sch. & C.*,
         5 „ Cumarin,
        50 „ Tinktur Zibeth, *T. M.*
Farbe: 5 „ Brillantbraun,
         2 „ Wachsgelb.

Jockeyklub-Seife.

        50 kg Grundseife,
       100 g Neroliöl, künstlich, *S. & C.*,
       100 „ Bergamottöl,
        80 „ Terpineol, *M. & B.*,
        15 „ künstlicher Moschus, *Sch. & C.*,
        75 „ Petitgrainöl,
       100 „ Heliotropin, | *H. & R.*
        20 „ Isoeugenol, |
Farbe: 10 „ Wachsgelb,
         3 „ Rhodamin.

Waldduft-Seife.

        50 kg Grundseife,
       100 g Bergamottöl,
        45 „ Cumarin, *Sch. & C.*,
        20 „ Bourbonal, *H. & R.*,
        80 „ Terpineol, *F. F. & C.*,

30 g Bornylacetat, *H. & C.*,
25 „ Mimosa »S«, *C. N. & C.*,
25 „ Cedernholzöl,
15 „ künstlicher Moschus,
5 „ Vetiveröl,
10 „ Orgéol, *H. & R.*,
Farbe: 100 „ Seifengrün.

Juchten-Seife.

50 kg Grundseife,
100 g Geraniol,
50 „ Canangaöl, Java,
25 „ Hyacinthin, *Sch. & C.*,
30 „ Cumarin,
20 „ Vanillin,
3 „ **Moschus**, echt,
200 „ Benzoë-Infusion,
200 „ Cuir de Russie (Öl), *L. & C.*
Farbe: 150 „ Zinnober,
100 „ Orangecadmium.

Eau de Cologne-Seife.

50 kg weisse Grundseife,
300 g Bergamottöl,
50 „ Bergamiol,
100 „ Citronenöl,
20 „ Citral, *H. & R.*,
30 „ Neroliöl, künstlich, *D. & K.*,
10 „ Lavendelöl,
10 „ künstlicher Moschus,
10 „ Rosmarinöl.
Farbe: 5 „ Wachsgelb.

Speik-Seife.

50 kg weisse Grundseife,
120 g Lavendelöl,
100 „ Spiköl,
20 „ Patchouliöl,
15 „ Ajonc, *L. & C.*,
25 „ Geraniumöl,
40 „ Palmarosaöl,
10 „ Thymianöl, rot.
Farbe: 5 „ Orange S. W.

Savon Malmaison.

50 kg weisse Grundseife,
2 „ Iriswurzelpulver,
300 g Oeillet, } *C. N. & C.*,
40 „ Dianthin, }
100 „ Isoeugenol, *H. & R.*,
100 „ Bergamottöl,
10 „ Heliotropin, } *H. & R.*,
5 „ Cumarin, }
50 „ Palmarosaöl,

<pre>
 3 g Turanol,   ⎫
 5 „ künstlicher Moschus   ⎬ T. M.
Farbe: 5 „ Brillantbraun,
        2 „ Wachsgelb.
</pre>

Savon royal de Thridace.

<pre>
 50 kg weisse Grundseife,
 35 g Rosenöl, künstlich,
 50 „ Geraniol,   ⎫
 50 „ Neroliöl,   ⎬ Sch. & C.,
100 „ Petitgrainöl,
100 „ Isoeugenol,   H. & R.,
100 „ Portugalöl,
200 „ Bergamiol,
100 „ Lavendelöl,
 10 „ Corianderöl,
 10 „ Anethol,
 50 „ Cinnamëin,
200 „ Benzoë-Infusion.
Farbe: 12 „ Maigrün.
</pre>

Mimosa-Seife.

<pre>
 50 kg Grundseife,
200 g Mimosa »S«, C. N. & C.,
 10 „ Vanillin, H. & R.,
 40 „ Bergamottöl,
 10 „ Irisöl, kontret, F. F. & C.,
  2 „ künstlicher Moschus, Sch. & C.
Farbe: 80 „ Feinrosa.
</pre>

Parma-Veilchen-Seife.

<pre>
 50 kg Grundseife,
 60 g Jonon,
 30 „ Irisöl, liquid,
250 „ Bergamottöl,
 50 „ Geraniol, Sch. & C.,
 10 „ Neroliöl, künstlich, D. & K.,
 30 „ Ylang-Ylangöl, künstlich, H. & C.,
 50 „ Linaloëöl,
100 „ Infusion Benzoë,
  3 „ künstlicher Moschus.
Farbe: 200 „ Brillantbraun.
</pre>

Savon à la Rose Maréchal Niel.

<pre>
 50 kg weisse Grundseife,
 35 g künstliches Rosenöl, H. & C.,
 50 „ Geraniumöl,
 25 „ Neroliöl, künstlich, D. & K.,
 10 „ Canangaöl,
  5 „ Bourbonal, ⎫
  1 „ Cumarin,   ⎬ H. & R.,
 10 „ Irisöl, konkret.
Farbe: 10 „ Wachsgelb.
</pre>

Savon Muguet des Bois.

50 kg Grundseife,
30 g Jasminöl, künstlich,
100 „ Linalool, *H. & R.*,
400 „ Muguet, *C. N. & C.*,
100 „ Bergamottöl,
20 „ Eugenol, *H. & C.*,
25 „ Irisöl, konkret,
20 „ Bittermandelöl,
30 „ Cumarin, }
20 „ Ylang-Ylangöl,} *H. & C.*,
100 „ Infusion Benzoë,
3 „ künstlicher Moschus, *Sch. & C.*
Farbe: 100 „ Maigrün.

Deutscher Jasmin.

50 kg Grundseife,
50 g Jasminöl, künstlich, *H. & C.*,
100 „ Terpineol, *F. F. & C.*,
20 „ Heliotropin, *H. & R.*,
15 „ Zibethin, *C. N. & C.*,
20 „ Irisöl, konkret,
50 „ Linaloëöl,
100 „ Infusion Benzoë.
Farbe: Weiss.

B. Mittelfeine Seifen.

(Familien-Seifen.)

Lindenblüten-Seife.

50 kg weisse Grundseife,
200 g Lavendelöl,
5 „ Cumarin, *H. & R.*,
10 „ Bromelia, *L. & C.*,
100 „ Linalool rosé, *L. & C.*,
15 „ Canangaöl,
50 „ Thymianöl, weiss.
Farbe: Weiss.

Orangenblüten-Seife.

50 kg Grundseife,
75 g Irolène extra, *A. G. F. A.*,
30 „ Petitgrainöl,
5 „ Amanthol, *A. G. F. A.*,
50 „ Geraniumöl,
5 „ Vanillin, *H. & R.*
Farbe: 50 „ Orangecadmium,
20 „ Zinnober.

Rosen-Seife.

50 kg weisse Grundseife,
40 g Isoeugenol, }
20 „ Orgéol, } *H. & R.*,
40 „ Cassiaöl,

50 g Lavendelöl,
100 „ Geraniumöl, Bourbon,
50 „ Palmarosaöl.
Farbe: 8 „ Rhodamin,
3 „ Ponceaurot.

Honig-Seife.

25 kg weisse Grundseife,
25 „ Palmölseife,
200 g Lavendelöl,
60 „ Verbenaöl,
50 „ Citronellal, *H. & C.,*
50 „ Cassiaöl,
30 „ Wachsaroma.
Farbe: 10 „ Orange.

Glycerin-Seife (undurchsichtig).

40 kg weisse Grundseife,
10 „ Palmölseife,
160 g Lavendelöl,
50 „ Terpineol, *F. F. & C.,*
100 „ Cassiaöl,
50 „ Nelkenöl.
Farbe: 6 „ Wachsgelb.

Veilchen-Seife.

25 kg weisse Grundseife,
25 „ Palmölseife,
2 „ Iriswurzelpulver,
150 g Bergamottöl,
200 „ Terpineol,
15 „ Moschus, künstlich,
50 „ Irisöl, liquid,
30 „ Canangaöl.
Farbe: 15 „ Brillantbraun.
5 „ Wachsgelb.

Patchouli-Seife.

40 kg weisse Grundseife,
10 „ Palmölseife,
65 g Patchouliöl,
100 „ Cedernholzöl,
100 „ Wintergrünöl, künstlich,
80 „ Cassiaöl,
20 „ Geraniol.
Farbe: 100 „ Seifengrün.

Reseda-Seife.

40 kg weisse Grundseife,
10 „ Palmölseife.
25 g Amanthol,
50 „ Irolène, seifenecht, } *A. G. F. A.,*
30 „ Wintergrünöl, künstlich,
200 „ Lavendelöl,

```
       10  g  Citronellal, H. & R.,
      100  „  Petitgrainöl,
       50  „  Cedernholzöl.
Farbe: 100  „  Seifengrün.
```

Windsor-Seife.

```
       25  kg weisse Grundseife,
       25  „  Palmölseife,
      150  g  Cassiaöl,
      150  „  Nelkenöl,
      100  „  Lavendelöl,
        5  „  Moschus, künstlich.
Farbe: 15  „  Brillantbraun.
```

Lattich-Seife.
(Suc de Laitue).

```
       40  kg weisse Grundseife,
       10  „  Palmölseife,
      200  g  Bergamottöl,
       20  „  Ajonc, L. & C.,
       10  „  Neroliöl, künstlich, H. & C.,
       20  „  Geraniol, Sch. & C.,
        5  „  Bittermandelöl.
Farbe: 65  „  Seifengrün.
```

Kinder-Seife.

```
       50  kg weisse Grundseife,
        2  „  Lanolin,
      100  g  Geraniumöl,
       10  „  Orgéol, H. & R.,
      100  „  Bergamottöl,
       40  „  Cinnamol, L. & C.
Farbe:  2  „  Wachsgelb.
```

Lanolin-Seife.

```
       50  kg weisse Grundseife,
        5  „  Lanolin,
      150  g  Lavendelöl,
       50  „  Palmarosaöl,
       20  „  Eugenol, C. N. & C.,
       20  „  Bergamiol, H. & R.
Farbe: 10  „  Orange.
```

Vaselin-Seife.

```
          50  kg weisse Grundseife,
    ca.    5  „  Vaseline, weiss,
          60  g  Geraniumöl,
          20  „  Eugenol,
          15  „  Sandelholzöl,
          50  „  Bergamottöl.
Farbe:  Weiss.
```

Benzoë-Mandelmilch-Seife.

50 kg weisse Grundseife,
2 „ Mandelmilch,
600 g Infusion Benzoë,
40 „ Bergamottöl,
30 „ Geraniol, *Sch. & C*,
3 „ Moschus, künstlich,
100 „ Bittermandelöl, künstlich.

Eibisch-Seife.

50 kg weisse Grundseife,
200 g Lavendelöl,
100 „ Cassiaöl,
30 „ Wintergrünöl, künstlich,
10 „ Canangaöl,
50 „ Bergamottöl,
10 „ Cratégine.
Farbe: 3 „ Wachsgelb.

Maiglöckchen-Seife.

50 kg Grundseife,
100 g Linalool, *H. & R.*,
100 „ Canangaöl,
80 „ Muguet, *L. & C.*,
10 „ Jasminöl, künstlich, *H. & C.*
Farbe: 65 „ Maigrün.

Flieder-Seife.

50 kg weisse Grundseife,
200 g Terpineol, *H. & C.*,
30 „ Muguet, *H. & R.*,
50 „ Geraniumöl.
Farbe: 100 „ Fliederblau.

Hyacinthen-Seife.

50 kg weisse Grundseife,
150 g Hyacinthin, *C. N. & C.*,
50 „ Terpineol, *F. F. & C.*,
30 „ Geraniumöl.
Farbe: 3 „ Rhodamin,
1 „ Ponceaurot.

Heliotrop-Seife.

50 kg Grundseife,
150 g Heliotropin, ⎫
30 „ Bourbonal, ⎬ *H. & R.*,
80 „ Bergamottöl,
30 „ Geraniumöl.
Farbe: 3 „ Wachsgelb.

Heu-Seife.

50 kg Grundseife,
100 g Cumarin, *H. & R.*,
30 „ Thymianöl, rot,

50 g Lavendelöl,
50 „ Bergamottöl.
Farbe: 100 „ Seifengrün.

Waldmeister-Seife.

50 kg Grundseife,
70 g Turanol, ⎫ *T. M.,*
50 „ Cumarin, ⎰
100 „ Bergamottöl,
30 „ Linaloëöl,
10 „ Vanillin, *H. & R.,*
2 „ Moschus, künstlich, *Sch. & C.*
Farbe: 50 „ Seifengrün,
3 „ Wachsgelb.

Familien-Seife.

50 kg weisse Grundseife,
100 g Lavendelöl,
10 „ Aubépine, *H. & C.,*
2 „ Fragarol,
1 „ künstliche Ambra, *T. M.,*
5 „ Reseda-Geraniol, *Sch. & C.*
20 „ Bergamottöl,
5 „ Cinnamol, *H. & R.*
Farbe: 3 „ Rhodamin.

Heckenrosen-Seife.

50 kg weisse Grundseife,
100 g Geraniol, *Sch. & C.,*
60 „ Bergamottöl,
20 „ Nelkenöl,
10 „ Cassiaöl,
5 „ Bittermandelöl,
50 „ Zibeth-Tinktur.
100 „ Moschus-Tinktur.
Farbe: 3 „ Rhodamin,
1 „ Ponceaurot.

Ylang-Ylangseife.

50 kg Grundseife, weiss,
10 g Jasminöl, künstlich, *H. & C.,*
3 „ Vanillin,
30 „ Moschus-Tinktur,
30 „ Canangaöl,
40 „ Linaloëöl,
50 „ Geraniumöl,
20 „ Ylang-Ylangöl,
2 „ Nerolin, krystall., *H. & C.*
Farbe: 3 g Wachsgelb

Jasminseife.

50 kg weisse Grundseife,
30 g Jasminöl, künstlich, *H. & C.,*
60 „ Geraniumöl, afrikanisches,

20 g Petitgrainöl,
20 „ Linalool, *H. & R.*,
5 „ Heliotropin, ⎫
2 „ Nerolin,   ⎬ *H. & C.*,
25 „ Canangaöl.
Farbe: Weiss.

Lilienmilchseife.

50 kg Grundseife,
80 g Linalool,
50 „ Neroliöl, künstlich, *D. & K.*,
20 „ Irisöl, liquid,
5 „ Anethol,
15 „ Sandelholzöl,
10 „ Eugenol,
100 „ Moschus-Tinktur.
Farbe: 10 „ Brillantrosa.

Opoponaxseife.

50 kg Grundseife,
30 g Opoponaxöl,
5 „ Rosenöl, künstlich, *Sch. & C.*,
20 „ Palmarosaöl,
2 „ Patchouliöl,
80 „ Bergamottöl,
5 „ Neroliöl,
3 „ Sandelholzöl,
50 „ Moschus-Tinktur.
Farbe: 15 „ Brillantbraun,
5 „ Orange S. W.

Akazienseife.

50 kg Grundseife,
50 g Geraniumöl, afrikanisches,
10 „ Irisöl,
10 „ Neroliöl,
20 „ Petitgrainöl,
20 „ Zibeth-Tinktur,
30 „ Moschus-Tinktur,
15 „ Cumarin, *H. & R.*,
30 „ Clymène, *L. & C.*
Farbe: 5 „ Brillantrosa.

Kräuterseife.

50 kg weisse Grundseife,
80 g Thymianöl,
10 „ Wintergrünöl,
60 „ Lavendelöl,
30 „ Bergamottöl,
5 „ Patchouliöl,
40 „ Thymen,
50 „ Carven.
Farbe: 120 „ Maigrün.

Vanilleseife.

38 kg Grundseife, weiss,
12 „   „   gelb,
40 g Storax liqu. pur.,
40 „ Eugenol,
30 „ Cedernholzöl,
30 „ Safrol,
30 „ Lavendelöl,
10 „ Cumarin,
35 „ Bourbonal, *H. & R.*,
25 „ Geraniol, *Sch. & C.*,
30 „ Palmarosaöl,
15 „ Heliotropin, *H. & C.*
Farbe: 15 „ Brillantbraun.

Orangenblütenseife.

50 kg Grundseife,
60 g Neroliöl, künstlich, *A. G. F. A.*,
50 „ Bergamottöl,
50 „ Geraniumöl,
30 „ Citronenöl,
100 „ Moschus-Tinktur,
15 „ Nerolin, *H. & R.*
Farbe: 10 „ Brillantrosa.

Mandelblütenseife.

50 kg Grundseife,
10 g echtes Bittermandelöl,
35 „ Terpineol, *F. F. & C.*,
150 „ Palmarosaöl,
10 „ Aubépine.
Farbe: 5 „ Brillantrosa.

C. Einfache pilierte Seifen.

Parfümieren und Färben von Toiletteseifen aus IIa. Grundseifen.

Da man zu IIa. Grundseifen gewöhnlich etwas geringer bewertete Fette verwendet, ergeben diese eine weniger klare Farbe und sind oft gelblich, auch nicht immer geruchlos, wie dies von der Ia. Ware verlangt werden muss.

Mit diesen beiden Faktoren ist unbedingt zu rechnen bei der Verarbeitung der IIa. Ware zu pilierten Toiletteseifen, und ganz besonders muss dabei auf die Art der Parfümierung und des Färbens Rücksicht genommen werden.

Zum Färben kann man sowohl Erdfarben als auch wasserlösliche Farben verwenden, doch sind mit den ersteren die zarten Nuancen in rosa und mattgelb, sowie in hellem Fliederblau nicht schön zu treffen.

Honig-Seife.

30 kg IIa. Grundseife,
90 g Citronellöl,
90 „ Cassiaöl,
80 „ Lavendelöl.
Farbe: 10 „ Orange S. W.

Patchouli-Seife.

    30 kg IIa. Grundseife,
    20 g Patchouliöl,
    50 „ Cassiaöl,
    30 „ Bergamottöl.
Farbe: 50 „ Maigrün.

Windsor-Seife.

     30 kg IIa. Grundseife,
    100 g Moschus-Tinktur,
     60 „ Nelkenöl,
    100 „ Cassiaöl,
     40 „ Lavendelöl.
Farbe: 100 „ Seifenbraun.

Auch zu billigen pilierten Veilchenseifen, die nicht gerade erstklassige Ware darstellen sollen, lässt sich die IIa. Grundseife in Verbindung mit Palmölseifen sehr gut verwenden.

Veilchen-Seife.

     25 kg IIa. Grundseife,
      5 „ Palmölseife,
     80 g Bergamottöl,
     50 „ Terpineol, *H. & C.*,
     25 „ Lavendelöl.
Farbe: 150 „ Umbra,
     10 „ Brillantbraun.

Moschus-Seife.

     30 kg IIa. Grundseife,
     40 g Eugenol, *H. & R.*,
     15 „ Wintergrünöl,
     10 „ Patchouliöl,
     80 „ Zibeth-Tinktur,
     50 „ Benzoë,
      5 „ künstlicher Moschus, *Sch. & C.*
Farbe: 150 „ Umbra,
     10 „ Brillantbraun.

Rosen-Seife.

     40 kg IIa. Grundseife,
     10 „ Cocosseifenabfälle,
     80 g Gingergrasöl,
     30 „ Geraniol, *Sch. & C.*,
     20 „ Eugenol, *H. & R.*,
     55 „ Palmarosaöl.
Farbe: 100 „ Feinrosa.

Jockey-Club-Seife.

     40 kg IIa. Grundseife,
     10 „ Cocosseifenabfälle,
    100 g Lavendelöl,
     40 „ Cassiaöl,

30 g Eugenol, *C. N. & C.,*
50 „ Linalool,   } *H. & R.*
10 „ Amylacetat, }
Farbe: 5 „ Wachsgelb.

Flieder-Seife.

40 kg IIa. Grundseife,
10 „ Cocosseifenabfälle,
150 g Terpineol, *F. F. & C.,*
20 „ Geraniol, *Sch & C.,*
80 „ Bergamottöl.
Farbe: 2 „ Rhodamin,
12 „ Ultramarinblau.

Maiglöckchen-Seife.

40 kg IIa. Grundseife,
10 „ Cocosseifenabfälle,
20 g Terpineol,
80 „ Linaloëöl,
25 „ Lavendelöl,
5 „ Hyacinthin.
Farbe: 100 „ Maigrün.

Reseda-Seife.

40 kg IIa. Grundseife,
10 „ Cocosseifenabfälle,
35 g Eugenol, *H. & R.,*
40 „ Sandelholzöl,
15 „ Aubépine, *T. M.,*
35 „ Geraniumöl,
20 „ Wintergrünöl, künstlich,
10 „ Citral, *Sch. & C.*
Farbe: 100 „ Seifengrün.

Konkurrenz-Seife.

40 kg IIa. Grundseife,
10 „ Cocosseifenabfälle,
3 g Moschus, künstlich,
30 „ Eugenol, *H. & C.,*
80 „ Lavendelöl,
50 „ Bergamottöl,
2 „ Yara-Yara, *T. M.,*
50 „ Cedernholzöl,
10 „ Cassiaöl.
Farbe: 2 „ Wachsgelb.

Die bei den vorstehenden Vorschriften mitzuverarbeitenden Cocosseifenabfälle sind gut zu trocknen und den Farben nach zu sortieren. Für die jeweils zu erzielende Farbe der pilierten Seifen arbeitet man die passenden gefärbten Abfälle auf.

Milchseife.

Man stellt eine gute Milchseife zum Pilieren auf folgende Weise her. Magermilch wird in einem Vakuumapparat auf $^1/_6$ ihres Volumens bei niederer Temperatur eingedampft, damit kein Anbrennen und Dunkelwerden eintritt. Die Grundseife wird auf folgende Weise erzeugt: 43 kg Talg und 27 kg Cocosöl (Ceylon) zerlässt man in einem Kessel und giesst das geschmolzene Fett durch ein Sieb, in welchem noch ein Tuch ausgebreitet wird, um allen Schmutz zu entfernen. Dann gibt man das Oel zurück in den Kessel und erhitzt es auf 65° R. Am besten verwendet man einen Doppelkessel mit indirektem Dampf. Ist das Oel heiss genug, so gibt man unter beständigem Krücken 35.5 kg Natronlauge und 1 kg Kalilauge von 38° Bé. langsam dazu und krückt dann die Masse, bis sie dick ist; dann deckt man den Kessel zu und lässt die Seife verbinden, so dass sie ein durchaus glasiges Aussehen erhält. Hierauf lässt man die Seife auf 50° R. abkühlen und füllt sie mit obiger eingedampfter Milch. Man kann bis 50°/₀ von derselben zusetzen, doch sind die Seifen mit 25°/₀ Milchzusatz am besten zum Pilieren. Ist die Milch gut eingekrückt, so wird die Seife in kleine flache Blechkästen von 25—30 kg Inhalt gegossen, um ein schnelles Abkühlen zu erzielen. Solche Seifen würden in grösseren Massen zu leicht dunkel werden und nicht die helle Milchseifenfarbe bekommen. Am folgenden Tage kann die Seife geschnitten, gehobelt und getrocknet werden und ist dann zum Pilieren fertig.

Parfum.

50 kg Milchseife,
100 g Geraniumöl,
30 „ Geraniol, *Sch. & C.*,
10 „ Rosenöl, künstlich, *H. & C.*,
20 „ Eugenol, *H. & R.*,
10 „ Sandelholzöl,
5 „ Moschus, künstlich.
Farbe: 3 „ Rhodamin,
1 „ Ponceaurot.

Man kann die Seifen auch weiss lassen, wozu allerdings nicht zu raten ist; eventl. färbt man sie mit Wachsgelb hellgelblich.

Kaltgerührte Toiletteseifen.

Die Herstellung ist zu bekannt, als dass sie hier nochmals erörtert werden müsste.*) Nur einige Punkte seien besonders erwähnt.

Das Oel hält man im Sommer wohl am besten auf 28° R., im Winter auf 32° R., die Lauge wird stets auf 38.5° Bé., bei einer Temperatur von 14° R., gestellt. Auf 50 kg Oel sind 25 kg Aetznatronlauge von 38.5° Bé. erforderlich. Empfehlenswert ist es noch, dass man an dem Laugeneimer, an der tiefsten Stelle des Bodens, einen kleinen Hahn anbringt. Man stellt dann den Eimer so hoch, dass der Hahn eben über dem Rührkessel steht, dreht den Hahn auf und lässt die Aetznatronlauge in dünnem Strahl ins Oel laufen, wobei durch gleichmässiges und flottes Umrühren mit dem Oel innige Mischung herbeigeführt wird. Dadurch, dass der Hahn an der tiefsten Stelle des Eimerbodens angebracht ist, kann nicht die geringste Kleinigkeit im Eimer zurückbleiben. Die Vorteile dabei sind: Die Lauge kommt in stets gleichem Strahl in das Oel und man erspart einen Mann, welcher sonst die Lauge zugiessen müsste.

Das Rühren wird bei einer kaltgerührten Toiletteseife solange fortgesetzt, bis man mit dem Rührinstrumente auf der Oberfläche der Seife bemerkbare Streifen feststellen kann, oder, wie der Fachausdruck lautet, »bis die Seife auflegt«. Dann giesst man sie in die Form und lässt diese solange unbedeckt, bis die Seife anfängt, grössere Hitze zu entwickeln;

---

*) Eine ausführliche Abhandlung über die Herstellung kaltgerührter Cocos-Seifen brachte die Seifensieder-Zeitung Augsburg im Jahrgang 1904, Nr. 1 u. f.

nun deckt man ein dazu passendes Stück Leinwand auf die Seife und
darauf ein glattes, passendes Stück Brett, welches mit einem nicht zu
leichten Gewicht beschwert wird. Letzteres geschieht, um das Aus-
einanderreissen, oder besser gesagt, Rissigwerden der Seife bei der nachfolgenden grossen Selbsterhitzung zu vermeiden.

Füllungslösungen bestehen in der Regel aus Salz, Pottasche und
Zucker und dieselben müssen nach Vorschrift auf das genaueste zubereitet und dann drei Tage der Klärung überlassen werden. Eine Vorschrift für Füllungslauge lautet:

300 kg Wasser,
30 „ Zucker,
12 „ krystallisierte Soda,
12 „ Pottasche,
30 „ Salz.

Cocos-Seife.

30 kg Cocosöl,
3 „ Ricinusöl,
17$^1/_2$ „ 38-grädige Aetznatronlauge.

Auf vorstehende Menge Cocos-Seife wendet man die nachfolgenden Quantitäten Parfüm und Farbe an:

Kräuter-Seife.

35 g Cassiaöl,
40 „ Thymen,
20 „ Anethol,
35 „ Lavendelöl,
20 „ Fenchelöl,
10 „ Lemongrasöl,
15 „ Corianderöl.
Farbe: 80 „ Ultramaringrün (im Oel anzureiben).

Honig-Seife.

100 g Citronellal,
30 „ Fenchelöl,
30 „ Lavendelöl,
10 „ Spiköl,
20 „ Thymianöl, weiss,
20 „ Nelkenöl.
Farbe: 10 „ Orange S. W.

Lilienmilch-Seife.

50 g Bergamottöl,
25 „ Geraniumöl,
15 „ Lavendelöl,
5 „ Sandelholzöl,
5 „ Vanillin,
2 „ Moschus, künstlich,
2 „ Bittermandelöl.

Maiglöckchen-Seife.

200 g Linaloëöl,
10 „ Irisöl,

10 g Neroliöl, künstlich, *D. & K.*,
15 „ Sandelholzöl,
15 „ Anethol,
15 „ Nelkenöl.
Farbe: 20 „ Maigrün.

Reseda-Seife.

40 g Geraniol, *H. & C.*,
20 „ Irisöl,
15 „ Bittermandelöl, künstlich,
50 „ Moschus-Tinktur.
Farbe: 25 „ Resedagrün.

Pfirsichblüten-Seife.

50 g Eugenol,
70 „ Lavendelöl,
75 „ Thymen,
25 „ Cassiaöl,
25 „ Bergamottöl.
Farbe: 15 „ Rosa Nr. 114.

Patchouli-Seife.

150 g Patchouliöl,
20 „ Cedernholzöl,
30 „ Zibeth-Tinktur.

Mandel-Seife.

Auf je 50 kg Seife nimmt man eines der nachstehenden Parfüms:

I.

50 g Bittermandelöl, echt,
80 „ „ „ künstlich,
25 „ Carven,
10 „ Eugenol, *H. & R.*

II.

150 g Bittermandelöl, künstlich,
10 „ Eugenol, *H. & R.*

III.

180 g Bittermandelöl, künstlich.

IV.

200 g Mirbanöl.

Für die einfachen Cocos-Seifen stellt man sich in der Regel eine Parfümmischung her, welche zur Parfümierung der sämtlichen Farben verwendet wird und von der man auf 50 kg 200 bis 250 g nimmt, je nach Preis der Ware. Eine solche Mischung ist z. B. folgende:

Parfüm für Cocos-Seifen.

2000 g Lavendelöl,
500 „ Rosmarinöl,

1000 g Nelkenöl,
100 „ Eugenol,
1000 „ Cassiaöl,
1000 „ Palmarosaöl.

Bei hohen Preisen für Nelkenöl kann man auch Nelkenterpene nehmen.

Toiletteseifen auf halbwarmem Wege.

Das vorstehende Parfüm verwendet man auch zur Parfümierung der auf halbwarmem Wege hergestellten Toilette-Seifen, wie man überhaupt für diese sämtliche für kaltgerührte Toilette-Seifen gegebenen Parfüms anwenden kann

Vorschriften für Seifen auf halbwarmem Wege:

I.

100 kg Cocosöl oder Palmkernöl,
60 „ 37 grädige Aetznatronlauge,
120 „ 15 grädiges Salzwasser,
120 „ 16 grädige Pottaschlösung.

II.

50 kg Cocosöl oder Palmkernöl,
50 „ Talg,
60 „ 37 grädige Aetznatronlauge,
120 „ 16 „ Pottaschlösung,
60 „ 15 grädiges Salzwasser,
30 „ Wasserglas.

III.

70 kg Cocosöl oder Palmkernöl,
30 „ Cottonöl,
60 „ 37 grädige Aetznatronlauge,
120 „ 16 „ Pottaschlösung,
20 „ 15 „ Chlorkaliumlösung,
80 „ 15 grädiges Salzwasser,
25 „ Wasserglas.

Ueberfettete Cocos-Seifen.

114 kg Cochincocosöl,
58 „ Natronlauge, 37° Bé.,
3.5 „ Kalilauge, 37° Bé,
1.5 „ Wasser,
15 „ Lanolin,
5 g künstlicher Moschus, *Sch. & C.*,
100 „ Lavendelöl,
30 „ Bergamiol, *H. & R.*,
30 „ Cedernholzöl,
15 „ Dianthin, *C. N. & C.*
Farbe: 5 „ Wachsgelb.

Wie hier Cocos-Seife mit Lanolin überfettet wird, überfettet man auf gleiche Weise pilierte Fettseifen mit Lanolin oder Vaselin. Zur Ueberfettung darf nur ein Stoff genommen werden, der dem Ranzigwerden nicht unterworfen ist.

Englische Veilchen-Seife.

Diese auf kaltem Wege hergestellten Seifen sind Cocos-Seifen mit Zusatz von Iriswurzelpulver etc.

```
 32 kg Cochincocosöl,
 10  „  Talg,
1.5  „  Palmöl,
21.1 „  Natronlauge, 38° Bé.,
1.5  „  Iriswurzelpulver,
1.5  „  Curaçaoschalen, pulv.,
1.5  „  Storax, liqu.,
300  g  Lavendelöl,
100  „  Bergamottöl,
 40  „  Bergamiol, H. & R.,
100  „  Safrol,
100  „  Perubalsam,
 10  „  Cassiaöl,
 10  „  Moschus, künstlich,
 50  „  Iris resinoïde.
```
Farbe: 20 „ Seifenbraun.

Transparente Glycerin-Seifen.

Trotzdem die heute sehr billig hergestellten, in geschmackvollen Ausstattungen verpackten und in hochfeinem Parfüm gehaltenen, pilierten Toiletteseifen die kaltgerührten und die auf halbwarmem Wege hergestellten Seifen fast verdrängt haben, wird die Glycerintransparentseife noch gern vom Publikum gekauft.

Auch bei dieser Sorte hat man den Parfümeur mit grossen Ansprüchen nicht verschont gelassen, und diese Seifen werden neuerdings mit hochfeinen natürlichen Blumengerüchen hergestellt.

Wir geben hier neben den Parfümierungen auch eine Vorschrift zur Herstellung einer tadellosen Glycerinseife.

```
45 kg Talg,
45  „  Cochincocosöl,
30  „  Ricinusöl,
26  „  Glycerin,
11  „  Wasser,
71  „  Natronlauge, 33° Bé.,
38  „  Sprit.
```

Transparente Glycerinseife ohne Sprit.

```
 60 kg Ia. Talg,
 74  „  Cochincocosöl,
 76  „  Ricinusöl,
108  „  Natronlauge, 38° Bé., gemischt mit
 10  „  destilliertem Wasser,
 18  „  Krystallsoda,
 60  „  Zucker, gelöst in
 64  „  destilliertem Wasser.
```

Man schmilzt zunächst Talg, Cocosöl und Ricinusöl zusammen und fügt dann bei ca. 55° C. die 108 kg 38-grädige Lauge, gemischt mit 10 kg destilliertem Wasser, hinzu. Ist dies geschehen und ist man sicher, dass man die richtige Temperatur hat, so arbeitet man die Masse durch, wie bei jedem gewöhnlichen Verseifungsprozess. Danach lässt man die Seife

1 bis 2 Stunden in einem bedeckten Kessel stehen; ist sie alsdann transparent, so krückt man gut durch und muss sicher sein, dass die Verseifung eine vollkommene ist. Darauf gibt man die 18 kg Krystallsoda hinzu. Wenn diese gut untergemischt ist, dann bedeckt man den Kessel wieder, lässt 15—20 Minuten stehen und stellt sich inzwischen die 60 kg Zucker, aufgelöst in 64 kg destilliertem Wasser, bereit. Diese Lösung fügt man alsdann hinzu, worauf die Seife sehr schnell dünner werden wird. Man steigert nun die Temperatur auf 70—80° C. Wenn das geschehen, ist die Seife fertig zum Gefärbt- und Parfümiertwerden und kann alsdann geformt werden.

Für die Transparenz sämtlicher Sorten Glycerin-Seife ist es sehr von Vorteil, wenn dieselben aus der Form genommen einige Zeit stehen können, bevor sie verarbeitet werden, mindestens 2 bis 3 Wochen; denn während dieser Zeit entwickelt sich die Transparenz auf das schönste, natürlich vorausgesetzt, dass die Seifen ordnungsgemäss hergestellt sind.

Parfüms für Blumen-Glycerinseife.

Rose.

50 g Geraniol, *Sch. & C.*,
350 „ Palmarosaöl,
10 „ Lavendelöl,
10 „ Linalool, *H. & R.*,
150 „ Moschus-Tinktur.
Farbe: Hellgelb (Anilingelb).

Maiglöckchen.

400 g Linalool, *H. & R.*,
50 „ Irisöl, liquid,
40 „ Neroliöl, künstlich, *H. & C.*,
55 „ Anethol,
40 „ Sandelholzöl,
20 „ Dianthin, *C. N. & C.*,
150 „ Moschus-Tinktur.
Farbe: Brillantgrün.

Die feineren Sorten Blumen-Glycerinseifen werden alle in hellgelber Farbe gehalten, die ihre Krystallklarheit besser hervortreten lässt. Nur einige Sorten sind dunkel gefärbt, was meistens bereits aus dem Parfümzusatz hervorgeht, z. B. Benzoë-Glycerinseife und oft auch die Veilchen-Glycerinseife.

Benzoë.

4500 g Benzoë, pulv.,
2000 „ Styrax, liquid.,
2000 „ Infusion Benzoë,
500 „ Perubalsam,
50 „ Citral, *H. & R.*,
100 „ Citronenöl,
100 „ Isoeugenol, *H. & C.*,
15 „ Vanillin, *Sch. & C.*
Farbe: Brillantbraun.

Veilchen.

300 g Bergamottöl,
100 „ Bergamiol, *H. & R.*,
100 „ Irisöl, liquid,

500 g Perubalsam,
2000 „ Infusion Benzoë,
250 „ Tinktur Moschus.
200 „ Terpineol, *F. F. & C.*,
30 „ Linalool.
Farbe: Brillantbraun oder Methylviolett.

Flieder.

1500 g Terpineol, *H. & C.*,
25 „ Cumarin, *H. & R.*,
100 „ Lilacin, *C. N. & C.*,
200 „ Moschus-Tinktur,
25 „ Ylang-Ylangöl, künstlich, *H. & C.*,
30 „ Geraniol, *Sch. & C.*,
15 „ Bourbonal, *H. & R.*

Hyacinthe.

1000 g Hyacinthin, *Sch. & C.*,
25 „ Bittermandelöl,
30 „ Bourbonal, *H. & R.*,
300 „ Geraniumöl,
250 „ Moschus-Tinktur.

Von den vorstehenden Parfüm-Mischungen wird zu den jeweiligen Ansätzen von Glycerin-Seife soviel zugefügt, als der zu erzielende Preis der Ware zulässt.

Flüssige Glycerin-Seife.

Darunter versteht man eine transparente, parfümierte Glycerinseife, die bei gewöhnlicher Temperatur nicht erstarrt, sondern flüssig bleibt. Eine solche Seife besitzt eine grosse Reinigungskraft und eine milde Wirkung auf die Haut. Sie ist gewöhnlich von hellgelber bis goldbrauner Farbe und von honigartiger Konsistenz. Durch den hohen Gehalt an Glycerin besitzt sie nur eine mässige Schaumfähigkeit, dafür wirkt sie aber um so angenehmer auf die Haut. Dadurch, dass sie eine reine Kaliseife ist, ist sie in Wasser sehr leicht löslich, weshalb man bei Verwendung einer solchen Seife auch hartes Brunnenwasser zum Waschen benützen kann.

Ein passender Ansatz zur Herstellung einer flüssigen Glycerinseife wäre folgender:

1000 g Oleïn,
500 „ Schweineschmalz,
650 „ Aetzkalilauge, 38° Bé.,
320 „ Pottaschlösung, 28° Bé.,
500 „ Glycerin (kalkfrei), 24° Bé.,
100 „ Citronenöl.
25 „ Geraniol,
50 „ Lavendelöl,
50 „ Thymianöl,
5 „ Moschus-Tinktur.

Man bringt das Glycerin in einen Dampfdoppelkessel, erwärmt es auf 40° R. und lässt darin das Schweineschmalz zergehen, worauf man das Olein einträgt. Ist alles geschmolzen, so rührt man in dünnem Strahle die Aetzkalilauge ein, darauf die Pottaschlösung, und bedeckt den Kessel gut über Nacht. Am nächsten Morgen parfümiert man, färbt eventuell noch etwas nach und füllt auf Flaschen.

Rasiercreme.

Rasiercreme und Rasierseifen sind gewöhnlich die Schmerzenskinder
eines jeden Siedemeisters, denn gerade an diesen Produkten haben die
Kunden stets am meisten auszusetzen, und doch ist ein Mangel, der sich
bei deren Verwendung herausstellt, nicht immer auf Rechnung des
Sieders zu setzen. Die Wasserverhältnisse an den einzelnen Plätzen
spielen hierbei eine grosse Rolle, wenn auch das Schwergewicht für die
Vorzüglichkeit einer Rasierseife auf ihrer Zusammensetzung beruht.

Eine in Frankreich viel angewendete Vorschrift zur Herstellung einer
Rasiercreme ist folgende:

3500 g Schmalz,
1875 „ Kalilauge, 25° Bé.,
100 „ Sprit,

parfümiert mit:

30 g Bittermandelöl,
3 „ Pfefferminzöl.

Eine weitere Vorschrift ist folgende:

7500 g Oleïn,
15000 „ Olivenöl,
2500 „ Cocosöl,
22500 „ Kalilauge, 24° Bé.,
5000 „ Natronlauge, 36° Bé.

Diese Seifencreme muss nach Fertigstellung tüchtig geschlagen
werden, ebenso eine solche, die wie folgt hergestellt ist:

4500 g Schmalz,
500 „ Cochincocosöl,
2000 „ Kalilauge, 36° Bé.,
500 „ Natronlauge, 36° Bé.

Diese Creme überlässt man erst einige Stunden der Ruhe, knetet
sie dann gehörig durch, am besten in einer Knetmaschine, und setzt
etwas Sprit zu, bis sie Glanz und alabasterartiges Aussehen bekommt.

Die fertige Ware hebt man dann in gut verschlossenen Töpfen auf
und füllt diese nach Bedarf in kleinere Porzellandosen ab, die, nett eti-
quettiert und mit Verschlussstreifen versehen, einen guten Handelsartikel
bilden.

Parfümiert werden die Rasiercremes am häufigsten mit Bittermandelöl,
doch sind auch solche, die mit Rose, »au Thridace« und Veilchen parfümiert sind, im Handel. Die Rosencreme wird auch etwas rosa gefärbt,
die Creme Thridace matt hellgrün, Veilchen hellviolett.

Parfüm für Crème à la Rose.

60 g Geraniumöl,
10 „ Rosenöl, künstlich, *H. & C.*,
20 „ Nelkenöl,
40 „ Infusion Moschus,
10 „ Sandelholzöl;

hiervon auf 1 kg Creme ca. 15 bis 20 g Parfüm.

Parfüm für Crème de Thridace.

25 g Bergamottöl,
10 „ Geraniol, *Sch. & C.*,
4 „ Dianthin, *C. N. & C.*,
2 „ Anethol,
10 „ Petitgrainöl,
1 „ Bittermandelöl,

5 „ Lavendelöl,
10 „ Melissenöl,
20 „ Moschus-Tinktur;

hiervon ebenfalls ca. 15 bis 20 g auf 1 kg Creme.

Parfüm für Crême à la Violette.

50 g Jonon, *H. & R.*,
100 „ Bergamottöl,
15 „ Irisöl, konkret, *F. F. & C.*,
5 „ Moschus, künstlich, *T. M.*;

hiervon auf 1 kg Creme 10—20 g.

Rasier-Seife.

Es soll hier nur in wenigen Worten auf diesen genügend bekannten Artikel eingegangen werden und zwar in der Hauptsache wegen seiner Parfümierung. Dieselbe darf keine zu starke sein, da viele Konsumenten dies nicht lieben, auch darf das Parfüm der Haut nach dem Rasieren nicht anhaften. Eine gute Rasier-Seife stellt man wie folgt her:

90 kg Talg,
7.5 „ Schmalz,
10.5 „ Cochincocosöl,
30 „ Natronlauge, 37° Bé.,
28.5 „ Kalilauge, 40° Bé.

und parfümiert mit:

200 g Bittermandelöl, künstlich.

Auch mit Rosengeruch wird diese Seife oft verlangt, in diesem Falle parfümiert man wie folgt:

100 g Geraniumöl,
50 „ Palmarosaöl,
10 „ Cassiaöl,
30 „ Cinnamol, gelöst in
100 „ Sprit.

Die rotbraune, marmorierte Rasierseife färbt man mit Bolus auf die bekannte Weise.

Geheimmittel und Spezialitäten.

Mit kosmetischen Geheimmitteln wird ein fast ebenso grosser Schwindel getrieben wie mit den medizinischen; wie die nachfolgende Zusammenstellung zeigt, sind viele kosmetische Mittel zweckwidrig zusammengesetzt oder mit Stoffen bereitet, die direkt gesundheitsschädlich und gesetzlich verboten sind. Ausserdem steht bei den meisten derartigen Geheimmitteln der Preis in keinem Verhältnis zu dem wahren Werte. Andererseits muss zugegeben werden, dass sich auch manche Mittel darunter befinden, die sich mit Recht eines guten Rufes erfreuen, weshalb Angaben über ihre Zusammensetzung, welche die Herstellung ähnlicher oder verbesserter Präparate ermöglichen, willkommen sein werden. Allerdings ist gerade bei kosmetischen Präparaten die Analyse nicht immer in der Lage, die Zusammensetzung richtig zu ermitteln; das erklärt uns auch — abgesehen von den Schwankungen in der Zusammensetzung mancher Präparate — die Widersprüche in den Angaben über die Bestandteile dieses oder jenes Geheimmittels und auch die Unvollständigkeit dieser Angaben.

In der nachfolgenden Zusammenstellung führen wir auch einige Spezialitäten auf, soweit solche im speziellen Teile des Buches unberücksichtigt geblieben sind, desgleichen einige Spezialseifen, moderne Salbengrundlagen, Desinfektionsmittel und dergl., welche das Interesse des Kosmetikers beanspruchen können.

[Abkürzungen für die Quellenangabe: A. Z. = Apotheker-Ztg. B. B. = Bericht des städtischen Untersuchungsamtes Breslau. B. Bu. = Berichte des chemischen Institutes der Stadt Budapest. C. D. = Canadian Druggist. C. G. = Corps gras industriels. Ch. Z. = Chemiker-Ztg. D. D. Z. = Deutsche Drogisten-Ztg. D. P. = Der Parfümeur, Berlin. D. R. = Drogistische Rundschau, Zürich. D. Z. = Drogisten-Ztg. M. p. D. = Monatsschrift für praktische Dermatologie. N. D. = National-Druggist. N. E. = Neue Erfindungen und Erfahrungen. O. A. = Zeitschrift des österreichischen Apotheker-Vereins. Ph. C. = Pharmaceutische Centralhalle. Ph. P. = Pharmaceutische Post. Ph. R. = Pharmaceutische Rundschau. Ph. Z. = Pharmaceutische Zeitung, Berlin. P. M. f. H. G. = Praktische Mitteilungen für Handel und Gewerbe. S. A. = Seifensieder-Zeitung, Augsburg. Sch. W. = Schweizerische Wochenschrift für Chemie und Pharmacie. T. d. G. = Therapie der Gegenwart. V. d. D. A. = Vorschriften des Dresdener Apotheker-Vereins. W. D. = Wiener Drogisten-Ztg. W. S. = Bericht des Wiener Stadtphysikats. Z. f. K. = Zeitschrift für Kosmetik. Z. H. = Zeitschrift für Hygiene. Z. R. = Zahntechnische Reform. Z. Z. = Zeitschrift für Zollwesen und Reichssteuern]

Mittel zur Pflege etc. des Haares.

Abt's destilliertes Kammfett zur Beförderung des Haarwuchses besteht aus 2 Teilen Ricinusöl und 5 Teilen Provenceröl.

Abt's Hair Dye besteht 1. aus einem Fläschchen mit Pyrogallussäurelösung, 2. aus einer Lösung von salpetersaurem Silber in Ammoniak und 3. aus einer Schwefelleberlösung *(Hager)*.

Afra, ein Haarfärbemittel von *Maria Kröll* in Wien enthält Kupfersulfat und chromsaures Salz

Allen's Hair Vigor besteht aus 3 T. Bleiacetat, 2 T. Schwefel, 14 T Glycerin, 8 T. Wasser. (W. D.)

Allen's World Hair Restorer besteht aus 17 g gefälltem Schwefel, 10 g Zimmet-Tinktur, 320 g Glycerin, 26.5 g krystallisiertem Bleizucker, 630 g Wasser. (W. D.)

Ambrosia, ein Haarfärbemittel von *Sterling,* enthält 1% Bleizucker.

Antikrinin, ein Enthaarungsmittel von Dr. *Perl,* ist ein Schwefelstrontiumpräparat.

Antipsilothron, ein Mittel gegen Haarausfall von *Hegenald* in Berlin, ist ein schwach alkoholischer Auszug von Galläpfeln.

Antolin, ein Enthaarungsmittel von *E. Hanemann* in Zürich, enthält als Hauptbestandteil Schwefelbaryum. (D. R.)

Aphrodite, ein Haarfärbemittel, ist eine wässerig-alkoholische Flüssigkeit, die Kupferchlorid, Eisenchlorid, freie Salzsäure und Pyrogallol enthält.

Aqua aethiopica ist ein Haarfärbemittel, das aus Höllenstein 2.0, Rosenwasser 90.0, Quecksilberoxydulnitrat-Lösung 10.0, Kölnischem Wasser 5.0 besteht.

Aricinpomade von *Bittner,* ein Mittel zur Erhaltung und Belebung des Haarwuchses, soll das Alkaloid der Cuscorinde, Aricin $C_{23} H_{20} N_2 O_4$, enthalten, ist aber in Wirklichkeit nur eine gewöhnliche Haarpomade.

Aureol, eine Haarfarbe, deren Herstellung Dr. *E. Erdmann* in Halle a. S. durch D. R. P. No. 47349 und Zusatzpatente geschützt ist, besteht aus 2 Flüssigkeiten. No. I enthält 1% Metol, 0.3% Amidophenolchlorhydrat, 0.6% Monoamidodiphenylamin, 0.5% schwefligsaures Natron, 98% 5%igen Alkohol. No. II enthält eine 3%ige Wasserstoffsuperoxydlösung. Man kann mit dem Präparate hellblond bis schwarz färben.

Nach Beobachtungen von Dr. *Schütz* u. anderen hat die Anwendung dieses Mittels Reizerscheinungen zur Folge, worauf übrigens Dr. *Erdmann* selbst aufmerksam gemacht hat, indem er es nur zur Färbung toten Haares empfahl.

Aureoline ist ein Mittel zum Blondfärben (Bleichen) der Haare. Es enthält Wasserstoffsuperoxyd 2000.0 mit 3.5 Schwefelsäure und 7.0 Salzsäure. Man mischt, lässt im Dunkeln absetzen und füllt auf kleine Flaschen.

Auriconus ist dasselbe wie Aureoline.

Aurora, ein Blondhaarfärbemittel, ist eine wässerige Lösung von Wasserstoffsuperoxyd (2.8 Prozent) und Salzsäure (0.76 Prozent). (Ph. Z.)

Ayer's **ostindischer Haarbalsam,** ein Haarfärbemittel, enthält Wasser, Glycerin, Schwefelblumen und Bleizucker.

Barterzeugungspomade von *Royer & Co.* ist eine Salbe aus 1 T. gepulverter Chinarinde und 15 T. wachshaltiger Haarpomade.

Bartwuchspomade von *Anna Csillag* ist eine Fettpomade mit Bergamottöl und Perubalsam; der Tee zum Kopfwaschen von *A. Csillag* besteht aus Kamillenblüten.

Bartzwiebel, eine gelbliche Flüssigkeit, besteht aus verdünntem, parfümiertem Spiritus, der mit Enziantinktur gefärbt ist.

Baume circassiene, ein Wiener Haarfärbemittel, enthält Bleizucker und Schwefel.

Béringuier's **vegetabilisches Haarfärbemittel** besteht aus a) einer Lösung von Pyrogallol in verdünntem Kölnischen Wasser; b) einer verdünnten Eisenchloridlösung.

Berenizon, ein Haarwuchsbeförderungsmittel von *Wortley,* besteht aus 3.0 Ricinusöl, 3.0 Perubalsam, 4.0 Chinarindentinktur, 85.0 Alkohol und 40.0 Rosenwasser.

Blondeur ist dasselbe wie Aureoline.

***Boettger's* Depilatorium** ist ein Gemisch von 150 T. Calciumsulfhydrat, 75 T. Stärkezucker und 75 T. Stärke, das mit ätherischem Oel parfümiert wurde,

Born des Lebens, ein Hamburger Haarfärbemittel, ist bleihaltig.

***Brabender's* Hair Restorer,** angeblich ein vegetabilisches Haarfärbemittel, enthält Bleizucker.

***Brandt's* Holländischer Haarbalsam,** enthält Tannin 1.0, Weisswein 75.0, Spiritus 10.0 und Spuren Essigäther.

Brasilin ist ein metallfreies Haarfärbemittel und besteht aus einer konzentrierten Lösung von Kaliumpermanganat. (Ph. Z.)

***Brown's* Haarkonservierungspomade** ist nach Dr. *Schneider* eine gewöhnliche Pomade mit ca. 5 °/₀ Pyrogallussäure; nach Dr. *Schädler* ist es eine Pomade, die mit Pyrogallussäure und Kalilauge schwarz gefärbt ist.

Brylon, ein Haarfärbemittel, enthält als wirksamen Bestandteil Silbernitrat. (Ph. Z.)

***Bühligen's* Haarmittel** bestehen 1. aus einer Pomade, die ca. 15 °/₀ Kakaomasse enthält; 2. aus dem »Conservator«, der 20.0 Arnikatinktur, 5.0 Glycerin und 50.0 Wasser enthält; 3. »der kleinen Tinktur«, die lediglich Arnikatinktur ist, und 4. aus Tanninseife.

***Bühligen's* Rhusma** ist ein Gemenge von 15 T. Calciumoxyd mit 3 T. Schwefelarsen.

Capillarin von *A. Altenkirch* besteht aus Alkohol, Zwiebelsaft, Franzbranntwein, Perubalsam, Oel, Fett und Talg.

Capillin *(Mindes)* ist ein Kondensationsprodukt aus Tannin-Chloralhydrat und Resorcin, welches als Ersatzmittel für »Captol« (siehe weiter unten) dienen soll. Es ist ein schokoladebraunes, in Alkohol lösliches, in kaltem Wasser, Glycerin, Chloroform und Aether unlösliches Pulver. Seine alkoholische Lösung ist mit Ricinusöl klar mischbar. In heissem Wasser ist es teilweise löslich. *Mindes* gibt folgende Vorschriften: Capillin-Haarwasser: Capillin 1, Chloralhydrat 1, Salicylsäure 0.5, Seifenspiritus 2, Spiritus (70°/₀ ig) soviel, dass die Gesamtmenge 100 g ausmacht, Mirbanöl, Geraniumöl, Lavendelöl je 5 Tropfen. — Capillin-Haaröl: Capillin 2, Chloralhydrat 2, Spiritus (96°/₀ ig) 64, Ricinusöl 30, Mirbanöl, Citronenöl, Lavendelöl je 3 Tropfen. — Capillin-Pomade: Capillin 2, Salicylsäure 1, Spiritus (96°/₀ ig) 10, Ricinusöl 27, Kakaobutter 50, Walrat 10, Mirbanöl, Geraniumöl, Citronenöl je 5 Tropfen. (Ph. P.)

Capilliphor, ein Haarwasser, bildet eine trübliche, zimmetgelbe, parfümierte Flüssigkeit von schwach saurer Reaktion, mit dem spezifischen Gewicht 0.937. Sie enthält hauptsächlich Wasser, Alkohol, Rumäther und Spuren eines Harzes. (W. S.)

Captol, ein medizinisch-kosmetisches Haarmittel, wird von den Farbenfabriken vorm. *Bayer & Co.* in Elberfeld dargestellt und bildet ein dunkelbraunes, hygroskopisches Pulver, welches in kaltem Wasser schwer, in warmem Wasser und Alkohol leichter löslich ist, durch Säuren nicht verändert, durch Alkalien aber unter Dunkelfärbung zersetzt wird. Es wird als 1- bis 2°/₀ige alkoholische Lösung als Haarwasser angewendet. In chemischer Beziehung stellt das Captol eine Kombination von Tannin mit Chloral dar. Captolgeist gegen Kopfschuppen wird hergestellt aus Captol, Weinsäure, Resorcin je 1 g, Salicylsäure 0.7 g, Ricinusöl 0.5 g, Spiritus (65°/₀ ig) 100 g, Parfüm nach Belieben. Captolpomade wird nach *Eichhoff* folgendermassen bereitet: Captol, Weinsäure je 1 bis 2 g, Lanolin 5 g, Vaselin 90 g, Parfüm nach Bedarf. Zweckmässig ist ein Zusatz von 5%, Schwefel zu dieser Pomade, die ein ausgezeichnetes Mittel gegen veraltete Kopfschuppen bilden soll.

Celebrated Hair Restoratoir ist ein amerikanisches, bleihaltiges Haarfärbemittel.

Chevalier life for the hair ist ein bleihaltiges Haarfärbemittel.

Chromacoma von *Lohse* ist a) eine Galläpfeltinktur, b) eine mit essigsaurem Eisen versetzte Silbernitrallösung.

Circassian Hair Rejuvenator ist ein bleihaltiges amerikanisches Haarfärbemittel.

Claridat, ein Haarfärbemittel von *G. Behrendt,* ist eine Lösung von Bleizucker mit Schwefelmilch.

Colorogene, ein Haarfärbemittel von Dr. *L. Dupaint,* ist eine Silberlösung. (Ph. Z.)

Comachrome, ein Haarfärbemittel, ist zweiteilig und besteht aus einer Pyrogallol- und einer Silbernitratlösung.

Cactuspomade von *Wallritz* zur Förderung des Haarwuchses. 125,0 einer stachligen Cactee werden zerquetscht, gekocht und Kurkuma und Indigo zur Grünfärbung zugefügt. Die kolierte Flüssigkeit wird mit 750,0 Wasser, 60,0 Glycerin, 15,0 Tannin, 7,5 Rosmarinöl und 4,0 Fenchelöl gemischt.

Crinin von *Funke* ist ammoniakalische Silberlösung.

»Crinis«, ein Haarwuchsbeförderungsmittel, enthält keine gesundheitsschädlichen noch haarwuchsbefördernden Mittel wie Chinin, Tannin etc. (B. Bu.)

Dandruff Cure (Entschuppungskur). Chloralhydrat 62,5 g, Resorcin und Tannin je 31,25 g, Alkohol 236,5 cm³, Glycerin 118,3 cm³, Rosenwasser auf 2272 cm³. Dreimal in der Woche oder täglich, später zweimal, endlich einmal wöchentlich anzuwenden, indem die Kopfhaut eingepinselt wird. (N. E.)

***Dannecy's* Haarfärbemittel.** 30 g krystallisiertes unterschwefligsaures Ammonium, 15 g Bleizucker, 1 l Wasser, 15 g Spiritus, 15 g Glycerin, 10 Tropfen Bittermandelöl. (W. D.)

Depilatorium nach Dr. *Butte* besteht aus Jodtinktur 3,0, Terpentinöl 6,0, Ricinusöl 8,0, Spiritus 48,0, Collodium 60,0. (D. P.)

Depilatorium von *Boudet* besteht aus 3 T. Natriumsulfhydrat, 10 T. gebranntem Kalk und 10 T. Stärke.

Depilatorium von *Débay* enthält gebrannten Kalk 40,0, Auripigment 10,0, Stärkemehl 30,0. (D. P.)

Depilatorium von *Delcroix* enthält 4 T. Auripigment, 30 T. gebrannten Kalk und 60 T. Gummi arabicum.

Depilatorium von *Neumann* enthält Aetzkalk 40,0, Auripigment 10,0, Stärkemehl 30,0. (D. P.)

Depilatorium von *Plenck* enthält 5 T. Auripigment, 50 T. gebrannten Kalk und 30 T. Weizenstärke.

Depilatorium von *Redwood* enthält konzentrierte Schwefelbaryumlösung, die mit Stärke zu einer Pasta angemacht ist.

Depilatory ist ein Enthaarungsmittel und besteht aus Stärke und Schwefelcalcium. (Ph. Z.)

Dr. *White's* amerikanisches Haarwasser zum allmählichen Färben grauer Haare ist eine parfümierte Lösung von Bleiacetat, die Schwefel suspendiert enthält. Gefunden wurden im Filtrat 0,26 bis 0,32° metallisches Blei. (B. B.)

Dupuytren's Haarwuchspomade ist nach *Dorvault* zusammengestellt aus 250,0 Rindermark, 4,0 Bleizucker, 8,0 Perubalsam, 30,0 Alkohol und je 1,0 Kanthariden-, Nelken- und Zimmettinktur.

Nach einer Berliner Vorschrift besteht sie aus 25.0 Rindermark, 5.0 Jasminöl, 3.0 Chinarindenauszug und je 1.5 Citronensaft und Kantharidentinktur.

Eau capillaire, von *Braun & Jacoby* in Berlin als haarwuchsstärkendes und antiseptisches Kosmetikum angepriesen, besteht nach Dr. *Aufrecht* aus Chinin 0.14%, Glycerin 5%, Alkohol 68.9 Gew.-%, Wasser 25%, Perubalsam 2%, indifferenten Aromaticis und Spuren Blei. (Ph. Z.)

Eau d' Afrique besteht aus 3 Flüssigkeiten. I ist eine 3%ige Höllensteinlösung, II eine 8%ige Schwefelnatriumlösung und III eine parfümierte Höllensteinlösung.

Eau d' Ange, von *E. Ange*, Paris, enthält als wirksamen Bestandteil Pilocarpin.

Eau d' Apollon ist ein bleihaltiges Haarfärbemittel.

Eau de Bahama ist ein bleihaltiges Haarfärbemittel.

Eau de Castille, ein Haarfärbemittel, enthält 10.16% unterschwefligsaures Natron, 1.67% Bleiacetat. Rest Wasser.

Eau de Charbonier, ein Haarfärbemittel, besteht aus 2 Flüssigkeiten. Die eine ist eine 1%ige Pyrogallollösung, während die andere aus ca. 2% salpetersaurem Silber, 0.89% schwefelsaurem Kupferoxyd, 4% Ammoniak und 93% Wasser besteht.

Eau de Fées enthält Bleioxyd 0.21%, unterschwefligsaures Natron 5.46%, Glycerin 1.35%, Ammoniak 0.39%, Wasser 92.5%.

Ein anderes so bezeichnetes Produkt ist eine Auflösung von salpetersaurem Blei, die mit etwas Schwefel versetzt wurde.

Eau de Figaro, ein Haarfärbemittel, enthält Schwefelblei.

Ein anderes unter dieser Bezeichnung verkauftes Mittel besteht a) aus einer kupfervitriolhaltigen Höllensteinlösung, b) aus einer Schwefelnatriumlösung, c) aus einer Cyankaliumlösung zur Entfernung der Silberflecke.

Eau de Quinine *Pinaud* enthält nach *Tscheppe* keinen Bestandteil der Chinarinde; Salicylsäure, Tannin, Kantharidin und Metallsalze sind darin ebenfalls nicht vorhanden. Dafür angegebene Vorschriften sind: I. Ratanhatinktur 2.0, Kantharidentinktur 1.0, Alkohol 50.0, Lavendelspiritus 5.0, Glycerin 7.5, schwefelsaures Chinin 1.0. II. Chininsulfat 2.0, Kantharidentinktur 20.0, Ratanhatinktur 40.0, Lavendelspiritus 100.0, Glycerin 150.0, Alkohol 1000.0, Kognak 2000.0, Eau de Cologne 250.0. III. Alkohol 250.0, Seifenspiritus 100.0, Chinatinktur 50.0, Perubalsam 25.0, Bergamottöl 10.0, Pomeranzenöl 10.0, Geraniumöl 3.0. (W. D).

Eau de Zenoble enthält im wesentlichen eine Lösung von unterschwefligsaurem, schwefel- und essigsaurem Natron mit freier Essigsäure und einen Satz von Schwefelblei.

Eau phénomenale, ein zweiteiliges Haarfärbemittel, besteht aus Pyrogallol- und Silberlösung. (Ch. Z.)

Eau sublime de Feuilles, »ein garantiert unschädliches« Haarfärbemittel von *Chrynet*, enthält ausser Glycerin und Schwefel 1.5% Bleizucker.

***Elsner's* Barttärbemittel** besteht aus Pyrogallollösung einerseits und ammoniakalischer Höllensteinlösung anderseits.

Enthaarungsmittel gegen Damenbärte von Frau *A. Tennul* besteht nach einer Analyse des Chemischen Untersuchungsamtes der Stadt Dresden aus geschmolzenem Fichtenharz.

Enthaarungswasser von *Neumann* wird hergestellt, indem Auripigment 15.0, gebrannter Kalk 30.0 eine halbe Stunde mit 5000.0 Kalilauge von 36° Bé. gekocht werden. (D. P.)

***Erasmus Wilson's* Haarwuchsbeförderer** besteht aus je 300.0

Mandelöl und Ammoniak, 2500.0 Rosmarinspiritus, 60.0 Kantharidentinktur und 35.0 Citronenöl. (Ph. C.)

Nach »Ph. P.« besteht das Mittel aus je 1 T. Mandelöl und 10%igem Salmiakgeist und je 2 T. Honigwasser und Rosmarinspiritus.

»Es ist erreicht«, das Schnurrbartbefestigungsmittel des Hoffriseurs *Haby* in Berlin, besteht nach Dr. *Beysen* aus Malzextrakt, Spiritus und Salicylsäure. Ein Präparat von gleicher Wirksamkeit lässt sich folgendermassen herstellen: Malzextrakt 5.0, Spiritus 7.5 werden mit Salicylwasser (2 : 1000) auf 100.0 gebracht.

Nach Dr. *Aufrecht* (Ph. Z.) enthält das Mittel in 100 cm³: Salicylsäure 0.25%, reduzierende Kohlenhydrate 2.12%, Wasser 92.%, Alkohol 6%.

Fixolin ist ein Haarerzeugungsbalsam aus Wachs, Fett, Perubalsam und indifferenten Riechstoffen.

Foral (»Rasiermittel«) besteht aus 15 T. Schwefelstrontium, 16 T. Strontiumsulfat, 15 T. Calciumcarbonat, 1 T. Natriumcarbonat, 1 $1/_2$ T. Zinkoxyd, 45 $1/_2$ T. Weizenstärke. 6 T. flüchtigen Stoffen. (Ph. C.)

Gaedicke's Tanninöl ist eine 2%ige Tanninlösung in Glycerin mit Bergamottöl parfümiert.

Gaillard's Tanninöl ist eine Lösung von 80.0 Ricinusöl und 3.0 Tannin in 120.0 Alkohol, die mit Bergamott- und Citronenöl parfümiert ist.

Glycoblastol, ein Haarwuchsmittel von *A. Sarg's Sohn & Co.* in Liesing besteht nach Dr. *H. Weller* aus einer mit verschiedenen ätherischen Oelen parfümierten gelblichen Flüssigkeit, welche Alkohol 35.22 Gew.-%, Glycerin 61.64% enthält. Ausserdem sind noch geringe Mengen (0.19%) eines dem Cardol nahestehenden Körpers von äusserst scharfem Geschmack (wahrscheinlich Capsicin) vorhanden. (Ph. Z.)

Golden Hair Wash ist dasselbe wie Aureoline.

Gold-Feen-Wasser ist dasselbe wie Aureoline.

Haarbalsam von *Marquart* enthält als wirksame Bestandteile salpetersaures Blei und Schwefel.

Haarbalsam von *Mulder* enthält eine 5-prozentige Phenollösung in Rosenwasser.

Haar-Cologna von *F. Kaltschmidt* in Winterthur ist ein Haarwasser, dessen wirksamer Bestandteil Resorcin ist. (D. R.)

Haarfarbe »Fo« ist eine 2%ige Lösung von Paraphenylendiamin, welche, mit einer 1.5%igen Natronhydratlösung auf das Haar gebracht, dasselbe braun färbt.

Haarfluid von *Heidrich* enthält essigsaures Blei.

Haarkräuselessenzen. I. Colophonium 12.0, Spiritus 1000.0, parfümiert mit Bergamottöl und Moschus *(Buchheister)*. II. Pottasche 15.0, Salmiakgeist (0.960) 5.0, Glycerin 30.0, Rosenwasser 750.0, Orangenblütenwasser 200.0 *(Töllner)*. III. Pottasche 7.0, Salmiakgeist 3.5, Glycerin 15.0, Alkohol 42.0 werden mit Rosenwasser zu 600.0 ergänzt. (Ph. Z.)

Gebrauchsanweisung: Nachdem das Haar mit der Essenz benetzt ist, wird es auf Frisiernadeln oder Papilloten gewickelt, welche nach einiger Zeit entfernt werden, oder aber mit der Brennscheere behandelt; in letzterem Falle halten sich die Locken lange Zeit.

Haar-Préservatif ist eine parfümierte alkoholische Lösung von Petroläther, Ricinusöl, Benzoëharz und Salicylsäure. (W. S.)

Haar-Regenerator von *J. Noë* in Zürich ist stark bleihaltig. (D. R.)

Haarsalbe gegen Kopfschuppen und Haarausfall nach Dr. *Ihle*. Adeps lanae 40.0, Mandelöl 10.0, präzipitierter Schwefel 5.0, Rosenöl 1 Tropfen. (Ph. Z.)

Haarspiritus nach *Unna* besteht aus je 25 g Resorcin und Ricinusöl, 750 g Alkohol (95%ig) und 200 g Kölnischem Wasser.

Haarstärkendes Oel von *Pinkas* ist eine Lösung von Perubalsam, Wallnussextrakt und Zimmettinktur in Weingeist.

Haarverjüngungsmilch von *B. Maurer* in Winterthur gegen das Ergrauen der Haare und gegen Kopfschuppen ist stark bleihaltig. (D. R.)

Haarwasser bei Schuppenbildung nach Dr. *A. Philippsohn*. I. Kantharidentinktur 10 g, Balsamische Oelmixtur 10 g, Glycerin 3 g, Weingeist bis zu 150 g: Haarwasser, bei schwacher Schuppenbildung mit Schwämmchen einzureiben. II. Resorcin 1.5 g, Tannin 1.5 g, Glycerin 3 g, Balsamische Oelmixtur 10 g, Weingeist bis zu 150 g. Bei starker Schuppenbildung mit dem Schwämmchen einzureiben. (Z. f. K.)

Haarwasser Loreley ist eine wässerige, mit Lavendel- und Bittermandelöl parfümierte Flüssigkeit. (W. S.)

Haarwasser nach *Jessner* gegen das vorzeitige Ausfallen der Haare ohne spezifische Ursache: Resorcin 2.5, Chloralhydrat 5.0, Tannin 5.0, Benzoëtinktur 1.5, Ricinusöl 4.0, Weingeist soviel, dass die Gesamtmenge 250.0 beträgt. Das Mittel soll sehr gute Resultate geben.

Haarwasser von *J. Rausch*-Konstanz enthält nach Angabe der Geheimmittelprüfungskommission der schweizerischen Konkordatskantone (durch »D. R.«) als Bestandteile: Eichenrinde, Buchs- und Hauswurzel, so dass »vom rein sanitarischen Standpunkt aus nichts gegen das Mittel einzuwenden ist.« — Zu einem anderen Resultat kommt Dr. *Ley*, welcher in der »Ph. Z.« folgendes schreibt: »Eine Untersuchung von *Rausch's* Haarwasser ergab Spiritus 47.5 Proz., Wasser 50.15 Proz., Rückstand 2.35 Proz. Im Rückstand war die Anwesenheit von Glycerin, Chinin und einem scharfen Bestandteil, welcher aber nicht näher identifiziert werden konnte, nachzuweisen. Ich stellte eine Imitation nach folgender Vorschrift her:

Chinarinden-Extrakt	1 g,
Kanthariden-Tinktur	1 „
Glycerin	1 „
Destilliertes Wasser	47 „
Spiritus	50 „
Bergamottöl, Tropfen	X
Bayöl, Tropfen	1
Caramel-Tinktur, Tropfen	II
Chlorophyll, spritlöslich, Tropfen	VII.

Nach einigem Stehen zu filtrieren. Das Produkt kommt dem Original gleich«.

Haarwuchspomade von *F. Kögler* in Hof besteht nach Dr. *Aufrecht* aus einem Cocosfett, das geringe Mengen eines schwefelhaltigen Oeles enthält. Das Ganze ist mit einem ätherischen Oel parfümiert. (Ph. P.)

Harrison's Pomade gegen Kahlköpfigkeit (tinea tonsurans) wird hergestellt aus Kalilauge 4, Karbolsäure 2, Lanolin 90, Kakaofett 90. (D. P.)

Hausschild'scher Haarbalsam, angeblich ein Haarbeförderungsmittel, ist eine grüngefärbte, mit etwas Alkohol versetzte Klettenwurzel-Abkochung.

Heidelberger Haarwasser besteht aus Quecksilberchlorid 0.2, dest. Wasser 50.0, Weingeist 150.0, Glycerin 20.0, *Hoffmann'schem* Lebensbalsam 20.0. (Ph. Z.)

Henry's Cosmetikum gegen Haarausfall enthält 180 T. Spiritus, 3 T. Citronenöl, je 1 T. Bergamott-, Rosmarin- und Lavendelöl.

Hera, ein Haarfärbemittel, besteht aus 2 Lösungen. Die eine ist eine schwachsaure wässerige Lösung von Wasserstoffsuperoxyd, die andere eine alkoholische Lösung von Paraphenylendiamin und Metol (schwefelsaurem Monomethylparamidophenol). Nach Anwendung dieses Mittels wurden schädliche Wirkungen beobachtet. (Vgl. hierzu Aureol, Phönix und Teinture Africaine). (W. S.)

Immunin-Haarsalbe ist nach Dr. *Weil* eine Wachspomade, welche die Bestandteile der frischen Klettenwurzel enthält. (Ph. Z.)

Jaborandi Hair Tonic (Haarstärkungsmittel). 1 g Cantharidin, 0.2 g Pilocarpin, 50 g Essigäther, 2000 g rekt. Spiritus, 60 g Ricinusöl, 40 Tropfen Rosmarinöl, 12 Tropfen Neroliöl. (W. D.)

Janke's **Haarfarbewiederhersteller** ist eine 46 Vol.% Alkohol enthaltende ammoniakalische Silberlösung, die mit Glycerin versetzt, schwachgrün gefärbt und parfümiert ist. Nach *E. Marx* lässt sich ein dem Original ähnliches Präparat erzielen, indem man 5.65 g Höllenstein in destilliertem Wasser auflöst, 15 g (bezw. soviel, dass sich der entstehende Niederschlag wieder auflöst) Salmiakgeist (10%ig), 20 g Glycerin und 395 g Spiritus (95%ig) hinzufügt und mit destilliertem Wasser auf 1 l auffüllt. Danach wird das Ganze mit einigen Tropfen einer konzentrierten Lösung von wasserlöslichem Chlorophyll gefärbt, mit einer Spur Ananasäther parfümiert und nach mehrtägigem Stehen im Dunkeln filtriert. Die zu vorstehender Lösung gehörige Brillantine besteht aus einer alkoholischen und öligen Schicht. Die alkoholische Schicht reagiert stark sauer, ist gerbstoffhaltig und wirkt stark reduzierend auf ammoniakalische Silberlösung; sie soll also die Wirkung der Hauptlösung unterstützen und beschleunigen.

Javol, ein von der Firma *Anhalt* in Colberg hergestelltes Haarwasser, ist eine trübe, grünlichbraune Flüssigkeit, auf deren Oberfläche kleine Fettpartikelchen schwimmen. Nach Angabe des Fabrikanten soll es 24 verschiedene Stoffe enthalten. Dr. *Aufrecht* fand folgende Zusammensetzung: Fettsäuren 1.04%, Extraktionsstoffe 1.68%, Alkohol 17.12%, Wasser 74.98%, ätherisches Oel 5.0%, Mineralstoffe 0.18%. Die Asche war stark alkalisch und bestand fast ausschliesslich aus Kaliumkarbonat, das ätherische Oel war Citronenöl. Nach *Aufrecht* dürfte eine Mischung aus 1 g Talg, 5 g Citronenöl, 15—20 g Chinatinktur, 0.2 g Kaliumkarbonat und Wasser soviel, dass das Gesamtgewicht 100 g beträgt, dem Original entsprechen. — Nach Mitteilung eines ungenannten Mitarbeiters der Ph. Z. soll im »Javol« ichthyolsulfosaures Ammoniak enthalten sein. *A. Spinteler* bestreitet die Richtigkeit vorstehender Angaben, da sich danach kein dem »Javol« gleichkommendes Präparat erzielen lasse, und behauptet das Vorhandensein eines saponinhaltigen Emulgierungsmittels. Er gibt folgende Vorschrift: 1 T. Talg wird in 5 T. einer Mischung aus Citronen- und Bergamottöl gelöst, diese Lösung mit einem wässerigen Quillayarinden-Auszug (2 + 10) geschüttelt und das Ganze mit einer 12 T. Spiritus enthaltenden Chinaabkochung (aus 5 T. China fusca) auf 100 T. gebracht. — Ein noch besseres Präparat soll die unter »Lanolinhaarwasser« weiter hinten angegebene Vorschrift liefern. (Ph. Z.)

Jo ist ein Haarfärbemittel, welches das schädliche Paraphenylendiamin enthält.

John Craven Burleigh's **Hair Grower** (Haarwuchsmittel, zur Beseitigung der Kahlköpfigkeit angepriesen) besteht nach einer Mitteilung der »Ph. Z.« aus Lanolin, Kakaobutter oder gelbem Wachs nebst einem öligen Auszug von frischer Klettenwurzel. Nach Dr. *Weil* soll es eine Wachspomade sein, welche die Bestandteile der frischen Klettenwurzel enthält.

Juvenia, ein Haarfärbemittel von Apotheker *Gesquin,* ist nach *Fresenius* eine Paraphenylendiamin- und Wasserstoffsuperoxydlösung. Nach

Dr. *J. Schütz* (»Aerztl. Sachverst.-Ztg.«, 1902) verursachte das als unschädlich angepriesene Mittel eine schwere Erkrankung der Kopfhaut. Dieselbe wurde ödematös, mit Bläschen und Blasen besetzt; Stirn und Gesichtshauf schwollen an. Nach zwei Wochen erschienen auch in den Handtellern die bekannten tiefliegenden, wie Sagokörner durchschimmernden, stark juckenden Ekzembläschen. (A. Z.)

Kallomyrin ist eine Wiener Haarfärbekraftpomade, die neben den gewöhnlichen Fettsubstanzen Bleikarbonat, Schwefel und wahrscheinlich auch Kantharidentinktur enthält.

Kascha, ein Haarfärbemittel, besteht nach einer Analyse des Chem. Untersuchungsamtes der Stadt Altona aus einer alkoholhaltigen Pyrogallollösung und einer parfümierten ammoniakalischen Silberlösung. (Ch. Z.)

Kaukasische Schnurrbartwichs-Essenz. Ist eine spirituöse Auflösung von Harzen. (Ph. Z.)

Kneifel's **Haartinktur** besteht aus ätherischen Oelen und Extraktstoffen der Zwiebel und Chinarinde — Nach Angabe des Fabrikanten besteht das Mittel aus Balsam (?), präpariertem Zwiebelansatz, Arnika, Chinarinde und feinstem Parfüm.

Kohol ist eine in England gebrauchte Auflösung von chinesischer Tusche in Rosenwasser. Bereitet wird sie, indem man ca. 15 g des feinen Pulvers in $1/_4$ Liter heissen Rosenwassers einschüttet.

Kosirol ist ein paraphenylendiaminhaltiges Haarfärbemittel und gesundheitsschädlich.

Kräuteressenz von *Pleime* gegen das Ausfallen der Haare ist nach *Wittstein* ein Gemisch von 50 T. Weingeist und 4 T. Olivenöl, mit wohlriechenden Oelen parfümiert.

Kräuterhaaröl ist ein mit Chlorophyll gefärbtes, mit Rosmarinöl parfümiertes Oel. In der Asche sind minimale Mengen von Alkalicarbonaten enthalten. (Ph. Z.)

Krell's Barttinktur besteht aus Lein- und Ricinusöl, Holzkohle, Salpeter, etwas Schwefel und zerstossener Brotkruste.

Krinochrom von *Berthol* besteht aus alkoholischer Pyrogallollösung einerseits und ammoniakalischer Silberlösung andererseits.

Krinochrom von *Karig* ist a) eine Auflösung von 10.0 Pyrogallol in einem Gemisch von je 500.0 rektificiertem Holzessig und Weingeist; b) eine Auflösung von 30.0 Silbernitrat in 900.0 destilliertem Wasser und soviel Salmiakgeist, dass sich der entstehende Silberniederschlag wieder auflöst.

Langenbeck's **Haar-Ernährungsmittel** zur Ernährung der kranken Haarwurzeln ist eine alkalische Hornstofflösung, die laut »D. P.« in folgender Weise hergestellt wird: Feine Hornspäne werden, in kochendem Wasser erweicht, mit verdünnter Aetzkali-Lauge gelöst und der von dieser Lauge gelöste Hornstoff durch verdünnte Salz- oder Schwefelsäure abgeschieden. 1 T. dieses Hornstoffes wird darauf in 4.5 T. Aetzkali und 100 T. Wasser durch öfteres Umschütteln gelöst.

Lanolinhaarwasser nach *Alfr. Spinteler:* 4 T. Quillayarinde werden mit 36 T. Wasser während mehrerer Tage ausgezogen, der Durchguss wird mit 4 T. Weingeist versetzt und dieser nach dem Absetzenlassen filtriert. 40 T. des Filtrates schüttelt man bei einer Wärme, bei der Wollfett flüssig wird, mit 12 T. wasserfreiem Lanolin und ergänzt mit Wasser, dem 15°/₀ Weingeist zugefügt sind, auf 300 T. — Zusätze, wie Chinaextrakt, Perubalsam, Chinin, Kantharidentinktur, Bayöl, Ammoniumcarbonat, Menthol u. a. können gemacht werden. Erzielt wird eine gelblich-weisse, milchartige Flüssigkeit mit sahneartiger, aufschwimmender Fettschicht, die sich beim Schütteln auf das feinste verteilt. (Ph. Z.)

***Lason's* Hair Elixir** besteht aus einer parfümierten wässerigen Lösung von Kochsalz und Tannin. (W. S.)

***Lassar'sche* Haarkur.** Diese sehr günstig beurteilte Kur besteht in täglicher, mehrere Minuten dauernder Einschäumung des Haarbodens mit I. starker Teerseife, Abspülung und Abtrocknung. Statt der Teerseife kann ein Gemisch von Natriumcarbonat 15.0, Kaliumcarbonat 15.0, medizin. Seife 70.0, Rosenwasser zu 200.0 gewählt werden. Hierauf werden nacheinander: II. 0.2%ige Sublimatlösung, und zwar nach der Vorschrift: Quecksilberchlorid 0.6, Weingeist 25.0, Glycerin 25.0, Wasser 250; ferner III weingeistige 0.1% ige β-Naphthollösung; IV. 2%iges Salicylöl tüchtig in die Kopfhaut eingerieben. Die Waschungen sind regelmässig auszuführen und wochenlang fortzusetzen. (M. p. D.)

***Lassar'sche* Pomade gegen Kahlköpfigkeit** enthält salzsaures Pilocarpin 2 g, schwefelsaures Chinin 4 g, präzipitierten Schwefel 10 g, Perubalsam 20 g, Rindermark 80 g.

Loewin, ein Mittel zur Erzeugung und Erhaltung eines schönen Haarwuchses, von *J. Grolimund* in Zürich, besteht aus dem Saft der roten, sogenannten Bartzwiebel und Kognak. (D. R.)

Lovacrin, ein mit grosser Reklame angebotenes »amerikanisches« Haarwuchsbeförderungsmittel, enthält nach Dr. *Weil* (Ph. Z.) keinen einzigen spezifisch amerikanischen Bestandteil und wird in Deutschland fabriziert. Nach den Angaben des Herstellers, eines gewissen *F. Epstein* in St. Ludwig i. E. (früher in Dresden), ist es aus Naphtol, Eigelb, Tannin, fettem Jasminöl, Arnika- und Salbeibestandteilen, Kognak zusammengesetzt. Die ersteren drei Stoffe vermochte Dr *L. Weil* nicht einmal in Spuren darin nachzuweisen; dagegen ist eine stark basische organische Substanz vorhanden. Das Mittel ist sehr teuer.

Nach einer Mitteilung von Dr. *H. Kreis* (Ch. Z.) besteht das Lovacrin lediglich aus einer mit Safran gefärbten, wässerig alkoholischen Harzseifenlösung, die mit verschiedenen Riechstoffen parfümiert ist.

Mailänder Haarbalsam von *Kreller* besteht aus 40 T. Rindermark, 5 T. Chinaextrakt, je 1 T. Perubalsam, Storax und Bergamottöl sowie 0.5 T. Citronenöl.

Melanocrome ist ein zweiteiliges Haarfärbemittel, bestehend aus Pyrogallol und Silberlösung. (Ch. Z.)

Mexikanischer Balsam von *Puebla* ist ein mit Wasser angerührter Brei von gepulvertem Schwefelkalium.

Mexikanische Tinktur von *Puebla* ist nach *Skolevert* ein silberhaltiges Haarfärbemittel.

Moustachinie besteht aus 150 g Mastix, 35 g Seife, 150 g Ricinusöl, 17½ g Lavendelöl und 2½ kg Sprit. Man maceriert 4 Tage und filtriert. (W. D.)

Naphtol-Haarwaschwasser nach *Töllner.* β-Naphtol 20.0, Glycerin 100.0, Rum 100.0, Weingeist 280.0, Orangenblütenwasser 100.0, destilliertes Wasser 400.0, Bergamottöl 1.0, Rosenöl 0.5, Vanillin 0.1, Krauseminzöl 2 Tropfen werden gemischt und filtriert.

Naquet's Haarfarbe wird folgendermassen hergestellt. Man nimmt 50 T. Wismutsubnitrat und 100 T. Weinstein und kocht mit 600 T. Wasser eine halbe Stunde lang, giesst ab und kocht den Rückstand abermals mit 400 T. Wasser, mischt die Flüssigkeiten und setzt so viel Natronlauge zu, bis schwach alkalische Reaktion eintritt.

Neril, ein Haarfärbemittel, besteht nach einer Analyse des Chem. Untersuchungsamtes der Stadt Altona aus 1. einer alkoholhaltigen Pyrogallollösung, 2. einer parfümierten ammoniakalischen Silbernitratlösung. (Ch. Z)

Nigritin, ein Leipziger Haarfärbemittel, stellt nach *Schweissinger* eine ammoniakalische Silberlösung dar.

Nussextrakt, braun, von *A. Maczuski* zeigt saure Reaktion, enthält Eisen- und Kupferchlorid, sowie eine leicht oxydierbare Substanz, wahrscheinlich Pyrogallussäure. (B. B.)

Nussextrakt von *P. V. Ardiliano* enthält Eisen und Kupfer als Chloride und Pyrogallussäure. (B. B.)

Nuss-Extrakt-Haarfarbe von *Franz Kuhn* in Nürnberg hat nichts mit Nussextrakt zu tun, sondern enthält als färbende Bestandteile Pyrogallol und Azofarbstoffe. (D. R.)

Nusshaarfarbe von *Schwarzlose* dürfte mit »Aureol« (siehe dieses) identisch sein.

Nussschalenextrakt von *Hube* ist ein eingedickter Auszug von unreifen Walnuss- und Pommeranzenschalen, der mit Glycerin versetzt wurde. .

Origo, ein dänisches Haarfärbemittel von *Waldemar Jörgensen* in Kopenhagen, enthält eine ammoniakalische Wismutlösung, in der Schwefel suspendiert ist.

Papillin, eine Einreibung gegen Haarausfall nach Dr. *R. Th. Meienreis* in Dresden-A., soll aus einer Digestion von 15.0 Veilchenwurzel mit 100.0 Spiritus, welcher 50.0 Lavendelgeist und 15.0 Benzoëtinktur zugesetzt wurden, bestehen. (Z. f. K.)

Patent-Birkenöl-Balsam von *Nieske* in Dresden, enthält essigsaures und $10^n/_0$ kohlensaures Blei.

Peruwasser gegen Schinnen besteht aus 3 T. Ricinusöl, 3 T. Perubalsam, 4 T. Ratanhatinktur, 100 T. Alkohol. (W. D.)

Petroleum-Haarwasser. Französische Vorschriften: I. Pétrole *Hahn:* Desodorisiertes helles Petroleum 10.0, Citronellaöl 10.0, Ricinusöl 5.0, Weingeist, 90%ig, 50.0, Wasser 75.0. II. Pétroléine: Schwefelsaures Chinin 0.6, Essigsäure 4.0, Kantharidentinktur 30.0, Chinatinktur 30.0, Rosmarinspiritus 60.0, Melissenwasser 90.0, Bay Rum 120.0, Weingeist 150.0, Wasser 1000.0. III. Reinstes Petroleum 1 Teil, Mandelöl 2 Teile. (Ph. Z.)

Phönix, ein Haarfärbemittel, steht in seiner Zusammensetzung dem Aureol (siehe dieses) nahe. Bei seiner Anwendung konnten von *Pollak* und *Laborde* Vergiftungserscheinungen konstatiert werden, die auf den Gehalt des Mittels an Paraphenylendiamin zurückzuführen sind.

Poudre dépilatoire von *Brüning* ist mit Moschus versetztes Schwefelcalcium.

Poudre pour l'entretien des cheveux. Haarpoeder, ein von *Ferdinand Vandaeli* in Brüssel hergestelltes Mittel gegen Haarparasiten u. a. m., ist nach Dr. *Aufrecht* ein weisses, geruchloses, krystallinisches Pulver, welches in Wasser nahezu vollkommen löslich ist und die Reaktionen der Salicylsäure und Borsäure erkennen lässt. Die quantitative Analyse ergab (in runden Zahlen): Salicylsäure $5\,^0/_0$, Borsäure $50\,^0/_{00}$, Borax $45\,^0/_{00}$. (Ph. Z.)

Puritas, ein Haarfärbemittel von *Franz & Co.*, ist kupferhaltig und besteht ausserdem aus 40.0 Glycerin, 106.0 Wasser, 3.0 kohlensaurem Natron, 15.0 Schwefelcadmium und 1.3 Schwefelzink. Nach einer anderen Angabe soll unter diesem Namen eine mit Wismutsubnitrat versetzte und mit Mirbanöl parfümierte Schwefelmilch vertrieben werden.

Raetia, ein Haarfärbemittel, ist eine parfümierte wässerige Flüssigkeit, die $10.99\,^0/_0$ Glycerin, etwas Zuckerkouleur und $0.594\,^0/_0$ Blei in Form von Bleizucker enthält. (W. S.)

Rapid, ein Haarfärbemittel von *Schneeweiss*, ist ein kupferhaltiges Präparat.

Récriation von *Röstel*, ein Haarwuchsbeförderungsmittel, besteht aus einer 10%igen Lösung von Glycerin und Pottasche in Wasser.

Régne végétal von *de Buwler*, angeblich nur aus Pflanzenstoffen bestehend, enthält Bleizucker.

Ristoratore dei Capelli von *Gebr. Rizzi* in Florenz, enthält Blei.

Roborantium von *Grolich*, ein Mittel gegen Kahlköpfigkeit, ist ein verdünntes Kölnisches Wasser mit Glyceringehalt.

Roborantium von *Pinkas*, ein Haarwuchsmittel, ist Spiritus, der Salpeteräther, Essigäther, Liquidambar, Rosenwasser und etwas Glycerin, sowie ätherisches Oel enthält.

Russma Helvetia, ein Enthaarungsmittel von *L. Gerber* in Zürich, enthält Schwefelstrontium, kohlensauren Kalk, Zinkoxyd und Pfefferminzöl. (D. R.)

Salicyl Shampoo. $^1\!/_2$ l Rosmarinwasser, 250 cm³ Rosenwasser, 175 cm³ Bay Rum, 15 g Ammoniumcarbonat, 15 g Natriumcarbonat, 0.06 g Salicylsäure. (W. D.)

Santa Violetta, ein Haarwasser, ist eine parfümierte Mischung aus Wasser, Spiritus, Glycerin und Borax. (W. S.)

Sea Foam (zur Reinigung des Haarbodens). Flüssige Seife (siehe unten) 118.3 cm³, Kaliumcarbonat 29.6 g, Alkohol 414 cm³, Wasser 414 cm³. Im Alkohol löst man vor dessen Zumischung 1.94 cm³ Bayöl. Das Ganze wird mit Kurkumatinktur gefärbt. Es ist nicht nötig, Getreidespiritus zu verwenden, es eignet sich ein hochgereinigter Holzgeist sehr gut für diese Mixtur, indem eine solche kräftig schäumt und leicht aus den Haaren weggewaschen werden kann.

Flüssige Seife. Cocosnussöl 450 g, reine Oelsäure 236.4 cm³, Alkohol 473 cm³, Wasser 710 cm³, Kaliumcarbonat 23.34 g, Natronlauge 186.62 g. (N. E.)

***Sebald's* Haartinktur,** ein gegen Schuppenbildung und Haarausfall empfohlenes Haarkonservierungsmittel, stellt nach Dr. *H. Weller* einen mit verdünntem Alkohol bereiteten Auszug frischer Orangenschalen dar, welcher 5% Resorcin und 3% Perubalsam enthält. (Nach dem Gebrauch des Mittels ist starke Rötung und Pustelbildung auf der Haut beobachtet worden). — Nach einer Analyse des Chemischen Untersuchungsamtes zu Stralsund besteht das Mittel aus Resorcin 4.0, gebranntem Zucker 0.6, ätherischen Oelen (Citronenöl) 2.5, Perubalsam 1.5, Spiritus (80 Vol. %) 92.0. (Ph. Z.)

***Seeger's* Haarfarbe.** Eine Untersuchung von 4 Flaschen derselben durch das Chemische Untersuchungsamt der Stadt Breslau ergab, dass dieses Mittel aus Kupferchlorid, Eisenchlorid, Pyrogallol und Wasser besteht. Der Kupfergehalt, als metallisches Kupfer berechnet, schwankte von 0.274 bis 0.646%. Da in den Gebrauchsanweisungen angegeben war, dass die Farbe nur für totes Haar bestimmt sei, wurde ein wegen des unstatthaften Kupfergehaltes gegen den Verkäufer eingeleitetes Verfahren niedergeschlagen.[*] (B. B.)

***Seeger's* Wiener Kosmetikum** enthält dieselben Bestandteile wie *Seeger's* Haarfarbe und ausserdem freie Salzsäure.

***Siggelkow's* Haarherstellungsmittel** besteht aus einer mit Perubalsam versetzten Pomade und 2 Balsamen, von denen der eine ein mit aromatischem Essig versetzter Rotwein, der andere eine 2%ige Karbolsäurelösung ist.

---

[*] *Seeger* bringt neuerdings eine Haarfarbe in den Handel, die nach dem Gutachten eines Berliner Chemikers keine gesetzlich verbotenen Stoffe enthält.

Shampoo powder, welches in Wasser gelöst als Haarwaschmittel dienen soll:

I. Borax 22.5, verwittertes kohlensaures Natron (Natr. carbon. siccum) 30, Quillaya-Extrakt 15, Parfüm nach Bedarf.

II. Borax 90, Natr. carbon. siccum 180, gepulverte Kernseife 90, Parfüm nach Bedarf.

III. Borax 90, Campher 5, Cochenille, pulv. 2.5, Rosmarinöl 25 Tropfen.

IV. Borax 30, Natr. carb. sicc. 30, Campher 1.2, Rosmarinöl 10 Tropfen.
Jede dieser Portionen ist in 1200 g Wasser zu lösen. (Ph. Z.) .

V. Kohlensaures Ammoniak 1.0, Borax 1.0, gepulverte Quillayarinde 2.0 werden mit ca. 2°/₀ Bayöl parfümiert. Diese Mischung wird in Gelatinekapseln verpackt und mit folgender Gebrauchsanweisung versehen: Man übergiesse die Kapsel mit ¼ Liter kochenden Wassers und lasse einige Minuten stehen, bis genügende Abkühlung erfolgt ist. (D. P.)

Stephan's **Haarspiritus** besteht aus Gerbsäure 1.0, Lavendelspiritus 45, Rosmarinspiritus 45, Mixtura oleoso-balsamica 5.0, Senfspiritus 5.0.

Teinture Africaine, ein angeblich aus afrikanischen Pflanzen bereitetes Haarfärbemittel, kommt in 2 Flaschen in den Handel, die zusammen 12 Mk. kosten. Nach Untersuchung von Dr. *C. Bedall* enthält das eine Fläschchen ca. 75 g einer rotbraunen Flüssigkeit, die sich als 3—4°/₀ige Paradiphenylaminlösung erwies. Das andere Fläschchen enthielt ca. 30 g käufliches Wasserstoffsuperoxyd. Das Mittel ist ebenso gefährlich wie Aureol und Phönix und es wurden deshalb vor seiner Anwendung behördliche Warnungen erlassen. (Ph. C.)

Teinture *de Leyten's* ist I. eine mit Anilinblau gefärbte Silbernitratlösung, II. eine verdünnte Lösung von Calciumpentasulfid.

»Teinture *Richards* von *A. Seguin* in Bordeaux, Dr. *Richards* instantaneous Dye« bestand aus a) einer Lösung von Pyrogallussäure, b) einer Lösung von Höllenstein, c) einer Lösung von Schwefelkalium. (B. B.)

Teutonpräparate der Apotheke »Zur Krone« in Prag. Dieselben sollen sich nach *A. Vajda* gegen Haarausfall gut bewährt haben. Es sind mehrere Auszüge (I, II, III und IV) aus einer Verbindung nachstehender, bei einer ganz bestimmten Temperatur extrahierter und digerierter, mit sterilisierter Molke versetzter Bestandteile: Radix Bardannae, Cort. Chinae succiruber, Herb. und Radix Urticae, Allium Cepa, Rad. Petroselini, etwas Salicylsäure, Alaun und Milchsäure. (Siehe auch unter »Teutonseife«). (Ph. P.)

Thee-Haarwaschwasser. 50 g Bay Rum, 50 g Glycerin, 50 g Alkohol, 350 g starker Theeaufguss (30 g Thee auf 300 g Wasser. (W. D.)

Tolma von *Brugier* ist eine Lösung von 10°/₀ Glycerin in 90°/₀ rotgefärbtem Wasser, in dem etwas Schwefel suspendiert ist.

Tonic Shampoo. 300 g Quillayatinktur, 125 cm³ Eau de Cologne, 100 cm³ Glycerin, 0.06 g Pilocarpin, 2 g Chininsulfat, 1 l Pomeranzenblütenwasser. (W. D.)

Trixogen, ein Haarwuchsmittel, ist eine alkalisch reagierende wässerig-alkoholische Flüssigkeit, die Salmiakgeist, Borsäure, Salicylsäure und Glycerin enthält.

Türkisches Haarfärbemittel wird bereitet, indem fein gepulverte Galläpfel, mit wenig Oel zu einem Teig geknetet, so lange in einer Pfanne erhitzt werden, bis keine Oeldämpfe mehr entweichen. Den Trockenrückstand zerreibt man und gibt Wasser bis zur Breikonsistenz zu. Mit dieser feuchten Masse wird ein metallisches Pulver, das im wesentlichen Eisen- und Kupfer-Salze enthält, gemischt. Das Pulver heisst in der Türkei »Rastikipetra« oder »Rastik Yuzi.« Wird das so zubereitete Pulver noch mit Ambra oder sonst einem anderen Wohlgeruch parfümiert, so heisst es »Karso«. Es hat eine ausserordentlich ergiebige Färbekraft und erhält das Haar geschmeidig. (Ph. P.)

Vitaline, ein Haarwasser, wird nach *Toellner* folgendermassen hergestellt: Schwefelsaures Chinin 3.0, Weingeist 600.0 Bittermandelöl 12 Tropfen, Capsicum-Tinktur 30.0, aromatischer Essig 300.0.

Der **aromatische Essig** (Acetum aromat. *Bully)* besteht aus: Starkem Weingeist 1250.0, Eau de Cologne 625.0, Perubalsam 30.0, Benzoëtinktur 500.0, Essigsäure (30%/₀ig) 60.0, Macisöl 2.0, Citronenöl 80, Lavendelöl 1.0, Bergamottöl 5.0, Pomeranzenschalenöl 5.0, Moschus-Tinktur 10.0. Man mischt die Bestandteile, lässt 3 Wochen stehen und filtriert durch kohlensaure Magnesia. (D. R.)

Vomačkas Melanogen enthält I. 10.0 kohlensaures Silberoxyd, 20.0 Glycerin und 30.0 destilliertes Wasser und II. das **Chromogen** 10.0 gelbes Chromkali, 30.0 Glycerin, 80.0 Wasser; durch Mischen lassen sich die unterschiedlichsten Nuancen erzielen.

Voorhof-Geest, ein Haarwuchsmittel von Dr. *van der Lund,* ist ein parfümierter alkoholischer Auszug aus Walnussschalen, dem Kantharidentinktur zugesetzt ist.

Walnusshaaröl, 30 g frische grüne Walnüsse werden in 350 cm³ Wasser 10 Minuten gekocht und darin 3¹/₂ g Resorcin gelöst, worauf man durchseiht und soviel Wasser zusetzt, bis das Volumen 250 cm³ beträgt. Darauf setzt man 15 g Kantharidentinktur und 45 g Glycerin sowie ein beliebiges Parfüm zu. (W. D.)

Watzek's Mittel zur Beförderung des Haarwuchses und zum Haarfärben ist durch D. R. P. 122019 geschützt. Es ist ein alkoholischer Auszug aus Pelarg. roseum, der mit Thymol etc. versetzt ist.

Wiener Birkenbalsam ist ein bleizuckerhaltiges Haarfärbemittel.

Wiener Rosenmilchextrakt enthält Blei, Schwefel, Glycerin und Rosenöl.

Mittel zur Pflege etc. der Mundhöhle und der Zähne.

Agathol, ein Mundwasser, ist eine stark spirituöse Lösung von Pfefferminzöl, mit Vanille parfümiert und mit Ponceaurot gefärbt. (W. S.)

Alkalinisches Mundwasser. 5 g Natriumbicarbonat, 0.3 g Ammoniumcarbonat, 1 g Myrrhentinktur, 10 g Eau de Cologne, 3.75 g Lavendelwasser werden in soviel Wasser gelöst, dass die Lösung 175 g ausmacht. (W. D.)

Alkohol de Menthe de Ricolés, ein Mundwasser, besteht nach der Analyse aus Spiritus mit etwas Pfefferminzöl. Mineralische Stoffe und Salicylsäure waren darin nicht vorhanden. (W. S.)

Anatherin-Mundwasser. Rotes Sandelholz 25.0, Guajakholz 25.0, Myrrhe 15.0, Gewürznelke 15.0, Zimmet 10.0, Nelkenöl 2.0, Pfefferminzöl 2.0, Cochenille 10.0, Alaun 0.1, Pottasche 0.1, Spiritus (96%/₀ig) 1500.0 und Rosenwasser 500.0. Acht Tage zu macerieren uud dann zu filtrieren. (Ph. Z.)

Ueber die Zusammensetzung dieses Mundwassers existieren noch viele andere Angaben, auf deren Wiedergabe hier verzichtet wird.

Antiseptisches Mundwasser nach *Huchard.* Kryst. Borsäure 4.0, Eucalyptol 1.0, Salol 2.0, Menthol 0.25, Thymol 0.1, Alkohol 100.0. Mit Cochenille zu färben, Parfüm nach Belieben. (D. D. Z.)

Azymol, ein von *F. Pauli* in Stockholm hergestelltes Antiseptikum
für Mund- und Hautpflege, ist eine gelbrote, stark nach Pfefferminzöl
riechende Flüssigkeit. Sie besteht nach Dr. *Aufrecht* im wesentlichen
aus einer durch Fuchsin schwach gefärbten, vermutlich Ratanhatinktur
und Pfefferminzöl enthaltenden, spirituösen Lösung von Salicylsäure,
Saccharin, Vanillin und Menthol. Ein ähnliches Präparat dürfte nach
folgender Vorschrift erhalten werden: Menthol 1.0, Pfefferminzöl 2.0,
Saccharin 1.0, Vanillin 0.5, Fuchsin nach Bedarf, Ratanhatinktur 4.0—5.0,
Spiritus (96%ig) 92.0. (Ph. Z.)

Benediktiner Zahnelixir. 300 g Pfefferminzöl, Mitcham, 50 g Anisöl,
5 g Kalmusöl werden mit 10 kg 96%igem Spiritus 8 Tage digeriert. Als
Farbe werden nach dem Originalrezept 50 g Cochenille, zerrieben mit
50 g Cremor tartari, dann hinzugefügt und nach weitern 8 Tagen filtriert.
Es dürfte sich empfehlen, an Stelle von Cochenille mit Cremor tartari
Karminsurrogat zu verwenden. (Ph. Z.)

Carminol, ein von der *Carminol-Gesellschaft m. b. H.*, Berlin in
den Handel gebrachtes Mundwasser in Pulverform, ist ein dunkelkarmoisin-
rotes, stark alkalisch reagierendes Pulver von pfefferminzartigem Geruch
und ebensolchem süsslichen Geschmack. Dr. *Aufrecht* ermittelte darin
folgende Bestandteile: Karmin 0.5%, Milchzucker 95%, doppelkohlensaures Natron 2%, Pfefferminzöl 3%. Andere Bestandteile, insbesondere
solche, denen eine desinfizierende Wirkung zukommt, konnten darin nicht
entdeckt werden. (Ph. Z.)

Carol, ein Mundwasser, ist ähnlich zusammengesetzt wie Odol. (D. R.)

Coca-Zahnpasta. Kohlensaurer Kalk 100.0, gepulverte Seife 30.0,
gepulverte Sepiaschalen 20.0, Coca-Tinktur 50.0, Karmin nach Bedarf,
Pfefferminzöl, Rosenöl, Ylang-Ylangöl je 20 Tropfen. Wasser soviel als
zur Paste nötig ist. (D. R.)

Comme il faut-Zahnpulver besteht aus 10.0 Bimssteinpulver,
400.0 präzipitiertem kohlensauren Kalk, 10.0 chlorsaurem Kali, 10.0 Borax-
pulver, 40.0 gepulvertem Natronwasserglas, 40.0 Salol, 1.0 Saccharin, 1.0
Rosenöl, 1.0 Neroliöl, 1.0 Vanille, 4.0 Pfefferminzöl, 4.0 Anisöl, 40.0 Veilchenwurzelpulver. (N. D.)

Dentalin,[*]**)** ein in Tuben gefülltes Zahnreinigungsmittel, besteht nach
Mindes aus 700 Teilen medizinischer Seife, 1000 Teilen Schlemmkreide,
50 Teilen Benzoësäure, je 10 Teilen Thymol und Myrtol, 40 Teilen
Pfefferminzöl, 1400 bis 1500 Teilen Glycerin. (D. R.)

Dental-Tinktur. 31 g Tannin, 60 g Rosenextrait, 60 g Pomeranzen-
schalentinktur, 31 g Cochenillefarbe und soviel Wasser, dass das Ganze
2400 g ausmacht. (W. D.)

Diatomit-Zahnpulver und **Diatomit-Zahnpasta.** Zahnpulver:
3000 g Kieselguhr, 3000 g Schlemmkreide, 3000 g Seifenpulver, 12 g
Rosenöl, 60 g Nelkenöl, 30 g Pfefferminzöl, 400 g Milchzucker. Zahnpasta: 450 g Kieselguhr, 150 g Alaun, 75 g Myrrhe, 3 g Nelkenöl, 150 g
Glycerin mit Cochenilleextrakt gefärbt. (D. Z.)

Dr. *Dorigny's* Zahnpulver. 30 g gebrannte gepulverte Knochen,
25 g geschlemmte Kreide, 30 g gelbe Chinarinde, 15 g gepulverte Veilchenwurzel, 12 g Zimmet, mit Karmin gefärbt und etwas Pfefferminzöl parfümiert. (W. D.)

Dr. *Fränkel's* Formaldehyd, ein Mundwasser, ist eine wässerig-
spirituöse Auflösung von Pfefferminz-, Nelken- und Zimmtöl, die 1.95%
Formalin enthält. (W. S.)

---

[*]) Vgl. hierzu auch die Vorschrift für »Dentalin« im Abschnitt »Zahncremes« (S. 217).

Dr. *Priestley's* Mundwasser wird hergestellt aus: 6 kg Spiritus (90%ig), 1.5 kg Wasser, 15.0 g Citronenöl, 40.0 g amerikanisches Pfefferminzöl, 10.0 g Fenchelöl, 25 Tropfen türkisches Rosenöl. (Ph. Z.)

Eau dentifrice de *Lefoulon* besteht aus: Vanilletinktur 15.0, Persische Kamillentinktur (Tinctura pyrethri) 125.0, Pfefferminzspiritus 30.0, Rosmarinspiritus 30.0, Rosenspiritus 60.0. (P. M. f. H. G.)

Eau dentifrice du Dr. *Forell*. Sternanis, Nelken, Zimmtrinde je 18.0 werden mit Spiritus 800.0 und destilliertem Wasser 400.0 acht Tage lang mazeriert. Nach dem Filtrieren fügt man hinzu: Pfefferminzöl und Benzoëtinktur je 12.0, Löffelkrautspiritus 70.0 und filtriert nochmals.

Eau dentifrice du Dr. *Pierre*. Sternanisfrüchte 15.0, Spiritus (90%ig) 200.0 lässt man 3 Tage stehen, filtriert und färbt mit Alkannin schwach rosa; dann fügt man hinzu: Pfefferminzöl, Sternanisöl je 60 Tropfen. (Ph. Z.)

Eau dentifrice »Eugenie« wird erhalten aus: Ratanhawurzel 100.0, Zimmtrinde 5.0, destilliertes Wasser 80.0, Salicylsäure 1.0, Spiritus 200.0. Nach dem Filtrieren werden 10 Tropfen Pfefferminzöl, 2 Tropfen Nelkenöl, 3 Tropfen Ylang-Ylangöl zugesetzt. (Ph. P.)

***Jenkins'sches* Zahnpulver.** 30.0 präzipitierter kohlensaurer Kalk, 15.0 feingepulverte Veilchenwurzel, 7.5 medizinische Seife, 7.5 feingepulverter Bimsstein, 8 Tropfen Wintergrünöl. (V. d. D. A.)

Kalodont (à la *Sarg)* soll nach folgender Vorschrift zu erhalten sein: Medizinische Seife (sapo medicatus) 300.0 werden in Glycerin 1000.0 gelöst und damit präzipitierter kohlensaurer Kalk 500.0 und Magnesia usta 160.0 höchst fein verrieben. Es wird sodann mit 4.0 Zimmtöl und 4.0 Pfefferminzöl parfümiert und mit 6.0 einer Lösung von 0.5 Karmin und 0.5 Kaliumcarbonat in 10.0 Wasser gefärbt.

Eine andere Vorschrift lautet:

Cochenille-Karmin 1.0, Salmiakgeist (10%ig) 4.0, Spiritus (70%ig) 6.0, präzipitierten kohlensauren Kalk 100.0 verreibt man und trocknet bei Zimmertemperatur. Dann werden hinzugefügt: Kohlensaurer Kalk 300.0, Iriswurzel 100.0, Bimsstein 50.0, Cumarinzucker 5.0, Saccharin 0.1, Pfefferminzöl 150 Tropfen, Neroliöl 50 Tropfen, Citronenöl 50 Tropfen, Zimmtöl 30 Tropfen, Mirbanöl 15 Tropfen, Rosenöl 5 Tropfen, Krauseminzöl 5 Tropfen, Vanilletinktur 100 Tropfen, Essbouquet 150 Tropfen. Das Ganze wird mit folgender Lösung angestossen: Medizinische Seife 50.0, Glycerin 200.0, Gummi arabicum 200.0. (Ph. Z.)

Katharol, ein von medizinischen Warenhäusern in Berlin in den Handel gebrachtes Mundwasser, ist eine stark säurehaltige Wasserstoffsuperoxydlösung. (Ph. Z.)

Kosmin stellt nach Dr. *Aufrecht* eine alkoholische, rötlich braune, angenehm nach Pfefferminz- und Geraniumöl riechende Flüssigkeit dar; es besteht im wesentlichen aus Formaldehyd 0.327%, Alkohol 58.05 Gewichts-% (= 65.81 Volum-%), Wasser etwa 41.0%, Extrakt (Myrrhe und Ratanhia) 0.32%, Saccharin 0.027% und ätherischen Oelen. (Ph. Z.)

***Kothe's* Zahnwasser** ist eine Lösung von ca. 0.5% Pfefferminzöl in 94%igem Alkohol. (Ph. Z.)

***Maury's* Zahnpulver.** 250 g Holzkohle, 125 g Chinarinde, 250 g Milchzucker, 15 g Pfefferminzöl, 8 g Zimmetöl, 2 g Ambraessenz. (C. D.)

Mundwasser nach Dr. *Rutherford*. 1. Borsäure 20, Wintergrünöl 10, Glycerin 110, Weingeist 150, Wasser 600. — 2. Thymol 0.25, Benzoësäure 3, Eucalyptustinktur 15, Weingeist 100, Pfefferminzöl 0.75. (D. R.)

Mundwasser nach *Ebermann*. Orangenschalen 100 g, Zimmet 50 g.

Nelken 20 g, Sternanis 60 g, Salbei 50 g, Benzoë 35 g, Cochenille 20 g, Alaun 20 g, Weingeist 1000 g, Pfefferminzöl 10 g, Anisöl 3 g. (Sch. W.)

Mundwasser nach Prof. Dr. *Miller.* Benzoësäure 3.0, Thymol 0.25, Eukalyptus- oder Ratanhatinktur 15.0, Alkohol 100.0, Pfefferminzöl 20.0. (D. D. Z.)

Mundwasser nach *Putze* besteht aus Thymol 0.5, Menthol 0.5, Alkohol absol. 50.0, Ratanhatinktur 30.0, Wasserstoffsuperoxyd (12°/₀ig) 120.0. (Ph. Z.)

Naphtolzahnpulver. 500 g gefälltes Calciumcarbonat, 500 g Veilchenwurzelpulver, 20 g β-Naphtol, 150 g Seifenpulver, 60 g Karmin, 7 cm³ Lavendelöl, 7 cm³ Citronenöl, 7 cm³ Bergamottöl, 120 Tropfen Gaultheriaöl und 40 Tropfen Rosenöl. (W. D.)

Odol, ein Mundwasser, welches von *Lingner* in Dresden in den Handel gebracht wird, ist von verschiedenen Seiten analysiert worden, jedoch wird die Richtigkeit der Analysen, insbesondere der meist gefundene Salol-Gehalt, von *Lingner* in Abrede gestellt.

Nach Analyse der »Zentralstelle für öffentliche Gesundheitspflege« in Dresden waren in 100 Teilen Odol enthalten: Wasser 16.68°/₀, Alkohol 79.04°/₀, Menthol 1.85°/₀, Rückstand 2.33°/₀. Diese 2.33°/₀ setzen sich zusammen aus 0.041°/₀ Saccharin, 0.018°/₀ Salicylsäure, 0.2°/₀ Mineralstoffen, 2.051°/₀ einer Substanz, die zu zwei Dritteln aus Salol und zu einem Drittel aus salicylsaurem Mentholäther bestand. (Ph. Z.)

Das »Chemische Untersuchungsamt der Stadt Breslau« fand folgende Zusammensetzung: 97°/₀ Alkohol (80°/₀ig), 2.5°/₀ Salol, 0.04°/₀ Saccharin, 0.5°/₀ Pfefferminzöl, etwas Nelkenöl und Kümmelöl.

Nach Dr. *Zikes* besteht das Odol aus: 90°/₀ Alkohol (95°/₀ig), 4°/₀ Wasser, 0.2°/₀ Saccharin, 3.5°/₀ Salol. Als Parfüm dienen für 100 g 1 Tropfen Zimmtöl, 2 Tropfen Nelkenöl, je 6 Tropfen Fenchel- und Anisöl und 60 Tropfen Pfefferminzöl.

Nach einer von Dr. *Aufrecht* in der »Ph. Z.« veröffentlichten Analyse enthält das Odol 89°/₀ absoluten Alkohol, 8°/₀ Wasser, 2°/₀ Menthol, 0.5°/₀ Salol, 0.05°/₀ Saccharin, 0.5°/₀ Pfefferminzöl, 0.1°/₀ Nelkenöl.

Nach *Scalpel* ist die Zusammensetzung des Odols: Saccharin 0.05, Salol 4.0, Vanilletinktur 20 Tropfen, Pfefferminzöl 30 Tropfen, Cuminöl 1 Tropfen, Alkohol 95.0.

Odontine de *Pelletier* besteht aus: Medizinischer Seife 70.0, kohlensaurem Kalk 180.0, kohlensaurer Magnesia 45.0, Zucker 75.0, Karmin 0.75, Pfefferminzöl 6.0. Das Präparat kommt in viereckigen Porzellandosen in den Handel. (D. R.)

Ozonoform siehe weiter hinten unter »Seifen, Salbengrundlagen und Desinfektionsmittel«.

Phylakodont besteht aus einer mit Pfefferminzöl parfümierten Mischung von Seife, Glycerin und kohlensaurem Kalk. (Ph. Z.)

***Pulsinelli*'sches Zahnpulver.** 25.0 präzipitierter kohlensaurer Kalk, 5.0 feingepulverte Sepiaschalen, 5.0 feingepulverte Veilchenwurzel, 2.5 feingepulverte Myrrhe, 12.5 chlorsaures Kali, 6 Tropfen Pfefferminzöl. [Wegen des Kaliumchlorates muss sehr vorsichtig gemischt werden.] (V. d. D. A.)

***Radlauer*'s antiseptische Mundperlen** von der Kronenapotheke in Berlin W. sind laut Ankündigung des Erzeugers eine Kombination von je 0.001 Thymol, Menthol, Saccharin, Eucalyptol und Vanillin.

***Robin*'s Salol-Zahnpulver** besteht aus: Salol 5 T., Calciumphosphat 25 T., Calciumcarbonat 25 T., Magnesiumcarbonat 25 T., doppelkohlensaures Natron 12 T., Pfefferminzöl und Karmin nach Bedarf. (N. D.)

Salol, ein Mundwasser, ist eine wässerig-spirituöse Salol-Lösung, die ausserdem noch Pfefferminzöl und andere ätherische Oele, sowie 1.76%₀ Extrakt enthält. (W. S.)

Salol-Zahnpulver nach *Huchard.* Salol 4.0, phosphorsaurer Kalk 20.0, kohlensaurer Kalk 20.0, kohlensaure Magnesia 20.0, doppelkohlensaures Natron 15.0 werden gemischt und mit Pfefferminzöl parfümiert. (D. D. Z.)

***Scheibler's* Mundwasser.** Man löst 20.0 schwefelsaure Tonerde und 25.0 essigsaures Natron in 300.0 destilliertem Wasser, lässt unter öfterem Umschütteln 12 Stunden stehen, mischt dann 100.0 Spiritus und je 5 Tropfen Pfefferminz- und Salbeiöl durch kräftiges Schütteln hinzu und gibt zu dem Filtrat schliesslich noch 200.0 destilliertes Wasser. (Ph. Z.)

***Simon's* Zahnpulver** enthält kohlensauren Kalk, Stärke, Irispulver und ist mit Cochenille rot gefärbt. (W. S.)

Sozodont, *van Buskirk's,* eine flüssige Zahnseife, soll (nach D. P.) enthalten: 60 Seifenpulver, 60 Glycerin, 360 Alkohol, 220 Wasser, je 1 Pfefferminz-, Zimmet-, Anis- und Nelkenöl, $\frac{1}{200}$ Wintergrünöl.

Ein ähnliches Präparat soll folgende Vorschrift liefern: Weisse Seife 30, Glycerin 30, Wasser 120. Nach Auflösung der Seife fügt man folgende Lösung hinzu: Pfefferminzöl 1.25, Zimmetöl 0.5, Nelkenöl 0.5, Anisöl 1.0, rektifizierten Weingeist 240. Man mischt und filtriert nach einigen Tagen.

Das zugehörige Zahnpulver ist eine Mischung von Kreide 28.0, Veilchenwurzel 13.0, kohlensaurer Magnesia 5.0, die schwach mit Nelkenöl parfümiert ist.

***Spinner'sches* Zahnpulver.** 60.0 präzipitierter kohlensaurer Kalk, 4.0 kohlensaure Magnesia, 2.0 feingepulverte Veilchenwurzel, 6 Tropfen Pfefferminzöl. (V. d. D. A.)

Stomatol, ein von der *Stomatolgesellschaft* in Hamburg in den Handel gebrachtes Mundwasser, bildet eine farblose Flüssigkeit von schwach alkalischer Reaktion. Nach Dr. *Aufrecht* (Ph. Z.) enthält es: Flüchtige Stoffe 94.27%₀, Trockenrückstand 5.73"₀, Mineralstoffe 0.23%₀. Die flüchtigen Stoffe bestehen der Hauptsache nach aus etwa 2%₀ Pfefferminzöl, 70%₀ Alkohol und 28%₀ Wasser. Extrahiert man die aus Glycerin und sehr geringen Mengen Seife bestehende Trockensubstanz nacheinander mit Aether und Chloroform, so resultiert nach dem vollständigen Verdunsten ein aus rhombischen Nadeln bestehender Körper, der vermutlich Terpinhydrat ist. Die sonst üblichen Zusätze wie Salol, Salicylsäure, Formaldehyd, Saccharin etc. waren nicht nachzuweisen.

Nach einer anderen Mitteilung soll das Stomatol als antiseptisch wirkendes Prinzip eine Lösung des Harzes von Abies excelsa *D. C.* bezw. Pinus abies *L.* enthalten und mit einer starken antibakteriellen Wirkung absolute Unschädlichkeit verbinden.

Tilit-Mundwasser, vom Tilit-Laboratorium *Carol Bernardi Nachf.,* Leipzig, besteht aus etwa 70 T. Weinsprit, 24 T. Myrrhentinktur, 2 T. Anethol, 3½ T. ätherischen Oelen (Pfefferminzöl, Salbeiöl etc.) und ½ T. Thymol.

Trybol, ein Kräutermundwasser, welches von der *Chemischen Fabrik Trybol G. m. b. H.* in Stuttgart hergestellt wird, soll sich durch stark baktericide Wirkung auszeichnen. Es ist nach »Z. Z.« ein alkoholischer Auszug verschiedener Kräuter (Kamillen, Arnika, Salbei u. a.) unter Zusatz von ätherischen Oelen (Nelken-, Pfefferminzöl u. a.) und von hellbrauner Farbe.

Victoria-Dentifrice. 500 g gefälltes Calciumcarbonat werden mit 7 cm³ Karminlösung und 20 cm³ Wasser vermischt und wieder getrocknet.

Dazu kommen 120 g gepulverte Sepiaschalen, 30 g Seifenpulver, 30 g Borax, 30 g Veilchenwurzel, 120 g Zucker sowie 40 Tropfen Karbolsäure und 7 cm³ Wintergrünöl, worauf man gut durchmischt und siebt. (W. D.)

Wasserstoffsuperoxyd - Zahnpasta nach *H. Kühl.* Präzipitierter kohlensaurer Kalk 25.0, medizinische Seife (sapo medicatus) 5.0, Glycerin und Wasserstoffsuperoxydlösung zu gleichen Teilen nach Bedarf. (A. Z.)

Zahnseife à la *Bergmann.* Medizinische Seife 35.0, Weingeist 20.0, Zucker 15.0, Pfefferminzöl 2.0. (D. R.)

Zahnseife nach *Frohmann.* Thymol 0.25, Ratanhaextrakt 1.0, gelöst in heissem Glycerin 6.0, gebrannte Magnesia 0.5, doppelkohlensaures Natron 4.0, medizinische Seife 30.0, Pfefferminzöl 1.0. (Ph. C.)

Zahnwasser aus Geranium suelda. Die Wurzel dieser in Bolivia wachsenden Pflanze wird getrocknet und gepulvert und mit 98% Alkohol digeriert. Es entsteht eine schöne rote Tinktur, die als »Zahnwasser« empfohlen wird. Zehn Tropfen derselben in einem Glas Wasser sollen ein Mundwasser geben, das jedes andere übertrifft. Mit Watte auf die Zähne gebracht, soll die Tinktur das Ausfallen derselben verhindern.

Mittel zur Pflege etc. der Haut.

»Agathin« resp. **»Cosmin«** stellt eine neutral reagierende, parfümierte Mixtur aus Benzoëharz, Stärke, Zinkoxyd und kieselsaurer Magnesia mit Wasser dar. (Ph. Z.)

Agathol, ein Puder, ist ein Gemisch von Stärke und Talkum, das mit Rosenöl parfümiert und mit Cochenille gefärbt ist. (W. S.)

Agathodont nach Dr. *Smolcic.* In 1000 T. Spriritus werden 100 T. Traubenkraut, 50 T. Parakresse und 30 T. Bertramwurzel angesetzt und 8 Tage darin gelassen, worauf man das Gemenge auspresst und die Flüssigkeit destilliert. Zu dem Destillat kommt 1% Salicylsäure. Wird dem Bade- und Waschwasser zugesetzt. (C. D.)

Alabastercreme ist eine Mischung von Fett mit Zinkoxyd, die mit Rosenöl parfümiert ist. (Ph. Z.)

Amandine besteht aus 60 g arab. Gummi, 175 g Honig, 100 g Schmierseife, 950 g fettem Mandelöl und 2 g Bittermandelöl. (W. D.)

Ansiseptin - Cream der Firma *Bergmann* & *Co.,* Radebeul bei Dresden, ist Bor-Glycerin-Cream. (Ph. P.)

Badepulver. 1 kg Borax gepulvert, 1 kg Seifenpulver, 80 g Bergamottöl, 40 g Citronenöl, 40 g Neroliöl, 2 g Petitgrainöl, 8 g Origanumöl, 8 g Rosmarinöl, 1 g Rosenöl. (W. D.)

Balsam Serail, ein Schönheitswasser, ist eine mit Rosenöl parfümierte wässerige Glycerinlösung. (W. S.)

Borated Talkum Powder. 1. Feinst gepulverte Borsäure 240 g, Geraniumöl 14.8 cm³, feinst gepulverter Talk 2240 g. 2. Feinst gepulverte Borsäure 125 g, Zinkstearat 125 g, feinst gepulverter Talk 2240 g, Jasminöl 14.8 cm³. Man vermischt zuerst die Borsäure mit dem Oel, gibt dann die anderen Ingredienzien zu und schlägt das Ganze durch ein feines Sieb. Nach Belieben können auch andere ätherische Oele, wie Lavendelblütenöl usw. zugefügt werden. (N. E.)

Borsyl, ein Mittel gegen Hand- und Fussschweiss, ist ein Pulver, das neben Borsäure Cetylalkohol enthalten soll. Nach Dr. *Aufrecht* (Ph. Z.) enthält es: Borsäure 29.47%, Kieselsäure 48.63%, Magnesia 10.56%, Natron 8.72%, ätherlösliche Stoffe 1.47%.

Campher-Eis. 18 T. Talg, 12 T. Spermacet, 12 T. weisses Wachs, 5 T. Campher. (W. D.)

Cosmin siehe unter **Agathin.**

Crême Beauté, von Frau *Peyer-Weber* in Zürich als Mittel gegen Sommersprossen. Hautunreinigkeiten etc. verkauft, enthält weissen Quecksilberpräzipitat. (D. R.)

Crême Bresilienne ist ein Gemisch aus Vaseline, Zinkoxyd und Borax mit Orangenöl parfümiert. (W. S.)

Crême céleste. Besteht aus: 80 T. weissem Wachs, 80 T. Walrat, 600 T. fettem Mandelöl, 120 T. Glycerin, 120 T. destilliertem Wasser, 5 T. Borax, 0.03 T. Cumarin, 1. T. Rosenöl, 0.5 T. Bergamottöl, 0.5 T. Neroliöl, 0.3 T. Ylang-Ylangöl, 0.1 T. Irisöl, 0.3 T. Ambraessenz und wird mit Alkannin rot gefärbt. (D. D. Z.)

Crême de Psyche. (Für aufgesprungene Lippen.) 30 g weisses Wachs, 30 g Walrat, 150 g Mandelöl werden geschmolzen, 3.75 g Meccabalsam zugerührt und 0.5 g Bleiacetat zugemischt. (W. D.)

Crême Iris besteht aus 0.5 T. Borax, 2.0 T. Talkum, 10.0 T. Zinkoxyd, 87.5 T. Glycerinsalbe und ist mit Tuberosenextrait parfümiert.

Crême Venus ist ein parfümiertes Gemenge von Fetten mit Seifen, Spiritus, Glycerin und Wasser. (Ph. Z.)

Cucumber Cream. 30 g Wachs, 30 g Spermacet, 475 g Benzoëfett, 6 Stück geschälte, in Scheiben zerschnittene Gurken, 10 g Borax, gepulvert. Die Fettstoffe werden zusammengeschmolzen, die Gurken und der Borax zugegeben, durchgerührt, 12 Stunden stehen gelassen, geschmolzen, durch Leinwand filtriert, auf Eis erkalten gelassen und weitere 10 g Borax darin verrührt. (W. D.)

Dermalincreme ist ein mit Terpineol parfümiertes Dermalin (siehe dieses) für kosmetische Zwecke. (Ph. P.)

***Doré's* Gesichtscreme** ist ein parfümiertes Fettgemisch, dem Zinkoxyd und basisch salpetersaures Wismut einverleibt sind. (W. S.)

Dr. *Legran's* Sommersprossensalbe, ist ein mit Rosenwasser parfümiertes, etwas basisch salpetersaures Wismut enthaltendes Fett.

Eau de Lys. 10 g Zinkweiss, 10 g Talkum, 20 g Glycerin, 2 kg Rosenwasser. (W. D.)

Eau de Ridy. Ein hervorragendes Kosmetikum gegen rauhe und aufgesprungene Hände ist wie folgt zusammengesetzt: Propylalkohol 50.0, Aethylalkohol 20.0, destilliertes Wasser 400.0, Ammoniak 10.0, Trichlormethan 5.0, Schwefeläther 5.0. (S. A.)

Edelweisscreme, von Otto Klemens zu Innsbruck, besteht nach Dr. *Aschoff* aus weissem Quecksilberpräzipitat, basisch salpetersaurem Wismut und einem Gemenge von Oel und Wachs. (Ph. P.)

Emollient ist dasselbe wie Creme céleste. (Ph. Z.)

Eucalyptus Toilet Vinegar. 30 cm³ Cassieextrait, 30 cm³ Veilchenextrait, 30 cm³ Jasminextrait, 10 Tropfen Rosenöl, 4 Tropfen Neroliöl, 10 Tropfen Bergamottöl, 10 g Eucalyptol, 30 cm³ rektifizierter Spiritus, 175 g verdünnte Essigsäure. (W. D.)

Face Powder ist ein Gemenge von kohlensaurem Kalk und Talkum. (Ph. Z.)

French Milk of Roses. 30 cm³ Benzoëtinktur, 30 cm³ Storaxtinktur, 10 Tropfen Rosenöl, 15 cm³ rekt. Spiritus, 1 l Rosenwasser. (W. D.)

Frostinbalsam ist eine Lösung von 1 T. Tannobromin in 10 T. 4-prozentigem Kollodium, der 1 T. Alkohol und 0.5 T. Benzoëtinktur zugesetzt sind. Der Balsam dient zum Bepinseln der von Frost befallenen Stellen mit Ausnahme offener Frostwunden. Fabrikant: *A.-G. für Anilinfabrikation in Berlin.* (Ph. Z.)

Gletscherpasta (Gletschersalbe) nach Dr. *Oppenheimer*, welche die Haut vor der Einwirkung der direkten Sonnenstrahlen schützen soll, besteht aus: Zinkoxyd 12.5, Stärke 12.5, Vaselin 25.0, Lanolin oder Adeps lanae 50.0. Die weisse Farbe kann mit etwas Eosinlösung abgetönt werden. Nach gemachtem Gebrauch wird die Pasta Abends trocken abgewischt und dann kann mit Wasser und Seife abgewaschen werden. (Z. f. K.)

Glycerine Toilet Balm. 15 g Zinkoxyd, 60 cm³ Glycerin, 60 cm³ Rosenwasser, 0.03 g Karmin, 2 Tropfen Neroliöl, 2 Tropfen Bergamottöl. (W. D.)

***Grolich's* Gesichtssalbe** ist eine mit Wismutweiss versetzte Präzipitatsalbe, die mit Rosenöl parfümiert ist.

Hautcreme mit Wasserstoffsuperoxyd nach *H. Kühl* wird hergestellt, indem man Lanolin durch starkes Agitieren mit Wasserstoffsuperoxydlösung sättigt und dann nach Belieben parfümiert. Wenn man in den Vorschriften für Cold Cream oder Boroglycerinlanolin die Borsäure ganz oder teilweise durch Wasserstoffsuperoxydlösung ersetzt, erhält man ebenfalls gut verwendbare Präparate. (A. Z.)

Hautfarbene Puder, Salben und Pasten nach Dr. *Goldschmidt* werden durch Zusatz von Ichthyol-Eosinlösung erhalten. (Vgl. Seifens.-Ztg. Augsburg 1901, S. 874).

Honey and Almond Cream. 30 g bittere Mandeln, 1 Eidotter, 60 g Honig, 60 g fettes Mandelöl, 30 Tropfen Bergamottöl, 24 Tropfen Citronenöl, 24 Tropfen Nelkenöl. Die Mandeln werden gewässert, geschält, zerrieben, gesiebt, mit dem Dotter und den aetherischen Oelen vermischt, worauf der Honig und das fette Oel zugemischt und alles innig verarbeitet wird. (W. D.)

Honey Cream für die Hände. 60 g Honig, 60 g Schmierseife, 3³/₄ g Pottaschlösung, 300 g Mandelöl, 10 g Nelkenöl, 60 Tropfen Bergamottöl, 60 Tropfen Bittermandelöl. (W. D.)

Jaegerin, ein unfehlbares Mittel gegen Fussschweiss und Wundsein, hergestellt vom Lehrer *Hans Jaeger* in Neu-Allschwil ist eine Mischung von Schwefel und Kohlenpulver.

Kaloderm zum Geschmeidigmachen der Haut. 2 kg Weizenmehl, ¹/₂ kg Mandelkleie, ¹/₄ kg Veilchenwurzelpulver, ¹/₂ l Rosenextrait, 175 cm³ Glycerin werden zu einem Teig geknetet. (W. D.)

Kaloderma (Glycerine and Honey Jelly) wird nach »Ph. Z.« in folgender Weise hergestellt: Glycerin 60.0 werden mit Wasser 27.5 gemischt und darin unter Erwärmen zuerst Honig 10.0 und dann Gelatine 2.5 gelöst. Man parfümiert mit Rosenöl und giesst die noch warme Lösung in Zinntuben aus.

Kalydor. Ein in England sehr viel gebrauchtes Haut- und Toilettemittel. 1000 g bittere Mandeln werden zerstossen und mit 5000 g Rosenwasser zu einer Milch verarbeitet, diese koliert und mit 75 g Chlorammonium und 150 g Kirschlorbeerwasser versetzt und eine Lösung von 1 g Sublimat in 150 g Alkohol zugegeben. (O. A.)

***Kielhauser's* Pariser Damenpulver** ist eine Mischung von Talkum mit Zinkoxyd. Stärke, Bor- und Salicylsäure sowie giftige Metalle waren nicht nachweisbar. (B. Bu.)

Kosmetoline besteht aus Lanolin 13.0, Glycerin 13.0, Benzoëtinktur 4.0, Borsäure 1.75 und ist mit Rosenöl parfümiert. (C. D.)

Lilionese besteht aus einer gesättigten Pottaschelösung, die mit Rosen- und Zimmetöl parfümiert ist.

Liqueur styptique gegen Sommersprossen von *James* besteht aus

Salzsäure 2—10 g, Alkohol 25 g, Rosenwasser 25 g, Gummischleim 5 g.
(D. P.)

Lohse's **Lilienmilch** besteht aus 2.0 Zinkoxyd, 2.0 Talkum, 4.0
Glycerin, 200.0 Rosenwasser.

Lola-Crême-Poudre ist eine Mischung von Bleicarbonat, Zinkoxyd
und Talkum. (B. Bu.)

Margit-Creme enthielt häufig das giftige Hydrargyrum bichloratum
ammoniatum, jedoch kommen neuerdings als Margit-Creme auch queck-
silberfreie Präparate in den Handel, die als wirksamen Bestandteil
basisch salpetersaures Wismut enthalten. (B. Bu).

Massage-Kosmetikum (Madame *Dornier*). Eisenrinde 4, Anissamen 8,
Thymiankraut 8, Salbeikraut 8, Rosmarinkraut 8, Ysopkraut 8, Lavendel-
blüten 8, Wermutkraut 8, Campher 8, Pfefferminzkraut 8 werden mit
Weingeist (45°) 1000 durch 15 Tage mazeriert, koliert, Alaun 4 in der
Kolatur aufgelöst, absitzen gelassen und filtriert. (N. D.)

Menthol-Creme gegen rauhe und aufgesprungene Haut. Weingeist 15.0, Menthol 2.5, Glycerin 12.0, Wasser 200.0, Tragant 4.0. Als
Farbe dient Karminlösung. Man rührt den Tragant mit der weingei-
stigen Lösung an und setzt darauf unter schnellem Umrühren das ange-
wärmte Wasser hinzu. (D. R.)

»Mimi«, bestes und billigstes 1000fach bewährtes Schönheitsmittel,
(Waschwasserzusatz) von Apotheker *C. Aufberg*, besteht nach einer
Analyse von *E. Marx* aus: $0.90^0/_0$ Wasser, $8.56^0/_0$ Stärke, $87.24^0/_0$ kohlen-
saurem Kalk, $3.26^0/_0$ in verdünnter Salzsäure unlöslichen Stoffen (Eisen,
Kalk und Magnesia an Kieselsäure gebunden). Ausserdem enthielt es
als Parfüm mit etwas Moschus verriebenes Vanillin.

Mittel gegen Gesichtsschweiss nach *Monin*. 50.0 Lavendelwasser,
50.0 Pfefferminzwasser, 50.0 Citronenwasser, 50.0 Myrrhentinktur, 50.0
Quillayatinktur, 20.0 Natriumbenzoat. Anwendung: Dreimal im Tage
wird eine in Wasser getauchte und ausgewundene Stelle einer Serviette
mit der obigen Mischung aus einem Tropffläschchen benetzt und das
Gesicht damit abgewaschen. (T. d. G.)

Nail Varnish ist Benzoëtinktur. (Ph. Z.)

Oleaginous Face Cream (ölhaltige Gesichtscreme). Lanolin 249 g,
reines Schweinefett 249 g, Glycerin 1183 cm³, Rosenwasser 354.9 cm³,
feines fettes Oel im Bedarfsfalle zur Erzielung der gehörigen Geschmeidigkeit der Masse, Geraniumöl 14.8 cm³. Lanolin und Schweinefett werden
zuerst vermischt, dann sukzessive die Mischung des Glycerins mit dem
Rosenwasser, endlich das Geraniumöl zugegeben. (N. E.)

Pariser Waschpulver für die Haut wird hergestellt aus 8.0 gepulverter Seife, 16.0 getrockneten und gepulverten Rosskastanien, 1.0 gereinigter Pottasche, 2.0 gepulverter Veilchenwurzel. Als Parfüm dient eine
Mischung gleicher Teile Lavendel- und Bergamottöl.

Pasta Pompadour ist eine parfümierte Mischung von Fett, Wachs
und Walrat. (W. S.)

Pompadour Schönheitsmilch ist eine mit Rosenöl parfümierte
wässerige Lösung von Glycerin und Borax mit Benzoëtinktur versetzt.
(B. Bu.)

Poudre de Riz von *Bourgeois* hat die gleiche qualitative Zusammensetzung wie *Kielhauser's* Pariser Damenpulver (siehe dieses).

Poudre de Riz verschiedener Herkunft besteht nach *Šetlik* und
Urban aus Gemischen von Reisstärke (bisweilen Mais- oder Weizenstärke)
mit Talkum in wechselnden Verhältnissen.

Poudre »Eugenie« ist ein Gemenge von Talkum, Zinkcarbonat mit verschiedenen Stärkemehlsorten. (Ph. Z.)

Poudre ravissante besteht aus einem parfümierten Gemisch von Zinkoxyd, Talkum und Tonerdehydrat. (Ph. Z.)

Rouge fin de théâtre Berlin enthielt 87.34%/₀ mineralische Bestandteile (Ton etc.) und Stärke. Der Farbstoff war Rose bengale. Frei von giftigen Metallen.

Rouge fin de théâtre Paris enthielt 95.33%/₀ mineralische Bestandteile und denselben Farbstoff wie die vorhergehende Theaterfarbe. Frei von giftigen Metallen. (B. Bu.)

Simon's **gelbe Creme** enthält Stärke, Zinkoxyd, Talkum und Glycerin. (W. S.)

Simon's **Massagecreme** besteht aus mit Vanille parfümierter weisser Vaseline. (W. S.)

Simon's **Poudre** enthält Stärke, Zinkoxyd und Irispulver. (W. S.)

Simon's **Sommersprossenfeind** besteht aus Borax, Benzoësäure, Glycerin, Wasser und Neroliöl. (W. S.)

Simon's **Waschcreme** ist ein mit Cochenille schwach gefärbtes Gemisch von Natronseife, Stärke und Glycerin. (W. S.)

Skin Lotion. 250 g Glycerin, $7^1/_2$ g Rosenwasser, $7^1/_2$ g Fliederwasser, $7^1/_2$ g Pomeranzenblütenwasser, 30 g Eau de Cologne, $7^1/_2$ g Benzoëtinktur, $^1/_2$ l Wasser. Man lässt unter öfterem Umschütteln 1—2 Wochen stehen und filtriert. (W. D.)

Skin Tonic ist eine wässerige Lösung von Sublimat (0.42%/₀), welche mit Benzoëtinkur parfümiert ist. Nach einer anderen Angabe enthält ein so benanntes Toilettemittel Benzoëtinktur, Campher, Glycerin, Borax und Wasser ohne Metallsalze. (Ph. Z.)

Sphinx-Creme besteht aus einem parfümierten Gemisch von Talg und anderen Fetten. (Ph. Z.)

Spitzer's **Gesichtspomade** besteht aus einem mit Rosenwasser parfümiertem Fettgemenge, dem Hydrargyrum bichloratum ammoniatum inkorporiert ist. (Ph. Z.)

Toilettekräuteressig enthält 7%/₀ Essigsäure, etwas Gerbsäure und geringe Spuren von Alkalisulfaten. (Ph. Z.)

Viktoria-Balsam, von Apotheker A. *Röhrl* in Basel als Mittel gegen diverse Hautaffektionen verkauft, ist gewöhnliche Bor-Zinksalbe. (D. R.)

Vilma-Schönheitswasser ist eine wässerige, mit ätherischen Oelen (Rosmarin) parfümierte Boraxlösung, in welcher Benzoësäure suspendiert ist. (Ph. Z.)

Violet Talkum Powder. Feinst gepulverte Veilchenwurzel 125 bis 240 g, feinst gepulverter Talk 2240 g, Jononspiritus eine geringe Quantität, zur Erzielung eines feinen Veilchengeruches. (N. E.)

Vitelin-Creme nennt Dr. *Bernegau* ein von ihm zusammengesetztes Toilettemittel zur Erweichung und Verfeinerung der Haut, dessen Grundlage präserviertes Eigelb ist. Es besteht aus gleichen Teilen solchen Eigelbs, benzoiniertem Olivenöl und Alapurin, mit Rosenöl oder mit Cumarin und Veilchen parfümiert und lege artis gemischt. (A. Z.)

Warzenmittel. Als ein einfaches und gutwirkendes Mittel zur Vertreibung von Warzen hat sich nach *Daniel* das sogenannte »Formalin« (40%/₀ ige Formaldehydlösung) bewährt. Zu diesem Zwecke empfiehlt *D.* einen mit Formalin getränkten Holzstab auf die Warze aufzusetzen und die Flüssigkeit kräftig in die Warze einzudrücken, bezw. einzureiben. Das Verfahren soll schmerzlos sein und nur beim Entstehen von Rissen soll ein schnell vorübergehender Schmerz entstehen. Bereits nach 2—3 maliger Anwendung (täglich einmal) schrumpft die Warze zusammen und fällt, ohne Narben zu hinterlassen, ab. (D. D. Z.)

Seifen, Salbengrundlagen und Desinfektionsmittel.

Abmagerungsseife ist eine mit Chromoxyd gefärbte, parfümierte Natronseife mit etwas freiem Alkali. (W. S.)

Admiral-Seife ist eine stark aromatisierte, mit Kreide und mit einem Chromsalz versetzte Seife. (Ph. P.)

Aether - Seifenlösung (Ether Soap — Solutia aetherea saponis). Man mischt 42 cm³ Oelsäure mit 18 cm³ Alkohol von 90°, neutralisiert mit einer Kalilauge (1 : 1), wobei Phenolphtalein als Indikator dient. Nach dem Abkühlen gibt man Lavendelöl 1.20 und Methyläther (Dichte 0.720) soviel hinzu, dass das Ganze 567 cm³ beträgt. Dieses Präparat wird zur Reinigung der Haut vor chirurgischen Operationen verwendet. (Ph. P.)

Aether-Seifenlösung. 1. Nach *E. Withe.* 36 cm³ Oelsäure werden mit 16 cm³ 90°/₀igem Alkohol in einer Flasche gemischt und soviel Kalihydratlösung (1 + 1), ca. 7 cm³, zugesetzt, bis eine gegen Phenolphtalein neutrale Seifenlösung entstanden ist. Man macht mit 0.1 cm³ derselben Lösung alkalisch und füllt mit Aether zu 100 cm³ auf. Die Lösung wird von dem sich etwa bildenden Niederschlag abgegossen. Sie besteht aus Kaliumoleat 40°/₀, Wasser 4°/₀, Alkohol (90°/₀ig) 16°/₀, Aether 40°/₀.

2. Nach *E. Henking.* 30 cm³ Oelsäure werden mit konz. wässeriger Kalilauge vollständig neutral wie oben verseift. Zu dem ölsauren Kali fügt man 10 cm³ Alkohol, gibt die Mischungen dann in eine Flasche, welche 30 cm³ Aether enthält, und schüttelt wiederholt, bis vollkommene Lösung der Seife eingetreten ist. (Ph. C.)

Alkathymol *Parke* ist ein Antiseptikum für Mund- und Gurgelwasser bei Nasenkatarrh etc. Es enthält Borax, Menthol, Thymol, Eucalyptol, Natriumbicarbonat, -chlorid, -phosphat und -sulfat. (Ph. P.)

Anthrasol ist ein gereinigter, farbloser Teer (eigentlich ein Gemisch von Steinkohlen- mit Wachholderteer, der an Stelle des Teers gegen Hautleiden dienen soll. Fabriziert wird es von *Knoll & Co.* in Ludwigshafen a. Rh.

Antiseptische Seife nach *H. Skinner.* 1 T. Oelsäure und 1 T. Spiritus werden gemischt und soviel starke Ammoniakflüssigkeit zugesetzt, als zur Bindung der Oelsäure gerade notwendig ist. Sobald die Mischung, die sich von selbst erwärmt hat, wieder abgekühlt ist, werden 4 T. Aether und eine Lösung von Quecksilberchlorid in starker Jodkaliumlösung hinzugefügt. Die Seife soll zur Reinigung salbenbedeckter Körperflächen dienen. (Ph. P.)

Antiseptoform ist ein Formaldehyd enthaltendes Desinfektionsmittel. Darsteller ist die Firma *Corbyn, Stacey & Co.* in London W. C.

Aok-Seife der Firma *Anhalt* in Kolberg ist laut »Seifenfabrikant« eine pilierte Toiletteseife von unschöner rotbrauner Farbe mit einem Zusatz eines Kräuterextraktes.

Aseptische Rasier-Creme für chirurgische Zwecke nach *Edmund White.*

Hartparaffin (Schmpkt. 55° C.)	22 Gew.-Teile
Präparierter Talg	3 "
Schmierseife	2 "
Kochendes Wasser	68 "

Diese Materialien werden in einen Kessel gebracht, der von kochendem Wasser umgeben ist, und so lange erhitzt, bis eine zarte, weisse Emulsion entsteht. Man fährt dann mit Erhitzen fort, wobei die Temperatur nicht unter 70° C. sinken darf, und schüttet

Tragant, gepulvert	2 Gew.-Teile

hinzu. Wenn die Mischung gleichmässig ist, lässt man abkühlen, indem

man das kochende Wasser entfernt, und fügt dann der fast erkalteten
Masse   Glycerin   2 Gew.-Teile
                Lavendelöl   1 Gew.-Teil
hinzu.

Zur Herstellung kleiner Quantitäten dieser Rasier-Pasta sind nur
erforderlich ein Schaumbesen und ein irdener Topf, der in einen Brühnapf
mit kochendem Wasser gesetzt wird.

Eine kleine Menge dieser Pasta wird ·auf die zu rasierende Fläche
aufgestrichen und unmittelbar darauf das Rasiermesser in Tätigkeit
gesetzt. Die anzuwendende Menge richtet sich nach der Beschaffenheit
von Haut und Haar, jedoch bildet hier einige Praxis den sicheren Weg-
weiser. Die Resultate, die man mit dieser Pasta während eines Jahres
in einem englischen Hospitale erzielte, waren durchaus zufrieden-
stellend. (S. A.)

Bacillol ist eine Kresolseifenlösung und wahrscheinlich identisch
mit Liq. Cresol. sap. D. A. B. IV. (Ph. P.)

Bimssteinalkoholseife in fester Form zur Desinfektion der Hände
bringt die Schwanenapotheke (Dr. *Hoffmann*) in Breslau in den Handel.
Zur Herstellung werden 60—90 g einer neutralen Pflanzenfettseife fein-
geschabt und mit 300 cm³ 96%igen Alkohols auf dem Wasserbade unter
Anwendung eines Rückflusskühlers gelöst. Nach erfolgter Lösung wird
durch Zugiessen von noch 700 cm³ Alkohol die Menge auf 1000 cm³
ergänzt. Nun setzt man 300 g vorher trocken sterilisierten feinen Bimsstein-
pulvers allmählich zu und lässt die Mischung unter fortwährendem
energischen Umschütteln erkalten. Während dieser Schüttelprozedur
erstarrt die Seife zu einer Creme, nachträglich wird sie noch fester und
kann in dieser Konsistenz ausgegossen werden. Sie ist in luftdicht
schliessenden Gefässen aufzubewahren. (Ph. Z.)

Boroglycerin wird erhalten aus Glycerin 24 g, Borsäure 1 g, Lanolin,
wasserfrei 5 g, Wasser 10 g, Paraffin, weiss 70 g, Alkannin nach Bedarf,
Rosenöl 2 Tropfen, Bergamottöl 2 Tropfen. (D. R.)

Chielin, eine neue Pflanzenstoff-Creme von *Arnold Berliner* in
Berlin, kommt in w e i c h e r und f e s t e r Form in den Handel. Sie soll
gegen Schinnen, Schuppen etc. dienen. Die w e i c h e Creme ist nach Dr.
Aufrecht eine vanilleartig riechende, hellgelbe, salbenartige, jedoch nicht
homogene Masse von stark alkalischer Reaktion. Sie enthält 52.08%
flüchtige Bestandteile, 36.38% nicht flüchtige organische Bestandteile,
wovon 4.16% in Aether löslich waren, und 11.54% Mineralbestandteile.
Die flüchtigen Bestandteile sind Wasser und etwas Alkohol. Die nicht
flüchtigen organischen Stoffe erwiesen sich als in der Hauptsache aus
Fettsäuren, Glycerin, Cholesterin und sehr geringen Mengen von Harz
(Benzoë) bestehend, während die Asche vorzugsweise Zinkoxyd (44.96%),
Magnesia (13.25%) und Kieselsäure (25.82%) enthielt. Daneben waren
Natron, Kalk, Eisenoxyd und Kohlensäure nachweisbar. Sonstige Bestand-
teile, insbesondere Pflanzenextraktivstoffe waren nicht zu ermitteln.

Ein ähnliches Präparat würde sich erhalten lassen aus: Zinkoxyd 5.0,
Talkum 5.0, Seifenpulver 30.0, Wollfett 4.0, Benzoëtinktur 5.0, Wasser
46.0, Glycerin 5.0.

Chielin in f e s t e r Form soll als Ersatz für Seife zu dermatologischen
Zwecken dienen. Es erwies sich als eine überfettete, stark alkalische
Natronseife von folgender Zusammensetzung: Feuchtigkeit 8.65%, Fettsäuren 62.24%, Glycerin 4.66%, sonstige organische Stoffe 8.18%, Mineralbestandteile 16.27%. Die letzteren bestanden aus Natriumcarbonat (13.83%)
mit etwas Eisen- und Calciumoxyd, sowie Chlor und Schwefelsäure.
(Ph. Z.)

Dermalin. Unter diesem Namen bringt die *Dermalin-Gesellschaft m. b. H.* ein salbenartiges Fett in den Handel, welches nach den Ergebnissen der Analyse vermutlich ein Gemenge von Wollfett und anderen animalischen Fetten darstellt.

Es ist nach Dr. *Aufrecht* (Ph. Z.) ein gelblich-weisses, zähklebriges und geruchloses Fett von neutraler Reaktion, löslich in Chloroform und Petroleumäther. Es lässt sich durch alkoholische Kalilauge nahezu vollkommen verseifen und zeigt charakteristische Cholesterinreaktion.

Durch Analyse wurden ermittelt: Schmelzpunkt 36.5° C., *Hübl'sche* Jodzahl 32.8, *Köttsdorfer'sche* Verseifungszahl 154, Asche 0.014%.

Die grosse Wasseraufnahmefähigkeit verdankt das Dermalin ohne Zweifel seinem Gehalt an Lanolin.

Nach *Kremel* (Ph. P.) zeigt das Dermalin die Säurezahl 0.8, die Jodzahl 32, die Verseifungszahl 144 und den Erstarrungspunkt 39°; es ist um ein Drittel billiger als Lanolin und wirkt ausserdem auch antibaktericid (nach Dr. *Piotrowski* kommen auf Vaselin 46%, auf Lanolin 26%, auf Dermalin nur 3% der Keime zur Entwicklung) und hat daher wohl eine Zukunft.

Dermosapol nennt Apotheker *W. Lakemeier* in Mülheim (Ruhr) eine überfettete Seifenmasse von emulgiertem Lebertran, Wollfett, Perubalsam und Alkalien. Anwendung findet es nach *Rohden* als sehr leicht resorbierbares Vehikel, mit verschiedenen Arzneimitteln kombiniert, z. B. Jodpräparaten, Formalin, Perubalsam, Lebertran, Kreosotpräparaten, Terpenen usw., zur Inunktionskur bei Tuberkulose und Skrophulose. — Zur Selbstherstellung von Dermosapolkombinationen bringt obige Firma ein »Roh-Dermosapol« in den Handel. (Ph. P.)

Eibischextraktseife ist eine Natronseife ohne besondere Eigenschaften. (Ph. Z.)

Eigonseife mit 5% Jodeigon (= jodwasserstoffsaurem Eiweiss) wird als Spezifikum gegen Ekzem, Hautröte und andere Hautkrankheiten empfohlen und von der *Chemischen Fabrik Helfenberg A.-G.* in den Handel gebracht. (Ph. R.)

Empyroform ist ein Kondensationsprodukt von Formaldehyd und Teer, welches an Stelle des letzteren namentlich bei Hautaffektionen Verwendung finden soll. Hergestellt wird es von der *Chemischen Fabrik a. A., vorm. Schering* in Berlin. (Ph. P.)

Enwekaïn wird das Wollfett der Norddeutschen Wollkämmerei und Kammgarnspinerei in Delmenhorst - Bremen genannt. Gebildet ist der Name aus N. W. K., der Handelsbezeichnung dieser Firma. (Ph. Z.)

Ester-Dermasan, hergestellt von Dr. *Reiss* in Berlin, besteht aus einer 10% aktive Salicylsäure enthaltenden Seifengrundlage, welche mit 10% Salicylestern mit Benzyl-Phenylradikalen angereichert ist. (Ph. Z.)

Eucalyptus-Formalin, ein Desinfektionsmittel für Krankenzimmer, wird erhalten aus Formaldehyd (40% ig) 25, Eucalyptus - Tinktur 25, Spiritus (80% ig) soviel, dass insgesamt 200 cm³ erhalten werden. (O. A.)

Exudol wird eine angenehm riechende Salbenmasse genannt, die sich leicht einreiben und mit Wasser entfernen lässt. Ihre Bestandteile sind Ichthyol, Schmierseife und schmerzlindernde Drogen. Das Präparat wird ein- bis zweimal täglich auf die Haut gestrichen und nach zwei bis vier Tagen mit lauwarmem Wasser oder Weingeist abgewaschen. Bezugsquelle: *G. & R. Fritz* in Wien, I. Bräunerstrasse 5. (Ph. Z.)

Festes Kreolin nach *Baroni.* 70 T. venetianischer Terpentin, 60 T. Kolophonium, 80 T. Rindstalg werden mit 90 T. Aetznatronlauge von 36° Bé. verseift und dann 750 T. Teeröl von spez. Gew. 1.03 bis 1.035

eingekrückt. Diese antiseptische Seife löst sich im Wasser zu einer alkalisch reagierenden Emulsion. (Ph. Z.)

Flechten-Seife »Delphin« von *Delp* in Elmshausen i. O. enthält laut Ankündigung des Erzeugers $3.5°/_0$ Chelladrinum, $1.5°/_0$ Harze, $95°/_0$ Seife. (Ph. P.)

Flüssige medizinische Seife nach *J. Wilbert* (Am. J. of Ph.) wird auf kaltem Wege folgendermassen dargestellt: Cottonöl 200, Alkohol (91°/₀ig) 300, Wasser 325, Aetznatron 45, kohlensaures Kali 10, Aether 15, Karbolsäure 25. — Das Oel wird in einer geräumigen Flasche mit 100 Wasser, 200 Alkohol und 45 Aetznatron versetzt, und nach erfolgter Verseifung wird der Rest des Alkohols und das im restlichen Wasser gelöste kohlensaure Kali, zuletzt die Karbolsäure und der Aether zugefügt und das Ganze gut geschüttelt. Die Mischung wird in gut verschliessbare Flaschen gefüllt und bei mittlerer Temperatur aufbewahrt. Das Präparat kann beliebig parfümiert und die Karbolsäure durch andere Arzneimittel ersetzt werden. (Ph. P.)

Flüssige Naphtolseife nach *Terrier*. Weisse Kernseife 1.0, Schmierseife 1.0 werden in Wasser 50.0 gelöst, Olivenöl 1.0 hinzugefügt, unter öfterem Umschütteln einige Tage stehen gelassen und dann Naphtol 0.25, sowie als Parfüm Citronenöl nach Bedarf hinzugefügt.

Formalin-Crême, ein dem Pharmazeuten *Franz Eschig* patentiertes Desinfektionsmittel, besteht aus 20 T. Lanolin, 10 T. ozonisiertem Vaselinöl, 120 T. Wasser und $5°/_0$ Formalin. (Ph. P.)

Formoformpulver ist ein Gemisch von Zinkoxyd mit Stärkemehl, das mit Formaldehyd durchtränkt ist.

Furolseife ist eine Bierhefeseife, welche von Apotheker *Bonaccio* in Genf in den Handel gebracht wird. (Ph. R.)

Gynokardiaseife nach Dr. *Unna* wird durch Versieden von Gynokardia- oder Chaulmoograöl mit Natronlauge und Aussalzen des Seifenleimes mit Kochsalz hergestellt. (Vgl. Seifens.-Ztg., Augsburg 1900, Nr. 13, S. 120).

Hefeseife aus untergäriger Bierhefe, die nach einem besonderen Verfahren getrocknet ist, bringt die *Grande Pharmacie Fink* in Genf in den Handel. Diese Seife soll bei der Behandlung der Akne usw. Anwendung finden. (Ph. Z.)

Heine's **flüssige Glycerinseife.** 11.0 Aetzkali werden in 30.0 Spiritus gelöst und mit 60.0 Erdnussöl bis zur Verseifung bei etwa 30° stehen gelassen. Die gebildete feste Seife wird dann in der gleichen Gewichtsmenge Glycerin gelöst. (Ph. Z.)

Hell's **Formalinseife** ist eine flüssige Seife, die $10°/_0$ Formalin enthält. Sie dient als Desinfektionsmittel in der Chirurgie und im Haushalt und wird auch als desodorisierendes Waschmittel bei starker Schweissabsonderung empfohlen.

Hell's **neutrale Sandseife** ist eine verbesserte *Sänger*'sche Sandseife [s. d.]. (Ph. P.)

Herba-Seife von *Obermeyer* soll (Ph. Z.) nach *E. Joseph* bei Ekzemen, Akne, unreinem Teint, auch bei Herpes tonsurans und Psoriasis sehr gute Dienste leisten. Die Herba-Seife soll nach Ankündigung des Erzeugers enthalten: Neutrale Fettseife $90°/_0$, Salbei $2°/_0$, Arnika $3°/_0$, arabisches Wasserbecherkraut (?) $1.5°/_0$, Harnkraut $3.5°/_0$.

Die Seife wird zum Waschen von Kindern, als Mittel gegen spröde, aufgesprungene Haut, Wundsein, Hautausschläge und Sommersprossen empfohlen. Hergestellt wird diese Seife von der Firma *Gioth* in Hanau.

Herpinolseife von Apotheker *O. Senff* in Berlin enthält als wirksame Bestandteile Naphtol und Resorcin. (Ph. Z.)

Hühneraugenseife von *Lauterbach* wird nach Angabe des Erfinders hergestellt, indem vor Beigabe der erforderlichen Menge Salicylsäure 1²/₃ Pfund Glycerin, 1²/₃ Pfund Stearinsäure, 4 Pfund Rindstalg, 3 Pfund gelbes Wachs mit 1²/₃ Pfund einer stark gesättigten Lösung von Pottasche schwach verseift und der dick gewordenen Masse 7 Pfund Schweinefett und 1 Pfund venetianischer Terpentin zugesetzt werden.

Nach Dr. *Weller*, Darmstadt soll diese Seife aus 28% Wachs, 55.2% Fett, 16.8% Salicylsäure und geringen Mengen Perubalsam und ätherischem Oel bestehen. (Ph. Z.)

Hydroleïn, ein antiseptisches Waschmittel, besteht, nach Analyse des kantonalen Laboratoriums in Bern, aus unreiner Soda mit etwas Seife.

Jodseifen nach *Herbert* und *Kinner.* Um die mit der direkten Anwendung von Jod verbundenen Unannehmlichkeiten zu vermeiden, benützt man in einigen Krankenhäusern Londons an seiner Stelle Jodseifen. Diese Präparate färben die Haut nicht, und wenn wirklich bei Anwendung von starken 20%igen Lösungen einige Flecken hinterbleiben sollten, so lassen sich letztere leicht durch Waschen mit gewöhnlicher Seife beseitigen.

I. Reines Jod 15, Oelsäure 15, Alkohol 10, starker Salmiakgeist 4. Diese Vorschrift liefert eine Seifenpasta, die in allen Lösungsmitteln, ausser in fetten Oelen, löslich ist.

II. Eine in fettem Oel lösliche Seife erhält man aus: Reines Jod 30, Oelsäure 60, Salmiakgeist 10, Paraffinöl soviel, dass das Gesamtvolumen 600 cm³ beträgt.

III. Glycerin-Jodseife: Reines Jod 30, Alkohol 130, Oelsaures Ammonium 30, Glycerin soviel, dass die Gesamtflüssigkeit 600 cm³ beträgt.

Das ölsaure Ammonium wird erhalten, indem man Oelsäure und Ammoniak in alkoholischer Lösung vermischt. (Sch. W.)

Lavoderma ist ein medizinisches Seifenpräparat, welches etwa 30% Caseïnquecksilber enthält, sich leicht löst und die Haut nicht reizt. Es wird zur Behandlung parasitärer und mykotischer Prozesse der Haut empfohlen und vom *Chemischen Institut*, Berlin S. W., in den Handel gebracht. [Siehe auch unter Sapodermin.] (Ph. R.)

Lysoform ist nach *C. Arnold* (A. Z.) eine klare, fast farblose Flüssigkeit von schwach aromatischem Geruch. Es erwies sich bei der Untersuchung als eine Lösung von Formaldehyd in alkoholischer Kaliseifenlösung, welche schwach parfümiert ist. Eine dem Lysoform vollkommen ähnliche Formaldehydseifenlösung erhält man nach folgender Vorschrift: 30 T. Cocosöl werden mit einer Lösung von 8 T. reinem Aetzkali in 20 T. Wasser unter Zusatz von etwa 10 T. Spiritus unter lebhaftem Schlagen verseift, bis eine gleichmässige, kleisterartige, durchsichtige Masse zurückbleibt. Zu der noch warmen Seife rührt man Formaldehydlösung soviel hinzu, dass das Gesamtgewicht 100 T. ausmacht. Es erfolgt sofort eine vollkommene Lösung, die man längere Zeit absetzen lässt. Der Alkoholgehalt ist wesentlich, um eine leichtlösliche Seife zu erzielen. Das von Alkohol freie Präparat gibt mit Wasser bald trübe werdende Lösungen, ist jedoch haltbarer und mischt sich mit Aether und Chloroform. Ein wesentlicher Gehalt an freiem Alkali gibt längere Zeit klar bleibende wässerige Lösungen, jedoch fällt bei längerer Aufbewahrung ein dunkel gefärbter Bodensatz aus.*) (Ph. Z.)

Lysopast und **Phenopast** sind zwei Präparate der Firma *C. Fr. Hausmann* in St. Gallen, durch welche die beiden Desinfektionsmittel Lysol und Karbolsäure in eine ungefährliche und leicht transportable Form gebracht worden sind. Lysopast ist eine braune, transparente

---

*) Vgl. hierzu auch das der *Lysoform.* G. m. b. H., Berlin, erteilte D. R.-P. 141744.

Masse, welche genau 90% reines Lysol enthält und durch leichten Druck
auf die Tube in Stangenform hervorquillt. Im Lysopast ist das Lysol
durch Vermischung mit 10% einer neutralen, völlig indifferenten Seife in
eine geleeartige Form übergeführt. Der Seifenzusatz beeinträchtigt die
Wirkung des Lysols in keiner Weise. Lysopast ist in Wasser leicht zu
einer etwas opalescierenden Flüssigkeit löslich. Phenopast enthält 50%
reine Karbolsäure. (Ph. Z.)

Manuform ist eine von der Simons-Apotheke in Berlin vertriebene
Formaldehyd-Seifencreme. (Ph. Z.)

Marmorstaubseife nach Dr. *Schleich* wird folgendermassen hergestellt: 750 g möglichst frischbereitete, leicht schneidbare Harzseife (licht-
gelb) wird in papierdünne Scheiben geschnitten, in 1500 g destilliertem
Wasser unter stetem Umrühren (am besten am Wasserbade), vollständig
aufgelöst, dann zum Kochen erhitzt und während des Kochens unter
Umrühren 150 g Steral und dann 150 g Ceral nach und nach zugesetzt;
zum Schlusse werden 7000 g Marmorpulver von 0.4—0.6 mm Korngrösse
(Siebmasche $\frac{16}{16} - \frac{25}{25}$ auf 1 cm²) unter sorgfältigem Agitieren langsam
und gleichmässig dazugesiebt, damit sich keine Pulverklümpchen bilden
können, und hierauf ca. 300 g destilliertes Wasser zugegeben, um das
verdunstete zu ersetzen. Die ganze Masse muss auf dem Wasserbade
Sirup-, höchstens Honigkonsistenz zeigen. Das Erwärmen auf dem Wasserbade muss wenigstens $1\frac{1}{2}$ Stunden geschehen, bis zur vollständigen
Sterilisation.

[Schleich'sche Ceral-Pasta. 100 g reines gelbes Wachs werden
auf dem Wasserbade geschmolzen, 8 g 10%iger Salmiakgeist tropfenweise
zugesetzt und dann langsam 150 g steril. Wasser unter fortwährendem
Umrühren zugesetzt, bis eine cholesterinähnliche Masse entsteht. Die
homogene Emulsion soll »neutral« reagieren, was durch Nachschmelzen
von Wachs resp. durch Zusatz von Salmiakgeist erreicht wird. Man
kann auch das zuzusetzende Wasser durch Zusatz von kohlensaurem
Natron alkalisch machen (5 cm³ $\frac{n}{100}$ Na$_2$CO$_3$).

Schleich'sche Steral-Pasta. 100 g Stearin werden im Wasserbade geschmolzen, 10 g 10%iger Salmiakgeist unter Umrühren zugesetzt
(tropfenweise), dann vom Wasserbade weggenommen, mit 100 g durch
Na$_2$CO$_3$ alkalisch gemachtem Wasser tropfenweise versetzt und zur Breikonsistenz verrührt, dann wiederum Salmiakgeist zugesetzt, so dass ein
im Wasser lösliches Produkt entsteht. Hierauf werden wiederum 50 g
destilliertes Wasser zugesetzt. Schneeweisse Emulsion].

(Neue Methoden der Wundbehandlung. Von Dr. *Schleich*. Berlin
1900). Verlag von *Julius Springer*).

Mediglycin nennt die *Chemische Fabrik Helfenberg A.-G.* ihre
flüssige Glycerinseife, zu welcher als medikamentöse Zusätze im gelösten
Zustande auch Campher, Karbolsäure, Kreolin, Ichthyol, Jodschwefel,
Jodkalium, β-Naphtol, Oleum cadinum, Quecksilber, Schwefel, Teer,
Teerschwefel etc. zugesetzt werden können. (Ph. R.)

***Mellinger's* Enthaarungsseife.** 453 g Glycerin, 907 g Fett, 907 g
Cocosöl und 1844 g Ricinusöl werden mit 1814 g 33%iger Aetzlauge
verseift und die Seife mit 113 g Stärke und 907 g Natriumsulfhydrat
gefüllt und mit 113 g Citronellöl parfümiert. (C. G.)

Menthoxol siehe unter »Peroxole«.

Naftalan ist ein Naphtaprodukt aus der in Naftalan liegenden Fabrik
des Bergingenieurs *E. Jaeger*, welches als Salbengrundlage und Heil-

mittel dient. Unter der Bezeichnung »Nafalan« bringt die *Nafalange-sellschaft m. b. H.* in Magdeburg ein Ersatzprodukt dafür in den Handel.

Nenndorfer Seife ist eine mit Lanolin überfettete Seife, die den Quellenniederschlag der Schwefelquellen des Bades Nenndorf enthält. Angewendet wird sie bei unreiner Haut, nässenden und trocknen Ausschlägen und Flechten. Zu beziehen ist die Seife von Apotheker A. *Jacobi* in Bad Nenndorf bei Hannover. (Ph. Z.)

Nicotianaseife ist von dunkelbrauner Farbe, riecht schwach nach Bergamottöl und wird von der Wilhadi-Apotheke *(E. Mentzel)* in Bremen aus Tabakextrakt hergestellt, dem präzipitierter Schwefel und überfettete Seifenmasse zugesetzt sind, und zwar in dem Verhältnis, dass sie $5^0/_0$ Tabakextrakt (= ca. 0.4 Nicotin pro Stück), $5^0/_0$ Schwefel und $90^0/_0$ überfettete Seifenmasse enthält. Die Seife hat sich nach Dr. *Marcuse* und Dr. *Tänzer* gegen Krätze, Hautjucken und ähnliche Leiden vorzüglich bewährt. (Ph. R.)

Ozonatine, ein angebliches Luftreinigungsmittel, besteht aus parfümiertem Terpentinöl. (Ph. R.)

Ozonoform ist eine von Apotheker S. *Radlauer* in Berlin dargestellte »Kombination des Ozonsauerstoffes mit einem Destillate der Edeltanne«. Das Präparat soll zur Desinfektion von Wohn- und Krankenzimmern, sowie zur Luftverbesserung überhaupt dienen. In verdünntem Zustande soll es auch zu Mund- und Gurgelwässern Anwendung finden. (Ph. R.)

Panakeiaseife von *Obermeyer,* welche gegen die verschiedenen Hautkrankheiten der Tiere empfohlen wird, besteht nach dem Prospekt des Fabrikanten J. *Gioth* in Hanau a. M. aus: $88^0/_0$ Seife, $3^0/_0$ Knoppern, $2^0/_0$ Eisenkraut, $3^0/_0$ Kalmus, $1^3/_4{}^0/_0$ Aloë, $1^1/_2{}^0/_0$ Erdrauch, $3/_4{}^0/_0$ Kreolin. Man wäscht den ganzen Körper des Tieres zuerst mit Panakeiaseife. Darnach trägt man täglich möglichst viel Schaum von der in warmes Wasser getauchten Seife auf die betreffenden Stellen auf und lässt diesen Schaum ca. 2 bis 3 Stunden darauf liegen. Nach Verlauf dieser Zeit wäscht man die erkrankten Stellen mit reinem, lauwarmem Wasser ab.
(Ph. R.)

Panamateerseife der Firma G. *Hell & Co.,* in Troppau ist eine mit Quillayaextrakt versetzte Teerseife. (Ph. P.)

Peroxole nennt M. *Beck* Präparate von Wasserstoffsuperoxyd, die zur Hebung der Desinfektionskraft desselben einen Zusatz anderer Desinficientien — Salicylsäure, Karbolsäure, β-Naphtol, Thymol. Campher, Menthol etc. — erhalten haben. Die Peroxole werden von der Firma *Raspe* in Berlin-Weissensee hergestellt. Es sind wasserklare Flüssigkeiten, die sich beliebig mit Wasser verdünnen lassen. Das zur Darstellung der Peroxole verwendete Wasserstoffsuperoxyd ist $3^0/_0$ig, frei von Salzsäure und enthält als Konservierungsmittel nur Spuren von Phosphorsäure. Die Zusätze sind in $1^0/_0$iger, einzelne in $2^0/_0$iger Lösung vorhanden. Das Präparat hat ausserdem einen Gehalt von $33—38^0/_0$ Alkohol. So besteht beispielsweise das Menthoxol aus $1^0/_0$ Menthol und $33^0/_0$ Alkohol in 100 cm³ $3^0/_0$iger Wasserstoffsuperoxydlösung.

Zur Desinfektion werden daraus $5—10^0/_0$ige Verdünnungen bereitet. Die Präparat sollen starkentwicklungshemmend bezw. keimtötend wirken.
(Z. H.)

Peruolseife, zur Verhütung der Ansteckung und zur Nachbehandlung bei Krätze, enthält $10^0/_0$ Peruscabin (Benzoësäurebenzylester), entsprechend $40^0/_0$ Peruol. Dargestellt wird die Peruolseife von der *Actien-Gesellschaft für Anilinfabrikation* in Berlin S. O. 36. (Ph. P.)

Petrolan ist nach J. W. *Frieser,* Wien, eine mineralische Seife, deren wirksames Prinzip ein dem Ichthyol ähnlicher Körper sein soll. Die

Quelle desselben ist ein bituminöser Felsen im Kaukasus. In Substanz ist der Körper salbenähnlich, schwärzlich, geruchlos, in Aether löslich und nicht ranzig werdend. Es wurde gegen Akne, Ekzeme, Psoriasis etc. verwendet. Es soll antiseptisch und austrocknend wirken und keine Reizung hervorbringen. (D. P.)

Petrosapol ist ein von der Firma *G. Hell & Co.*, Troppau, in den Handel gebrachtes Naftalanersatzmittel. Es ist ein seifenhaltiger, aus Petroleumrückständen hergestellter Körper von brauner Farbe, der vermöge seines hohen Schmelzpunktes beim Applicieren auf die Haut nicht flüssig wird.

Petrox, ein Ersatz für Vasogen, besteht aus 100.0 Paraffinöl, 50.0 Oelsäure, 25.0 spirituösem Salmiakgeist. (Ph. P.)

Phenopast siehe unter Lysopast.

Phentozon, als antiseptisches und Schnupfenmittel empfohlen, besteht aus Essigsäure 52 T., Phenol 2 T., Menthol 2 T., Campher 2 T., Eucalyptusöl 2 T., Lavendelöl 1 T. (Ph. R.)

Pinon-Seife ist eine Fichtennadel-Extrakt enthaltende Seife, die von *F. Ad. Richter & Co.* in Rudolstadt in den Handel gebracht wird. (Ph. Z.)

Puroform, ein Antiseptikum und Desinficiens der *Radlauer'*schen Kronenapotheke (Dr. *W. Homeyer)* in Berlin, besteht im wesentlichen aus einer Zinkformaldehydverbindung, Thymol, Menthol und Eucalyptol. Es besitzt nach Dr. *Aufrecht* hohe baktericide Kraft, wirkt auf die menschliche Haut nicht ätzend und soll vollkommen ungiftig sein. (Ph. R.)

Ray-Seife, eine zur Hautpflege empfohlene Eierseife, enthält nach *R. Kayser:* Fettsäuren, gebunden 72.2%, Wasser 10.6%, Natriumoxyd, gebunden 9.8%, Glycerin 3.1%, Eiweiss 3.5%. Freies Alkali war nicht vorhanden. Die Ray-Seife wird nach einem durch die D. R.-P. Nr. 112456 und 122354 geschützten Verfahren durch Vermischen von neutraler Grundseife mit dem Inhalt des Hühnereies von *Ph. B. Ribot* in Schwabach hergestellt; den Vertrieb hat die *Ray-Compagnie* in Berlin.

Ropolan (Naphta saponata medicin.) der Firma *Milde & Rössler* in Prag ist eine medizinisch wirksame kaukasische Naphta, welche vermittelst Abdampfung dicht gemacht ist und den nötigen Seifenzusatz hat, um als Salbengrundlage und Mittel gegen Scabies, Ekzeme etc. verwendet werden zu können. (Ph. P.)

Sandseife nach *Sänger.* Dr. *Schlenk* gibt folgende Bereitungsvorschrift an: Scharfkantiger Sand wird nach dem Trocknen bei 100° C. abgesiebt, um eine gleichmässige Körnung zu erzielen. Von diesem Sande wird die sieben- bis achtfache Menge in eine auf folgende Weise hergestellte Seifenlösung einfliessen gelassen. Reine Natronseife in mässiger Lösung wird solange zum Sieden erhitzt, bis sich die Seife wieder ausscheiden beginnt, worauf etwas Ammoniak zugesetzt wird. Den verdampfenden Salmiakgeist ersetzt man nach dem Abkühlen. (Ph. P.)

Sapodermin ist eine nach Patent Dr. *Ehrhard* von *M. Aubele,* Seifenfabrikant in Pfersee-Augsburg hergestellte medizinische Seife, die vollkommen reizlos wirkt und deshalb als desinficierende Seife in der dermatologischen Praxis empfohlen wird. Der wirksame Bestandteil des Sapodermin ist Caseïnquecksilber mit einem Gehalt von 6.9% metallischem Quecksilber. Die für den Gebrauch hergestellten Seifenstücke enthalten soviel von diesem Präparat, als einem Quecksilbergehalt der Seife von 0.2 bis 1% entspricht. Das Caseïnquecksilber verliert auch in Gegenwart von Alkali seine Löslichkeit und Wirksamkeit nicht.

Sapoform, eine als Desinficiens empfohlene Formaldehydseifenlösung, wird auf folgende Weise dargestellt: 110 cm³ Oelsäure werden mit 60 cm³ Alkohol vermischt. In diese Mischung wird unter

stetem Umschütteln eine Lösung von 20.0 Kaliumhydroxyd in 60 cm³
Wasser gegeben. Man lässt das Ganze 12—24 Stunden stehen und fügt
dann 250 cm³ der 40-prozentigen Formaldehydlösung zu. Man erhält
eine sherryähnlich gefärbte Lösung, die sich leicht mit Wasser oder Alkohol
mischt und an Stelle von Karbolsäure oder Sublimat in 2—3 prozentiger
Lösung angewendet werden kann. (Ph. R.)

Sapolan wird ein durch spezielle Extraktion und Destillation hergestelltes und durch Zusatz von 3—4% Seife konsistent gemachtes
Naphtaprodukt genannt, welches eine vorzügliche Salbengrundlage abgeben soll.

Sapomenthol ist eine Salbe, welche gegen Gicht, Rheumatismus,
Nervenschmerzen und verwandte Krankheiten Verwendung findet. Die
schmerzenden Stellen werden zwei- bis dreimal täglich kräftig eingerieben
und mit Flanell umwickelt. Das Präparat wird aus absolutem Alkohol,
medizinischer Seife, ätherischen Oelen, Menthol, Ammoniak und Campher
von Apotheker *Eugen Matula* in Radomysl bei Tarnow (Galizien) hergestellt und in Originalpackung (zwei Grössen) in den Handel gebracht.
(Ph. R.)

Savonal-Präparate der Firma *Jünger & Gebhard* in Berlin S.,
Alexandrinenstr. 51, sind Salbenseifenpräparate, deren Grundlage das
seiner Zeit von *G. J. Müller* vorgeschlagene Savonal bildet. Letzteres
stellt einen mit reiner Oelsäure neutralisierten, durch Abdampfen des
Alkohols zu einer salbenartigen Masse eingedickten Olivenöl-Kaliseifen-
spiritus dar, der mit Wasser, Glycerin und Alkohol klar mischbar ist.
Dieses Savonal kann durch Zusatz von kohlensaurem Kali alkalisch
gemacht oder mit Hilfe von Wollfett überfettet werden, je nach dem
augenblicklichen Bedürfnis der Dermatologen. Ferner lassen sich demselben die verschiedensten Arzneimittel in fester oder flüssiger Form
leicht zusetzen, z. B. Schwefel, Ichthyol, Resorcin, Chrysarobin, Antiseptika
der verschiedensten Art u. dgl. Ganz besonderes Lösungsvermögen besizt
das Savonal für Teer. Je ein Präparat mit 20 Proz. Birkenholzteer und
20 Proz. Lianthral kommt fertig in den Handel, ebenso ein Thiosavonal,
eine weiche resp. flüssige Kaliseife, welche durch direktes Verseifen eines
mit Schwefel gesättigten Fettkörpers gewonnen wird. Die Menge des
in dem so entstandenen thiofettsauren Kalium enthaltenen Schwefels ist
5 Proz. Das Präparat ist wasserlöslich. Alle übrigen Savonalpräparate
sind ex tempore herzustellen. (Ph. Z.)

***Schleich's* kosmetische Hautcreme** besteht nach Angabe des
Dr. *Schleich* (Neue Methoden der Wundbehandlung, Berlin 1900. Verlag
von *J. Springer)* aus Ceral-Pasta*) 50.0, gelber Vaseline 50.0, Zinkoxyd
10.0, Rosenöl 5 Tropfen, Eosinlösung (1%) 2 Tropfen.

Septoforma-Seife ist eine desinficierende Seife, welche 15°
»Septoforma« enthält. Unter letzterem Namen bringt die *Septoforma-
Gesellschaft m. b. H.* in Köln a. Rh. ein Desinfektionsmittel in den
Verkehr, welches nach Angabe der »Ph. Z.« aus den Kondensations-
produkten des Formaldehyds mit der Terpen-, Naphtalin- und Phenol-
gruppe, gelöst in spirituöser Leinölseife, besteht. Septoforma stellt eine
bräunliche, durchsichtige, klare Flüssigkeit dar von etwas öliger Konsistenz,
alkalischer Reaktion und geringem Geruch, der jedoch in keiner
Weise störend wirkt. Beim Schütteln der konzentrierten und verdünnten
Lösung und beim Waschen mit letzterer schäumt Septoforma und macht
die Hände weich und glatt, ohne die Epidermis zu reizen.

Das Präparat wird in 3- oder 5prozentiger Lösung als ausgezeichnetes
Antisepticum und Desinficiens in der Wundbehandlung empfohlen.

Servatolseife nennt *F. Hausmann* in St. Gallen eine neutrale Seife.

---

*) Die Zusammensetzung der Ceral-Pasta ist unter »Marmorstaubseife nach Dr. *Schleich*«
angegeben.

die 1 °/₀ Quecksilberoxycyanid enthält und zur Händedesinfektion empfohlen wird.

Servatolmarmorseife desselben Fabrikanten stellt eine salbenartige, gelblichweisse Masse dar und besteht aus einer neutralen, eingedickten Kaliseife mit 55°/₀ feinkörnigem Marmorpulver und 2°/₀ Quecksilberoxycyanid. Die Seife schäumt gut und ist mit einem angenehmen Parfüm ausgestattet. (Sch. W.)

Teutonseife gegen Haarausfall wird nach Dr. *L. Zeckendorf* aus Kernseife durch Zusatz von Extr. Rad. Urticae, Extr. Chinae, Extr. Petroselini, Glycerin und Borax hergestellt. Verf. erzielte bei Seborrhöe und Effluvium capillorum sehr gute Erfolge. (Ph. R.)

Theatrin ist eine Salbengrundlage, die aus einer Mischung von Wachs, Oel und Wasser besteht und neben leichter Resorbierbarkeit die Eigenschaft besitzt, ein grösseres Quantum Wasser aufzunehmen. (Ph. R.)

Thiosavonal siehe unter Savonal-Präparate.

Tuberculinseife nach Dr. *Unna* ist eine mit 5°/₀ Benzoëschmalz überfettete Kaliseife, die einen Zusatz von 5—20°/₀ Tuberculin erhält.

Unnas **Natriumsuperoxydseife gegen Sommersprossen und Mitesser.** Nach einer Vorschrift von *K. Töllner* werden 30 T. flüssiges Paraffin und 70 T. medizinische Seife mit 2–20 T. Natriumperoxyd innig vermischt. Die so entstandene Salbenseife dient als erweichendes Mittel bei Sommersprossen und Mitessern. Sie wird in leichteren Fällen einmal vor dem Zubettgehen, in schwereren bei jeder Waschung, etwa dreimal täglich, vorübergehend benützt. Man verschäumt sie mit einem nassen Wattebausch nur so lange auf der Haut, bis die Auftragung ziemlich schmerzhaft empfunden wird, und spült dann den Schaum rasch mit Wasser wieder ab. (N. E.)

Vitalin, ein Desinfektionsmittel, bildet eine braune Flüssigkeit mit starkem Harzgeruche, jedoch ohne Parfüm. Es besteht im wesentlichen aus einem Gemisch von Harznatronseife und Harzöl, in welchem sich auch noch Harz unverseift befindet. Mit Wasser gibt es gleich dem Creolin eine bleibende Emulsion. In dünner Schicht auf eine Glasplatte aufgetragen, trocknet es ähnlich wie Lackfirnis ein. (Z. Z.)

Weisse Teerseife von *C. W. Poth's* Seifenfabrik in Wiesbaden soll die gebräuchlichen braunen Teerseifen ersetzen und aus neutraler Fettseife bestehen, der ca. 10°/₀ gereinigten und vom Pech befreiten Teers (Teeröl?) zugesetzt sind. (Ph. Z.)

Gesetze und Verordnungen.

Für den Fabrikanten und Wiederverkäufer (Parfümerie- und Friseurgeschäfte, Drogerien) von kosmetischen Waren ist die Kenntnis der nachfolgenden Gesetze von Wert:

I. Gesetz, betr. die Verwendung gesundheitsschädlicher Farben etc. vom 5. Juli 1887.

II. Verordnung, betr. den Verkehr mit Arzneimitteln vom 22. Oktober 1901 und in engem Zusammenhang damit

III. das der Bekanntmachung vom 22. Juni 1896, betr. die Abgabe stark wirkender Arzneimittel etc. beigefügte Verzeichnis derjenigen Stoffe, welche nur auf schriftliche Anweisung eines Arztes, Zahnarztes oder Tierarztes als Heilmittel an das Publikum abgegeben werden dürfen.

IV. Süssstoffgesetz vom 7. Juli 1902.

V. Gesetz zum Schutze des Genfer Neutralitätszeichens vom 22. März 1902.

VI. Die Polizeiverordnungen, betr. die öffentliche Ankündigung von Geheimmitteln.

VII. Die Branntweinsteuer-Befreiungsordnung (in der durch die Bundesrats-Beschlüsse vom 28. März 1901, 18. September 1902 und 25. Juni 1903 festgelegten Fassung), soweit es sich um Kosmetika und Parfümerien handelt, welche zum Export bestimmt sind.

Die vorstehenden Bestimmungen sind mit Ausnahme von III, VI und VII Reichsgesetze oder diesen in der Wirkung gleichstehend.

Um vollständig zu sein, hätte die vorstehende Zusammenstellung eigentlich auch noch die für alle deutschen Bundesstaaten geltende Polizei-Verordnung über den Handel mit Giften vom 24. Aug. 1895 mit aufführen müssen. Diese Verordnung — das sogenannte Giftgesetz — bildet nämlich eine Ergänzung zu den unter II und III aufgeführten Verordnungen, soweit Kosmetika in Betracht kommen, die nicht als Heilmittel feilgehalten und verkauft werden. Wir haben aber von der Wiedergabe des Giftgesetzes geglaubt Abstand nehmen zu können, weil für diese Art von Kosmetika überhaupt nur wenige Stoffe als Bestandteile in Frage kommen, deren Verwendung bezw. Abgabe nicht schon durch anderweitige Bestimmungen geregelt ist, wie das z. B. bezüglich des Arsens und seiner Verbindungen, der Quecksilberpräparate, der Baryumverbindungen etc. durch das unter I genannte Gesetz vom 5. Juli 1887 geschieht, und weil andererseits jeder einsichtige Fabrikant kosmetischer Mittel es eo ipso vermeiden wird, seinen Präparaten scharfwirkende Stoffe einzuverleiben, die ihn und seine Ware in Misskredit bringen oder ein Verbot bezw. Verkaufsbeschränkungen derselben herbeiführen können. In allen Zweifelsfällen aber empfiehlt es sich, rechtzeitig über die Zulässigkeit eines neu zu verwendenden Ingredienz bezw. über durch dessen Beimischung dem fertigen Präparat etwa erwachsende Verkaufsbeschränkungen bei den Fachblättern oder an sonst geeigneter Stelle Erkundigungen einzuziehen.

Wir lassen nun den Wortlaut der oben aufgezählten Gesetze und Bekanntmachungen folgen und im Anschluss daran einige Erläuterungen, soweit uns solche angezeigt erschienen.

Gesetz, betr. die Verwendung gesundheitsschädlicher Farben bei der Herstellung von Nahrungsmitteln, Genussmitteln und Gebrauchsgegenständen.

Vom 5. Juli 1887.

§ 1.

Gesundheitsschädliche Farben dürfen zur Herstellung von Nahrungs- und Genussmitteln, welche zum Verkauf bestimmt sind, nicht verwendet werden.

Gesundheitsschädliche Farben im Sinne dieser Bestimmung sind diejenigen Farbstoffe und Farbzubereitungen, welche *Antimon, Arsen, Baryum, Blei, Cadmium, Chrom, Kupfer, Quecksilber, Uran, Zink, Zinn, Gummigutti, Korallin, Pikrinsäure enthalten.*

Der Reichskanzler ist ermächtigt, nähere Vorschriften über das bei der Feststellung des Vorhandenseins von Arsen und Zinn anzuwendende Verfahren zu erlassen.

§ 2.

Zur Aufbewahrung oder Verpackung von Nahrungs- und Genussmitteln, welche zum Verkauf bestimmt sind, dürfen Gefässe, Umhüllungen oder Schutzbedeckungen, zu deren Herstellung Farben der im § 1 Absatz 2 bezeichneter Art verwendet sind, nicht benutzt werden.

Auf die Verwendung von schwefelsaurem Baryum (Schwerspath, blanc fixe), Barytlackfarben, welche von kohlensaurem Baryt frei sind, Chromoxyd, Kupfer, Zinn, Zink und deren Legierungen als Metallfarben, Zinnober, Zinnoxyd, Schwefelzinn als Musivgold, sowie auf alle in Glasmassen, Glasuren oder Emails eingebrannte Farben und auf den äusseren Anstrich von Gefässen aus wasserdichten Stoffen, findet diese Bestimmung nicht Anwendung.

§ 3.

Zur Herstellung von kosmetischen Mitteln (Mitteln zur Reinigung, Pflege oder Färbung der Haut, des Haares oder der Mundhöhle), *welche zum Verkauf bestimmt sind, dürfen die im § 1 Absatz 2 bezeichneten Stoffe nicht verwendet werden.*

Auf schwefelsaures Baryum (Schwerspath, blanc fixe), *Schwefelkadmium, Chromoxyd, Zinnober, Zinkoxyd, Zinnoxyd, Schwefelzink, sowie auf Kupfer, Zinn, Zink und deren Legierungen in Form von Puder findet diese Bestimmung nicht Anwendung.*

§ 4.

Zur Herstellung von zum Verkauf bestimmten Spielwaren (einschliesslich der Bilderbogen, Bilderbücher und Tuschfarben für Kinder), Blumentopfgittern und künstlichen Christbäumen dürfen die im § 1 Absatz 2 bezeichneten Farben nicht verwendet werden.

Auf die in § 2 Absatz 2 bezeichneten Stoffe, sowie auf Schwefelantimon und Schwefelcadmium als Färbemittel der Gummimasse, Bleioxyd in Firnis,

Bleiweiss, als Bestandteil des sogenannten Wachsgusses, jedoch nur, sofern dasselbe nicht ein Gewichtsteil in 100 Gewichtsteilen der Masse übersteigt,

chromsaures Blei (für sich oder in Verbindung mit schwefelsaurem Blei) als Oel- oder Lackfarbe oder mit Lack- oder Firnisüberzug,

die in Wasser unlöslichen Zinkverbindungen, bei Gummispielwaren jedoch nur, soweit sie als Färbemittel der Gummimasse als Oel- oder Lackfarben oder mit Lack- oder Firnisüberzug verwendet werden, alle in Glasuren oder Emails eingebrannten Farben findet diese Bestimmung nicht Anwendung.

Soweit zur Herstellung von Spielwaren, die in den §§ 7 und 8 bezeichneten Gegenstände verwendet werden, finden auf letztere lediglich die §§ 7 und 8 Anwendung.

§ 5.

Zur Herstellung von Buch- und Steindruck auf den in den §§ 2, 3 und 4 bezeichneten Gegenständen dürfen nur solche Farben nicht verwendet werden, welche Arsen enthalten.

§ 6.

Tuschfarben jeder Art dürfen als frei von gesundheitsschädlichen Stoffen beziehungsweise giftfrei nicht verkauft werden, wenn sie den Vorschriften im § 4 Absatz 1 und 2 nicht entsprechen.

§ 7.

Zur Herstellung von zum Verkauf bestimmten Tapeten, Möbelstoffen, Teppichen, Stoffen zu Vorhängen oder Bekleidungsgegenständen, Marken, Kerzen, sowie künstlichen Blättern, Blumen und Früchten dürfen Farben, welche Arsen enthalten, nicht verwendet werden.

Auf die Verwendung arsenhaltiger Beizen oder Fixierungsmittel zum Zweck des Färbens oder Bedruckens von Gespinsten oder Geweben findet diese Bestimmung nicht Anwendung. Doch dürfen derartig bearbeitete Gespinste oder Gewebe zur Herstellung der im Absatz 1 bezeichneten Gegenstände nicht verwendet werden, wenn sie das Arsen in wasserlöslicher Form oder in solcher Menge enthalten, dass sich in 100 Quadratcentimeter des fertigen Gegenstandes mehr als 2 Milligramm Arsen vorfinden. Der Reichskanzler ist ermächtigt, nähere Vorschriften über das bei der Feststellung des Arsengehaltes anzuwendende Verfahren zu erlassen.

§ 8.

Die Vorschriften des § 7 finden auch auf die Herstellung von zum Verkauf bestimmten Schreibmaterialien, Lampen- und Lichtschirmen, sowie Lichtmanschetten Anwendung.

Die Herstellung von Oblaten unterliegt den Bestimmungen im § 1, jedoch sofern sie nicht zum Genusse bestimmt sind, mit der Massgabe, dass die Verwendung von schwefelsaurem Baryum (Schwerspath, blanc fixe), Chromoxyd und Zinnober gestattet ist.

§ 9.

Arsenhaltige Wasser- oder Leimfarben dürfen zur Herstellung des Anstrichs von Fussböden, Decken, Wänden, Türen, Fenstern der Wohn- oder Geschäftsräume, von Roll-, Zug- oder Klappläden oder Vorhängen, von Möbeln und sonstigen häuslichen Gebrauchsgegenständen nicht verwendet werden.

§ 10.

Auf die Verwendung von Farben, welche die im § 1 Absatz 2 bezeichneten Stoffe nicht als konstituierende Bestandteile, sondern nur als Verunreinigungen, und zwar höchstens in einer Menge enthalten, welche sich bei den in der Technik gebräuchlichen Darstellungsverfahren nicht vermeiden lässt, finden die Bestimmungen der §§ 2 bis 9 nicht Anwendung.

§ 11.

Auf die Färbung von Pelzwaren finden die Vorschriften dieses Gesetzes nicht Anwendung.

§ 12.

Mit Geldstrafe bis zu einhundertundfünfzig Mark oder mit Haft wird bestraft:

1. wer den Vorschriften der §§ 1 bis 5, 7, 8 und 10 zuwider Nahrungsmittel, Genussmittel oder Gebrauchsgegenstände herstellt, aufbewahrt oder verpackt, oder derartige hergestellte, aufbewahrte oder verpackte Gegenstände gewerbsmässig verkauft oder feilhält;

2. wer der Vorschrift des § 6 zuwiderhandelt;

3. wer der Vorschrift des § 9 zuwiderhandelt; ingleichen wer Gegenstände, welche dem § 9 zuwider hergestellt sind, gewerbsmässig verkauft oder feilhält.

§ 13.

Neben der im § 12 vorgesehenen Strafe kann auf Einziehung der verbotswidrig hergestellten, aufbewahrten, verpackten, verkauften oder feilgehaltenen Gegenstände erkannt werden, ohne Unterschied, ob sie dem Verurteilten gehören oder nicht.

Ist die Verfolgung oder Verurteilung einer bestimmten Person nicht ausführbar, so kann auf die Einziehung selbständig erkannt werden.

§ 14.

Die Vorschriften des Gesetzes, betreffend den Verkehr mit Nahrungsmitteln, Genussmitteln und Gebrauchsgegenständen, vom 14. Mai 1879 (Reichsgesetzblatt S. 145) bleiben unberührt. Die Vorschriften in den §§ 16, 17 desselben finden auch bei Zuwiderhandlungen gegen die Vorschriften des gegenwärtigen Gesetzes Anwendung.

§ 15.

Dieses Gesetz tritt mit dem 1. Mai 1888 in Kraft; mit demselben Tage tritt die Kaiserliche Verordnung, betr. die Verwendung giftiger Farben, vom 1. Mai 1882 (Reichs-Gesetzblatt, S. 55) ausser Kraft.

Gegeben Bad Ems, den 5. Juli 1887.

(L. S.)   Wilhelm
                                        von Boetticher.

Die Bestimmungen dieses Gesetzes sind von ganz besonderer Wichtigkeit, weil sie mehrere Stoffe unzweideutig bezeichnen, welche in den kosmetischen Mitteln (= Mitteln zur Reinigung, Pflege oder Färbung der Haut, des Haares und der Mundhöhle) nicht enthalten sein dürfen.

Gegen die Bestimmungen dieses Gesetzes wird unseres Wissens noch ausserordentlich häufig verstossen und es dürfte gerechtfertigt sein, wenn man behauptet, dass fast jedes grössere Friseurgeschäft in seiner Auslage kosmetische Mittel beherbergt, welche den Anforderungen des § 3 zuwiderlaufen. Ganz besonders sind es die Haarkosmetika, welche hier in Frage kommen. Der § 3 lässt absolut keinen Zweifel darüber zu, dass Blei- und Kupferverbindungen (Bleizucker, schwefelsaures Blei etc.; Kupferchlorid etc.) in Haarfärbemitteln ebensowenig vorhanden sein dürfen, wie in allen anderen kosmetischen Präparaten. Allerdings dürften solche Haarfärbemittel, die ausdrücklich nur zur Färbung toten Haares (Zöpfe, Perrücken) benutzt werden sollen, diesem Verbote nicht unterworfen sein. So bedauerlich es in der einen Beziehung auch ist, dass ein so wirksames Agens, wie die Bleisalze, aus der Reihe der Haarfärbemittel-Ingredienzien ausscheiden muss, so dankbar müssen auf der anderen Seite die Verbraucher dieser Kosmetika dem Gesetzgeber sein, dass er sie vor den Gefahren der Bleivergiftung zu behüten sucht. Silberverbindungen (Höllenstein) ebenso solche des Wismuts dürfen dagegen kosmetische Mittel enthalten.

Bei den Vorschriften für Enthaarungsmittel findet man häufig als wirksame Bestandteile Auripigment (Schwefelarsen) und Schwefelbaryum (= Baryumsulfid, nicht zu verwechseln mit dem wegen seiner Unlöslichkeit zugelassenen schwefelsauren Baryum oder Baryumsulfat) verzeichnet. Das Gesetz verbietet mit Recht die Anwendung dieser giftigen Stoffe zu kosmetischen Mitteln. Bei Enthaarungsmitteln bietet übrigens das ebenso wirksame Schwefelcalcium einen brauchbaren Ersatz für das Schwefelbaryum.

Quecksilber, welches in Form von weissem Präzipitat oder als Kalomel auch heute noch dann und wann in Gesichtscremes angetroffen wird, ferner in Form von Sublimat zu Sommersprossenmitteln und desinficierenden Mundwässern empfohlen wird, zählt mit allen seinen Verbindungen — mit Ausnahme des unlöslichen Zinnobers — zu den verbotenen Stoffen.

Von Zinkverbindungen ist das zu Pudern vielfach verwendete Zinkoxyd (Zinkweiss) und auch das Schwefelzink (Hauptbestandteil der Lithopone) erlaubt, von Zinnverbindungen das Zinnoxyd, welches in der Nagelpflege vielfach verwendet wird.

Die übrigen im § 3, bezw. im Absatz 2 von § 1 aufgeführten Stoffe bieten für den Kosmetiker nur ein untergeordnetes Interesse.

Bemerkenswert ist allenfalls noch, dass bezüglich der Verwendung der Teerfarbstoffe mit Ausnahme von Korallin keine Bestimmungen getroffen sind. Man darf daher dem Buchstaben des Gesetzes gemäss Anilinfarben zur Färbung kosmetischer Mittel (Toiletteseifen, Schminken etc.) ohne weiteres verwenden, wenn sie nicht Stoffe der im § 1 bezeichneten Art oder Pikrate enthalten. Hierbei sei aber an die dem Paraphenylendiamin nahestehenden, jetzt zu Haarfärbezwecken verbotenen Teerfarben bezw. organischen Präparate erinnert, als Beweis dafür, mit welcher Vorsicht bei der Einführung von in ihrer Wirkung unbekannten Stoffen vorgegangen werden muss.

Verordnung, betreffend den Verkehr mit Arzneimitteln.

Vom 22. Oktober 1901.

Wir Wilhelm von Gottes Gnaden deutscher Kaiser, König von Preussen etc. verordnen im Namen des Reichs auf Grund der Bestimmungen im § 6 Absatz 2 der Gewerbeordnung (Reichs-Gesetzbl. 1900, S. 871), was folgt:

§ 1.

Die in dem angeschlossenen Verzeichnisse A aufgeführten Zubereitungen dürfen, ohne Unterschied, ob sie heilkräftige Stoffe enthalten oder nicht, als Heilmittel (Mittel zur Beseitigung oder Linderung von Krankheiten bei Menschen oder Tieren) ausserhalb der Apotheken nicht verkauft werden.

Dieser Bestimmung unterliegen von den bezeichneten Zubereitungen, *soweit sie als Heilmittel feilgehalten oder verkauft werden,*

a) *kosmetische Mittel (Mittel zur Reinigung, Pflege oder Färbung der Haut, des Haares oder der Mundhöhle), Desinfektionsmittel oder Hühneraugenmittel nur dann, wenn sie Stoffe enthalten, welche in den Apotheken ohne Anweisung eines Arztes, Zahnarztes oder Tierarztes*

*nicht abgegeben werden dürfen, kosmetische Mittel ausserdem auch
dann, wenn sie Kreosot, Phenylsalicylat oder Resorcin enthalten.*
  b) *)
  Auf Verbandstoffe (Binden, Gazen, Watten u. dergl.), auf Zubereitungen zur Herstellung von Bädern sowie auf *Seifen zum äusserlichen
Gebrauche* findet die Bestimmung im Absatz 1 nicht Anwendung.

§ 2.

  Die in dem angeschlossenen Verzeichnisse B aufgeführten Stoffe
dürfen ausserhalb der Apotheken nicht feilgehalten oder verkauft werden.

§ 3.

  Der Grosshandel unterliegt den vorstehenden Bestimmungen nicht.
Gleiches gilt für den Verkauf der im Verzeichnisse B aufgeführten Stoffe
an Apotheken oder an solche öffentliche Anstalten, welche Untersuchungs-
oder Lehrzwecken dienen und nicht gleichzeitig Heilanstalten sind.

§ 4.

  Der Reichskanzler ist ermächtigt, weitere, im Einzelnen besimmt zu
bezeichnete Zubereitungen, Stoffe und Gegenstände von dem Feilhalten
und Verkaufen ausserhalb der Apotheken auszuschliessen.

§ 5.

  Die gegenwärtige Verordnung tritt mit dem 1. April 1902 in Kraft.
Mit demselben Zeitpunkte treten die Verordnungen, betreffend den Verkehr
mit Arzneimitteln, vom 27. Januar 1890, 31. Dezember 1894, 25. November
1895 und 19. August 1897 (Reichs-Gesetzbl. 1890 S. 9, 1895 S. 1 u. 455,
1897 S. 707) ausser Kraft.
  Urkundlich unter Unserer Höchsteigenhändigen Unterschrift und
beigedrucktem Kaiserlichen Insiegel.

  Gegeben Neues Palais, Potsdam, den 22. Oktober, 1901.

  (L. S.)   Wilhelm.
                                    Graf von Posadowsky.

Verzeichnis A.

  1. Abkochungen und Aufgüsse (decocta et infusa);
  2. Aetzstifte (styli caustici);
  3. Auszüge in fester oder flüssiger Form (extracta et tincturae),
ausgenommen:

Arnikatinktur,	Lakrizen (Süssholzsaft), auch mit
Baldriantinktur, auch ätherische,	Anis,
Benediktineressenz,	Malzextrakt, auch mit Eisen, Leber-
Benzoëtinktur,	tran oder Kalk,
Bischofessenz,	Myrrhentinktur,
Eichelkaffee-Extrakt,	Nelkentinktur,
Fichtennadelextrakt,	Thee-Extrakt von Blättern des
Fleischextrakt,	Theestrauchs,
Himbeeressig,	Vanilletinktur,
Kaffee-Extrakt,	Wachholderextrakt;

---

*) Dieser Absatz bezieht sich nur auf künstliche Mineralwässer, wurde deshalb hier
weggelassen.

4. Gemenge, trockene, von Salzen oder zerkleinerten Substanzen, oder von beiden unter einander, auch wenn die zur Vermengung bestimmten einzelnen Bestandteile gesondert verpackt sind (pulveres, salia et species mixta), sowie Verreibungen jeder Art (triturationes), ausgenommen:
  Brausepulver aus Natriumcarbonat und Weinsäure, auch mit Zucker oder ätherischen Oelen gemischt,
  Eichelkakao, auch mit Malz,
  Hafermehlkakao,
  Riechsalz,
  Salicylstreupulver,
  Salze, welche aus natürlichen Mineralwässern bereitet oder den solchergestalt bereiteten Salzen nachgebildet sind,
  Schneeberger Schnupftabak mit einem Gehalte von höchstens 3 Gewichtsteilen Niesswurzel in 100 Gewichts-Teilen des Schnupftabaks;

5. Gemische, flüssige, und Lösungen (mixturae et solutiones) einschliesslich gemischte Balsame, Honigpräparate u. Sirupe, ausgenommen:
  Aetherweingeist (Hoffmannstropfen),
  Ameisenspiritus,
  Aromatischer Essig,
  Bleiwasser mit einem Gehalte von höchstens 2 Gewichtsteilen Bleiessig in 100 Teilen der Mischung,
  Eukalyptuswasser,
  Fenchelhonig,
  Fichtennadelspiritus (Waldwollextrakt),
  Franzbranntwein mit Kochsalz,
  Kalkwasser, auch mit Leinöl,
  Kampherspiritus,
  Karmelitergeist,
  Lebertran mit ätherischen Oelen,
  Mischungen von Aetherweingeist, Kampherspiritus, Seifenspiritus, Salmiakgeist u. Spanischpfeffertinktur, oder von einzelnen dieser fünf Flüssigkeiten unter einander zum Gebrauche für Tiere, sofern die einzelnen Bestandteile der Mischungen auf den Gefässen, in denen die Abgabe erfolgt, angegeben werden,
  Obstsäfte mit Zucker, Essig oder Fruchtsäuren eingekocht,
  Pepsinwein,
  Rosenhonig, auch mit Borax,
  Seifenspiritus,
  Weisser Sirup;

6) Kapseln gefüllte, von Leim (Gelantine) oder Stärkemehl (capsulae gelatinosae et amylaceae repletae), ausgenommen solche Kapseln, welche Brausepulver der unter Nr. 4 angegebenen Art, Copaïvabalsam, Lebertran, Natriumbicarbonat, Ricinusöl oder Weinsäure enthalten;

7) Latwergen (electuariae);

8) Linimente (linimenta), ausgen. flüchtiges Liniment;

9) Pastillen (auch Plätzchen und Zeltchen), Tabletten, Pillen und Körner (pastilli-rotulae et trochisci-, tabulettae, pilulae et granula), ausgenommen:
  aus natürlichen Mineralwässern oder aus künstlichen Mineralquellsalzen bereitete Pastillen,
  einfache Molkenpastillen,
  Pfefferminzplätzchen,
  Salmiakpastillen, auch mit Lakritzen und Geschmackzusätzen, welche nicht zu den Stoffen des Verzeichnisses B gehören,

Tabletten aus Saccharin,*) Natriumbicarbonat oder Brausepulver, auch
mit Geschmackzusätzen, welche nicht zu den Stoffen des Verzeichnisses B gehören;

10. Pflaster und Salben (emplastra et unguenta), ausgenommen:
Bleisalbe zum Gebrauche für Tiere,
Borsalbe zum Gebrauche für Tiere,
Cold Cream, auch mit Glycerin, Lanolin oder Vaselin,
Pechpflaster, dessen Masse lediglich aus Pech, Wachs, Terpentin und
Fett oder einzelnen dieser Stoffe besteht,
Englisches Pflaster, Heftpflaster,
Hufkitt,
Lippenpomade, Pappelpomade,
Salicyltalg, Senfleinen, Senfpapier,
Terpentinsalbe zum Gebrauch für Tiere,
Zinksalbe zum Gebrauch für Tiere;

11. Suppositorien (suppositoria) in jeder Form (Kugeln,
Stäbchen, Zäpfchen oder dergl.) sowie Wundstäbchen (cereoli).

Verzeichnis B.

Bei den mit * versehenen Stoffen sind auch die Abkömmlinge
der betreffenden Stoffe sowie die Salze der Stoffe und ihrer
Abkömmlinge inbegriffen.

* Acetanilidum.		* Antifebrin.
Acida chloracetica.		Die Chloressigsäuren.
Acidum benzoïcum e resina sublimatum.		Aus dem Harze sublimierte Benzoësäure.
	.. camphoricum.	Kamphersäure.
	.. cathartinicum.	Kathartinsäure.
	.. cinnamylicum.	Zimmtsäure.
	.. chrysophanicum.	Chrysophansäure.
	.. hydrobromicum.	Bromwasserstoffsäure.
	.. hydrocyanicum.	Cyanwasserstoffsäure (Blausäure).
*	.. lacticum.	* Milchsäure.
*	.. osmicum.	* Osmiumsäure.
	.. sclerotinicum.	Sklerotinsäure.
*	.. sozojodolicum.	* Sozojodolsäure.
	.. succinicum.	Bernsteinsäure.
*	.. sulfocarbolicum.	* Sulfophenolsäure.
*	.. valerianicum.	* Baldriansäure.
* Aconitinum.		* Akonitin.
Actolum.		Aktol.
Adonidinum.		Adonidin.
Aether bromatus.		Aethylbromid.
	.. chloratus.	Aethylchlorid.
	.. jodatus.	Aethyljodid.
Aethyleni praeparata.		Die Aethylenpräparate.
Aethylidenum bichloratum.		Zweifachchloräthyliden.
Agaricinum.		Agaricin.
Airolum.		Airol.
Aluminium acetico-tartaricum.		Essigweinsaures Aluminium.

*) Diese Ausnahme ist durch das neue Süssstoffgesetz (siehe weiter hinten) hin-
fällig geworden.

Ammonium chloratum ferratum.	Eisensalmiak.
Amylenum hydratum.	Amylenhydrat.
Amylium nitrosum.	Amylnitrit.
Anthrarobinum.	Anthrarobin.
*Apomorphinum.	*Apomorphin.
Aqua Amygdalarum amararum.	Bittermandelwasser.
„ Lauro-cerasi.	Kirschlorbeerwasser.
.. Opii.	Opiumwasser.
.. vulneraria spirituosa.	Weisse Arquebusade.
*Arecolinum.	*Arekolin.
Argentaminum.	Argentamin.
Argentolum.	Argentol.
Argoninum.	Argonin.
Aristolum.	Aristol.
Arsenium jodatum.	Jodarsen.
*Atropinum.	*Atropin.
Betolum.	Betol.
Bismutum bromatum.	Wismutbromid.
.. oxyjodatum.	Wismutoxyjodid.
.. subgallicum (Derma-	Basisches Wismutgallat
tolum)	(Dermatol).
.. subsalicylicum.	Basisches Wismutsalicylat.
.. tannicum.	Wismuttannat.
Blatta orientalis.	Orientalische Schabe.
Bromalum hydratum.	Bromalhydrat.
Bromoformium.	Bromoform.
*Brucinum.	*Brucin.
Bulbus Scillae siccatus.	Getrocknete Meerzwiebel.
Butylchloralum hydratum.	Butylchloralhydrat.
Camphora monobromata.	Einfach-Bromkampher.
Cannabinonum.	Kannabinon.
Cannabinum tannicum.	Kannabintannat.
Cantharides.	Spanische Fliegen.
Cantharidinum.	Kantharidin.
Cardolum.	Kardol.
Castoreum canadense.	Kanadisches Bibergeil.
.. sibiricum.	Sibirisches Bibergeil.
Cerium oxalicum.	Ceriumoxalat.
*Chinidinum.	*Chinidin.
*Chininum.	*Chinin
Chinoïdinum.	Chinoïdin.
Chloralum formamidatum.	Chloralformamid.
Chloralum hydratum.	Chloralhydrat.
Chloroformium.	Chloroform.
Chrysarobinum.	Chrysarobin.
*Chinchonidinum.	*Chinchonidin.
Chinchoninum.	Chinchonin.
*Cocaïnum.	*Cocaïn.
*Coffeïnum.	*Koffeïn.
Colchicinum.	Kolchicin.
*Coniinum.	*Koniin.
Convallamarinum.	Konvallamarin.
Convallarinum	Konvallarin.
CortexChinae. ·	Chinarinde.
.. Condurango.	Condurangorinde.
.. Granati.	Granatrinde.
.. Mezerei.	Seidelbastrinde.

Cotoinum.	Kotoin.
Cubebae.	Kubeben.
Cuprum aluminatum.	Kupferalaun.
Cuprum salicylicum.	Kupfersalicylat.
Curare.	Kurare.
* Curarinum.	* Kurarin.
Delphininum.	Delphinin.
* Digitalinum.	* Digitalin.
* Digitoxinum.	* Digitoxin.
* Duboisinum.	* Duboisin.
* Emetinum.	* Emitin.
* Eucainum.	* Eukain.
Euphorbium.	Euphorbium.
Europhenum.	Europhen.
Fel tauri depuratum siccum.	Gereinigte trockene Ochsengalle.
Ferratinum.	Ferratin.
Ferrum arsenicicum.	Arsensaures Eisen.
.. arsenicosum.	Arsenigsaures Eisen.
.. carbonicum saccharatum.	Zuckerhaltiges Ferrocarbonat.
.. citricum ammoniatum.	Ferri-Ammoniumcitrat.
.. jodatum saccharatum.	Zuckerhaltiges Eisenjodür.
.. oxydatum dialysatum.	Dialysiertes Eisenoxyd.
.. oxydatum saccharatum.	Eisenzucker.
.. peptonatum.	Eisenpeptonat.
.. reductum.	Reduziertes Eisen.
.. sulfuricum oxydatum ammoniatum.	Ferri-Ammoniumsulfat.
.. sulfuricum siccum.	Getrocknetes Ferrosulfat.
Flores Cinae.	Zitwersamen.
.. Koso.	Kosoblüten.
Folia Belladonnae.	Belladonnablätter.
.. Bucco.	Buccoblätter.
.. Cocae.	Cocablätter.
.. Digitalis.	Fingerhutblätter.
.. Jaborandi.	Jaborandiblätter.
.. Rhois toxicodendri.	Giftsumachblätter.
.. Stramonii.	Stechapfelblätter.
Fructus Papaveris immaturi.	Unreife Mohnköpfe.
Fungus Laricis.	Lärchenschwamm.
Galbanum.	Galbanum.
* Guajacolum.	* Guajakol.
Hamamelis virginica.	Hamamelis.
Haemalbuminum.	Hämalbumin.
Herba Aconiti.	Akonitkraut.
.. Adonidis.	Adoniskraut.
.. Cannabis indicae.	Indischer Hanf.
.. Cicutae virosae.	Wasserschierling.
.. Conii.	Schierling.
.. Gratiolae.	Gottesgnadenkraut.
.. Hyoscyami.	Bilsenkraut.
.. Lobeliae.	Lobelienkraut.
* Homatropinum.	* Homatropin.
Hydrargyrum aceticum.	Quecksilberacetat.
.. bijodatum.	Quecksilberjodid.
.. bromatum.	Quecksilberbromür.
.. chloratum.	Quecksilberchlorür (Kalomel)
.. cyanatum.	Quecksilbercyanid.

Hydrargyrum formamidatum.	Quecksilberformamid.
„ jodatum.	Quecksilberjodür.
„ oleïnicum.	Oelsaures Quecksilber.
„ oxydat. via humida parat.	Gelbes Quecksilberoxyd.
„ peptonatum.	Quecksilberpeptonat.
„ praecipitatum album.	Weisses Quecksilberpräcipitat.
„ salicylicum.	Quecksilbersalicylat.
„ tannicum oxydulatum.	Quecksilbertannat.
* Hydrastininum.	* Hydrastinin.
* Hyoscyaminum.	* Hyoscyamin.
Itrolum.	Itrol.
Jodoformium.	Jodoform.
Jodolum.	Jodol.
Kaïrinum.	Kaïrin.
Kaïrolinum.	Kaïrolin.
Kalium jodatum.	Kaliumjodid.
Kamala.	Kamala.
Kosinum.	Kosin.
Kreosotum (e ligno paratum).	Holzkreosot.
Lactopheninum.	Laktophenin.
Lactucarium.	Giftlattichsaft.
Larginum.	Largin.
Lithium benzoïcum.	Lithiumbenzoat.
„ salicylicum.	Lithiumsalicylat.
Losophanum.	Losophan.
Magnesium citricum effervescens.	Brausemagnesia.
„ salicylicum.	Magnesiumsalicylat.
Manna.	Manna.
Methylenum bichloratum.	Methylenbichlorid.
Methylsulfonalum (Trionalum).	Methylsulfonal (Trional).
Muscarinum.	Muskarin.
Natrium aethylatum.	Natriumäthylat.
„ benzoïcum.	Natriumbenzoat.
„ jodatum.	Natriumjodid.
„ pyrophosphoricum ferratum.	Natrium-Ferripyrophosphat.
„ salicylicum.	Natriumsalicylat.
„ santoninicum.	Santoninsaures Natrium.
„ tannicum.	Natriumtannat.
* Nosophenum.	* Nosophen.
Oleum Chamomillae aethereum.	Aetherisches Kamillenöl.
„ Crotonis.	Crotonöl.
„ Cubebarum.	Kubebenöl.
„ Matico.	Matikoöl.
„ Sabinae.	Sadebaumöl.
„ Santali.	Sandelöl.
„ Sinapis.	Senföl.
„ Valerianae.	Baldrianöl.
Opium, ejus alcaloida eorumque salia et derivata eorumque salia (Codeïnum, Heroïnum, Morphinum, Narceïnum, Narcotinum, Peroninum, Thebaïnum et alia).	Opium, dessen Alkaloide, deren Salze und Abkömmlinge, sowie deren Salze (Kodeïn, Heroïn, Morphin, Narceïn, Narkotin, Peronin, Thebaïn und Andere.)
* Orexinum.	* Orexin.
* Orthoformium.	* Orthoform.
Paracotoïnum.	Parakotoïn.
Paraldehydum.	Paraldehyd.
Pasta Guarana.	Guarana.

* Pelletierinum.	* Pelletierin.
* Phenacetinum.	* Phenacetin.
* Phenocollum.	* Phenokoll.
* Phenylum salicyl. (Salolum).	* Phenylsalicylat (Salol).
* Physostigminum (Eserinum).	* Physostigmin (Eserin).
Picrotoxinum.	Pikrotoxin.
* Pilocarpinum.	* Pilokarpin.
* Piperazinum.	* Piperazin.
Plumbum jodatum.	Bleijodid.
„ tannicum.	Bleitannat.
Podophyllinum.	Podophyllin.
Praeparata organotherapeutica.	Therapeutische Organ-Präparate.
Propylaminum.	Propylamin.
Protargolum.	Protargol.
* Pyrazolonum phenyldimethylicum (Antipyrinum.)	* Phenyldimethylpyrazolon (Antipyrin).
Radix Belladonnae.	Belladonnawurzel.
„ Colombo.	Colombowurzel.
„ Gelsemii.	Gelsemiumwurzel.
„ Ipecacuanhae.	Brechwurzel.
„ Rheï.	Rhabarber.
„ Sarsaparillae.	Sarsaparille.
„ Senegae.	Senegawurzel.
Resina Jalapae.	Jalapenharz.
„ Scammoniae.	Scammoniaharz.
Resorcinum purum.	Reines Resorcin.
Rhizoma Filicis.	Farnwurzel.
„ Hydrastis.	Hydrastisrhizom.
„ Veratri.	Weisse Niesswurzel.
Salia glycerophosphorica.	Glycerinphosphorsaure Salze.
Salophenum.	Salophen.
Santoninum.	Santonin.
* Scopolaminum.	* Skopolamin.
Secale cornutum.	Mutterkorn.
Semen Calabar.	Kalabarbohne.
„ Colchici.	Zeitlosensamen.
„ Hyoscyami.	Bilsenkrautsamen.
„ St. Ignatii.	St. Ignatiusbohne.
„ Stramonii.	Stechapfelsamen.
„ Strophanti.	Strophantussamen.
„ Strychni.	Brechnuss.
Sera therapeutica, liquida et sicca, et eorum praeparata ad usum humanum.	Flüssige und trockene Heilsera, sowie deren Präparate zum Gebrauche für Menschen.
* Sparteïnum.	* Sparteïn.
Stipites Dulcamarae.	Bittersüssstengel.
* Strychninum.	* Strychnin.
* Sulfonalum.	* Sulfonal.
Sulfur jodatum.	Jodschwefel.
Summitates Sabinae.	Sadebaumspitzen.
Tannalbinum.	Tannalbin.
Tannigenum.	Tannigen.
Tannoformium.	Tannoform.
Tartarus stibiatus.	Brechweinstein.
Terpinum hydratum.	Terpinhydrat.
Tetronalum.	Tetronal.
* Thallinum.	* Thallin.

* Theobrominum.	* Theobromin.
Thioforminium.	Thioform.
* Tropacocaïnum.	* Tropacocaïn.
Tubera Aconiti.	Akonitknollen.
„ Jalapae.	Jalapenwurzel.
Tuberculinum.	Tuberkulin.
Tuberculocidinum.	Tuberkulocidin.
* Urethanum.	* Urethan.
* Urotropinum.	* Urotropin.
Vasogenum et ejus praeparata.	Vasogen und dessen Präparate.
* Veratrinum.	* Veratrin.
Xeroformium.	Xeroform.
*Yohimbinum.	* Yohimbin.
Zincum aceticum.	Zinkacetat.
„ chloratum purum.	Reines Zinkchlorid.
„ cyanatum.	Zinkcyanid.
„ permanganicum.	Zinkpermanganat.
„ salicylicum.	Zinksalicylat.
„ sulfoichthyolicum.	Ichthyolsulfosaures Zink.
„ sulfuricum purum.	Reines Zinksulfat.

Verzeichnis derjenigen Drogen, Präparate und Zubereitungen, welche laut Bekanntmachung vom 22. Juni 1896, betreffend die Abgabe starkwirkender Arzneimittel, in den Apotheken nur auf schriftliche Anweisung eines Arztes, Zahnarztes oder Tierarztes als Heilmittel abgegeben werden dürfen.*)

Acetanilidum	Antifebrin	0,5g**)
Acetum Digitalis	Fingerhutessig	2,0 g
Acidum carbolicum	Karbolsäure	0,1 g

ausgenommen zum äusseren Gebrauch:

Acidum hydrocyanicum et ejus salia	Cyanwasserstoffsäure (Blausäure) und deren Salze	0,001 g
Acidum osmicum et ejus salia	Osmiumsäure und deren Salze	0,001 g
Aconitinum, Aconitini. derivata et eorum salia	Akonitin, die Abkömmlinge des Akonitins und deren Salze	0,001 g
Aether bromatus	Aethylbromid	0,5 g
Aethyleni praeparata	Die Aethylenpräparate	0,5 g

ausgenommen zum äusseren Gebrauch in Mischungen mit Oel oder Weingeist, welche nicht mehr als 50 Gewichtsteile des Aethylenpräparates in 100 Gewichtsteilen Mischung enthalten;

---

*) Der Bequemlichkeit halber werden wir im späteren Texte, wo auf dieses Verzeichnis zurückgewiesen wird, dasselbe als Abgabeverordnung bezeichnen.

**) Diese hier angegebenen Gewichtsmengen sind nicht die Maximaldosen des Deutschen Arzneibuches, sondern sie stellen eine auf viel mehr Mittel ausgedehnte, auch im Uebrigen etwas andere Dosierung dar, welche besagt, dass wiederholte Abgabe von Arzneien aus diesem Verzeichnisse zum inneren Gebrauch in den Apotheken nur stattfinden darf (unbeschadet gewisser namhaft gemachter Ausnahmen, z. B. Morphium), wenn die Einzelgabe aus der zugehörigen (ärztlichen etc.) Anweisung ersichtlich ist und deren Gehalt an den bezeichneten Drogen und Präparaten die Gewichtsmengen des vorliegenden Verzeichnisses nicht übersteigt.

Aethylidenum bichloratum	Zweifachchloräthyliden	0,5 g
Agaricinum	Agaricin	0,1 g
Amylenum hydratum	Amylenhydrat	4,0 g
Amylium nitrosum	Amylnitrit	0,005 g
Antipyrinum	Antipyrin	1,0 g
Apomorphinum et ejus salia	Apomorphin und dessen Salze	0,02 g
Aqua Amygdalarum amararum	Bittermandelwasser	2,0 g
Aqua Lauro-cerasi	Kirschlorbeerwasser	2,0 g
Argentum nitricum	Silbernitrat	0,03 g

ausgenommen zum äusseren Gebrauch:

Arsenium et ejus praeparata	Arsen und dessen Präparate	0,005 g
Liquor Kalii arsenicosi	*Fowler*'sche Lösung	0,5 g
Atropinum et ejus salia	Atropin und dessen Salze	0,001 g
Auro-Natrium chloratum	Natriumgoldchlorid	0,05 g
Bromoformium	Bromoform	0,3 g
Brucinum et ejus salia	Brucin und dessen Salze	0,01 g
Butyl-chloralum hydratum	Butylchloralhydrat	1,0 g
Cannabinonum	Cannabinon	0,1 g
Cannabinonum tannicum	Gerbsaures Cannabinon	0,1 g
Cantharides	Spanische Fliegen	0,05 g

ausgenommen zum äusseren Gebrauch:

Cantharidinum	Kantharidin	0,001 g
Chloralum formamidatum	Chloralformamid	4,0 g
Chloralum hydratum	Chloralhydrat	3,0 g
Chloroformium	Chloroform	0,5 g

ausgenommen zum äusseren Gebrauch in Mischungen mit Oel oder Weingeist, welche nicht mehr als 50 Gewichtsteile Chloroform in 100 Gewichtsteilen Mischung enthalten:

Cocaïnum et ejus salia	Cocaïn und dessen Salze	0,05 g
Codeïnum et ejus salia omniaque alia alcaloïdea Opii hoc loco non nominata eorumque salia.	Kodein und dessen Salze und alle übrigen nicht besonders aufgeführten Alkaloide des Opiums nebst deren Salze.	0,1 g
Coffeïnum et ejus salia	Koffein und dessen Salze	0,5 g

ausgenommen in Zeltchen, welche nicht mehr als je 0,1 g Koffein enthalten:

Colchicinum	Kolchicin	0,001 g
Coniinum et ejus salia	Koniin und dessen Salze	0,001 g
Cuprum salicylicum	Kupfersalicylat	0,1 g

ausgenommen zum äusseren Gebrauch:

Cuprum sulfocarbolicum	Kupfersulfophenolat	0,1 g

ausgenommen zum äusseren Gebrauch:

Cuprum sulfuricum	Kupfersulfat	1,0 g

ausgenommen zum äusseren Gebrauch:

Curare et ejus praeparata	Curare und dessen Präparate	0,001 g
Daturinum	Daturin	0,001 g
Digitalinum, Digitalini derivata et eorum salia	Digitalin, die Abkömmlinge des Digitalins und deren Salze	0,001 g
Emetinum et ejus salia	Emetin und dessen Salze	0,005 g
Extractum Aconiti	Akonitextrakt	0,02 g
Extractum Belladonae	Belladonnaextrakt	0,05 g

ausgenommen in Pflastern und Salben:

Extractum Calabar Seminis	Calabarsamenextrakt	0,02 g
Extractum Cannabis Indicae	Indischhanfextrakt	0,1 g

ausgenommen zum äusseren Gebrauch;

Extractum Colocynthidis	Koloquinthenextrakt	0,05 g
Extractum Colocynthydis compositum	ZusammengesetztesKoloquinthenextrakt	0,1 g
Extractum Conii	Schierlingextrakt	0,2 g

ausgenommen in Salben:

Extractum Digitalis	Fingerhutextrakt	0,2 g

ausgenommen in Salben;

Extractum Hydrastis	Hydrastisextrakt	0,5 g
Extractum Hydrastis fluidum	Hydrastis-Fluidextrakt	1,5 g
Extractum Hyoscyami	Bilsenkrautextrakt	0,2 g

ausgenommen in Salben;

Extractum Ipecacuanhae	Brechwurzelextrakt	0,3 g
Extractum Lactucae virosae	Giftlattichextrakt	0,5 g
Extractum Opii	Opiumextrakt	0,15 g

ausgenommen in Salben;

Extractum Pulsatillae	Küchenschellenextrakt	0,2 g
Extractum Sabinae	Sadebaumextrakt	0,2 g

ausgenommen in Salben:

Extractum Scillae	Meerzwiebelextrakt	0,2 g
Extractum Secalis cornuti	Mutterkornextrakt	0,2 g
Extractum Secalis cornuti fluidum	Mutterkorn-Fluidextrakt	1,0 g
Extractum Stramonii	Stechapfelextrakt	0,1 g
Extractum Strychni	Brechnussextrakt	0,05 g
Folia Belladonnae	Belladonnablätter	0,2 g

ausgenommen in Pflastern und Salben und als Zusatz zu erweichenden Kräutern:

Folia Digitalis	Fingerhutblätter	0,2 g
Folia Stramonii	Stechapfelblätter	0,2 g

ausgenommen zum Rauchen und Räuchern;

Fructus Colocynthidis	Koloquinthen	0,5 g
Fructus Colocynthidis praeparati	Präparierte Koloquinthen	0,5 g
Fructus Papaveris immaturi	Unreife Mohnköpfe	3,0 g
Gutti	Gummigutt	0,5 g
Herba Conii	Schierling	0,5 g

ausgenommen in Pflastern und Salben und als Zusatz zu erweichenden Kräutern:

Herba Hyoscyami	Bilsenkraut	0,5 g

ausgenommen in Pflastern und Salben und als Zusatz zu erweichenden Kräutern:

Homatropinum et ejus salia	Homatropin und dessen Salze	0,001 g
Hydrargyri praeparata (postea non nominata)	Alle Quecksilberpräparate. welche hierunter nicht besonders aufgeführt sind	0,1 g

ausgenommen als graue Quecksilbersalbe mit einem Gehalt von nicht mehr als 10 Gewichtsteilen Quecksilber in 100 Gewichtsteilen Salbe, sowie Quecksilberpflaster;

Hydrargyrum bichloratum	Quecksilberchlorid	0,02 g
„ bijodatum	„ jodid	0,02 g
„ chloratum	„ chlorür	1,0 g
„ cyanatum	„ cyanid	0,02 g
„ jodatum	„ jodür	0,05 g
„ nitricum (oxydulatum)	„ (oxydul)-nitrat	0,02 g
„ oxydatum	„ oxyd	0,02 g

ausgenommen als rote Quecksilbersalbe mit einem Gehalt von nicht mehr als 5 Gewichtsteilen Quecksilberoxyd in 100 Gewichtsteilen Salbe;

Hydrargyrum praecipitatum album	Weisser Quecksilberpräzipitat	0,5 g

ausgenommen als weisse Quecksilbersalbe mit einem Gehalt von nicht mehr als 5 Gewichtsteilen Präzipitat in 100 Gewichtsteilen Salbe;

Hyoscinum (Duboisinum) et ejus salia	Hyoscin (Duboisin) und dessen Salze	0,0005g
Hyoscyaminum (Duboisinum) et ejus salia	Hyoscyamin (Duboisin) und dessen Salze	0,0005g
Jodum	Jod	0,02 g
Kalium dichromicum	Kaliumdichromat	0,01 g
Kreosotum	Kreosot	0,2 g

ausgenommen zum äusseren Gebrauch in Lösungen, welche nicht mehr als 50 Gewichtsteile Kreosot in 100 Gewichtsteilen Lösung enthalten;

Lactucarium	Giftlattichsaft	0,3 g
Liquor Kalii arsenicosi	*Fowler*'sche Lösung	0,5 g
Morphinum et ejus salia	Morphin und dessen Salze	0,03 g
Natrium salicylicum	Natriumsalicylat	2,0 g
Nicotinum et ejus salia	Nikotin und dessen Salze	0,001 g

ausgenommen in Zubereitungen zum äusseren Gebrauch bei Tieren;

Nitroglycerinum	Nitroglycerin	0,001 g
Oleum Amygdalarum aethereum	Aetherisches Bittermandelöl	0,2 g

sofern es nicht von Cyanverbindungen befreit ist;

Oleum Crotonis	Krotonöl	0,05 g
Oleum Sabinae	Sadebaumöl	0,1 g
Opium	Opium	0,15 g

ausgenommen in Pflastern und Salben;

Paraldehydum	Paraldehyd	5,0 g
Phenacetinum	Phenacetin	1,0 g
Phosphorus	Phosphor	0,001 g
Physostigminum et ejus salia	Physostigmin und dessen Salze	0,001 g
Picrotoxinum	Pikrotoxin	0,001 g
Pilocarpinum et ejus salia	Pilokarpin und dessen Salze	0,02 g
Plumbum jodatum	Jodblei	0,2 g
Pulvis Ipecacuanhae opiatus	*Dower*'sches Pulver	1,5 g
Radix Ipecacuanhae	Brechwurzel	1,0 g
Resina Jalapae	Jalapenharz	0,3 g

ausgenommen in Jalapenpillen, welche nach Vorschrift des Arzneibuches für das Deutsche Reich angefertigt sind;

Resina Scammoniae	Skammoniaharz	0,3 g
Rhizoma Veratri	Weisse Niesswurzel	0,3 g

ausgenommen zum äusseren Gebrauch für Tiere:

Santoninum	Santonin	0,1 g

ausgenommen in Zeltchen, welche nicht mehr als je 0.05 g Santonin enthalten:

Scopolaminum hydrobromicum	Skopolaminhydrobromid	0,0005g
Secale cornutum	Mutterkorn	1,0 g
Semen Colchici	Zeitlosensamen	0,3 g
Semen Strychni	Brechnuss	0,1 g
Strychninum et ejus salia	Strychnin und dessen Salze	0,01 g
Sulfonalum	Sulfonal	2,0 g
Sulfur jodatum	Jodschwefel	0,1 g
Summitates Sabinae	Sadebaumspitzen	1,0 g
Tartarus stibiatus	Brechweinstein	0,2 g
Thallinum et ejus salia	Thallin und dessen Salze	0,5 g
Theobrominum natrio-salicylicum	Diuretin	1,0 g
Tinctura Aconiti	Akonittinktur	0,5 g
„ Belladonnae	Belladonnatinktur	1,0 g
„ Cannabis Indicae	Indisch Hanftinktur	2,0 g
„ Cantharidum	Spanischfliegentinktur	0,5 g
„ Colchici	Zeitlosentinktur	2,0 g
„ Colocynthidis	Koloquinthentinktur	1,0 g
„ Digitalis	Fingerhuttinktur	1,5 g
„ „ aetherea	Aetherische Fingerhuttinktur	1,0 g
„ Gelsemii	Gelsemiumtinktur	1,0 g
„ Ipecacuanhae	Brechwurzeltinktur	1,0 g
„ Jalapae resinae	Jalapentinktur	3,0 g
„ Jodi	Jodtinktur	0,2 g

ausgenommen zum äusseren Gebrauch:

Tinktur Lobeliae	Lobelientinktur	1,0 g
„ Opii crocata	Safranhaltige Opiumtinktur	1,5 g

ausgenommen in Lösungen, die in 100 Gewichtsteilen nicht mehr als 10 Gewichtsteile safranhaltige Opiumtinktur enthalten:

Tinctura Opii simplex	Einfache Opiumtinktur	1,5 g

ausgenommen in Lösungen, die in 100 Gewichtsteilen nicht mehr als 10 Gewichtsteile einfache Opiumtinktur enthalten:

Tinctura Scillae	Meerzwiebeltinktur	2,0 g
„ Scillae kalina	Kalihaltige Meerzwiebeltinktur	2,0 g
„ Secalis cornuti	Mutterkorntinktur	1,5 g
„ Stramonii	Stechapfeltinktur	1,0 g
„ Strophanti	Strophanthustinktur	0,5 g
„ Strychni	Brechnusstinktur	1,0 g
„ „ aetherea	Aetherische Brechnusstinktur	0,5 g
„ Veratri	Niesswurzeltinktur	3,0 g

ausgenommen zum äusseren Gebrauch:

Trionalum	Trional	1,0 g
Tubera Aconiti	Akonitknollen	0,1 g
„ Jalapae	Jalapenknollen	1,0 g

ausgenommen in Jalapenpillen, welche nach Vorschrift des Arzneibuches für das Deutsche Reich angefertigt sind:

Urethanum	Urethan	3,0 g
Veratrinum et ejus salia	Veratrin und dessen Salze	0,005 g
Vinum Colchici	Zeitlosenwein	2,0 g
„ Ipecacuanhae	Ipecacuanhawein	5,0 g

Vinum stibiatum	Brechwein	2,0 g
Zincum aceticum	Zinkacetat	1,2 g
„ chloratum	„ -chlorid	0,002 g
„ lacticum omniaque	„ -laktat und alle übrigen hier	
Zinci salia hoc loco non nominata,	nicht besonders aufgeführten, in	
quae sunt in aqua solubilia.	Wasser löslichen Zinksalze	0,05 g
Zincum sulfocarbolicum	Zinksulfophenolat	0,05 g
„ sulfuricum	Zinksulfat	1,0 g

Ausgenommen bei Verwendung der vorgenannten und der übrigen, in Wasser löslichen Zinksalze zu äusserem Gebrauch.

*

In dieser seit 1. April 1902 in Kraft getretenen Kaiserlichen Verordnung betr. den Verkehr mit Arzneimitteln begegnen wir wiederum der bereits im Gesetz vom 5. Juli 1887 vorkommenden Erklärung des Begriffes »kosmetische Mittel«. Die hier gegebene Definition ist zwar nicht ganz vollständig, insofern als die Mittel zur Reinigung, Pflege und Färbung der Nägel nicht mitaufgeführt sind, andererseits aber recht glücklich gewählt. Wenn wir uns die Bedeutung des Wortes $\varkappa o \sigma \mu \acute{\epsilon} \omega$ (= ich schmücke, ordne), von dem sich die Bezeichnung »Kosmetik« ableitet, in's Gedächtnis zurückrufen, so ist damit zugleich die Hauptaufgabe der Kosmetik gekennzeichnet, nämlich durch Anwendung von künstlichen Mitteln die natürliche äussere Schönheit des Körpers zu erhalten und zu erhöhen. Die »Kosmetik« oder, wie wir sie mit einem zutreffenden deutschen Wort nennen können, »Schönheitspflege« ist also darauf gerichtet, durch Anwendung geeigneter Mittel dem Menschen diejenige äussere Beschaffenheit seiner Haut, Haare, Zähne und Nägel zu erhalten und zu verschaffen, welche unseren, allerdings durch Mode und Gewohnheit beeinflussten Anschauungen gemäss die Norm der Körperschönheit bildet.

Im Gegensatz zum Heilmittel, welches eine Krankheit voraussetzt, kommt die Anwendung der kosmetischen Mittel in erster Linie beim gesunden Körper in Frage; zweifellos hat aber eine regelrechte Schönheitspflege auch den Erfolg, dem Entstehen von Krankheiten vorzubeugen, wie auch manchen, ihrer ganzen Zusammensetzung und sonstigen Anwendung nach als Kosmetika gekennzeichneten Mitteln eine gewisse Heilwirkung zukommen wird gegenüber solchen krankhaften Erscheinungen, welche diejenigen Körperteile (Haut, Haar etc.) ergreifen können, die ihr Anwendungsgebiet bilden.

Bis zum Erlass der Verordnung vom 22. Oktober 1901 waren die nicht im Besitz einer Apotheke befindlichen Verkäufer kosmetischer Mittel (Drogisten, Friseure etc.) vielfachen Belästigungen und gerichtlichen Anklagen ausgesetzt, indem nicht selten diese Mittel, entweder wegen ihrer Zusammensetzung oder wegen des Zweckes, dem sie dienen sollten, für Heilmittel erklärt wurden, deren Verkauf nur dem Apotheker erlaubt sei. Es sind da eine ganze Reihe interessanter, natürlich auch sich teilweise widersprechender Gerichtsentscheidungen ergangen, auf die wir aus einem besonderen Grunde weiter unten kurz zurückkommen. Diesem unsicheren Zustande, der Unklarheit über die Freigabe dieser oder jener kosmetischer Mittel, hat die seit 1. April 1902 in Kraft stehende Kaiserliche Verordnung dadurch ein Ende zu machen gesucht, dass sie die kosmetischen Mittel auch »als Heilmittel« dem Verkaufe durch Nichtapotheker überlässt. Wie aus der in Parenthese beigegebenen Erklärung

(»Mittel zur Reinigung, Pflege und Färbung der Haut etc.«) ersichtlich
ist und vorher bereits angedeutet wurde, dürfen jedoch diese »kosmetischen
Heilmittel« ihres Charakters als wahre Kosmetika nicht entkleidet sein
und dürfen ferner nur zur Heilung solcher krankhafter Zustände verwendet werden, deren Beseitigung zur Erreichung des Endzweckes
jeglicher kosmetischer Behandlung, wie wir ihn oben näher kennzeichneten,
erforderlich ist. So z. B. wird eine Hautcreme, welche dazu dienen soll
eine rissige oder spröde Haut zu heilen, den Charakter eines kosmetischen
Heilmittels beanspruchen können, während eine Salbe, die gegen neu-
ralgische Hautschmerzen benutzt werden soll, als Arzneimittel zu gelten
haben wird, dessen Bereitung und Verkauf von rechts- und gesetzeswegen
nur dem Apotheker zukommt.

Allerdings ist das Feilhalten und der Verkauf der kosmetischen
Mittel »als Heilmittel« dem Nichtapotheker untersagt, wenn sie Stoffe
enthalten, welche in den Apotheken ohne schriftliche Anweisung eines
Arztes, Zahnarztes oder Tierarztes als Heilmittel nicht abgegeben werden
dürfen*) oder wenn sie Kreosot, Phenylsalicylat (= Salol) oder Resorcin
enthalten. Diese Einschränkung der Freigabe der zu Heilzwecken
dienenden Kosmetika hat insofern nicht viel auf sich, als die meisten
der hierbei überhaupt in Frage kommenden Stoffe in der Apotheke frei
verkauft werden können, es sei denn, sie wären zu innerlichem
Gebrauch bestimmt; der Verwendung solcher Stoffe zu kosmetischen
Mitteln steht also unseres Erachtens nichts entgegen. Wäre letztere Annahme
unzutreffend, so wäre es z. B. unverständlich, warum das im Verzeichnis
der Abgabeverordnung bereits mit aufgeführte und dem Apothekenhand-
verkauf zum äusserlichen Gebrauch freigegebene Kreosot ausdrücklich
nochmals (neben dem in der Abgabeverordnung nicht enthaltenen Resorcin
und Phenylsalicylat) verboten wird.

Kreosot, Phenylsalicylat und Resorcin sind Stoffe, welche gleichzeitig
im Verzeichnis B der Kaiserlichen Verordnung betr. den Verkehr mit
Arzneimitteln aufgeführt sind. Die ihnen in § 1, Absatz 2 unter a) ausdrücklich zugewiesene Ausnahmestellung weist darauf hin, dass die
Kosmetika, welche als Heilmittel feilgehalten und verkauft werden,
mit Ausnahme der vorgenannten drei alle diejenigen Stoffe des Verzeichnisses B enthalten dürfen, welche erstens nicht zugleich im Verzeichnis
der Abgabeverordnung stehen und im Verzeichnis B nur als solche, d. h.
ohne den Zusatz »und deren Präparate« (= »Zubereitungen«, im Gegensatz zu »Verbindungen« und »Salzen«) aufgeführt sind. Beispielsweise
entsprechen von Stoffen des Verzeichnisses B diesen Bedingungen das
»Chinin und die sich davon ableitenden chemischen Verbindungen«,
ferner »Chinarinde«. Man wird also sowohl Chininsalze wie Chinarindenauszug zu kosmetischen Mitteln verwenden dürfen, die als Heilmittel
(z. B. gegen Haarschwund) benutzt werden sollen, bezw. derartige Chinin-
präparate ausserhalb der Apotheke verkaufen dürfen.

Kosmetische Mittel, die nicht als Heilmittel feilgehalten und verkauft
werden, fallen überhaupt nicht unter die Arzneimittelverordnung, unterliegen daher den in Abschnitt a) des Absatzes 2 von § 1 angegebenen
Beschränkungen nicht; für ihre Zusammensetzung und ihren Abgabe-
Modus sind lediglich das Gesetz vom 5. Juli 1887 und das Giftgesetz
massgebend.

Da die Verordnung die Heilmittel ausdrücklich als »Mittel zur
Beseitigung und Linderung von Krankheiten« definiert, sind
sämtliche kosmetische Mittel, die nur als Vorbeugungsmittel (also
nicht zur Linderung und Beseitigung bereits bestehender) krankhafter
Zustände des Haares, der Haut etc. benutzt werden sollen, eo ipso

---

*) Das Verzeichnis dieser Stoffe (Abgabeverordnung) ist auf S. 416 u. f. abgedruckt.

keine Heilmittel. Ferner sind ebenfalls keine Heilmittel kosmetische Mittel, die zur Beseitigung und Linderung solcher abnormen Zustände der Haut, des Haares und der Mundhöhle benutzt werden sollen, welche nicht unter den Begriff »Krankheit« fallen. In dieser Beziehung sind die bereits oben erwähnten gerichtlichen Entscheidungen für uns von Interesse; so ist dem Hand- und Fussschweiss, den Sommersprossen, der Kahlköpfigkeit der Charakter als Krankheit abgesprochen, dagegen beispielsweise Kopfschuppen als Krankheit erklärt worden. Mittel, die zur Beseitigung von Kopfschuppen dienen sollen, wie Kopfschuppenwasser und Kopfschuppenpomade, sind daher als kosmetische Heilmitel anzusehen und dürfen nur dann ausserhalb der Apotheken feilgehalten und verkauft werden, wenn sie die in § 1, Absatz 2 unter a) aufgeführten Stoffe nicht enthalten. Da dem Hand- und Fussschweiss, den Sommersprossen der Charakter als Krankheit abgeht, so sind die Kosmetika zur Beseitigung und Linderung dieser unangenehmen Zustände keine kosmetischen Heilmittel und mithin bezüglich des Verkaufes ausserhalb der Apotheke den in der Kaiserlichen Verordnung angegebenen Beschränkungen ebenso wenig unterworfen, wie etwa Schminken oder Haarfärbemittel oder Mittel zur Erhaltung und Stärkung des Haarwuchses, Verhütung der Schuppenbildung etc.

Die Zusammensetzung eines kosmetischen Mittels ist an und für sich — sofern nicht Bestimmungen des Giftgesetzes oder des Gesetzes vom 5. Juli 1887 entgegenstehen — nach dem durch die Kaiserliche Verordnung geschaffenen Stand der Dinge kein Grund mehr, dasselbe dem freien Verkehr zu entziehen, sondern es kommt lediglich darauf an, ob das betreffende Präparat als Heilmittel feilgehalten und verkauft wird. Ein und dasselbe Mittel, z. B. ein resorcinhaltiges Haarkosmetikum wird also in dem Falle, wo es ausdrücklich nur als Mittel zur Erhaltung und Stärkung des Haarwuchses oder zur Reinhaltung der Kopfhaut und Verhinderung der Schuppenbildung, d. h. als reines Kosmetikum bezw. Vorbeugungsmittel benutzt werden soll, keinen Verkaufsbeschränkungen unterliegen, in dem Falle aber, wo es gleichzeitig oder ausschliesslich als Heilmittel (z. B. gegen Haarschwund, zur Beseitigung von Kopfschuppen) verkauft wird, dem Apothekermonopol vorbehalten sein. Jeder Versuch ein solches kosmetisches Mittel lediglich deshalb, weil es resorcinhaltig ist, nun zum kosmetischen Heilmittel zu stempeln, würde dem klaren Wortlaut der Arzneimittelverordnung zuwiderlaufen.

Von § 1 der Arzneimittel-Verordnung interessiert uns noch der Passus, dass Seifen zum äusserlichen Gebrauch den Bestimmungen des Absatzes 1 nicht unterliegen. Medizinische Seifen — denn nur solche kommen hier in Frage — sind demnach als Zubereitungen anzusehen, welche dem freien Verkehr überlassen sind. Hieran ändert auch der Umstand nichts, wenn sie Stoffe des Verzeichnisses B enthalten; es muss nur in diesem Falle der Gehalt der betr. medizinischen Seife an wirklicher Seife überwiegen, so dass der Charakter als »Seife« gewahrt bleibt. Es wird also z. B. eine nach den gewöhnlichen Vorschriften hergestellte Jodseife dem freien Verkehr zu überlassen sein, trotzdem sie das durch Verzeichnis B dem Apotheker vorbehaltene Jodkalium enthält. Ebenso dürfen medizinische Seifen Stoffe enthalten, die unter das Giftgesetz fallen, sofern nicht durch letzteres auch die Zubereitungen dieser Stoffe Beschränkungen unterworfen sind. Voraussetzung ist dabei aber stets, dass der Zusatz von dem betr. Stoffe seiner Menge nach so untergeordneter Natur ist, dass dadurch der seifenartige Charakter der betr. medizinischen Seife nicht in Frage gestellt wird. So ist z. B. Sublimatseife vom preussischen Kammergericht als eine freigegebene Zubereitung erklärt worden, zu deren Verkauf keine Giftkonzession erforderlich ist.

Schliesslich sei noch auf § 3 der Kaiserlichen Verordnung hingewiesen, welcher besagt, dass der Grosshandel (also die Lieferung von grossen Quantitäten an Zwischenpersonen, die nicht Selbstverbraucher sind*) den Bestimmungen der vorhergehenden §§ nicht unterliegt. An derartige Abnehmer dürfen also auch kosmetische Mittel, die Heilzwecken dienen sollen, weitergegeben werden, ohne Rücksicht darauf, ob sie die im Abschnitt a) zu Absatz 2 des § 1 angegebenen Stoffe enthalten oder nicht.

Süssstoffgesetz.

Vom 7. Juli 1902.

Wir Wilhelm von Gottes Gnaden Deutscher Kaiser, König von Preussen etc. verordnen im Namen des Reichs, nach erfolgter Zustimmung des Bundesrats und des Reichstags, was folgt:

§ 1.

Süssstoff im Sinne dieses Gesetzes sind alle auf künstlichem Wege gewonnenen Stoffe, welche als Süssmittel dienen können und eine höhere Süsskraft als raffinierter Rohr- oder Rübenzucker, aber nicht entsprechenden Nährwert besitzen.

§ 2.

Soweit nicht in den §§ 3 bis 5 Ausnahmen zugelassen sind, ist es verboten:

a) Süssstoff herzustellen oder Nahrungs- oder Genussmitteln bei deren gewerblicher Herstellung zuzusetzen;

b) Süssstoff oder süssstoffhaltige Nahrungs- oder Genussmittel aus dem Auslande einzuführen;

c) Süssstoff oder süssstoffhaltige Nahrungs- oder Genussmittel feilzuhalten oder zu verkaufen.

§ 3.

Nach näherer Bestimmung des Bundesrats ist für die Herstellung oder die Einfuhr von Süssstoff die Ermächtigung einem oder mehreren Gewerbetreibenden zu geben.

Die Ermächtigung ist unter Vorbehalt des jederzeitigen Widerrufs zu erteilen und der Geschäftsbetrieb des Berechtigten unter dauernde amtliche Ueberwachung zu stellen. Auch hat der Bundesrat in diesem Falle zu bestimmen, dass bei dem Verkaufe des Süssstoffes ein gewisser Preis nicht überschritten werden, sowie ob und unter welchen Bedingungen eine Ausfuhr von Süssstoff in das Ausland erfolgen darf.

§ 4.

Die Abgabe des gemäss § 3 hergestellten oder eingeführten Süssstoffes im Inland ist nur an Apotheken und an solche Personen gestattet, welche die amtliche Erlaubnis zum Bezuge von Süssstoff besitzen.

Diese Erlaubnis ist nur zu erteilen:

a) an Personen, welche den Süssstoff zu wissenschaftlichen Zwecken verwenden wollen;

b) *an Gewerbetreibende zum Zwecke der Herstellung von be-*

*) Vgl. Urteil des K. Obersten Landesgerichtes in München vom 2. September 1903.

*stimmten Waren, für welche die Zusetzung von Süssstoff aus einem
die Verwendung von Zucker ausschliessenden Grunde erforderlich ist;*
c) an Leiter von Kranken-, Kur-, Pflege- und ähnlichen Anstalten
zur Verwendung für die in der Anstalt befindlichen Personen;
d) an die Inhaber von Gast- und Speisewirtschaften in Kurorten,
deren Besuchern der Genuss mit Zucker versüsster Lebensmittel ärzt-
licherseits untersagt zu werden pflegt, zur Verwendung für die im Orte
befindlichen Personen.

*Die Erlaubnis ist ferner nur unter Vorbehalt jederzeitigen Wider-
rufs und nur dann zu erteilen, wenn die Verwendung des Süssstoffs
zu den angegebenen Zwecken ausreichend überwacht werden kann.*

§ 5.

Die Apotheken dürfen Süssstoff ausser an Personen, welche eine
amtliche Erlaubnis (§ 4) besitzen, nur unter den vom Bundesrat festzustellenden Bedingungen abgeben.

*Die im § 4 Absatz 2 zu b) benannten Bezugsberechtigten dürfen
den Süssstoff nur zur Herstellung der in der amtlichen Erlaubnis
bezeichneten Waren verwenden und letztere nur an solche Abnehmer
abgeben, welche derart zubereitete Waren ausdrücklich verlangen.
Der Bundesrat kann bestimmen, dass diese Waren unter bestimmten
Bezeichnungen und in bestimmten Verpackungen feilgehalten und
abgegeben werden müssen.*

Die zu c) und d) genannten Bezugsberechtigten dürfen Süssstoff oder
unter Verwendung von Süssstoff hergestellte Nahrungs- oder Genussmittel nur innerhalb der Anstalt (zu c) oder des Ortes (zu d) abgeben.

§ 6.

Die vom Bundesrate zur Ausführung der Vorschriften in den § 3, 4
und 5 zu erlassenden Bestimmungen*) sind dem Reichstage bis zum
1. April 1903 vorzulegen. Sie sind ausser Kraft zu setzen, soweit der
Reichstag dies verlangt.

§ 7.

Wer der Vorschrift des § 2 vorsätzlich zuwiderhandelt, wird, soweit
nicht die Bestimmungen des Vereinszollgesetzes Platz greifen, mit Gefängnis
bis zu sechs Monaten und mit Geldstrafe bis zu eintausendfünfhundert
Mark oder mit einer dieser Strafen bestraft.

Ist die Handlung aus Fahrlässigkeit begangen worden, so tritt Geldstrafe bis zu einhundertfünfzig Mark oder Haft ein.

§ 8.

Der Strafe des § 7 Absatz 1 unterliegen auch diejenigen, in deren
Besitz oder Gewahrsam Süssstoff in Mengen von mehr als 50 g vorge-
funden wird, sofern sie nicht den Nachweis erbringen, dass sie den Süssstoff nach Inkrafttreten dieses Gesetzes von einer zur Abgabe befugten
Person bezogen haben.

Ist in solchen Fällen den Umständen nach anzunehmen, dass der
vorgefundene Süssstoff nicht verbotswidrig hergestellt oder eingeführt
worden ist, so tritt statt der Strafe des § 7 Abs. 1 diejenige des Abs. 2
daselbst ein.

---

*) Diese **Ausführungsbestimmungen** sind im Anschluss an das Gesetz mit Weglassung der nur für den Apotheker in Betracht kommenden Stellen auf S. 427 und ff. wiedergegeben.

§ 9.

In den Fällen des § 7 und § 8 ist neben der Strafe auf Einziehung der Gegenstände zu erkennen, mit Bezug auf welche Zuwiderhandlung begangen worden ist.

Ist die Verfolgung oder Verurteilung einer bestimmten Person nicht ausführbar, so kann auf die Einziehung selbständig erkannt werden.

§ 10.

Zuwiderhandlungen gegen die auf Grund dieses Gesetzes erlassenen und öffentlich oder den Beteiligten besonders bekannt gemachten Verwaltungsvorschriften werden mit einer Ordnungsstrafe von einer bis zu dreihundert Mark geahndet.

§ 11.

Den Inhabern der Süssstofffabriken, die als solche bereits vor dem 1. Januar 1901 betrieben worden sind und diese Fabriken auch innerhalb der Zeit vom 1. April 1901 bis 1. April 1902 fortgesetzt haben, wird eine vom Bundesrat unter Ausschluss des Rechtsweges festzustellende Entschädigung gewährt.

Die Entschädigung soll das Sechsfache eines Jahresgewinnes nach dem Durchschnitt der Betriebsjahre 1898/99, 1899/1900, 1900/1901 unter Annahme der Gewinnhöhe von 4 Mark für jedes Kilogramm des innerhalb dieser Zeit hergestellten chemisch reinen Süssstoffes betragen.

Wird der Inhaber einer Süssstoff-Fabrik gemäss § 3 zur Herstellung von Süssstoff auf eigene Rechnung ermächtigt, so tritt eine entsprechende Verminderung der Entschädigung ein; wird die Ermächtigung widerrufen, so ist die Entschädigung entsprechend nachzuvergüten.

Die Inhaber der Fabriken sind verpflichtet, von der ihnen gewährten Entschädigung ihren Beamten und Arbeitern, die infolge des Verbots aus ihrer Beschäftigung entlassen werden, eine Entschädigung zu gewähren, die bei Arbeitern dem von ihnen in den letzten drei Monaten vor Inkrafttreten dieses Gesetzes bezogenen durchschnittlichen Arbeitsverdienste, bei Beamten dem von ihnen in den letzten sechs Monaten vor Inkrafttreten dieses Gesetzes bezogenen Gehalt entspricht.

Streitigkeiten zwischen den Inhabern der Fabriken einerseits und den Beamten oder Arbeitern andererseits werden von der für Lohnstreitigkeiten zuständigen Instanz entschieden.

§ 12.

Der Reichskanzler ist befugt, von dem Tage der Publikation dieses Gesetzes ab, den einzelnen Fabriken den von ihnen herzustellenden Höchstbetrag von Süssstoff vorzuschreiben.

§ 13.

Dieses Gesetz tritt mit dem 1. April 1903 in Kraft. Mit diesem Zeitpunkt tritt das Gesetz, betreffend den Verkehr mit künstlichen Süssstoffen, vom 6. Juli 1898 (Reichs-Gesetzbl. S. 919) ausser Kraft.

Urkundlich unter Unserer Höchsteigenhändigen Unterschrift und beigedrucktem Kaiserlichen Insiegel.

Gegeben Travemünde, an Bord M. Y. Hohenzollern,
den 7. Juli 1902.

(L. S.)   Wilhelm.
Graf von Bülow.

Ausführungsbestimmungen zum Süssstoffgesetze. *)

(Bundesratsbeschluss vom 5. März 1903.)

§ 1. Die Durchführung der Vorschriften des Süssstoffgesetzes wird in den einzelnen Bundesstaaten denjenigen Behörden und Beamten übertragen, denen die Verwaltung der Zölle und indirekten Steuern obliegt. Auch sind die Behörden und Beamten der Lebensmittelpolizei verpflichtet, bei der allgemeinen Ueberwachung des Verkehrs mit Nahrungs- und Genussmitteln darüber zu wachen, dass eine unzulässige Verwendung von Süssstoff nicht stattfindet.

Die Reichsbevollmächtigten für Zölle und Steuern und die Stationskontrolleure haben in Bezug auf die Ausführung des Süssstoffgesetzes dieselben Rechte und Pflichten, welche ihnen bezüglich der Verwaltung der Zölle und Verbrauchssteuern beigelegt sind.

Der Reichskanzler ist ermächtigt, im Einvernehmen mit den beteiligten Bundesregierungen auch andere Behörden und Beamte zur Durchführung des Gesetzes heranzuziehen.

Zu § 3 des Gesetzes.

§ 2. Zur Herstellung von Süssstoff wird unter Vorbehalt des jederzeitigen Widerrufs die Saccharinfabrik, Aktiengesellschaft, vorm. *Fahlberg, List & Co.* in Salbke-Westerhüsen ermächtigt.

§ 4. Bei dem Verkaufe des Süssstoffes seitens der Fabrik an inländische Abnehmer darf der Preis von 30 Mk. für 1 kg raffiniertes Saccharin nicht überschritten werden.

Zu § 4 des Gesetzes.

§ 6. *Im Inlande darf die Fabrik Süssstoff nur gegen Vorlegung des amtlichen Bezugsscheines (§ 7) und nur gegen vorschriftsmässig ausgestellte Bestellzettel (§ 8) abgeben.*

Auf der Rückseite des dem Besteller zurückgegebenen Bezugsscheins hat die Fabrikleitung den Tag der Lieferung sowie die Art und Menge des gelieferten Süssstoffs einzutragen und diese Eintragung durch Beischrift von Ort und Bezeichnung der Fabrik und des Namens des Eintragenden zu bescheinigen.

Die Bestellzettel sind mit einem Vermerk über die Ausführung der Bestellung und mit der Nummer, unter der die Abschreibung des abgegebenen Süssstoffs im Lagerbuche erfolgt ist, zu versehen und bei diesem Buche aufzubewahren.

§ 7. Die Leiter von Apotheken, sowie *die im § 4 Absatz 2 des Gesetzes bezeichneten Personen haben, soweit sie Süssstoff beziehen wollen, die Ausstellung eines Bezugsscheines — für jedes Kalenderjahr besonders — bei der Steuerbehörde durch Vermittlung der Bezirkssteuerstelle zu beantragen. In den Anträgen der im § 4 Absatz 2 des Gesetzes bezeichneten Personen ist der Verwendungszweck des Süssstoffes anzugeben.*

Die Erteilung der Erlaubnis zum Bezug und zur Verwendung von Süssstoff an die im § 4 Absatz 2 des Gesetzes bezeichneten Personen bleibt der Direktivbehörde vorbehalten. Sie erfolgt durch Ausstellung eines Bezugsscheins nach Muster 2. **)

In den Bezugsscheinen für die im § 4 Absatz 2 zu b) des Gesetzes bezeichneten Gewerbetreibenden sind auch die Waren, bei deren Herstellung der Süssstoff verwendet werden soll, genau zu bezeichnen.

---

*) Auszugsweise wiedergegeben.
**) Siehe Anlagen.

Zur erstmaligen Erteilung eines Bezugsscheines an die im § 4, Abs. 2
zu b des Gesetzes bezeichneten Gewerbetreibenden und bei einer Aenderung des Verwendungszweckes für den von diesen Gewerbetreibenden
zu beziehenden Süssstoff (Herstellung anderer Waren unter Verwendung
von Süssstoff als der bisher erlaubten) bedarf die Direktivbehörde der
Zustimmung der obersten Landesfinanzbehörde und des Reichskanzlers.

Jedem Bezugsschein ist ein Muster zum Süssstoff-Bestellzettel (§ 8)
beizufügen.

Wiederrufene oder abgelaufene Bezugsscheine sind einzuziehen.

*§ 8. Die Inhaber von Bezugsscheinen (§ 7) können ihren Bedarf
an Süssstoff entweder unmittelbar aus der Süssstofffabrik (§ 2) oder
aus einer inländischen Apotheke beziehen.*

Die Bestellungen haben schriftlich mittelst eines nach Muster 3)
auszustellenden Bestellzettels zu erfolgen. Jeder Bestellung ist der
Bezugsschein beizufügen.*

Zu § 5 des Gesetzes.

*§ 16. Die im § 4, Abs. 2 zu b des Gesetzes benannten Gewerbe-
treibenden dürfen den bezogenen Süssstoff nur zur Herstellung der
in dem amtlichen Bezugsscheine bezeichneten Waren verwenden.*

*Die Ausfuhr der unter Verwendung von Süssstoff hergestellten
Waren unterliegt keiner Beschränkung.*

*§ 17. Der Geschäftsbetrieb des im § 4 Abs. 2 zu b des Gesetzes
benannten Gewerbetreibenden untersteht der amtlichen Aufsicht, deren
Umfang im einzelnen Falle von der Direktivbehörde zu bestimmen
ist. Den Oberbeamten der Steuerverwaltung sind auf Verlangen die
Geschäftsbücher, soweit sie Angaben über den Bezug von Süssstoff
und seine Verwendung, sowie über die Herstellung und den Absatz
der unter Verwendung von Süssstoff zubereiteten Waren enthalten,
zur Einsichtnahme vorzulegen und die Bestände an Süssstoff und
Waren, die unter Verwendung von Süssstoff hergestellt sind, vorzu-
zeigen.*

*Nach Anleitung des Oberbeamten hat der Gewerbetreibende für
jedes Kalenderjahr fortlaufende Anschreibungen über die bezogenen
und verwendeten Süssstoffmengen und über die unter Verwendung
von Süssstoff hergestellten Waren zu führen.*

*Die Anschreibungen sind am Schlusse des Jahres abzuschliessen
und mit dem abgelaufenen Bezugsscheine der Bezirkssteuerstelle
einzureichen, nachdem die verbliebenen Bestände in den Anschreibungen für das neue Jahr vorgetragen sind.*

---

*) Siehe Anlagen.

Anlagen.

Direktivbezirk   *Muster 2.*

Süssstoff-Bezugsschein
für andere Personen als Apotheker.

Nr.   für 19

(Genaue Bezeichnung des Inhabers des Bezugsscheins)

zu (Ort, Strasse, Hausnummer)

wird hiermit unter Vorbehalt jederzeitigen Widerrufs die Erlaubnis erteilt, im Kalenderjahr 19   Süssstoff aus einer inländischen Apotheke oder unmittelbar von der Saccharinfabrik in Salbke-Westerhüsen bei Magdeburg gegen vorschriftsmässig ausgestellte Bestellzettel zu beziehen und den bezogenen Süssstoff (Angabe des Verwendungszwecks; bei den unter § 4 Abs. 2 unter b des Gesetzes bezeichneten Gewerbetreibenden genaue Bezeichnung der Waren, bei deren Herstellung Süssstoff verwendet werden soll.) zu verwenden.

(Ort und Tag)

(Bezeichnung der Direktivbehörde)

(Stempel und Unterschrift)

Laufende Nummer der Lieferungen	Tag der Absendung oder Abgabe des Süssstoffs	Eintragungen des Lieferers					Eintragungen des Empfängers
		Des gelieferten Süssstoffs			Des Lieferers		
		Zahl und Art der Packungen	Bezeichnung (raffiniertes Saccharin, Krystallsaccharin usw.) und Süsskraft.	Gehalt an reinem Süssstoffe kg g	Firma und Wohnsitz	Namensbeischrift	Die Süssstoffsendung ist eingetroffen am:
1	2	3	4	5	6	7	8
	Bestand aus dem Vorjahre		Probeeintragung				
1	10. April 1903	10 Dosen zu je 1 kg	Raffiniertes Saccharin, 550 fach .	10 —	Saccharinfabrik vorm. Fahlberg, List & Co. in Salbke-Westerhüsen	Fahlberg	14./4. 03
		10 Gläser zu je ¼ kg	Krystallsaccharin, 450 fach . .	2 045			
		1000 Röhrchen zu je 25 Stück	Täfelchen Nr. 1, 110 fach . . 13 500 = 1 kg	— 370			
2			usw.				

Anleitung zum Gebrauche.

1. Bei jeder Süssstoffbestellung ist dieser Bezugsschein dem Lieferer vorzulegen. Letzterer hat den gelieferten Süssstoff auf der Rückseite dieses Scheines in den Spalten 1 bis 5 einzutragen, die Richtigkeit der Eintragung durch Ausfüllung der Spalten 6 und 7 zu bescheinigen

und alsdann den Bezugsschein dem Besteller zurückzugeben, den Bestellzettel aber als Beleg zum Süssstoff-Ausgabebuche (Lagerbuche) zurückzubehalten.

2. Der Besteller (Inhaber des Bezugsscheines) hat in Spalte 8 den Tag des Eintreffens der bestellten Süssstoffsendung zu vermerken.

3. Der bezogene Süssstoff darf nur zu den im vorstehenden Bezugsschein angegebenen Zwecken verwendet werden.

4. Am Jahresschlusse hat der Inhaber des Bezugscheines die Eintragungen der Lieferer des Süssstoffes auf der Rückseite dieses Scheines abzuschliessen, die verwendete Süssstoffmenge abzusetzen und den verbliebenen Bestand in den Bezugsschein für das neue Jahr vorzutragen.

5. Der abgelaufene Bezugsschein ist alsdann — mit den im § 17 der Ausführungsbestimmungen vorgeschriebenen Anschreibungen — der Bezirkssteuerstelle einzureichen.

Muster 3.

Süssstoff-Bestellzettel.

Auf Grund des anliegenden von de

zu   unter No.   ausgestellten Bezugsscheins für das Kalenderjahr 19.   bestelle ich hiermit

(Form und Menge des gewünschten Süssstoffs, sowie sonstige Wünsche hinsichtlich der Lieferung.)

(Ort und Tag)
(Firma)
(Unterschrift)

*

Die Vorschriften bezw. Ausführungsbestimmungen des vorstehenden Gesetzes legen dem Bezug süssstoffhaltiger Kosmetika keinerlei Beschränkung auf. Jeder Drogist, Friseur etc. kann ferner nach wie vor saccharinhaltige Zahnpulver und Mundwässer — ohne Deklaration des Saccharingehaltes — feilhalten und an Kunden, die ausdrücklich solche verlangen, verkaufen, vorausgesetzt natürlich, dass das betreffende kosmetische Mittel nicht auf Grund einer der früher angeführten Bestimmungen dem freien Verkehr entzogen ist.
Dagegen ist der Fabrikant süssstoffhaltiger Kosmetika allen denjenigen Bestimmungen unterworfen, die in dem vorstehenden Süssstoffgesetz und den zugehörigen Ausführungsbestimmungen durch Kursivdruck gekennzeichnet sind. Ganz besonderes Interesse beansprucht hier § 4, Abs. 2, b des Gesetzes, wonach die Erlaubnis zum Bezuge von Süssstoff nur zu erteilen ist an Gewerbetreibende zum Zwecke der Herstellung von bestimmten Waren, für welche die Zusetzung von Süssstoff aus einem die Verwendung von Zucker ausschliessendem Grunde erforderlich ist. Wer Saccharinmundwasser, Salolmundwasser mit Saccharin, und dergl. herstellen will, wird also zunächst den Nachweis liefern müssen, dass sich in diesen Mitteln das Saccharin nicht durch Zucker ersetzen lässt. Man könnte da z. B. anführen, dass nachgewiesenermassen der

Zucker — besonders dünnere Lösungen desselben — in der Mundhöhle in saure Gährungsprodukte übergeht, welche das Email der Zähne angreifen, so dass ein zuckerhaltiges Mundkosmetikum gerade das Gegenteil von dem bewirkt, dessentwegen man Zahn- und Mundwässer anwendet. Im Gegensatz hierzu besitzt das Saccharin selbst eine gewisse antiseptische Wirkung, erhöht also, abgesehen von seiner geschmacksverbessernden Wirkung, das Desinfektionsvermögen der Mundkosmetika. Auch die Lösungsverhältnisse des Zuckers in starkem Alkohol, wie ihn die Mundwässer darstellen, gestatten nicht, solche Quantitäten desselben diesen Präparaten einzuverleiben, wie sie erforderlich sein würden, um dem mit ein paar Tropfen Mundwasser versetzten Mundspülwasser den gewünschten süssen Geschmack zu erteilen.

Ob diese Gründe durchschlagend sein werden, ist freilich zweifelhaft nach den Schwierigkeiten zu urteilen, welche z. B. den Apothekern für die Herstellung saccharinhaltiger Präparate kurz nach Inkrafttreten des Süssstoffgesetzes gemacht und in der »Pharmaceutischen Zeitung«, Berlin zur Sprache gebracht wurden. Wenn man weiter die ungeheuren Scherereien betrachtet, welche das Süssstoffgesetz sowohl wie seine Ausführungsbestimmungen dem Verbrauche von Süssstoff zu gewerblichen Zwecken bereiten, so wäre es schliesslich geraten, auf die Weiterherstellung saccharinhaltiger Kosmetika gänzlich zu verzichten, — vorausgesetzt, dass sie nicht einen lohnenden Massenartikel einer bestimmten Firma bilden — oder das Saccharin durch natürliche Süssstoffe (z. B. die von Dr. *A. Schneider* in Vorschlag gebrachte Glycyrrhizinsäure) zu ersetzen, die nicht unter das Süssstoffgesetz fallen.

Gesetz zum Schutze des Genfer Neutralitätszeichens.

Wir Wilhelm, von Gottes Gnaden Deutscher Kaiser, König von Preussen etc.

verordnen im Namen des Reichs, nach erfolgter Zustimmung des Bundesrats und des Reichstags, was folgt:

§ 1. Das in der Genfer Konvention zum Neutralitätszeichen erklärte Rote Kreuz auf weissem Grunde, sowie die Worte »Rotes Kreuz« dürfen, unbeschadet der Verwendung für Zwecke des militärischen Sanitätsdienstes, zu geschäftlichen Zwecken, sowie zur Bezeichnung von Vereinen oder Gesellschaften oder zur Kennzeichnung ihrer Tätigkeit nur auf Grund einer Erlaubnis gebraucht werden.

Die Erlaubnis wird von den Landes-Zentralbehörden nach den vom Bundesrate festzustellenden Grundsätzen für das Gebiet des Reiches erteilt. Die Erlaubnis darf Vereinen oder Gesellschaften, welche sich im Deutschen Reiche der Krankenpflege widmen und für den Kriegsfall zur Unterstützung des militärischen Sanitätsdienstes zugelassen sind, nicht versagt werden.

Die von dem Bundesrate festgestellten Grundsätze sind dem Reichstag alsbald zur Kenntnisnahme mitzuteilen.

§ 2. Wer den Vorschriften dieses Gesetzes zuwider das Rote Kreuz gebraucht, wird mit Geldstrafe bis zu einhundertfünfzig Mark oder mit Haft bestraft.

§ 3. Die Anwendung der Vorschriften dieses Gesetzes wird durch Abweichungen nicht ausgeschlossen, mit denen das im § 1 erwähnte Zeichen wiedergegeben wird, sofern ungeachtet dieser Abweichungen die Gefahr einer Verwechselung vorliegt.

§ 4. Dieses Gesetz tritt am 1. Juli 1903 in Kraft.

§ 5. Die Vorschriften dieses Gesetzes finden keine Anwendung auf den Vertrieb der bei der Verkündung des Gesetzes mit dem Roten Kreuze bezeichneten Waren, sofern die Waren oder deren Verpackung oder Umhüllung nach näherer Bestimmung des Reichskanzlers mit einem amtlichen Stempelabdrucke versehen werden.

§ 6. Bis zum 1. Juli 1906 darf das Rote Kreuz fortgeführt werden:
1. in Warenzeichen, die auf Grund einer vor dem 1. Juli 1901 erfolgten Anmeldung in die Zeichenrolle eingetragen worden sind;
2. in Firmen, die auf Grund einer vor dem 1. Juli 1901 erfolgten Anmeldung in das Handels- oder Genossenschaftsregister eingetragen worden sind,
3. in Namen rechtsfähiger Vereine, sofern die Vereine nach ihren Satzungen bereits vor dem 1. Juli 1901 das Rote Kreuz in ihren Namen eingeführt haben.

Aenderungen, die sich infolge dieses Gesetzes an den unter Nr. 2, 3 bezeichneten Firmen und Vereinsnamen erforderlich machen, werden gebührenfrei in das Handelsregister und Vereinsregister eingetragen, sofern sie vor dem 1. Juli 1906 zur Eintragung angemeldet werden.

§ 7. Warenzeichen, welche das Rote Kreuz enthalten, sind von der Verkündung des Gesetzes ab von der Eintragung in die Zeichenrolle ausgeschlossen, sofern nicht die Anmeldung vor dem 1. Juli 1901 erfolgt ist.

Urkundlich unter Unserer Höchsteigenhändigen Unterschrift und beigedrucktem Kaiserlichem Insiegel.

Gegeben Charlottenburg Schloss, den 22. März 1902.

(L. S.) Wilhelm.

Graf von Posadowsky.

*

Das vorstehende Gesetz kommt für eigentliche kosmetische Mittel weniger in Betracht als für medizinische Seifen, deren Verpackung bisweilen das rote Kreuz zu tragen pflegte. Da am 1. Juli 1906 die Führung des roten Kreuzes auch in den jetzt noch zugelassenen, in § 6 bezeichneten Ausnahmefällen gänzlich aufhören muss, empfiehlt es sich auf den Fortfall dieses Zeichens jetzt schon bei den in Betracht kommenden Waren hinzuarbeiten. Wer aber ein ähnliches Zeichen beibehalten will, möge ganz besonders auf die Bestimmung des § 3 achten, nach welchem die Abweichungen so erheblich sein müssen, dass eine Verwechslung mit dem gesetzlich geschützten roten Kreuz und auch — möchten wir hinzufügen — mit gewissen Staats-, Familien-, Vereinswappen etc. völlig ausgeschlossen erscheint.

Die öffentliche Ankündigung von kosmetischen Mitteln.

Die kosmetischen Mittel sind vielfach »Geheimmittel«, d. h. Zubereitungen, deren Bestandteile oder deren Zusammensetzung unbekannt ist. Der Käufer eines Geheimmittels weiss also nicht oder ist nicht in der Lage zu kontrollieren, ob er mit dem betr. Mittel wirklich ein den Anpreisungen entsprechendes Präparat erwirbt. Der grosse Schwindel, der mit Geheimmitteln, besonders solchen, die zur Heilung aller möglichen Krankheiten dienen sollen, getrieben wurde und noch heute im Schwunge steht, hat vielfach die Behörden veranlasst, diese Auswüchse etwas zu beschneiden dadurch, dass die öffentliche Ankündigung von Geheimmitteln, d. h. die Anpreisung derselben in

Zeitungen, Broschüren etc. untersagt wurde, sofern sie als Heilmittel angeboten werden und ihr Charakter als Geheimmittel nicht gleichzeitig durch eine sowohl für den Laien als Sachverständigen verständliche Angabe ihrer sämtlichen Bestandteile aufgehoben wird. Da nun auch kosmetische Mittel als Heilmittel dienen können, gelten auch für solche — soweit sie unter den Begriff des Geheimmittels fallen — die gesetzlichen Vorschriften und Verordnungen bezüglich der Ankündigung. *)

In den meisten preussischen Provinzen und deutschen Bundesstaaten sind rechtsgültige Regierungs-Polizeiverordnungen erlassen worden, welche »die öffentliche Ankündigung von Geheimmitteln, die dazu bestimmt sind, zur Verhütung oder Heilung menschlicher oder tierischer Krankheiten zu dienen«, verbieten.

Soweit also die kosmetischen Geheimmittel nicht als Heilmittel angekündigt werden, kommen vorstehende Regierungs-Polizeiverordnungen nicht in Betracht. Odol, Javol, *John Craven Burleigh's* Mittel gegen Kahlköpfigkeit etc. dürfen ungeniert mit Riesenreklame angekündigt werden, denn es sind ja keine Heilmittel, sondern rein kosmetische Geheimmittel; vollständige Kahlköpfigkeit ist keine Krankheit, sondern ein Schönheitsfehler, folglich ein Mittel dagegen, selbst wenn es nach Aussage berühmter Aerzte ein solches nicht geben kann, ein kosmetisches Mittel, dessen Ankündigung straffrei bleibt. Wenn dagegen Jemand ein Mittel gegen Haarschwund, Kopfschuppen etc. ankündigen würde, ohne gleichzeitig die genaue Zusammensetzung (das Rezept) in allgemein verständlicher Weise in der Annonce bezw. beigegebenen Broschüre oder der Verpackung mit anzugeben, so würde er, weil Haarschwund (= beginnende Kahlköpfigkeit) und Kopfschuppen Krankheiten sind, ein kosmetisches Geheimmittel als Heilmittel anpreisen und sich strafbar machen. Es empfiehlt sich also, in dieser Beziehung grösste Vorsicht walten zu lassen.

Eine offene, d. h. (bei Abfassung dieser Zeilen) noch nicht durch Entscheidungen höherer Gerichtshöfe beantwortete Frage, bleibt die, ob Vorbeugungsmittel, deren Zusammensetzung nicht bekannt gegeben wird, sofern es sich um Geheimmittel handelt, öffentlich angekündigt werden dürfen. Die oben erwähnten Polizeiverordnungen basieren sämtlich noch auf dem alten Begriff des Heilmittels, wonach auch die Vorbeugungsmittel unter denselben fallen. Nachdem jedoch die neue Kaiserliche Verordnung betr. den Verkehr mit Arzneimitteln vom 22. Oktober 1901 ausdrücklich die Vorbeugungsmittel nicht unter die Heilmittel einreiht, **) ist es mindestens fraglich, ob die obenerwähnten Polizeiverordnungen sich dem gegenüber werden aufrecht erhalten lassen.

Die von vielen Seiten gehegte Hoffnung, dass die Geheimmittelfrage im Jahre 1903 einer reichsgesetzlichen Regelung entgegengeführt und dadurch für den Fabrikanten und Verkäufer solcher Mittel eine feste Norm geschaffen werden würde, welche die verschiedenartigen Verordnungen der Regierungsbehörden nicht erkennen lassen, hat sich leider nicht erfüllt. Unter dem 8. Juli 1903 erschien in Preussen folgender Erlass der Minister der geistlichen, Unterrichts- und Medizinalangelegenheiten, des Innern und für Handel und Gewerbe, betr. den Verkehr mit Geheimmitteln und ähnlichen Arzneimitteln:

Der Bundesrat hat am 23. Mai d. J. (§ 409 der Protokolle) beschlossen
1. die verbündeten Regierungen zu ersuchen, über den Verkehr mit

---

*) Der Verkauf kosmetischer Geheimmittel als Heilmittel kann nicht verboten werden, sofern dabei nicht gegen die anderweitigen gesetzlichen Bestimmungen verstossen wird, z. B. gegen das Gesetz vom 5. Juli 1887.

**) Vgl. das damit in Einklang stehende Urteil des Kammergerichts vom 5. X. 1903.

Geheimmitteln und ähnlichen Arzneimitteln, *soweit nicht in einzelnen Bundesstaaten strengere Vorschriften bestehen und in Geltung bleiben sollen,* gleichförmige Bestimmungen nach dem Vorbilde des angeschlossenen Entwurfs nebst Anlagen mit der Massgabe zu erlassen, dass diese Bestimmungen *am 1. Januar 1904* in Kraft treten.

2. *Ergänzungen der dem Entwurfe beigefügten Verzeichnisse A und B nur nach den hierüber im Bundesrate zu treffenden Vereinbarungen vorzunehmen.*

Ew. Exzellenz ersuchen wir daher ergebenst, auf Grund des § 137 des Gesetzes über die allgemeine Landesverwaltung vom 30. Juli 1883 unverzüglich für den Umfang der dortseitigen Provinz nach erfolgter Zustimmung des Provinzialrats eine Polizeiverordnung zu erlassen, durch welche *vom 1. Januar 1904 an die öffentliche Ankündigung oder Anpreisung der in den abschriftlich beigegebenen Verzeichnissen A und B aufgeführten Mittel verboten und zugleich die auf Grund der Verfügung vom 3. August 1895 erlassene Polizeiverordnung über die öffentliche Ankündigung von Geheimmitteln, insoweit dieselbe nicht bereits ausser Kraft gesetzt ist, aufgehoben wird.*

Je zwei Abdrucke der erlassenen Polizeiverordnung wollen Ew. Exzellenz uns bis zum 1. Dezember d. J. einreichen und zugleich darüber berichten, welche sonstigen Vorschriften über die Ankündigung oder Anpreisung von Arzneimitteln in der dortigen Provinz oder in Teilen derselben bestehen.

(Unterschriften.)

An die Herren Oberpräsidenten.

Abschrift erhalten Ew. Hochgeboren zur gleichmässigen Beachtung und Veranlassung.

Berlin, den 8. Juli 1903.

<table>
<tr><td>Der Minister der geistlichen,
Unterrichts- und Medizinal-
angelegenheiten.
Im Auftrage:
Förster.</td><td>Der Minister
für Handel und
Gewerbe.
In Vertretung:
Lohmann.</td></tr>
</table>

Der Minister des Innern.
In Vertretung: v. Bischoffshausen.

Entwurf von Vorschriften über den Verkehr mit Geheimmitteln und ähnlichen Arzneimitteln.

§ 1. Auf den Verkehr mit denjenigen Geheimmitteln und ähnlichen Arzneimitteln, welche in den Anlagen A und B aufgeführt sind, finden die nachstehenden Vorschriften Anwendung; die Ergänzung der Anlagen bleibt vorbehalten.

§ 2. Die Gefässe und die äusseren Umhüllungen, in denen diese Mittel abgegeben werden, müssen mit einer Inschrift versehen sein, welche den Namen des Mittels und den Namen oder die Firma des Verfertigers deutlich ersehen lässt. Ausserdem muss die Inschrift auf den Gefässen oder den äusseren Umhüllungen den Namen oder die Firma des Geschäftes, in welchem das Mittel verabfolgt wird, und die Höhe des Abgabepreises enthalten; diese Bestimmung findet auf den Grosshandel keine Anwendung.

Es ist verboten, auf den Gefässen oder äusseren Umhüllungen, in denen ein solches Mittel abgegeben wird, Anpreisungen, insbesondere Empfehlungen, Bestätigungen von Heilerfolgen, gutachtliche Aeusserungen oder Danksagungen, in denen dem Mittel eine Heilwirkung oder Schutz-

wirkung zugeschrieben wird, anzubringen oder solche Anpreisungen, sei
es bei der Abgabe des Mittels, sei es auf sonstige Weise, zu verabfolgen.

§ 3. Der Apotheker ist verpflichtet, sich Gewissheit darüber zu
verschaffen, inwieweit auf diese Mittel die Vorschriften über die Abgabe
starkwirkender Arzneimittel Anwendung finden.

Die in der Anlage B aufgeführten Mittel, sowie diejenigen in der
Anlage A aufgeführten Mittel, über deren Zusammensetzung der Apotheker
sich nicht soweit vergewissern kann, dass er die Zulässigkeit der Abgabe
im Handverkaufe zu beurteilen vermag, dürfen nur auf schriftliche, mit
Datum und Unterschrift versehene Anweisung eines Arztes, Zahnarztes
oder Tierarztes, im letzteren Falle jedoch nur beim Gebrauche für Tiere
verabfolgt werden. Die wiederholte Abgabe ist nur auf jedesmal erneute
derartige Anweisung gestattet.

Bei Mitteln, welche nur auf ärztliche Anweisung verabfolgt werden
dürfen, muss auf den Abgabegefässen oder den äusseren Umhüllungen
die Inschrift: »Nur auf ärztliche Anweisung abzugeben« angebracht sein.

§ 4. Die öffentliche Ankündigung oder Anpreisung der in den Anlagen A und B aufgeführten Mittel ist verboten.

*

Es folgen Anlagen A und B. Dieselben enthalten jedoch nur Mittel,
welche z. Z. dem freien Verkehr entzogen sind, und ausserdem kein
einziges kosmetisches Mittel, weshalb auf die Wiedergabe dieser
Verzeichnisse hier verzichtet wird.

Da durch diese Verordnung, die für die anderen deutschen Bundesstaaten ebenfalls massgebend geworden ist, die früheren Polizeiverordnungen über die Ankündigung von Geheimmitteln nicht sämtlich,
sondern nur zum Teil aufgehoben werden und da ferner zu erwarten ist,
dass in die Verzeichnisse der Geheimmittel, deren Ankündigung verboten ist — gleichgültig ob ihre Bestandteile angegeben werden oder nicht — auch später kosmetische Mittel aufgenommen
werden, so sehen sich durch diese polizeiliche Regelung des Geheim-
mittelverkehrs auch die Fabrikanten kosmetischer Heilmittel einer unsicheren
Zukunft gegenüber. Da ferner die Wahl der auf die »Proskriptionsliste«
zu setzenden Mittel nicht von dem Ermessen der gesetzgebenden Faktoren,
sondern völlig von der Entschliessung des Bundesrats abhängt und, wie
die oben erwähnten Verzeichnisse A und B beweisen, auch harmlose
Zubereitungen dadurch betroffen werden können, so bliebe in diesem
Falle den Fabrikanten derartiger unschädlicher kosmetischer Mittel wenigstens die Tatsache als Trost, dass der Gerechte um des Ungerechten
willen leiden muss. So tief bedauerlich auch die Folgen einer solchen
Massregel für den Einzelnen sein würden, das eine Gute dürfte sie doch
im Gefolge haben, dass die Kosmetik sich noch mehr, als es bis jetzt
schon der Fall ist, dazu bequemt, die Geheimniskrämerei aufzugeben.

Die Branntweinsteuerbefreiungsordnung.

Diese hat durch die Bundesrats-Beschlüsse vom 28. März 1901,
18. September 1902 und 25. Juni 1903 mehrfache Abänderungen erfahren,
welche im nachstehenden selbstverständlich mit berücksichtigt sind.
Interesse besitzt sie nur für den Fabrikanten alkoholhaltiger Parfümerien
und Kosmetika, welche für den Export bestimmt sind, da nur für diesen
Fall eine Rückvergütung stattfindet.

Da die betr. Bestimmungen der Branntweinsteuer-Befreiungs-Ordnung
sehr klar gehalten sind, können wir uns hier auf deren wörtliche Wiedergabe — unter Weglassung der nicht einschlägigen Stellen — beschränken.

Zweiter Titel.

Steuerfreie Ausfuhr von Branntwein und Branntweinfabrikaten.

§ 48.

Bei der Ausfuhr von Branntwein und Branntweinfabrikaten aus dem deutschen Zollgebiete wird Steuerfreiheit nach Massgabe der folgenden Bestimmungen dieses Titels gewährt und zwar:

a) . . . .
b) . . . .
c) für alkoholhaltige Parfümerien, Kopf-, Zahn- und Mundwasser (§§. 61 bis 70);
d) . . . .

Für die unter b bis d bezeichneten Branntweinfabrikate wird die Steuerfreiheit nur denjenigen Gewerbetreibenden gewährt, die das auszuführende Fabrikat selbst hergestellt haben.

§ 49.

Die Steuerfreiheit umfasst:
b) für Branntweinfabrikate (§. 48 unter b bis d):
    1. die Erstattung der Verbrauchsabgabe mit 0.70 Mark,
    2. die Erstattung der Maischbottichsteuer mit 0.16 Mark, für das Liter Alkohol,
    3. die Vergütung der Brennsteuer, welche, sofern der Bundesrat nicht einen anderen Vergütungssatz bestimmt, 0.06 Mark für das Liter Alkohol beträgt.

§ 50.

Branntwein und Branntweinfabrikate, bezüglich welcher das gewöhnliche Verfahren der Stärkeermittelung (A. O. §. 11) anwendbar ist, dürfen von sämtlichen zur Ausfertigung von Branntweinbegleitscheinen I befugten Zoll- und Steuerstellen zur steuerfreien Ausfuhr abgefertigt werden. Die Befugnis zur Abfertigung von anderen Branntweinfabrikaten ist den Amtsstellen nach Massgabe des Bedürfnisses von der Direktivbehörde zu erteilen; die Befugnis kann mit der Beschränkung erteilt werden, dass die Ermittelung der Alkoholstärke der entnommenen Proben bei einer anderen Amtsstelle vorzunehmen ist.

Die zur Ausfuhr abgefertigten Sendungen dürfen bei sämtlichen an der Grenze gelegenen Haupt-Zoll- und Haupt-Steuerämtern und Zoll-Abfertigungsstellen sowie bei den Neben-Zollämtern erster Klasse zur Ausgangsabfertigung (§. 54) vorgeführt werden. Die oberste Landes-Finanzbehörde kann andere Amtsstellen zur Vornahme der Ausgangsabfertigung ermächtigen.

§ 51.

Sollen Branntwein oder Branntweinfabrikate mit dem Anspruch auf Steuerfreiheit ausgeführt werden, so ist, vorbehaltlich der Vorschriften im § 68, die Ausfertigung eines Begleitscheins I zu beantragen. Zu den Begleitscheinen sind Vordrucke nach Muster 16*) zu verwenden. Für die Ausfuhr von Branntweinfabrikaten kann die Direktivbehörde die innere Einrichtung der Begleitscheine abändern; das Muster 18 dient dabei als Vorbild.

Als Empfangsamt ist dasjenige Amt zu bezeichnen, von welchem der Ausgang über die Grenze überwacht werden soll (Ausgangsamt); bei der

---

*) Dieses sowie die anderen Formulare und Anlagen befinden sich am Schluss dieses Kapitels.

Versendung mit der Eisenbahn oder Post kann die Bezeichnung eines bestimmten Empfangsamts unterbleiben.

Soll die Ausfuhr unmittelbar aus dem Bezirke derjenigen Hebestelle stattfinden, in welchem die Anmeldung erfolgt ist, so können nach Massgabe des § 45 der Begleitscheinordnung an Stelle der Begleitscheine mit entsprechendem Vordrucke versehene Anmeldungen oder Begleitscheinauszüge verwendet werden; die Direktivbehörde kann diese Erleichterung auch für andere Fälle zulassen.

§ 53.

Die zur Ausfuhr bestimmten Sendungen sind unter Verschluss oder unter amtlicher Begleitung zu versenden. Werden Branntwein oder Branntweinfabrikate in Flaschen, Ballons, Krügen oder anderen kleinen Umschliessungen zur Abfertigung gestellt oder handelt es sich um Fabrikate, bezüglich welcher das gewöhnliche Verfahren der Stärkeermittelung (A. O. § 11) nicht anwendbar ist, so hat Raumverschluss (Bgl. O. § 8 Absatz 2) oder amtliche Begleitung einzutreten. Dem Raumverschluss ist es gleich zu achten, wenn Fässer, Flaschen, Ballons, Krüge und andere Umschliessungen in äusseren Umschliessungen (Ueberfässer, Kisten, Körbe und dergl.) verpackt und letztere unter Einzelverschluss gelegt sind.

§ 54.

Die Schlussabfertigung beim Ausgangsamt (Ausgangsabfertigung) erstreckt sich auf die Feststellung der Alkoholmenge und auf die Ueberwachung des Ausgangs der Sendung über die Grenze.

Die Feststellung der Alkoholmenge kann unterbleiben, wenn die Sendung seit der vorangegangenen Abfertigung ununterbrochen unter amtlichem Raumverschluss oder unter amtlicher Begleitung oder Verwahrung gestanden hat.

Der erfolgte Ausgang ist auf dem Begleitpapiere zu bescheinigen.

§ 55.

Die erledigten Begleitscheine über Ausfuhrsendungen sind nicht in die Erledigungsscheine aufzunehmen, sondern nach Vollziehung des Erledigungsvermerks sofort an das Ausfertigungsamt zurückzusenden. Letzteres hat über den Eingang jedes erledigten Begleitscheins einen Empfangsschein nach Muster 20 zu erteilen.

§ 56.

Der Berechnung der Steuervergütung ist die beim Ausgangsamt ermittelte Alkoholmenge zu Grunde zu legen.

Hat eine Feststellung der Alkoholmenge beim Ausgangsamte nicht stattgefunden (§ 54 Absatz 2), so ist für die Berechnung das Ergebnis der vorangegangenen Abfertigung massgebend; ist bei letzterer auf Grund des § 67 von einer Ermittelung der Alkoholmenge abgesehen worden, so treten die vom Ausfertigungsamte geprüften Angaben des Versenders an die Stelle der amtlichen Feststellung.

§ 57.

Sollen Branntweinfabrikate mit dem Anspruch auf Steuerfreiheit aus dem freien Verkehr ausgeführt werden, so hat der Versender im Begleitschein zu bescheinigen, dass zu ihrer Herstellung nur versteuerter Branntwein verwendet ist.

Die Steuerbefreiung nach Massgabe der Vorschrift im § 49 unter b ist unabhängig davon, welcher Steuer der Branntwein unterlegen hat.

§ 58.

Die oberste Landes-Finanzbehörde kann für Branntwein und Branntweinfabrikate, die in zollsicher abgeschlossenen Räumen einer Bearbeitung oder Verarbeitung zum Zwecke der Ausfuhr unterzogen werden, genehmigen, dass die Steuerfreiheit schon bei der Aufnahme in die zollsicher abgeschlossenen Räume gewährt wird. In diesem Falle tritt an die Stelle der Ausgangsbescheinigung die Bescheinigung über die erfolgte Aufnahme in die zollsicher abgeschlossenen Räume. Die Genehmigung ist an die Bedingung zu knüpfen, dass sämtliche in die abgeschlossenen Räume aufgenommenen Branntweine und Branntweinfabrikate unter Zollkontrolle ausgeführt werden.

§ 61.

Wer flüssige alkoholhaltige Parfümerien oder alkoholhaltige Kopf-, Zahn- und Mundwasser mit dem Anspruch auf Steuerfreiheit auszuführen beabsichtigt, hat die Genehmigung hierzu beim Hauptamte schriftlich nachzusuchen und dabei eine Erklärung in doppelter Ausfertigung über folgende Punkte abzugeben:

- a) welche einzelnen Arten von Parfümerien u. s. w. steuerfrei ausgeführt werden sollen;
- b) welche Alkoholstärke diese Fabrikate besitzen (Gewichtsprozente oder Raumprozente);
- c) in welchen inneren Umschliessungen die Ausfuhr der einzelnen Fabrikate erfolgt und welche Gewichts- oder Raummenge an Parfümerien u. s. w. die zur Anwendung kommenden Umschliessungen enthalten;
- d) wie die Standgefässe bezeichnet sind, aus denen die einzelnen Fabrikate entnommen werden;
- e) in welchen Räumen die mit der Post in das Ausland zu versendenden Fabrikate versandfertig gemacht werden (§ 68);
- f) ob die nicht mit der Post ausgehenden Fabrikate an der Amtsstelle oder in der Gewerbsanstalt abgefertigt werden sollen.

Der Gesuchsteller muss in einer Verhandlung sich verpflichten, bei der Herstellung der im Absatz 1 bezeichneten Waren keinen denaturierten oder sonst steuerfrei abgelassenen Branntwein und keinen Methylalkohol zu verwenden, und sich den im § 69 vorgesehenen Konventionalstrafen unter Verzicht auf den Rechtsweg unterwerfen.

Die Entscheidung über den Antrag ist von der Direktivbehörde zu treffen.

Die unter c vorgesehenen Angaben sind nach ganzen und hundertsteln oder auch tausendsteln Kilogrammen oder Litern zu machen und können für eine Anzahl bis höchstens zwölf Umschliessungen derselben Art gemeinschaftlich erfolgen.

Werden in einem der Punkte, auf die sich die Angaben unter a bis f beziehen, Aenderungen beabsichtigt, so sind sie spätestens drei Tage vor ihrer Ausführung schriftlich in doppelter Ausfertigung beim Hauptamt anzumelden.

§ 62.

Von jeder Art der bei der Ausfuhr zur Verwendung gelangenden inneren Umschliessungen ist der Amtsstelle ein leeres Stück zu übergeben, an welchem die Höhe der regelmässigen Befüllung ersichtlich gemacht ist. Die übergebenen Umschliessungen sind amtlich zu verwiegen oder unter Berücksichtigung der Befüllungsmarke zu vermessen und gegen Vertauschung zu sichern. Erfolgt ihre Aufbewahrung in den Geschäfts- oder Fabrikräumen des Gewerbtreibenden, so hat dieser nach näherer Bestimmung des Oberkontrolleurs ein Behältnis zur Verfügung zu stellen, das unter amtlichen Verschluss zu nehmen ist.

§ 63.

Die Anmeldung der Fabrikate im Begleitscheine kann unterbleiben, wenn diesem eine Abschrift der Faktura oder ein Buchauszug beigefügt wird, welche die erforderlichen Angaben enthalten. Die Abschriften und Auszüge sind dem Begleitschein anzustempeln.

Die Abfertigung ist zu versagen, wenn die mit einer Anmeldung vorgeführten Fabrikate zusammen weniger als drei Liter Alkohol enthalten.

§ 64.

Parfümerien u. s. w., für welche Steuerfreiheit beansprucht wird, dürfen mit anderen Parfümerien, Kopf-, Zahn- und Mundwassern sowie mit Seifen, Schönheitsmitteln und dergl. zusammengepackt werden. Die beigepackten Waren sind im Begleitscheine nach Art und Menge aufzuführen, und zwar getrennt von denjenigen, für welche die Steuerfreiheit beansprucht wird.

§ 65.

Die Ermittelung der Alkoholstärke der Parfümerien u. s. w. erfolgt in der Regel nach Massgabe des § 16 Absatz 1 und 2 der Alkoholermittelungsordnung. Wird die Alkoholstärke nach Raumprozenten angemeldet, so können nach näherer Bestimmung des Hauptamts Alkoholometer angewendet werden, welche Raumprozente angeben.

Enthalten die Parfümerien u. s. w. Stoffe, welche die Stärkeermittelung nach der Alkoholermittelungsordnung unzweckmässig erscheinen lassen, so sind die entnommenen Proben nach der in Anlage 21 gegebenen Anleitung durch einen Chemiker zu untersuchen.

§ 66.

Bei der Abfertigung sind zur Feststellung der Alkoholmenge von allen oder einigen Sorten der vorgeführten Parfümerien u. s. w. einzelne Stücke zu entnehmen. Hierauf ist die Menge der in ihnen enthaltenen Flüssigkeit durch Vergleichung mit den amtlich aufbewahrten Umschliessungen oder durch Verwiegung oder Vermessung zu ermitteln und die Alkoholstärke bei sämtlichen oder einigen entnommenen Stücken festzustellen. Zum Ersatze der bei der Abfertigung geöffneten Flaschen u. s. w. dürfen überzählige Stücke der einzelnen Gattungen mit vorgeführt werden.

Es kann gestattet werden, dass die Absendung nach im Uebrigen erfolgter Abfertigung bereits vor Ermittelung der Alkoholstärke erfolgt; in diesem Falle ist der Revisionsbefund nachträglich zu vervollständigen.

Das Gewicht oder die Menge der zur Ausfuhr bestimmten Parfümerien u. s. w. kann auf Antrag des Versenders auch in der Weise ermittelt werden, dass die amtlichen Feststellungen bei der Einfüllung in die Versandtgefässe erfolgen. In diesem Falle ist die Befüllung der Versandtgefässe und das Einpacken amtlich zu überwachen. Das Einpacken kann auch überwacht werden, um die Zahl und Art der Umschliessungen festzustellen.

§ 67.

Es ist zulässig, den Begleitschein ohne Feststellung der Alkoholmenge auf Grund der Angaben des Versenders auszufertigen. In diesem Falle ist nachträglich die Anmeldung mit der Faktura zu vergleichen und die Richtigkeit der Angaben über den Inhalt der versandten Umschliessungen durch Vergleichung der amtlich aufbewahrten und der im Bestande befindlichen Umschliessungen gleicher Art probeweise festzustellen sowie die angegebene Alkoholstärke durch Untersuchung des Inhalts der Standgefässe, aus denen die versandte Ware entnommen ist, zu prüfen. Umfang und Ergebnis der Ermittelungen sind im Begleitscheine zu vermerken.

§ 68.

Werden Parfümerien u. s. w. mit der Post in das Ausland versandt, so bedarf es der Vorführung zur amtlichen Abfertigung und der Ausfertigung von Begleitscheinen nicht, auch können in einer Sendung Mengen zur Post aufgegeben werden, die weniger als drei Liter Alkohol enthalten.

Die mit der Post zu versendenden Parfümerien u. s. w. sind in ein Post-Ausgangsbuch nach Muster 22 einzutragen, bevor die einzelnen Sendungen aus den Räumen entfernt werden, in welchen sie versandtfertig gemacht worden sind. Die Eintragung gilt als Ausfuhranmeldung.

Bei den in der Gewerbsanstalt vorzunehmenden Revisionen sind sämtliche seit der letzten Revision stattgehabten Eintragungen in dem Post-Ausgangsbuche nach Massgabe der Vorschriften im § 67 zu prüfen. Umfang und Ergebnis der Ermittelungen sind im Post-Ausgangsbuche zu vermerken.

Die Beamten sind berechtigt, die zur Versendung in das Ausland fertiggestellten Poststücke von der Absendung zurückzuhalten und die Menge und Alkoholstärke der darin enthaltenen Fabrikate zu ermitteln.

§ 69.

Ergibt sich bei den nach den §§ 65 bis 68 vorgenommenen Ermittelungen, dass die Alkoholstärke um mehr als 4 Prozent hinter der angemeldeten Stärke, oder dass der Inhalt der Flaschen u. s. w. um mehr als 15 Prozent hinter dem angemeldeten Inhalte zurückbleibt, so ist die Sendung, bei mehreren Gattungen von Parfümerien u. s. w. in einer Sendung die betreffende Gattung, von der Steuerfreiheit auszuschliessen. Ausserdem ist gegen den Gewerbtreibenden von der Direktivbehörde eine Konventionalstrafe bis zu 1000 Mark festzusetzen und im Verwaltungswege einzuziehen.

In gleicher Weise ist eine Konventionalstrafe bis zu 10000 Mark für jeden Einzelfall festzusetzen, in welchem für nachgewiesen erachtet wird, dass zu den Parfümerien u. s. w. denaturierter oder sonst steuerfrei abgelassener Branntwein oder Methylalkohol verwendet oder dass eine in das Post-Ausgangsbuch eingetragene Sendung bei der Post nicht oder in einer geringeren als der eingetragenen Menge eingeliefert ist.

Die in Absatz 1 und 2 bezeichneten Konventionalstrafen sind unbeschadet des daneben etwa einzuleitenden Strafverfahrens festzusetzen; sie treten jedoch nur ein, wenn die Zuwiderhandlung mit Willen oder Wissen des Gewerbtreibenden begangen ist, oder wenn ihm ein grobes Versehen zur Last fällt.

§ 70.

Die Gewerbsanstalten, deren Besitzern die steuerfreie Ausfuhr von Parfümerien u. s. w. gestattet ist, stehen unter Steueraufsicht. Die Beamten sind befugt, die zur Aufbewahrung von Branntwein, von alkoholhaltigen Fabrikaten und von Umschliessungen dienenden Räume während des Betriebs zu jeder Zeit, sonst von Morgens 6 bis Abends 9 Uhr zu betreten, die Vorräte an Branntwein, alkoholhaltigen Ganz- und Halbfabrikaten, sowie an Umschliessungen zu besichtigen und diejenigen Feststellungen vorzunehmen, welche erforderlich sind, um sich von der

Innehaltung der Betriebserklärung (§ 61 unter a bis e) zu überzeugen. Die Oberbeamten sind ausserdem befugt, die Fabrikationsbücher und die auf den Ankauf von Branntwein und die Veräusserung von Fabrikaten bezüglichen Geschäftsbücher, sowie die Fakturen und sonstigen Geschäftspapiere einzusehen. Die Einsicht in die Rezepte und die Benennung von Zusatzstoffen, welche der Gewerbtreibende geheim zu halten wünscht, kann nicht beansprucht werden.

Dritter Titel.

Steuervergütung.

§ 77.

Ueber die nach den vorstehenden Bestimmungen nach dem § 36 der Begleitscheinordnung, den §§ 21 und 32 der Lagerordnung, sowie den §§ 17 und 27 der Reinigungsordnung zu gewährenden Steuervergütungen (Erstattung der Verbrauchsabgabe und Maischbottichsteuer, Vergütung der Brennsteuer) werden Branntweinsteuer-Vergütungsscheine erteilt. Zu diesem Zwecke hat das Hauptamt Nachweisungen aufzustellen und mit den zugehörigen Unterlagen an die Direktivbehörde einzureichen. Die Nachweisungen sind aufzustellen:

a) über Steuervergütung für denaturierten Branntwein auf Grund der Denaturierungsanmeldungen monatlich;

b) über Steuervergütung für undenaturiert verwendeten Branntwein auf Grund der Abrechnungsbücher nach Ablauf des Zeitabschnitts, für welchen diese Bücher geführt werden;

c) über Steuervergütung für ausgeführten Branntwein u. s. w. auf Grund der Begleitpapiere monatlich, für die mit der Post ausgeführten Parfümerien u. s. w. auf Grund der Post-Ausgangsbücher vierteljährlich;

d) über Steuervergütung für die in Lagern und Reinigungsanstalten ermittelten Fehlmengen und für die bei der Versendung zu Grunde gegangenen Alkoholmengen alsbald nach ihrer Feststellung.

In den Fällen unter c kann die Direktivbehörde statt der monatlichen Aufstellungsfristen halbmonatliche festsetzen.

§ 78.

Die Vergütungsscheine werden von der Direktivbehörde ausgefertigt und, erforderlichenfalls durch Vermittelung des Hauptamts, den Empfangsberechtigten übersandt. Es ist zulässig, für eine vergütungsfähige Alkoholmenge mehrere über Teilbeträge lautende Vergütungsscheine und statt mehrerer in demselben Monate fällig werdenden Vergütungsscheine einen Vergütungsschein zu erteilen.

An Stelle der handschriftlichen Unterzeichnung der Scheine durch den Vorstand der Direktivbehörde kann der Abdruck des Namenszugs desselben treten. Der Ausfertigungsvermerk ist von einem bei der Ausfertigung beteiligten Beamten der Direktivbehörde handschriftlich zu vollziehen, welcher dadurch die Verantwortung für die Richtigkeit der Ausfertigung übernimmt.

Die Direktivbehörde führt über die von ihr ausgefertigten Vergütungsscheine ein den Zeitraum eines Rechnungsjahrs umfassendes Vergütungsscheinbuch. Die laufende Nummer dieses Buches wird auf jedem Scheine vermerkt.

Der Ausfertigungstag und die Nummer des Scheines sind auf dem zugehörigen Abfertigungspapier u. dergl. zu vermerken.

§ 79.

Der Betrag, über den der Vergütungsschein lautet, kann in derselben Weise wie der Betrag der Kontingentscheine auf Branntweinsteuer aller Art statt barer Zahlung in Anrechnung gebracht werden (B. O. § 156). Er kann auch vom fünfundzwanzigsten Tage des sechsten Monats nach dem Monate der Abfertigung und, wenn dieser Tag ein Sonn- oder Feiertag ist, auch am vorhergehenden Werktage von jedem Inhaber des Vergütungsscheins bei jeder Hebestelle bar erhoben werden. Als Monat der Abfertigung gilt der Monat, in welchem die Denaturierung, die Ausgangsabfertigung oder die Abschreibung stattgefunden hat, beziehungsweise der letzte Monat des Zeitabschnitts, für welchen das Abrechnungsbuch oder das Post-Ausgangsbuch geführt worden ist.

§ 80.

Die erfolgte Abrechnung oder Barzahlung des Vergütungsbetrags hat der Inhaber auf dem Vergütungsscheine zu bestätigen.

Wer mehr als drei Vergütungsscheine in Anrechnung oder zur Einlösung durch Barzahlung bringen will, hat die Scheine mit einem Verzeichnisse nach Muster 28 vorzulegen und die Bestätigung der Anrechnung oder der Barzahlung statt auf jedem Scheine auf dem Verzeichnis über den Gesamtbetrag abzugeben. Nach der Annahme sind die zu dem Verzeichnisse gehörigen Scheine von der Hebestelle auf der Vorderseite zu durchkreuzen.

§ 81.

Die Gültigkeit des Vergütungsscheins erlischt mit Ablauf eines Jahres, vom Beginne des auf die Ausfertigung folgenden Monats ab gerechnet; die nachträgliche Einlösung ungültig gewordener Vergütungsscheine kann von der Direktivbehörde, welche die Scheine ausgefertigt hat, genehmigt werden.

Im Falle des Verlustes eines Vergütungsscheins ist ein gerichtliches Aufgebotsverfahren unzulässig. Die Direktivbehörde ist ermächtigt, an Stelle von verlorenen, innerhalb der Gültigkeitsfrist bei keiner Hebestelle im Gebiete der Branntweinsteuergemeinschaft eingelösten, sowie von erweislich zu Grunde gegangenen Vergütungsscheinen neue Scheine auszufertigen und deren nachträgliche Einlösung zu genehmigen.

Muster 16.
(Br. O. § 51.)

Anmeldung zur Ausfuhr.

melde d.......innen bezeichneten {unter steuerlicher Kontrolle stehenden / aus dem freien Verkehr stammenden} Waren zur Abfertigung zwecks Ausfuhr nach   an und beantrage , nach erfolgter Ausfuhr Steuerfreiheit zu gewähren.

                    , den   ten   19 .
                    (Unterschrift des Versenders).

Direktivbezirk

Branntweinbegleitschein I
Nr.

Ausfertigungsamt: **Empfangsamt:**
                                          Ueberwiesen auf

Gestellungsfrist: Bis zum (in Worten)

Verlängert bis zum (in Worten)

Annahmeerklärung des Begleitscheinnehmers: übernehme...... diesen Begleitschein mit den aus der Branntwein-Begleitscheinordnung sich ergebenden Verpflichtungen.

                    , den   ten   19 .
                    (Unterschrift des Begleitscheinnehmers.)

                    , den   ten   19 .
                              amt.

(Stempelabdruck.)   (Unterschrift.)

Vorbuch*):
Branntwein-Abnahme-Hauptbuch . . . Abt.   Nr.
Branntweinbegleitschein-Empfangsbuch . . . . . Nr.
Branntwein-Lagerbuch . . . . . . Abt.   Nr.
Branntwein-Reinigungsbuch . . . . . Abt.   Nr.

Erledigung des Begleitscheins.

1. Der Begleitschein ist abgegeben am
                              (Unterschrift.)

2. Der Begleitschein ist eingetragen in das Branntweinbegleitschein-Empfangsbuch   unter Nr.
                              (Unterschrift.)

3. Die Erledigung des Begleitscheins bescheinigt

                    , den   ten   19
                              amt.

(Stempelabdruck.)   (Unterschrift.)

*) Dieser Vordruck ist zu durchstreichen, wenn es sich um die Ausfuhr von Branntweinfabrikaten aus dem freien Verkehre handelt.

Laufende Nr.	Der Gefäße		Nr. des Tarabuchs.	Alkoholmenge	Abgabensatz: a) Verbrauchsabgabe, b) Zuschlag	Anträge.	Zahl und Art sowie Zeich. und Nr. der Gefäße.	Bruttogewicht der Gefäße	Eigengewicht der Gefäße: a) voramtlich, b) bei der Abfertigung, c) eichamtlich ermittelt	Nettogewicht	Des Branntweins			Alkoholmenge	Abgabensatz: a) Verbrauchsabgabe, b) Zuschlag	Bemerke über Zahl, Art und Lage der angelegten Verschlüsse, amtliche Begleit-, Mehr- od. Minderbefund gegen die Vorabfertigung, Probebelastung der Centesimalwage Ergebnis der wiederholten einzelnen Verwiegungen des Kesselwagens (Sp. 9 u. 10) u. s. w.
	Zahl und Art sowie Zeich. und Nr.	a) steueramtlich, b) eichamtlich ermitteltes Eigengewicht									scheinbare Stärke in Gew.prozenten	Wärmegrad.	wahre Stärke in Gewichtsprozenten.			
		kg		l A.	Pf.			kg	kg	kg					l A.	Pf.	
1.	2.	3.	4.	5.	6.	7.	8.	9.	10.	11.	12.	13.	14.	15.	16.	17.
						Mit Begleitschein 1 auf										

I. Anmeldung. — II. Revisionsbefund bei dem Ausfertigungsamte.

Mit dem {Begleitschein / Tarabuch} übereinstimmend.

Abgabensatz-{Branntw. Lagerbuche / nach dem Branntw. Reinigungsb.} {zu- / -lässig}.

(Unterschrift des Buchführers.)

III. Revisionsbefund bei dem Ausgangsamte.

Zahl und Art sowie Zeichen und Nr. der Gefäße	Brutto-gewicht der Gefäße	Eigengewicht der Gefäße: a) voramtlich, b) bei der Ab-fertigung, c) eichamtlich ermittelt	Netto-gewicht	Des Branntweins				Bemerke über Zahl, Art u. Beschaffen-heit der vorgefundenen Ver-schlüsse, amtliche Begleitung, Mehr- oder Minderbefund gegen die Vorabfertigung, Probebe-lastung der Centesimalwage, Ergebnis der wiederholten ein-zelnen Verwiegungen des Kesselwagens (Sp. 19 u. 20) u. s. w.
				scheinbare Stärke in Gew.-prozenten	Wärme-grad	wahre Stärke in Gew.-prozenten	Alkohol-menge	
	kg	kg	kg				1 ℔.	
18.	19.	20.	21.	22.	23.	24.	25.	26.

Nachweis des Ausgangs über die Grenze.*)

A. D......innen bezeichnete   wurde..... nach Abnahme des unverletzt be-
funbenen Verschlusses:

    1. in den Eisenbahn-Güterwagen Nr.   der   Eisenbahn verladen und
       nach Verschließung des Wagens mit   Kunstschlössern der Serie
       der Eisenbahnverwaltung zur Vorführung binnen   Tagen bei dem
       ....amt in   übergeben.

                 , den   ten   19

                                        amt.

    (Stempelabbruck.)   (Unterschriften.)

    2. auf .... des   verladen und dem Ansageposten
       in ....

       unter { Begleitung durch d   Grenzaufseher
               { amtlichem Verschlusse mittelst
       überwiesen.

              ...., den .....ten   19 ,
                          (Unterschriften.)

                                          amt.

    (Stempelabbruck.)   (Unterschriften.)

    3. unter unseren Augen in das Ausland ausgeführt.

            ...., den .. ....ten   19
                        (Unterschriften.)

B. D...... oben bezeichnete.........   wurde nach Abnahme des unverletzt befundenen
   Verschlusses:

    1. d   Grenzaufseher   zur Begleitung über die Grenze übergeben
       ...., den .....ten   19

                                        amt.

    (Stempelabbruck.)   (Unterschrift.)

    2. unter unseren Augen in das Ausland ausgeführt.

            , den   ten   19
                     (Unterschriften.)

---

*) Der Vordruck kann den Bedürfnissen entsprechend geändert werden.

Innere Einrichtung.

der

Begleitscheine zur steuerfreien Ausfuhr von
alkoholhaltigen Parfümerien u. f. w.

I. Anmeldung.

Laufende Nr.	Der Frachtstücke			Der einzelnen Parfümerien u. s. w.		Der inneren Umschließungen Zahl, Art und Bezeichnung nach der Betriebserklärung.	Inhalt der einzelnen Umschließungen (gegebenenfalls des Dutzends oder des Kartons) in Kilogrammen oder Litern. Ganze oder $^1/_{100}$ oder $^1/_{1000}$ kg l	Gesamtmenge der in gleichartigen und gleich großen inneren Umschließungen enthaltenen einzelnen Parfümerien u. s. w. von gleicher Alkoholstärke kg l	Bezeichnung des Standgefäßes, aus dem die einzelnen Parfümerien u. s. w. entnommen sind.	Anträge.
	Zahl und Art der Verpackung.	Zeich. und Nr.	Bruttogewicht kg	Benennung und Bezeichnung nach der Betriebserklärung.	wahre Alkoholstärke in Gewichtsprozenten od. Raumprozenten.					
1.	2.	3.	4.	5.	6.*)	7.	8.*)	9.*)	10.	11.
										Mit Begleitschein I auf

bescheinige , daß zur Herstellung der Fabrikate, für welche die Steuerfreiheit beansprucht wird, nur versteuerter Branntwein verwendet worden ist.

, den ten 19...

(Unterschrift des Versenders.)

*) Zu den Spalten 6, 8 und 9. Die Eintragungen müssen den bezüglichen Angaben der Betriebserklärung (§ 61 unter b und c der Branntweinsteuer-Befreiungsordnung) entsprechen. Wird der Inhalt der Umschließungen nach Gewicht angegeben, so darf die Alkoholstärke nur nach Gewichtsprozenten angemeldet werden; erfolgt die Inhaltsangabe nach Litern, so ist die Alkoholstärke nach Raumprozenten anzumelden.

11. Revisionsbefund.

Laufende Nr.	Der Frachtstücke			Der inneren Umschließungen Zahl, Art und Bezeichnung nach der Betriebserklärung.	Inhalt der einzelnen Umschließungen (gegebenenfalls des Dutzends oder des Kartons) in Kilogrammen oder Litern. Ganze oder ¹/₁₀₀, ¹/₁₀₀₀ kg / l	Der einzelnen Parfümerien u. s. w.				Gesamtmenge der in gleichartigen und gleich groß. wahr. inneren Umschließungen enthaltenen einzelnen Parfümerien u. s. w. von gleicher Alkoholstärke kg	Die Gesamtlitermenge der Parfümerien u. s. w. (Spalte 22) von der in Spalte 20 angegebenen Temperatur und der in Spalte 21 angegebenen wahren Alkoholstärke entspricht ein. Gewichtsmenge von kg	Alkoholmenge 1 A.	Vermerke über Zahl, Art und Lage der angelegten Verschlüsse, amtliche Begleitung u. s. w.
	Zahl und Art der Verpackung	Zeich. und Nr.	Bruttogewicht kg			Benennung und Bezeichnung nach der Betriebserklärung.	scheinbare Alkoholstärke in Gewichtsprozenten.	Wärmegrad.	wahre Alkoholstärke in Gewichtsprozenten.				
12.	13.	14.	15.	16.	17.	18.	19.	20.	21.	22.**)	23.**)	24.**)	25.

**) Zu den Spalten 22, 23 und 24. Die einzutragenden Gewichts- oder Litermengen sind nicht abzurunden.

Spalte 23 ist nur in denjenigen Fällen auszufüllen, in welchen die Inhaltsermittelung nach Litern stattgefunden hat.

Ergeben sich bei der Ermittelung des Gewichts andere Bruchteile als 0.5 Kilogramm, so sind sie zum Zwecke der Berechnung der Alkoholmenge mit 10 zu vervielfältigen, die sich ergebenden Kilogramme nach Maßgabe der Alkoholermittelungsordnung abzurunden und für die so gefundenen Gewichte die entsprechenden Alkoholmengen zu bestimmen. Sodann sind leztere durch 10 zu teilen und hiernach die Eintragungen in die Spalte 24 zu bewirken.

Unterbleibt eine amtliche Revision, so erfolgt die Ausfüllung der Spalte 24 unter Zugrundelegung der Angaben des Versenders (Spalten 6 und 9). Hierbei werden im Falle der Anmeldung nach Gewicht und Gewichtsprozenten die einzutragenden Alkoholmengen, soweit in der Spalte 9 andere Bruchteile als 0.5 Kilogramm angemeldet sind, nach Maßgabe des vorstehenden Absatzes bestimmt. Im Falle der Anmeldung nach Raumprozenten ergeben sich die einzutragenden Litermengen durch Vervielfältigung der angemeldeten Stärkegrade mit den in der Spalte 9 angemeldeten Litermengen.

Muster 20.
(Bfr. O. § 55.)

Empfangsschein.

Der Empfang des von dem   amt in

am   19   unter Nr.   seines Empfangsbuchs

erledigten diesseitigen Branntweinbegleitscheins 1   Nr.   vom   ten   19

wird bescheinigt.

, den   ten   19

amt.

(Stempelabdruck)   (Unterschrift des Buchführers.)

Anleitung

zur

Unterfuchung von alkoholhaltigen Parfümerien, Kopf=, Zahn= und Mundwaffern, deren Alkoholgehalt nicht nach Maßgabe der Alkohol= ermittelungsordnung feftgeftellt werden kann.

50 Gramm der Parfümerien u. f. w. werden mit 50 Gramm Waffer und 50 Gramm Petroleumbenzin von der Dichte 0,69 bis 0,71 in einem Scheidetrichter kräftig gefchüttelt. Nach minde= ftens zwölfftündiger Ruhe wird das Gewicht der unteren Schicht beftimmt, ihre Dichte mit der Weftphal'fchen Wage oder einem Pyknometer bei 15 Grad ermittelt und daraus die abfolute Menge des Alkohols in diefer Schicht berechnet. Durch Vervielfältigung mit 2 wird die in der unterfuchten Flüffigkeit enthaltene Alkohol= menge gefunden.

Enthalten die Parfümerien Harze oder andere Extraktivftoffe, fo werden 50 Gramm derfelben mit 50 Gramm Waffer verfetzt und von dem Gemifche mindeftens 90 Gramm abdeftilliert. Das Deftillat wird mit Waffer auf 100 Gramm aufgefüllt und, wie oben befchrieben, weiter unterfucht. Falls freie Säure zugegen ift, wird ebenfo verfahren, vor der Deftillation jedoch die Säure mit Natronlauge fchwach überfättigt.

Stark glyzerinhaltige Zubereitungen (Brillantine) werden mit ihrem doppelten Gewichte mit Waffer verdünnt; 150 Gramm diefer Verdünnung werden deftilliert, bis nahezu 100 Gramm Deftillat übergegangen find. Das Deftillat wird mit Waffer auf 100 Gramm aufgefüllt, die in ihm enthaltene Alkoholmenge ermittelt und diefe durch Vervielfältigung mit 2 auf diejenige der unter= fuchten Brillantine u. f. w. umgerechnet.

Muster 22.
(Br. O. § 68.)

Post-Ausgangsbuch

über die

steuerfreie Ausfuhr von alkoholhaltigen Parfümerien, Kopf-, Zahn- und Mundwassern

für

in

Vierteljahr des Betriebsjahrs 19

Dieses Buch enthält   Blätter, die mit einer an-
gesiegelten Schnur durchgezogen sind.

, den   ten   19

Anleitung zum Gebrauche.

1. Der Versender hat die Spalten 1 bis 12 auszufüllen, bevor die einzelnen Sendungen aus den Räumen entfernt werden, in welchen sie versandtfertig gemacht worden sind.

2. Die Eintragungen in den Spalten 7 und 9 müssen den bezüglichen Angaben der Betriebserklärung (Br. O. § 61 unter b und c) entsprechen. Wird der Inhalt der Umschließungen nach Gewicht angegeben, so darf die Alkoholstärke nur nach Gewichtsprozenten angemeldet werden; erfolgt die Inhaltsangabe nach Litern, so ist die Alkoholstärke nach Raumprozenten anzumelden.

3. Die Spalte 13 ist unter Angabe des Tages von demjenigen auszufüllen, welcher die Poststücke bei der Post aufgegeben hat. Die Eintragung muß an demselben Tage erfolgen, an welchem die Auflieferung bei der Post bewirkt ist.

4. Nach Verlauf des Vierteljahrs ist unter der letzten Eintragung von dem Versender folgende Erklärung abzugeben:
    Die Richtigkeit der vorstehenden Angaben, sowie daß zur Herstellung der oben verzeichneten Fabrikate, für welche die Steuerfreiheit beansprucht wird, nur versteuerter Branntwein verwendet worden ist, bescheinige ich hiemit

, den   ten   19

(Unterschrift.)

Alsdann ist das Post-Ausgangsbuch binnen 5 Tagen an die Hebestelle zurückzuliefern.

5. Die Spalte 15 ist unter Zugrundelegung der Angaben des Versenders in den Spalten 7 und 10, zutreffendenfalls auf Grund des Ergebnisses der amtlichen Ermittelung, von der Hebestelle auszufüllen; eine Abrundung der einzutragenden Litermengen findet nicht statt.

Im Falle der Anmeldung nach Gewicht und Gewichtsprozenten sind die einzutragenden Alkoholmengen, soweit in der Spalte 10 andere Bruchteile als 0.5 Kilogramm angemeldet sind, in der Weise zu berechnen, daß die betreffenden Bruchteile mit 10 vervielfältigt, die sich ergebenden Kilogramme nach Maßgabe der Alkoholermittelungsordnung abgerundet und für die so gefundenen Gewichte die entsprechenden Alkoholmengen bestimmt werden. Sodann sind letztere durch 10 zu teilen und hiernach die Eintragungen in die Spalte 15 zu bewirken.

Im Falle der Anmeldung nach Raumprozenten ergeben sich die einzutragenden Litermengen durch Vervielfältigung der angemeldeten Stärkegrade mit den in der Spalte 10 angemeldeten Litermengen.

Laufende Nr.	Name des Empfängers.	Der Poststücke			Der einzelnen Parfümerien u. s. w.		Der inneren Umschließungen Zahl, Art und Bezeichnung nach der Betriebserklärung.	Inhalt der einzelnen Umschließungen (gegebenenfalls des Dutzends oder des Kartons) in Kilogrammen oder Litern.	
		Bestimmungsort.	Zahl und Art der Verpackung.	Bruttogewicht	Benennung und Bezeichnung nach der Betriebserklärung.	wahre Alkoholstärke in Gewichtsprozenten oder Raumprozenten.		Ganze	1/100 oder 1/1000
				kg				kg	l
1.	2.	3.	4.	5.	6.	7.	8.	9.	

Gesamtmenge der in gleichartigen und gleich großen inneren Umschließungen enthaltenen einzelnen Parfümerien u. f. w. von gleicher Alkoholstärke kg l	Bezeichnung des Standgefäßes, aus dem die einzelnen Parfümerien u. f. w. entnommen sind.	Die Sendung ist nachgewiesen im Fakturenbuch auf Seite	Tag der Postaufgabe; Name des Aufgebenden.	Revisionsvermerke der Beamten.	Alkoholmenge 1 ℛ.
10.	11.	12.	13.	14.	15.

Muſter 25.
(Br. O. § 77.)

Hauptamtsbezirk

Nachweisung Nr.

über

zu gewährende Branntweinſteuer=Vergütung.

Betriebsjahr 19

Anleitung zum Gebrauche.

1. Die Nachweiſungen ſind durch das ganze Betriebsjahr fortlaufend zu numerieren.
2. Die verſchiedenen Steuervergütungen (Br. O. § 77 unter a bis d) können in einer Nachweiſung vereinigt werden.

Laufende Nr.	Nr. des Vergütungsscheins *)	Der Vergütungsschein ist auszufertigen für			Der Berechnung der Vergütung zu Grunde zu legende Alkoholmenge
		Stand	Name	Wohnort.	
					1 A.
1.	2.	3.	4.	5.	6.

*) Bei der Direktivbehörde auszufüllen.

Betrag der Vergütung				Tag der Fälligkeit der Vergütung zur Barzahlung.	Die Vergütung entspringt aus			Bemerkungen.
an Maischbottichsteuer	an Verbrauchsabgabe	an Brennsteuer	zusammen (Spalten 7 bis 9)		Buch	Abt. und Nr.	der Hebestelle in	
Mark Pf.	Mark Pf.	Mark Pf.	Mark Pf.					
7.	8.	9.	10.	11.	12.	13.	14.	15.

Verzeichnis

der

Branntweinsteuer-Vergütungsscheine,

welche bei dem   amt in

am   ten   19   von   in

{für Rechnung des............   in   in Anrechnung gebracht}

{zur Einlösung durch Barzahlung vorgelegt}

werden.

Laufende Nr.	Behörde, die den Vergütungsschein ausgefertigt hat.	Des Vergütungsscheins Ausfertigungs-		Betrag der Vergütung						Für den Fall der Anrechnung auf gestundete Branntweinsteuer*)	
				an Maischbottichsteuer		an Verbrauchsabgabe		an Brennsteuer		zusammen (Spalten 5 bis 7)		Der Vergütungsschein ist nur anrechnungsfähig, wenn der gestundete Betrag fällig wird frühestens im Monat	Die gestundete Branntweinsteuer ist fällig im Monat
		Nr.	Tag.	Mark	Pf.	Mark	Pf.	Mark	Pf.	Mark	Pf.		
1.	2.	3.	4.	5.		6.		7.		8.		9.	10.

(Seite 3 des Musters mit den gleichen Spalten wie Seite 2.)

---

*) Die Anrechnung auf gestundete Branntweinsteuer ist nur dann zulässig, wenn der in Spalte 9 angegebene Monat kein späterer als der in Spalte 10 bezeichnete ist.

(Seite 4 des Musters.)

Amtliche Feststellung.

Die Richtigkeit des vorstehenden, nach den Vergütungsscheinen geprüften Verzeichnisses wird bescheinigt und der Gesamtbetrag festgestellt auf   Mark   Pf.

(Unterschrift.)

Anrechnungsbestätigung.

Vorstehender Betrag von   Mark   Pf., in Worten:

ist { mir / uns } von dem   amt in   auf   nicht gestundete / gestundete   Branntweinsteuer angerechnet worden.

, den   ten   19

(Unterschrift.)

Quittung.

Vorstehender Betrag von   Mark   Pf., in Worten:

ist { mir / uns } von dem Haupt   amt in   bar gezahlt worden.

, den   ten   19

(Unterschrift.)

Buchungsvermerke.*)

Die zu diesem Verzeichnisse gehörigen Vergütungsscheine sind bei dem   amt

am   ten   19   abgegeben worden.

Der angerechnete Betrag ist gebucht

in Einnahme:			in Ausgabe:		
im Branntweinsteuer-Einnahmebuch	Nr.		im Hauptjournal		Nr.
im Kreditjournal für 19	Nr.		im Hauptmanual	Seite	Nr.
im Kreditmanual für 19	Seite	Konto	im Kassenjournal, Abr. II.	Seite	Nr.

*) Dieser Vordruck kann nach Maßgabe der in den einzelnen Bundesstaaten bestehenden Buchungsvorschriften geändert werden.

Reine Wortzeichen und in Bildzeichen enthaltene Wortzeichen der Klasse 34.

Verzeichnis der vom 1. Oktober 1894 bis 1. September 1903 vom Kaiserlichen Patentamt in Berlin veröffentlichten reinen Wortzeichen der Klasse 34 und zwar für Seifen, Putz- und Poliermittel, Rostschutzmittel, Waschmittel, Parfümerien und Toilettemittel.

A.

Abrador 33862, Luhn & Co., Barmen
Absalin 45204, C. Zimmermann, Friedrichsdorf
Ächtes Brühning's Enthaarungspulver 48874, L. Reisser, Frankfurt
Adept 40757, S. Simon, Charlottenburg
Adonis 27548, H. Musche, Magdeburg
Adoxa 39444, M. Nawratzki, Berlin
Aedelia 51363, F. Schwarzlose, Berlin
Aegir-Seife 6177, A. T. Düyssen Nachfl., Friedrichstadt
Aetna 34564, Renner & Co., Elberfeld
Aetna 49951, Vereinigte Schmirgel- & Maschinenfabrik A.-G., Hannover
Aethrol 56161, Dr. H. Nördlinger, Flörsheim
Affe 61198, Sunlight-Seifen-Fabrik A.-G., Rheinau-Mannheim
Agaerosin 30354, Dr. O Löhr, Bonn
Agatol 25464, A. Stapler, Wien
Aglaodont 28533, P. Hedel, Hamburg
Agney 59079, J. M. Lichtenberger, Altona
Agonoplasmin 33343, W. Stamm, Deutsch Wilmersdorf
Agrippina 56567, A. Helbach, Bonn
Aha 41139, A. H. A. Bergmann, Waldheim
A. H. A. Bergmann 45411, A. H. A. Bergmann, Waldheim
Ahoi 56315, Meyer & Co., G. m. b. H., Hemelingen
A. J. Frank's 35759, A. J. Frank, Würzburg
Akelidot 53985, J. H. J. Büttner-Wobst, Zittau
Akneton, 33052, F. Schwarzlose Söhne, Berlin
Alabaster-Crème 12752, F. Schwarzlose Söhne, Berlin
A la reine des abeilles 15068, A. M. Rehns & Cie., Paris
Alarm 46643, G. J. Schaeffer Sohn, Koblenz
Alaudin 29607, R. J. Tancré, Anklam
Alasitia 53011, Gebr. Wagner, Strassburg-Königshofen
Albanin 52224, J. Klagsbrunn, Wien-Floridsdorf
Albin 61667, Dr. med. F. Schwieker, Hamburg
Almothyl 60637, Chemische Werke Hansa, G. m. b. H., Hemelingen
Albolavin 39059, C. Baumeier, Breslau
Alco 40756, Luhn & Co., Barmen
Aldthyform 60152, Chemische Werke Hansa, G. m. b. H., Hemelingen
Alexandra 19620, Mouson & Co., Frankfurt a. M.
Alfin 56278, Alfa Cop., Kom. Ges., Esslingen

Alfred de Hody 25334, Alfred de Hody, Saargemünd
Algamyn 39514, E. Banf, Barmen
Algontine 46576, H Klahn, Steglitz
Alhambra 49717, Dr. Pieper & Flatau, Charlottenburg
Allianz 9070, C. H. Oehmig-Weidlich, Zeitz
Allodor 23585, Kunath & Klotzsch, Leipzig
Allright 39997, P. Ney, Aachen
Almidon Brillante Nacar Hoffmann 33525, Hoffmann's Stärkefabriken, Salzuflen
Alsatia 31274, Philipp Kirsch, Strassburg
Alveoline 29842, F. R. Becker, Hamburg
Alvor 52953, Trinkler & Co., Leipzig-R.
Amanthol 38205, A.-G. für Anilinfabrikation, Berlin
Ambol 46682, A. Kürsten, Solingen
Ami 32893, Schlinck & Co., Mannheim
Amido Doppio 13430, H. Mack, Ulm a. D.
Amidon Double 13763, H. Mack, Ulm a. D.
Amoenitas 54115, W. Guttmann, Düsseldorf
Amor 3729, Lübszynski & Co., Berlin
Amor 61934, Hoffmann's Stärkefabriken, A.-G., Salzuflen
Amoroso 20026, A. H. A. Bergmann, Waldheim
Amu 6337, A. H. Hanschmann, Wiesbaden
Amulett 36081, Dr. H. Alexander, Hamburg
Amur 3880, F. Schwarzlose, Berlin
Amygdalol 37866, A. F. Neumann, Berlin
Amykos 11775, J. Prochownik, Berlin
Anadontol 12918, C. H. Oehmig-Weidlich, Zeitz
Anna Csillag'sche Haar- und Bartwuchspomade 50129, A. Csillag, Berlin
Anna 26139, Vereinigte Ultramarin-Fabriken, Nürnberg
Andréine 36122, G. Rüdenburg, Hamburg
Ankerweber 27168, J. F. Weber, Braunschweig
Annithea 8429, A. Sichel, Hamburg
Anthol 35808, Dr. H. Wickmann, Münster
Antichromin 61092, Chemische Fabriken Santoni & Co., Berlin
Antidron 55514, Noffke & Co., Berlin
Antiferugin 57495, Leuchtag & Seidenstein, Wien
Antijosat 47068, C. W. Müller, Hamburg
Antikrinin 32247, F. Schwarzlose, Berlin
Antiluna 57883, A. Weber, Hamburg
Anti-Reklame-Seife 8475, G. Boehm, Offenbach
Antisopin 33184, M. V. Luis, Hamburg
Antiruga 56895, A. Weber, Hamburg
Antisur 55515, Noffke & Co., Berlin
Antisudol 51324, P. Lehmann, Berlin
Antoinette 31946, Pieper & Flatau, Charlottenburg
Aok 51783, W. Anhalt, G. m b. H., Kolberg
Apiranthos 48012, Voss & Co., Deuben
Apollo 39675, A. Wasmuth & Co., Hamburg
Apollo-Seife 8546, Welker & Wagner, Dresden
Apotheker Ahn's Mentha-Zahn-Pulver 38239, J. H. Ahn, Hamburg
Apotheker F C. Doering 36520, Doering & Co., Charlottenburg
Apotheker Proskauer's Quick, 51438, Proskauer, Berlin
Apotheker Otto Klement's Alpenblüten 47586, Klemm & Spaeth, Ravensburg
Aphrodisias 61538, Weber & Schaer, Hamburg
Aponin 57865, A. F. Neumann, Berlin
Apyron 21180, J. F. Schwarzlose Söhne, Berlin
Aquorin 25523, E Drechsler, Breslau
Arbeiterfreund 48774, G. Bernsau, Ruhrort

Arbeiterwohl 58873, J. Lukaschik, Tarnowitz
Arenaseife 61460, F. H. Dietz, Krefeld
Argentinum 56121, Gebr. Weinrich, Worbis
Argus 49028, H. Möller, Greifenhagen
Armal 52771, Schmidt, Lommatzsch
Armide 56758 Dr. M. Albersheim, Frankfurt a. M.
Arnicin 26747, F. X. Miller, Regensburg
Arnikol 58718, F. Schwarzlose, Berlin
Aromin 26258, Schaaf & Büchelen, Berlin
Asaprol 15901, A. Ruffin, Paris
Aschenbroedel 30356, H. Rietbrock, Lengerich
Asch's Unerreicht 48578, L. Asch, Starolenka
Askania 36953, E. Nagel, Aschersleben
Askania 39853, C. G. Kämmerer, Dessau
Assindia 51750, W. Körzel, Essen
Asmodont à la Witzel, 54004, W. Anhalt. G. m. b. H., Kolberg
Aspasia 15069, L. Leichner, Berlin
Aspikom 60112, M. Fontaine, Gera
Astolin 28016, H. Kindeleben, Ludwigslust
Athos 51993, M. Wahl, Heilbronn
Atlas 11780, Oppenheim & Co., Hannover-Hainholz
Atlas die Freude der Plättereien 27173, Hoffmann's Stärkefabriken, Leipzig
Augusta Viktoria-Veilchen 15591, G. Dralle, Hamburg
Aulicus 32261, C. Hofmann, Breslau
Aureol 16909, J. F. Schwarzlose, Berlin
Aurora 24485, R. Schleip, Hamburg
Aurora 25766, Th. Heydrich & Co., Wittenberg
Aus fernen Welten 59473, J. F. Schwarzlose Söhne, Berlin
Autosapon 48014, R. M. Müller, Halle
Auxolin 50392, Wolff & Sohn, Karlsruhe
Auzosspur 50470, Lysoform, G. m. b. H., Berlin
Aviso 61241, Kuhn & Schmutzler, Leipzig-Gohlis
A. Wecker's Seifenpulver 39238, E. Wecker, Breslau
Azucar 33860, E. H. Röhl, Hamburg.

B.

Baatz's Anticalvit 61094, E. Baatz, Berlin
Bacheberle's Krystallseife 39894, Z. Bacheberle, Renchen
Baff 51000, F. Mathee, Stuttgart
Balsamtasia 56506, J. Schönwälder, Schöneberg
Barbarol 48546, E. Krumholz, Moulins
Barbolin 12963, F. Haby, Berlin
Barmensia 52835, Luhn & Co., G. m. b. H., Barmen
Bartolin 18864. Th. Jungmann, München
Bartbändiger 21444, Fuchs & Schadewell, Leipzig-Plagwitz
Bart-Erzieher 26339, O. Gerecke, Magdeburg
Bathykom 40100, H. Litzau, Danzig
Baumann 26161, L. Jumpelt, Dresden
Bayadère 37770, Dalton & Co., Frankfurt a. M.
Belladont 28986, R. J. Tancré, Anklam
Belladont 30840, A. Wasmuth & Co., Hamburg
Bellatin Toilette-Blumenmilch 22982, Doering & Co., Frankfurt a. M.
Bellin 39067, P. Halder, Spandau
Bellini 49894, O. Vieluf, Schwerta
Bemor, 46734, Chemische Fabrik Wiedemann, Bromberg
Benediktiner 40077, P. Ney, Aachen

Bender's Bimsstein-Fabrik No. 31 9021, Bender & Co., Worms
Benol 26690, F. Schmull, Werdohl
Bentzenit 29340, L. Bentz, Basel
Benzinoform 61960, Chemische Fabrik Griesheim-Elektron. Frankfurt a. M.
Bergamil 48133, Fritzsche & Co., Hamburg
Bermannin 53094, A. H. A. Bergmann, Waldheim
Berger's Glycerin-Teerseife 58838, Hell & Co, Troppau
Berger's mediz. Teerseife 58736, Hell & Co., Troppau
Berger's med. und hygien. Seifen 61426, Hell & Co., Troppau
Bergmannol 53095, A. H. A. Bergmann, Waldheim
Bergmann's Mundwasser 13985, A. H. A. Bergmann, Waldheim
Bergmann's Zahnseife 8402, A. H. A. Bergmann, Waldheim
Bergmann's Zahnpasta 8434, A. H. A. Bergmann, Waldheim
Berolina 45235, H. Wunder, Berlin
Berta's ›Ideal-Bügel-Glanz‹ 34166, F. E. Berta, Fulda
Berthalin 18657, Th. Jungmann, München
Bess 14198, Rosenzweig & Baumann, Kassel
Bessem 14203, Rosenzweig & Baumann, Kassel
Bessemer 663, Rosenzweig & Baumann, Kassel
Betulinar 49664, W. Siebmann, Dresden-N.
Beyschlag's Universal-Glycerin-Seife 33597, H. P. Beyschlag, Augsburg
Bianca 28442, Weiss & Co., Stuttgart
Bims die Händ 51024, Luhn & Co., G. m. b. H., Barmen
Bimsolith 38709, Krüger & Co., Hirsau
Bimsolit 51025, Luhn & Co., G. m. b. H., Barmen
Binder's Lacklösemittel Corrodion 49807, A. Binder, Halle
Bindolin 46575, M. Jung, Wiesbaden
Birkon 14211, F. Schwarzlose, Berlin
Blanca 23314, A. Silberborth, Köln
Blanchine 31371, M. von Kalkstein, Heidelberg
Blanka 8410, J. Richard Zschunke, Dresden-A.
Blankol 52142, F. R. Tiller, Wiesbaden
Bleib echt 55095, G. Guttentag, Hagen
Bleib mir treu 48951, O. Hörnicke, Berlin
Bleib mir treu 56279, Günther & Haussner, Chemnitz
Bleichsoda Orion 55095, C. Gentner, Göppingen
Blitz 25176, P. Ney, Aachen
Blitz-Streichriemen 12760, H. Tietz, Bad Kudowa
Blohm's Putz-Fluid 15049, P. & Th. Blohm, Altona
Blumen-Echo 20530, F. Schwarzlose, Berlin
Blumen-Feen 26705, Wolff & Sohn, Karlsruhe
Blütenhall 51716, J. Schwarzlose, Berlin
Blütentau 13792, A. H. A. Bergmann, Waldheim
Boemacetin 50714, W. Boemck, Neu-Weissensee
Bohrit 48174, Luhn & Co., G. m. b. H., Barmen
Bonalin 19448, N. Bermann, Berlin
Bonin 24288, W. Diepow jr., Berlin
Bonol 61261, Dr. J. Werber, Wien
Boracol 29495, Fischesser & Cie., Lutterbach
Boramon 56255, Dr. O. Kaysser, Dortmund
Boraxon 59506, C. Brunn, Düsseldorf
Borosal 21062, F. Wirthgen, Niederlössnitz
Borsyl 30039, Dr. Förster & Sauermann, Dahme i. M.
Borussia 29621, Dr. Pieper & Flatau, Charlottenburg
Bouche claire, 16338, Hochkirch & Pariser, Berlin
Bouquet Beatrice 36747, Bethe & von Ehren, Hamburg
Bouquet XXe Siécle 9903, Blanc & Cie., Paris

Bourbonal 53445, Haarmann & Reimer, Holzminden
Box Calfin 49246, C. Feldten Nachfl., Altona-Ottensen
Brandenburgia 39515, Rud. Herrmann, Berlin
Brautbouquet (Amoroso) 16544, A. H. A. Bergmann, Waldheim
Bravissimo 26577, Joh. Fr. Weber, Braunschweig
Bravour 26573, Joh. Fr. Weber, Braunschweig
Bravo 26464, Joh. Fr. Weber, Braunschweig
Briefträger 35402, E. Stichel, Zschopau
Brigol 45380, G. Weidlich, Brieg
Breidenbach London 55577, R. B. Breidenbach, London
Brillanticum 60291, Chemische Fabrik Wevelinghoven, G. m. b. H., Weve-
    linghoven
Brillantine Radesich 32991, A. Radesich, Triest
Brillantol 53999, H. Grotta, Berlin
Brillanton 18102, F. Schwarzlose, Berlin
Bronil 59078, Dr. Gittelson & Co., Berlin
Brosig 29951, O. Brosig, Leipzig
Brotunol 35777, Heyden-Bruckner & Ebert, Charlottenburg
Bruiloft Zeep 47185, Dalton & Co., Frankfurt a. M.
Bulbin 48388, H. Schreber, Berlin
Bürger 59049, Treu & Nuglisch, Berlin.

C.

Cabinet 8432, I. Zettler, München
Canadoline 60958, Graz & Amrein, Genf
Candor 47955, Krieger & Co., Düsseldorf
Cappillaricin 8473, F. R. Müller &. Co., Köln
Capilliphor 22626, H. Schmid-Marneffe, Visegrad
Capillus-Renova 55479, O. Seifert, Dresden
Captol 32142, F. Mülhens, Köln
Cara 20527, F. Berger, Berlin
Carborundum 26921, The Carborundum Company, Monongahela City (V. St. v. A.)
Carbo-Santalin 14224, Treu & Nuglisch, Berlin
Carburol, Ersatz für Benzin, 37989, G. Wegelin Sohn, Illzach b. M.
Caritas 37428, Karol Weil & Co., Berlin
Carlosa 39405, Ch. Kügler, Paris
Carmen Sylva 9812, J. G. Mouson & Cie., Frankfurt a. M.
Carminol 51885, S. Landsberger, Berlin
Carneval 61970, Sunlight-Seifenfabrik A.-G., Rheinau-Mannheim
Carnilin 24614, Dr. M. Albersheim, Frankfurt a. M.
Causticin 30299, G. Matthesius, Wittenberg
Cellensia 37737, G. H. A. Lauenstein, Celle
Cellulosine 15356, C. Conrad, Kyritz
Ceral 14986, C. Fr. Kohlmeyer, Berlin
Cerfin 13264, Cerf & Bielschosky, Erfurt
Ceres 45127, M. Eggert, Halle
Ceres 55580, W. Rieger, Frankfurt
Chanadoline 60958, Graz & Amrein, Genf
Charlotten-Parfümerie 56951, Gebr. Zachowius, Berlin
Charmant 52954, S. Simon, Frankfurt
Charis 61353, A. Schwenkler, Berlin
Clarolin 61459, Chemische Fabrik Wevelinghoven, G. m. b. H., Wevelinghoven
Cheiranthus 20279, A. Wunderwald, Düsseldorf
Chielin 29479, J. Schiele, Berlin
Chemiker Julius Spiegel's Pflanzenpomade 55480, J. Spiegel, Hamburg
Chloris-Ambrosia 25345, Esch & Co., Altona

Chromatogen 37569, Koch & Co., Friedenau
Cilgo 61830, Neuberger & Co., Frankfurt
Cin-Ko-Ka 9816, J. G. Mouson & Cie., Frankfurt a. M.
Citrol 61263, P. Danziger, Hirschberg
Clarefactor 49780, Degenhardt & Knoche, A.-G., Hamm
Claron 20867, A. Silberborth, Köln
Cleanol 47820, J. Biersack, Frankfurt
Cleopatra 36892, Kutzner & Berger, Berlin
Cliol 39992, C. Lindenberg, Danzig
Clyzol 47905, Continentale Viscose-Co., G. m. b. H., Breslau
Cohaerite 60662, Meyer & Schmidt, Offenbach a. M.
Colarvenenum 40428, M. Feuchtwanger, Berlin
Colibri 30344, G. Dralle, Hamburg
Columbus 26951, J. F. Schwarzlose Söhne, Berlin
Compesin 49679, C. F. Schulze, Halle
Comtesse 37461, Dr. Pieper & Flatau, Charlottenburg
Condor 45834, Krieger & Co., Düsseldorf
Connexus 53383, Althen & Mende, Halle
Continental 34866, Dr. Pieper & Flatau, Charlottenburg
Corallen 47868, Sunlight-Seifenfabrik, A.-G., Rheinau
Cornite 23136, Mayer & Schmidt, Offenbach a. M.
Corrigen 31797, F. Schwarzlose, Berlin
Corubin 33458, Chemische Thermo-Industrie, G. m. b. H., Berlin
Cosmetin 15592, F. R. Müller & Cie., Köln
Cosmopolit 27700, W. Mehlig & Cie., Kötiz
Coss 37211, Krüger & Comp., Elberfeld
Cottoform 60636, Chemische Werke Hansa, G. m. b. H., Hemelingen
Cotosol 60635, Chemische Werke Hansa, G. m. b. H., Hemelingen
Courantin 35062, M. Courant, Kattowitz
Crefeldia 60697, Coellen & Cie., Crefeld
Crème Any 61938, E. Cornelius, Strassburg
Crème Sappho 36050, P. Lücke, Berlin
Crème Teras (Wundercrème) 13286, M. Schwarzlose, Berlin
Crescin 36409, W. Seidler, Hildesheim
Crinalin 24611, G. Duch, Frankfurt a. M.
Crinaqua risisca 46276, C. Kohlgraf, Köln-Bayenthal
Crinator 25758, A. Kinzler, München
Crinin 14614, Funke & Co., Berlin
Crinol 14226, C. J. Wäger, Hadersleben
Crinisalus Daisy 61937, J. H. Rabinowicz, Wien
Cupressymod 60471, Chemische Werke Hansa, G. m. b. H., Hemelingen
Czarewna 48090, C. A. Tancré, Anklam
Cupido 38471, Dr. Pieper & Flatau, Charlottenburg
Crupolin 18859, Dr. Förster & Sauermann, Dahme i. M.
Czaren 33460, C. A. Tancré, Anklam.

D.

Da-Capo 54117, H. Meier, Altona
Daheim 27227, Hoepner & Sohn, Hannover
Dähn's Diamant 61687, F. Dähne, Berlin
Dalli 37355, Mäurer & Wirtz, Stolberg (Rhld.)
Dalli 61942, Schmitz-Bonn Söhne, Duisburg
Damen-Liebling 25479, S. Hornemann, Köln a. Rh.
Damenwahl 49101, H. Möller, Greifenhagen
Danaë 51023, Wolff & Sohn, Karlsruhe
Dasda 47301, Ernst & Co., Dresden

Das grosse Jahrhundert 57988, Esser & Giesecke, G. m. b. H., Leipzig-Plagwitz
Das Haar wächst wie Unkraut 56118, E. Sohn, Berlin
Dégraissol 48135, Aktiengesellschaft für Seifenfabrikation, Kaiserslautern
Delila 23393, J. S. Douglas Söhne, Hamburg
Delna 29888, L. Planard, Paris
Delta 52306, A. Nichterlein, Berlin
De la Paix 56228, Schwarzlose Söhne, Berlin
Delphin 56916, Burkhardt & Co., Frankfurt a. M.
Denoin 39240, H. Backhaus, Leipzig
Denta 45393, C. H. Westphal, Köln
Dentin 35935, H. J. Schäfer, Köln
Dentol 12763, Dr. H. Prätorius, Breslau
Dentosot 26242, J. E. Stroschein, Berlin
Denuncianten-Seife 28656, Mäurer & Wirtz, Stolberg
Denzlon 56919, A. Denzler, Leipzig
Dermablanc 5207, Hermine Zwingmann, München
Dermalin 47378, Sander & Heldt, Strassburg
Dermatogen 37399, H. Kleeberg, Hannover
Dermatoline 30806, F. R. Becker, Hamburg
Dermin 22863, B. Burchhardt, Berlin
Dermol 8547, Wiegand & Lauk, Frankfurt a. M.
Dessavia 39638, C. G. Kämmerer, Dessau
Deutsche Eiche 52968, Kunath & Klotzsch, Leipzig
Deutscher Fleiss 33474, A. Grubitz, Potsdam
Diadam 53837, A. Kanzler, Bernburg
Diamantin 59672, Diamantenwerke, G. m. b. H., Rheinfelden
Diamant-Seife 7467, C. H. Oehmig-Weidlich, Zeitz
Diana 14204, Dalton & Co., Frankfurt a. M.
Dianastärke 50232, Dr. Eger & Co., Harburg
Dianthéol 49379, Naef & Co., Genf
Dianthine 48873, Naef & Co., Genf
Diaporin 54664, Dr. Allendorff & Co., Leipzig
Die Seife ist ein Massstab für den Wohlstand und die Kultur der Staaten 58494, W. & H. Melsbach, Krefeld
Dies habe ich selbst gewaschen 45632, Sunlight-Seifenfabrik, A.-G., Rheinau-Mannheim
Die Wäsche spricht für sich selbst 45633, Sunlight-Seifenfabrik, A.-G. Rheinau-Mannheim
Dido 50937, Kopp & Joseph, Berlin
Dillin 61059, Prinz & Stippler, Herbon
Dioral 49662, Finke & Geyer, Bremen
Diplomat 45105, Stephan Ketels, Bremen
Diva 45901, W. Silberstein, Berlin
Dobbel-Stivelse 13495, H. Mack, Ulm a. D.
Doering's-Seife 12803, Doering & Co., Frankfurt a. M.
Domino 33342, H. Mack, Ulm a. D.
Donau-Nixe 33340, H. Mack, Ulm a. D.
Doppel-Stärke 13288, H. Mack, Ulm a. D.
Dora 29925, Dr. Pieper & Flatau, Charlottenburg
Dormal 39829, A. Holz, Berlin
Dossa 47121, A. Berger von Lengerke, Dresden
Double Starch 13761, H. Mack, Ulm a. D.
Drachen 49734, B. Kiderlen, Ravensburg
Dreckfeind 38238, J. Renn, Dresden
Dreibund-Seife 14170, Hahn & Co. Nachfl., Berlin
Drey's Idealseife 46249, L. Drey, München

Dr. Berth. Haber's Pallanza-Veilchen 31915, Dr. B. Haber, Greifenhagen
Dr. H. Allendorffs Divinal 60702, Dr. Allendorff & Co., Leipzig
Dr. Hensel's Waschkali 30446, Dr. Hensel & Co., Lesum b. Bremen
Dr. Landmann 16522, Dr. B. Landmann, Berlin
Dr. Nittinger's Campherseife 20453, A. Österberg-Graeter, Stuttgart
Dr. Paul Ritter 45877, Dr. J. Laboschin, Berlin
Dr. Stark's Welt-Seife 33770, Petri & Stark, Offenbach
Dr. Thompson's Seifenpulver 23482, E. Sieglin, Verviers
Dr. Thompson 23948, E. Sieglin, Verviers
Dr. Timpe's Sapogen 21216, Esser & Giesecke, Leipzig-Plagwitz
Du ahnst es nicht 24541, P. Kamprath, Leipzig
Dubbel-Stärkeise 14122, H. Mack, Ulm a. D.
Ducrolin 47646 A. Ducrot, Elberfeld
Dubbel-Stijfsel 14214, H. Mack, Ulm a. D.
Du Docteur Jean Watelet 38045, Schwalbe & Watelet, Hamburg
Dupla- Keményitö 14119, H. Mack, Ulm a. D.
Duramyl 28661, Stärke-Zucker-Fabrik, A.-G., vorm. C. A. Koehlmann & Co.,
     Frankfurt a. O.
Dürr's Antisol 47664, Fr. Dürr Söhne, Stuttgart
Dürolin 54689, Fr. Dürr Söhne, Stuttgart
Duryeas' 32453, The National Starch M. C., Covington
Dvojity Skrob 18003, H. Mack, Ulm a. D.

E.

Eau de Lys de Lohse 47967, G. Lohse, Berlin
Eau Drichophil 46373, G. Schnell, Rottenburg a. N.
Ebert's Shampoo Powder Marke M. E. 60701, M. Ebert, Dresden
Ebur 35552, E. Thanisch, Aachen
Eclair 38581, P. Ney, Aachen
Edda 59009, F. Danziger, Berlin
Edelstein 1945, Mühlenbein & Nagel, Zerbst
Edelweiss 16945, A. Grothendieck, Rostock
Edelweiss 39157, G. Fromm Nachfl., Feuerbach-Stuttgart
Eff! Dee 60920, F. Drinkewitz, Rathenow
Eibischin 15662, F. Schwarzlose, Berlin
Eimüsol 26207, F. Mülhens, Köln a. Rh.
Einheit 24345, Puschmann & Bötzow, Berlin
Einhornseife 46818, Gebr. Leppert, Lüneburg
Ein stolzes Wort 41092, Mäurer & Wirtz, Stolberg
Eiolin 27958, J. L. W. Helberg, Blankenese
Electa 13293, Treu & Nuglisch, Berlin
Electoral 32969, Amther & Co., Halle
Electra 9813, Treu & Nuglisch, Berlin
Electrit 36767, K. K. p. österr. Länderbank, Wien
Electrolin 60919, D. Horwitz, Stuttgart
Elfe 48950, A. Heilborn, Breslau
Elfenbein-Seife mit Elefant 25563, Günther & Haussner, Chemnitz-Kappel
Elfenbein-Seifenpulver mit Elefant 25565, Günther & Haussner, Chemnitz-Kappel
Elfenseife 17255, Günther & Haussner, Chemnitz-Kappel
Eludin 16908, J. F. Schwarzlose Söhne, Berlin
Eluol 11777, M. Schwarzlose, Berlin
Elvir 48950, J. Hechinger, München
Elysium 54504, F. Mülhens, Köln a. Rh.
Email 25454, F. Mülhens, Köln a. Rh.
Emaille-Lawitschka 39435, Lawitschka & Co., Köln-Nippes
Emaillonit 61969, G. Raabe, Hamburg

Emma-Seife (Savon Emma) 27029, Muraour & Co., Frankfurt a. M.
Empor, 46106, G. Berlin, Köln
Enameline 4955, J. L. Presscott & Co., North-Berwick
Endel 51653, M. Endel, München
Endlich 51166, Dr. v. Werlhof & Feige, Dresden-Blasewitz
Engel-Posen 39439, S. Engel, Posen
Eola 20271, E. Görne, Freiberg i. S.
Eos 23980, H. Hamel, Berlin
Erasmie, 32644, Crosfield & Sons, Warrington
Erato 24325, W. Rieger, Frankfurt a. M.
Erfordia 61879, R. Trommsdorff, Erfurt
Erhalte den rosigen Teint Deiner Jugend 59353, G. Reimann, Berlin
Erneuerungs-Seife 17339, J. Schiele, Leipzig
Eros 50715, M. Koch, Bielefeld
Ersatz-Seife 9806, M. Kappus, Offenbach
Erste Veilchen-Grüsse 16925, F. Schwarzlose, Berlin
Er und sie 55201, Luhn & Co., G. m. b. H., Barmen
Erwirb dir deine Schönheit, pflege deine Schönheit 54766, H. Simons,
      G. m. b. H., Berlin
Esmodont nach Witzel 54003, W. Anhalt. G. m. b. H., Ostseebad Kolberg
Esparsin 56597, J. F. Schwarzlose Söhne, Berlin
Esser's Seifenpulver 19626, Esser & Giesecke, Leipzig-Plagwitz
Es ist nicht neu! Mama hat's nur gewaschen 45364, Sunlight-Seifenfabrik,
      A.-G., Rheinau
Estheta 45394, Ferd. Mülhens, Köln
Eté d'or, 45452, M. J. Roeg, Hilversum
Eucalyn-Seife 36355, H. Schmidt Nachfl., Charlottenburg
Eukome 30168, Bergeon & Dinges, Gelnhausen
Eu Komol 61093, B. Engelhardt, Kaiserslautern
Eule 15902. Doering & Co., Frankfurt a. M.
Euodin 16290, R. Kelterborn, Berlin
Eureka 36355, J. Vormbaum, Essen
Eusan 50128, Blau & Co., Dresden
Eutrichol 59105, Dr. med. C. Wiedmann, München
Eutrophia 34630, A. F. Schöffel, Leipzig
Euxesis 58552, G. Schnell, Rottenburg
Evanil 20919, F. Freund, Breslau
Excelsior 32646, C. A. Tancré, Anklam
Excilla 25104, Plassard, Paris
Extrissima Sultana 33368, E. H. Röhl, Hamburg.

F.

Fagusin 38653, R. Dunkel, Danzig
Fakir 32569, O. Rosenberger, Berlin
Familienfreund 26261, S. Hornemann, Köln a. Rh.
Familien-Liebling 26272, S. Hornemann, Köln a. Rh.
Famora 33802, J. Gosnell & Co., London
Famosin 51764, Welker & Buhler, Neuwied
Farnesol 59351, Haarmann & Reimer, G. m. b. H., Holzminden
Fasantasena 50233, R. Baumheier, Oschatz, Zschöllau
Fastodont 52967, Jünger & Gebhardt, Berlin
Fata morgana 32591, Hoepner & Sohn, Hannover
Fatima 25300, P. Ney, Aachen
Favusol 26101, Hans Arp, Kiel
F. C. Doering, Apotheker 30935, F. C. Doering & Co., Charlottenburg
Fedora 50438, Hauhske & Co., Spremberg

Feierabend 51292, E. Starke, Melle
Feoal 59636, Dr. Fr. Guichard, Burg
Ferrolin 19057, C. Heyderhoff, Berlin
Ferronat 664, Rosenzweig & Baumann, Kassel
Ferrubicid 45481, Gebr. Stern, Hamburg
Ferruginol 49401, E. Moenke, Berlin
Feschel 49162, H. Schäfer, Dresden
Fibranin 26081, Vereinigte Ultramarin-Fabriken vorm. Leverkus, Zeltner &
    Consorten, Nürnberg
Fickler's Schnellputz-Tinktur für alle Maschinenteile 61750, G. Fickler,
    Wiesbaden
Figaro, 49554, H. Kamprath, Leipzig
Figaroin 27979, P. Hüttemann, Leichlingen
Fiducia 30209, Petri & Stark, Offenbach a. M.
Fiorenta 25455, Roger & Gallet, Paris
Fixer 13754, F. Schwarzlose, Berlin
Flammen-Seife 56724, Krämer & Flammer, Heilbronn
Flammer's Seife 26277, Krämer & Flammer, Heilbronn
Flatgloss 14197, F. Gaumbrecht, Hildesheim
Fleckweg 46182, M. Wagner, Leipzig
Flinz 27952, E. Grosser, Dresden-N.
Flora 14199, T. L. Guthmann, Dresden
Floridermine 53983, F. Mülhens, Köln a. Rh.
Floridor 53984, F. Mülhens, Köln a. Rh.
Floridonta 55135, F. Mülhens, Köln a. Rh.
Floriol 19441, Blau & Co., Dresden
Florentinol 36913, Chuit, Naef & Co., Genf
Florisal 38160, Dr. H. Floris, Hamburg
Flueol 59907, Leitmeyer & Co., Berlin
Fleur du Taint de Teuer 51128, W. Teuer, München
Fo-Ho 43887, Kopp & Joseph, Berlin
Fomentosum 55167, L. Safraneck, Einbeck
Foral 20028, J. Kothe, Dresden
Formalin-Seife 60138, Hahn & Co., Schwedt a. O.
Forster's 18556, Economy Soap Co., Forster & Taylor, Waldshut
Forster's 16926, Economy Soap Co., Forster & Taylor, Waldshut
Fortschrittseife 884, M. Kappus, Offenbach
Fortuna 40310, Knauer & Eckmann, Hamburg
Fortunaseife 22321, Sander & Co., Strassburg
Foso 55989, F. Sohn, Berlin
Fraesol 47232, Luhn & Co., G. m. b. H., Barmen
Fragarol 30635, Dr. Mehrländer & Bergmann, Hamburg
François Haby's Schnurrbart-Binden-Wasser mit dem Kamme »Es ist er-
    reicht« 21682, F. Haby, Berlin
Franconia 37836, A. J. Frank, Würzburg
Franz Kuhn's Nuss-Extrakt-Haarfarbe 24617, F. Kuhn, Nürnberg
Frauenfreund, die Freude der Plätterin 26180, Hoffmann's Stärkefabriken,
    Leipzig
Frauenfreund 26265, S. Hornemann, Köln
Frauenglück 30339, A. Thierack, Finsterwalde
Frauengunst 39488, S. Hornemann, Köln
Frauenlob 12756, Hoepner & Sohn, Hannover
Frauenlob 22050, Hoepner & Sohn, Hannover
Frauenlob 53930, Waibinger & Co., Berlin
Frei weg 22234, H. Paltzow, Werdau
Frido 45517, F. Unterfichter, Würzburg
Frigidin 49056, Pietsch & Co., Breslau

Frigolin 51495, Kahnemann & Co., Berlin
Frisch auf 30547, J. Hm. Feldmann, Mülheim a. Rh.
Frisol 31402, Muraour & Co., Frankfurt a. M.
Fritz Schulz jun. 39099, F. Schulz jun., Leipzig
Frost weg 58664, P. Danziger, Hirschberg
Frühlingsboten 18645, Schlimpert & Co., Leipzig
Fuetterin 61880, J. W. Fuetterer, Nürnberg
Fürsten-Seife 23996, R. Fürst, Metz
Fuligosin 35512, O. Kretzschmar, Leipzig
Fulmenol 33547, W. Kilbinger, Giessen
Furiore 37773, Chr. Büttner, Mannheim
Fürstenveilchen 47687, St. Ketels, Bremen
F. Wolff & Sohn, Karlsruhe, 47871, Wolff & Sohn, Karlsruhe.

G.

Gäbler 26194, A. Gäbler, Dresden
Galathea 37460, Dr. Pieper & Flatau, Charlottenburg
Galopp 53887, Gebr. Meyer, Ricklingen
Gans 31188, Ph. B. Ribot, Schwabach
Garden Perty Bouquet 57479, Lecarou & Fils, Paris
Gasparone 56502, Dr. Pieper & Flatau, Charlottenburg
Gaulin 61895, W. Gaul, Köln a. Rh.
Gea 61686, Gebr. Albrecht, Bremen
Gebiss-Reinigungs-Crême John Sern 46578, Wagner, Brechtel & Co., Nürnberg
Gebrüder Eisenschmidt, 54663, Gebrüder Eisenschmidt, Leipzig
Geisha-Bouquet, 33365, F. Mülhens, Köln
Geister 20269, F. Schwarzlose, Berlin
Geniemannia 32244, J. G. A. Niemann, Hamburg
Generals 57521, Goldfeder & Meyerheim, Berlin
Gentner's Schaum-Soda Neusodin 33424, C. Gentner, Göppingen
Gentner's schäumende Bleichsoda 40256, C. Gentner, Göppingen
Germania 36356, C. F. Schröder, Hann. Münden
Germania 36627, Hoffmann's Stärkefabriken, Salzuflen
Gioth's-Seife 20018, J. Gioth, Hanau
Giselawasser 56894, G. J. Sixt, Hamburg
Glandol 53278, Schulz & Co., Hamburg
Glandurin 45126, F. Lohnes, Darmstadt
Glanzine 29791, F. Schulz jun., Leipzig
Glaube, Liebe, Hoffnung 29790, Ackermann & Wachtel, Berlin
Glasolin 20656, P. A. Noll, Vallendar a. Rh.
Gletschertropfen 61932, Gebr. Dürre, Langenhagen
Gliz 53914, A. Krebs, Gundelsheim
Globin 55730, F. Schulz jun., A.-G., Leipzig
Globus-Glanz-Stärke 29721, F. Schulz jun., A.-G., Leipzig
Globus-Putz-Extrakt 9045, F. Schulz jun., A.-G., Leipzig
Globus 52538, F. Schulz jun., A.-G., Leipzig
Glockenrein 58626, E. Jacoby, Berlin
Gloria 2520, Ch. C. Müller, Köln-Nippes
Gloria 31067, F. Mülhens, Köln
Gloria 32833, E. Höltering, Hamburg
Gloria 34892, F. W. Forster, Waldshut
Glosine 46070, Schmitz-Bonn, Duisburg
Glück auf 28390, A. H. A. Bergmann, Waldheim i. S.
Glückseife 32709, Ph. B. Ribot, Schwabach
Glühlicht 24166, Mäurer & Wirtz, Stolberg
Glutin 54717, F. Gebhard, Hannover
Glyconin-Rosen-Gelée 7937, M. Schwarzlose, Berlin

Glysapol 11786, C. Fetzner-Geissler, Frankfurt a. M.
Golda 49607 C. G. Kämmerer, Dessau
Golconda 28701, C. A. Tancré, Anklam
Gold-Duft 49470, The N. N. Fairbank Company, Chicago
Goldelse 28701, C. A. Tancré, Anklam
Gold-Feen-Wasser 45539, H. Janke, Berlin
Goldglanz 24525, Mäurer & Wirtz, Stolberg
Goldin 21303, C. A. Tancré, Anklam
Goliath 34515, F. X. Miller, Regensburg
Goddard's mon-mercurial Plate-Powder 51884, J. W. Goddard, Leicester
Goggeda 55137, S. Fiebig, Karlsruhe
Gossage 52577, Gossage & Sons, Limited, Widnes
Gossages 49892, A. O. Mayer, Hamburg
Goosmann's Marine-Scheuertuch 40761, S. Goosmann, Bremen
Goosmann's-Seife, der Gipfel der Vollkommenheit 49555, S. Goosmann,
      Bremen
Götterglanz 35779, O. Schwalm, Gr. Lichterfelde
Graziol 3796, F. Schwarzlose, Berlin
Gretchen 35454, P. Ney, Aachen
Greiner's Antisepton 54662, H. Greiner, Leipzig-Schleussig
Grossfürst 61169, Althen & Mende, Halle
Grotte 49892, Sunlight-Seifenfabrik, A.-G., Rheinau-Mannheim
Gruss aus Essen 53950, W. Körzel, Essen-Ruhr
Guerre aux Savons falsifiés 57547, G. Kanzler, Dresden
Guerlain 59634, Société Guerlain, Paris
Guggeda 55137, L. Fiebig, Karlsruhe
Gummili 58810, Tolhausen & Klein, Frankfurt
Gustav Boehm 38477, G. Boehm, Offenbach a. M.
Gustav Lohse 26737, G. Lohse, Berlin
Guten Morgen 56119, A. Thierack, Finsterwalde
Gut Wetter 40180, A. Thierack, Finsterwalde.

H.

Haarbändiger 21403, Fuchs & Schadewell, Leipzig-Plagwitz
Haarbold 26142, F. Schwarzlose, Berlin
Haar-Feind 22309, F. Schwarzlose, Berlin
Haarin 22538, Doering & Co., Frankfurt a. M.
Habyl 61243, F. Haby, Berlin
Haby 60007, F. Haby, Berlin
Hagedorn's Normal- Toilettenseife 18382, Hagedorn & Co., Barmen
Hagenia 46178, G. Guttenberg, Hagen
Hala 51163, Stephan & Co., Halle
Hallensa 36330, M. Eggert, Halle
Halt Dich jung 51127, Luhn & Co., G. m. b. H., Barmen
Halte Dich rein 22934, M. Kappus, Offenbach
Hammonia 39241, P. Lyncke, Hamburg
Han-Aschu 61643, L. Wechselmann, Kattowitz
Hansa-Mils 5426, Schlesinger & Co., Harburg a. E.
Hansa-Seife 4722, Gebr. Albrecht, Bremen
Hapalin 22172, A. Mehrtens, Bremerhaven
Hä-Pita 56117, W. C. Ballast, Frankfurt
Harlyn 31794, Baum & Niggl, München
Harmonie 38307, A. Thierack, Finsterwalde
Harolin 50372, A. Wurm Nachfl., Barmen
Hasen-Seife 21752, Hahn & Co. Nachfl., Berlin
Hassia 31442, Diemar & Heller, Kassel

Hasu-No-Hana 4356, Grossmith Son & Co., London
Hausfrauenschatz 26123, L. Mecklenburg, Berlin
Haus-Freund 26267, S. Hornemann, Köln a. Rh.
Hausmütterchen 47349, A. H. Kendall, Aachen
Hausschatz 23999, Chr. C. Müller, Köln-Nippes
Haut-Freund 14281, F. Schwarzlose, Berlin
Heckel's Seife 19956, R. Heckel, München
Heimchen 31693, M. Lewin, Berlin
Heine's Centrifugal-Seife 15847, C. Heine, Köpenick
Heine's centrifugierte Seife 15846, C. Heine, Köpenick
Heinrich Haensel's terpenfreie ätherische Öle 59418, H. Haensel, Pirna
Heinr. Simons Royal Skin Food 55168, Simons, G. m. b. H., Berlin
Helbach's Glycerin-Kernseife 49335, A. Helbach. Köln-Deutz
Helena 10017, Dr. R. Reiss, Augsburg
Helioderm 28546, G. Lohse, Berlin
Heliophar d'Arabie 9949, Blanc & Cie., Paris
Heliophor 23130, Mayer & Schmidt, Offenbach a. M.
Heliopolis 61262, J. A. Zahar, Genf
Helios 18852, Wolff & Sohn, Karlsruhe
Heliotrop-Schneewittchen 25449, G. Dralle, Hamburg
Heliotropol 38287, Chuit, Naef & Co., Genf
Helma 61242, K. Küpper & W. Ebner, Köln a. Rh.
Helix 25006, M. Schönert, Dresden-N.
Hellin 11783, Lubszynski & Co.. Berlin
Henkelin 61872, Henkel & Co., Düsseldorf
Henkel's Bleich-Soda 16070, Henkel & Co.. Düsseldorf
Henning's Neuron-Eiswasser 40566, F. Schulze, Berlin
Hephaestos 28756, F. W. Beckmann, Solingen
Hera 35223, Karol Weil & Co., Berlin
Hercynia 51067, F. Hertzer jr.. Nordhausen
Herkules 36410, F. X. Miller, Regensburg
Herma 54463, C. Böhmke, Königsberg
Hermelin-Puder 7869, L. Leichner, Berlin
Herrmalin 37144, Rud. Herrmann, Berlin
Herrmann's 36099, Rud. Herrmann, Berlin
Hertha 26431, H. Hamel, Berlin
Herz-Ass 34632, H. Mack. Ulm a. D.
Herzlieb 22610, F. Mülhens, Köln a. Rh.
Hestina 53158, Klinke & Co., Altena
Heureka 16929, F. Schwarzlose, Berlin
Hiemin 35814, V. Heyd. Leipzig
Hippe's geriebene Bleichseife 59140, H. Otto. Dresden
H. Mack 13290, H. Mack, Ulm a. D.
Hobynol 54030, H. Hobinstock, Berlin
Hoepner's Präservativ-Seife 40158, Hoepner & Sohn, Hannover
Hoffmann's 12764, Hoffmann's Stärkefabriken, Salzuflen
Hoffmann & Schmidt 45266, Hoffmann & Schmidt. Berlin
Hoffmann's Stärkefabriken 20017, Hoffmann's Stärkefabriken, Salzuflen
Hoffmann's Silber-Glanz-Stärke 33231, Hoffmann's Stärkefabriken, Salzuflen
Hoffriseur Haby's Schnurrbartbinden-Wasser »Unerreicht« 48952, F. Haby. Berlin
Hohenzollern 24388, J. F. Schwarzlose Söhne, Berlin
Holste 23310, A. Holste Wwe., Bielefeld
Hopp-Hopp 55030, A. Nägele, Cannstatt
Hornin 13978, G. Burkhardt, Nürnberg
Hubertus 21187, C. A. Tancré, Anklam
Hugo Obermeyer's Haarwasser 27907, H. Obermeyer. Frankfurt a. M.

Huldigung 57139, Dalton & Co., Frankfurt a. M.
Hummel 48953, A. König, München
Hundhausen's Weizenpulver 21963, R. Hundhausen, Hamm i. W.
Hurra 54969, K. Schweitzer, Heilbronn
Hurrah 21375, J. Dany, Köln a. Rh.
Hurrah! Trollheta 33936, Grümer & Neu, Barmen
Huschke's 20280, F. Mülhens, Köln a. Rh.
Hydomothol 60638, Chemische Werke Hansa, G. m. b. H.. Hemelingen
Hydra 56301, Sunlight-Seifen-Fabrik, A.-G., Rheinau
Hydraulin 57770, C. F. Schulze, Halle
Hydraulith 58551, C. F. Schulze, Halle
Hydraunith 57771, C. F. Schulze, Halle
Hydrolit 58551, Dr. H. Noerdlinger, Bockenheim-Frankfurt
Hydrol 8544, Dr. H. Noerdlinger, Bockenheim-Frankfurt
Hydronite 25457, Mayer & Schmidt, Offenbach a. M.
Hygienal 51935, Dr. O. Wertheimer, Frankfurt a. M.
Hygioderma 39898, Volmar & Co., Offenbach a. M.
Hygiodontine 40767, Volmar & Co., Offenbach a. M.
Hygronite 23189, Mayer & Schmidt, Offenbach. a. M.

I.

Ibara 46278, Th. Rüter, Erlangen
Ichthyol 23411, Hermanni & Co., Hamburg
Ich war kahl 55519, J. Craven-Burleigh, Berlin
Idalin 18939, F. O. Amme, Nöthnitz bei Dresden
Idealseife mit dem Bleuel 52535, F. Tuteur, Metz
Illodin 8948, M. Eck, Frankfurt a. M.
Illovit 48155, J. Vormbaum, Essen
Iltis 48015, A. Bootz, Elberfeld
Immacula-Blüte 24690, M. Kreisig, Dresden-A.
Im Nu wie neu 47874, Noval, G. m. b. H., Berlin
Imperator 9013, Blanc & Cie., Paris
Inalda 26813, L. Olivier, Paris
Indis 60103, Kennel & Co., Strassburg
Infant 35482, J. Hirschberg, Berlin
Inka 34841, A. Jakobi, Darmstadt
International 40387, Dr. Pieper & Flatau, Charlottenburg
Irdionthol 55027, A. Kroboth, Hannover
Irene 37427, A. Thierack, Finsterwalde
Iria 25325, M. Kappus, Offenbach a. M.
Irisarosa 61897, Jünger & Gebhardt, Berlin
Irolène 36521, Akt.-Ges. für Anilinfabrikation, Berlin
Iron 415, Haarmann & Reimer, Holzminden
Isis 54219, W. Rieger, Frankfurt a. M.
Isma 59507, Th. Ackermann. Leipzig
Ismodont, Rezept Witzel 54001, W. Anhalt, G. m. b. H., Kolberg
Issolin 53245, Friedrich & V. Glöckner, Dresden-L.
Izal 1769, Newton Chambers & Co. Lim., Thorncliffe b. Sheffield.

J.

Janthone 34451, Durand, Huguenin & Co., Huningen
Janus 30016, Fritsch & Mielke, Berlin
Jasma 49232. A. Rose Wwe., Düsseldorf
Jasmindol 56491, Heine & Co., Leipzig
Javina 37493, Ch. Bulcke, Hamburg
Jedermanns Liebling 26253, S. Hornemann, Köln a. Rh.

Jekelin 26184, Jekeli & Haass, Wien
Jetters Pilirin 29779, A. Jetter, Göppingen
Johanna-Seife (Savon Jeanne) 27149, Muraour & Co., Frankfurt a. M.
Johann Maria Farina gegenüber dem Neumarkt in Köln a. Rhein 25353, Johann Maria Farina gegenüber dem Neumarkt, Köln a. Rh.
Johann Maria Farina, Jülichs-Platz Nr. 4 25348, Johann Maria Farina, Jülichs-Platz 4, Köln a. Rh.
Johann Maria Farina zur Stadt Turin, Hochstr. 111 9842, Johann Maria Farina zur Stadt Turin, Hochstr. 111, Köln a. Rh.
Jo Jo 48386, A. C. Sommer, Berlin
Jolinin 53851, H. Dalm, Charlottenburg.
Jonadin 49001, H. Jonas, Mannheim
Jonon 732, Haarmann & Reimer, Holzminden
Jouvencine 36123, G. Rüdenburg, Hamburg
Jungbrunnen 49606, R. Husberg, Neuenrade i. W.
Jungbrunnen 45366, W. Silberstein, Berlin
Jugendhold 37834, Chr. C. Müller, Köln-Nippes
Juglandin 20297, M. Schwarzlose, Berlin
Juglandol 20416, M. Schwarzlose, Berlin
Juno 27702, F. Wolff & Sohn, Karlsruhe
Juno 27705, M. Schwarzlose, Berlin
Juno 32450, Dr. L. Pincussohn, Berlin
Juno 45764, M. V. Luis, Hamburg
Juvenia 33336, Cleaver & Sons, London
Juwel 27620, Ferd. Mülhens, Köln a. Rh.
J. Witzel 56922, W. Anhalt, G. m. b. H., Kolberg.

K.

Kaiser 33338, H. Mack, Ulm a. D.
Kaiser Friedrich 22064, Hoepner & Sohn, Hannover
Kaisergruss 38064, A. Thierack, Finsterwalde
Kaiserin Königin 56208, Althen & Mende, Halle
Kaiser-Linde 58872, Jünger & Gebhardt, Berlin
Kaisers Liebling 19621, C. G. Kämmerer, Dessau
Kaiser-Putzpulver 35807, M. Bichtemann Nachfl., Magdeburg
Kaiser Wilhelm II. Veilchen 37003, Jünger & Gebhardt, Berlin
Kaliol 20325, Nägele & Co., St. Ludwig i. E.
Kallisto-Violacea 36471, Wolff & Sohn, Karlsruhe
Kalobarba 48732, M. Hilgers, M.-Gladbach
Kaloderma 12815, Wolff & Sohn, Karlsruhe
Kalodont 20460, F. A. Sarg's Sohn & Cie., Wien
Kallodine 27019, F. Kuhn, Nürnberg
Kallogen 49663, Treu & Nuglisch, Berlin
Kalokom 24255, C. K. Zauner, Berlin
Kalonyx 45396, J. F. Schwarzlose Söhne, Berlin
Kalopilin 45538, W. Rieger, Frankfurt a. M.
Kalothrix 46279, E. Lübbers, Hamburg
Kalypto, 23005, F. Schwarzlose, Berlin
Kämmerer 47903, C. G. Kämmerer, Dessau
Kämmerer-Seife 25686, C. G. Kämmerer, Dessau
Kamerad 52842, Dr. med. Scheja, Pawlowitz
Kamprath's Bacillen-Tödter 30555, P. Kamprath, Leipzig
Kanzler 56782, Dr. Eger & Co., G. m. b. H., Harburg
Kappus-Seife 22936, M. Kappus, Offenbach a. M.
Karola 22068, Karol Weil & Co., Berlin
Karol Weil 22787, Karol Weil & Co., Berlin
Karpalin 36195, A. C. Sommer, Berlin

Kascha 54252, E. Weigel, Stuttgart
Kassandra 29154, M. Kappus, Offenbach a. M.
Kassandra 58090, G. Schrader, Frankfurt a. M.
Kastanin 29932, Dr. Pohl & Co., Zanow
Katharol 53261, A. Lastrow, Dresden
Katzen 27022, Hoffmann's Stärkefabriken, Salzuflen
Kedive felix 38651, M. Rahmer, Gleiwitz
Kentral 31795, C. Rauscher, Berlin
Kernol 20270, F. Schwarzlose, Berlin
Kiefer's Waschpulver 57140, Gebr. Kiefer, St. Johann a. Saar
Kikeriki 50163, A. & J. Linneborn, Hagen
Kikolin 29993, F. Kiko, Herford
Kinderbadeseife Herzblättchen 30081, A. Thierack, Finsterwalde
Kinoir 16928, F. Schwarzlose, Berlin
Kiss mi, 48985, Finke & Geyer, Bremen
Klahnol 49283, M. Klahn, Breslau
Kleeblatt 36385, H. Mack, Ulm a. D.
Kleeblatt 53174, H. G. C. Uebel, Hamburg
Klar's 51021, Ph. Klar, Heidelberg
Klara-Seife (Savon Claire) 28486, Muraour & Co., Frankfurt a. M.
Kleeno 35555, B. Reichhold, Berlin
Klene Alle 33185, M. V. Luis, Hamburg
Kleiolin 56783 Dr. O. Wertheimer, Frankfurt a. M.
Klio 55522, Motsch & Co., Wien
Kluge's Harzkräuterseife 51839, Kluge & Co., Magdeburg
Kluge's Seifensalmiak 32169, Kluge & Co., Magdeburg
Kluge's Veilchen-Fass-Seife 55061, Kluge & Co., Magdeburg
Kohinoor 16519, F. Schwarzlose, Berlin
Kohinoor 24250, J. Becker, Regel
Koloss 28031, Ph. B. Ribot, Schwabach
Ko-Mo 18719, Müller & Cie., Köln
Königin Luise 31796, Wasmuth & Co., Hamburg
Königs-Borax 35030, H. Mack, Ulm a. D.
Königsseife 38306, Jung & Co., Leipzig
Konoor 48548, A. Thieme & Co., Berlin
Koronit 17038, Voss & Co., Deuben
Kosak 34247, G. Gentner, Göppingen
Koskott 61580, R. Wedmore, Berlin
Kosmodont 38305, Prof. Dr. Witzel, Kassel
Kosmodont 54005, W. Anhalt, G. m. b. H., Kolberg
Kosmol 16930, Dr. J. Sartig, Berlin
Kranolin 21983, A. Krahn, H. Malter jun. Nachfl., Hamburg
Krämer's Marmor-Seife 25466, H. E. Krämer, Buchholz i. S.
Kratol 29843, E. R. Becker, Hamburg
Kreller's Albumin-Seife 25298, C. Kreller, Nürnberg
Kreller's Eiweiss-Seife 25302, C. Kreller, Nürnberg
Krepelin 34724, H. J. Krepele, Koblenz
Kreszentia 50290, J. Bendl, Kaufbeuren
Krinocrescin 23317, H. Barth, Boll bei Göppingen
Krinosan 51461, Gerstle & Gross, München
Kronings-Zeep 29339, Dalton & Co., Frankfurt a. M.
Kruso 31664, E. Penton & Son, London
Krüger's Schuppenwasser 57138, Leonhardt & Krüger, Dresden
Kuhn's Schmutzler's Ideal 53093, Kuhn & Schmutzler, Leipzig
Kulopan 50131, A. Kuhl, Oldesloe
Kukuk 31664, Penton & Son, London
Kunze's Putzgeist 24512, G. H. Kunze, Berlin

Kunze's Sommer-Seife 53634, G. H. Kunze, Berlin
Kunze's Wollwasch-Seifen-Extract 30961, G. H. Kunze, Berlin
Küsse mich 48731, Finke & Geyer, Bremen.

L.

La Coqueta 22174, Peters & Co., Hamburg
Labiol 35180, Büschler & Co., Königsberg
Lairitz 18641, L. & E. Lairitz, Remda
Lama 39588, H. Mack, Ulm a. D.
Lance Parfum Rodo 27496, P. Monnet & Cartier, Lyon
Lanoform 29924, W. Weiss, Berlin
Lanolavin-Wiesner 39996, M. Wiesner, Wiesbaden
Larola 36448, Beetham & Son, Cheltenham
Lasilda 33883, Dr. C. Soldau, Nürnberg
Läternen-Seife 21186, F. Spielhagen, Berlin
Lauensteinseife 26103, G. H. A. Lauenstein, Celle
Lavarin 7868, Esser & Giesecke, Leipzig-Plagwitz
Lavatesta 59673, W. Brauer, Düsseldorf
Lavatol 30017, Wasmuth & Co., Hamburg
La Violetta-Maiglöckchen 6558, G. Lohse, Berlin
La Violetta-Muguet 8511, G. Lohse, Berlin
Lawine 49029, A. Nichterlein, Berlin
Lazuli-Veilchen 41089, E. Eggers, Hamburg
Léanique 47869, Roger & Gallet, Paris
Leichner's Fettpuder 9945, L. Leichner, Berlin
Leichner 35259, L. Leichner, Berlin
Le Marquis 50371, Mouson & Cie., Frankfurt a. M.
Lentol 37988, L. Scheid, Berlin
Lessive Gentner 20589, C. Gentner, Göppingen
Lessivol 50796 L. Passard, Paris
Leukoderma 29875, Schlimpert & Co., Leipzig
Leukodont 20695, M. Schwarzlose, Rerlin
Liberty-Soap 21178, J. Rosenbacher & Levy, Hamburg
Liebesgruss 23028, C. Gentner, Göppingen
Liebling des Hauses 26257, S. Hornemann, Köln
Lieblingsfreund 26254, S. Hornemann, Köln
Liebig's Seife 11916, Liebig & Co., Dresden
Lifebuoy 8404, Lever Bros. Lim., Port Sunlight
Lighining 38582, P. Ney, Aachen
Linamin 55133, H. Wolffsohn, Berlin
Lindner's Sparkernseife Concurrenzlos 39154, H. O. Lindner, Gotha
Lingol 26071, Zeltner & Consorten, Nürnberg
Liparin 5117, Müller & Co., Berlin
Liril 49145, Vinolia Company Lim., Vinolia Works
Lissnerin 33577, A. Lissner, Berlin
Lithit 55166, R. Möbius, Wurzen
Lithoidal 47420, Kauschmann & Co., Kassel
Lobemir 47666, Oehmig-Weidlich, Zeitz
Locerin 493, A. Loh Söhne, Berlin
Lucifer 60500, Krewel & Co., G. m. b. H., Köln
Lohengrin 20513, Welker & Wagner, Dresden-N.
Lohse 26736, G. Lohse, Berlin
Lohsine 494, A. Loh Söhne, Berlin
Lohse's Lilienmilch-Seife 55484, G. Lohse, Berlin
Lohse's Schönheits-Lilienmilch 47968, G. Lohse, Berlin
Longerin 56503, M. Winter, München

Lord Hopetowns Perfume 50258, G. Boehm, Offenbach a. M.
Loreley 26283, A. Engber, Hamburg
Lotis 26154, Plassard, Paris
Lovacrin 51624, F. Epstein, Dresden
L'Treff-Seife 53609, J. van Bücken & Co., Aachen
Lualin 3851, F. Schwarzlose, Berlin
Lucretia 49231, T. L. Guthmann, Dresden
Luhnit 46345, Luhn & Co., G. m. b. H., Barmen-R.
Luhn's Wasch-Extrakt 15867, Luhn & Co., G. m. b. H., Barmen-R.
Luhn's 38897, Luhn & Co., G. m. b. H., Barmen-R.
Luhn's Ideal-Seife 40429, Luhn & Co., G. m. b. H., Barmen-R.
Luhn's Salmiak-Terpentin-Kernseife 40529, Luhn & Co., G. m. b. H., Barmen-R.
Lukaschik's 33105, J. Lukaschik, Tarnowitz
Lukaschik's Ideal-Seife 57959, J. Lukaschik, Tarnowitz
Luna-Glanz-Stärke 35292, H. Mack, Ulm a. D.
Lunda 32870, J. Hirschberg, Berlin
Lunith 40874, Luhn & Co., Barmen
Lunol 54973, Luhn & Co., Barmen
Lusina 55899, H. Vogel, München
Lustrol 16081, C. Lilienfein, Stuttgart
Lydia 25562, Hahn & Co. Nachfl., Berlin
Lyncke's Petroleum-Seife 21376, C. Matschenz, Hamburg
Lyolith 6994, Dr. Cahn & Frank, Berlin
Lux 49648, Luhn & Co., G. m. b. H., Barmen.

M.

Mack 11816, H. Mack, Ulm a. D.
Mack's 11815, H. Mack, Ulm a. D.
Mack's Doppelglanz-Stärke 16911, H. Mack, Ulm a. D.
Mack's Kaiser-Borax 47647, H. Mack, Ulm a. D.
Mack's Königs-Borax 47686, H. Mack, Ulm a. D.
Madonna 37430, Johann Maria Farina, gegenüber dem Friesenplatz, Köln
Magik 61781, Sunlight-Seifenfabrik A.-G., Mannheim
Magneta 36036, Ph. B. Ribot, Schwabach
Mafalda 60700, G. Haase, Hannover
Maikätzchen 35452, L. Jumpelt, Dresden
Majuba 46889, E. Oppenheim, München
Malton-Seife 21253, C. E. Grossmann, Berlin
Manal 40568, O. Pfeiffer, Leipzig
Mandalia 54116, Breiholdt & Fliege, Altona
Main-Nixe 54415, Dalton & Co., Frankfurt a. M.
Mannesstolz 56300, A. Thierack, Finsterwalde
Mannocitin 7446, Müller & Mann, Charlottenburg
Manon de Lescaut 61120, B. Peters, Bad Nauheim
Manulin 24732, H. W. Dursthoff, Oldenburg
Manzinal 53759, F. Zimmermann, Einbeck
Märchen 35178, F. Spielhagen, Berlin
Margaritta 25819, Peter Ney, Aachen
Margot 48954, M. Kappus, Offenbach a. M.
Marine-Seife 19628, M. Kappus, Offenbach a. M.
Marine-Stärke 29826, Gebr. Puppe, G. m. b. H., Zerbst
Marinol 37796, E. Graf, Berlin
Marken-Seifenpulver Frauenstolz 39284, G. Stewes jr., Meidrich
Marsa 53855, M. Kappus, Offenbach a. M.
Martha-Seife (Savon Marthe) 27032, Muraour & Co., Frankfurt a. M.
Matador 35380, Wessel, Schulte & Co., Berlin
Matador-Seife 30278, A. C. Schüssler, Magdeburg

Mathilden-Seife (Savon Mathilde) 27028, Muraour & Co., Frankfurt a. M.
Matthesin 48199, Fuchs & Schadewell, Leipzig
Maubert 19235, Cressonières fréres & Cie., Lille
Mauseschwänzchen 26500, R. Steidl, Berlin-Friedenau
Mauce-Nixe 54415, Dalton & Co., Frankfurt a. M.
Maya 35198, F. Steinfels, Zürich
Maxim 53929, L. Loll, Memel
Mehr Licht (Einweichseife) 36499, J. C. Buttenberg, Burg
Merodia 55634, Th. Schreyer, Berlin
Meta 55856, R. Henschel, Berlin
Mein Liebling 13294, Moldenhauer & Co., Berlin
Melanol, 13767, M. Schwarzlose, Berlin
Melusine 54162, Schwarzlose Söhne, Berlin
Menschenfreund 26264, S. Hornemann, Köln
Menthin 20904, K. Gillitzer, Reichenhall
Menthola 12769, Richter & Co., Nürnberg
Merian-Seife 36543, W. Rieger, Frankfurt a. M.
Merinol 33366, Fabrik chem.-techn. Produkte, G. m. b. H., Frankfurt a. M.
Merker's Reform 30094, O. Merker, Heilbronn
Merker's Reform-Putz 40309, O. Merker, Heilbronn
Metallick 6975, J. Hütten-Stähler, Köln-Deutz
Meteor 21256, P. Ney, Aachen
Metropole 39137, Dr. Pieper & Flatau, Charlottenburg
Mignon 36357, H. Mack, Ulm a. D.
Mikosch 48199, Fuchs & Schadewell, Leipzig
Mimi 24017, C. Aufsberg, Frankfurt
Minerva 25002, Wolff & Sohn, Karlsruhe
Minlos'sches Waschpulver 57822, Picot, Paris und Minlos & Co., Köln-Ehrenfeld
Minzol 19070, E. Urban, Dresden
Mira 45125, H. Mack, Ulm a. D.
Miraflor 51498, Schwarzlose Söhne, Berlin
Miranda-Pulver mit und ohne Serviette 23719, A. Lissner, Berlin
Mirella 8502, S. Bödefeld, Dortmund
Mirko Haarbalsam 23382, O. Reich, Breslau
Mirza Schaffy 59008, H. Mack, Ulm a. D.
Mit der Frau, für die Frau 61200, E. Mix, Bromberg
M. Kappus 52727, M. Kappus, Offenbach a. M.
Moderne Grazien 46179, Wolff & Sohn, Karlsruhe
Molismin 27381, M. Wipperlin, Elberfeld
Mollan 51838, H. Westphal, Köln-Marienburg
Mona-Bouquet 33712, M. Epstein, Hamburg
Monarchia 39456, Dr. Pieper & Flatau, Charlottenburg
Monbijou 40739, Dr. Pieper & Flatau, Charlottenburg
Mondfee 18008, L. Jumpelt, Dresden-A.
Mondstrahlen 46489, Herzberg & Co., Köln
Monopol 39764, Dr. Pieper & Flatau, Charlottenburg
Mon plaisir 26833, G. Dralle, Hamburg
Monoro 53263, M. Kappus, Offenbach a. M.
Montanin 45397, A. Motanus, Limburg
Morcine 16516, F. Schwarzlose, Berlin
Morgengruss 53760, G. Schumann, Rixdorf
Morituri Te Salutant 26564, E. Eggers, Hamburg-Uhlenhorst
Mouson 47189, Mouson & Co., Frankfurt a. M.
Möven-Seife 28943, M. Kappus, Offenbach a. M.
Muguet Impérial 16927, Moldenhauer & Co., Berlin
Mundit 47686, W. Hoppstädter, Giessen
Mundol 33884, Dr. E. Soldau, Nürnberg

Mülhens 50237, F. Mülhens, Köln
Muraour 23358, Doering & Cie., Frankfurt a. M.
Musche's Lockenerzeuger 25041, H. Musche, Magdeburg
Musen 36082, Dalton & Co., Frankfurt a. M.
Muzzi 36149, A. Krebs, Gundelsheim
Müller's Palmetinseifenpulver 30554, J. Müller, Limburg
Müller's 32256, J. Müller, Limburg
Mydlin 29887, E. Danziger, Hirschberg
Myra 60304, H. Mack, Ulm a. D.
Myraldine 8489, P. Mottet & Cie., Grasse
Myrrhonol 49100, Weil & Co., Berlin.

N.

Nadal 57864, J. Preim, Aachen
Naja 50717, Sunlight-Seifenfabrik, A.-G., Mannheim
Namouna 47302, C. Naumann, Offenbach a. M.
Nannon 45478, L. Popp, München
Nanon 12492, H. & A. Lubszynski, Berlin
Nansen-Seife 24625, R. Olbrich, Berlin
Napolin 37336, J. Döbbel, Berlin
Narcéol 37110, A.-G. für Anilinfabrikation, Berlin
Naturela 50380, E. Stahmer, Hamburg
Naumania 46820, C. Naumann, Offenbach a. M.
Naumann's Seife 34944, C. Naumann, Offenbach a. M.
Nausikaa 39524, Wolff & Sohn, Karlsruhe
Naton 15003, Rosenzweig & Baumann, Kassel
Naxos-Union 5179, J. Pfungst, Frankfurt a. M.
Needham 5750, Pickering & Sons, Sheffield
Neril 40875, G. Dralle, Hamburg
Neptun 11771, S. Oppenheim & Co., Hannover-H.
Neptun 29611, J. S. Douglas Söhne, Hamburg
Neokom 18619, Jung & Co., Leipzig
Nesthäkchen 52537, A. Nichterlein, Berlin
Neutraline 22440, S. Hornemann, Köln
Ney 54735, P. Ney, Aachen
Nika 48624, F. Harnisch, Berlin
Nimm mich 48016, Gebr. Hamel, Ottensen
Ninon de l'Enclos 24665, A. Engber, Hamburg
Nirvana 20455, W. Rieger, Frankfurt a. M.
No. 1 Dr. Sprenger's Saponarin-Wasch-Extrakt 30676, O. Merker, Heilbronn
Nora 22775, Dr. Pieper & Flatau, Charlottenburg
Nordlicht 29111, C. A. Tancré, Anklam
Nordseeperle 40567, O. F. Helberg, Hamburg
Normalinoleum 32274, C. F. Heyde, Berlin
Normannia 46819, C. Naumann, Offenbach a. M.
Noris 37175, Dr. C. Soldau, Nürnberg
Nottulin 39321, Dr. M. Albersheim, Frankfurt a. M.
Noyama 53535, Nordam & Fritze, Hamburg
Nuancin 55884, W. Seeger, Berlin
Nuofyll 36218, Essential Oil Importers and Exporters A.-G., London
Nuphar 49399, M. Mayer, Wien
Nutin 30771, F. Kuhn, Nürnberg
Nymphen 30454, C. A. Tancré, Anklam.

O.

Obelisk 33935, H. Mack, Ulm a. D.
Obermeyer's Herba 29959, H. Obermeyer, Frankfurt a. M.

Obermeyer's Herbaseife 6175, J. Gioth, Hanau
Obermeyer's Panakeia-Seife 57420, H. Obermeyer, Hanau
Obi 32891, A. Wienk, Hamburg
Ocelescus 40876, K. Lutz, München
Octo 56873, Sunlight-Seifenfabrik A.-G., Rheinau
Odea 60137, G. Boehm, Offenbach a. M.
Odiota 35646, P. Kamprath, Leipzig
Odonta 18850, Wolff & Sohn, Karlsruhe
O. F. Helberg's Grandiosa 47092, O. F. Helberg, Hamburg
Ogor 33106, M. Elb, Dresden
Okic's 9944, J. B. Okic, Wörishofen
Okic's Allheilstift 27909, J. & A. Baumann, München
Olbrichs Reform 50917, R. Olbrich, Berlin
Oleonat 13984, R. Bernheim, Pfersee-Augsburg
Olympische Götterseife 18827, Wolff & Sohn, Karlsruhe
Oma-Seife 34533, Caspari & Strauss, Langenfelde
Ongline 34244, J. F. Schwarzlose Söhne, Berlin
Onglissa 28789, Wolff & Sohn, Karlsruhe
Opal 13973, Wasmuth & Co., Altona
Opera 61752, Sunlight-Seifenfabrik, A.-G., Rheinau
Ophelima 14187, J. F. Schwarzlose, Berlin
Opfermann's Brennessel-Wasser 28268, Opfermann & Co., Aachen
Opsi 59508, Th. Ackermann, Leipzig
Optimal 35381, H. J. Schäfer, Köln
Optimol 58588, Philipp & Werner, Dresden
Oranke 48057, J. L. Kahn, Lichtenberg
Orchidol 58252, Akt.-Ges. für Anilinfabrikation, Berlin
Original-Bullrich 25754, A. W. Bullrich, Berlin
Original-Funke 14200, Funke & Co., Berlin
Orion 39446, Gebr. Wagner, Strassburg
Orisin 32395, F. Kuhn, Nürnberg
Oriviola 37462, Ferd. Mülhens, Köln a. Rh.
Oriza 24875, A. Raynand, Paris
Oryso 49122, Ph. Körber, Berlin
Osan 29714, A. J. Czerny, Wien
Oscar Wichterich's Kopfwaschwasser 27822, O. Wichterich, Duderstadt
Osiris 49778, R. Scheinschlug, Hannover
Osiris-Seife 48279, Simons & Küff, Schweilbach
Ottalin 49284, Gronewald & Stommel, Elberfeld
Otero 49839, B. Liersch, Berlin
Otto 22745, H. Otto, Dresden
Oxinite 23187, Mayer & Schmidt, Offenbach a. M.
Oxydin 56837, A. Krause, Berlin
Oxyria 31564, W. Rieger, Frankfurt a. M.
Ozonal 32041, A. Schütze, Falkenberg.

P.

Pallas 48920, Jünger & Gebhardt, Berlin
Palliativ 35158, O. Schmithausen, Köln
Pallium 38334, J. Sonntag, Regensburg
Palisol 53888, Mündel & Altmann, Berlin
Palmarchia 49979, R. Elert, Bismark
Palmin 38472, J. F. Weber, Braunschweig
Palmus 50938, G. A. Bazlen, Metzingen
Paninin 13782, Grümer & Neu, Barmen-Rittershausen
Panisol, 54634, Müller & Co., Suderode

Panzer 53637, Sunlight-Seifenfabrik, A.-G., Rheinau
Par 52628, Raven & Co., Leipzig
Paradies 22702, G. Dralle, Hamburg
Paratrich 11785, M. Schwarzlose, Berlin
Parfümerie du Progrès 20465, G. Boehm, Offenbach a. M.
Parfümerie La Violette 23403, Schlimpert & Co., Leipzig
Parfümerie Mack 11793, H. Mack, Ulm a. D.
Parfümerie Melba 15017, Drapier & Fils, Paris
Parfümerie Preciosa 15002, A. H. Esch, Altona
Parquet Chlorin 36270, F. Jahn, Frankfurt a. M.
Parzival 21272, W. Rieger, Frankfurt a. M.
Pascha 24824, C. Gentner, Göppingen
Passe-Partout 35293, Gebr. Sudfeldt, Melle
Pasta Mack 6367, H. Mack, Ulm a. D.
Patriot 35294, A. Mahler, Frankenthal
Paul's Borax-Bleichsoda 26281, M. Paul, Reichenbach
Pedolfine 40099, E. G. Lochmann, Leipzig-G.
Pelikan 58376, Dr. H. Allendorf & Dr. Köppe, Leipzig
Pelol 26735, G. C. M. Küstner, Leipzig
Pelopolie 45236, P. Pein jr., Steinkirchen
Pelta 49378, Sunlight-Seifenfabrik A.-G., Rheinau
Perlatine 28246, G. Boehm, Offenbach a. M.
Perle 6656, Doering & Co., Frankfurt a. M.
Perleberger Kristallinische Feinsoda Gebr. Schultz. Perleberg 53998, Gebr.
     Schultz, Perleberg
Perlin 60272, P. Danziger, Hirschberg
Perlmuttin 31034, C. A. Tancré, Anklam
Perol 36694, L. Schaufler, Stuttgart
Peter Ney 24641, P. Ney, Aachen
Petersen's 50378, C. Petersen, Kiel
Petrol Hahn 37618, L. Schaufler, Stuttgart
Petrosine 30044, G. Boehm, Offenbach a. M.
Petschulin 45203, E. Schubert, Chemnitz
Petrorudol 61940, R. Petrovitz, Berlin
Pfeildreieck 33885, A. Jacobi, Darmstadt
Pfeilring 4377, Jaffé & Darmstädter, Martinikenfelde
Pflanzenfreund 40759, R. Herrmann, Berlin
Pflege Dein Antlitz 14965, H. Simons, Berlin
Pflege den Teint mit Javina, ewige Jugend Dir blüht 45878, Ch. Bulcke,
     Hamburg
Phaetral 52772, J. Schmidt, Lommatzsch
Ph. Brückner's Innsbrucker Blütencrème 59392, Ph. Brückner, München
Ph. Brückner's Schwanenweiss 61376, Ph. Brückner, München
Philae 59471, W. de Laffolie, Hildesheim
Philatelist 34449, M. Kappus, Offenbach a. M.
Philocrin 18638, Dr. M. Albersheim, Frankfurt a. M.
Philokomin 39176, S. Hornemann, Köln
Philosom-Seife 22348, Puschmann & Bötzow, Berlin
Phoebus 48278, Luhn & Co., G. m. b. H., Barmen-R.
Phul-Nana 4357, Grossmith Son & Co., London
Physorin 57780, M. Ess, München
Picardin 51457, S. W. Picard, Mannheim
Pickum 47644, A. Grimm, Greiz
Pigott 24204, Dr. W. Obst, Berlin
Ping-Pong 53505, F. Mülhens, Köln a. Rh.
Pionier 28545, F. Schwarzlose, Berlin
Planeten-Seife 37838, C. Baumhauer, Barr i. E.

Plantol 54221, Sunlight-Seifenfabrik, A.-G., Rheinau
Plätthülfe 21962, Arnold Holste Wwe., Bielefeld
Plättolin 30142, Dr. P. M. Nassauer, Berlin
Plumeyer's »Es hat gefehlt« 49733, O. Plumeyer, Berlin
Plus ultra 39438, Dr. Pieper & Flatau, Charlottenburg
Poesie 48919, Jünger & Gebhardt, Berlin
Podwòjny Krochmal 17643, H. Mack, Ulm a. D.
Pol 50606, G. A. Klumpp, Lippstadt.
Polar 54416, Hoffmann's Stärkefabriken, A.-G., Salzuflen
Poliosia 49262, F. Braukmann, Soest
Polirit 36272, Perl & Co., Berlin
Polonia 59141, J. Lukaschik, Tarnowitz
Polysulfin 34448, M. von Kalkstein, Heidelberg
Pomadine, 55197, C. Claren, Köln-Nippes
Pomadol 61461, H. Giessow, Mannheim
Pompadour 37869, J. H. Fitz, Altona
Pontzen's Presto-Seife 49377, Th. Pontzen Nachfl., Eupen
Postillon 48198, M. Goericke, Berlin
Prahova 25558, F. Mülhens, Köln
Practicus 29922, J. F. Schwarzlose, Berlin
Precalit 27223, van Baerle & Sponnagel, Berlin
Prehn's Primavera 29850, O. Prehn, Leipzig
Prehn's Natur-Pracht-Veilchen 29851, O. Prehn, Leipzig
Preim's Blossom 58451, J. Preim, Aachen
Prentzel's Universal-Metall-Putzmittel 49981, J. Prentzel, Berlin
Prima-Donna 33339, H. Mack, Ulm a. D.
Princesse de Turquie 45161, Dalton & Co., Frankfurt a. M.
Prinzess-Maiglöckchen 15599, G. Dralle, Hamburg
Prinz Ludwig-Seife 53854, G. Hofer, Memmingen
Priskalin 46735, Z. Bacheberle, Renchen
Problem 40740, Dr. Pieper & Flatau, Charlottenburg
Professor Dr. med. Jul. Witzel 56921, W. Anhalt, G. m. b. H., Kolberg
Prometheus 27411, F. W. Baekmann, Solingen
Properlin 54374, M. Kratz, Köln
Protole 32832, Altmann & Vogel, Radebeul-Dresden
Prudentia 48545, Dr. Pieper & Flatau, Charlottenburg
Psednethanaton 13042, F. Haby, Berlin
Psilothrum 22129, Dr. E. Jacobsen, Charlottenburg
Psychrophor 26391, G. Voss & Co., Deuben
Puck 61735, Sunlight-Seifenfabrik, A.-G., Rheinau
Pulchrit 61579, J. Toll jr., Köln
Puralbin 34534, D. Luyken & Sohn, Wesel
Pura-Seife mit der Klammer 52075, Stephan & Co., Halle
Purgamin 39922, Th. Grasnick, Berlin
Purit 53277, Schmitz-Bonn, Duisburg
Puritas 19809, F. Haupt, Altona
Purodont 35455, Leonhardt & Krüger, Dresden
Purol 3802, F. Schwarzlose, Berlin
Purolit 28907, G. Rosendahl, Letmathe
Putt-Putt 25462, H. Grigoleit, Berlin
Putz-Brillantine Radesich 32992, A. Radesich, Triest
Putzin 25480, F. Schulz jr., Leipzig
Putzwasser Diamant 19810, F. Höner, Bielefeld
Puxolin 27164, H. Henrich, Leipzig
Pymar 33769, Dr. Pincussohn & Marowsky, Berlin
Pyn-Ka 5436, Lubszynski & Co., Berlin
Pyramid 39637, Crosfield & Sons, Warrington

Pyramide 34006, H. Mack, Ulm a. D.
Pyronite 23132, Mayer & Schmidt, Offenbach a. M.

Q.

Quillajarine 14337, O. Christian, Berlin
Quillgallia 26422, R. Bauer, Frankfurt a. O.
Quillola 28505, Dr. A. Kauffmann, Asperg.

R.

Radicol Ernst Weber & Co. 61821, Weber & Co., Berlin
Radschläger 59329, G. Staat, Düsseldorf
Rahmer's Quillaya-Wasch-Kernseife Doppelseife 24649, M. Rahmer, Gleiwitz
Rahm's Rheingold 38757, J. Rahm, Bonn
Rail- Road 54114, H. Müller, Greifenhagen
Rainbow 35028, Crosfield & Sons, Warrington
Rapidol 32592, Kann & Cohn, Wien
Rapidum 59229, Chemische Fabrik Wevelinghofen, G. m. b. H., Wevelinghofen
Rasenbleiche 26322, S. Hornemann, Köln
Rasin 28106, Dr. J. Perl & Co., Berlin
Rasol 26655, F. Schwarzlose, Berlin
Rav 54761, Compagnie Ray, G. m. b. H., Berlin
Ravissantine 37210, F. Schwarzlose, Berlin
Ray, 55576, Compagnie Ray, G. m. b. H., Berlin
Recamier 27936, R. Tochtermann, München
Record 21580, C. F. Heyde, Berlin
Regatta 25817, P. Ney, Aachen
Regina 23102, P. Ney, Aachen
Reichel Crême Benzol 32590, O. Reichel, Berlin
Reichert's Fettpuder 29453, W. Reichert, Berlin
Reih 53850, Compagnie Ray, G. m. b. H., Berlin
Resedorata-Violettina 55523, A. Thierack, Finsterwalde
Reise-Onkel 38476, Dr. Bergmann & Keck, Querfurt
Resorcil 37568, O. Geber & Co., Hamburg
Reu 51129, Compagnie Ray, G. m. b. H., Berlin
Rexin 11048, O. Schmidt, Berlin
Rezin 3833, F. Schwarzlose, Berlin
Rezon 25713, O. Reetz, Berlin
Rhea 24320, W. Rieger, Frankfurt a. M.
Rheinkrone 27605, S. Herstatt, Köln a. Rh.
Rhein-Veilchen 7865, Ferd. Mülhens, Köln a. Rh.
Rheinwasser-Colonia 8542, L. Brandenburg, Köln a. Rh.
Rhenania 32040, Mäurer & Wirtz, Stolberg
Rhetol-Haarwasser-Pillogen 57546, E. Cornelius, Strassburg
Rhodinol 323, Société Chimique des Usines du Rhône, Lyon
Ribot's Schwimmseife 28497, Ph. B. Ribot Schwabach.
Ricolore 12794, J. F. Schwarzlose Söhne, Berlin
Rieger's Germania-Veilchen-Essenz 36936, W. Rieger, Frankfurt a. M.
Riesenfeld's Möbelfluid 26508, A. Riesenfeld, Würzburg
Riessa 50916, N. Riess, Berlin
Riol 52578, S. Feith, Berlin
Rita 34538, Weil & Co., Berlin
Rodo 27497, P. Monnet & Cartier, Lyon
Roebelin 36039, Trottner & Co., Pforzheim
Roland 33305, Hegeler & Brünings, Aumund
Rolandglanz 40181, Gebr. Nielsen, Bremen
Romerol 38359, L. Romerio, Donauwörth

Ronuk 39688, Ronuk Ltd., Brighton
Rosain 6497, E. Lahr, Würzburg
Rosa Rosita 15845, F. Mülhens, Köln a. Rh.
Rosealys 21630, G. Boehm, Offenbach a. M.
Rosenthau 20458, A. Collin, Berlin
Roséol 15066, P. Monnet & Cartier, Lyon
Rosodora 23494, C. H. Oehmig-Weidlich, Zeitz,
Rotkäppchen 33341, H. Mack, Ulm a. D.
Rosella 56615, Th. Rose, Essen
Rostfeind 59417, C. F. Jahncke, Dresden
Rostfresser 55933, Dr. F. Guichard, Burg
Rosttod 59416, C. F. Jahncke, Dresden
Royal-Soap 46981, G. Boehm, Offenbach a. M.
R. Sauer's Deutsches Frühlingsveilchen 36746, R. Sauer, Berlin
R. Thompson & Co., 23452, E. Sieglin, Verviers
Ruber 28578, P. Stiebohr, Soldau
Rubin 39436, C. Naumann, Offenbach a. M.
Rubinit 16001, Voss & Co., Deuben
Rud. Herrmann 34970, Rud. Herrmann, Berlin
Rupert's Chasalla-Seife 20953, Rupert & Co., Kassel
Rymodont 34946, W. Rieger, Frankfurt a. M.

S.

Sacarbolate 61963, Noodt & Meyer, Hamburg
Säcularin 54220, E. Bratsch, Reinickendorf
Sadulin 22704, F. Kuhn, Nürnberg
Sagas 57309, Sunlight-Seifenfabrik, A.-G., Rheinau
Saharet 55134, L. Popp, München
Saintair 51426, F. Mülhens, Köln a. Rh.
Salar 61971, Sunlight-Seifenfabrik, A.-G., Rheinau
Salgalin 22613, F. L. Schütz, Wolfenbüttel
Salicum 51269, C. G. Kämmerer, Dessau
Saljo 39689, H. Th. F. Grossmann, Dresden-N.
Salmiakal 39437, Heyer & Co., Hamburg
Salmina 55976, Ulrich & Co., Friedenau
Salomin 54310, Salomon Söhne, Berlin
Salonin 40364, H. Littmann, München
Salud y Pesetas, 19871, Welker & Wagner, Dresden-N.
Salutaris 14618, C. Naumann, Offenbach a. M.
Salvator-Seife 23875, G. A. Gäbler, Dresden
Salvin 59080, Dr. med. B. Rohden, Lippspringe
Salvirol 45160, M. Salzmann, Düsseldorf
Salvondora 53446, Fiedler & Pergament, Berlin
Sammel 32263, C. G. Ruloffs, Krefeld
Sanct-Thomas-Seife 45527, X. Thomas, Kolmar
Sanitas 18561, Sanitas Company Limited, London
Sanitin 22784, G. Berlin, Köln
Sans souci 50376, Mouson & Co, Frankfurt a. M.
Sanor 57772, Bendit & Co., Fürth
Sanus 26816, G. Dralle, Hamburg
Sapana 28817, Mouson & Cie., Frankfurt a. M.
Saphira 24668, Doering & Cie., Frankfurt a. M.
Sapiron 34537, Haarmann & Reimer, Holzminden
Sapodermin 29994, Dr. v. Rad, Pfersee-Augsburg
Sapodont 21443, G. Dralle, Hamburg
Sapodontine 35063, G. Dralle, Hamburg

Sapofat 59106, Meyer & Salomon, Hamburg
Sapolacteus 26447, A. Engelhardt, Leipzig
Sapolio 34111, Enoch Morgan's Sous Cp., New-York
Saponal 35433, A. Engelhardt, Leipzig
Saponina 15548, Heimann & Co., Frankfurt a. M.
Saporal 21969, G. Lohse, Berlin
Saposilic 60470, Chemische Werke Hansa, G. m. b. H., Hemelingen
Sapradin 32647, Morgenstern, Bigot & Co., Hamburg
Sapotol 17739, Jumpelt, Dresden-A.
Sasubrina 59352, C. Naumann, Offenbach a. M.
Satschol 38308, Redlich & Föllner, Berlin
Satina 59202, H. Mack, Ulm a. D.
Saturn 21621, C. A. Tancré, Anklam
Saude e Patacas 20469, Welker & Wagner, Dresden-N.
Sava 56120, Sunlight-Seifenfabrik, A.-G., Rheinau
Savočrème 59726, Trinckler & Co., Leipzig
Savon au Lait de Lys de Lohse 55483, G. Lohse, Berlin
Savolin 18933, Märkische Seifenindustrie, G. m. b. H., Schwelm
Schatzwasser 50345, Schatz & Co., Hamburg
Schaumsoda 15864, L. Wunder, Liegnitz
Schau in's Land 51994, Dr. Bürkle & A. Klett, E. M. Klein Nachfl., Freiburg
Scheuerin 25044, F. Schulz jun., Leipzig
Schlesische Parfümerie 45803, F. Lauterbach, Breslau
Schlimpert 47867, Schlimpert & Co., Leipzig
Schmidt 47552, Schmidt & Schmidt, Remscheid
Schneeblüte 52451, A. Nichterlein, Berlin
Schneeflocken 23879, K. Brunn, Düsseldorf-Oberbilk
Schneeglöckchen 38710, Schwarzlose Söhne, Berlin
Schneekoppe 38416, C. Hoffmann, Breslau
Schnell 24249, D. Schnell, Berlin
Schneewittchen 26226, G. Dralle, Hamburg
Schneewittchen 50561, H. Berg, Sonneberg
Schnurrbartine 31429, M. Schwarzlose, Berlin
Schrauth's 30167, P. H. Schrauth, Neuwied
Schröder 46131, C. F. Schröder, Hann.-Münden
Schuster's Hohenloher Seifen 15163, H. Schuster, Lendsiedel
Schütze die Haut 36470, Blau & Co., Dresden-Striesen
Schwalbe 30090, Ph. B. Ribot, Schwabach
Schwalmseife 33475, Ph. B. Ribot, Schwabach
Schwan 51237, Sieglin, Düsseldorf
Schwanseifenpulver 51238, Sieglin, Düsseldorf
Schwarzlose 31845, F. Schwarzlose, Berlin
Schweitzer's Emolin 36449, S. Schweitzer, Berlin
Schwemmol 45379, I. G. Schwemmer, Kitzingen a. M.
Schwimmender Schwan 51239, Sieglin, Düsseldorf
Scroblela Dublà 13766, H. Mack, Ulm a. D.
Sea-Foam 29384, H. Heinrich, Leipzig
Secessiona 36692, L. Dalton & Co., Frankfurt a. M.
Seeschwalbe 30091, Ph. B. Ribot, Schwabach
Seife in der Sparbüchse 25151, R. Balhorn, Breslau
Seifenschmidt 47553, Schmidt & Schmidt, Remscheid
Seiffert's 38755, J. W. Seiffert, Hameln
Selcopor 35480, R. Selk, Altona-Ottensen
Semper Idem 45395, A. Helbach, Bonn a. Rh.
Sennol 38583, F. Senne, Neuhaldensleben
Serail 15070, W. Reichert, Berlin
Seraphin 30018, J. Müller, Hamburg

Serimpie 48542, M. Kappus, Offenbach a. M.
Serfa 52774, Daum & Co., Wiesbaden
Servatol 8406, C. F. Hausmann, St. Gallen
Servol 34867, O. Hoffmann, Berlin
Shapirolin 55, Hurwitz & Co., Berlin
Siccrin 55557, Hertwig, Dresden
Sieben Schwaben 38206, K. Hayd, Neustadt a. S.
Sieber 51460, H. Sieber, Wiesloch
Siede's 50716, E. Siede, Elbing
Siegfried 39434, J. Hirschberg, Berlin
Siegel-Seife 23566, Joh. Fr. Weber, Braunschweig
Siegel's Seifenpulver 23584, Joh. Fr. Weber, Braunschweig
Sieges-Veilchen 37521, F. Schwarzlose, Berlin
Silber-Glanz 18837, Hoffmann's Stärkefabriken, Salzuflen
Silesia 39994, F. Schulz, Kattowitz
Silex 45409, L. Kiesel, Essen
Sili 60469, Chemische Werke Hansa, G. m. b. H., Hemelingen
Silvana 54113, M. Bichtemann Nachfl., Magdeburg
Silverin 39138, H. Königsberger, Berlin
Simons Parfüm Thauma 12902, H. Simons, Berlin
Simson 9936, J. F. Schwarzlose Söhne, Berlin
Sinacid 36745, Petri & Stark, Offenbach a. M.
Sinol 38967, O. Brosig, Leipzig
Siren 25335, Ch. Simpson, Northampton
Siras 51883, Althen & Mende, Halle
Sirona 25854, A. Sander, Nierstein
Sodanin 48257, P. Richter, Breslau
Solinga 40692, A. Kürsten, Solingen
Solvetin 26806, Hoelzle & Chelius, Frankfurt a. M.
Sommergrüsse 21724, Schlimpert & Co., Leipzig
Sonja 39694, Dr. I. Lewinsohn, Berlin
Sonnenlicht 7870, Lever Brothers Lim., Port Sunlight
Sonnen-Schein 7871, Lever Brothers Lim., Port Sunlight
Sopal 22549, Gebr. Tscharnke, Erfurt
Sophien-Seife (Savon Sophie) 27034, Muraour & Co., Frankfurt a. M.
Soterkom 16518, F. Schwarzlose, Berlin
Souverain 61351, Kakaobutter-Seife, G. m. b. H., Wandsbeck
Sparolin 53797, E. Frensdorff, Hamburg
Spatenseife 18620, G. Steinbach, Leipzig
Spaten-Seifen-Pulver mit dem Bild 25684, G. Steinbach, Leipzig
Spielhagen's 22615, F. Spielhagen, Berlin
Spielkarte 33337, H. Mack, Ulm a. D.
Spirolin 33367, B. L. von Lamkowska, Dresden
Sponazol 32325, van Baerle & Sponnagel, Berlin
Sport 35530, F. Spielhagen, Berlin
Sport 47806, Kunath & Klotzsch, Leipzig
Spree-Wasser 15829, J. C. F. Schwartze, Berlin
Springbrunnen 25859, F. Lauterbach, Breslau
Spülovit 36693, F. Grünewald, Essen a. Rh.
Stahlonit 45199, G. Raabe, Hamburg
Steckenpferd-Lilienmilchseife 56836, Bergmann & Co., Radebeul
Steinfels 49893, F. Steinfels, Zürich
Steinfels-Seifen 37867, F. Steinfels, Zürich
Stela 54253, Sunlight-Seifenfabrik, A.-G., Rheinau
Steriphom 30458, A. Lohmann, Hagen i. W.
Sternenpracht 40098, C. O. Kuntze, Aschersleben
Stern des Südens 21680, Bergmann & Cie., Berlin

Stockhausen's Monopol-Seife 15868, J. Stockhausen, Krefeld
Stomatol 53758, Stomatol-Ges., Hamburg
Strampolin 61537, A. Schneider, Nürnberg
Strenia 9005, Blanc & Cie., Paris
Streublümchen 50586, R. Balhorn, Breslau
Struwelin 52160, C. D. Wunderlich, Nürnberg
Struwelpeter-Seife 49282, Dalton & Co., Frankfurt a. M.
Sturm 31618, Weil & Co., Berlin
Stütze der Hausfrau 47231, Luhn & Co., G. m. b. H., Barmen-R.
Stuhler's Haarwasser 60568, C. Stuhler, München
Sudoral 23631, F. Peters, Dresden-A.
Südlicht 38598, M. Kappus, Offenbach a. M.
Suleika 20033, H. Hamel, Berlin
Sundia 57137, H. Anders, Stralsund
Sunlicht 39781, Lever Brothers Ltd., Port Sunlight
Sunlight 7867, Lever Brothers, Lim., Port Sunlight
Sunnit 36710, R. Herrmann, Berlin
Superol 39554, Dr. F. Moll, Berlin
Sunschlit 45900, F. Kuhn, Nürnberg
Swell 38044, H. Janowitz, Wien
Sylool 59350, F. Geiling, Berlin
Sylva 48108, Voss & Co., Deuben
Sylphide 48370, Dr. Pieper & Flatau, Charlottenburg
Syringa-Maiglöckchen 6562, G. Lohse, Berlin
Syringa-Muguet 8462, G. Lohse, Berlin
Syringa-Violetta 13285, J. Schwarzlose Söhne, Berlin.

T.

Talisman 18000, L. Jumpelt, Dresden-A.
Tamara 61814, F. Wolff, Karlsruhe
Tam O' Shanter 6584, J. Cininghame Montgomerie, Dalmore
Tancré's 24837, C. A. Tancré, Anklam
Tannhäuser 37494, Gebr. Wagner, Strassburg
Tannon 30452, F. Kuhn, Nürnberg
Tapisol 54634, Müller & Co., Suderode
Tatcho 28067, G. R. Sims, London
Tell 19869, F. Tellmann, Breslau
Tellmann's 20984, F. Tellmann, Breslau
Teras 41003, M. Schwarzlose, Berlin
Terezol 27703, The Terezol Company Limited, Manchester
Terpensa 57550, C. Schurr, Ludwigshafen a. Bodensee
Terra tripolitana Sonnenstrahl 19818, E. Wich, Kassel
Terralin 51654, A. J. Arp, Kiel
Testapura 29844, E. R. Becker, Hamburg
Testol 18979, Weinert & Co., Frankfurt a. M.
Thauma 12902, H. Simons, Berlin
Thalassa 49978, Dalton & Co., Frankfurt a. M.
Thaufeind 52308, A. Bodenstock, Berlin
The Mistletoe 28485, Lecarou & Fils, Paris
Thennol 23822, Fr. Thenn, München
Thenn's Putz-Briquette 46277, F. Thenn's Nachfl., München
Th. Hahn's 52607, Th. Hahn & Co., Schwedt
Theerolin 59230, A. Lucas, Weinböhla
Thierack's Toilette-Fett-Seife 21620, A. Thierack, Finsterwalde
Thierack's Jugend-Teerseife 40760, A. Thierack, Finsterwalde
Thieradol 61668, A. Thierack, Finsterwalde
Thusnelda 51165, Dr. v. Werlhof-Feige, Dresden

Thymodont 16073, Bochmann & Raabe, Hamburg
Thymoline 21152, Bochmann & Raabe, Hamburg
Thyriotin 46275, Thyriot & Co., Frankfurt a. M.
Titi 40839, Luhn & Co., Barmen
Tip-Top 22495, Bochmann & Raabe, Hamburg
Titus 57520, Jünger & Gebhardt, Berlin
Titzanol 61199, P. Titze, Görlitz
Tizian-Seife 39854, J. Prochownik, Berlin
Tola 18853, H. Mack, Ulm a. D.
Tolima 9808, Richter & Co., Nürnberg
Tolly 26536, Tolhausen & Klein, Frankfurt a. M.
Tolo 33503, H. Mack, Ulm a. D.
Tonin 34165, F. Rapp, Ulm a. D.
Tonid-Seife 52993, F. Schmidt, Lommatzsch
Torpedo 33768, H. Mack, Ulm a. D.
Tormentol 53491, Oberhaeussler & Landauer, Würzburg
Toto 14278, L. Caspari, Braunschweig
Transvaal-Buren-Kern-Seife 45926, X. Thomas, Kolmar
Treff 56817, A. H. Kendall, Aachen
Treu & Nuglisch 40569, Treu & Nuglisch, Berlin
Trichol 13988, F. Strunz, Nürnberg
Trilby 15663, Nanny Léon, Berlin
Trimento 59725, J. Preim, Aachen
Triumph 4205, Aug. Jennes, Köln-Riehl
Triumph 8998, K. W. Moldenhauer, Hamburg
Triumph 15186, Siebenhorn & Co., Köln a. Rh.
Triumph 56299, B. Pfeiffer, Breslau
Triumphator 59419, G. Kanzler, Dresden
Triumphglanz 36147, E. Blum, München
Triumph-Seife 16005, W. Geissler, Dresden
Tropinal 56159, Ludwig & Co., Mannheim
Tröndle's Vollseife 53889, R. Tröndle, Dogern
Tutela 16916, V. A. Gresbek, Lindau
Tuteurs 52379, F. Tuteur, Metz
Typokrain 56566, A. Karker, Berlin
Typolin 20734, Maschinenfabrik Kempewerk, G. m. b. H., Nürnberg
Tyrnacky 47093, F. Schwarzlose, Berlin
Tzarewna 9006, Blanc & Cie., Paris
Tzinnia 26815, L. Olivier, Paris.

U.

Ubrigin 18106, Ubrigin-Pflanzenfaser, G. m. b. H., Berlin
Ueberbrettel-Seife 53186, Jünger & Gebhardt, Berlin
Ukitinut 57112, F. Kostka, Ronsdorf
Ulmia 61983, H. Mack, Ulm a. D.
Ulmer Münster 58839, H. Mack, Ulm a. D.
Ultra 26140, Vereinigte Ultramarinfabriken, Nürnberg
Ungual 31467, F. L. Harnisch, Berlin
Union 49144, H. Seyfarth, Hamburg
Union 60112, Deutsche Vereinigte Schuhmaschinen-Ges. m. b. H., Frankfurt a. M.
Unseld's Reform 56818, U. Unseld, Ziegenhals
Unschuld 47551, Dr. H. Schneider, Berlin
Unitaris 16075, Becker & Steeb, Offenbach a. M.
Universa 26818, A. Silberborth, Köln a. Rh.
Urania 28403, E. Siede, Elbing
Urticin 61894, Gebr. Eisenschmidt, Leipzig
Usmodont, System Witzel 54002, W. Anhalt, G. m. b. H., Kolberg

Util 6722, J. Bloem, Dresden
U. Unseld's Unicum Dreieck-Fettlaugenmehl 32377, U. Unseld, Ziegenhals.

V.

Vac 17673, J. W. Blackburn, Berlin
Vademecum 49201, E. Bach, Berlin
Vademecum 59348, Aktiebolaget Barnängens Tekniska Fabrik, Stockholm
Vanduara 39440, W. Häussler, Gera
van Baerle's Kernbleich-Kaltwasserseife 55481, van Baerle & Co., G. m. b. H., Worms
Vanna 61535, W. Rieger, Frankfurt a. M.
Vegta-Seife 20272, H. Zwieger Nachfl., Zwickau
Veilchen-Königin 21907, Leonhardt & Krüger, Dresden
Veilchenthau 61844, J. F. Schwarzlose Söhne, Berlin
Vela 37497, F. Spielhagen, Berlin
Veni, vidi, vici 23065, R. Schleip, Hamburg
Venus 24187, Wiedemann & Co., G. m. b. H., Berlin
Veraline 53203, G. Hanning, Hamburg
Verax 55165, Sunlight-Seifenfabrik, A.-G., Rheinau
Verisempra 51425, F. Mülhens, Köln a. Rh.
Verjünge dich selbst, 21685, F. Haby, Berlin
Verodor 47873, J. Neuendörfer, Wien
Verol 51333, Kopp & Joseph, Berlin
Veronica 13783, A. H. A. Bergmann, Waldheim
Verschön're dein Antlitz 7890, Simons & Dr. Goetze, Berlin
Versilberungsputz-Argenta 37738, Transportabler Dampfentwickler, G. m. b. H., Berlin
Vesta 38756, R. Herrmann, Berlin
Victoria-Brillant-Glanz-Stärke 21470, Hoffmann & Schmidt, Leipzig
Victoria-Seifenpulver 2324, E. Sieglin, Aachen
Victorin 56302, J. Weinfurtner, München
Vielliebchen 16915, J. F. Schwarzlose Söhne, Berlin
Vier Jahreszeiten 61666, Sellge & Co., Schönebeck
Vineta 47866, K. F. Töllner, Bremen
Viola Carissima Herziges Veilchen 36711, Jünger & Gebhardt, Berlin
Violetta Graziella 55835, F. Mülhens, Köln
Violette d'Amour 39393, R. Hausfelder, Breslau
Violettol 36914, Chuit, Naef & Co., Genf
Violettone 36915, Chuit, Naef & Co., Genf
Vional 27850, F. Kuhn, Nürnberg
Virtis 33598, W. Rieger, Frankfurt a. M.
Vitaline 21126, G. Lohse, Berlin
Vitella 59561, G. Boehm, Offenbach a. M.
Vitral 46753, C. Ludwig, Schönberg i. M.
Vitroline 40935, A. Roth, Bad Ems
Voll Dampf Voraus 48772, A. Hellbach, Bonn a. Rh.
Vogesia 37495, Gebr. Wagner, Strassburg
Vogt'sche Putzpomade 25482, Vogt & Co., Berlin-Friedrichsberg
Volksfreund 25481, S. Hornemann, Köln a. Rh.
Voltakreuz 20027, A. Oppenheim, München
Voltaring 22053, A. Oppenheim, München
Voltastern 22055, A. Oppenheim, München
Vorwärts-Seife 23094, C. A. Tancré, Anklam
Vulcan 11772, Oppenheim & Co., Hannover-Hainholz
Vulcan 28862, Maurer & Wirtz, Stolberg
Vulite 46487, Vulite Syndicate, Finsbury.

W.

Wacker's Nickelschutz 34189. J. Wacker, München
Wagner's Sparkernseife 47186, Gebr. Wagner, Strassburg
Wagnerit 50339, H. Wagner, Kolmar
Wagnerol 53080, X. Wagner, Hamburg
Weidmannsheil 24546, A. Thierack, Finsterwalde
Waldesfrühling 13800, A. H. A. Bergmann, Waldheim
Waldheimer Parfümerie- und Toiletteseifen - Fabrik A. H. A. Bergmann
    45410. A. H. A. Bergmann, Waldheim
Walküre 57958, F. Danziger, Berlin
Wandana 56253, Dr. H. Braun, Berlin
Wasch-Alabastrin 35097, Weiss & Söhne, München
Wasche mich immer 22935, M. Kappus, Offenbach a. M.
Waschlob 49980, E. Kielmeyer, Esslingen
Wasche mit Grosser's Waschstein 22912, E. Grosser, Dresden-N.
Waschmitin 59331, Hochgesand & Ampt, Mainz
Wasche patent 26304, Luhn & Cie., Barmen-Rittershausen
Wascholin 25694, Barlemann & Lückert, Witten a. R.
Wasmuth's Militär-Pasta 30236, A. Wasmuth & Co., Hamburg
Wasserfreund 21325, A. Thierack, Finsterwalde
Wau-Wau 55136, Dalton & Co., Frankfurt a. M.
Weber-Seife 19663, J. F. Weber, Braunschweig
Weidlich's Salmiak-Terpentin-Schmierseife 25626, G. Weidlich, Brieg
Weihnacht-Blüten 39442, S. Hornemann, Köln
Wellington 3341, J. Oakey & Sons Lim., London
Weisse Dame 54006, Althen & Mende, Halle
Welsiana 46486, M. Kappus, Offenbach a. M.
Welt 49472, F. Drinkewitz, Rathenow
Weltwunder 31187, C. A. Tancré, Anklam
Westphalia 29516, Mäurer & Wirtz, Stolberg
Wetico 59354, A. Wetzig, Dresden
Wettbewerb-Seife mit der Taube 11942, Stockhausen & Bermbach, Krefeld
Wendland's Bartwasser 45479, Ch. Wendland, Wiesbaden
Wiener Bauer 38678, Tramer & Gross, München
Wiesbadener Badeseife Hygiea 12745, C. W. Poths, Wiesbaden
Wilh. Geissler's Camphen-Seife 31699, W. Geissler, Dresden
Wilhelmina-Zeep 27478, Dalton & Co., Frankfurt a. M.
Wilhelm Rieger's Cypris 47382, W. Rieger, Frankfurt a. M.
Wilhelm Rieger's Erato 47381, W. Rieger, Frankfurt a. M.
Wilhelm Rieger's durchsichtige Kristall-Seife 47188, W. Rieger, Frankfurt a. M.
Wilhelm Rieger's Nirvana 47380, W. Rieger, Frankfurt a. M.
Wilhelm Rieger's Transparent-Kristall-Soap 47187, W. Rieger, Frankfurt a. M.
Wilhelm Rieger's Parzival 47379, W. Rieger, Frankfurt a. M.
Windsora 57823, Breiholdt & Fiege, Altona
Winkol 48547, Q. Winkler's Erben, Gross-Wartenberg
Wittelsbacher Veilchen 34188, B. Tochtermann, München
Witzel 56920, W. Anhalt, G. m. b. H., Kolberg
Wolff's chemische Seife in Krausen 23902. L. T. Wolff, Breslau
Wöllner's Waschpulver Schneeweiss 40973, Ed. Wöllner, Mannheim
Wörfel-Stärke Alpenschnee 45159, U. Loeper, Lockstedt b. Hamburg
Wolpin 51997, A. Wolpers, Hämelerwald
W. Seeger's Haarfarbe 52991, W. Seeger, Berlin.

Y

Ylangezza 57863. W. Kaim, Wilmersdorf
Youp-la Youp-la 57989, Kopp & Joseph, Berlin.

Z.

Zahnin 24605, F. Schulz jun., Leipzig
Zahnola 51717, L. Leichner, Berlin
Zampo 15015, Pickering & Sons, Sheffield
Zanol 28806, H. Hülsebusch, Köln
Zanthone 34451, Durand, Huguenin & Co., Huningen
Zauberkraft 34245, H. O. Schmidt, Döbeln
Zaza 39441, M. Kappus, Offenbach a. M.
Zechin's Prämien-Fett-Seife Rautendelein 46069, A. Zechin, Berlin
Zéphyr 26053, G. Lohse, Berlin
Zinoline 48292, Bartel & Co., New-York
Zum Küssen 49336, Finke & Geyer, Bremen
Zwiegulin-Seife 39644, H. Zwieger, Zwickau
Zynkara 2458, The Zynkara Company Lim., Newcastle.

Liste der vom 1. Oktober 1894 bis 1. September 1903 vom Kaiserlichen Patentamt in Berlin veröffentlichten in eingetragenen Bildzeichen enthaltenen Wortzeichen der Klasse 34 für Seifen-, Putz- und Poliermittel, Rostschutzmittel, Waschmittel, Parfümerien und Toilettemittel.

A.

Abbas II 61791, Oppenheim & Co. und Schlesinger & Co., Harburg
Abeille 17703, H. C. de Payen, Marseille
Abrador Luhn's 51126, Luhn & Co., G. m. b. H., Barmen
Adalbert 32441, Vogt & Co., Berlin
Aethoril 45083, G. Roloff, Wittenberg
Agua Divina 28622, Nagel Söhne, Hamburg
Aktiv 61843, Starcke, Melle
A la Rose d'Orient 55138, Motsch & Co., Wien
Alba 29770, A. Hörich, Berlin
Albrecht Dürer 4353, K. Kreller, Nürnberg
Alexandra 33427, Mouson & Co., Frankfurt a. M.
All Heil 21767, Krupps & Krüger, Duisburg
Also doch 47665, G. Biermann, Berlin
Amatista 33307, G. Dralle, Hamburg
Amor 20276, Lubszynski & Co., Berlin
Anchor Paper 33963, Gebr. Garve, Kusser
Andreas 49334, Klinge & Co., St. Andreasberg
Angelseife 14625, P. Ney, Aachen
Anita 32172, Kunath & Klotzsch, Leipzig
Ankerseife 27278, P. Ney, Aachen
Anker 4964, Richter & Co., Nürnberg
Ananas-Seife 362, Sievers & Brandt, Kiel
Anstrichfeind 35096, R. Heinecke, Altenburg
Antilupin 32295, A. Falk, Wien
Antipinon 16211, Okermüller & Co., Altmannsdorf
Antiseptische Peru-Balsamseife 51786, Breiholdt & Fiege, Altona
Aok-Seife 52054, W. Anhalt, G. m. b. H., Kolberg
Aphanizon 13790, Emma Falk, Wien

Aphanizon 15494, A. Falk, Wien
Argyrion 40765, Transportabler Dampfentwickler, G. m. b. H., Mainz
Argentinum 50999, Gebr. Weinrich, Worbis
Aseptinseife 20431, Bergmann & Co., Radebeul-Dresden
Aseptin 39991, Scholz & Co., Lübeck
Aseptol 50500, C. Bach, Berlin.
Aspasiapuder 17315, L. Leichner, Berlin
Astral 20022, Hahn & Co. Nachfl., Berlin
Aska 49337, Akt.-Ges. für Seifenfabrikation, Kaiserslautern

B.

Bacquet de la Fasvarina 53856, V. Klotz, Paris
Badenia 23636, Bechthold & Foerster, Weinheim
Barbarossa-Brillantine 43146, Kunath & Klotzsch, Leipzig
Bartha 28799, Opfermann & Co., Aachen
Batavia 5046, A. F. Schwabe, Stralsund
Beste Sorte Schmirgel-Leinen 53562, Düsseldorfer Naxos-Schmirgelleinen-
    und Glaspapierfabrik
Beste Haushaltungsseife 58807, F. H. Sieckmann, Minden i. W.
Berger's Schwefel-Teer-Seife 60501, Hell & Co., Troppau
Berthalin 20652, Th. Jungmann, München
Beyschlag's Lilienmilch-Seife 53636, H. Beyschlag, Augsburg
Birkenwasser 9218, G. Dralle, Hamburg
Bischof 20883, J. M. Farina, Köln
Bismarck 1316, R. Eisenmann, Berlin
Bismarck 2161, Oppenheim & Co., Hannover-Hainholz
Bismark 12836, A. T. Duyssen Nachfl., Friedrichstadt
Bismark 46485, R. Elert, Bismark
Blauer Stern 21535, Drey & Tramer, München
Blendolin 60957, K. A. Böttger, Leipzig
Blitz-Blank 54333, J. Wünsch, Bruchsal
Blitzblank 16934, Stehmann, Hösch & Co., Hamburg
Blitz-Putz 17424, Trinckler & Co., Leipzig-R.
Blumen-Glycerin-Seife 61933, C. Naumann, Offenbach a. M.
Bouquet de l'Exposition 1900 59420, V. Klotz, Paris
Bouquet Parthenis 48306, V. Klotz, Paris
Bouquet Santos-Dumont 54976, V. Klotz, Paris
Boracol 34071, Fischesser & Co., Lutterbach
Bor 6867, Kunheim & Co., Berlin
Boro-Ubrigin 22131, R. Gsell, Berlin
Boris 53463, G. Ilgenfritz, Nürnberg
Borussia 38082, F. W. Beckmann, Solingen
Borussia-Veilchen-Seife 47969, Dr. Pieper & Flatau, Charlottenburg
Braselin 16170, K. Braselmann, Höchst
Brema-Seife 23687, Sengstack Söhne Nachfl., Bremen
Brillant-Seife mit dem Pferd 25671, Mäurer & Wirtz, Stolberg
Brise embaumée 53561, V. Klotz, Paris
Brocken-Seife 9036, van Baerle & Woellner, Worms
Brookes Soap Monkey Brand 53230, Lever Brothers Limited, Liverpool
Buccol 29107, O. Lilie, Wiesbaden
Burkhart Kohl's Schnellwaschpulver 50130, Burkhart Kohl, Breslau
Bürste die Zähne 56757, W. Anhalt, G. m. b. H., Kolberg
Byrolin 36008, Dr. Graf & Co., Berlin.

C.

Caiman 7005, Schuback & Söhne, Hamburg
Capellin 27006, W. Brauns, Quedlinburg

Capilloferin 21276, J. Baumann, Baden-Baden
Captol 32593, Ferd. Mülhens, Köln
Centrifugiert 8444, G. Heine, Cöpenick
Ceresin-Seife 1706, Ph. B. Ribot, Schwabach
Chamoisin 39122, L. Neuberger, Frankfurt a. M.
Charmant 52954, S. Simon, Frankfurt a. O.
Champagner-Seife 13258, Heimbürger & Elitzsch, Krensitz
Chic 25770, M. Kappus, Offenbach a. M.
Chlorin 36270, F. Jahn, Frankfurt a. M.
Clematis 56797, Kunath & Klotzsch, Leipzig
Cleopatrastärke 32598, Hoffmann's Stärkefabriken, Salzuflen
Cliviaseife 27926, F. Mentrop, Kleve
Colonial-Stärke 174, Hoffmann's Stärkefabriken, Salzuflen
Cometinstärke 20433, A. Hodureck, Ratibor
Comtesse 47927, Dr. Pieper & Flatau, Charlottenburg
Concurrenzlos 9793, C. Naumann, Offenbach a. M.
Concurrenzseife mit der Justitia 35912, C. Naumann, Offenbach a. M.
Confluentia 38778, J. M. Maret, Koblenz
Corein 9015, Seeliger & Co., Dessau
Copernicus 38237, A. Leetz, Thorn
Cosmos 9094, H. Simons, Berlin
Craig Mine Crystall Corundum 59330, Becker & Haag, Berlin
Crème Simons 55517, H. Simons, G. m. b. H., Berlin
Crème Catharina de Medici 39304, J. Müller, Verden
Crispin 52309, Dr. med. Scheja, Powlowitz
Cristallin 38937, P. Heidmann, Hamburg
Cronje 49770, M. Kappus, Offenbach a. M.
Cupido Blumen-Fett-Seife 52143, Dr. Pieper & Flatau, Charlottenburg
Cutioura Soap, 51002, The Potter Drug and Chemical Corporation, Boston
Cydonia 50940, V. Klotz, Paris.

D.

Da-Capo 54117, H. Meier, Altona
Dauer-Seife 10959, Kluge & Co., Magdeburg
Das Beste 36625, J. G. Böhlke, Bromberg
Dalli-Seife 40758, Mäurer & Wirtz, Stolberg
Dame mit dem Zopf 38360, W. Seeger, Berlin
Das Geheimnis 36628, H. O. Roosen, Hamburg
Das Gute bricht sich überall Bahn 5767, A. Thierack, Finsterwalde
Das Gute muss dem Besseren weichen 48656, A. Helbach, Bonn
Dem Bayernland starbst Du zu früh, Dein treues Volk vergisst Dich nie
        45218, Beyer & Co., Halle
Denoin 24935, H. Meyer jr., Berlin
Depilene 11803, Dr. J. Goldschmidt, Frankfurt a. M.
Deutsche Familien-Seife 58735, R. Geck, Köln
Deutsche Reichs-Seife 45704, H. Schuster, Lendsiede
D'Eau de Cologne 61806, J. M. Farina, Köln
Diamant-Glanz 6963, O. Tietze, Namslau
Diana 14181, L. Dalton & Co., Frankfurt a. M.
Dieu et mon droit 6580, F. Mülhens, Köln
Die Berliner Range 55190, W. Geissler, Dresden-N.
Die Fee 35361, R. Sternberg, Weilburg
Die hässlichsten Hände 51066, A. Stapler, Wien
Die Schönheit ist und bleibt ein köstliches Gut des Himmels 52090, W.
        Anhalt, G. m. b. H., Kolberg
Domino 6137, Sohrmann & Sohn, Hamburg

Donau-Feste 45055, J. Illinger, Ingolstadt
Drachen 36712, B. Kiderlen, Ravensburg
Dr. Graeters Eis-Seife 55975, A. Osterberg-Graeter, Stuttgart
Dr. Gebhard's präparierter Seeschlamm 58930, Kronheim, Haltenhoff & Co.,
    G. m. b. H., Hannover
Drei Kronen 50971, F. Schulz jr. A.-G., Leipzig
Drey's Liebfrauen-Seife 50288, L. Drey, München
Dr. Marggraffs Seifenpulver 50379, Gebr. Nürrenbach, Potsdam
Ducrotin 48029, A. Ducrot, Elberfeld.

E.

Echte Moschus-Seife 60088, Dr. Pieper & Flatau, Charlottenburg
Eden 25322, Th. Damen-Kröly, Köln
Edelsteinseife 40934, Mühlenbein & Nagel, Zerbst
Edelweiss 15083, G. Fromm Nachfl., Feuerbach
Eier-Seife 50373, Gebr. Nürrenbach, Potsdam
Electa 9774, Treu & Nuglisch, Berlin
Electric-Starch 32892, Henckels & Co., Hamburg
Electric-Starch 53915, Lohmann & Co., Bremen
Electric-Silicon 37662, The American Supply Co., Bremen
Elektrolyt 30636, E. F. C. Pein, Hamburg
Elfenbein 15997, Günther & Haussner, Chemnitz
Elfentau 15457, R. Martin jun., Berlin
Enameline 34945, Prescott & Co., New-York
Ephelidicon 37736, H. Lietzau, Danzig
Erhartin 25543, J. H. Erhart, München
Erika 55026, W. Körzel, Essen-Ruhr
Es ist erreicht 21682, F. Haby, Berlin
Ess-Oriza 16083, A. Raynaud, Paris
Etheiragen 50394, C. Biermann, Berlin
Etoile 15292, A. de Milly, St. Denis
Etoile 14988, Imanuel & Duswald, Frankfurt a. M.
Ever Young 8992, S. R. van Duzer, London
Eucalyptus-Mundwasser Hohenzollern 61972, Schwarzlose Söhne, Berlin
Ewig jung 47645, L. Joseph, Köln
Excellent 13277, Strunz & Fränkel, Regnitzlosau
Excelsa 25735, S. Brand, Oschatz-Zschöllau
Excelsior-Marke Phönix 35318, M. Asmuth, Herzberg
Extra Cologne Water Johann Maria Farina, Alter Markt 54 52075, Johann
    Maria Farina, Alter Markt 54, Köln.

F.

Famos 39065, Welker & Buhler, Neuwied
Favorita 26837, Brögelmann & Co., Berlin
Fedora 52128, Hansske & Co., Spremberg
Feenpuder 60088, B. Langwisch, Hamburg
Felicitas 45536, Frau M. Schultze, Halle
Feinstes Meissner Porzellan-Seifenpulver 50374, Meissner Seifenfabrik, G.
    m. b. H., Meissen
Fischers Neutral 50234, A. Fischer, Saargemünd
Fixol 16913, H. Meyer jun., Berlin
Fleckentod 47685, W. Tischerowsky, Königsberg
Fleck-frei 49471, Raymond & Co., Berlin
Fliegender Fisch 16091, W. Seeger, Berlin
Fleiss bringt Segen 59082, A. C. Nickelsen, Friedrichstadt
Fleurs de Mogador 61168, E. C. Grossmann, Berlin

Flora 7837, Violet & Co., Andernach
Florida 49632, Frau S. Seiferheld, Nürnberg
Flotten-Seife 45200, G. Dralle, Hamburg
Flotto 55988, Plöttner & Franke, Theissen
Flucol 58963, F. Leitmeyer & Co., Berlin
Foral 2284, J. Kothe, Dresden
Formaldehyd Zahn-Crème 55729, M. Bergmann, Eisenberg
Fortschritts-Seife 884, M. Kappus, Offenbach a. M.
Frankii 20742, E. Franke, Dresden
Frangula-Seife 37708, A. Wagner, Kossmannsdorf
Furor, Tod dem Fleck 12062, O. Rudolph, Liegnitz
Fusi no Jama 38652, Bethe & von Ehren, Hamburg
Für die Toilette 47402, Schuman & Wille, Wittenberge
Für immer 5259, C. H. Oehmig-Weidlich, Zeitz
Fürstenseife 23996, R. Fürst, Metz
Fürstenpracht 23172, G. Böber, Berlin
F. Wolff & Sohn's Duft-Träger 56254, Wolff & Sohn, Karlsruhe.

G.

Galathea 48322, Dr. Pieper & Flatau, Charlottenburg
Garantie-Seife 36623, P. Ney, Aachen
Gebr. Eisenschmidt 54971, Gebr. Eisenschmidt, Leipzig
Gela 32106, Bergeon & Dinges, Gelnhausen
George Heyer & Co. Household Toilet Soap 56893, Heyer & Co., Hamburg
Gazelle 49605, A. Heinrich jr., Hof
Germandrée 4797, J. Kron, München
Germania 11762, L. Meyer, St. Johann a. S.
Germania 12732, W. Krumeich, Baumbach
Germania 22313, Wolff & Sohn, Karlsruhe
Germania-Glanz-Wichse 56918, Sauber & Sohn, Berlin
Germania-Glaspapier 28000, F. W. Beckmann, Solingen
Germania-Manufacture 59988, R. Reimann, Hamburg
Germania-Polierrot 50809, Dr. F. Guichard, Burg
Germanen-Seife 50766, M. Kappus, Offenbach a. M.
Germania-Seife 34631, F. Wittmack, Segeberg
Germaniasoda 18670, E. W. A. Kleine & Co., Plön
G. J. Schaeffer Sohn, Coblenz 47956, H. Schaeffer Sohn, Coblenz
Glanzine 30839, F. Schulz jr. A.-G., Leipzig
Gliadyl 19098, F. von Grafen, Strassburg i. E.
Globus-Borax 61536, F. Schulz jr. A.-G., Leipzig
Gloria 12887, Forster & Taylor, Waldshut
Gloria 2343, C. C. Müller, Köln-Nippes
Gloire de Dijon 56565, Mouson & Co., Frankfurt a. M.
Gold-Seife 8435, Ph. B. Ribot, Schwabach
Gold-Reseda 17250, G. Dralle, Hamburg
Gorka 25477, v. d. Brücken & Gottfeld, Aachen
Glycolmin-Rosen-Gelée 7937, M. Schwarzlose, Berlin
Granitseife 22666, C. C. Sucker, Nürnberg
G. Taussig's Household Toilet Soap 54118, G. Taussig, Wien
Gutenberg 27730, W. Gutenberg, Darmstadt
Glück auf 32170, Pauling & Schrauth, Leipzig-L.
Glühlichtseife 28422, Mäurer & Wirtz, Stolberg
Glückspilz 28683, E. Görne, Freiberg i. S.
Gloriaputzpomade 21393, A. Hodurek, Ratibor
Glycerine Soap 52452, G. Taussig, Wien
Glycol-Zahnseife 17160, St. Ketels, Bremen
Glycerine and Honey Jelly 61941, I. Prochownik, Berlin.

H.

Haar-Feind 6583, F. Schwarzlose. vorm. Thieme, Berlin
Haarschatz 19803, H. Schönau, Köln-Nippes
Habmichlieb 9992, F. Hoffschildt. Breslau
Hammonia 32645, J. Lienau jr., Neustadt i. H.
Handwerker-Seife 35295, F. O. Helberg, Hamburg
Hansa 8451, Gebr. Albrecht, Bremen
Hansa-Mills 5209, Schlesinger & Co.. Harburg
Hansa - Mills - Emery - Cloth 50713, Vereinigte Schmirgel- und Maschinen-
    Fabriken A.-G., Harburg
Haus 50096, Dr. A. Oetker, Bielefeld
Hasen 40388, Crespel & Deiters, Ibbenbüren
He 35139, C. Reichelt, Radebeul
Heidelberger Schloss 6362, Dr. A. Buecher. Heidelberg
Hela 38164, F. Hutzelmann, München
Helios 32755, J. Buschke, Nakel
Helios 45365, Vereinigte Schmirgel- und Maschinenfabrik, Hannover
Herba-Seife 49950, H. Obermeyer, Bad Nauheim
Herkules 58807, F. H. Sieckmann. Minden i. W.
Herkules-Lauge 7468, A. Rosner, Traunstein
Herkules-Putzpulver 54974, H. Kämper, Düsseldorf
Herma 54436, C. Boehmke, Königsberg
Hennenberg 58868, Hennenberg & Co., Magdeburg
Herz-Stärke 38780, Stärkefabrik Karstädt, Karstädt
Herzynia 52076, F. Hertzer jr., Nordhausen
High Life 12797, Ferd. Mülhens, Köln
Hirsutus 36472, M. C. Fareira, New-York
Hochstrasse No. 129 Stadt Mailand 58417, J. A. Neumann zur Stadt Mai-
    land. Köln
Hoffriseur Haby's Jugend 52924, F. Haby, Berlin
Hoffriseur Haby's Ewige Jugend 50437, F. Haby, Berlin
Hof-Friseur Hahn's Eumustacium 47307, F. Hahn jr.. Jena
Hoffmann's Speisemehl 51960, Hoffmann's Stärkefabriken A.-G., Salzuflen
Hoffmann's Silber-Glanz-Stärke 56600. Hoffmann's Stärkefabriken A.-G..
    Salzuflen
Hohen Rechberg 9000, C. Nittinger, Schw. Gmünd
Hohenzollerncrème 19463, C. Wäger, Berlin
Holste's Bielefelder Bügelhilfe 55025, A. Holste Wwe., Bielefeld
Holste's Bielefelder Plätthülfe 48921, A. Holste Wwe., Bielefeld
Household Toilet Soap 56421, Heyer & Co., Hamburg
Hurrah 34425, Frl. A. Nagel, Leipzig-G.
Höllerl's Haar-Tinctur 51164, G. Höllerl, Deisenhofen
Hyalin 34005, A. Dalbis, Paris
Hygieia 5764, Blau & Co., Dresden-Striesen
Hygiea 5030, C. W. Poths. Wiesbaden.

I.

Ich war kahl 55163, J. Craven-Burleigh, Berlin
Ideal 14994, Ph. B. Ribot, Schwabach
Ideal 22640. H. Licht, Poppenbüttel
Ideal 34166, F. E. Berta, Fulda
Idealseifenpulver 33174. Kober & Co.. Wittstock
Illodin 6117. Martin Eck. Frankfurt a. M.
Immer Vorwärts 6960. C. H. Oehmig-Weidlich. Zeitz
Immer voran 45879, F. Haby. Berlin
Industrie-Seifenpulver 48610. J. Moll, Augsburg

Iphigenia 17163, Violet & Co., Andernach
Iris 2483, Apotheker Weiss & Co., Giessen
Iris Aetna 34535, Renner & Co., Elberfeld.

J.

Jabon de Hamburgo 7005, J. Schuback & Söhne, Hamburg
Jan von Werth 30640, C. E. Werth, Köln
Javol 56160, W. Anhalt, G. m. b. H., Kolberg
J. G. Mouson & Co. 55139, Mouson & Co., Frankfurt a. M.
Jessonda 18296, A. Ziegelroth, München
Johann Maria Farina, gegenüber dem Elogiusplatz 47969, J. M. Farina,
    gegenüber dem Elogiusplatz, Köln
Johann Maria Farina, gegenüber dem Jülichsplatz 51259, Johann Maria
    Farina, gegenüber dem Jülichsplatz, Köln
Johann Maria Farina zur Madonna 50056. J. M. Farina zur Madonna, Köln
Johann Maria Farina & Co. zur Sankt Ursula 56501, Johann Maria Farina
    & Co. zur Sankt Ursula, Köln a. Rh.
Joseph Mack's Reichenhaller 55169, J. Mack, Bad Reichenhall
Jugend 20245, F. Haby, Berlin
Jugend-Crème 59909, G. Dralle, Hamburg
Jugend-Seife 47300, E. Frede, Berlin
Jugend-Seife 54134, A. Thierack, Finsterwalde
Juno 24074, M. Schwarzlose, Berlin
Jugend-Veilchen 39895 Kunath & Klotzsch, Leipzig
Juwal 53534, G. Wagner, Hannover
Juwel-Putzpulver 20583, G. Kummer, Nürnberg.

K.

Kaiser-Borax 57549, H. Mack, Ulm a. D.
Kaiser-Borax-Zahnpulver 58869, H. Mack, Ulm a. D.
Kaiser Karls Parfümerie 56538, J. Preim, Aachen-Burtscheid
Kaiser-Puder 8933, H. Niemöller, Gütersloh
Kaiser-Stärke 13059, H. Niemöller, Gütersloh
Kaiser Wilhelm Bartpfleger 37596, Th. Mohrbacher, Lambrecht
Kakaduseife 19101, Welker & Wagner, Dresden
Kaliol 22392, Nägele & Co., St. Ludwig i. E.
Kaloderma 19458, Wolff & Sohn, Karlsruhe
Kananga 27334, Hauer & Co., Hamburg
Karawanenstärke 32366, Hoffmann's Stärkefabriken, Salzuflen
Katharin 6572, W. Spindler, Berlin
Kereiv 33455, W. Viereck, Lübeck
Kessel 22427, R. Lang, Landau
Kiderlen 61893, B. Kiderlen, Ravensburg
Kiesel's Bügelin 46577, L. Kiesel, Essen
Kiss-Liss 14380, J. Daver & Co., Bordeaux
Klara 39060, Raukopf & Goldschmidt, Hamburg
Klarit 48843, P. Lutzner, Werdau
Kleider rein, macht elegant und fein, 53610 Chr. Born, Weisenheim
Kolibri 30346, Georg Dralle, Hamburg
Komeol 39177, Fabrik chem. Produkte, Freiburg i. B.
Kommandeur 39025, A. Hayde, Osnabrück
Königin der Nacht 12749, F. Schwarzlose, Berlin
Königsseife 18965, Jung & Co., Leipzig
Königsstärke 26812, Soc. An. des Usines Remy, Wygmael
Körzel's Brillant-Waschpulver 59050, W. Körzel, Essen a. R.
Kosmodont 60699, W. Anhalt, G. m. b. H., Kolberg

Kraftseife 27375, F. C. Kiel, Minden i. W.
Kresapolseife 34755, O. Horn, Ohlau
Krone 11768, Dr. Lübcke & Co., Altona-Ottensen
Kunze 57419, O. Kunze, Guhrau.

L.

La Belle Marseillaise 33475, Krämer & Flammer, Heilbronn
La bonne mère 25942, C. Movel, Chartreux
La fleur Maison 56952, Friede & Co., Dresden
L'ami de la Tête 53852, P. Fleissig, Hamburg
Lanolin 576, Jaffé & Darmstädter, Charlottenburg
Lanolin-Pfeilring 5001, Jaffé & Darmstädter, Charlottenburg
Lanolin-Seife 61810, Dr. Pieper & Flatau, Charlottenburg
Lanolin-Toilettecream 47598, Zahn & Co., Berlin
La Reine des Rémes 57225, B. Lemaire, Paris
Lessive Impériale 51458, G. Ulmer, Lausanne
Leucht-Feuer 48156, Klinge & Co., St. Andreasberg
Liberty 24446, J. Rosenbacher Levy, Hamburg
Lial, Küsse mich 55575, Finke & Geyer, Bremen
Lifebuoy 8506, Lever Brothers, Port Sunlight
Lilien-Crême-Seife 50718, A. O. Schüssler, Magdeburg
Lilienmilch-Seife 52992, A. Nichterlein, Berlin
Lohengrin 8532, Welker & Wagner, Dresden
Lohsine 6020, Aug. Loh Söhne, Berlin
Lorbeer 33226, Rheinische Seifenpulverfabrik, Siegburg
Loreley 12798, A. Nagel, Berlin
Losch's Bleichseifen-Pulver 47725, G. Losch, Berlin
Lothringer Kreuz 39782, F. Welter, Aumetz
Lotos-Creme 7440, G. Hanning, Hamburg
Lotion au Lilas de Siam 58378, E. C. Grossmann, Berlin
Löwe 19811, G. Bruck, Berlin
Lubin 14967, P. Prot & Co., Paris
Luhnit 51623, Luhn & Co., G. m. b. H., Barmen
Luhnit-Seife 57226, Aug. Luhn & Co., Barmen
Luis Wende, Striegau 53761, L. Wende, Striegau
Luna 34206, H. Mack, Ulm a. D.
Lune de Miel 51652, G. Böhm, Offenbach a. M.
Lux 35626, G. Wedebase, Gingen a. Fils
Lysoform 55653, Lysoform, G. m. b. H., Berlin.

M.

Mack 11837, H. Mack, Ulm a. D.
Magica 30308, S. Korani, Wien
Mah Boc Joeng 50939, M. Kappus, Offenbach a. M.
Maikäfer-Seife 38779, Gebr. Kümmler, Nieder-Schönhausen
Malattine 33306, G. Dralle, Hamburg
Mama wäscht uns nur mit Thierack's Seifen 54376, A. Thierack, Finsterwalde
Mannoritin 6368, Müller & Mann, Charlottenburg
Mariposa 35341, J. O. Schuchard, Barmen
Marke mit der Spirale 50338, A. Nichterlein, Berlin
Marmorseife 25466, H. E. Krämer, Buchholz i. S.
Mathilde Zypionka's Haarbalsam 61708, M. Zypionka, Charlottenburg
Max Schwarzlose's Haar-Doctor 58695, M. Schwarzlose, Berlin
Maypole 15871, J. E. Gillon, Brüssel
Mc. Clinton's Soap 45363, Dr. Brown & Son Limited, Donaghmore
Mein Recht 23889, R. Lenz, Danzig

Mehemed-Ali 20801, H. Zauner, Berlin
Mekka-Bouquet 53262, G. Boehm, Offenbach a. M.
Meltonia-Cream 5414, E. Brown & Son, London
Mennens Borated-Talkum 54506, G. Mennen, Newark
Mer du Sud 19466, Michaud fils Frères, Paris
Merkur 39064, Th. Westphal, Köln a. Rh.
Meteor 4029, Peter Ney, Aachen
Metzer Seifenpulver Brillant 45136, A. Tractmar, Metz
Meyer's Emaille-Küchen-Putz 48781, Meyer & Co., Hemelingen
Mohamed 6376, S. Ascher, Berlin
Morgenthau 9011, F. Schwarzlose, vorm. Thieme, Berlin
Mosquitolin 16093, H. Hirzel, Leipzig
Mouson's Weihnachts-Toilette-Seife 49435, Mouson & Cie., Frankfurt a. M.
Mund-Rein 48473, E. C. Grossmann, Berlin
Muraour 23352, Doering & Co., Frankfurt a. M.
Musc Toilet Water 56839, M. Epstein, Hamburg
Mühlrad 29009, E. Rau, Stuttgart
Myrrholinseife 13580, Flügge & Co., Frankfurt a. M.

N.

Nacar 36468, Hoffmann's Stärkefabriken, Salzuflen
Napoli 36891, J. Döbbel, Berlin
National 11757, Schindler & Muetzell, Stettin
Naxos-Union 5194, Julius Pfungst, Frankfurt a. M.
Neu-Schwanstein 25450, F. Schnell, München
New Bay Rum 52536, F. Meyer, Berlin
Nichterlein 50342, A. Nichterlein, Berlin
Nicolin 19838, O. Krahn, Köln
Nicotiana-Seife 9337, E. Mentzel, Bremen
Nilpferd 25194, H. Otto, Dresden
Ninon de l'Enclos 29933, A. Engber, Hamburg
Noval 47440, Noval, G. m. b. H., Berlin
Nuphar 49400, M. Mayer, Wien
Nur Gutes und das Gute schön 5240, C. H. Oehmig-Weidlich, Zeitz
Nur Gutes und das Gute schön, immer vorwärts 6960, C. H. Oehmig-
    Weidlich, Zeitz
Nur immer das Gute 28123, H. Engelbrecht, Golditz.

O.

Ocean-Seife 49142, Chemische Fabrik Hansa, G. m. b. H., Hamburg
Oculustro 25810, H. Musche, Magdeburg
Okic's Wörishofener Tormentill-Cream 55581, F. Reinger-Bruder, Basel
Olympia 48588, Dreyfuss & Co., Appenweiler
Olympische Götterseife 19101, Wolff & Sohn, Karlsruhe
Omega 58070, Norddeutsche Zündholz-Industrie-Gesellschaft m. b. H., Sarstedt
Optima 35470, G. Schwerm, Remscheid-Hasten
Oraline-Zahnseife 17065, E. Walb, Darmstadt
Orizaline 9928, A. Raynaud, Paris
Orkidée 6371, G. Lenthéric, Paris
Ostsee 56953, H. Thiemann, Dessau
Othello 22371, F. Schnell, München.

P.

Palmoyle Saddle Soap 49027, Treese & Co., London
Parfum Exquis de l'Exposition Universelle De Vienne 1873 60663, V. Klotz,
    Paris

Par Pari 6928, Hans Martin, Berlin
Paroli 61105, Gebr. Sudfeldt, Balkum
Pastra 50059, R. Scholig, Dresden-A.
Paul Habicht 55062, P. Habicht, Berlin
Pears 55524, A. & F. Pears Lim., London
Pegnicit 39995, J. C. Stahl, Nürnberg
Per Aspera ad Astra 20393, Schröder Sohn, Oldenburg
Perkeo 48197, Ph. Klar, Heidelberg
Perle 6660, Doering & Co., Frankfurt a. M.
Perozon-Crème 47870, V. von Voitchenberg, Dresden
Petrol-Hahn 34072, L. Schaufler, Stuttgart
Pfeffermünz-Geist 57956, G. Dralle, Hamburg
Pflege Dein Antlitz 14965, H. Simons, Berlin
Pflege den Bart 48134, H. Fassheber, Wilmersdorf
Pfund's Milch-Seife 1007, Gebr. Pfund, Dresden
Philae 58253, W. de Laffolie, Hildesheim
Phoenix 6996, Sander & Co., Strassburg
Phoenix-Lauge 16212, Redard frères, Morges
Photocol-Seife 58809, Mouson & Co., Frankfurt a. M.
Phul-Nana 13164, Grossmith & Son, London
Pinon-Seife 57551, Richter & Co., Rudolstadt
Plättolin 32378, Dr. phil. M. Nassauer, Berlin
Polycrin 22245, K. Richter, Berlin
Pontzens Presto-Seife 51274, Thom. Pontzen Nachf., Eupen
Pour tout 59590, Kronheim, Haltenhoff & Co., G. m. b. H., Hannover
Preciosa 25094, A. H. Esch, Altona
Preis 50 Pfg. 59987, Hahn & Co. Nachflg., Berlin
Presto 55029, Thom. Pontzen Nachflg., Eupen
Prima Oberschal-Seife 50341, P. Pflügge, Halle
Prinzess 58377, Laux & Vaubel, Hannover
Prinzess Luisa-Veilchen 12931, Parfümerie Süss, Dresden
Probat 59301, J. Weil, Magdeburg
Problem-Seife 50343, Dr. Pieper & Flatau, Charlottenburg
Profunda Silent 6561, A. Moras & Co., Köln
Protector Knife Polish 34969, Acton & Bormann, London
Pulvaton 56505, H. Seefeld, Hof
Puralbin 36766, D. Luyken Sohn, Wesel
Puralin 10987, H. Hirzel, Leipzig-P.
Purolit 28907, G. Rosendahl, Letmathe
Purin 9784, Berndt & Co., Berlin
Putzt mit Sidol alle Metalle blitzblank 61820, Siegel & Co., Köln
Putz-Pomade Paris 57522, K. Gilg, Gross-Lichterfelde
Pyrolaseife 32733, T. Hesse, Weener.

<h2 style="text-align:center">R.</h2>

Raben 13789, L. Arnold, Bingen
Rabensilber 18387, Lawitschka & Co., Köln
Radical 14436, A. Wasmuth & Co., Altona
Radler 35177, Fuchs & Schadewell, Leipzig-P.
Rainbow 35028, Crosfield & Sons, Warrington
Rahel 34539, E. Jacoby, Berlin
Rapid 56388, J. Franzen, Essern
Ratisbona-Kerzen 4097, F. X. Miller, Regensburg
Rausch's 48013, W. Rausch, Konstanz
Reell 11778, Ackermann & Wachtel, Berlin
Regenten-Seifenpulver 58874, F. X. Miller, Regensburg

Reger-Seife, Mydlo Regera 61927, Reger Söhne, Ostrowo
Reformseife 17650, Ferd. Mülhens, Köln
Reformseife 19163, Mäurer & Wirtz, Stolberg
Reichenhaller Latschenkiefer-Seife 55169, J. Hock, Bad Reichenhall
Renaissance-Parfümerie 22084, M. Zaremba, Berlin
Revolver 32107, Lubszynski & Co., Berlin
Rheingeist 18009, G. Berlin, Köln
Ricena 40528, Hoffmann's Stärkefabriken, Salzuflen
Riessa 50516, N. Riess, Berlin
Ringen, Seife mit den 3 34524, J. J. Berger, Danzig
Rinoceros 6839, R. Höfler's Witwe, Chemnitz
Rococo 10969, F. Schwarzlose, Berlin
Rodo 27692, P. Monnet & Cartier, Lyon
Roland 33335, Hegeler & Brünings, Aumund
Rosen-Stärke 50289, R. Goernemann, Zahna i. S.
Rostschutz-Oel von Holtz & Strümpell, Hamburg 53092, Holtz & Strümpell,
        Hamburg
Royal Lavender Soap 54447, Oehmig-Weidlich, Zeitz
Royal-Soap 46981, G. Boehm, Offenbach a. M.
Royal Lutetian Cream 5425, E. Brown & Son, London
Rubinit 52994, Voss & Co., Deuben
Ruma-Ruma 38336, Bethe & von Ehren, Hamburg
Rundseife 21633, R. Martin, Steinau
Russilus 24254, C. I. Pering, Köln.

S.

Saddle-Soap 7476, Turner & Sons Lim., London
Sadulin 25905, F. Kuhn, Nürnberg
Sammel und wirb, nie verdirb 35933, C. G. Ruloffs, Krefeld
Salamander 41138, R. Moos, Berlin
Sanatos Dunant 54972, V. Klotz, Paris
Sanika-Seife 39765, H. Börlin & Co., Basel
Sapodont 8572, G. Dralle, Hamburg
Sapolin 6306, F. L. Guthmann, Dresden
Saponia 21273, G. Böhm, Offenbach a. M.
Sapophenin 34628, Bremer Chemische Fabrik Hude, Bremen
Sarah Bernhardt 28258, Ehrmann, de Vidal & Co., Paris
Sardemann's Universal Heil- und Hufsalbe 58806, H. Sardemann, Emmerich
Saton 51198, Miloslav Hruby, Prag
Sauber 39237, H. Hager, Leipzig-E.
Savon Blondina Brünetta 51785, A. H. A. Bergmann, Waldheim
Savonal 31645, Ph. B. Ribot, Schwabach
Savon Surfin à la Rose 54179, C. E. Grossmann, Berlin
Saxonia-Seife 53264, R. Hoefler's Wwe., Chemnitz
Schloss Herborn, 40592, Prinz & Stippler, Herborn
Schmidt's Alabaster-Seifen-Pulver 45480, F. Schmidt, Berlin
Schneemann 28860, E. Rau, Stuttgart
Schneeball 39365, C. Hopf, Ludwigsburg
Schneekönig 41115, G. Gentner, Göppingen
Schneeweiss 19879, A. Schmieg, Rothenburg
Schönheit ist Reichtum, ist Macht 50768, G. Hanning, Hamburg
Schrauth's Pracht-Seife 49630, H. Schrauth, Neuwied
Schwalbenseife 31883, Ph. B. Ribot, Schwabach
Schwarzer Peter 34190, A. Reinicken, Düsseldorf
Schwed 49281, R. Scholig, Dresden-A.
Seekönig 57548, F. Ludewig, Varel

Seifengesang 6175, Mäurer & Wirtz, Stolberg
Semiramis 24046, Oehmig-Weidlich, Zeitz
Serail 913, W. Reichert, Berlin
Serimpie 48368, M. Kappus, Offenbach a. M.
Siegfried 58553, J. Krimmel, Ebingen
Silber-Glanz-Stärke 1806, Hoffmann's Stärkefabriken, Salzullen
Silberputz 37002, Erhardt & Co., Berlin
Sennhütte 36629, E. H. Röhl, Hamburg
Solin 21323, Dr. W. Obst, Berlin
Speickseife 30638, G. Taussig, Wien
Sport 32834, Kunath & Klotzsch, Leipzig
Sport-Seife 25196, G. H. Kunze, Berlin
Staberl 23800, C. Schnell, München
Stern des Südens 17658, Bergmann & Co., Berlin
St. Christophorus 40763, Gebr. Schmitz, Trier
Steckenpferd 39597, Bergmann & Co., Radebeul-Dresden
Sunlight 7855, Lever Brothers Lim., London
Sunlight-Seife 52056, Sunlight-Seifenfabrik, A.-G., Rheinau-Mannheim
Stomatol 50810, Stomatol-Gesellschaft m. b. H., Hamburg
Stromalin 48669, W. Strohmeyer, Berlin.

T.

Tadellos 51948, G. Dralle, Hamburg
Tegolin 25469, Court & Baur, Köln
Teinture 50340, A. Möhring, Nordhausen
Teras 13283, Max Schwarzlose, Berlin
Teraxolin 15882, J. Grolich, Brünn
Theodora 11820, Victor Klotz, Paris
Theodor Rose's Alldeutsche Seife 61534, T. Rose, Essen
The Red Gross Metall Polish Extract 50377, H. Sardemann, Emmerich
Thymodont 16073, Bochmann & Raabe, Hamburg
Tintentod 24108, P. Müller, Stettin
Toilette-Spar-Seife 52955, A. Nichterlein, Berlin
Tormentille 11776, Esser & Gieseke, Leipzig-P.
Tod den Feilen 6140, F. Schmaltz, Offenbach
Toto 15529, L. Caspary, Braunschweig
Touristenseife 12971, C. A. Albert, Dresden
Trade Mark 59989, C. F. Schröder, Hann. Münden
Trinckler & Co. 15001, Trinckler & Co., Leipzig
Triumph 21414, A. Jennes, Köln-Riehl
Triumphglanz 38475, E. Blum, München.

U.

Unicum 32377, U. Unseld, Ziegenhals
Union 8446, Hoffmann's Stärkefabriken, Salzullen
Union-Soda 16575, C. W. A. Kleine & Co., Plön
Universal Rost-Vertilger 50236, Holtz & Strümpell, Hamburg.

V.

Veni, vidi, vici 25759, R. Schleip, Hamburg
Venus 6134, H. v. d. Emde, Bremen
Venus 8993, C. G. Hartmann, Frankfurt a. M.
Venus 10984, C. v. d. Emde, Barmen
Veritasseife 28241, O. Rielsch, Berlin
Verjünge dich selbst 21685, F. Haby, Berlin

Verschön're dein Antlitz 7890, Simons & Dr. Götze, Berlin
Vesuv 22364, F. Schnell, München
Victoria 6154, J. Elsner, Görlitz
Viola Bella 39993, Ruppert & Co., Cassel
Viola 14220, J. Esser, Aachen
Vinolia 6789, Blondeau & Co., London
Vom Guten das Beste 32273, Kroos & Co., Stade.

W.

Why Does A Woman Look Old Sooner Than A Man? 9032, Lever Brothers,
Port Sunlight
Waldmeisterlein 32916, F. Eiermann, Pforzheim
Wallenstein 45106, G. Spiess, Nürnberg
Warenhaus-Seife 45703, M. Fickel, Nürnberg
Wasch-Creme Simons 7844, Simons & Goetze, Berlin
Wasche Dich mit Ray-Seife 55203, Compagnie Ray, G. m. b. H., Berlin
Warum Sieht Eine Frau Eher Alt Aus Als Ein Mann? 9033, Lever Brothers,
Port Sunlight.
Weisser Kopf 16578, Chr. C. Müller, Köln-Nippes
Wellington 3308, John Oakey & Sons Lim., London
Wer rastet, rostet 48196, Gebr. Wagner, Strassburg
Wettbewerb-Seife 29788, Stockhausen & Bermbach Nachfl., Krefeld
Windmühle 33426, H. Otto, Dresden
Würfel-Stärke Alpenschnee 45119, U. Loeper, Lockstedt.

Y.

Yacht-Club-Seife 61576, Sievers & Brandt, Kiel.

Z.

Zaza 41088, M. Kappus, Offenbach a. M.
Zeanin 1898, M. Eggert, Halle a. S.
Zechin's Prämien-Fett-Seife Rautendelein mit dem Rautenkranz 48678, A.
Zechin, Berlin
Zwei Bergmänner 4355, Bergmann & Co., Dresden
Zwei Fechter 40390, Bergmann & Co., Radebeul-Dresden
Zur Stadt Mailand 59635, Neumann, Köln
Zylo-Balsamum 7833, Selah Reeve van Duzer, London.

Fachliteratur.

Wie im Vorwort bemerkt wurde, ist im vorliegenden Buche absichtlich nichts über die Geschichte der Parfümeriefabrikation, die Gewinnungsweise, Zusammensetzung und Prüfung der in der Parfümerie und Kosmetik verwendeten Chemikalien, ätherischen Oele, sowie natürlichen Riechstoffe gebracht worden. Die Toiletteseifen wurden nur anhangsweise behandelt, d. h. nur die Parfümierung der verschiedenen Sorten kurz besprochen, weil sie ein grosses abgeschlossenes Gebiet für sich bilden. Desgleichen konnte aus Rücksichten, die der Umfang des Buches uns auferlegte, von Geheimmitteln, Spezialitäten etc. nur eine Auswahl gebracht werden, endlich musste aus dem gleichen Grunde das Kapitel »Gesetze und Verordnungen« sich auf die wichtigsten Bestimmungen und knappe Erläuterungen beschränken, ohne nach Art der Kommentare auf juristische Definitionen und die grosse Zahl der einschlägigen Gerichtsentscheidungen des näheren einzugehen; auch auf eine Wiedergabe der Bestimmungen über den Handel mit Giften musste verzichtet werden.

Da es nun zweifellos vorkommen wird, dass sich der Leser über manchen dieser Punkte informieren, bezw. ausführlicher unterrichten möchte, so bringen wir nachstehend ein Verzeichnis, in dem er zwar nicht sämtliche, jedenfalls aber die empfehlenswertesten Literaturwerke und daneben noch andere Bücher aufgeführt findet, die ihm nützlich werden können.

Deutsche Literatur.

Analyse der Fette und Wachsarten. Von Dr. *Rudolf Benedikt·* Vierte erweiterte Auflage, herausgegeben von Professor *Ferdinand Ulzer.* Mit 65 in den Text gedruckten Figuren. Berlin 1903. Verlag von Julius Springer. 935 Seiten. Preis gebunden Mk. 18.—.

Die Riechstoffe und ihre Verwendung zur Herstellung von Duftessenzen, Haarölen. Pomaden, Riechkissen etc., sowie anderer kosmetischer Mittel. Von Dr. *St. Mierzinski.* Siebente Auflage mit 70 Abbildungen. Leipzig 1894. Verlag von Bernh. Friedr. Voigt. 331 Seiten. Preis gebunden Mk. 5.—.

Die Toilettenchemie. Von Dr. *Heinrich Hirzel.* Vierte Auflage. Mit 89 in den Text gedruckten Abbildungen. Leipzig 1892. Verlag von J. J. Weber. 526 Seiten. Preis gebunden Mk. 9.—.

Die aetherischen Oele. Von *E. Gildemeister* und *Fr. Hoffmann.* Mit vier Karten und zahlreichen Abbildungen. Berlin 1899. Verlag von Julius Springer. 919 Seiten. Preis gebunden Mk. 23.—.

Die synthetischen und isolierten Aromatica. Von Dr. *J. M. Klimont.* Verlag von E. Baldamus, Leipzig. 206 Seiten. Preis gebunden Mk. 3.—.

Handbuch der Seifenfabrikation. Herausgegeben von Dr. *C. Deite.* Zweiter Band: Toiletteseifen, medizinische Seifen, Seifenpulver und andere Spezialitäten. Zweite Auflage. Mit zahlreichen in den Text gedruckten Holzschnitten. Berlin 1903. Verlag von Julius Springer. 398 Seiten. Preis in Leinwand gebunden Mk. 9.20.

Die Fabrikation der Parfümeriewaren. Praktisches Handbuch zur Herstellung sämtlicher Parfümerien unter besonderer Berücksichtigung der Exportfabrikation. Nach fünfzigjährigen Erfahrungen zusammengestellt von *Martin Hauer.* Weimar 1895. Verlag von Bernh. Friedr. Voigt in Leipzig. 132 Seiten. Preis geheftet Mk. 3.—.

Die Parfümeriefabrikation. Vollständige Anleitung zur Darstellung aller Taschentuchparfüms, Riechsalze, Riechpulver, Räucherwerk, aller Mittel zur Pflege der Haut, des Mundes und der Haare, der Schminken, Haarfärbemittel und aller in der Toilettekunst verwendeten Präparate nebst einer ausführlichen Beschreibung der Riechstoffe, deren Wesen, Prüfung und Gewinnung im grossen. Von Dr. *G. W. Askinson.* Verlag von A. Hartleben, Wien. Preis gebunden Mk. 5.30.

Die Technik der Kosmetik. Handbuch der Fabrikation, Verwertung und Prüfung aller kosmetischen Stoffe und der kosmetischen Spezialitäten. Von Dr. *Theodor Koller.* Wien 1901. Verlag von A. Hartleben. 278 Seiten. Preis gebunden Mk. 5.80.

Berichte von *Schimmel & Co.*, in Miltitz bei Leipzig. (Erscheinen im April und Oktober).

Mitteilungen von *Heine & Co.* in Leipzig. (Erscheinen in zwangloser Reihenfolge).

Lexikon der Schönheitspflege. Von *K. Adelsfels.* Stuttgart 1893. Verlag von Schwabacher. Preis gebunden Mk. 4.50.

Kosmetik für Aerzte. Von Dr. *H. Paschkis.* Verlag von A. Hölder, Wien. Preis gebunden Mk. 6.80.

Praktische Kosmetik für Aerzte und gebildete Laien. Von Dr. *P. J. Eichhoff.* Preis gebunden Mk. 8.—.

Lehre und Pflege der Schönheit des menschlichen Körpers. Von Dr. *P. Thimm.* Frankfurt a. M. 1898. Verlag der Jaeger'schen Buchhandlung.

Kosmetische Winke. (Kurzes Repetitorium der Kosmetik). Von *A. Löbel.* Zweite Auflage. Verlag von M. Breitenstein in Leipzig. Preis broschiert Mk. 1.60.

Die Haut und das Haar. Ihre Pflege und ihre kosmetischen Erkrankungen. Von Dr. *F. E. Clasen.* Vierte Auflage 1892. Verlag von D. Gundert, Stuttgart. Preis gebunden Mk. 5.—.

Haut, Haare, Nägel. Ihre Pflege, ihre Krankheiten und deren Heilung. Von *H. Schultz* und *Vollmer.* Vierte Auflage. Leipzig 1898. Verlag von J. J. Weber.

Das Haar. Die Haarkrankheiten, ihre Behandlung und die Haarpflege. Von Dr. *J. Pohl.* Fünfte Auflage 1903. Stuttgart, Deutsche Verlagsanstalt. Preis gebunden Mk. 3.50.

Die Pflege der Zähne und des Mundes. Von *H. Krauss.* Verlag von Maier, Ravensburg. Preis gebunden Mk. 2.50.

Die Zähne und ihre Pflege. Von *J. Parreidt.* Verlag von Reclam, Leipzig. Preis gebunden Mk. —.60.

***Dr. Jessner's* Dermatologische Vorträge für Praktiker.** Verlag von A. Stuber (C. Kabitzsch) in Würzburg.

Heft 1: Des Haarschwunds Ursachen und Behandlung. 3. Auflage. Mk. 0.80.

Heft 2: Die Akne und ihre Behandlung. 2. Auflage. Mk. 0.50.

Heft 6: Die kosmetische und therapeutische Bedeutung der Seife. Mk. 0.90.

Heft 8: Dermatologische Heilmittel (Pharmacopoea dermatologica). Mk. 1.50.

Heft 10: Bartflechten und Flechten im Bart Mk. — 60.

In Vorbereitung sind u. a. folgende Hefte: Die Seborrhoe und deren Folgen. — Das Ekzem. — Kleine Hautgeschwülste (Warzen etc.). — Kosmetik.

Welche hygienischen Vorsichtsmassregeln kann man vom

Friseur verlangen? Von *H. J. Settele*, München 1903. Verlag von Seitz & Schauer. 55 Seiten. Preis broschiert Mk. 0.80.

Medizinische Spezialitäten. Eine Sammlung der meisten bis jetzt bekannten und untersuchten Geheimmittel und Spezialiäten, mit Angabe ihrer Zusammensetzung nach den bewährtesten Chemikern. Von *C. F. Capaun-Karlowa*. Vierte Auflage, zusammengestellt von Dr. *M. von Waldheim*. Wien 1904. Verlag von A. Hartleben. Preis gebunden Mk. 4.05.

Spezialitäten und Geheimmittel mit Angabe ihrer Zusammensetzung. Eine Sammlung von Analysen, Gutachten und Literaturangaben. Von *Ed. Hahn* und Dr. *J. Holfert*. Fünfte Auflage. Berlin 1893. Verlag von Julius Springer. Preis gebunden Mk. 5.—.

Neue Arzneimittel und pharmaceutische Spezialitäten. Von Apotheker *G. Arends*, Redakteur an der Pharmaceutischen Zeitung. Berlin 1903. Verlag von Julius Springer. Preis Mk. 6.—,

Die reichsgesetzlichen Bestimmungen über den Verkehr mit Arzneimitteln ausserhalb der Apotheken. (Kaiserliche Verordnung vom 22. Oktober 1901). Nebst einem Anhange, enthaltend die Vorschriften über den Handel mit Giften und über die Abgabe stark wirkender Arzneimittel in den Apotheken. Unter Benutzung der Entscheidungen der deutschen Gerichtshöfe erläutert. Von Dr. *H. Böttger*. Berlin 1902. Verlag von Julius Springer. Preis kartonniert Mk. 3.60.

Kommentar zur kaiserlichen Verordnung vom 22. Oktober 1901, betreffend den Verkehr mit Arzneimitteln ausserhalb der Apotheken. Nebst Anhang: Handel mit Giften, mit Branntwein und Spiritus, mit Nahrungsmitteln u. s. w. Unter Benutzung ergangener Gerichtsentscheidungen erläutert und herausgegeben von *Otto Meissner*. Leipzig 1902. Verlag der Drogisten-Zeitung. 288 Seiten. Preis gebunden Mk. 4.40.

Gesetzsammlung, betr. den Handel mit Drogen und Giften. Reichsgesetzliche Bestimmungen und Anhang mit den landesgesetzlichen Verordnungen sämtlicher Bundesstaaten. Textausgabe mit Erläuterungen von Rechtsanwalt *Hugo Sonnenfeld*. Berlin 1902. Verlag von J. Guttentag. 313 Seiten. Preis gebunden Mk. 3.—.

Alphabetisches Verzeichnis der in Oesterreich verbotenen Geheimmittel, Arzneispezialitäten, Kosmetika und dergl. Von Dr. *Hans Heger*. Preis K. 1.—. Verlag der »Pharmaceutischen Post«, Wien.

Branntweinsteuer - Ausführungsbestimmungen. Achter Teil: **Branntweinsteuer-Befreiungsordnung.** Amtliche Ausgabe. Neuabdruck unter Berücksichtigung der Bundesrats-Beschlüsse vom 28. März 1901 und 18. September 1902. Berlin 1902. R. von Decker's Verlag. Preis Mk. —.90.

Seifen - Industrie - Kalender 1904. Jahrbuch des Verbandes der Seifenfabrikanten. Herausgegeben von *O. Heller*. Elfter Jahrgang. 2 Bände. Verlag von Eisenschmidt & Schulze, Leipzig. Preis Mk. 2.50.

Adressbuch der Seifen- und Parfümerie-Fabriken und der mit Seifen- und Parfümeriefabrikation verwandten Geschäfte von Deutschland, Oesterreich-Ungarn und der Schweiz. Leipzig 1903. Verlag von Schulze & Co. Preis Mk. 12.—.

Ausländische Literatur.

Histoire des parfums et hygiène de la toilette, poudres, vinaigres, dentifrices, fards, teintures, cosmétiques etc. Par *S. Piesse, Chardin-Hadancourt* et *Massignon*. 372 Seiten mit 70 Figuren. Preis kartonniert 4 frs.

Chimie des parfums et fabrication des essences. Par *S. Piesse, Chardin* et *Halphen.* Preis Mk. 4.—.

Les huiles essentielles. Par *E. Charabot, G. Dupont* et *L. Pillet.* Preis 20 frs.

Essais des huiles essentielles. Par *Henri Labbé.* Paris, Gauthier-Villard und Masson & Cie.

Les parfums artificiels. Par *E. Charabot.* Paris 1900. Librairie J. B. Baillière & Fils. 296 Seiten. Preis 5 frs.

Traité de savonnerie. Par *Edouard Moride.* Preis 16 frs.

Théorie et pratique de la fabrication des bougies, des chandelles et savons de toilette. Par *Léon Droux* et *V. Larue.* 582 S. Preis 20 frs.

L' industrie des matières odorantes. Par *J. Dupont.* 30 Seiten. Preis 1 fr.

Des odeurs, des parfums et des cosmétiques. Par *S. Piesse. Chardin-Hadancourt* et *Massignon.* Mit 92 Figuren. Preis kart. 5 frs.

Formulaire pratique des parfums et des fards. Par Dr. *H. Labonne.* Paris 1903. Verlag von Jules Rousset. 218 Seiten. Preis 4 frs.

Guide pratique du parfumeur. Par *Lunel.* Preis 4.50 frs.

Manuel du parfumeur. Par *W. Askinson.* 2 e édition française, par *G. Calmels.* Preis 6 frs.

Wissenschaftliche und industrielle Berichte von *Roure-Bertrand Fils* in Grasse. (Erscheinen in deutscher, französischer und englischer Sprache im April und Oktober).

Annuaire commercial et industrial de la savonnerie et de la parfumerie. Contient les adresses des savonniers, parfumeurs, coiffeurs, magasins de parfumerie, matières premières etc. (France et étranger). Verlag von F. Thévin & Ch. Houry, Paris. Ueber 1200 Seiten. Preis 10 frs.

The chemistry of essential oils and artificial perfumes. By *Ernest J. Parry.* Scott, Greenwood & Co., London. 400 Seiten. Preis 12 sh 6 d.

Odorography. A natural history of raw materials and drugs used in the perfume industry. By *Sawer.* 2 volms. With 38 ill. London 1892. Preis gebunden Mk. 33.—.

Soaps. A practical manual of the manufacture of domestic, toilet and other soaps. By *George H. Hurst.* Scott, Greenwood & Co., London. Preis 12 sh 6 d.

American soaps. A complete treatise on the manufacture of soap. By Dr. *Henry Gathmann.* Maclaren and Sons, London. Preis Mk. 60.—.

Perfumes and their preparation. A comprehensive treatise on perfumery. By *G. W. Askinson.*

Cosmetics. A handbook of the manufacture, employment and testing of all cosmetic materials and cosmetic specialties. Translated from the german of *Theodor Koller.* Scott, Greenwood & Co., London. 262 Seiten. Preis 5 sh.

Manuele del profumiere di *Antonio Rossi.* Con 700 ricette pratiche. Verlag von Ulrico Hoepli, Milano.

Ergänzungen.

Künstlicher Moschus.

Für feine Moschus-Produkte gibt *Antoine Chiris*, Grasse folgende Löslichkeitsverhältnisse an:

In 1 kg Lösungsmittel lösen sich bei gewöhnlicher Temperatur.	Alkohol 95° g	Alkohol 70° g	Mineralöl g	Olivenöl g	Vaseline g	Glycerin g
Moschus Baur	125	5	—	8	3.3	2.5
„ „ 100°/₀	10	—	—	3.5	5	—
Keton-Moschus	10	1.2	3.3	5	4	—
Moschus C	250	20	—	3.5	—	—

Es werden des öfteren als Lösungsmittel für künstlichen Moschus folgende Körper angegeben: Essigsaures Aethyl, Chloroform, Aceton, Benzin. Sie bewähren sich in der Praxis jedoch alle nicht; besonders von der Lösung mit Benzin ist Abstand zu nehmen, da bei der Nähe einer offenen Flamme sofort eine Explosion sicher ist.

Neue Riechstoffe.

Cyclamen, *C. N. & C.*, ist sehr gut als Grundlage zu feinen Mai-
glöckchen-Odeurs zu verwenden.
Paulownia, *L. & C.* Gehört in die Reihe der Jonone und wird wie
diese zu Veilchen-Parfüms verwendet.
Stalvène, *L. & C.*, ein Phantasiegeruch von grosser Haltbarkeit, kann
in Bouquets, Parfüms und Kompositionen angewendet werden, ebenso
Terpanol, *L. & C.*, als kräftiges Fixierungsmittel.

Alkoholschwache und alkoholfreie Parfümerien.

Für diese Gattung von Parfümerien dürfte in Kürze eine neue Epoche beginnen, da einige grosse Fabriken sich mit der Herstellung wasser-löslicher Essenzen für die Parfümeriefabrikation beschäftigen. So sind z. B. bereits wasserlösliches Aubépine, Terpineol, Jasmin, Keton, Ambra etc. von einer Schweizer Firma am Markte, während eine grosse Berliner Firma sich eingehend damit beschäftigt. Wie weit die vorhan-denen Präparate den Ansprüchen genügen, liess sich bei der Kürze der Zeit noch nicht feststellen.

Neue Extraits.

Extrait Safranor.

4000 g Infusion Jasmin I,
3000 „   „   Rose I,
1000 „   „   Iris I,
 100 „   „   Moschus,
1000 „   „   Eichenmoos,
 200 „ Heliotropin,
  20 „ Bourbonal,
   5 „ Cumarin,

15 g Bergamottöl,
40 „ Patchouliöl,
10 „ Isoeugenol,
80 „ Rosenöl, künstl.

Essence de Moscari.

1000 g Infusion Rose I,
2000 „   „   Orange I,
 500 „   „   Cassie I,
1000 „   „   Moschus,
 300 „   „   Zibeth,
  30 „ Moschus, künstlich,
2000 „ Tinktur Jasmin,
 200 „ Infusion Benzoë,
 500 „   „   Eichenmoos,
  15 „ Rosenholzöl.

Xylopia.

5000 g Infusion Jasmin I,
2000 „   „   Rose I,
2000 „ Tinktur Vanillin,
3000 „ Infusion Orange I,
  35 „ Cassieblütenöl, künstlich, *H. & R.,*
 100 „ Infusion Moschus,
  80 „ Bergamottöl,
   5 „ Vetiveröl,
   3 „ Cumarin,
 240 „ Infusion Tolu.

Ki-Loe du Japon.

1000 g Infusion Tuberose I,
2000 „   „   Rose I,
2000 „   „   Jasmin I,
3000 „   „   Iris,
 500 „   „   Moschus,
 100 „   „   Labdanum,
  18 „ Rosenöl,
  70 „ Heliotropin,
  10 „ Ylang-Ylangöl,
   5 „ Irolène,
  40 „ Bergamottöl,
  25 „ Vanillin,
   5 „ Jonon.

Lis du Japon.

2200 g Infusion Cassie I,
2200 „   „   Rose I,
1000 „   „   Jonquille I,
 150 „   „   Tuberose I,
 400 „   „   Moschus,
  45 „ Geraniumöl,
   5 „ Portugalöl,
  10 „ Vanillin,
   5 „ Neu-Veilchen, *H. & R.,*
   3 „ Hyacinthin, *Sch. & Co.*

Vergissmeinnicht.

2000 g Infusion Jasmin I,
4000 „ „ Rose II,
20 „ Isoeugenol,
5 „ Vanillin,
45 „ Bergamottöl,
20 „ Linalol rosé, *H. & R.*,
50 „ Infusion Moschus,
100 „ „ Storax,
5 „ Neroliöl, künstlich, *A. G. F. A.*,
10 „ Glycinéa, *T. M.*

Ideal-Parfüms.

Eine Abhandlung darüber nebst mehreren Vorschriften wurde vom Verfasser in der Augsburger Seifensieder-Zeitung (1903, Nr. 52) veröffentlicht, worauf an dieser Stelle hingewiesen sei.

Berichtigungen.

Seite 89, Zeile 12 von oben lies: Frühlings-Veilchen.
Seite 171, Zeile 2 von oben lies: Infusion Benzoë.
Seite 171, Zeile 3 von oben lies: „ Jasmin I.
Seite 264, Zeile 17 von oben lies: Schniegling.

Alphabetisches Sachregister.*)

Abelmoschus-Wasser 150
Acacia, synth. 57
Aceteugenol 45
Acetisoeugenol 45
Acetvanillin 45
Aetherischen Oele, Tabelle über die Desinfektionskraft der verschiedenen 200
Agfa-Fixateur 79
Agua de la Hermosura 174
Ajonc 57
Akazienblütenöl 21, 57, 76
Alaunsteine, siehe Rasiersteine
Alkohols, Bestimmung des unveränderten, in Zahn- und Mundwässern 201
Alkoholschwache und alkoholfreie Parfümerien, allgemeines über die Herstellung 145, 164, 512
Alpenveilchen 32
Amandol 57
Amanthol 39, 57, 66
Ambrettol 58, 66
Amylacetat 58
Anethol 4, 58, 66
Anisaldehyd 14, 58
Anthranilsäure-Methylester 38, 58
Antiseptisches Waschwasser 282
Apodontosis 220
Aqua di Felsina 170
Aubépine 14, 58, 66
Aufmachungen von Toiletteseifen und Parfümerien 328
Aurantiol 58, 66.

Bandoline fixateur 261
Bartbefestigungsmittel, allgemeines über 261
Bartformer 263
Bartwasser 263

Bartwichse für Gläser oder Tuben 264
Bartwichse, ungarische 264
Bay Rum 227
Bay Rum, billiger 227
Bay Rum, echter 227
Bay Rum, Jamaika- 227
Bay Rum, Shampooing 227
Benzaldehyd 17
Benzoëblumen 15
Benzoësäure 15
Benzoësäure-Aethylester 17, 58, 66,
Benzoësäure-Benzylester 58
Benzoësäure-Methylester 16, 58, 66
Benzylacetat 19, 58, 66
Benzylalkohol 19, 58, 66
Benzoylisoeugenol 46
Bergamil 58, 66
Bergamiol 32, 59
Bergamottöl, künstliches 32
Birkenbalsam 230
Birkenwasser 230, 231
Bittermandelöl, künstliches 17, 61
Blanc céleste 307
Blanc de Faid 306
Blanc de Perle 305
Blanc d' Espagne 305
Blumenöle, französische, Ersatzöle für 240
Blütenöle 58, 66, 76, 77
Blütensantalole 58, 66
β-Naphtol-Aethyläther 38
β-Naphtol-Methyläther 37
Borneol 19, 59
Bornylacetat 20, 59, 66
Bornylformiat 59
Bornylvalerianat 59
Bourbonal 47, 53, 66
Bouvardia 59, 66
Brillantine, feste 261

Brillantine, Maiglöckchen- 260
Brillantinen, allgemeines über 259
Brillantine, Rosen- 260
Brillantine, Veilchen- 260
Brillantine Violette San Remo 260
Bromelia 37, 59, 66.

Cachoux 208
Cajeputol 5
Campher 4
Camphorated Chalk 220
Cananga-Wasser 170
Cananga-Wasser, alkoholschwach 153
Cananga-Wasser ohne Sprit 170
Cananga Water, superior 170
Carminol 210
Carvacrol 5, 59
Carven 5, 59
Carvol 5, 59
Carvon 5, 59
Caryophylline 59, 66
Cassiaöl 59, 66
Cassieblütenöl, künstlich 21, 58, 59, 76
Cearin 293
Cheirantia 59, 66
Cherry Tooth-Paste 215
Chinarindenöl 243
Chinosol 202
Cineol 5, 59
Cinnameïn 59, 79
Cinnamol 13, 51, 59, 66
Cinnamylalkohol 48
Citral 5, 59, 67
Citronellal 6, 59, 66
Citronellaldehyd 6
Citronellol 7, 66
Citronellon 6, 59
Citronenöl, künstlich 22, 59, 66
Clématite 59, 67
Clymène 59, 67
Cold Cream 288, 289
Cold Cream, Campher- 290
Cold Cream, Cearin- 293
Cold Cream, Chinosol- 289
Cold Cream, Gurken- 291
Cold Cream, Lanolin- 291
Cold Cream, Mandel- 290
Cold Cream, Menthol- 290
Cold Cream, Rosen- 290
Cold Cream, Theater- 291
Cold Cream, Tropen- 289
Cold Cream, Veilchen- 290
Coniferen-Geist 188
Coriandrol 11
Corps durs 257 ·

Cosmétique 255, 256
Cosmétique blanc aux Fleurs 258
Cosmétique, Flieder- 257
Cosmétique, Heliotrop- 257
Cosmétique, Orangen- 257
Cosmétique, Rosen- 257
Cosmétiques, Blumen- 257
Cosmétiques fixateurs 254—258
Cosmetique, Vanille-, weisse 257
Cosmétique, Veilchen- 257
Cratégine 59, 67
Crême cosmétique 259
Creme Iris 307
Cuir de Russie 59, 67
Cuir de Russie (für Handschuhparfümierung) 180
Cumarin 22, 59, 67
Cumarinöl 242
Cuminaldehyd 8
Cuminol 8
Cyclamen 512
Cydonia-Creme 259
Cymen 8
Cymol 8.

Dentalin 217
Desinfektionskraft der ätherischen Oele 200
Desinfektionskraft des Alkohols 199
Desinfektionskraft des Glycerins 199
Dianthin 59, 67
Dinitrobutylxylolbromid 35
Divina-Wasser 170
Divina-Wasser, alkoholschwach 153
Drucksachen und Verpackungen, Parfümierung von 324
Duftträger, allgemeines über die Herstellung 181
Duftträger, amerikanische 185
Duftträger, Flieder- 183, 185
Duftträger, Grundmasse für 182
Duftträger, Heliotrop- 183, 185
Duftträger, Klee- 183
Duftträger, Lilien- 184
Duftträger, Maiglöckchen- 184
Duftträger, Reseda- 183, 184
Duftträger, Rosen- 184
Duftträger, Veilchen- 183, 184.

Eau de Botot 204
Eau de Cologne 158, 159
Eau de Cologne I 157
Eau de Cologne II 157
Eau de Cologne III 158
Eau de Cologne, alkoholschwach 164
Eau de Cologne, allgemeines über 154

Eau de Cologne au Vinaigre 161
Eau de Cologne, Bade- 162
Eau de Cologne, Blumen- 160, 161, 163
Eau de Cologne, Campher- 161
Eau de Cologne des Princes 156
Eau de Cologne, Eis- 161
Eau de Cologne, fein 156
Eau de Cologne, Flieder- 160, 162, 163
Eau de Cologne für Export 162—164
Eau de Cologne, Hyacinthen- 161, 163
Eau de Cologne, Kopfschmerz- 161
Eau de Cologne, Maiglöckchen- 160
Eau de Cologne, Reseda- 160
Eau de Cologne, Rosen- 160
Eau de Cologne royale 157
Eau de Cologne simple 161
Eau de Cologne supérieure 156
Eau de Cologne von *Stephan Smith & Co.* 164
Eau de Lavande double ambrée 173
Eau de Lavande royale 173
Eau de Millefleurs 171
Eau de Mimosa 174
Eau dentifrice Vuillet 206
Eau de Pierre 207
Eau de Quinine 224, 225
Eau de Portugal 171
Eau de Rondelitia 171
Eau des Bajadères 172
Eau d' Espagne 172
Eau de Toilette Lilas de France 166
Eau de Toilette Violette San Remo 165
Eau de Verveine 172
Eau de Viau 204
Eau fumante 190
Eglantine 59, 67
Enthaarungsmittel 275—279
Enthaarungspasta 278
Enthaarungspulver 279
Enthaarungs-Seife 277
Epine blanche 59, 67
Essence de Moscari 513
Essence de Styrax 59, 67
Essigsäure-Bornylester 20
Eucalyptol 5, 59, 67
Eugenol 8, 59, 67
Export-Eau de Cologne 162—164
Export-Extraits 141
Export-Extraits, Grundlagen für 141
Export-Sachetpulver 178
Export-Toilettewässer 167, 174
Extrait Akazie 91
Extrait Ambre royal 91

Extrait Automobile 117
Extrait Azalea 92
Extrait Azurea 118
Extrait Bergamotte 141
Extrait Bois de Cèdre 94
Extrait Bouquet de France 127
Extrait Bouquet de Java 144
Extrait Bouquet Maréchal 123
Extrait Brisas de las Pampas 117
Extrait Camelia 92
Extrait Cashemir-Bouquet 118
Extrait Cassie 92
Extrait Cattleya 94
Extrait Chêne royal 92
Extrait Chévre feuille 97
Extrait Chrysanthemum 93
Extrait Chypre 118, 142
Extrait Clematis 92
Extrait Colonial-Bouquet 142
Extrait Corylopsis du Japon 119
Extrait Court-Bouquet 136
Extrait Crab Apple 93
Extrait Cuir de Russie 120
Extrait Cyclamen 93
Extrait de la Cour Russe 119
Extrait Essbouquet 120, 132, 136
Extrait Farrenkraut 97
Extrait Fleurs d' Afrique 144
Extrait Fleurs des Indes 144
Extrait Fleurs rustiques 124
Extrait, Flieder- 95, 96, 131, 134, 139, 140, 141
Extrait Fougère 97
Extrait Frangipani 121
Extrait Frisches Heu 101
Extrait Frühlings-Veilchen 89
Extrait Gardenia 97, 143
Extrait Gartennelke 99
Extrait Gebirgs-Veilchen 87
Extrait Geisblatt 97
Extrait Geisha-Bouquet 121
Extrait Gefüllte Nelke 99
Extrait Geranium 97, 98
Extrait Ginster 98
Extrait Goldlack 98
Extrait Goldlilie 98
Extrait Grasnelke 99
Extrait Heckenrose 99
Extrait Heliotrop 100, 101, 130, 134, 140
Extrait Héliotrope de France 100
Extrait Heliotrop, blau 100, 142
Extrait Heliotrop, weiss 100, 130
Extrait Hyacinthe 102, 133, 135
Extrait Hyacinthe blanc 102
Extrait Hyacinthe rouge 102
Extrait Ideal-Parfüm 122, 514
Extrait Ixora 103

Extrait Ixora de Perse 109
Extrait Jasmin 103, 135
Extrait Jeddo-Bouquet 145
Extrait Jokey-Club 121
Extrait Jonquille 103
Extrait Kadsura 122
Extrait Ki-Loe du Japon 513
Extrait Kirschblüte 103
Extrait Kiss me quick 122
Extrait Kleeblüte 106
Extrait Königseiche 92
Extrait Levkoje 108
Extrait Libanon-Ceder 94
Extrait Lilas blanc 96
Extrait Lilas de Perse 96
Extrait Lindenblüte 107
Extrait Lis du Japon 513
Extrait Magnolia 108
Extrait Maiblume 135
Extrait Maiglöckchen 108, 131, 140
Extrait Malmaison 109
Extrait März-Veilchen 88
Extrait Miel d' Angleterre 123, 131
Extrait Mikado Bouquet 124
Extrait Millefleurs 124, 136
Extrait Mimosa 109
Extrait Moos-Rose 112
Extrait Moschus 125, 133, 138, 139
Extrait Moscari 513
Extrait Mousseline 143
Extrait Musc 125
Extrait Narcisse 110
Extrait New Mown Hay 93, 94, 134, 137, 138
Extrait Nizza-Veilchen 89
Extrait Oeillet 99
Extrait Oleander 110
Extrait Opoponax 125, 126, 132, 137, 139
Extrait Orangenblüte 110
Extrait Orchideen-Duft 126
Extrait Patchouli 111, 133, 139, 143
Extrait Patchouli rosée 111
Extrait Peau d' Espagne 119, 127
Extrait Pensée 110
Extrait Pfingstrose 111
Extrait Pivoine 111
Extrait Pois de Senteur 119, 127
Extrait Portugal 112
Extrait Reseda 113, 114, 135
Extrait Rondelitia 127
Extrait Rose 112, 132, 137
Extrait Rose Maréchal Niel 112, 141
Extrait Russisches Veilchen 87
Extraits, allgemeines über 83
Extrait Safranor 5
Extrait Sandelholz 114

Extrait Sandelwood 114
Extraits de senteur 134
Extraits doubles 129
Extrait Spring Flowers 128
Extraits simples 129, 134
Extraits, Veilchen- 85, 87, 88, 89, 90, 91, 130, 135
Extrait Stephanotis 114, 128
Extrait Syringa 115
Extrait Thee-Rose 112
Extrait Trèfle 104, 106
Extrait Trèfle blanc 105
Extrait Trèfle incarnat 104, 105, 106
Extrait Tuberose 115
Extrait Türkischer Flieder 95
Extrait Vanille 115
Extrait Veilchen San Remo 88, 137
Extrait Vera Violetta 89
Extrait Vergissmeinnicht 514
Extrait Verveine 116
Extrait Vetiver 116
Extrait Vice-Königin 120
Extrait Vice-Reine 120
Extrait Violette de Parme 87
Extrait Violette du Tsar 88
Extrait Volkameria 128
Extrait Waldduft 128
Extrait Waldmeister 115
Extrait Wald-Veilchen 90, 130
Extrait Weinblüte 116
Extrait Weisse Lilie 107
Extrait Weisser Flieder 95, 131
Extrait Weisse Rose 112
Extrait Weisses Veilchen 89
Extrait Weissdorn 116
Extrait Westend-Bouquet 144
Extrait Xylopia 513
Extrait Ylang-Ylang 117, 134, 137, 138.

Fachliteratur 508
Färben, das, der Parfümerien und kosmetischen Präparate 326
Färben pilierter Seifen 342
Farbenfett für Pomaden 246
Farböl, rotes, für Haaröle 243
Farnesol 21
Favoritcreme 296
Feen-Liebling 304
Fenchon 8
Fenouil amer 59, 67
Fichtennadelöl, künstliches 20
Fixateur résineux 255
Fixiermittel für alkoholschwache Parfümerien 149, 150
Fleurs de Roses 306
Flieder-Odeur, alkoholschwach 151

Florentinol 32, 59, 67
Floreol 59
Flores Benzoës 15
Florida-Wasser 167, 168, 169
Florida-Wasser, alkoholschwach 153
Florida-Wasser ohne Sprit 168
Flouvane 59
Fragarol 37, 60
Frisier-Creme 258
Frostbeulen-Wasser 318
Frostmittel 317
Frost-Salbe 319
Furfurol 9
Fussschweiss, Mittel gegen 321
Fuss-Streupulver 321.

Gardenia 44
Gardeniablütenöl 58, 76
Gartennelkenblütenöl 26, 58, 76, 77,
Gartennelkenöl 60, 67
Geheimmittel und Spezialitäten 371
Geranial 5
Geraniol 9, 60, 67
Geraniumaldehyd 5
Geranylacetat 23, 60, 67
Geranylformiat 60, 67
Geranylmethyläther 24, 60
Gesetze und Verordnungen 404
Gesichts-Puder, siehe Puder
Gesichtsschweiss, Mittel gegen 321
Gingerine 60
Glycerin-Creme 287
Glycerin-Gelee 286, 287
Glycerin-Honig-Gelee 287
Glycerinseifen, flüssige 281, 368
Glycerinseife, transparente 366
Glycerinseife, undurchsichtig 354
Glycina 60
Goldlackblütenöl 58, 76
Goldwasser 273
Gonorol 13
Grisambren 60, 67
Grundseifen, Anfertigung der 336.

Haarcremes 258, 259
Haare, Mittel zum Nachdunkeln
    roter und rötlicher 275
Haare, Mittel zur Reinigung, Pflege
    und Färbung der, allgemeines über
    die 222
Haares, Entfärben des 274
Haar, grünes 274
Haarfärbemittel, allgemeines über 266
Haarfärbemittel, bleihaltige 267
Haarfärbemittel, Eisen- 270
Haarfärbemittel, Kupfer- 269

Haarfärbemittel mit Wasserstoff-
    superoxyd 273
Haarfärbemittel, Nussextrakt- 271
Haarfärbemittel, persische 270
Haarfärbemittel, Silber- 267—269
Haarfärbemittel, vegetabilische
    270—273
Haarfärbemittel, Wismut- 267
Haarkräuselwasser 264
Haaröl, Arnika- 239
Haaröle, allgemeines über 236
Haaröle, Blumen- 240—242
Haaröle, Parfüm für billige 240
Haaröle, Vorschriften für 239, 240
Haaröl, Flieder- 242
Haaröl, Heliotrop- 241
Haaröl, Jasmin- 242
Haaröl, Kräuter-, balsamisches 239
Haaröl, Macassar- 243, 244
Haaröl, Maiglöckchen- 242
Haaröl, Nuss- 243
Haaröl, Orangen- 242
Haaröl, Parfüm für 239
Haaröl, Quinine- 242
Haaröl, Reseda- 242
Haaröl, Rosen- 241
Haaröl, rotes 243
Haaröl, Veilchen- 241
Haarpuder 265
Haar- und Kopfwässer, allgemeines
    über 223
Haarwässer, siehe auch Kopfwässer
Haarwaschwasser, Birken- 231
Haarwasser, Blüten- 229
Haarwasser gegen Haarschwund 233
Haarwasser, Seifen- 233
Hände, kosmetische Gallerte für
    die 319
Händen, Beseitigung unangenehmer
    Gerüche von den 322
Hände, Schutz der, gegen ätzende
    Antiseptika 321
Hair Dye 268
Hair Tonic für Export 232
Hand-Salbe (gegen rissige Hände)
    319
Handschuhen, Parfümierung von,
    allgemeines über die 179
Handschuh-Parfümierungs-Pulver
    180
Handschweiss, Mittel gegen 320
Hautcremes 285
Hautglätte-Mandelmilch 320
Haut, Mittel gegen rissige 317, 319,
    320
Haut, Mittel zur Reinigung, Pflege

und Färbung der, allgemeines über
279—281
Haut-Salbe 319
Hautsalbe, bleichende 303
Haut, Schönheitswasser für die 284, 303
Heiko-Rose 53
Heliotrop amorph 25, 67
Heliotropblütenöl 58
Héliotrope concret 60, 67
Heliotropin 24, 60, 67
Heliotrop-Odeur, alkoholschwach 151
Heliotropol 60, 67
Heliotrop-Parfüm für Handschuhe 180
Hemérocalle 60, 67
Honig-Aroma 60, 67
Honig-Wasser 229
Hosaldéïne 60, 67
Hyacinthenblütenöl 59, 76, 77
Hyacinthen-Geraniol 10
Hyacinthin 25, 60, 67, 101
Hyacinth - Odeur, alkoholschwach 151
Hyacinthöl, künstliches 25
Hyalin-Block 323.

Illicin 60
Immacula-Wangenröte 307
Ideal-Parfüm 122, 514
Indol 60
Indol und Indolderivate zur Herstellung synthetischer Blumengerüche 28
Infusion, Ambra- 78
Infusion, Ambrette- 80
Infusion, Benzoë- 79
Infusion Capucines 74
Infusion, Chinarinden- 80
Infusion, (Eichen-) Moos- 80
Infusionen 73
Infusionen aus Parfums naturels 75
Infusion, Iris- 81
Infusion, Labdanum- 80
Infusion, Moschus- 77
Infusion II, Moschus- 78
Infusion, Moschuskörner- 80
Infusion, Peru- 79
Infusion, Storax- 79
Infusion, Tolu- 79
Infusion I, Veilchen- 86
Infusion, Zibeth 78
Iraldéïne 30, 60, 67
Iralia 32, 60, 67
Iridine 32
Iridol 32
Iridone 32
Irisöl, flüssig 11, 60, 67

Irisöl, konkret 60, 67
Irisolette 32, 60, 67
Irisone 32, 60, 67
Iris pâte 81
Iris résinoïde 81
Iris-Santalol 60
Irisonone 32
Irolène 39, 60, 67
Iron 10, 60, 67
Iso-Borneol 19, 60
Iso-Estragol 4
Iso-Eugenol 26, 60, 67
Iso-Iron 10, 60, 67
Iso-Safrol 26, 60, 67.

Jacinthe 25
Jacinthea 60, 67
Jasmal 27
Jasmin 67
Jasminblütenöl 58, 76
Jasmin, deutscher 53, 60, 76
Jasmindol 60
Jasminöl, künstlich 27, 60
Jasminwasser 152
Jasmon 11
Java-Crême 287
Jodor 32
Jonarol 30, 60, 67
Jonon 28, 55, 60, 68, 84.

Keton (-Moschus) 34, 60, 68, 512
Klee-Duft 104
Klettenwurzelöl 238
Klettenwurzelöl »nach Dr. *Rhale*« 238
Kopfwäsche, trockne 233
Kopfwässer, siehe auch Haarwässer
Kopfwaschpasta 234
Kopfwaschwasser für dry shampoo 233
Kopfwaschwasser, Veilchen-, billiges 228
Kopfwaschwasser, Veilchen-, schäumendes 227
Kopfwasser, Chinarinden- 224
Kopfwasser, Chinosol- 225
Kopfwasser, Eis- 232
Kopfwasser, Philodermine- 232
Kopfwasser, Rosen- 228
Kosmetik, allgemeines über die 192—197
Krystall-Jonon 31
Kümmelöl, leichtes 5
Kummerfeld'sches Waschwasser 303.

Lanolin-Creme 292
Lanolin-Gesichtscreme 293
Lanolin-Milch 304

Lavandol 61
Lavendel-Wasser 173
Lavender Water 173
Lavendol 11
Leder, Parfümierung von 179
Lemanol 61
Lemonol 9
Licareol 11
Licarhodol 9
Lilacin 44, 61
Lilas 44, 61, 68
Liliencreme 295
Lilienmilch 304
Limonen 61
Linalool 11, 61, 68
Linalylacetat 32, 61, 68
Lippenpomade 294
Lippenpomade, Menthol- 295
Lippensalbe 295
Lockenwasser 264
Lotion végétale aux Violettes 227
Lotion végétale aux· Violettes de Nice 228
Lotion végétale de Seringat 229
Lotion Pétrole 231
Lustralinen 259, 260.

Macassaröl 244
Macassaröl, *Rowland's* 243
Maiglöckchenblütenöl 58, 76, 77
Mandarinenöl, künstliches 32, 61
Mandelkleie 301
Mandelmehl 301
Mandelöl, bitter, siehe Bittermandelöl, künstliches
Mandelpasta 301
Manuline Bors 286
Massagecreme 296
Melanogène 269
Menthol 12, 61, 68
Menthon 61
Methylanthranilsäuremethylester 32
Migränestifte 187, 188
Mimosa 61
Mirbanöl 39, 61
Moschinol 61, 68
Moschus, künstlich 33, 61
Moschus, künstlichem, Lösungsverhältnisse verschiedener Sorten von 77, 512
Muguet 44, 61, 68
Mundpillen 208
Mundseife 213
Mundwässer, Parfümieren u. Färben der 203
Mundwässer, siehe auch Zahnwässer
Mundwasser, amerikanisches 206

Mundwasser, antiseptisches 204, 205
Mundwasser, billiges 205
Mundwasser, Chinosol- 203
Mundwasser, Eucalyptus- 207
Mundwasser in Pulverform 210
Mundwasser, Karbol- 206
Mundwasser, Lysol- 205
Mundwasser mit Wasserstoffsuperoxyd 207
Mundwasser, Saccharin- 205
Mundwasser, Salicyl- 204
Mundwasser, Salol- 205
Mundwasser-Tabletten, allgemeines über 208
Mundwasser-Tabletten, Essenz für aromatische 209
Mundwasser-Tabletten, Essenz für Botot- 210
Mundwasser-Tabletten, Essenz für Pfefferminz- 210
Mundwasser-Tabletten, Herstellung der 209
Mundwasser-Tabletten mit Milchzucker 210
Mundwasser, Thymol- 204
Mundwasser, Veilchen- 207
Musc 33, 61
Musc Baur 33, 61
Muskinol 61
Myrtol 61.

Nägel, Behandlung brüchig gewordener 317
Nagel-Email 315
Nagel-Firnis 317
Nagelpflege, allgemeines über 313
Nagelpflege, Zinnpasta zur 316
Nagel-Polierpulver 316
Nagel-Wasser 315
Narcéol 39, 61, 68
Narcissenöl 61
Nerol 10
Nerolin 37, 61
Neroliöl, künstlich 38, 61, 68
Neu-Veilchen 30, 55, 61, 68, 84
New mown Hay-Parfüm für Handschuhe 181
Niobeöl 16, 61
Nitrobenzol 39, 61
Nussöl 273.
Oatmeal Powder 299
Odontine 216
Oeillet, künstlich 26, 61, 68
Opalincreme 296
Orangenblütenöl, künstliches 39, 58, 61, 76
Orangenblütenwasser 82

Orchidée 42, 61, 68
Orchidol 42
Orgéol 61, 68
Ozon-Zimmerparfüm 163.

Parfümierungspulver für Drucksachen 325
Parfums naturels 75
Patchouli-Odeur, alkoholschwach 151
Paulownia 512
Peau d' Espagne 179
Pensée 61
Perolin 61
Perubalsamöl (siehe auch Cinnameïn) 79
Phenyläthylalkohol 40, 61, 68
Phenylallylalkohol 48
Philadelphus 61
Piperonal 24
Pomade, Apfel-, Parfüm für 251
Pomade, Blumen-, Parfüm für 251
Pomade, China- 249, 253
Pomade, China-, Parfüm für 252
Pomade, Eis- 248
Pomade, Flieder- 247
Pomade, Harz-Wachs-, weiss, blond, braun und schwarz 254
Pomade, Haus-, Parfüm für 252
Pomade, Kräuter- 253
Pomade, Kräuter-, Parfüm für 252
Pomade, Lanolin- 251
Pomaden, allgemeines über 244—247
Pomaden-Auswaschungen 74
Pomaden, Blumen- 247
Pomaden, die nach heissen Klimaten versandt werden 253
Pomaden, Farbenfett für 246
Pomaden, Grundfett für 245
Pomadenkörper, Färbung der 246, 247
Pomaden-Parfüms 251, 252
Pomaden, Stangen- 254—258
Pomade, Oliven-Harz- 255
Pomade, Orangenblüten-, Parfüm für 252
Pomade, Reseda- 247
Pomade, Rindermark- 248, 253
Pomade, Rindermark-, Parfüm für 248
Pomade, Rosen- 247, 253
Pomade, Rosen-, Parfüm für 252
Pomade, Schuppen- 79, 250
Pomade, Schwefel- 79
Pomade, Vaseline-, feinste 249
Pomade, Vaseline-, Flieder- 249
Pomade, Vaseline-, gewöhnliche 249
Pomade, Vaselin-Lanolin- 251
Pomade, Veilchen- 247

Pommade Capucines 74
Porodor 188
Porzellanplatten, parfümierte 185
Poudre à la Rose Maréchal Niel 298
Poudre à l' Ixora 299
Poudre Malmaison 298
Poudre Sachet à la Rose Maréchal Niel 177
Poudre Sachet aux Violette des Bois 177
Poudre Veloutine 299
Prestonsalz 186
Pseudo-Jonon 28
Puder, allgemeines über 296
Puder, Chinosol- 300
Puder, Fett- 300
Puder, Flieder- 298
Puder, Haar- 265
Puder, Magnolia- 300
Puder, Maiglöckchen- 300
Puder-Masse 297
Puder, Mimosa- 298
Puder-Parfüm 297
Puder, Veilchen- 299
Pulegon 12.

Quarantaine 61, 68
Queen's Oil 243.

Rasiercreme 369
Rasierseife 370
Rasiersteine 322
Räuchermittel, allgemeines über 189
Räucherpapier 190
Räuchertinktur 190
Räucherwasser 190
Resedablütenöl 58, 76, 77
Resedageraniol 10, 61, 68
Reuniol 7, 61
Rhodinol 7, 61, 68
Ricinus-Creme 294
Riechessenz 186
Riechkissenpulver, allgemeines über 175
Riechkissenpulver, billige 177
Riechkissenpulver, Chypre- 176
Riechkissenpulver, Flieder- 176
Riechkissenpulver für Export 178
Riechkissenpulver, Heliotrop- 175
Riechkissenpulver, Maiglöckchen- 175
Riechkissenpulver, Mimosa- 176
Riechkissenpulver, Peau d'Espagne- 176
Riechkissenpulver Persischer Flieder 177
Riechkissenpulver, Rose- 175

Riechkissenpulver, Trèfle- 177
Riechkissenpulver, Veilchen- 175
Riechsalze, allgemeines 186
Riechsalz, Fichtennadel- 187
Riechsalz, Lavendel- 187
Riechsteine, Herstellung 185
Riechtabletten, siehe Duftträger
Rosaldéïne 61, 68
Rose de Perse 308
Rosenblütenöl 58, 76
Rosengeraniol 10
Rosenöl, künstliches 40, 61, 68
Rosenwasser 82
Roseol 7
Roséol 62
Rose sympatique 307
Rosinol 62, 68
Rouge d' Orient 307.

Sachet-Pulver, siehe Riechkissen-
  pulver
Safrol 12, 62, 68
Salicylaldehyd 40
Salicylige Säure 40
Salicylsäure-Aethylester 42, 62, 68
Salicylsäure-Amylester 42, 62
Salicylsäure-Benzylester 79
Salicylsäure-Methylester 42, 62, 68
Sandmandelkleie 301
Santalol 13, 62, 68
Sassafrasöl, künstlich 62, 68
Savon à la Rose Maréchal Niel 352
Savon à la Rose muscade 344
Savon aux Fleurs de Chine 349
Savon de Thridace 347
Savon Héliotrope de Nice 348
Savon Malmaison 351
Savon Millefleurs 349
Savon Muguet des Bois 353
Savon royal de Thridace 352
Savon Trèfle incarnat 348
Scheitel-Creme 258
Schminke, Blatt- 312
Schminke, Fett- 312
Schminke, Hand- 313
Schminke in Pulverform 311
Schminken, flüssige rote 306
Schminken, flüssige weisse 305
Schminken, trockene 308
Schminke, rote 309, 310
Schminke, weisse 310
Schmink-Watte 313
Schnouda 307
Schönheits-Cremes 307
Schönheitswasser für die Haut 284,
  303
Schweissmittel 320

Seife, Akazien- 358
Seife, Benzoë- 367
Seife, Benzoë-Mandelmilch- 356
Seife »Deutscher Flieder« 347
Seife »Deutscher Jasmin« 353
Seife, Eau de Cologne- 351
Seife, Eibisch- 356
Seife, Essbouquet- 347
Seife, Familien- 357
Seife, feine Kugel- 348
Seife, Flieder- 345, 347, 356, 361, 368
Seife, Gardenia- 349
Seife, Glycerin-, flüssige 281, 368
Seife, Glycerin-, transparente 366
Seife, Glycerin-, undurchsichtige 354
Seife, Goldlack- 350
Seife, Goldreseda- 345
Seife, Heckenrosen- 357
Seife, Heliotrop- 344, 356
Seife, Heu- 344, 356
Seife, Honig- 354, 359, 363,
Seife, Hyacinthen- 344, 356, 368
Seife, indische Blumen- 347
Seife, Ixora- 349
Seife, Jasmin- 357
Seife, Jockeyklub- 350, 360
Seife, Juchten- 351
Seife, Kinder- 355
Seife, Konkurrenz- 361
Seife, kosmetische u. therapeutische
  Bedeutung der 280—281
Seife, Kräuter- 358, 363
Seife, Lanolin- 355
Seife, Lattich- 355
Seife, Lilienmilch- 346, 358, 363
Seife, Lindenblüten- 353
Seife, Maiglöckchen- 346, 356, 361,
  363, 367
Seife, Mandelblüten- 350, 359
Seife, medizinische 211
Seife, Milch- 361
Seife, Mimosa- 352
Seife, Moschus- 345, 360
Seifencreme 217
Seifen, Familien- 353
Seifen, flüssige Glycerin- 281, 368
Seife, Nizzaveilchen- 345
Seifen, Parfüms für Blumen-Glycerin-
  367, 368
Seife, Opoponax- 346, 358
Seife, Orangenblüten- 353, 359
Seife, Parmaveilchen- 352
Seife, Patchouli- 348, 354, 360
Seife, Rasier- 370
Seife, Reseda- 354, 361
Seife, Rosen- 346, 353, 360, 367
Seife, Speik- 351

Seife, Vanille- 359
Seife, Vaselin- 355
Seife, Veilchen- 354, 360, 367
Seife, Veilchen-, englische 366
Seife, Waldduft- 350
Seife, Waldmeister- 357
Seife, Windsor- 355, 360
Seife, Ylang-Ylang- 357
Sel de Vinaigre 187
Seringat 62, 68
Shampooing Powder 235
Shampooing Powder, Flieder- 236
Shampooing Powder, Heliotrop- 236
Shampooing Powder, Maiglöckchen- 236
Shampooing Powder, Rose- 236
Shampooing Powder, Veilchen- 236
Shampooing Water 234, 235
Smelling Salt 186
Solution Bittermandelöl 82
Solutionen 73
Solution Iris konkret 81
Solution Iris liquid 81
Solution Iris résinoïde 81
Solution Rosenöl 81
Solution Vetiveröl 81
Sommersprossen-Mittel 302
Sommersprossen-Tinktur 303
Sprache, die französische, in der deutschen Parfümeriefabrikation 330
Stalvène 512
Stifte für Augenbrauen 312
Stifte zum Nachzeichnen der Adern 312
Storaxöl 79
Styracin 49
Styrol 13, 51
Styrolen 13, 51
Styron 48
Styrylalkohol 48
Syringa 44, 62, 68
Syringablütenöl 58, 76, 77
Syringol 62, 68.

Tätowierungen, Mittel zur Entfernung von 282
Tanaceton 14
Terpanol 512
Terpineol 43, 62, 68
Terpineol-Muguet 44
Terpinol 62, 68
Terpinolen 62, 68
Thujon 14
Thymen 13, 62, 68
Thymol 13, 62
Tinktur, Ambrettol- 79

Tinktur, Bourbonal- 80
Tinktur, Cassie- 82
Tinktur, Chinin- 225
Tinktur, Cumarin- 80
Tinkturen 73
Tinkturen I und II 89
Tinkturen, Blütenöl- 76, 77
Tinktur, Heliotropin- 80
Tinktur, Irisolette- 82
Tinktur, Jasmin- 82
Tinktur, Moschus- 77
Tinktur, Myrrhen- 204
Tinktur, Neroli- 82
Tinktur, Orangen- 82
Tinktur, Rosen- 82
Tinktur, Turanol- 80
Tinktur, Vanillin- 80
Tinktur, Veilchen- 82
Tinktur, Zibeth- 78
Toilettecreme, fettfreie 288
Toilettecremes 295—296
Toiletteglycerin 286
Toilettenessig 283 (siehe auch »Vinaigre«)
Toilettenessig, Fichtennadel- 284
Toiletteseifen, allgemeines über die Parfümierung der 335, 342
Toiletteseifen, das Pilieren der 339
Toiletteseifen, einfache 359
Toiletteseifen, einzelne, siehe unter »Seife« und »Savon»
Toiletteseifenfabrikation, allgemeines über die Anwendung der künstlichen Riechstoffe in der 343
Toiletteseifen, feine 344
Toiletteseifen, kaltgerührte 362
Toiletteseifen, mittelfeine 353
Toilettewässer 165
Toilettewässer, alkoholfreie 153, 168, 170
Toilettewässer für Export 167—174
Toilettewasser, Heliotrop- 166
Toilettewasser, Flieder- 166
Toilettewasser, Ixora- 166
Toilettewasser, Jasmin- 166
Toilettewasser Lilas de France 166
Toilettewasser, Maiglöckchen- 167
Toilettewasser, Rosen- 166
Toilettewasser, Veilchen- 165
Toilettewasser Violette San Remo 165
Tolubalsamöl 79
Tonquinol 33, 36, 62, 68
Tréfol 42, 62, 68
Tréfolia 42, 62, 68
Tréfoline 42
Trifoline 62, 68

Trinitrobutyltoluol 33
Trinitrobutylxylol 34
Tubérone 62, 68
Tuberosenblütenöl 58, 76
Turah-Riechpulver 178
Turanol 62.

Vanilleodeur, alkoholschwach 152
Vanillin 44, 62, 68
Vanillone 62, 68
Vaseline-Creme 293
Veilchenblütenöl 55, 58, 76, 77
Veilchenodeurs 83, 130
Veilchenodeurs, nur aus künstlichen
    Riechstoffen 90, 91
Veilchenöl 30, 32
Veilchenpomade, französische 85
Vinaigre à la Rose 283
Vinaigre au Muguet 284
Vinaigre aux Violettes 283
Vinaigre de Toilette 283
Vinaigre rouge 307
Viola 32
Violettal 32
Violettan 32
Violette 32
Violette concrète 31
Violette liquide 62, 68
Violettine 32
Violettol 32, 62, 69
Violetton 31, 62, 69
Violol 32.

Wachsaroma 62, 69
Wachspaste nach *Schleich* 285
Waschwasser, antiseptisches 282
Wasserlösliche Essenzen 512
Weinblüte 62, 69
Wintergrünöl, künstliches 42, 62, 69
Wortzeichen, reine, und in Bild-
    zeichen enthaltene Wortzeichen
    der Klasse 34 464.

Yara-Yara 37, 62, 69
Ylang-Ylangöl, künstlich, 47, 62, 69.

Zahncreme, Chinosol- 218
Zahncreme mit chlorsaurem Kali 218
Zahncreme, Wintergrün- 217
Zahncremes 217
Zahnpasten 212, 214
Zahnpasta, chinesische 215

Zahnpasta de Vilbiss 216
Zahnpasta, Kirschen- 215
Zahnpasta, Kräuter- 214
Zahnpasta, Pfefferminz- 216
Zahnpasta, Salol- 215
Zahnpasta, Thymol- 215
Zahnpulver, allgemeines über 218
Zahnpulver, Campher- 220
Zahnpulver, Chinarinden- 220
Zahnpulver, Chinosol- 221
Zahnpulver, Ideal- 222
Zahnpulver, Karbol- 220
Zahnpulver, Kreosot- 221
Zahnpulver-Masse 219
Zahnpulver, Parfüm für 219
Zahnpulver, rosa 219
Zahnpulver, Rosen- 221
Zahnpulver, Salol- 221
Zahnpulver, schwarz 220
Zahnpulver, Sepia- 221
Zahnpulver, weiss 219
Zahnpulver, Wintergrün- 221
Zahnseife 213
Zahnseife, China- 213
Zahnseife, Eucalyptus- 213
Zahnseifen und Zahnpasten, allge-
    meines über 210—212
Zahn- und Mundwässer, allgemeines
    über 198
Zahnwässer, siehe auch Mundwässer
Zahnwasser, *Taylors* schäumendes
    206
Zibethin 62
Zibeth, künstlich 62, 69
Zimmerparfüm 163
Zimmerparfüm, Chinosol- 189
Zimmerparfüm, Coniferen- 188
Zimmerparfüm, Eucalyptus- 189
Zimmerparfüm, Eucalyptus-Chinosol-
    189
Zimmerparfüm, Flieder- 189
Zimmerparfüm, Maiglöckchen- 189
Zimmerparfüms, allgemeines über
    188
Zimmerparfüm, Veilchen- 188
Zimmtaldehyd 48, 62, 66, 69
Zimmtalkohol 48, 62, 69
Zimmtöl, künstliches 49, 62
Zimmtsäure 50, 62
Zimmtsäure-Aethylester 51, 62, 69
Zimmtsäure-Methylester 51, 62, 69
Zimmtsäure-Zimmtäther oder Styryl-
    äther 49
Zinnpasta 316.

INSERATEN-ANHANG.

Parfümflacons,
Pasta-Dosen,
Pomadengläser etc.
(Spezialität: Milchglas)
— liefern in über 1000 Façons —
Glashütten-Werke Carlsfeld
vorm. von Vultejus'sche Glashüttenwerke
Carlsfeld (Sachsen).
Preisblätter gratis und franko.

Grundstoffe
für Parfümerie- & Seifenfabriken

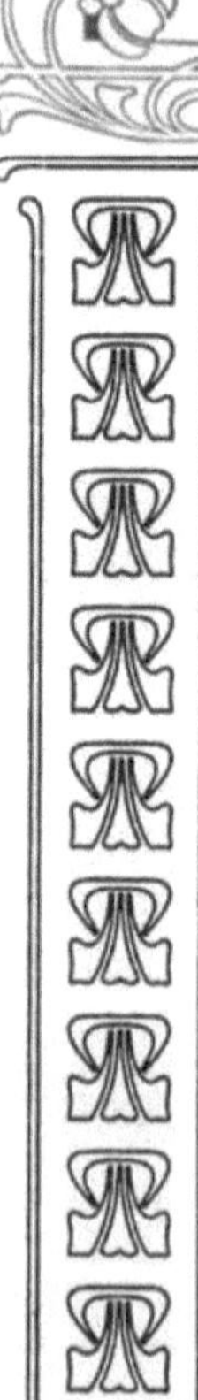

Chuit, Naef & Cie.
GENF (Schweiz).

Spezialität: Fabrikation von künstlichen und synthetischen Riechstoffen.

Dianthin, Heliotropol, Hyacinthen-Öl, Jasmin-Öl, **Mimosa,** Neroly, Oeillet (Gartennelke), Syringa, Trifolin, Ylang-Ylang, Zibethin etc. etc.

Citral, Cumarin, Heliotropin, Terpineol, Vanillin.

NEUHEIT:
Aromantheme
(Name geschützt)

garantiert reinste, **natürliche** Blumenöle.

Jasmin, Hyacinthe, Orangenblüte, Tuberose, Jonquille etc. etc.

Terpenfreie ätherische Oele.

Farben für Seifen & Parfüms.

Bloc Hygiène.

Antiseptisch wirkender kristallklarer Rasierstein. Verhütet jede Ansteckungsgefahr und macht die Haut frisch u. geschmeidig.

Preis p. Dtz. Mk. 6.—.
Grossisten erhalten hohen Rabatt.

Aromatischer Cachou

Qualität und Ausstattung dem engl. Prinz Albert Cachou nicht nachstehend.

Preis p. Dtz. Mk. 2.50.
Grossisten erhalten hohen Rabatt.

W. Seeger, Parfümeriefabrik, **Steglitz u. Warschau.**

Delvendahl & Küntzel

Fabrik ätherischer Oele und chemischer Präparate

in Werder a. d. Havel.

Spezialität: Synthetische Riechstoffe.

Perolin D & K	Nerolin
Terpineol	Floreol D & K (Basis für Blumenextraits)
Linalool	Hyazinthenblüten-Öl D & K
Geraniol	Gartennelkenblüten-Öl D & K.
Zimmtalkohol	Maiglöckchenblüten-Öl D & K
Benzylacetat	Ylang-Ylang, synthet. D & K
Rosenöl, künstl. D & K	Trèfle-Komposition D & K
Ambroin D & K	Neroli-Öl, künstlich D & K
Styrolin D & K	Moschus, künstlich D & K

Bittermandel-Öl, künstlich absolut chlorfrei.

J·ROTHSCHILD
OFFENBACH A·M.
GRAFISCHE KUNSTANSTALT
SONDERERZEUGNISSE:
TOILETTESEIFEN-u.
PARFÜMERIE-ETIKETTEN
Ständiges Lager aller Arten Etiketten
Muster auf Verlangen.

Seifensieder-Zeitung und Revue
über die Harz-, Fett- und Ölindustrie

AUGSBURG.

Erstklassiges

Fachblatt.

„Erscheint bereits im 31. Jahrgang" und
hat sich in diesem langen Zeitraum auf's beste
eingeführt in ganz Deutschland, in ganz Österreich-Ungarn und im übrigen Ausland.

Mindestumfang bei wöchentlich einmaligem
Erscheinen 40—46 Seiten.

Bezugspreis pro Halbjahr: Für Deutschland . . . Mk. 7.50.
„ Österreich-Ungarn Kr. 9.—.
„ das übrige Ausland Mk. 9.—.

EIGENES
CHEMISCHES LABORATORIUM
UND VERSUCHSANSTALT.